Tilmann Sutter (Hrsg.)

Beobachtung verstehen, Verstehen beobachten

Tilmann Sutter (Hrsg.)

Beobachtung verstehen, Verstehen beobachten

Perspektiven einer konstruktivistischen Hermeneutik

Springer Fachmedien Wiesbaden GmbH

Springer Fachmedien Wiesbaden GmbH

http://www.westdeutschervlg.de

Umschlaggestaltung: Horst Dieter Bürkle, Darmstadt

Gedruckt auf säurefreiem Papier

ISBN 978-3-531-12984-6 ISBN 978-3-322-89945-3 (eBook)
DOI 10.1007/978-3-322-89945-3

Dem Andenken an Uwe Weisenbacher

Inhalt

Vorwort

Seit Anfang der 90er Jahre ist auf verstreuten Schauplätzen eine neue Diskussion entstanden, die sich um die Abgrenzung und Verbindung von Hermeneutik und Systemtheorie dreht. Die Qualität und Originalität der Beiträge zu dieser Diskussion ließen ein Potential erkennen, das innovative Ideen zur Verbindung von soziologischer Theorie, Methodologie und Methode enthält, die quer zu eingespielten Positionen in der Soziologie liegen. Um dieses Potential zu sichten und in einem systematischen Zusammenhang zu ordnen, fand mit freundlicher finanzieller Unterstützung der Deutschen Forschungsgemeinschaft vom 28. bis 29. September 1995 am Institut für Soziologie der Universität Hamburg eine Tagung unter dem Titel "Die Beobachtung verstehen, das Verstehen beobachten. Perspektiven einer konstruktivistischen Hermeneutik" statt. Als Ergebnis dieser Verhandlungen liefert der vorliegende Band einen ersten Überblick über eine noch junge Diskussion, die hoffentlich eine längere, fruchtbare Zukunft haben wird.

Ich möchte Max Miller, an dessen Arbeitsbereich die Tagung stattfand, sowie Heike Herrmann und Michael Huber für vielfältige Unterstützung danken.

Über die Diskussionen auf der Tagung hinausgehend habe ich mich bemüht, die verschiedenen Beiträge, soweit dies sinnvoll schien, miteinander zu vernetzen. Von einer solchen Möglichkeit der sachlichen Auseinandersetzung und Klärung lebt gerade eine neue Diskussion. Mein Dank gilt den Autoren, die sich trotz eines erhöhten Arbeitsaufwandes bei der Ausarbeitung ihrer Beiträge auf diese Auseinandersetzung eingelassen haben. Ich denke, der Gewinn ist an vielen Stellen sichtbar.

Die Fertigstellung dieses Bandes stand unter einem unglücklichen Stern. Einer der Referenten auf der Tagung in Hamburg, *Uwe Weisenbacher*, wurde am 19. September 1996 während eines Urlaubs in Frankreich durch einen unverschuldeten Autounfall getötet. Nach dem Urlaub wollte er seinen Vortrag für diesen Band ausbauen und nochmals überarbeiten. Dazu ist es nun nicht mehr gekommen, es bleibt die Sprachlosigkeit angesichts eines gewaltsam beendeten wissenschaftlichen Lebenswegs. Seinen Vortrag habe ich - mit einigen zusätzlichen Verweisen - in den vorliegenden Band so aufgenommen, wie er ihn in Hamburg vorgetragen, mit uns diskutiert und in einer ersten Durchsicht überarbeitet hat. Dieser Band ist dem Andenken an Uwe Weisenbacher gewidmet.

Freiburg, Januar 1997 Tilmann Sutter

Tilmann Sutter

Einleitung: Beobachten und Verstehen - eine überwundene Differenz?

In der sozialwissenschaftlichen Diskussion methodischer Verfahrensweisen hat sich in den letzten Jahren mit einiger Berechtigung ein Pragmatismus durchgesetzt. Er resultiert aus der Einsicht, daß Methoden offenbar auch dann funktionieren, wenn dafür (noch) keine theoretischen und methodologischen Begründungen vorgelegt werden können. Die Leistungsfähigkeit methodischer Verfahren hängt nicht von der Dignität ab, die ihnen solche Begründungen scheinbar verleihen, sondern von den erzielten Resultaten. Gewinnbringende Diskussionen in der Qualitativen Sozialforschung kann man aus dieser Sicht deshalb vor allem von jenen Beiträgen erwarten, die anhand problemorientierter Präsentationen konkreter Analysen die Möglichkeiten und Grenzen bestimmter methodischer Vorgehensweisen aufdecken. Die Konzentration auf diese Bemühungen läuft allerdings Gefahr, die methodologischen Reflexionen in den Hintergrund zu rücken, mit denen methodische und theoretische Entwicklungen verbunden werden können. Auf diesem Feld ist es mittlerweile sehr still geworden, zu still, denn damit könnte vorschnell und nicht weiter hinterfragt einer verbreiteten Skepsis gegenüber methodologischen Reflexionen Vorschub geleistet werden. Diese Skepsis verliert dann ihre Berechtigung, wenn sie an überkommenen Ansprüchen an eine methodologische Programmatik festhält, die mittlerweile enttäuscht wurden. Hier ist insbesondere an die Versuche der "Verstehenden Soziologie" von Weber bis Habermas zu erinnern, methodologische Geltungsbegründungen für methodische Verfahren zu liefern. Bei dieser Enttäuschung muß es allerdings nicht bleiben, denn die Entwicklung konstruktivistischer Erkenntnis- und Sozialtheorien hat zu neuen Wegen des Umgangs mit methodologischen Problemen geführt.

1 Die methodologische Problemsicht einer konstruktivistischen Hermeneutik

Methodologisch wird die Hermeneutik bis heute von Hause aus auf das Problem des Verstehens zugeschnitten (vgl. z.B. Jung/Müller-Doohm 1993). Vor diesem Hintergrund mag der Titel des vorliegenden Bandes hohe Erwartungen wecken, verspricht er doch neue Perspektiven im weitgehend brachliegenden Feld methodologischer Diskussionen. Wenn diese Perspektiven unter dem Begriff einer "konstruktivistischen Hermeneutik" zusammengefaßt werden, so ist damit mehr eine *neue Problemstellung* bzw. *Problemsicht* und weniger eine schon ausgearbeitete methodologische Programmatik gemeint. Diese Problemsicht befragt die Möglichkeiten, bewährte methodische Verfahren der Hermeneutik mit aktuellen konstruktivistischen Theorien zu verknüpfen. Damit haben sich einige, in den letzten Jahren eher verstreut vorgelegte Beiträge zum Verhältnis von Systemtheorie und hermeneutischen Verfahren befaßt. Dieses Verhältnis wurde im Hinblick auf die traditionelle Hermeneutik (vgl. Kneer/Nassehi 1991; Schneider 1991), die objektive Hermeneutik (vgl. Bora 1994; Schneider 1995) und die Konversationsanalyse (vgl. Hausendorf 1992; Schneider 1994) diskutiert. Weil die genannten Diskussionen quer zu eingespielten Abgrenzungen theoretischer und methodologischer Positionen in der Soziologie stehen, lassen sie ein beachtliches innovatives Potential erkennen. Der vorliegende Versuch, diese Überlegungen zu bündeln und in einem systematischen Überblick vorzustellen, soll die Konturen des Brückenschlages zwischen Hermeneutik und Systemtheorie deutlich machen. Dabei bleibt durchaus umstritten, wie und mit welchem Gewinn der anvisierte Brückenschlag bewältigt werden kann. Mit dem Begriff "konstruktivistische Hermeneutik" soll vorläufig die Aufgabenstellung bezeichnet werden, die Herausforderungen der Hermeneutik durch verschiedene erkenntnis- und gesellschaftstheoretische Varianten des Konstruktivismus aufzunehmen und produktiv zu verarbeiten.

Die Problemsicht einer konstruktivistischen Hermeneutik kann zunächst sehr allgemein in drei Fragen gefaßt werden, die näher zu erläutern sind:

Die erste Frage einer konstruktivistischen Hermeneutik lautet: Wie sieht der methodologische Standort der Hermeneutik im Rahmen der verschiedenen konstruktivistischen Sichtweisen aus? Der Konstruktivismus ist heute zu einer allgemein akzeptierten Grundlage sozialwissenschaftlichen Denkens geworden. Dabei ist dieser Begriff allerdings sehr weit ausgedehnt worden und umspannt ein weites Feld von erkenntnistheoretischen Positionen. Konstruktivistisch nennt man sowohl Positionen auf der Grundlage von Subjekt-Objekt-Relationen als auch solche, die sich an den Relationen selbstreferentieller Systeme zu ihrer Umwelt orientieren. Dabei ist die Demarkationslinie zwischen - wenn man so will - gemäßigtem und radikalem Konstruktivismus nicht leicht zu ziehen. So berufen sich zum Beispiel viele radikale Konstruktivisten auf die genetische Epistemologie Jean Piagets, die ausdrücklich mit Subjekt-Objekt-Beziehungen arbeitet (vgl. von Glasersfeld 1987; Luhmann 1990, S. 10). In der Selbstdarstellung der unterschiedlichen Positionen steht das Problem im Vordergrund, welcher Status der Realität und der Wirklichkeit in der Erkenntnis zukommt. Gemäßigte konstruktivistische Positionen gehen von einer empirisch zugänglichen, widerständigen Außenwelt aus; radikale konstruktivistische Positionen verweisen auf die selbstreferentielle Operationalität kognitiver Systeme, wobei eine reale Außenwelt nur noch unterstellt werden kann, weil diese prinzipiell unzugänglich bleibt. Der erkenntnistheoretischen Priorität der Beobachtung, wie sie im radikalen Konstruktivismus von Maturana bis Luhmann vertreten wird, fehlt indessen bis heute eine eigenständige methodologische Reflexion. An diesem Mangel wird eine konstruktivistische Hermeneutik nicht vorbeikommen, wenn sie dem Problem der Beobachtung selbstreferentiell geschlossener Systeme zumindest einen gewissen Stellenwert einräumt. Andernfalls droht die Gefahr postmoderner Beliebigkeit. Wenn Beobachtungen nicht in der Umwelt operieren können, ist nach den Möglichkeiten zu fragen, dennoch methodisch kontrolliert zu wahrheitsfähigen Aussagen zu kommen. Dabei ist offenzulegen, nach welchen Kriterien wissenschaftliche Aussagen als wahrheitsfähig ausgezeichnet werden können. Das können Gesichtspunkte der internen Konsistenz, der Anschlußfähigkeit, der intersubjektiven Überprüfbarkeit usw. sein.

Die zweite Frage einer konstruktivistischen Hermeneutik lautet: Wie läßt sich das hermeneutische Problem auf der Grundlage des eingenommenen erkenntnistheoretischen und methodologischen Standortes formulieren und begründen? Der allgemeine Verweis auf die Sinnhaftigkeit sozialwissenschaftlicher Gegenstände kann als einer der wenigen konsensfähigen Ankerpunkte sozialwissenschaftlicher Methodologien gelten. Sinnhaftigkeit markiert den Unterschied sozialwissenschaftlicher Gegenstände zu allen anderen Gegenständen. Der Bereich der sinnhaften Gegenstände umfaßt die Subjekte bzw. psychischen Systeme und die Sozialwelt, nicht aber die natürliche Außenwelt: Die kennt keine Sinnstrukturen. Diese allgemeine objekttheoretische Annahme der Soziologie über ihren Gegenstandsbereich rückt Texte in einem weiten Sinne als Bestimmungsmerkmal soziologischer Untersuchungsgegenstände in den Mittelpunkt. Darauf hat vor allem die objektive Hermeneutik aufmerksam gemacht. Gegenstände kommen immer nur in Form von Texten in den Blick, die sowohl sprachliche als auch nicht-sprachliche Kommunikationsformen von Sinngehalten umfassen. Neben sprachlichen Äußerungen haben wir auch nichtsprachliche Handlungen, Bilder, Musik und andere nichtsprachliche Bedeutungsobjektivationen vor uns. Damit wird die methodologische Frage, wie die Soziologie methodisch kontrolliert zur Sache kommen kann, auf das Problem des Umgangs mit Texten zugeschnitten. Nicht nur die Gegenstände selbst, sondern auch die Regeln des methodischen Zugriffs auf die Gegenstände müssen in eine kommunizierbare Form gebracht werden. Diese Form kann als Text in einem engeren Sinne bezeichnet werden, wobei Text nur die sprachlichen Kommunikationsformen von Sinngehalten umfaßt. Nur im Medium sprachlicher Kommunikation können wir prüfen, wie ein wissenschaftlicher, intersubjektiv überprüfbarer Zugang zur Welt sinnhafter Gegenstände möglich ist. Die sinnhafte Welt und der methodische Zugang zu ihr werden stets in Form von Texten beschrieben und erklärt. Aus diesen Überlegungen heraus läßt sich eine ganz allgemeine Fassung des hermeneutischen Problems formulieren: Wie ist es möglich, methodisch kontrolliert zu wahrheitsfähigen Aussagen über die Sinn- und Bedeutungsgehalte von Texten zu kommen? Insgesamt zielt die zweite Frage darauf ab, die Formulierung des hermeneutischen Problems im Rahmen der unterschiedlichen Möglichkeiten einer konstruktivistischen Hermeneutik zu spezifizieren und zu klären.

Die dritte Frage einer konstruktivistischen Hermeneutik lautet: Wie sieht der Vorschlag zur methodischen Lösung des hermeneutischen Problems aus? Man kann ja mit guten Gründen bezweifeln, ob es überhaupt eine von der Methode konkreter Fallanalysen abgehobene methodologische Geltungsbegründung geben kann. Die Angemessenheit einer Methode und der mit ihr erzielten Ergebnisse resultiert nicht aus einer vorab zu leistenden methodologischen Begründung. Und auch die a posteriori vorgenommene methodologische Reflexion haucht der Methode nicht erst die Regeln der Vorgehensweise ein, sondern rekonstruiert diese nur. Dreht man dieses Verhältnis um, läuft man Gefahr, die empirische Untersuchung mit theoretischen Vorurteilen zu belasten, die nur noch schwer oder überhaupt nicht mehr zu kontrollieren sind. Hier mag auch eine Schwierigkeit liegen, mit der ein explizit methodologisches Thema behaftet ist. Die methodischen Möglichkeiten einer konstruktivistischen Hermeneutik lassen sich nicht abstrakt per methodologischer Geltungsbegründung, sondern nur in der Betrachtung ihrer konkreten Arbeitsweise kritisch beurteilen.

Diese letzte Frage steht nicht im Mittelpunkt des vorliegenden Bandes, auch wenn sich die Artikel von Schneider und Hausendorf konkret um sie drehen und weitere Beiträge zumindest programmatisch darauf Bezug nehmen. Gerade hierzu werden weitere Arbeiten vorzulegen sein, die sich mit der empirischen Umsetzung der Verbindung von Hermeneutik und konstruktivistischer Sozialtheorie beschäftigen. Die beiden ersten der oben genannten Fragen liefern eine grobe Orientierung für die Entstehung des methodologischen Diskussionsfeldes einer konstruktivistischen Hermeneutik. Eine zentrale Grundlage für dieses Diskussionsfeld bildet die Einsicht, daß Beobachten und Verstehen nicht länger gegeneinander ausgespielt werden können.

2 Zur Aufhebung der Differenz von Beobachten und Verstehen

In den methodologischen Debatten hermeneutischer Probleme während der letzten Jahrzehnte spielte die Unterscheidung von Verstehen und Beobachten eine wichtige Rolle. Diese Gegenstellung wurde durch vielfältige Modifikationen hindurch bis heute aufrechterhalten. Auf methodischem Felde stehen sich qualitative und quantitative Verfahren der Sozialforschung gegenüber oder befinden sich, wo dies überwunden werden soll, in einem oftmals ungeklärten Verhältnis zueinander. Auf methodologischer Ebene behaupten verschiedene Spielarten einer sozialwissenschaftlichen Hermeneutik die Priorität des Verstehens und der Teilnahme, wohingegen die Systemtheorie von der Priorität von Beobachtungen und Beschreibungen ausgeht. Dabei geht es allerdings nicht mehr um eine Auseinandersetzung zwischen subjektivistischen und objektivistischen Positionen in der Soziologie (vgl. Giddens 1988, S. 34). Das Verhältnis von Subjekt und Objekt kann nicht mehr als Bezugspunkt eines methodologischen Ordnungsmodells herangezogen werden, seit dieser von der Systemtheorie in System-Umwelt-Relationen aufgelöst wurde. Statt dessen sieht sich die Systemtheorie auf der einen Seite mit dem Vorwurf der Hermeneutik konfrontiert, die Notwendigkeit eines verstehenden Zugangs zu den sinnhaften Gegenständen der Soziologie zu vernachlässigen. Auf der anderen Seite lassen sich aus systemtheoretischer Sicht die Rationalitätsansprüche hermeneutischer Geltungsbegründungen nicht länger aufrechterhalten.

Vor dem Hintergrund dieser Gegenstellung erscheint das Verhältnis von Beobachtung und Verstehen klärungsbedürftig. Die meisten der im vorliegenden Band zur Verhandlung stehenden methodologischen und methodischen Überlegungen gehen zwar von der Annahme aus, daß es nicht länger sinnvoll ist, Verstehen und Beobachten paradigmatisch gegeneinander auszuspielen. Dafür spricht schon eine ganz grundlegende Überlegung: Wenn wir Methodologie betreiben, dann reflektieren wir über die wissenschaftliche Leistungsfähigkeit praktisch angewandter sozialwissenschaftlicher Methoden. Im Falle verstehender Methoden heißt dies: Wir beobachten, wie ein methodisch kontrolliertes Verstehen im Kontext der Wissenschaft aussehen kann. Sonst könnte auch noch die willkürlichste Deutung als sozialwissenschaftliches Verstehen gelten. Auf der anderen Seite bleiben Beobachtungen und Beschreibungen, sollten sie das hermeneutische Problem ignorieren, blind und naiv. Freilich mag es etwa einem Politiker, der wissen will, ob er nächsten Sonntag noch einmal gewählt werden würde, genügen, den schlichten Prozentsatz an Wählerstimmen zur Kenntnis zu nehmen. Aber bereits die Frage der Gründe für dieses Wählerverhalten wäre in dieser Weise nicht mehr zu klären, wie wir den sattsam bekannten Spekulationen nach den Wahlabenden entnehmen können. Die empirischen Daten erweisen sich als kontextabhängig und interpretationsbedürftig. Wir müssen dann verstehen, welchen Sinn die beobachteten und beschriebenen Zusammenhänge machen. Diese Einsichten sind von einer neueren Diskussion aufgenommen worden, die einen Bogen von der traditionellen und der interaktionstheoretisch begründeten Hermeneutik bis zur Systemtheorie schlägt. Sie hat Möglichkeiten aufgezeigt, die Paradigmen des Verstehens und des Beobachtens systematisch miteinander zu verbinden.

Gleichwohl dürfte jedoch die Behauptung, die Differenz von Verstehen und Beobachten müsse überwunden werden, nicht auf ungeteilte Zustimmung treffen. Im Rahmen dieser einleitenden Überlegungen werde ich deshalb, um den nachfolgenden Beiträgen nicht zu sehr vorzugreifen, eher kursorisch und allgemein an die methodologische Unterscheidung von Verstehen und Beobachten erinnern und einige Anhaltspunkte nennen, die eine Überwindung dieser Unterscheidung nahelegen. Ich beziehe mich dabei zunächst auf die handlungstheoretisch begründete Hermeneutik von Jürgen Habermas, die Einsichten der traditionellen philosophischen Hermeneutik für die soziologische Analyse fruchtbar zu machen versucht. Sie steht vor dem Hintergrund des gesellschaftstheoretischen Dualismus von System und Lebenswelt, der im methodologischen Dualismus von Beobachtung und Verstehen seine Entsprechung findet. Habermas hat konsequent an der Unterscheidung von Verstehen und Beobachtung festgehalten und ihr eine dynamisierte, diskurstheoretisch begründete Form gegeben. An dieser Form lassen sich grundlegende methodologische Grenzen der Gegenstellung von Verstehen und Beobachten ablesen. Anschließend werde ich kurz andeuten, wie die Beobachtungstheorie Niklas Luhmanns diese Grenzen übersteigt bzw. auflöst. Diese Option bildet aber, wie verschiedene Beiträge in diesem Band zeigen, nur einen Ausschnitt aus einem Feld von Möglichkeiten, mit denen eine konstruktivistische Hermeneutik die Differenz von Verstehen und Beobachten überwinden kann.

Die traditionelle philosophische Hermeneutik orientiert sich am Problem der Auslegung überlieferter Texte. Der Autor eines solchen überlieferten Textes befindet sich in einem anderen Kultur- und Lebenszusammenhang als der Interpret dieses Textes. Ein Verständnis dieses Textes ist nur durch seine Verknüpfung mit den Kontexten seiner Entstehung möglich. Beim Versuch des Zuganges zu diesen Kontexten bleibt der Interpret in einem gewissen Maße den eigenen Hintergrundgewißheiten verhaftet. Das Problem des Textverständnisses besteht darin, den eigenen und den fremden Horizont einander anzunähern und im Idealfall zur Deckung zu bringen. Der Interpret trägt versuchsweise die eigenen Voraunahmen an den Text heran und verändert diese solange, bis eine sinnvolle, konsistente Deutung dieses Textes vorliegt. Hans-Georg Gadamer spricht von einer Verschmelzung der Horizonte von Autor und Interpreten.

In der Theorie kommunikativen Handelns greift Habermas diese Verbindung hermeneutischer Interpretationen mit den lebensweltlichen Binnenperspektiven der Beteiligten auf. Die Bedeutung symbolischer Äußerungen könne ein Interpret "...nur als virtueller Teilnehmer an dem Verständigungsprozeß der unmittelbar Beteiligten aufklären...". (Habermas 1981, Bd. 1, S. 194) Dabei sei er zwar an das eigene Vorverständnis gebunden, was aber die Gültigkeit seiner Interpretation nicht mindere, weil er auf der Grundlage der Beurteilungskompetenz von Kommunikationsteilnehmern eigene und fremde Lebenswelten aufeinander beziehen und die Bedeutung einer Äußerung als beurteilbaren Sachverhalt rekonstruieren könne. Soziologisch korrespondiert diese methodologische Perspektive mit der Konzeption von Gesellschaft als Lebenswelt. Die verstehende Soziologie erschließt die Lebenswelt als Selbstauslegung der jeweils untersuchten Kultur (vgl. ebda., Bd. 2, S. 223). Gesellschaftliche Integration meint dann ausschließlich Sozialintegration, in der die symbolischen Strukturen der Lebenswelt enthalten sind. Dies geschieht in Prozessen der Handlungskoordination, in denen eine kommunikative Verständigung über unterschiedliche Handlungsorientierungen erzielt wird.

Von diesem aus der lebensweltlichen Binnenperspektive entwickelten Gesellschaftsbegriff unterscheidet Habermas den Begriff der Gesellschaft als von außen beobachtbares System, wobei nun die funktionalen Imperative der Systemintegration in den Blick kommen (vgl. ebda., S. 226f.). Damit ist die nicht-normative Steuerung unkoordinierter subjektiver Einzelentscheidungen gemeint. In dieser Weise funktioniert z.B. der Markt als systemischer Integrationsmechanismus. Mit dem System-Lebenswelt-Dualismus verknüpft Habermas nun allerdings nicht ein einfaches methodologisches Sowohl-als-auch. Vielmehr wird die Vorgängigkeit der hermeneutischen Binnenperspektive behauptet, weil

> "...die Strukturmuster von Handlungssystemen (...) der Beobachtung unzugänglich sind und hermeneutisch, d.h. aus der Innenperspektive von Angehörigen aufgeschlossen werden müssen. Die Entitäten, die aus der

> Außenperspektive eines Beobachters systemtheoretischen Begriffen subsumiert werden sollen, müssen *zuvor* als Lebenswelten sozialer Gruppen identifiziert und in ihren symbolischen Strukturen verstanden worden sein. Aus der Eigengesetzlichkeit der symbolischen Reproduktion der Lebenswelt (...) resultieren nämlich *innere Beschränkungen* für die Reproduktion einer Gesellschaft, die wir von außen nur als grenzerhaltendes System betrachten können." (ebda., S. 227)

Der Vorrang des binnenperspektivischen Verstehens bei der Untersuchung sinnhafter Gegenstände hat nun einige wichtige methodologische Konsequenzen, die Habermas diskurstheoretisch begründet und verdeutlich. Allen Handlungen sind bestimmte Rationalitätsstandards eingebaut, die erschlossen werden müssen, wenn der Sinn und die Bedeutung dieser Handlungen verstanden werden soll. Das sinnstrukturierte Geschehen kann als intersubjektive Koordinationsprozesse im Modell sprachlichen Handelns beschrieben werden. Diese Koordinationen sind *Akte der Verständigung*, die über implizit enthaltene, unterscheidbare Geltungsansprüche und Weltbezüge rekonstruiert werden. Mit jeder Äußerung kann ein Sprecher die Geltungsansprüche der Wahrheit, Richtigkeit und Wahrhaftigkeit erheben, die auf etwas in der objektiven, sozialen und subjektiven Welt Bezug nehmen (vgl. Habermas 1983, S. 148ff.). Soziales Handeln zu verstehen heißt, eine möglichst unverkürzte Vorstellung von den Bedingungen gelingender Verständigung zu entwickeln. Allein die Theorie kommunikativen Handelns, so lautet der Anspruch, leistet eine unverkürzte Analyse der Differenzierung und Integration unterschiedlicher Weltbezüge und der damit verbundenen Geltungsansprüche. Diese Analyse ist deshalb sprachpragmatisch zu entfalten, weil nur im Medium sprachlicher Verständigung die im Handeln implizit vorausgesetzten Weltbezüge und Geltungsansprüche reflexiv werden, nur hier sind sie intersubjektiv überprüfbar.

Die sprachlich hergestellte *Verständigung* wird zum zentralen methodologischen Problem, das mit der Konzeption der *rationalen Rekonstruktion* bearbeitet wird. Die soziologische Forschung selbst wird zu einem Akt der Verständigung zwischen dem vorliegenden Gegenstandsbereich und dem soziologischen Interpreten. Die hermeneutische Annahme, daß soziale Handlungen nicht aus einer objektivierenden *Beobachterperspektive*, sondern nur aus einer performativen *Teilnehmerrolle* zu verstehen sind, führt in einige Schwierigkeiten, wenn nach der Objektivität des Verstehens gefragt wird: Sozialwissenschaftliche Interpretationen können erstens keine privilegierte Stellung gegenüber ihrem Gegenstand mehr beanspruchen. Die Interpreten treten vielmehr mit einem prinzipiell gleichgestellten Gegenstand in Verhandlungen über Bedeutungs- und Geltungsfragen, die an Äußerungen herangetragen werden können. Interpretationen erweisen sich zweitens immer als kontextabhängig. Diese Kontextabhängigkeit läßt sich nicht als ganze auf Distanz bringen und überprüfen. Wer interpretiert, ist immer auch auf Vorgaben angewiesen; dies gilt ebenso für die methodologische Reflexion der interpretativen Methode. Drittens können Interpretationen im Gegensatz zu objektivierenden Beobachtungen nicht einfach wahr sein, ihre Gültigkeit kann der diskursiven Verhandlung nicht entzogen werden (vgl. ebda., S. 35f.). Hermeneutische Rekonstruktionen haben Rationalitätsvoraussetzungen, die offengelegt werden müssen. Insbesondere setzen die aus performativer Einstellung vorgenommenen rationalen Rekonstruktionen des Interpreten eine von allen Seiten geteilte Beurteilungsbasis voraus (vgl. Habermas 1981, Bd. 1, S. 154).

Diese Schwierigkeiten in der Frage der Objektivität des Verstehens zeigen schon an, daß die Diskurstheorie mit der Methodologie der rationalen Rekonstruktion in ein gespanntes und ambivalentes Verhältnis zu ihrem Gegenstandsbereich tritt. Die Diskurstheorie beschreibt mit den Bedingungen gelingender Verständigung jene universellen Regeln, die weder vom Sozialwissenschaftler noch in der alltäglichen Lebenspraxis hintergehbar sein sollen. Sie sollen notwendig den Koordinationsprozessen von Handlungen zugrunde liegen, in denen Sinnstrukturen generiert werden. Diskurstheoretisch kann aber die Behauptung universeller, nicht hintergehbarer Regeln immer nur als eine fallible, prinzipiell revidierbare Hypothese eingeführt werden. Andernfalls würde die Diskurstheorie ihre eigenen Fundamente der wissenschaftlichen Auseinandersetzung entziehen und sich selbst ad absurdum führen. "Die *Gewißheit*", so argumentiert Habermas (1983, S. 107), "mit der wir unser Regelwissen praktizieren, überträgt sich nicht auf die *Wahrheit* von Rekonstruktionsvorschlägen für hypothetisch allgemeine Präsuppositionen; denn diese können wir auf keine andere Weise zur Diskussion stellen als beispielsweise ein Logiker oder ein Linguist seine theoretischen Beschreibungen."

Die Diskurstheorie steht also vor dem erkenntnistheoretischen Problem, ihre eigene Wahrheit und Richtigkeit nicht überprüfen zu können, solange sie selbst die Kriterien der Wahrheit und Richtigkeit enthält. Diese Unsicherheit läßt sich auch methodologisch nicht beseitigen: Wenn die diskurstheoretischen Annahmen auch an konkreten Fällen überprüft werden können, so bilden diese Annahmen dennoch einen blinden Feck, weil sie dem rekonstruktiven Verfahren selbst zugrunde liegen. Die rationale Rekonstruktion kann deshalb als Versuch angesehen werden, eine selbsttragende methodologische Geltungsbegründung zu entwickeln: Zwar lassen nur empirische Fallanalysen erkennen, ob diese Geltungsbegründung mit Erfolg methodisch umgesetzt werden kann. Sie lassen aber nicht erkennen, in welcher Weise im Falle eines Mißerfolgs die methodologische Geltungsbegründung zu modifizieren wäre. Dies ist nämlich wiederum ausschließlich Sache weiterer diskurstheoretischer Begründungsversuche. Welches Maß an Unsicherheit damit der empirischen Forschung eingebaut wird, zeigt gerade jenes Beispiel, das Habermas als Paradefall rationaler Rekonstruktion ansieht: Die Moralforschung von Lawrence Kohlberg. Hier fanden wesentliche forschungsleitende Annahmen keinen empirischen Anhalt (vgl. Sutter 1990).

Die Unsicherheit einer selbsttragenden methodologischen Geltungsbegründung versucht Habermas über das ambivalente Verhältnis von vorkritischen Annahmen und kritisierbaren Geltungsansprüchen in einer Diskurstheorie auszupendeln, die selbst unhintergehbar - und in diesem Sinne metaphysisch - ist und es doch nicht sein will. "Das Moment der Unbedingtheit", so Habermas, "das in den Diskursbegriffen der fehlbaren Wahrheit und Moralität aufbewahrt wird, ist kein Absolutes, allenfalls ein zum kritischen Verfahren verflüssigtes Absolutes. Nur mit diesem Rest von Metaphysik kommen wir gegen die Verklärung der Welt durch metaphysische Wahrheiten an." (Habermas 1988, S. 184) In dieser Weise bleiben die rationalen Rekonstruktionen der Diskurstheorie einer *Grenzgängerstrategie* verhaftet, in der die Kritisierbarkeit von Geltungsansprüchen zirkulär mit vorkritischen Geltungsgründen verklammert wird. Eben dieses Verhältnis ist, wie Ulf Matthiesen notiert hat, in der Komplementarität von kommunikativem Handeln und Lebenswelt angelegt (vgl. Matthiesen 1983). "Das Verfahren des Diskurses", so noch einmal ganz explizit Habermas, "verweist durch die argumentativen Mittel wie durch seine kommunikativen Voraussetzungen auf das existentielle Vorverständigtsein der Teilnehmer in den allgemeinsten Strukturen einer immer schon intersubjektiv geteilten Lebenswelt." (Habermas 1986, S. 313)

Die Frage des erkenntnistheoretischen und methodologischen Status einer Diskurstheorie, die selbst die Kriterien von Wahrheit und Richtigkeit bereitstellt, hat Habermas zumindest Mitte der 80er Jahre noch unschlüssig gelassen (vgl. Habermas 1985, S. 229). Was sich in der Frage der Objektivität des Verstehens schon anbahnte, wird nun vollends deutlich: Die kategorische Trennung von Beobachtung und Verstehen und die Konzeption der hermeneutischen Rekonstruktion aus der Perspektive einer vorgängig geteilten Lebenswelt führt in eine erkenntnistheoretische und methodologische Zirkularität: Verstehen ist nur möglich auf der Grundlage eines Vorverständigtseins mit dem Gegenstand.

Schwierigkeiten wie jene der erkenntnistheoretischen Zirkularität sind mittlerweile vor allem in den konstruktivistischen Theorien, insbesondere der Systemtheorie Luhmanns, bearbeitet worden. Dabei wird das Problem der erkenntnistheoretischen Zirkularität nicht aufgelöst, sondern dynamisiert. Die Pointe liegt dabei in der erkenntnistheoretischen Berücksichtigung der von Habermas vernachlässigten Zeitdimension. Theoretische Reflexionen sind Beobachtungen von Gegenständen und Ereignissen oder von anderen Theorien. Erkenntnisse können dabei nicht länger standortgebunden und zeitenthoben gedacht werden. Die Theorie kann zwar sehen, was ein von ihr beobachteter Beobachter nicht sehen kann. Aber die Theorie kann im Vollzug dieser Beobachtung nicht sehen, wie sie selbst beobachtet. Erst nachher kann sie wiederum beobachten, wie sie vorlaufend beobachtet hat. Anders ausgedrückt: Beobachtungen benötigen Eigenzeit und bleiben deshalb unsicher, d.h. sie führen nicht zu einem zeitenthobenen Wissen (vgl. Luhmann 1990, S. 68ff.). Objektivität kann dann auch nicht mehr an einem Realitätsbezug oder an kommunikationstheoretisch nicht hintergehbaren Geltungsgründen von Erkenntnis ausgerichtet werden. Statt dessen wird das Verhältnis von Beobachtungen erster und zweiter Ordnung in den Mittelpunkt gestellt. Dabei bleiben Objektivitätsansprüche beschränkt. Im Vollzug der Operation sieht ein Beobachter, was er mittels einer Unterscheidung sehen kann, und er sieht nicht, was er nicht sehen kann: Der "blinde Fleck" ist also konstitutiv für die Operation des Beobachtens. Diesen allgemeinen Beschränkungen unterliegt auch die Beobachtung zweiter Ordnung, also auch die erkenntnistheoretischen und methodologischen Reflexionen.

Die Erkenntnistheorie des Beobachtens hat für die Soziologie eine Methodologie zur Konsequenz, die nicht mehr an traditionellen Erklärungsansprüchen ausgerichtet ist. Die Soziologie muß nicht nur auf ontologische Annahmen über ihren Gegenstandsbereich verzichten. Darüber hinaus können wissenschaftliche Aussagen Wahrheit immer nur relativ zu dem jeweils eingenommenen Beobachterstandpunkt beanspruchen. Der Systemtheorie zufolge benötigen Erklärungen dagegen einen privilegierten Ort, von dem aus Ansprüche auf Wahrheit und Sachhaltigkeit erhoben werden können: Auf eine solche Verortung und auf derartige Ansprüche verzichtet die Systemtheorie explizit. Dafür liefert sie ein wissenssoziologisches Argument: Unter den Bedingungen einer funktional ausdifferenzierten Gesellschaft gibt es keine auszeichenbaren Positionen mehr, über die Erklärungen abgesichert werden könnten. Funktionale Ausdifferenzierung führt zu einer azentrischen Gesellschaftsorganisation, die keine privilegierten Beobachterpositionen mehr kennt (vgl. Luhmann 1986). Unter dieser Bedingung steht auch das funktional ausdifferenzierte gesellschaftliche Teilsystem Wissenschaft. Auch wissenschaftliche Beobachtungen sind deshalb stets konkurrierenden Beobachtungen ausgesetzt. Es handelt sich immer nur um eine Möglichkeit unter vielen, die Differenz des Teilsystems Wissenschaft zur Umwelt in unterscheidende Beobachtungen und Beschreibungen umzusetzen: Wissenschaftliche Erkenntnis ist eine beobachterrelative Konstruktion. Damit haben wir zugleich einen stark dynamisierten und in seinen Ansprüchen deutlich abgeschwächten Wahrheitsbegriff vor uns. Es stellt sich die Frage, ob er eine trag- und anschlußfähige Grundlage für eine konstruktivistische Hermeneutik bietet, und in der im vorliegenden Band geführten Diskussion werden unterschiedliche Positionen zu dieser Frage entwickelt.

In Absetzung von der traditionellen philosophischen Hermeneutik, aber unter Beibehaltung der Teilnahmepriorität hat Habermas die Hermeneutik vom Paradigma der Übersetzung auf jenes der Verständigung umgestellt. Diese Möglichkeit bleibt auf die Frage der Geltung von Regeln fixiert, die sozialwissenschaftliche Rekonstruktionen notwendig in Anspruch nehmen müssen. Eine weitere Möglichkeit hat er angedeutet, ohne sie weiter zu verfolgen. "Um den Hexenglauben der Zande befriedigend zu verstehen", so führt er als Beispiel an, "müßte ein moderner Interpret (...) die Lernprozesse nachkonstruieren, die uns von ihnen trennen, und die erklären könnten, worin sich mythisches von modernem Denken in wesentlichen Hinsichten unterscheidet." (Habermas 1981, Bd. 1, S. 194) Wenn wir das so verstehen, daß wir als Interpreten diese Lernprozesse gleichsam im Schnelldurchgang durchlaufen, könnten wir als Modell der methodologischen Klärung sozialwissenschaftlicher Rekonstruktionen dasjenige der Sozialisation heranziehen. Hier wäre nicht mehr die Frage der Regelgeltung, sondern des Erwerbs von Regeln entscheidend. Nicht: Wie explizieren Interpreten jene Regeln, denen sie schon immer folgen? Sondern: Wie haben die Interpreten, wie alle Subjekte in ihrer Ontogenese, einmal jene Regeln erworben, denen sie folgen? Und wie ist es möglich, diese Prozesse des Regelerwerbs methodisch kontrolliert einzusetzen? Die behauptete Teilnahmepriorität würde hintergangen und anhand dieser Frage selbst beobachtbar und einer Rekonstruktion zugänglich. Dies wäre eine Möglichkeit, wie Verstehen beobachtet und Beobachtung verstanden werden kann.

3 Konstruktivistische Hermeneutik: Die Erschließung eines neuen Diskussionsfeldes

Die Überwindung der Differenz von Verstehen und Beobachten bildet ein grundlegendes methodologisches Desiderat einer konstruktivistischen Hermeneutik, für das sich auch in der traditionellen Hermeneutik Anhaltspunkte finden lassen (vgl. dazu v.a. Schneider 1991). Die Eröffnung und Erschließung eines neuen, als konstruktivistische Hermeneutik bezeichneten Diskussionsfeldes wird im vorliegenden Band in drei Teilen vorgestellt. Im *ersten Teil* wird dieses Diskussionsfeld aus einem breiten Spektrum verschiedener Perspektiven heraus abgegrenzt. Dieses Spektrum umfaßt die Dekonstruktion, die Diskursanalyse, Max Webers sinnverstehende Soziologie, die traditionelle und die strukturrekonstruktive Hermeneutik, Luhmanns Systemtheorie sowie die Sozialphänomenologie. Neben den methodologischen Abgrenzungen werden in diesem ersten Teil auch bereits konkrete methodische Positionen (offene Rekonstruktion und hermeneutische Wissenssoziologie) bezogen und dargelegt.

Eine aktuelle, in der Soziologie bislang noch wenig diskutierte methodologische Position bildet die Dekonstruktion, die *Uwe Weisenbacher* im Verhältnis zur Rekonstruktion erörtert. Kann eine konstruktivistische Hermeneutik die in der Soziologie üblichen pauschalen Abgrenzungen gegenüber der Dekonstruktion übernehmen oder liegen nicht vielmehr Anschlüsse vor, die für eine rekonstruktive Vorgehensweise fruchtbar gemacht werden können? Ausgehend von einer Skizzierung des dekonstruktiven Verfahrens Jacques Derridas wird die Gegenstellung von Rekonstruktion und Dekonstruktion in den geistesgeschichtlichen Kontext der Moderne eingebettet. Dabei werden die Gründe deutlich, aus denen die undifferenzierten wechselseitigen Abgrenzungen von Dekonstruktion und Rekonstruktion nicht mehr zeitgemäß sind, da beide als - wenn auch sehr unterschiedliche - Konsequenzen moderner Aufklärungsprozesse verständlich werden. *Weisenbacher* zeichnet die Dekonstruktion als differenztheoretisches Verfahren nach, das auf der Grundlage des linguistisch-kybernetischen Sprachparadigmas Gemeinsamkeiten mit der Systemtheorie aufweist, dabei allerdings eine andere Zielsetzung verfolgt. Gegenläufig ist auch das Verhältnis der Dekonstruktion zum rekonstruktiven Verfahren der objektiven Hermeneutik, insofern beide gegen die Subsumtion an Einzelfällen orientiert sind, diese Orientierung aber ganz unterschiedlich umsetzen. Immerhin, so *Weisenbachers* Fazit, läßt sich die Dekonstruktion in rekonstruktiven Verfahren heuristisch gegen allzu schnelle Festlegungen von Deutungen einsetzen. Darüber hinaus könnte die Dekonstruktion bei der Analyse moderner Ambivalenzen wertvoll sein: Diese Analyse nimmt ebenso wie die Dekonstruktion die Öffnung vormals geschlossener Sinn- und Wissenshorizonte ernst und stellt eine zentrale Aufgabe heutiger theoretischer und methodologischer Reflexionen dar. Der genaue Blick auf die Auseinandersetzung Derridas mit Martin Heidegger zeigt jedoch, daß Dekonstruktion zwar das Problem einer absolutistischen Denklogik offenzulegen, letztlich aber nicht zu überwinden vermag. Es fehlt die Möglichkeit, die veranschlagte Differenz selbst zu rekonstruieren. Dieser Aufgabe stellt sich die Methode der offenen Rekonstruktion, die an Differenz ansetzt, ohne sie zu verabsolutieren. Grundlegend ist dabei die Differenz zwischen der subjektivischen, von einem Ursprung ausgehenden und der relationalen Logik. Offene Rekonstruktion deckt das Verhältnis dieser beiden Logiken in jeweils vorliegenden Texten auf, um so die Denkstrukturen von modernen Subjekten ebenso wie die Strukturen umfassender Diskursformationen einsichtig zu machen, was an einigen Beispielen illustriert wird. Offene Rekonstruktion stellt eine Möglichkeit zur Diskussion, die Stärken differenztheoretischer und rekonstruktiver Verfahrensweisen zu verbinden.

Unter der Fragestellung, wie aus konstruktivistischer Sicht das Verhältnis von Beobachten und Verstehen zu begreifen ist, zieht *Georg Kneer* zwei weitere Abgrenzungslinien einer konstruktivistischen Hermeneutik. Im Mittelpunkt steht Luhmanns Theorie sozialer Systeme, von der aus eine Auseinandersetzung mit der Diskursanalyse Michel Foucaults und der methodologischen Verständigungsthese von Gadamer und Habermas geführt wird. Konvergenzpunkte zwischen Foucault und Luhmann ergeben sich aus der Konzeption von Diskursen und sozialen Systemen, die im Rahmen einer konstruktivistischen Sozialtheorie als eigenständige Ordnungsebene ohne anthropologische und subjektphilosophische Vorgaben untersucht werden. Unterschiede können bezüglich der Allgemeinheit der Theorien, ihrem Verhältnis zu strukturalistischen Annahmen sowie zum Vorgang des Verstehens notiert werden. *Kneers* detaillierte Analyse der kritischen Abwendung Foucaults von der philosophischen Hermeneutik führt zu dem Resultat, daß diese Abwendung selbst grundlegende Denkvoraussetzungen der Hermeneutik teilt, insofern auch sie am Konnex von Verstehen und Verständigung festhält und das Verfahren des Beobachtens dagegen stellt. Auch in der Diskursanalyse wird die Differenz von Beobachten und Verstehen nicht überwunden. Dieses Problem löst dagegen die Systemtheorie, indem sie die Verbindung zwischen Verstehen und Verständigung kappt: Verstehen ist eine spezielle Beobachtungsoperation, die von selbstreferentiellen, sinnverarbeitenden (psychischen und sozialen) Systemen durchgeführt werden kann. Verstehen bleibt stets systemrelativ und damit an die Bedingung geknüpft, daß operationell geschlossene Systeme füreinander intransparent bleiben. Neben der methodologischen Zurückweisung von Gadamers These der Identität von Verstehen und Verständigung kann diese jedoch, wie *Kneer* abschließend verdeutlicht, als kommunikative Strategie reformuliert werden: Die Ablehnung einer Kommunikation kann moderater und anschlußfähiger gestaltet werden, wenn sie als Nichtverstehen behandelt wird. Beobachten läßt sich diese Strategie allerdings nur, wenn die Differenz von Verstehen und Verständigung zugrunde gelegt wird.

Im Diskussionsfeld einer konstruktivistischen Hermeneutik können die Stellenwerte methodologischer und methodischer Überlegungen sicherlich nicht grundlegend gegeneinander ausgespielt werden. Aber man kann doch mit guten Gründen den Schwerpunkt auf den einen oder anderen Aspekt legen, wie die beiden nächsten Beiträge deutlich machen. Mit der Methodologie Webers, die einen zentralen theoriegeschichtlichen Hintergrund des sozialwissenschaftlichen Konstruktivismus bildet, bezieht *Friedhelm Guttandin* eine Position, die jenseits der Alternative freischwebender Theorieentwürfe einerseits und plattem Methodendiktat andererseits auf der Unverzichtbarkeit methodologischer Reflexionen beharrt. Weber bestimmt den Gegenstandsbereich kulturwissenschaftlicher Analysen auf methodologischem Wege. Sein kausallogisch begründetes Bild der sozialen Wirklichkeit als Chaos läßt nur den Weg eines konstruierenden Zugriffs auf Gegenstände offen. Die Gegenstandskonstruktion - hier die Konstruktion des historischen Individuums - muß sich dabei an Wertbeziehungen orientieren, die Ordnung in das Chaos bringen. *Guttandin* ist es weniger um die bekannten erkenntnistheoretischen Aporien des Wertedezisionismus, sondern um Webers Konzeption der Verfahrensweise zu tun, die Verstehen und Erklären kombiniert. Die Bezeichnung dieses Verfahrens als verstehende Soziologie erweist sich als verkürzt, weil sie die zentrale Rolle der Analyse von Kausalbeziehungen aus dem Blick rückt. Entscheidend ist nun, daß Weber den methodologischen Überlegungen keine Methodenlehre folgen läßt, die ein konkretes Vorgehen festlegt, sondern mit der Konstruktion von Idealtypen nur Grundzüge für ein solches Vorgehen umreißt. Materiale Analysen bleiben damit relativ wenig determinierte und deshalb riskante Unternehmungen, die permanent auf der Grundlage verfügbaren Sachwissens und methodologischer Vorgaben kontrolliert werden müssen. Diese Analysen vollziehen einen Prozeß des Komponierens, in dem Begriffe zunächst zu heuristischen Zwecken provisorisch angesetzt und dann schrittweise entlang der untersuchten konkreten Zusammenhänge ausgebildet werden. Den Vorzug der Arbeitsteilung zwischen Methodologie und Methode bei Weber sieht *Guttandin* in der Sicherung eines Gegenstandsbezugs, die umfangreiche Methodendarstellungen in empirischen Untersuchungen überflüssig macht.

Webers Konstruktivismus macht die Offenheit und die unvermeidlichen Risiken qualitativer Forschungsprozesse deutlich, eine Einsicht, die auch in der hermeneutischen Wissenssoziologie konsequent mitgeführt wird. Im Kontext aktueller erkenntnistheoretischer und methodologischer Debatten plädiert *Jo Reichertz* in seiner facettenreichen Diskussion der hermeneutischen Wissenssoziologie aus dieser Einsicht heraus "für das Ende einer Methodologiedebatte bis zur letzten Konsequenz", denn es können, auch ohne die Suche nach letztgültigen Absicherungen fortzusetzen, bewährte methodische Vorkehrungen ins Feld geführt werden, freilich im Sinne von Forschungsempfehlungen und nicht dem von *Guttandin* kritisierten Methodendiktat. *Reichertz* hat vor allem zwei Ziele im Auge: Mit der hermeneutischen Wissenssoziologie steuert er eine erkenntnistheoretische Position zwischen radikalem Konstruktivismus und klassischem Realismus an. Dies geschieht auf dem Wege der Selbstanwendung der Wissenssoziologie auf sich selbst, also entlang der Frage nach den Bedingungen der Möglichkeit von Deutungen. Grundlegend ist dabei die Annahme, daß Wissen und Wirklichkeit sozial konstruiert werden. Gegenstände sind die strukturellen Handlungsprobleme der Individuen und deren Lösung. Die methodischen Vorkehrungen sollen vor allem günstige Bedingungen für abduktive Erkenntnisprozesse bieten, in denen neue Hypothesen generiert werden können. *Reichertz* zeigt auf, in welcher Weise die von ihm dargelegten methodischen Angemessenheitsurteile mit einem sozialen Konstruktivismus verträglich sind, der nicht uneingestanden einen Realismus durch die Hintertür wieder einführt. Dies führt zu einer Konzeption von Intersubjektivität, deren konstruktivistische Anlage in der provokanten Formulierung eines sozialen Solipsismus gipfelt. Er nimmt die Perspektivengebundenheit von Deutungen und Beobachtungen sowie die sich daraus ergebenden, unvermeidlichen Ungenauigkeiten ernst. Diese Probleme lassen sich nicht ein für allemal aus dem Weg räumen, sondern müssen laufend bearbeitet werden. Möglich wird dies durch genaue Beschreibungen der wissenschaftlichen Konstruktionsprozesse, die durch immer wieder neu erzeugten systematischen Zweifel kontrolliert werden. Die sozialtheoretische Position der hermeneutischen Wissenssoziologie, die auf gesellschaftlich individuierten Subjekten als zentralem Gegenstandsbereich der Sozialforschung beharrt, grenzt *Reichertz* gegen die "Metaphysik der Strukturen" in der objektiven Hermeneutik und gegen Luhmanns "Metaphysik der Systeme" ab. Entschieden wird der systemtheoretischen Auflösung der Subjekte widersprochen.

Unter der Frage, aus welchen Gründen Brückenschläge zwischen Hermeneutik und Systemtheorie sinnvoll sein und wie sie bewerkstelligt werden könnten, stehen die Beiträge im *zweiten Teil*. Aufgrund dieser gemeinsamen Fragestellung weisen sie eine höhere wechselseitige Konsistenz als die vorlaufenden Erörterungen auf, beziehen dabei aber unterschiedliche Positionen und setzen unterschiedliche Schwerpunkte, nämlich auf wissenschaftstheoretische, methodologische oder methodische Aspekte. *Armin Nassehi* systematisiert die verschiedenen Positionen zum Verhältnis von Hermeneutik und Systemtheorie: 1) Die Systemtheorie überbietet die Hermeneutik mit einem soziologisch klarer bestimmten Begriff des Verstehens (Überbietungsthese); 2) Es besteht eine Affinität zwischen Hermeneutik und Systemtheorie, die sich gegenseitig befruchten können (Affinitätsthese); 3) Die Systemtheorie weist methodologische Defizite auf, die hermeneutisch behoben werden können (Defizitthese). Er selbst bezieht die erste Position mit dem Ziel, aus systemtheoretischer Sicht eine methodologische und in Grundzügen methodische Richtschnur für ein hermeneutisches Verfahren zu entwickeln. Den Ansatzpunkt bildet die Rekonstruktion des Verstehensbegriffs von Luhmann. Dabei werden zwei Verstehensbegriffe unterschieden und präzisiert: Verstehen als eine Kommunikation mitkonstituierende Selektion und Verstehen als spezifischer Modus der Selbst- und Fremdbeobachtung von Systemen. *Nassehi* schlägt vor, im ersten Fall von operativem und im zweiten Fall von beobachtendem Verstehen zu sprechen. Auf dieser Grundlage prüft er, was Verstehen in einer soziologischen

Hermeneutik bedeuten kann. Als Forschungsgegenstände werden, wie in der objektiven Hermeneutik, zu Texten geronnene Kommunikationen bestimmt und das hermeneutische Verfahren richtet sich auf die Textstrukturen. Anders als die objektive Hermeneutik verzichtet die Systemtheorie allerdings auf die Behauptung allgemeiner objektiver, der sozialen Wirklichkeit vorausliegender Regeln. Dadurch wird ein unverkürzter Blick auf die Entstehung von Strukturen in kommunikativen Prozessen möglich. Die Brennweite dieses Blicks wird durch das Verhältnis von beobachtendem und operativem Verstehen markiert: Die Texte selbst entwickeln ein operatives Verstehen, das wiederum durch beobachtendes Verstehen beobachtet werden kann. *Nassehi* grenzt diese Akte wissenschaftlichen Verstehens sowohl von subjektivem Nachvollziehen als auch von der Möglichkeit ab, objektive Bedeutungen der Texte selbst aufzudecken. Verstehen unterliegt den gleichen Restriktionen wie jedes systemrelative Beobachten; als wissenschaftliche Operation kann es diese Restriktionen nicht überwinden, wohl aber reflektieren und offenlegen. Mit der Systemtheorie kehrt *Nassehi* das von *Reichertz* für die hermeneutische Wissenssoziologie beschriebene Verhältnis von Menschen und Kommunikationen um: Kommunikationen sind nicht Produkte von Subjekten, sondern Menschen sind nur als kommunikative Bezeichnungen (Personen) soziologisch beobachtbar.

Eine Vorreiterrolle im Bau einer Brücke zwischen Systemtheorie und Hermeneutik hat *Wolfgang Ludwig Schneider* gespielt und dabei auf Überschneidungen zwischen der Systemtheorie und der objektiven Hermeneutik sowie der Konversationsanalyse aufmerksam gemacht. In seinem Beitrag demonstriert er mit einer umfangreichen und detaillierten Fallanalyse das konkrete methodische Vorgehen einer systemtheoretisch informierten Hermeneutik. Zunächst faßt *Schneider* noch einmal einerseits die unterschiedlichen Akzentuierungen und andererseits die Kooperationsmöglichkeiten von Systemtheorie, objektiver Hermeneutik und Konversationsanalyse zusammen. Als Gegenstand der Fallanalysen wählt *Schneider* "Struktursicherungsoperationen", mit denen sowohl alltägliche als auch funktionsspezifische Kommunikationen gegen Abweichungen und Störungen geschützt werden können. Gerade an solchen Fällen werden die Struktureigenschaften von Kommunikationen besonders deutlich. Dies wird zunächst im Bereich alltäglicher, konsensorientierter und konfliktärer Kommunikationen dargelegt. Die Strukturmerkmale der Konsensorientierung in alltäglichen Kommunikationen können durch die aufwendige Gestaltung dispräferierter Anschlüsse in Gesprächen sichtbar gemacht werden. Ebenso kann alltägliche Kommunikation aber auch durch Orientierung an Dissens strukturiert sein: *Schneider* rekonstruiert hier einen Fall von Gesprächsstrategien, mit denen bei bestehendem Dissens durch Verwendung von Inkonsistenzen und Andeutungen der Ausbruch eines offenen Konfliktes vermieden werden soll. Es folgt die breite Darstellung einer Fallanalyse funktional spezifizierter Kommunikationen in einer Lehrer-Schüler-Interaktion. Dabei werden sowohl allgemeine Strukturen derartiger Interaktionen als auch fallspezifische Besonderheiten herausgearbeitet. Zunächst werden anhand einer Lehreräußerung die funktionalen Bedeutungen des Meldens der Schüler und des

Aufrufens der Lehrer als Rahmenbedingung einer Struktursicherungsoperation rekonstruiert. Dieser konversationsanalytische Untersuchungsschritt macht die allgemeine schultypische Kommunikationsstruktur sichtbar. Mit objektiv-hermeneutischen Mitteln wird dann der Kontext, d.h. die vorlaufende Interaktionssequenz der Lehreräußerung analysiert. Das interaktive Geschehen rankt sich um den doppelbödig-subversiven Umgang eines Schülers mit seiner institutionell vorgegebenen Rolle. Die Strukturanalyse zeigt auf, wie sich noch in der Inszenierung von Regelverletzungen die Geltung dieser Regeln behauptet. An geeigneten Stellen ziehen die Rekonstruktionen systemtheoretische Überlegungen zu heuristischen Zwecken heran. Der mikroanalytische Blick deckt mittels der Konversationsanalyse typische und mittels der objektiven Hermeneutik fallspezifische Strukturmerkmale auf und verknüpft diese mit systemtheoretisch beschreibbaren makrosoziologischen Aspekten.

Kann man durch prozedurale Vorkehrungen die Sachhaltigkeit von Untersuchungsergebnissen methodisch absichern? Unter dieser Frage diskutiert *Alfons Bora* das Problem, wie im Rahmen einer konstruktivistischen Wissenschaftstheorie rekonstruktive Verfahren beschrieben werden können. Sein Ziel ist es, die Wahrheitskriterien einer konstruktivistischen Wissenschaftstheorie und die sich daraus ergebenden methodologischen Grundsätze zu bestimmen. Zunächst tritt *Bora* dem oft erhobenen Vorwurf entgegen, der Konstruktivismus führe erkenntnistheoretisch letztlich in Relativismus. Wenn man sorgfältig die über Wahrheit codierten Kommunikationen des Wissenschaftssystems von anderen Kommunikationen abgrenzt, läuft dieser Vorwurf systematisch ins Leere. Schwierigkeiten ergeben sich dort, wo diese Abgrenzung aufgeweicht wird. Zum entscheidenden Ansatzpunkt werden damit der Wahrheitsbegriff und die Wahrheitskriterien. Im systemtheoretischen Konstruktivismus, der gegen eine Korrespondenz- und für eine Kohärenztheorie der Wahrheit optiert, können Wahrheitskriterien keinen Maßstab, sondern nur Verfahren festlegen, mit denen wahre von unwahren Sätzen unterschieden werden. Diese prozedurale Wahrheitskriteriologie grenzt sich gegen alle Versuche ab, einen von Verfahren unabhängigen Maßstab für Wahrheit zu bestimmen, was in verschiedenen Methodologien sozialwissenschaftlicher Rekonstruktion mitschwingt. *Bora* zeigt an sozialphänomenologischen Traditionen und an Poppers Kritik einer Theorie des Alltagsverstandes die Probleme auf, die aus solchen Versuchen resultieren: Die Differenz zwischen Beobachtungen erster und zweiter Ordnung wird auf von diesen Theorien nicht weiter einholbare Weise verwischt. Hier geht der systemtheoretische Konstruktivismus zwar konsequenter vor, ohne jedoch bislang eine eigenständige methodologische Position formuliert zu haben. Diese Position beschreibt *Bora* in Verbindung von Systemtheorie und objektiver Hermeneutik. Das Kommunikationssystem Wissenschaft führt Operationen des Verstehens als Beobachtungen erster und zweiter Ordnung aus. Beobachtungen erster Ordnung werden als Interferenzen und Interpenetrationen vollzogen und dienen der Datengewinnung. Mit der objektiven Hermeneutik läßt sich bestimmen, wie textförmig vorliegende Daten einer Zweitbeobachtung unterzogen werden können. *Bora* entwickelt für dieses Verfahren der Rekonstruktion eine Wahrheitskriteriologie, die ausreichende Komplexität und erforderliche Konsistenz als Maß für die Sachhaltigkeit von Zweitbeobachtungen bestimmt. Da Wahrheitskriterien prozedural gefaßt werden, ist mit Sachhaltigkeit eine Stoppregel für hermeneutische Verfahren gemeint. Sachhaltig ist eine Analyse dann, wenn sie zu vorläufigen und anschlußfähigen, den Komplexitäts- und Konsistenzanforderungen genügenden Resultaten geführt hat. Insgesamt vertritt *Boras* Position einer systemtheoretisch informierten Hermeneutik die auch von *Schneider* anvisierte Affinitätsthese, wobei neben den methodologischen auch objektsprachliche Parallelen zwischen Systemtheorie und objektiver Hermeneutik aufgezeigt werden.

Im abschließenden *dritten Teil* des Bandes werden einige wichtige methodische und methodologische Probleme einer konstruktivistischen Hermeneutik diskutiert. In den vorlaufenden Artikeln kam die Konversationsanalyse, die neben der objektiven Hermeneutik als ein weiterer ernsthafter Kandidat für den Brückenschlag zwischen Systemtheorie und Hermeneutik gelten kann, noch vergleichsweise wenig zur Sprache. Diese Lücke füllt *Heiko Hausendorf*, der den Beitrag der Konversationsanalyse zu einer konstruktivistischen Hermeneutik aufzeigt. Dabei wird in einem fortlaufenden Zusammenspiel von methodologischen Überlegungen und einer konkreten Fallanalyse das Verfahren der konstruktivistischen Rekonstruktion vorgestellt. Die methodologische Reflexion der empirischen Analyse soll dabei über die theoretische Konstitution des Gegenstandes aufklären, wobei auch *Hausendorf* im Sinne der Affinitätsthese Möglichkeiten einer wechselseitigen Ergänzung von Systemtheorie und Konversationsanalyse sieht. Während die Stärke der Konversationsanalyse in einer bewährten, eigenständigen Empirie besteht, liefert die Systemtheorie gegenstandstheoretische Reflexionen auf hohem Niveau. Die konstruktivistische Rekonstruktion, die diese Stärken verbindet, wird im Rahmen der Analyse eines Fallbeispiels durchgeführt, in dem sich ein Passant und ein Betrunkener zufällig an einem Kiosk begegnen. In einem ersten Schritt wird das empirische Selbstverständnis konversationsanalytischer Rekonstruktionen demonstriert. Dieses Selbstverständnis verankert sich an den im vorliegenden Text bereits konstituierten Festlegungen, die aufgedeckt werden sollen. Die Gültigkeit von Rekonstruktionen läßt sich deshalb nur textimmanent nachweisen. Die Fallanalyse *Hausendorfs* scheint sich jedoch, wie in einem zweiten Schritt gezeigt wird, vom Text zu entfernen und dadurch Einwänden aus konversationsanalytischer Sicht auszusetzen. Damit rückt das Verhältnis von Konstruktion und Rekonstruktion in den Mittelpunkt. Die Analyse erscheint umso mehr vom Gegenstand losgelöst, als sie das in den Blick nimmt, was im Text nicht explizit verbalisiert, sondern implizit mitkommuniziert wird, wodurch die Beschreibungen an semantischer Tiefenschärfe gewinnen. Der entscheidende und methodologisch zu reflektierende Punkt ist, daß unterschiedliche methodische Akzentuierungen unterschiedliche Konzeptionen des Gegenstandes voraussetzen. Während die Konversationsanalyse eher stillschweigend Annahmen über die Konstitution ihres Gegenstandes mitführt, will *Hausendorf* diese methodologische Enthaltsamkeit durchbrechen: Empirische Analysen sind Konstruktionen eines

Beobachters und im gleichen Zug Rekonstruktionen der Selbstfestlegungen von Kommunikationen. Damit wird dem Mißverständnis vorgebeugt, der konversationsanalytische Gegenstandsbezug sei naiv an Teilnehmerperspektiven oder der Authentizität von Texten orientiert. Konstruktivistische Rekonstruktionen gehen statt dessen von der prinzipiellen Differenz zwischen Gegenstand und Beobachtung aus und bearbeiten diese Differenz als Problem der Weiterentwicklung der eigenen Gegenstandskonstitution.

Die von *Reichertz* gelegten Fäden einer hermeneutischen Wissenssoziologie nimmt *Norbert Schröer* auf und setzt durch die Betonung der Notwendigkeit subjekttheoretischer Grundlagen für soziologische Analysen einen Kontrapunkt zu einer systemtheoretisch informierten Hermeneutik. Im Anschluß an Alfred Schütz kann gesellschaftliche Wirklichkeit nur unter Einbeziehung der alltäglichen Auslegungen des gesellschaftlich vorausgelegten Wissens durch die Subjekte begriffen werden. Subjekte sind sowohl von sozial gegebenen Strukturen determiniert als auch Produzenten der Wandlungen dieser Strukturen. Diese Sicht der strukturanalytischen Handlungstheorie läßt sich unter Rückgriff auf George H. Mead durch die Analyse subjektiver Krisensituationen begründen. Als Kontrastfolie dient dabei der Strukturalismus der objektiven Hermeneutik, der Subjekte den als vorrangig gegebenen sozialen Strukturen unterwirft. Oevermanns Mead-Interpretation entgeht *Schröer* zufolge die Rolle der Subjekte als kreative Krisenbewältiger und damit der handlungstheoretische Kern der Meadschen Sozialtheorie. Die handlungstheoretische Position der hermeneutischen Wissenssoziologie geht von der Bedeutung subjektiver - aber nur teilweise bewußter - Transformationen struktureller Handlungsrahmen aus, was an einem kurzen Fallbeispiel illustriert wird. Anders als in einer Hermeneutik, die sich an der Selbstorganisation von Kommunikationen orientiert, kommt hier der Rekonstruktion subjektiver Handlungsorientierungen ein zentraler Stellenwert in der methodologischen Reflexion zu. Würde auf diese Rekonstruktionen verzichtet, bliebe auch die Erklärung gesellschaftlichen Wandels lückenhaft. Nicht zu vermeiden ist deshalb auch das Auftauchen der bekannten Probleme des Fremdverstehens. Von den methodischen Vorkehrungen gegenüber diesen Problemen, die Oevermanns objektive Hermeneutik vorschlägt, distanziert sich *Schröer*, indem er für die hermeneutische Wissenssoziologie eine andere Forschungslogik reklamiert. Nicht der Determinismus des immer schon Gewußten und Geltenden, sondern das Aufbrechen bestehender und die Generierung neuer Hypothesen spielen die entscheidende Rolle im rekonstruktiven Verfahren. Die Darlegung der methodischen Grundzüge dieses "Konzentrische Erarbeitung des inneren Kontextes" genannten Verfahrens mündet in die methodologische Frage der Gültigkeit der dadurch gewonnenen Ergebnisse. In dieser Frage ist der Sozialforscher auf Unterstellungen von Intersubjektivität angewiesen, die weniger anspruchsvoll als umfassende Maßgaben der Objektivität sind. Diese Unterstellungen können in wissenschaftliche Diskurse eingespeist und anhand von Reaktionen auf ihre Tragfähigkeit geprüft werden.

Daß eine konstruktivistische Hermeneutik ein offenes Diskussionsfeld bildet, auf dem es künftig noch viel zu bearbeiten gibt, schlägt sich auch darin nieder, daß dieser Band nicht durch einen bilanzierenden Artikel abgeschlossen wird. *Mein eigener Beitrag* nimmt unter konstitutionstheoretischen Fragestellungen die Brückenschläge zwischen Systemtheorie und Hermeneutik auf. Im Hinblick auf die - auch in diesem Band - an der objektiven Hermeneutik geübten Kritik wird zunächst deren ambivalente Stellung zu einer konstruktivistischen Hermeneutik beschrieben. Berechtigt erscheint auf der einen Seite die Kritik an der deterministischen Sozialtheorie der objektiven Hermeneutik, die auf eine Regelontologie hinausläuft. Diese Regelontologie kann für den Versuch einer selbsttragenden Geltungsbegründung hermeneutischer Rekonstruktionen eingesetzt werden: Rekonstruktionen nehmen in ihrer Geltung nicht kritisierbare Regeln in Anspruch, die zugleich ihren Gegenstand konstituieren. Diese Zirkularität wird durch die regelontologische Grundlegung stillgestellt, anstatt wie in konstruktivistischen Reflexionen dynamisiert und weiter bearbeitet werden zu können. Auf der anderen Seite setzt die Methode der objektiven Hermeneutik diesen sozialtheoretischen Determinismus keineswegs voraus, sondern verfährt im Gegenteil konstruktivistisch und kann deshalb darauf verzichten. Als Alternative zu diesem Determinismus bietet sich die konstitutionstheoretische Frage nach den Vorgaben einer konstruktivistischen Hermeneutik an, die im Modell der Sozialisation expliziert werden können. Im Anschluß an die Systemtheorie kommt dabei die Systembildung unter den Bedingungen doppelter Kontingenz in den Blick. Mit dem Problem der doppelten Kontingenz können die Bedingungen von Konstruktions- und Rekonstruktionsprozessen beschrieben werden. Die Systemtheorie lagert diesen Prozessen Sinn als Medium vor, dessen Konstitution ein offenes Problem bleibt, das aber konstitutionstheoretisch im Bereich der frühen Ontogenese weiter aufgeklärt werden kann. Unter dem Bezugsproblem doppelter Kontingenz können weiterhin die Restriktionen methodisch kontrollierter Verstehensleistungen verdeutlicht werden, die mit einem anspruchsvollen Begriff von Intersubjektivität nicht vereinbar sind. Aus dieser Sicht ebenso wie auf der von *Schneider* und *Bora* vorgezeichneten Linie erscheint die objektive Hermeneutik als an die Systemtheorie anschließbare konstruktivistische Methode. Jenseits einer deterministischen Sozialtheorie läßt sich das methodologische Problem der Zirkularität einer konstruktivistischen Hermeneutik aus konstitutionstheoretischer Sicht weiter bearbeiten.

Die in diesem Band vorgestellten neuen Versuche, mit methodologischen Problemen umzugehen, sprechen keine einheitliche Sprache. Das kann bei einer Unternehmung auch nicht intendiert sein, die auf der Suche nach aussichtsreichen Möglichkeiten ist, Bezüge zwischen aktuellen Entwicklungen konstruktivistischer Sozialtheorie und Hermeneutik herzustellen. Hier geht es mehr um spannungsreiche und spannende Positionen, die bislang eingespielte Gegenstellungen aufbrechen, als um eine in sich stimmige methodologische Programmatik einer konstruktivistischen Hermeneutik. Solch eine Programmatik haben jedoch einige Beiträge im vorliegenden Band durchaus im Visier. Umrisse dieser Programmatik zeichnen sich bereits deutlich ab, und wenn auch die jungen Pflanzen auf dem Diskussionsfeld einer konstruktivistischen Hermeneutik noch nicht in den Himmel schießen, so kann man doch mit berechtigten Hoffnungen ihrem weiteren Gedeihen entgegensehen.

Literatur:

Bora, Alfons (1994): Konstruktion und Rekonstruktion. Zum Verhältnis von Systemtheorie und objektiver Hermeneutik. In: Gebhard Rusch & Siegfried J. Schmidt (Hg.): Konstruktivismus und Sozialtheorie. DELFIN 1993. Frankfurt/M., S. 282-330.

Glasersfeld, Ernst von (1987): Wissen, Sprache, Wirklichkeit. Braunschweig/Wiesbaden.

Giddens, Anthony (1988): Die Konstitution der Gesellschaft. Frankfurt/M./New York.

Habermas, Jürgen (1981): Theorie des kommunikativen Handelns. 2 Bde. Frankfurt/M.

Habermas, Jürgen (1983): Moralbewußtsein und kommunikatives Handeln. Frankfurt/M.

Habermas, Jürgen (1985): Die Neue Unübersichtlichkeit. Frankfurt/M.

Habermas, Jürgen (1986): Gerechtigkeit und Solidarität. Eine Stellungnahme zur Diskussion über "Stufe 6". In: Wolfgang Edelstein & Gertrud Nunner-Winkler (Hg.): Zur Bestimmung der Moral. Philosophische und sozialwissenschaftliche Beiträge zur Moralforschung. Frankfurt/M., S. 291-318.

Habermas, Jürgen (1988): Nachmetaphysisches Denken. Frankfurt/M.

Hausendorf, Heiko (1992): Das Gespräch als selbstreferentielles System. Ein Beitrag zum empirischen Konstruktivismus der ethnomethodologischen Konversationsanalyse. ZfS, Jg. 21, Heft 2, S. 83-95.

Jung, Thomas; Müller-Doohm, Stefan (Hg.) (1993): "Wirklichkeit" im Deutungsprozeß. Verstehen und Methoden in den Kultur- und Sozialwissenschaften. Frankfurt/M.

Kneer, Georg; Nassehi, Armin (1991): Verstehen des Verstehens. Eine systemtheoretische Revision der Hermeneutik. ZfS, Jg. 20, Heft 5, S. 341-356.

Luhmann, Niklas (1986): Ökologische Kommunikation. Kann die moderne Gesellschaft sich auf ökologische Gefährdungen einstellen? Opladen.

Luhmann, Niklas (1990): Soziologische Aufklärung, Bd. 5: Konstruktivistische Perspektiven. Opladen.

Luhmann, Niklas (1990a): Die Wissenschaft der Gesellschaft. Frankfurt/M.

Matthiesen, Ulf (1983): Das Dickicht der Lebenswelt und die Theorie kommunikativen Handelns. München.

Schneider, Wolfgang Ludwig (1991): Objektives Verstehen. Rekonstruktion eines Paradigmas: Gadamer, Popper, Toulmin, Luhmann. Opladen.

Schneider, Wolfgang Ludwig (1994): Die Beobachtung von Kommunikation. Zur kommunikativen Konstruktion sozialen Handelns. Opladen.

Schneider, Wolfgang Ludwig (1995): Objektive Hermeneutik als Forschungsmethode der Systemtheorie. Soziale Systeme, Jg. 1, Heft 1, S. 129-152.

Sutter, Tilmann (1990): Moral aus der Perspektive der Amoral. Pfaffenweiler.

Abgrenzungen einer konstruktivistischen Hermeneutik

Uwe Weisenbacher

Rekonstruktion und Dekonstruktion[1]

Es wird im folgenden zum einen um die Gegenlage von Rekonstruktion und Dekonstruktion und zum anderen um die Darstellung eines rekonstruktiven Versuches gehen. Warum sollen wir uns mit der genannten Gegenlage überhaupt beschäftigen? Von Rekonstruktion wird im Laufe dieser Tagung doch noch in sehr verschiedener Weise die Rede sein; und wenn ich es richtig sehe, dann ist die Antwort auf die Frage nach der grundlegenden Vorgehensweise in der Soziologie mit dem Titel der Tagung, *Konstruktivistische Hermeneutik* nämlich, genaugenommen bereits erfolgt: Soziologie ist auf die Rekonstruktion von sinnhaften Konstrukten angewiesen, es kommt lediglich darauf an, wie dies theoretisch und methodologisch genau zu verstehen ist. Wozu sich also mit dieser Merkwürdigkeit namens "Dekonstruktion" befassen, die vornehmlich in philosophischen, literaturwissenschaftlichen und zunehmend auch in feministischen Kontexten auftaucht, und die seitens der Soziologie in aller Regel ohne viel Federlesens als gefährlich oder zumindestens als unbrauchbar abgewiesen wird?

Ich denke, man muß sich aus zwei Gründen damit auseinandersetzen. Der erste: Es ist selbstverständlich kein wissenschaftliches Argument, gegen "die" Dekonstruktion zu sein, wie dies ja anfangs auch eine verbreitete Einstellung gegen die Foucaultsche Diskursanalyse war - und man ironischerweise inzwischen kaum noch übersehen kann, wo und wie überall damit gearbeitet wird; wir brauchen diesseits der Bekenntnisse gegen oder für Dekonstruktion also ganz einfach sozialwissenschaftliche Klärungen. Der zweite Grund: Eine Analyse der Gegenlage von Rekonstruktion und Dekonstruktion kann einige Problemstellungen zutage fördern, die zum einen die eigene methodologische Arbeit anregen können und zum anderen auch die Einschätzung neuerer Theorieversuche ermöglichen, die im Soge dekonstruktiver Überlegungen unter Titeln wie *The end of sociological theory* (Steven Seidman) als Kritik am Fundamentalismus der älteren soziologischen Theorie zum Tragen kommen. Im Rahmen

---

1 Anmerkung des Herausgebers: Aus den im Vorwort genannten Gründen handelt es sich bei diesem Beitrag um eine *leicht überarbeitete* Version eines Vortrages, den Uwe Weisenbacher auf der Tagung "Die Beobachtung verstehen, das Verstehen beobachten. Perspektiven einer konstruktivistischen Hermeneutik" vom 28. bis 29. September 1995 am Institut für Soziologie der Universität Hamburg gehalten hat. Ich habe den Text, soweit mir dies möglich war, um einige Literaturhinweise ergänzt.

dieses Vortrages werde ich die Auseinandersetzung allerdings an den methodologischen Problemen orientieren.

Beginnen werde ich mit einer Skizze des dekonstruktiven Verfahrens Jacques Derridas (I), an die Überlegungen zur kontextuellen Einbettung und zur Kritik dieses Verfahrens anschließen (II). An einem für Derrida selbst hochbedeutsamen Beispiel - nämlich seiner Heideggerlektüre - wird gezeigt, was dieses Verfahren leisten kann, und inwiefern es für eine Analyse spezifisch moderner, d.h. ambivalenter Texte nicht hinreicht (III). Danach möchte ich zeigen, wie offene Rekonstruktionen möglich sind, die an solche Texte heranreichen (IV).

I.

Obwohl sich bezüglich der Dekonstruktion die Diskussionskontexte erweitert und auch verschoben haben - im Mittelpunkt des Interesses stehen derzeit Judith Butlers Dekonstruktion der sex/ gender - und entsprechend der Natur/ Kultur - Differenz -, bleibt es doch unverzichtbar, zur Klärung der Gegenlage von Rekonstruktion und Dekonstruktion auf die Arbeiten Jacques Derridas zurückzugreifen. Denn seit einigen Jahren ist, wo immer es in den Wissenschaften um Texte und deren Interpretation geht, jenes differenztheoretische Verfahren der Dekonstruktion in aller Munde, das entscheidend von ihm geprägt und formuliert wurde. Derrida, der sich stark von Heideggers Versuch einer "Destruktion" der Metaphysik inspirieren ließ, ist getragen vom Wunsch, die als totalitär begriffene identitätslogische Metaphysik der Präsenz des abendländischen Logozentrismus aufzubrechen - und hierbei zielt er insbesondere auf die an "einer" eindeutigen Wahrheit und an "einer" verbindlichen Rationalität haftenden philosophischen Denksysteme, worunter er auch die allgemeine wissenschaftliche Tätigkeit faßt. Um dies leisten zu können, wandte sich Derrida der Strategie differierender Dekonstruktion zu. "Strategie" ist hier nicht zufällig gewählt: Derrida begreift seine Vorgehensweise entscheidenderweise keinesfalls als verallgemeinerungsfähige Methode, sondern als eine auf je konkrete Einzelfälle bezogene und jeweils anders prozedierende strategische Geste. Die konkrete Dekonstruktion erfolgt dann als Versuch, das sozusagen "normale", Eindeutigkeit reklamierende, wiederholende Lesen des einen geschriebenen Sinnes zu hintergehen, indem die korrespondierenden Nachweise der Unmöglichkeit einer einsehbaren Originalität und der Möglichkeit vervielfältigender Interpretationen aufgeboten werden; dies geschieht mit dem Mittel der lektüreabhängigen, nachträglichen Sinnverschiebung. Derrida hat seine Lektürestrategie an unzähligen geistesgeschichtlichen Texten, aber auch ausgehend von einzelnen Fragen - wie z.B. dem Verhältnis von Recht und Gerechtigkeit (vgl. Derrida 1991) - vorgeführt.

Als Gegenstand der jeweiligen Dekonstruktion wird dabei vor aller konkreten Arbeit ein totalisierter Textbegriff formiert, der einen schwindlig werden läßt: Es gibt kein Außerhalb des Textes (vgl. Derrida 1983, S. 274ff.). "Die Rede ist ein Text, die Geste ist ein Text, die Realität ist ein Text (...)", sagt Derrida - und zugleich: "Der Text ist kein Zentrum. Der Text ist diese Offenheit ohne Grenzen der differentiellen Verweisung." Bei Derrida enthält der totalisierte Text alle seine Kontexte, und er fügt hinzu: "Entsprechend den Kontexten kann man dann die Regeln der Dekonstruktion gewinnen, relative Regeln, die eine relative Allgemeinheit haben (...)". Mit anderen Worten: Es gibt keine universelle Methodologie der Dekonstruktion; es gibt lediglich so etwas wie ein bewegliches, sich in je anderen Kontexten ergehendes *Zerlesehandeln.*

Die Frage: Wozu das alles?, drängt sich spätestens hier vollends auf. Eine Antwort findet sich, wenn man berücksichtigt, daß Derridas Nicht-Methodologie nicht zuletzt ein Verfahren sein soll, das auf eine von Theodor W. Adorno in der Negativen Dialektik skizzierte Problemlage, nämlich bei begrifflichem Vorgehen immer identifizierend die Sache subsumieren zu müssen, reagiert.

Das dekonstruktive Verfahren zieht - ebenso wie die Verfahren der intertextuellen Semiotik - mit einer geradezu gnadenlosen Konsequenz autorfixierten Geschlossenheiten, eindeutigen Referenzen und dauerhaften, zentrierten Strukturen den Boden weg. Nicht die Frage nach dem zugrundeliegenden Sinn des Textes wird gestellt, sondern am Text und im Text eine ethische Operation vollzogen: Was zunächst totalisierend erschlagen wird - und wie Derrida unterstellt: wie jede wissenschaftlich universell angewendete Methode dies immer tut -, das wird dekonstruktiv freigestellt und vielen Lesarten und möglichen Kontexten geöffnet. Dies ist der entschiedene Versuch, die v.a. von Lévinas erarbeitete Ethik der Differenz, der unbedingte Respekt vor der nicht zu tilgenden Andersheit des Anderen, in Texttheorie und Lektürestrategie zu überführen. Verzichtet wird damit auf Belegverfahren, verzichtet wird damit selbstverständlich auch auf Geltungsansprüche, vertraut wird einzig und allein auf die rhetorisch gelungene Darstellung der textöffnenden Lektürestrategie.

II.

Radikale Infragestellungen *aller* erkenntnistheoretischen und methodologischen Fundamente - und hierum handelt es sich also implizit bei der Dekonstruktion - weisen schlicht auf die Notwendigkeit hin, die Methode der Rekonstruktion nicht als von vornherein unumstrittene Via regia anzusehen, sondern auf ihre Möglichkeits- und Funktionsbedingungen hin zu befragen. Aus dekonstruktiver Sicht stellt sich jede Rekonstruktion - und hier wird fatalerweise nicht differenziert - als ein unzureichendes Verfahren dar, das hermeneutisch auf ein transzendentales Signifikat, eben einen zu rekonstruierenden "tiefen" Sinn hinter den Texten, fixiert bleibt; jede Rekonstruktion auch führe zwingend, wenn sie sich theoretisch verorte, sowohl eine teleologische Fixierung an eine metaphysische Geschichtsphilosophie mit sich als auch den Terror eines alle anderen Lesarten, Zugänge und Darstellungsweisen ausschließenden Systems "richtiger" und endgültiger Interpretationen. Insgesamt laufen die Zuweisungen Derridas so, daß - und hier treffen sich seine Vorstellungen mit den von Michel Foucault in der *Ordnung des Diskurses* paradigmatisch formulierten differenztheoretischen Entscheidungen - mehrere Umstellungen erfolgen: Rekonstruktionen liefen über begründende Subjekte, teleologische Sinnkontinuitäten und dem angstgeleiteten Begehren nach Identität, Bedeutung und Konsens; dem habe die Dekonstruktion zu entkommen durch: den radikalen Vorrang des Textes in seiner signifikanten Materialität vor den Subjekten (für Derrida heißt das präzise: Denken vom Vorrang der Schrift), das Setzen auf Diskontinuität und Differenz, das Insistieren auf Dissens als "Normal"fall divergierender Lektüren.

Zur Forderung nach solchen Umstellungen ist zunächst zu sagen, daß Soziologie, die mit der Konstitution sozialer Prozesse befaßt ist, seit dem 19. Jahrhundert reklamiert, diese Prozesse sachhaltig rekonstruieren zu können und dabei gerade nicht in die metaphysische Logik des Begründens zurückfallen zu müssen: Das war das Versprechen am Anfang der Soziologie, das, bezogen auf den Verlauf der Geschichte, mit dem Werk von Karl Marx verbunden ist. Gegen scheinbar unbefragbare Selbstverständlichkeiten, gegen absolutistische Versuche, die Welt projektiv oder dezisionistisch lediglich "irgendwie" auszudeuten, sollte versucht werden, eine soziologisch aufgeklärte Theorieform zu etablieren: rekonstruktive Konstitutionstheorie. Gegenwärtig scheint diese theoretische Unternehmung mehr und mehr ins Stocken zu geraten. Insbesondere die Herausforderungen des dekonstruktiven Poststrukturalismus und der neueren Systemtheorie setzen derzeit den rekonstruktiv orientierten Entwürfen zu. Gemeinsam erinnern diese differenztheoretischen Bemühungen an ungeklärte identitätslogisch-dialektische und normative Versatzstücke der bisherigen rekonstruktiven Konstitutionstheorie. Darüber hinaus bietet die elaborierte Systemtheorie ein konkurrierendes und schlichtweg "alles" umfassendes Modell an, und die poststrukturalistischen Anstrengungen zielen mit zunehmendem Erfolg auf die Subversion aller herkömmlichen Geltungsansprüche. Dadurch sind rekonstruktive Ansätze in eine eher defensive Lage geraten, die v.a. darin ihren Ausdruck findet, daß - während sich im 20. Jahrhundert weite Bereiche der modernen Sozialwissenschaften ganz dem linguistisch-synchronischen Paradigma der Zeichenzirkulation überantworten - das rekonstruktive Festhalten an den diachronischen Paradigmata der Sozialisation und der Geschichte allmählich eine Skurrilität zu werden droht.

Was nun allerdings die Methodologie der Rekonstruktion anbelangt, so darf gegen den dekonstruktiven Pauschalverdacht festgestellt werden, daß in den letzten Jahrzehnten - in Auseinandersetzung mit den unbewältigten konstitutionstheoretischen Anfängen bei Marx und der Sichtung des Genetischen Strukturalismus Jean Piagets - unzählige Projekte initiiert wurden, um den Problemen einer eventuell zu teleologischen Sozialisations- und Geschichtsverläufen führenden rekonstruktiven Sozialwissenschaft zu begegnen; dies geschah sowohl in erkenntnistheoretischer als auch in methodologischer Hinsicht.[2] So hat beispielsweise Ulrich Oevermann im Zusammenhang mit der Rekonstruktion von Bildungsprozessen eine Methodologie der Objektiven Hermeneutik entwickelt, die beansprucht, Rekonstruktion von bloß theoriegeleiteter Sub-

2 Vgl. dazu die Arbeiten von Günter Dux, Jürgen Habermas, Max Miller und Ulrich Oevermann.

sumtion trennen zu können; auf die Frage, ob und inwiefern ihm das gelungen ist, werden wir ja in anderen Beiträgen hier vermutlich noch ausführlich zu sprechen kommen.

Rekonstruktion als Methode ist jedenfalls in hohem Maße reflexiv geworden, ist gegenwärtig keinesfalls eine monolithische, unumstritten vorgegebene Vorgehensweise, die automatisch in der einen und ausschließlichen Sinnkontinuität enden muß. Der Prozeß der rekonstruktiven Ausdifferenzierung führte insgesamt zu einem klareren Methodenbewußtsein. Gegen etwaige Anstrengungen, das nachmetaphysisch mögliche Wissen nochmals zum absoluten Wissen aufzubauschen, wird sich deshalb soziologische Theorie mit rekonstruktiven Mitteln inzwischen ebenso wenden können, wie das auf andere Weise mit einem dekonstruierenden Vorgehen geschehen kann.

Wie hat man dann aber rekonstruktiv zu verstehen, daß Dekonstruktionen im 20. Jahrhundert möglich wurden - wenn man ihre Vorzüge und Nachteile abwägen und ihre Verbindungs- und Differenzlinien zu anderen Verfahrensweisen begreifen und sie eben nicht einfach pauschal verwerfen will?

Zunächst gilt es dann zu sehen, daß sich im 20. Jahrhundert insgesamt - nicht nur in den Sozialwissenschaften - ein Diskurswechsel vollzogen hat, der auf seiten der rekonstruktiven Bemühungen kaum thematisiert wird, weil die Konzentration auf die durchgängige Überfolie der Moderne hier bislang nahezu ausschließliches Thema ist, wohingegen das intensive Einlassen auf diesen Diskurswechsel kennzeichnend ist für poststrukturalistisch-dekonstruktive und auch für systemtheoretische Erwägungen sowie für postmodern-kulturelle Bewegungen. Allgemein gesprochen handelt es sich um einen *Übergang von einem Denken vom Vorrang der Produktion und Identität (im 19. Jahrhundert) zu einem Denken vom Vorrang der Zirkulation und Differenz (im 20. Jahrhundert).* Dieser Diskurswechsel findet *innerhalb* der Moderne statt; er ist an die spezifische Wahrnehmung einer historisch entstandenen Problemlage gebunden, die folgendermaßen skizziert werden kann: Moderne Gesellschaften lassen sich als Prozeß der Relationierung und Ausdifferenzierung traditionaler Selbstverständlichkeiten verstehen. Die damit einhergehende Auflösung objektiver Fixpunkte - das Verschwinden des an sich Gültigen - ist seit langem in Kunst und Wissenschaft zentrales Thema. Im Verlauf des 20. Jahrhunderts beschleunigt sich diese Dezentrierung festgefügter Identitäten; nichts scheint gegenwärtig diesem Übergang von eindeutigen Sinnkontinuitäten zur entfesselten Drift der Kontingenzen zu entgehen: weder Geschichte noch Subjekte, weder Rationalität noch Moral. Was gegen diesen Lauf als Rest bleibt, findet sich als teils widerständiges, teils poietisches Bestehen auf Authentizität an der Grenze des Begrifflichen angesiedelt. In diesem gesamten Prozeß spielt die Verallgemeinerung der medialen Form - als *der* Bedingungskonstellation spätestens des 20. Jahrhunderts - eine kaum zu überschätzende Rolle.

In unserem Jahrhundert der beschleunigenden Ausdifferenzierung fällt es denn auch zunehmend schwer, sich vorzustellen, daß die gesteigerte gesellschaftliche Komplexität und die gleichzeitige Auflösung des Realen im Rahmen soziologischer Theorie und Methodologie noch angemessen bearbeitet werden könnten.

So ist es nicht verwunderlich, daß nur in wenigen rekonstruktiven Zugangsversuchen, die auf das Subjekt verpflichtet bleiben, die Dynamik gesteigerter Fixpunktlosigkeit als zentrale Aufgabe begriffen und umgesetzt wurde. Ganz anders im dekonstruktiven Poststrukturalismus und in der Systemtheorie: Hier wird der Verlauf des 20. Jahrhunderts - interpretiert als Übergang zu unausweichlichen epistemologischen Paradoxien vor dem Hintergrund alles vernetzender Kommunikationstechnologien - geradezu als eine Aufforderung verstanden, sich nicht länger dem dialektischen Erwerbsprozeß von Subjekt einerseits und Objekt andererseits und damit einem realen Außen als notwendiger Bedingung der Möglichkeit von Erkenntnis zu widmen, sondern das Zwischen, die Grenze zwischen dem, was herkömmlicherweise das Subjekt-Objekt-Verhältnis benannt wurde, in den Blick zu nehmen; es wird m.a.W. versucht, radikal vom Vorrang des Symbolischen, der Medien, der Zeichen her zu denken. Im realen Draußen, das prinzipiell unerkennbar bleibt, herrscht Kontingenz. Erklärungstheoretisch wird somit die symbolisch generierte Grenze zwischen vormaligem Subjekt und Objekt das Problem, eine Grenze, die nicht das Äußere mit dem Inneren dialektisch vermittelt, sondern eine, die selbst Medium und Zeichen ist, und die eine letztlich unüberbrückbare Differenz zum Realen markiert. Gedacht wird vom Vorrang der Medien, der Texte und der Kommunikation - und entscheidenderweise nicht mehr von deren Genese, sondern von der prinzipiell arbiträren und konventionellen Zirkulation der Zeichen her. Die Texte zwischen Subjekt und Welt stehen ab sofort im Mittelpunkt des Interesses. *Die* Themen des 20. Jahrhunderts werden Kommunikation und Sprache, und zwar so, daß die Bedeutenden, die Signifikanten fortan im Zentrum stehen und nicht länger das Bedeutete, das Signifikat.

Friedrich Nietzsche, der Philologe unter den Philosophen, der früh schon mit einer Schreibmaschine arbeitete und dabei auf die Materialität der Zeichen aufmerksam wurde, hatte diesen Übergang bereits antizipiert:

> "Das 'Ding an sich' widersinnig. Wenn ich alle Relationen, alle 'Eigenschaften', alle 'Tätigkeiten' eines Dinges wegdenke, so bleibt nicht das Ding übrig: weil Dingheit erst von uns hinzufingiert ist aus logischen Bedürfnissen, also zum Zweck der Bezeichnung, der Verständigung (zur Bindung jener Vielheit von Relationen, Eigenschaften, Tätigkeiten)." (Nietzsche 1976, III, S. 563) "Nicht 'erkennen', sondern schematisieren, - dem Chaos so viel Regularität und Formen auferlegen, als es unserem praktischen Bedürfnis genugtut." (ebda., S. 729) "Subjekt, Objekt, ein Täter zum Tun, das Tun und das, was er tut, gesondert: vergessen wir nicht, daß dies eine bloße Semiotik und nichts Reales bezeichnet." (ebda., S. 777)

Alles taucht hier bereits auf, was über den synchronisch-linguistischen Strukturalismus hin zum dekonstruktiven Poststrukturalismus und zur poststrukturalistischen Medientheorie führte: die Vertextung des Außen trifft keine Realität an sich, sie ist ein konventionelles Konstrukt derselben. Die Zeichen geraten in Bewegung, in ihrer Zirkulation fabrizieren letztlich sie - und nicht länger erkennende Autoren - das Wissen. Alle begrifflichen Konzeptionen der Dialektik stürzen bei Nietzsche ins Nichts: kein Subjekt, das sich an Außenwelt abarbeitet, kein reales Objekt, von dem sachhaltiges Wissen zu erwerben wäre.

Damit ist das konstruktivistische Problem im Diskurswechsel vom 19. ins 20. Jahrhundert zwar *be*zeichnet, aber nicht erklärt: Ins 20. Jahrhundert hinein führt die Schneise des Zeichens, hier gehen die Signifikantenketten allem Wißbaren voraus.

Nun muß aber sorgsam bedacht werden, daß dieser Umbruch nicht auf den abstraktiven Höhen der Theorie erfunden, sondern daß hier *ver*zeichnet wurde, was als allgemeine gesellschaftliche Ausdifferenzierung, Mobilität und Zirkulation in der Neuzeit bereits seit ihrem Beginn angelaufen war; differente Schnitte, die in der Moderne aufgrund immenser Beschleunigungseffekte - insbesondere über großstädtische Erfahrungen, Fluktuation am Arbeitsmarkt und Entstehung und Gebrauch technischer Medien - als Kontingenzerfahrung zur intensiven Reflexion drängten: Moderne Subjekte erfahren allmählich alles als prinzipiell tausch- und veränderbar - und in erster Linie sich selbst. Dabei begleitet sie zunehmend die lastende Vermutung, daß sie weniger prinzipielle Gestalter der aufbrechenden Kontingenz, vielmehr Nachrangige vielschichtiger Bedingungen sind. Sich einerseits vielfach bedingt zu sehen (historisch und biographisch) und sich andererseits permanent der Kontingenz stellen zu müssen: das wird zum Drama moderner Subjekte. Theoreme, die dann im 20. Jahrhundert mit dem Setzen auf den unhintergehbaren Vorrang von Sprache, Medien und Zeichen moderne Subjekte als in prinzipieller Kontingenz lediglich noch Nachrangige verzeichnen, lassen diese Subjekte als *passivisch* beschriebene Blätter unentrinnbar in Texte verstrickt erscheinen, und sie übereignen damit das *aktive* Moment, das moderne Subjekte auch kennzeichnet, den Texten selbst.

Damit wird verkannt, daß moderne Subjekte nicht nur über passiv-sinnliche Wahrnehmung und Einschreibungen konstituiert sind, sondern auch aktiv-motorisch sich in Welt einarbeiten. Sprache wird dann im Extremfall - wie bei Heidegger, wir werden später darauf noch genauer eingehen - zur alleinigen Produzentin dessen, was Subjekten zukommt. Mit anderen Worten: Sprache und Medien werden hier letztlich absolutistisch gedacht, weil konstitutionstheoretisch unbefragt bleibt, wie sie entstehen - sie sind einfach "immer schon" da. Die berechtigte Kritik an jenem neuzeitlich-aufklärerischen Subjektverständnis, das Subjekte als vorrangige, freie Produzenten ihrer Texte und als eher *un*bedingte Autoren ihrer Lebenspraxis auffaßte, schlägt hier um in ein Verständnis, das Subjekten ein "immer schon" Vorgängiges vorordnet: eben Sprache, Medien und Zeichen als Signifikanten.

Niemand wird bestreiten wollen, daß hier ein Übergang zu einer nachmetaphysisch-relationalen Logik intendiert wird, mithin empirische Subjekte über Bedingungskonstellationen thematisiert werden sollen, so daß sie eben nicht mehr als *un*bedingte Autoren ihrer Lebensführung gelten können. Gleichwohl ist es mit der passivischen Auflösung der Subjekte in Bedingungskonstellationen nicht getan, weil sonst "die Bedingungen" insgesamt an die logische Stelle des einstigen bewußtseinsphilosophischen Subjektes treten und damit nur noch die Zirkulation der Zeichen betrachtet werden kann, aber nicht mehr ihre Produktion.

Damit werden die Überlegungen, Medien als reine Form zu betrachten und radikal vom Vorrang der Zeichen, Codes und Programme zu denken, als eine im 20. Jahrhundert möglich gewordene Reflexionsform der Moderne dechiffrierbar, die Bedingungen nicht mehr über Konstrukte empirischer Subjekte zu lesen vermag. Wir wissen, daß diese Reflexionsform sich historischen Erfahrungen sowie der Auseinandersetzung mit der Implementierung der medialen Formen (gipfelnd im Computer) und deren mathematisch-logischen Voraussetzungen verdankt. Sie nimmt mit der realhistorischen Verabschiedung des bewußtseinsphilosophischen Subjektes spätestens im Computer die relationale Logik des Weltverstehens radikalisiert an, verliert aber diese selbst als konstitutionstheoretisch zu Erklärende aus dem Blick; damit können Produktion und Subjekt lediglich paradigmatisch verworfen werden. Und weil das theoriearchitektonisch zwingend erforderliche Moment des Anfangs im Denken der radikalisierten Zirkulation nirgendwo sonst noch festgemacht werden könnte, muß es - das ist die Ironie der kategorischen Subjektverabschiedung - den Texten und Medien selbst überlassen werden; diese scheinen immer schon ursprünglich zu sein. Dieses Verständnis sieht sich unentrinnbar in Kommunikation und Zeichenzirkulation verstrickt.

Nachdem ich mitlaufend schon dargelegt habe, daß sich zwischen Systemtheorie und Dekonstruktion aufgrund der gemeinsamen Abstellung der Theoriearchitektonik auf Differenz und der Auflösung von Subjekten Gemeinsamkeiten nicht übersehen lassen, die in einer vergleichbaren Reaktion auf moderne Problemlagen mit Hilfe einer relationalen Logik beruhen, muß auch der entscheidende Unterschied notiert werden; er besteht zwischen Systemtheorie und Dekonstruktionen darin, daß in Dekonstruktionen zu unterlaufen versucht wird, was in der Systemtheorie bis in die binären Codes der funktional ausdifferenzierten gesellschaftlichen Teilsysteme hinein als grundlegend unterstellt wird: eben die Binarität von Codierung selbst! Dekonstruktionen versuchen, binäre Unterscheidungen durch die Einführung von Ambivalenz zu "knacken". Mit anderen Worten: Niklas Luhmann intendiert bekanntlich eine Supertheorie, die über das Beobachten und Vernetzen fein verästelter Differenzen läuft; die Dekonstruktion versucht dagegen, alle Differenzen und den sogenannten "Terror der Theorie" zu subvertieren. Die Gemeinsamkeit liegt also in der Übernahme des linguistisch-kybernetischen Sprachparadigmas des 20. Jahrhunderts - dies aber zu völlig verschiedenen Zwecken.

Eine interessante Parallele zu dieser Gegenläufigkeit findet sich zwischen der Dekonstruktion und der Objektiven Hermeneutik; auch hier gibt es einerseits eine Überschneidung und andererseits eine völlige Verwerfung: Hier liegt die Überschneidung darin, daß Ausgangspunkt beider Operationsweisen die schon vorhin benannte Adorno-Problematik ist. Die Zuwendung erfolgt auf das Besondere des Einzelfalles, die Anti-Subsumtion leitet das jeweilige Vorgehen an. Damit sind die Gemeinsamkeiten aber auch schon wieder erschöpft; die Dekonstruktion versucht nämlich den Einzelfall als solchen freizusetzen, das heißt: nicht seinen Sinn zu heben, sondern in pluralisierenden Kontexten zu zerstreuen - wohingegen die Objektive Hermeneutik als dezidiert rekonstruktives

Verfahren alles Interesse daran setzt, die latenten Sinnstrukturen des Falles - und damit auch seine Typik und Geregeltheit - ans Licht zu bringen.

Was kann nun, nach der Darstellung der Derridaschen Lektürestrategie und der - hier leider nur gedrängt darstellbaren - Rekonstruktion des dekonstruktiven Problemhorizontes, als generelle Einschätzung der dekonstruktiven Bemühungen festgehalten werden? ("Generell" hier zunächst deshalb, weil wir gleich noch zur konkreten Kritik an Derridas Heidegger-Lektüre kommen werden.)

Feststellen läßt sich also, daß Dekonstruktionen - v.a. aufgrund einer metaphysischen Texttheorie und der unterbietenden Unterschätzung rekonstruktiver Möglichkeiten - im Rahmen einer soziologischen Methodologie, die rekonstruktiv verfährt, nur höchst eingeschränkt tauglich sind; dennoch verdienen aber ein heuristischer Vorzug und eine besondere Weise radikalen Nachfragens soziologische Aufmerksamkeit:

Zum heuristischen Vorzug: Man kann mit Dekonstruktionen im Hinblick auf Einzelfallstudien bestehende Deutungen zum einen kritisch problematisieren, und man kann zum anderen, wenn man allzuschnelle eigene Deutungen nochmals auf Kontexte hin öffnet, eventuell neue Hypothesen generieren; vielleicht sollte ich vorsichtiger sagen: neue Perspektiven, vervielfachte Interpretationsoptionen herausarbeiten.

Zur Möglichkeit radikalen Nachfragens: Man kann in dekonstruktiver Haltung immer alle Geltungsansprüche radikal subvertieren, das heißt, man kann machtförmig vorgetragene und keine Gegenargumente zulassende vorgeblich "einzig richtige" Interpretationen unterlaufen. Es kursieren gegenwärtig schlicht zwei konkurrierende Grundformen kritischer Praxis, über deren 'Letztgültigkeit' hier überhaupt keine Aussagen zu machen sind: einerseits die poststrukturalistische Subversion und Dekonstruktion aller fixierten Geltungsansprüche und andererseits die rekonstruktive Kritik, die einen verhandlungsfähigen Anspruch auf gültiges Wissen über gegenwärtige Bedingungen des Denkens und Handelns erhebt. Rekonstruktion produziert dabei eine Sicherheit des Wissens, Dekonstruktion dessen Unsicherheit.

III.

Damit komme ich zum dritten Teil meiner Ausführungen. Das buchstäblich Spannende an den Dekonstruktionen ist das Sich-Einlassen auf Verunsicherungen des Wissens, ist das Sich-Einlassen auf moderne Ambivalenz. Nicht mehr die auf teleologische Einheit zielenden geschlossenen theoretischen und methodologischen Sinnveranstaltungen sollen abgehalten werden, die von der gebrochenen Erfahrung der Subjekte im modernen Alltag ja tatsächlich sehr weit abgekoppelt sind: von deren täglich zu durchquerenden Spannungsfeldern zwischen Autonomie und Heteronomie, zwischen lebensweltlicher Eingebundenheit und systemischen Imperativen, zwischen Bindung und Lösung, zwischen Identität und Dezentrierung und nicht zuletzt zwischen Teilnahme und Beobachtung. Ich denke, es dürfte kaum strittig sein, daß jede moderne Theorie und Methodologie sich mit dem Siegel der Modernität, mit Ambivalenz nämlich, auseinandersetzen muß. Die Frage ist freilich, was dies genau heißt.

Bevor ich zur Darstellung eigener Ausarbeitungen komme, möchte ich zeigen, inwiefern gerade die doch an Ambivalenz, sogar an Pluralisierung und Streuung "des" Sinns so interessierte dekonstruktive Vorgehensweise aufgrund einer metaphysischen Verhaftung den Zugang zur spezifisch modernen Ambivalenz und zu deren textuellen Fassungen gerade verfehlt. Dazu werde ich mich auf Martin Heideggers Ausweg aus moderner Gebrochenheit und dann auf Derridas Heideggerlektüre beziehen.

Heidegger wollte keine metaphysischen Texte verfassen. Wie kaum ein anderer Philosoph im 20. Jahrhundert hat er beansprucht, an der "Destruktion" der Metaphysik zu arbeiten, und er hat unentwegt versucht, die Aporien der Moderne und deren Ambivalenz in einem differentiellen und relationalen Sinne zu bedenken. Um dies leisten zu können, sah er sich veranlaßt, "das Subjekt" aufzubrechen.

Was nun ist unter der zu überwindenden Metaphysik zu verstehen? Das, was Heidegger darunter verstand, also alles, was sich der immer schon ursprünglicheren Dignität der Seinsfrage verweigert: besinnungslose Wissenschaft, Technik als Gestell, das berechnende Wesen der Neuzeit? Inwiefern verbleibt eine so angelegte Metaphysikkritik, die verfallsresignativ alles "Spätere" als metaphysisch, weil dem eigentlichen Ursprung "uneingedenk" postuliert, selbst metaphysisch?

Wenn Heidegger im *Ursprung des Kunstwerkes* (1935) den schöpferischen Ursprung im Sinne des Stiftens, Schenkens und Gründens bedenkt, dann in der klaren Abwendung vom "modernen Subjektivismus": "Der moderne Subjektivismus mißdeutet freilich das Schöpferische sogleich im Sinne der genialen Leistung des selbstherrlichen Subjekts." (ebda., S. 63) Aber Heidegger bleibt trotz dieser Verabschiedung des selbstherrlichen Subjekts mittels seiner Ursprungs- und Wesensbefragungen gerade extremer Subjektivität verhaftet: "In dieser flüchtigen Erinnerung an die noch verborgene Geschichte des ursprünglichen Transzendenzproblems muß die Einsicht erwachsen, daß die Transzendenz nicht durch eine Flucht ins Objektive enthüllt und gefaßt werden kann, sondern einzig durch eine ständig zu erneuernde ontologische Interpretation der Subjektivität des Subjekts (...)" (Heidegger [7]1983, S. 41f.)

Heideggers "Bedenken der Sprache" birgt die ihm gültige Lösung der Subjektproblematik. Wenn Heidegger (1950) den Satz "Die Sprache spricht" auf 20 Seiten mindestens zehnmal wiederholt, dann kündigt sich hier der zwar ohne begründende, selbstherrliche Subjekte gedachte, aber dennoch absolutistisch-metaphysische Aufbau seiner Überlegungen an: "Wenn wir bei der Sprache anfangen, nämlich bei ihrem Wesen, dann muß uns doch die Sprache selber schon zugesprochen sein. Wollen wir dem Wesen, nämlich der Sprache nachfragen, so muß uns auch, was Wesen heißt, schon zugesprochen sein." (Heidegger 1957, S. 175)

Wo uns nun das Unvordenkliche in dieser Weise emanativ mit Sprache *begeistert*: "So sind wir denn allem zuvor in der Sprache (...)" (Heidegger 1959,

S. 241), da währt auch die Heideggersche "Frömmigkeit des Fragens" nicht länger. Zur einzig zugelassenen Vorgehensweise wird konsequent: "Die Sprache als die Sprache zur Sprache bringen." (ebda., S. 242) Die an Wissenschaft und Technik leidende Gegenwart, ihrem Ursprung fern, bekommt eine irreduzible Heimat zugestellt: "Insofern unser Wesen in die Sprache vereignet ist, wohnen wir im Ereignis." (Heidegger 1957a, S. 26) Diese Sehnsucht nach dem imaginären Ursprung leitet trotz aller Kritik an der *identifizierenden* Wissenschaft als *identitätslogischer* Zwang noch Heideggers Überlegungen zur Differenz: "Indem wir versuchen, die Differenz als solche zu bedenken, bringen wir sie nicht zum Verschwinden, sondern folgen ihr in ihre Wesensherkunft." (1957b, S. 57)

Heidegger bleibt also noch in der relationierenden Absetzbewegung einer absolutistischen Logik verhaftet. Derrida spürt diese Problematik bei Heidegger auf, kommt aber in dekonstruktiver Perspektive über das Festhalten des Problems nicht hinaus.

Was verstellt sich Derrida noch im Soge Heideggers? Daß die zentrale dekonstruktive Argumentationsfigur der Texte und textuelle Bewegungen ebenso wie Interpretationen eröffnenden und verschiebenden "différance" (die "Differänz" oder Schriftspur; vgl. Derrida 1968), die als Überbietung der Ursprungsphilosophie aufgeboten wird, selbst noch an dieser haftet. Norbert Bolz, dessen Einlassungen hier um so gewichtiger sind, als er Derridas Philosophie durchaus positiv aufnehmen, jedenfalls keineswegs denunzieren will, stellt hierzu fest: "Befreiung von der Präsenzmetaphysik scheint der Mythos zu versprechen, in dem das neue französische Denken das Modell eines dezentrierten Diskurses erblickt, der ohne Subjekt funktioniert und nur einen virtuellen Ursprung hat - egal ist, wer spricht. Es ist nun entscheidend, zu sehen, daß dies Denken, das sich an der Struktur des Mythos orientiert, gerade ein Denken 'jenseits des Mythos' sein will, das auch noch das wiedergefundene *Sein* als mythischen Namen des Namens preisgibt. Doch führt Derridas Derangement des abendländischen Denkens in seiner Radikalisierung des Heideggerschen nicht noch tiefer in die mythische Schicht hinein? Es gelte, das Unbenennbare zu denken, das 'älter' sei als das Sein, 'unvordenklicher' als die ontologische Differenz. So emanzipiert von arche und telos Derridas Theorie des Textes sich nur um den Preis eines neuen Mythos: der Schriftspur. Der Schriftspur folgen soll heißen, die antimetaphysische Frageintention Heideggers zu bewahren, ohne seiner raunenden Beschwörung der lautlosen Seinsstimme zu verfallen." (Bolz 1983, S. 477f.)

Dieser Überlegung kann vorbehaltlos zugestimmt werden: Heidegger und Derrida wollen nicht mehr den Terror des selbstemanativen und absolutistischen Subjekts akzeptieren, sie begreifen dies als abendländische Fehlentwicklung und versuchen, das Subjekt zu relationieren, es in seiner inneren Beziehung, die konstitutiv das Andere, bei Heidegger das vorgängige Man, bei Derrida die Schrift, ist, aufzuweisen. Es entgeht ihnen aber dabei, daß diese Relationierung, diese Dezentrierung des Subjektes an einer anderen, an einer zweiten Logik haftet. Was sie retten wollen, das Andere in seiner Selbstgegebenheit, ist auf ihre Weisen nur zu retten, wenn man die irreduzible Selbstgegebenheit eines unbestimmten Anderen als absolutistisch formierte akzeptiert. Sicherlich, das neuzeitliche "Gestell" ist in seiner scheinbaren Unentrinnbarkeit nicht zu akzeptieren, und auch die Diagnose ist ernst zu nehmen, daß es sich durch an unbedingte Autorschaft glaubende Subjekte "vortrefflich" funktional reproduziert. Denen ist allerdings mit der Destruktion (Heidegger) oder Dekonstruktion (Derrida) des philosophischen Subjektes allein nicht beizukommen. Die Abkehr vom Gestell muß also mit der Erkenntnis einhergehen, daß die relational-wissenschaftliche Logik der Neuzeit gerade als historisch spätere Logik benötigt wird, um die Differenz zweier Logiken zu bedenken - *dazu* reicht die eine absolutistische nicht mehr hin, denn die ungebrochene Bezugnahme auf diese Logik ist es bis ins 20. Jahrhundert hinein, die ein relationales Denken vom Vorrang der Beziehungen immer wieder verhindert und Subjekte ins Phantasma unbedingter Autorschaft zwingt. Die Derridasche Differänz fordert zwar das Aushalten der ambivalenten Kluft, aber die Kluft selbst ist wiederum absolutistisch konzipiert. Derrida reklamiert Differenz und Relationierung, um *das* identisch-terroristische Subjekt zu verabschieden, aber er reklamiert diese Relationierung als eine identitätslogisch rückgebundene, um gegen die moderne Tendenz zur Totalrelationierung anzutreten, die als Folge des sich selbst identisch setzenden Subjekts begriffen wird. Die intendierte Verabschiedung des Subjekts besagt offensichtlich wenig, wenn die absolutistische Logik uneingesehen bleibt.

Schon Adorno sah das zentrale Problem bei Heidegger als dasjenige der Eigentlichkeits- oder Ursprungslogik an. Auch Derrida, der den Begriff "Geist" in den Mittelpunkt seiner Kritik rückt, erwägt bei seiner Heideggerlektüre zunächst die Zuhilfenahme "einer Logik" (Derrida 1988, S. 82), um der Heideggerschen Bestimmung des Geistes und der dabei aufscheinenden Paradoxien und Ambivalenzen eine formale Strukturanalyse folgen zu lassen, geht aber diesem Gedanken entscheidenderweise nicht weiter nach. Dies ist nun, und darauf kommt es mir hier an, keinesfalls als "schlecht gedacht" abzutun, denn Derrida kann dies zwingenderweise nicht ausarbeiten, weil das die von ihm entwickelte Vorgehensweise der Dekonstruktion überhaupt nicht leisten kann. Denn wer immer mit Derridas différance-Konzeption die Paradoxie und Ambivalenz der Heideggerschen Geistkonzeption in der *einen* Logik der differierenden Schriftspur, der différance, suchen würde, käme gar nicht darauf, daß es sich hier womöglich gar nicht um eine sich verzweigende Urspur, sondern um *zwei* konfligierende Logiken handeln könnte. Genau diese Überlegungen sollen hier weiter bearbeitet werden.

IV.

An dieser Problemlage gilt es also zu arbeiten: Die Geschichte der Ausdifferenzierung moderner Gesellschaften und der Individualisierung moderner Biographien und in der Folge die ambivalenten Reflexionen des modernen Welt- und Selbstverständnisses lassen sich nachmetaphysisch weder länger in ersehnten Identitäten noch in einer Logik der différance fassen; was Methodologie hier leisten kann, hat sich zuallererst daran zu bemessen, daß die Moderne als historisch gewordenes Konstrukt eine reale Gegebenheit ist, denn nur dann kann die Moderne in ihren Widersprüchen, Ambivalenzen und Differenzen verständlich gemacht werden. Diese *Arbeit an der Differenz* wird methodologisch gesehen darin bestehen, *offene Rekonstruktionen*, das heißt *Rekonstruktionen ohne identitätslogische Ursprungs- oder Zielfixierungen*, auszuführen. *Differenz* heißt hier nicht eine ontologisierte oder unbestimmte *reine* Differenz, die allem "immer schon" zugrunde läge - wie das bei der Dekonstruktion der Fall ist. *Differenz heißt hier vielmehr der Verweis auf subjektseitige Konstrukte*, die je ontogenetisch über die Herausbildung der Gegenlage zu einer Außenwelt und unter neuzeitlichen und modernen historischen Bedingungen erworben werden: Differenz des Subjektes zur Natur als dem Anderen; Differenz des Subjektes zu sozialen anderen; Differenz des Subjektes zum anderen Geschlecht; Differenz des Subjektes zu sich selbst; Differenz der fundamentalen Erklärungslogiken der Weltdeutung; mithin Differenz zwischen einer mythischen Identitätslogik und einer relationalen "Aufklärungs"logik. Es ist diese letzte Differenz, die für Subjekte erst in der Moderne voll durchschlägt. Die Modernität der Subjekte haftet an dieser Differenz.

Wie ist das zu verstehen, was ich als zwei konfligierende Logiken in modernen Texten bezeichnet habe? Dazu kann man auf eine Beobachtung zurückgreifen, die wohl von allen geteilt wird, die sich in wissenschaftlichen und/ oder intellektuellen Zirkeln bewegen: Schriften zu "Pro und Kontra" sowohl des Mythos als auch der Aufklärung haben Hochkonjunktur in einer immer unbehaglicher werdenden Moderne. Abwechselnd wird in diesen Schriften "der" Mythos verworfen oder seiner Auferstehung applaudiert, wird "die" Aufklärung verdammt oder als einzige Rettung beschworen. Unklar bleibt hierbei zumeist, was mit "Mythos" und "Aufklärung" gemeint ist - aber implizit zumindestens wird gleichwohl unablässig von einer Differenz zweier grundlegender Weltstrukturierungsweisen oder Logiken ausgegangen. Ich denke, daß es sehr wohl möglich ist, diese Differenz in Analysen nicht nur "irgendwie" implizit mitlaufen zu lassen, sondern zu explizieren. Was zu modernen Subjekten in modernen Gesellschaften gedacht werden kann, ohne deshalb auch schon den Logiken selbst aufzusitzen - weder der mythischen noch der relationalen: das steht auf der Tagesordnung.

Diese Differenz ist in verschiedensten Kontexten thematisiert worden. Claude Lévi-Strauss z.B. hat eine Differenz zwischen der mythischen und der wissenschaftlichen Logik gesehen und beschrieben, aber er hat es - gegen bornierte und teleologische Vorstellungen von Entwicklung - vorgezogen, Wissenschaft ubiquitär anzusetzen; dabei allerdings ist ihm unter der Hand die Differenz ins All-Eine eines strukturierenden Geistes zusammengefallen. Demgegenüber ließ Sigmund Freud die beiden Logiken in seinen Beschreibungen des Primär- und des Sekundärprozesses ontogenetisch aufscheinen, demgegenüber auch hat Piaget das präoperationale Denken vom operationalen Denken unterschieden. Es soll damit keineswegs behauptet werden, daß diese beiden letzteren Differenzierungen in eins fallen würden. Vergleichbar ist hier zunächst lediglich, daß Freud und Piaget eine ontogenetisch rekonstruierbare Differenz annehmen, die wiederum bei beiden an den Schnitt von Mythos und Aufklärung gekoppelt ist. Die beiden Logiken fungieren dabei zumindestens bei Piaget nicht länger als begründende metaphysische Prinzipien, weil ihre subjektseitige, ontogenetisch-interaktive Konstruktion rekonstruktiv eingeholt wird.

Günter Dux hat im Anschluß v.a. an Piaget versucht, die beiden weltkonstitutiven Logiken ontogenetisch und historisch einsehbar werden zu lassen. Ein zu allen Zeiten in der frühen Ontogenese sich interaktiv ausbildendes kognitives Konstrukt, die sogenannte subjektivische Logik, wurde - historisch gesehen - als Grundstruktur des Weltverstehens allmählich und zunehmend durch die sogenannte funktional-relationale Logik abgelöst, bis diese schließlich - im Umbruch zur Neuzeit - die neue Gründstruktur wurde.

Die Konsequenzen dieses historischen Umbruchs der erklärungsleistenden Strukturlogiken für die Denkstrukturen und Texte moderner Subjekte sind nun allerdings noch kaum bedacht worden. Moderne Subjekte können grundsätzlich über zwei Logiken des Weltverstehens verfügen - lebenspraktisch gesehen freilich immer in Abhängigkeit von je konkreten sozialen Bedingungen. Mit anderen Worten: Sie können mit zwei Weisen von weltkonstituierender Strukturierung operieren; die demzufolge entsprechend gebildeten Interpretamente - von Welt, von sich selbst, von anderen - diese Interpretamente können deshalb in sich konfligieren. Verwerfungen zwischen den beiden Logiken sind möglich, weil die ältere subjektivische Logik zwar historisch überholt wurde, sie aber auch in der Moderne in jeder neu beginnenden Ontogenese wieder als frühe Strukturierungsnotwendigkeit in bezug auf Welt und Selbst interaktiv konstruiert wird. Bei denjenigen, die sich durch ihre Ontogenese hindurch in der Moderne die relationale Logik erarbeiten und ein entsprechend dezentriertes Verständnis von geistentleerter Natur, veränderbarer Sozialwelt und de-ontologisiertem, gleichsam "entkerntem" Selbst mitführen, verschwindet die ältere Logik nicht als eine vormals erworbene Möglichkeit anderen Strukturierens. Und weil unter bestimmten Bedingungen - z.B. Verfolgung, ich komme darauf am Ende noch zu sprechen - moderne Subjekte sozial gezwungen werden können, auf die alte Logik der Mythen widerständig zu rekurrieren, ist eine beiläufige Zuordnung: dies sei nun einfach ideologisch oder mythisch, gerade nicht angezeigt. Vielmehr muß versucht werden, die Verwerfungen der beiden Logiken in bezug auf die - Denkstrukturen und Texte moderner Subjekte zu rekonstruieren.

Dann ist zunächst festzustellen, daß sich die beiden Logiken in zwei Reihen möglicher Strukturierung anordnen lassen; ich bedauere es sehr, aber es ist mir aus Zeitgründen hier nur möglich, beide Reihen kontrastiv aufzuzählen:[3]

Die subjektivische Logik: Vorrang des Bewußtseins - Identität - Dichte - Nähe - Teilnahme - Heteronomie - Denken vom Vorrang des Geistes - Ursprünge, die als Substanzen gedacht werden - Handlung - Emanation - Vorrang des Ereignisses - Dauer - Produktion - Signifikate - Narration - Begründung - eigentliche Realität - Notwendigkeit.

---

3 Ausführlicher hierzu Weisenbacher 1993, S. 33ff.

Die relationale Logik: Vorrang der Kommunikation - Differenz- Streuung - Distanz - Beobachtung - Autonomie - Denken vom Vorrang der Natur - Regelkreise - Information - Transposition - Vorrang der Struktur - das Transitorische - Zirkulation - Signifikanten - Position - Konstitution - Konstrukte - Kontingenz.

Dabei ist das Grundmuster der subjektivischen Erklärung, daß das je in Frage stehende Vorfindliche als von einem begründenden Ursprung her gegeben gedacht wird, mit anderen Worten: die Erklärung des jeweils zu Erklärenden erfolgt über die Schiene: vorwegliegende Substanz - Emanation - Realität. Das Grundmuster der relationalen Logik ist die maschinal-systemische Vernetzung konstitutiver Beziehungen, mit anderen Worten: die Erklärung erfolgt über die möglichst komplexe Relationierung von Elementen oder, zugespitzt im 20. Jahrhundert, über die Relationierung von Relationen.

Bei Texten moderner Subjekte nun sind die in nur einem Feld angesiedelten reinen Strukturierungsbahnen "subjektivisch" und "relational" offensichtlich Raritäten, mir ist jedenfalls kein einziger Beleg bekannt. Die Texte moderner Subjekte zeichnen sich vielmehr durch mannigfaltige Verwerfungen aus, sie folgen nicht einer reinen Strukturierungsbahn: sie sind weder absolut "mythisch" noch restlos "aufgeklärt".

Als Gewinn einer solchen rekonstruktiven Sicht kann hervorgehoben werden, daß so die Differenz der Logiken bedacht werden kann, ohne die Elemente des ersten Feldes einfach verwerfen zu müssen; wenn man dagegen - wie beispielsweise die moderne Systemtheorie im Anschluß an Kybernetik und Informationstheorie - erklärungstheoretisch zwar radikal relational, und d.h. dann dort in der Konsequenz: subjektfrei, denken will, sich dabei aber über die Genese der eigenen Denkstrukturen nicht aufklärt, wird man die Elemente des ersten Feldes abspalten müssen; und nur so wird verständlich, daß Luhmann Elemente wie Subjekt, Handlung, Teilnahme, Notwendigkeit, Produktion und Identität eben teils verwirft, teils als nachrangige Fragen verhandelt. Mit der Rekonstruktion der Differenz der Logiken eröffnet man die Möglichkeit, die in der Tat problematisch gewordenen Elemente des ersten Feldes einzusehen: auf Handlung, Identität und Subjekt muß nicht en passant verzichtet werden, nur weil sie bislang zumeist absolutistisch konzipiert wurden. "Handlung" z.B. kann dann so verstanden werden, daß eine relationale Erklärung der bedingt handelnden empirischen Subjekte möglich wird. Dagegen erzwingt das einfache Umstellen auf die relationale Logik als blinden Fleck die Genese seiner eigenen Möglichkeit, führt nicht zur aufklärenden Durcharbeitung des mythischen Feldes, sondern zu seiner Abspaltung. Moderne Subjekte sind in eine Biographie eingestellt, die über die erste Logik angelaufen ist, und sie sind in historische Entwicklungen eingestellt, die jahrtausendelang über mythische Folien interpretiert wurden. Dies unter dem einfachen Verweis auf die einzig noch an der Zeit seiende relationale Logik zu verwerfen, damit die vormaligen Erklärungsleistungen und das Nicht-Überwundene der mythischen Logik zu verkennen, führt zum bloß noch zirkulierenden Abstraktionsrausch und nicht zur Einsicht in die Bedingungen der Möglichkeit relationalen Prozedierens. Diesen Weg eines Überstiegs aus der Moderne bezeichne ich als syntaktische Operationalisierung.

Die Nicht-Respektierung und Nicht-Rekonstruktion der Differenz der Logiken bedeutet umgekehrt für diejenigen, die erklärungstheoretisch entweder in der alten Logik verharren oder ganz in die identitätsstiftenden Ursprünge zurückkehren, daß sie an den Optionen und Chancen der zweiten Logik vorbeigehen. Diesen Weg eines Ausbruches aus der Moderne bezeichne ich als semantische Remythisierung. Immer, wenn es bei modernen Subjekten lebenspraktisch "eng" wird, bricht die Sehnsucht nach imaginärer Identität durch oder die Verzweiflung darüber, daß kein "Letztes" mehr auszumachen ist. Das genau ist denkstrukturell gesehen die Lücke, die im Wege der semantischen Remythisierung mit beliebigen Inhalten gefüllt werden kann; der Esoterikboom des letzten Jahrzehnts kann hier als Schlaglicht angeführt werden.

An diese Überlegungen habe ich in verschiedensten Zusammenhängen entsprechende strukturlogische Textlektüren angeschlossen; die oben angeführte Heidegger-Lektüre gehörte dazu.[4] Dabei muß betont werden: Dieses Verfahren ist zum einen aufgebaut auf eine selbst bereits rekonstruierte Leitdifferenz zweier Logiken, von denen ausgehend textuelle Konstruktionen weiter beobachtet, also in ihnen unterschieden und bezeichnet werden kann; zum anderen bleibt aber die hermeneutisch-verstehende Einstellung zum Text unerläßlich, weil in jedem Einzelfall erneut verstanden werden muß, in welchem spezifischen Sinne sich hier die grundlegende Differenz der Logiken einschreibt. Mit anderen Worten: Strukturlogische Lektüren beobachten mit Hilfe der differenten Logiken und versuchen doch die Art und Weise ihrer textuellen Verkettung zu verstehen. Sie verlaufen damit zwar fallspezifisch "immer anders", sie entziehen sich aber im Unterschied zu Dekonstruktionen nicht der Kritik.

Auf einige Beispiele zur Demonstration der Möglichkeiten strukturlogischer Lektüren möchte ich am Ende noch kurz eingehen.

1. In einem Forschungsprojekt zum Welt- und Selbstverständnis moderner Subjekte ist es aufgrund strukturlogischer Lektüren möglich geworden, die lebenspraktische Bedeutung der von vielen modernen Subjekten absolutistisch reklamierten Authentizität zu verstehen; sie wird als letzte und unhintergehbare Bastion zur Legitimation eigener Widerständigkeit in als bedrohlich empfundenen funktional-systemischen Kontexten aufgefahren, wenn es den Subjekten in konkreten Situationen nicht gelingt, sich selbst in bezug auf relationale systemische Bedingungen zu dezentrieren (vgl. Weisenbacher 1993, S. 120ff.).

2. Die Lektüre von in wissenschaftlichen Diskursen nur in dekonstruktiven oder psychoanalytischen Zusammenhängen rezipierter und ansonsten eher ausgegrenzter Texte ist auch strukturlogisch-rekonstruktiv möglich: Am berühmt-berüchtigten Fall "Schreber", der sein paranoides Denk- und Aufschreibesystem - so nannte er es selbst - minuziös und auf 400 Seiten systematisch niedergelegt hat, ließ sich zeigen, daß Schreber seine interaktiven Konstellatio-

4 Diese Studien finden sich in Weisenbacher 1993, S. 38ff. und S. 98ff.

nen - frühe Verfolgung durch seinen Vater in der Kindheit und aktuelle Verfolgung durch den mit ihm experimentierenden Psychiater Flechsig - so in seinen Text überführte, daß er mit wissenschaftlicher Akribie und formal-operationalen Mitteln wie Hypothesengenerierung und -prüfung eine mythische Kosmologie erbaute, die ihm zugleich "Denkzwang", "letzter und größter Genuß" und "Schutz" war (vgl. ebda., S. 98ff.).

3. Auch größere diskursive Formationen können strukturlogisch gelesen werden: An der Verarbeitung, Kommentierung und Kritik des Golfkriegs im Feuilleton großer Tages- und Wochenzeitungen ließ sich herausarbeiten, daß durch verschiedenste inhaltliche "Stellungnahmen" und kritische "Analysen" hindurch eine immergleiche Folie aufgeboten wurde: Die beiden Strukturlogiken, die angesichts der Doppelbödigkeit moderner Bedingungen und der entsprechenden Ambivalenz moderner Lebenspraxis in allen Texten moderner Subjekte in je konkret analysierbaren Mischungs- und Verwerfungsverhältnissen vorliegen, sind im Golfkriegsfeuilleton in eine textumfassende Konkurrenz geraten (vgl. Weisenbacher 1995). Die entsprechenden Weltkonstruktionen sind regelrecht auseinandergebrochen: mal schlug das Pendel zur modernitätskritisch aufrechterhaltenen Authentizität mittels der subjektivischen Logik aus, die semantisch und pragmatisch alle vorstellbaren Moralisierungen und Identitätssehnsüchte gestattet, mal zur distanzierten Funktionalisierung und Relationierung alles Vorfindlichen, die semantisch und pragmatisch reine Beobachtungspositionen auf der Grundlage radikalisierter kognitiver Dezentrierung ermöglicht.

Diese radikalisierte Ambivalenz der strukturlogischen Folie findet sich im Golfkriegsfeuilleton in folgender Weise: Die Texte laufen einerseits entlang der relationalen Diagnose eines vollständigen Verhängniszusammenhanges und andererseits entlang der Sehnsucht nach "reiner" Authentizität und moralischer Eindeutigkeit. Die sogenannte Medien-/ Bilder-/ Informations-/ Kriegsmaschine wird zum negativen Weltganzen totalisiert, dem eigentlich nichts entrinnen kann - und gleichzeitig wird diese Bedrohung mit Appellen an Moral, an "Menschlichkeit", an das wahrhaft "Echte" usw. unterlaufen. An dieser Stelle kann lediglich ein illustratives Beispiel gegeben werden.

Anläßlich einer Rezension von Paul Virilios Golfkriegsanalyse *Krieg und Fernsehen* war zu lesen: "Virilio, der wie wenige zeitgenössische Autoren philosophische und politische Prägnanz mit humanem Engagement und einem frappierenden Wissen vereint, gibt in 'Krieg und Fernsehen' wesentliche neue Impulse (...) In der 'Dromokratie', im permanenten Krieg der Kommunikationswaffen, stirbt unaufhaltsam die Demokratie. Vor den Fernsehschirmen wohnen die Bürger ihrer eigenen Hinrichtung als Mitbürger bei." (Lütkehaus 1994)

Nichts ist mehr übrig (es geht immerhin um die *mediale Hinrichtung* aller Bürger im Kommunikationskrieg, um den *Tod* der Demokratie), aber ein diffuses *humanes Engagement* - wogegen, wofür, man erfährt es im gesamtem Kontext der Rezension nicht - gibt weiterhin *wesentliche neue Impulse*.

Mit solchen Lektüren textueller Konstruktionen über konfligierende Logiken ist nicht zuletzt auch eine kritische Einsicht verbunden: Die relationalen Totalisierungen ebenso wie die mythischen Spekulationen erweisen sich als überflüssige Konsequenzen strukturlogischer Denknötigungen unter modernen Bedingungen - und hierüber ist soziologische Aufklärung möglich.

Literatur:

Bolz, Norbert (1983): odds and ends. Vom Menschen zum Mythos. In: Karl Heinz Bohrer (Hg.): Mythos und Moderne. Begriff und Bild einer Rekonstruktion. Frankfurt/M., S. 471-492.

Derrida, Jacques (1968): Die différance. In: ders.: Randgänge der Philosophie (1972). Wien.

Derrida, Jacques (1983): Grammatologie (1967). Frankfurt/M.

Derrida, Jacques (1988): Vom Geist. Heidegger und die Frage (1987). Frankfurt/M.

Derrida, Jacques (1991): Gesetzeskraft. Der "mystische Grund der Autorität" (1990). Frankfurt/M.

Heidegger, Martin (1935): Der Ursprung des Kunstwerkes. In: ders.: Holzwege (^{5}1972). Frankfurt/M., S. 7-68.

Heidegger, Martin (1950): Die Sprache. In: ders.: Unterwegs zur Sprache (^{9}1990). Pfullingen, S. 9-33.

Heidegger, Martin (1957): Das Wesen der Sprache. In: ders.: Unterwegs zur Sprache (^{9}1990). Pfullingen, S. 157-216.

Heidegger, Martin (1957a): Der Satz der Identität. In: ders.: Identität und Differenz (^{8}1986). Pfullingen, S. 9-30.

Heidegger, Martin (1957b): Die onto-theo-logische Verfassung der Metaphysik. In: ders.: Identität und Differenz (^{8}1986). Pfullingen, S. 31-67.

Heidegger, Martin (1959): Der Weg zur Sprache. In: ders.: Unterwegs zur Sprache (^{9}1990). Pfullingen, S. 239-268

Heidegger, Martin (^{7}1983): Vom Wesen des Grundes (1929). Frankfurt/M.

Lütkehaus, Ludger (1994): Eine Geschichte des betrogenen Auges. Badische Zeitung vom 18.1.1994.

Nietzsche, Friedrich (1976): Werke, hg. von Karl Schlechta. Frankfurt/Berlin/Wien.

Weisenbacher, Uwe (1993): Moderne Subjekte zwischen Mythos und Aufklärung. Differenz und offene Rekonstruktion. Pfaffenweiler.

Weisenbacher, Uwe (1995): Der Golfkrieg in den Medien - Zur Konjunktur von Paul Virilio und Jean Baudrillard im Feuilleton. In: Stefan Müller-Doohm & Klaus Neumann-Braun (Hg.): Kulturinszenierungen. Frankfurt/M., S. 284-309.

Georg Kneer

Beobachten, Verstehen und Verständigung

Zur Reformulierung hermeneutischer Grundkonzepte in der Diskursanalyse und der Systemtheorie

Der Obertitel des Beitrags nennt drei Begriffe, deren Zusammenstellung keineswegs selbstverständlich ist. Hält man sich an die Tradition der philosophischen Hermeneutik, so werden Beobachten und Verstehen zumeist als gegensätzliche Begriffe, Verstehen und Verständigung hingegen als analoge oder zumindest als aufeinander verweisende Termini verwendet. Die Auffassung, daß Beobachten und Verstehen in einem Oppositionsverhältnis zueinander stehen, hat in prominenter Weise Jürgen Habermas entfaltet. Nach Habermas lassen sich zwei unterschiedliche konzeptionelle Zugänge zum Phänomenbereich des Sozialen ausmachen: Handlungstheoretische Ansätze wählen einen interpretativen, sinn*verstehenden* Zugang, indem sie die Sozialwelt aus der Binnenperspektive der handelnden Akteure erschließen, wohingegen makrosoziologische Ansätze die Welt des Sozialen aus der Außenperspektive objektivierend *beobachten*. Allerdings möchte Habermas die beiden Zugänge nicht gleichberechtigt verstanden wissen; er reklamiert für den verstehenden Ansatz einen *methodischen Primat*: "Da wir zum Objektbereich sozialen Handelns nur einen hermeneutischen Zugang finden können, müssen *alle* sozialen Phänomene zunächst einmal, ob das nun deklariert wird oder nicht, in einer Sprache beschrieben werden, die an die im Objektbereich vorgefundene Sprache der Akteure anschließt." (Habermas 1986, S. 382)

Die Auffassung, daß sich die Begriffe des Verstehens und der Verständigung wechselseitig ergänzen, ja, daß Verständigung bzw. das Erzielen eines Einverständnisses das Telos des Verstehens bildet, ist eine der zentralen Prämissen, die in Hans-Georg Gadamers Entwurf einer philosophischen Hermeneutik Eingang gefunden haben. "'Verstehen heißt zunächst, sich miteinander verstehen'. Verständnis ist zunächst Einverständnis. So verstehen die Menschen einander zumeist unmittelbar, bzw. sie verständigen sich bis zur Erzielung des Einverständnisses. Verständigung ist also immer Verständigung über etwas. Sich verstehen ist Sichverstehen in etwas." (Gadamer 1990, S. 183f.) Habermas hat diese These, die ich im weiteren kurz als *Verständigungsthese* bezeichne, später dahingehend erweitert, daß Verständigung als Telos der menschlichen Sprache innewohnt (vgl. Habermas 1981, S. 387).

Um meine These vorwegzunehmen: Beiden Auffassungen, die im Selbstverständnis der philosophischen Hermeneutik eine grundlegende Rolle gespielt haben bzw. spielen, kann ich mich nicht anschließen. Im Gegensatz zu Gadamer und Habermas vertrete ich die Auffassung, daß es zwischen Verstehen und Verständigung sorgfältig zu unterscheiden gilt. *Sobald man die Annahme einer internen Beziehung zwischen Verstehen, Verständigung und dem Erzielen eines Einverständnisses jedoch preisgibt, ändert sich m.E. auch das Verhältnis von Beobachten und Verstehen.* Diese These möchte ich im folgenden jedoch nicht in direkter Auseinandersetzung mit den hermeneutischen Prämissen von Habermas und Gadamer entfalten. Vielmehr möchte ich mich mit zwei text- bzw. kommunikationstheoretischen Ansätzen beschäftigen, die in der philosophischen bzw. soziologischen Diskussion zumeist als konzeptionelle Alternativen zur Hermeneutik gehandelt werden. Gemeint sind die archäologische Diskurstheorie von Michel Foucault und die Theorie selbstreferentieller Sozialsysteme von Niklas Luhmann. Ausgehend von der Frage, in welcher Weise dort der Zusammenhang von Beobachten, Verstehen und Verständigung konzipiert wird, erhoffe ich mir im folgenden Einsichten, die zu einer detaillierten Klärung des Verhältnisses von philosophischer Hermeneutik, Diskursanalyse und Systemtheorie beitragen. In einem ersten Punkt werde ich die Diskursanalyse von Michel Foucault und die Theorie autopoietischer Sozialsysteme von Niklas Luhmann skizzenhaft vorstellen, indem ich einige Konvergenzen und Divergenzen zwischen den beiden Konzeptionen benenne (I). Anschließend gehe ich auf Foucaults Auseinandersetzung mit der Hermeneutik ein (II), bevor ich dann den Begriff des Verstehens aus systemtheoretischer Perspektive rekonstruiere (III). In einem vierten und letzten Punkt gehe ich der Frage nach, welche Funktion der kommunikativen Strategie zukommt, die Differenz von Verstehen und Verständigung einzuziehen (IV).

I.

Foucaults und Luhmanns Arbeiten gehören zweifellos zu den meistdiskutierten, zugleich aber auch umstrittensten Entwürfen der aktuellen Sozial- und Gesellschaftstheorie. Die besondere Stellung, die beide Denker derzeit einnehmen, dürfte nicht zuletzt mit den weitreichenden Ansprüchen zusammenhängen, die sie mit ihren Schriften verbinden. Foucaults Absicht ist es, im Rahmen einer vergleichenden Kulturuntersuchung die modernen Erkenntnis-, Sprach- und Handlungsformen als das kontingente Produkt eines diskontinuierlichen (Hasard-) Spiels zu entlarven (vgl. Foucault 1974). Luhmann ist es darum zu tun, eine fachuniversale soziologische Theorie mit dem Instrumentarium der allgemeinen Systemtheorie zu formulieren (vgl. Luhmann 1984, einführend dazu Kneer/Nassehi 1993). Zwischen beiden sozialphilosophischen bzw. soziologischen Projekten lassen sich eine Reihe von Konvergenzen, aber auch Divergenzen ausmachen. Ein systematischer Vergleich zwischen den beiden Entwürfen wird freilich dadurch erschwert, daß insbesondere Foucault ständig Modifikationen und Verschiebungen an seinem begrifflichen Instrumentarium vorgenommen hat;[1] aus diesem Grunde erscheint es sinnvoll, sich bei den Schriften Foucaults zunächst auf die *Archäologie des Wissens* zu konzentrieren, die für die hier interessierende Thematik m.E. die instruktivsten Überlegungen enthält. Die folgende Gegenüberstellung geht zunächst den Parallelen zwischen den beiden Konzeptionen nach, wobei zumindest *vier Konvergenzpunkte* von Interesse sind.[2]

a) Foucault definiert den Diskurs als Menge von Aussagen, als eigensinnig strukturiertes Aussagenfeld. Die diskursive Praxis bildet, wie es in Fortführung der Tradition Emile Durkheims heißt, eine *Ordnung sui generis*. Das besagt, daß Diskurse eine *emergente* Ordnungsebene darstellen, deren Eigenschaften und Qualitäten sich nicht durch die Eigenschaften der beteiligten Elemente bzw. durch die Qualitäten des materiellen Unterbaus erklären lassen. Insofern gilt für Foucault, daß Diskurse "ein praktisches Gebiet (bilden), das autonom (wenn auch abhängig) ist" (Foucault 1981, S. 177). Diskurse sind einerseits autonom und somit unabhängig, insofern die Ordnung des Aussagenfeldes nicht von außen induziert, sondern durch die interne Diskursdynamik selbst hervorgebracht wird. Andererseits sind Diskurse zugleich nicht autark und somit abhängig, da sie nicht aus eigener Kraft existieren können - sie bleiben auf Leistungen und Vorgaben nicht-diskursiver Praktiken angewiesen.

In analoger Weise bestimmt Luhmann soziale Systeme als autopoietische Einheiten. Der Begriff der Autopoiesis bezeichnet die Fähigkeit der Selbsterzeugung und Selbsterhaltung von Systemen. Als autopoietisch lassen sich solche Systeme beschreiben, die in einem rekursiven Prozeß die Komponenten, aus denen sie bestehen, fortlaufend produzieren und reproduzieren. Autopoietische Systeme sind somit operational geschlossene Systeme, die alles, was sie als Einheit verwenden, in einem selbstreferentiellen Prozeß selbst herstellen. Insofern operieren autopoietische Systeme autonom. Sie sind aber nicht autark, da sie nicht aus eigener Kraft, nicht ohne jeden Beitrag aus der Umwelt existieren können.

b) Foucault und Luhmann sind beide gleichermaßen daran interessiert, eine Diskurs- bzw. Sozialtheorie zu konzipieren, die ohne anthropologische und subjektphilosophische Prämissen auskommt. Diskurse sind für Foucault nicht das Produkt eines souveränen Subjekts, vielmehr beruhen die verschiedenen Formen der sprechenden Subjektivität umgekehrt auf Wirkungen des Aussagenfeldes. Das denkende, sprechende und schreibende Individuum ist, so läßt sich formulieren, nicht Herr im Strom der Aussagenereignisse. Das besagt, daß die diskursive Praxis strukturierte bzw. geregelte Formationsfelder bildet, an denen Individuen

---

1 Die vor allem im Spätwerk Foucaults vorgenommenen Modifikationen haben eine lebhaft geführte Diskussion über Kontinuität und Diskontinuität seines 'Gesamtwerks' ausgelöst, vgl. u.a. Fink-Eitel (1989), Kammler/Plumpe (1987), Schmid (1991) sowie Schroer (1996).

2 Eine weitergehende Gegenüberstellung der Konzeptionen von Foucault und Luhmann entlang der Problemstellung des systematischen Zusammenhangs von sozialtheoretischen Grundbegriffen und zeitdiagnostischen Analysen, die *sämtliche* Werkphasen Foucaults berücksichtigt, habe ich an anderer Stelle unternommen, vgl. Kneer (1996).

zwar beteiligt sind, denen aber keineswegs ein "individuelles Subjekt, (...) ein kollektives Bewußtsein, eine transzendentale Subjektivität" (Foucault 1981, S. 177) als souveräner Urheber zugrunde liegt. Daraus folgt für Foucault die methodische Anleitung, daß "das Feld der Aussagen nicht als eine Übersetzung von Operationen oder Prozessen beschrieben wird, die sich anderswo (im Denken der Menschen, in ihrem Bewußtsein oder ihrem Unbewußten, in der Sphäre der transzendentalen Konstitution) abwickeln" (ebd.).

In gleicher Weise betont Luhmann, daß der Mensch bzw. das Bewußtsein nicht das Subjekt des Sozialen und damit nicht das Subjekt der Kommunikation ist. "Das Bewußtsein ist weder Ursache noch Urheber, weder Substanz noch Subjekt der Kommunikation." (Luhmann 1990, S. 59) Nicht der Mensch, sondern allein die Kommunikation kann kommunizieren. Kommunikationen sind die Elemente sozialer Systeme, stellen also eine Eigenleistung des Sozialen dar. Dabei bleibt die Kommunikation auf Bewußtseinsvorgänge angewiesen, ohne daß es jedoch zu einer Überschneidung von Kommunikation und Bewußtsein kommt. Vielmehr handelt es sich bei sozialen und psychischen Systemen um selbstreferentiell-geschlossene Einheiten, die vollständig getrennt voneinander operieren. Insofern gilt, daß das psychische System und damit der Mensch sich außerhalb des sozialen Raums, in der Umwelt des Gesellschaftssystems befindet.

c) Die Abwendung von subjektphilosophischen und anthropologischen Prämissen hat eine Reformulierung des Autor- bzw. des Personenbegriffs zur Folge. Der Autor ist, so Foucault, nicht der Urheber, nicht das Subjekt des Diskurses, ebensowenig ist der Autor ein Mensch aus Fleisch und Blut. Vielmehr wird mit dem Begriff des Autors eine diskursinterne Konstruktion, also eine strukturelle Einheit des Diskurses bezeichnet. Die Kategorie des Autors bildet - wie auch die des Buches und des Werkes - ein Kontinuitätsprinzip, nach dem Diskurse gruppiert und strukturiert werden (können); zugleich stellt sie eine Ordnungsfiguration dar, die die diskursive Praxis bereitstellt, um dem sprechenden Individuum einen Platz bzw. eine Funktionsstelle zuzuweisen (vgl. Foucault 1981, S. 39f.).

Die Theorie sozialer Systeme verallgemeinert diese Auffassung: Das, was sich über den Zusammenhang von Diskurs und Autor sagen läßt, gilt generell für den Zusammenhang von sozialen Systemen und Personen. Personen dienen dem sozialen System als Adressaten, denen sich unter geeigneten Umständen die Kommunikation zuschreiben läßt. Kommunikation flaggt sich, so Luhmann, selbst als Handlung aus; dies geschieht, indem die Kommunikation als Mitteilungs*handlung* Personen zugerechnet wird. Mit Personen sind also keine Menschen, aber auch keine psychischen Systeme gemeint. Unter Personen versteht Luhmann vielmehr strukturelle Bezugs- und Identifikationspunkte, die von der Kommunikation genutzt werden, wenn sie sich auf 'Menschen' in ihrer Umwelt bezieht.[3]

3 Foucault und Luhmann sind sich zugleich darüber einig, daß die Zurechnung von Diskursen/Systemen auf Autoren/Personen keine apriorische Notwendigkeit darstellt. Foucault verweist darauf, daß in bestimmten Diskursen kein Bedarf für die Konstruktionseinheit 'Autor' existiert und die Funktionsstelle somit unbesetzt bleibt. "Andererseits gilt die Funktion Autor nicht überall und nicht ständig für alle Diskurse. In unserer Kultur haben

d) Bei der Diskurstheorie Foucaults handelt es sich ebenso wie bei der Systemtheorie Luhmanns um einen *konstruktivistischen* Ansatz. Die Gegenstände und Objekte, die der Diskurs thematisiert, sind dem Aussagenfeld nicht als Essenzen bzw. ontologische Entitäten vorgelagert, sie werden vielmehr vom Diskurs selbst hervorgebracht. Der Diskurs konstituiert die Ordnung der Dinge - so der Titel der deutschen Übersetzung von Foucaults Buch über die archäologischen Tiefenschichten der europäischen Kultur- und Klassifikationssysteme -, indem er die Dinge erzeugt und sie zugleich zu einer Figuration anordnet. In analoger Weise beschreibt Luhmann soziale Systeme als Beobachter, die das, worüber sie kommunizieren, zugleich konstruieren bzw. konstituieren. Beobachtung ist eine systeminterne Operation, mit der Systeme Informationen über ihre Umwelt bzw. über sich selbst gewinnen. Insofern widerspricht der Beobachtungsbegriff auch nicht der These der operativen Geschlossenheit autopoietischer Systeme: Soziale Systeme verfügen über keinen unmittelbaren, operativen Kontakt mit ihrer Umwelt; aus diesem Grunde sind sie darauf angewiesen, mittels interner Beobachtungsoperationen ein Bild der äußeren Umwelt zu konstruieren.

Ein systematischer Vergleich zwischen der Diskurstheorie Foucaults und der Systemtheorie Luhmanns wird vermutlich auf weitere Parallelen stoßen. Dabei darf jedoch nicht übersehen werden, daß sich daneben einige *grundlegende Divergenzpunkte* zwischen beiden Ansätzen aufzeigen lassen. Zunächst fällt auf, daß die archäologische Konzeption allein einen Ausschnitt des Sozialen behandelt, nämlich diskursive Praktiken. Die *Archäologie des Wissens* gibt kein theoretisches Instrumentarium an die Hand, mit dem sich nicht-diskursive soziale Praktiken analysieren lassen; überhaupt bleibt das Verhältnis von diskursiven und nicht-diskursiven Bereichen ungeklärt. Zur Zeit der Abfassung der Arbeit war sich Foucault offenbar selbst nicht im klaren darüber, wie der Zusammenhang im einzelnen zu denken ist;[4] in den siebziger Jahren hat er dann diese Frage mit der Konzipierung einer Machttheorie zu beantworten versucht. Luhmanns Theorie sozialer Systeme beansprucht hingegen den Status einer fachuniversalen Theorie. Damit ist eine Konzeption gemeint, die den *gesamten* Gegenstandsbereich des Sozialen abzudecken versucht. Die Übertragung des systemtheoreti-

---

nicht immer die gleichen Texte einer Zuschreibung bedurft." (Foucault 1988a, S. 18). Und Luhmann betont, daß die Zurechnung der Kommunikation als Mitteilungshandlung von Personen selbst ein kontingentes Produkt der historischen Entwicklung darstellt und somit funktionale Äquivalente der Ausbildung von systeminternen Bezugspunkten denkbar sind (vgl. Luhmann 1984, S. 233).

4 Jedenfalls hat Foucault in einem Gespräch mit Raymond Bellour das Scheitern seiner früheren, Anfang der sechziger Jahre unternommenen Versuche, das Verhältnis zwischen diskursiven und nicht-diskursiven sozialen Praktiken zu bestimmen, eingeräumt. "Eine Beschreibung der autonomen Ebene der Diskurse ist jedoch nur insofern interessant, als man diese in Beziehung setzen kann zu anderen Ebenen, zu Praktiken, Institutionen, sozialen und politischen Verhältnissen usw. Diese Beziehung hat mich immer gereizt, und in *Wahnsinn und Gesellschaft* sowie in *Die Geburt der Klinik* habe ich gerade diese Beziehung zwischen diesen verschiedenen Bereichen bestimmen wollen. (...) Ich habe jedoch bemerkt, daß die Dinge komplizierter waren, als ich in diesen beiden ersten Arbeiten geglaubt hatte." (Foucault 1973, S. 163)

schen Instrumentariums auf den Phänomenbereich des Sozialen besagt, daß *jeder* soziale Kontakt - angefangen von kopräsenten Alltagsbegegnungen bis hin zur Gesellschaft als Gesamtheit aller Kommunikationen - als System begriffen wird.

Ferner wird in der Diskurstheorie Foucaults und der Systemtheorie Luhmanns die Frage nach der Einheit des Diskurses bzw. des Systems gegenläufig bestimmt. Foucaults (semi-strukturalistische) Antwort lautet, daß die Einheit des Diskurses in seinem *diskursiven Formationssystem*, d.h. in bestimmten Regeln oder Strukturen begründet liegt. Die Elemente des Diskurses werden somit durch (vorausliegende) Strukturen definiert.[5] All diejenigen Aussagen, die die gleichen Regelmäßigkeiten aufweisen, gehören demnach zur gleichen Aussagengruppe. Die Theorie sozialer Systeme formuliert eine davon abweichende, wenn man so will: eine poststrukturalistische Antwort[6]: Die Einheit des Systems ist nicht strukturell verbürgt, sondern sie wird *operativ* hergestellt; sie ist letztlich nichts anderes als die rekursive Geschlossenheit der Produktion der Komponenten des Systems durch die Komponenten des Systems. Eine solche Theorieanlage ermöglicht es, Systemereignisse und Systemstrukturen *gleichursprünglich* zu denken. Die Struktur "ist nicht der produzierende Faktor, nicht die Ur-sache, sondern ist selbst nichts anderes als das Eingeschränktsein der Qualität und Verknüpfbarkeit der Elemente" (Luhmann 1984, S. 384f.).

Ein dritter Divergenzpunkt zwischen Diskurstheorie und Systemtheorie läßt sich benennen, der ihr Verhältnis zum Vorgang des Verstehens betrifft. Dieser Punkt wird im folgenden von Interesse sein.

II.

Dreyfus und Rabinow haben Foucaults kritisches Projekt einer "Geschichte der Gegenwart" (Foucault 1977, S. 43) als Erklärungsansatz beschrieben, der *jenseits* von Strukturalismus und Hermeneutik angesiedelt ist. Gegenüber dieser plakativen Äußerung scheinen, zumindest was Foucaults Verhältnis zur strukturalen Methode betrifft, Zweifel angebracht zu sein; Dreyfus und Rabinow (1987, S. 11f.) räumen im Vorwort ihrer Arbeit dann auch eine gewisse Annäherung des (frühen) Foucaults an den Strukturalismus ein.[7] Eindeutiger ist

---

5 Damit folge ich der Auffassung von Hubert L. Dreyfus und Paul Rabinow (1987, S. 105ff.), daß Foucault in der *Archäologie des Wissens* die Strukturen des Diskurses zwar nicht quasi-transzendental als Möglichkeitsbedingungen, aber semi-strukturalistisch als *Existenzbedingungen* der Diskursereignisse bestimmt. Das archäologische Unternehmen verstrickt sich aus diesem Grunde, so Dreyfus und Rabinow weiter, in die Fallstricke der von Foucault selbst analysierten Doppelprobleme, d.h. dem hektischen, ausweglosen Hin und Her zwischen dem Fundamentalen und dem Abgeleiteten.

6 Originalton Luhmann: "Insofern ist das Konzept der Autopoiesis eine eindeutig *poststrukturalistische* Theorie." (Luhmann 1985, S. 407)

7 Eher läßt sich von einem *ambivalenten*, ja *widersprüchlichen* Verhältnis von Foucaults archäologischer Methode zur strukturalistischen Vorgehensweise sprechen. In *Die Ordnung der Dinge* etwa kritisiert er auf der einen Seite den Strukturalismus - zusammen mit Transzendentalphilosophie, Hermeneutik, Phänomenologie, Positivismus und

zweifellos Foucaults Position gegenüber der Hermeneutik; einmal abgesehen von seinen beiden eher untypischen Frühschriften aus den fünfziger Jahren[8] hat sich Foucault durchgängig, beginnend mit *Wahnsinn und Gesellschaft* bis hin zu seiner Geschichte der Sexualität, als Anti-Hermeneutiker verstanden.

In Foucaults Schriften finden sich unterschiedliche Begründungen für die Ablehnung eines sinnverstehenden bzw. hermeneutischen Zugangs zur Sozialwelt. In einer ersten Annäherung läßt sich eine *archäologische Kritik* von einer *genealogischen Kritik der Hermeneutik* unterscheiden. Bevor ich die archäologische Kritik thematisiere, werde ich zunächst auf die zeitlich später entstandene genealogische Kritik der Hermeneutik eingehen.

Im Mittelpunkt seiner Antrittsvorlesung *Die Ordnung des Diskurses*, die Foucault am Collège de France am 2. Dezember 1970 gehalten hat, steht die Hypothese, daß in "jeder Gesellschaft die Produktion des Diskurses zugleich kontrolliert, selektiert, organisiert und kanalisiert wird - und zwar durch gewisse Prozeduren, deren Aufgabe es ist, die Kräfte und die Gefahren des Diskurses zu bändigen, sein unberechenbar Ereignishaftes zu bannen, seine schwere und bedrohliche Materialität zu umgehen" (Foucault 1991, S. 10f.). Neben den *äußeren* Kontrollen bzw. Einschränkungen des Diskurses, wie etwa der Ausschließung und dem Verbot, sowie *Verknappungsregeln* der sprechenden Subjekte nennt Foucault mit *internen* Strategien eine dritte Form der Diskurskontrolle. Dazu rechnet er neben anderen Kontroll- und Klassifikationstechniken eine Prozedur, die zweifellos im Zentrum der hermeneutischen Tätigkeit steht - gemeint ist das Anfertigen von *Kommentaren* bzw. *Interpretationen.*[9] Aufgabe des Kommentars ist es, so Foucault, ständig neue Diskurse zu konstruieren und zwar Diskurse über bereits existierende Diskurse. Damit kommt dem Kommentar eine doppelte, ja *paradoxe* Aufgabe zu: Der Sekundärtext hat sich von dem zu kommentierenden Primärtext zu *unterscheiden* und gleichzeitig mit ihm zu *identifizieren*. Der Kommentar geht einerseits über den Ausgangstext hinaus, indem er dessen bislang verborgenen Sinn interpretierend ans Tageslicht zerrt, andererseits sucht der Sekundärtext sich dem Primärtext anzugleichen, indem er allein das formuliert, was bereits der zu kommentierende Text meint. In den Worten Foucaults: Der Kommentar muß "zum ersten Mal das sagen, was doch schon gesagt worden ist, und muß unablässig das wiederholen, was eigentlich niemals gesagt worden ist" (Foucault 1991, S. 19). Ergebnis dieser paradoxen und damit unendlichen Prozedur ist die Kontrolle und Kanalisation des Diskurses; der

Marxismus - als geistesgeschichtliche Strömung, die den Prämissen des anthropologischen Denkens verhaftet geblieben ist; auf der anderen Seite orientiert sich die archäologische Abkehr von der anthropozentrischen Denkweise, wie das Schlußkapitel deutlich macht, an den methodologischen Vorbildern der *strukturalistischen Gegen- bzw. Antiwissenschaften*, nämlich der Linguistik von Ferdinand de Saussure, der Psychoanalyse von Jacques Lacan und der Ethnologie von Claude Lévi-Strauss.

8 Gemeint sind Michel Foucault, *Maladie mentale et personnalité*, Paris 1954 sowie seine Einleitung zur französischen Übersetzung von Ludwig Binswangers *Der Traum und die Existenz* (vgl. Foucault 1992).

9 Zur Auseinandersetzung mit Foucaults Kommentarbegriff vgl. auch Fohrmann (1988) und Kammler (1990).

Kommentar bildet, so Foucault, ein Instrument der "diskursiven 'Polizei'" (ebd., S. 25), mit dem das Neue, Unvorhergesehene, Ereignishafte und damit Bedrohliche des Diskurses getilgt wird. "Der Kommentar bannt den Zufall des Diskurses, indem er ihm gewisse Zugeständnisse macht: er erlaubt zwar, etwas anderes als den Text selbst zu sagen, aber unter der Voraussetzung, daß der Text selbst gesagt und in gewisser Weise vollendet werde." (Ebd., S. 20)

Die Genealogie präsentiert sich selbst als Anti-Hermeneutik; sie richtet ihren Blick nicht auf Sinnzusammenhänge, sondern auf Prozesse der Macht, die den Diskurs in den Griff nehmen. Insofern setzt die genealogische Kritik von *außen* an; sie interessiert sich primär für die äußeren Effekte der Kontrolle und Verknappung, die der Kommentar hervorruft. Die Archäologie bzw. Diskurstheorie nun nimmt ebenfalls eine oppositionelle Stellung zur Hermeneutik ein; in diesem Falle aber greift die Kritik jedoch von *innen*, d.h. die archäologische Kritik beschäftigt sich primär mit den Voraussetzungen bzw. Prämissen des hermeneutischen Denkens.

In der Vorrede zur *Geburt der Klinik*, in der Foucault erstmalig das Projekt einer archäologischen Diskurstheorie in Aussicht stellt, findet sich eine sprachtheoretisch ansetzende Kritik des Kommentars: Der "Kommentar setzt per definitionem einen Überschuß des Signifikats im Verhältnis zum Signifikanten voraus, einen notwendigerweise nicht formulierten Rest des Denkens, den die Sprache im Dunkeln gelassen hat, einen Rückstand, der dessen Wesen ausmacht und der aus seinem Geheimnis hervorzuholen ist" (Foucault 1988b, S. 14). Aufgabe des Kommentars ist es, "unterhalb des existierenden Diskurses einen anderen, fundamentaleren und gewissermaßen 'ersteren' Diskurs" (Foucault 1974, S. 73) entstehen zu lassen; stets verspricht der Kommentar, den ursprünglichen Text vollständig freizulegen, wenngleich dieser sich dem interpretierenden Zugriff stets wieder entzieht. Die Aufgabe des Kommentars ist somit endlos, sie erfordert eine Tätigkeit, die nie beendet werden kann. *Faktisch* läßt sich das Ziel des Kommentars somit nicht erreichen, als *kontrafaktisches* Ideal bildet es gleichwohl eine notwendige Voraussetzung der hermeneutischen Tätigkeit.

Die archäologische Kritik des Kommentars entzündet sich an der utopischen Vorstellung einer endgültigen Entdeckung des ursprünglichen Textes, einer gelingenden Freilegung der verschütteten Bedeutung und damit einer vollständigen Verschmelzung von Ursprungstext und Kommentar. In der *Archäologie des Wissens* hat Foucault diesen Gedanken wieder aufgenommen und im Rahmen einer Kritik des subjektphilosophischen bzw. anthropozentrischen Kontinuitätsdenkens[10] entfaltet. Die Hermeneutik geht, so Foucault, von der Vorstellung einer *prinzipiellen Kontinuität* zwischen Primärtext und Kommentar, zwischen zu verstehendem Objekt und verstehendem Subjekt aus. Mit dem Begriff der prinzi-

10 Der subjektphilosphische Diskurs und der Diskurs des Kontinuierlichen sind für Foucault, wie es in der Einleitung der *Archäologie des Wissens* heißt, "die beiden Gesichter ein und desselben Denksystems" (Foucault 1981, S. 23). Die "kontinuierliche Geschichte ist das unerläßliche Korrelat für die Stifterfunktion des Subjekts: die Garantie, daß alles, was ihm entgangen ist, ihm wiedergegeben werden kann; die Gewißheit, daß die Zeit nichts auflösen wird, ohne es in einer erneut rekomponierten Einheit wiederherzustellen" (ebd.).

piellen Kontinuität ist die kontrafaktische Idee einer Aufhebung der Differenz zwischen Sprecher und Hörer gemeint; wenngleich die (philosophische) Hermeneutik zunächst den faktischen Abstand zwischen Text und Interpreten anerkennt, bildet die intersubjektive Verschmelzung des Subjekts mit dem Objekt des Verstehens doch das regulative Ideal der hermeneutischen Tätigkeit. Christoph Menke hat zu Recht darauf aufmerksam gemacht, daß sich Foucaults Vorbehalte insbesondere gegen die hermeneutische Utopie einer gelingenden Verständigung über Geltungsansprüche richten. Gegenstand von Foucaults Problematisierung ist "die hermeneutische Kontinuitätsunterstellung, daß sich in Verständigungsprozessen im Prinzip stets Übereinstimmung über Geltungsbeurteilungen erreichen lasse. Foucault kritisiert diese Unterstellung als den Kern des utopischen Humanismus, der in dem universalistischen Selbstverständnis der Aufklärung zum Ausdruck kommt." (Menke 1990, S. 123)

Foucault begnügt sich jedoch nicht damit, die (kontinuitätstheoretischen) Prämissen der Hermeneutik freizulegen; vielmehr bemüht er sich, die methodologischen Grundannahmen einer diskurstheoretischen Textanalyse zu entfalten, die der hermeneutischen Auffassung unmittelbar widerstreiten. Der subjektphilosophischen These der Kontinuität stellt er die Auffassung der *Diskontinuität*, der hermeneutischen Utopie einer prinzipiellen Perspektivenverschmelzung von Sprecher und Hörer die Erfahrung *uneinholbarer Fremdheit* bzw. *Perspektivendivergenz* gegenüber. Der Vorstellung einer kontrafaktischen Verständigung über (zunächst) kontroverse Geltungsansprüche schließlich begegnet er mit der methodologischen Regel, sich *neutral* gegenüber Geltungsbeurteilungen zu verhalten. Anders formuliert: Der archäologische Forscher klammert, ähnlich dem phänomenologischen Verfahren der Reduktion[11], die Geltungsansprüche der zu analysierenden Diskursformationen ein, indem er sich jeden Urteils - sei es positiv, sei es negativ[12] - dazu enthält. Mit diesem Schritt wird die hermeneutische Prämisse, daß sich die unterschiedlichen Sprecherperspektiven zu einem einheitlichen, intersubjektiven und interkulturellen Sinnzusammenhang verschränken, so daß prinzipiell eine Übereinstimmung über strittige Geltungsansprüche erzielt werden kann, endgültig preisgegeben.[13] Die

11 Dreyfus und Rabinow, die ausführlicher den Parallelen zwischen Archäologie und Phänomenologie nachgegangen sind, sprechen gleich von einer *doppelten* Reduktion: "Nicht nur muß der (archäologische, G.K.) Forscher die *Wahrheits*ansprüche des seriösen Sprechakts, den er untersucht, ausklammern - Husserls phänomenologische Reduktion -, er muß auch dessen Ansprüche auf *Bedeutung* ausklammern; das heißt, er muß nicht nur im Hinblick darauf neutral bleiben, ob der Wahrheitsanspruch einer Aussage berechtigt ist, sondern auch im Hinblick darauf, ob der jeweilige spezifische Wahrheitsanspruch sinnvoll ist, und allgemeiner, ob der Gedanke eines kontextfreien Wahrheitsanspruchs kohärent ist." (Dreyfus/Rabinow 1987, S. 73)

12 Dies ist wichtig zu betonen, da ja gerade auch die Ablehnung eines Geltungsurteils, wie Menke (1990, S. 123) betont, der Idee einer gelingenden Verständigung verpflichtet bleibt.

13 Die Auffassung einer uneinholbaren Fremdheit zwischen den unterschiedlichen Diskursformationen hat Foucault am Anfang der *Ordnung der Dinge* mit Blick auf ein älteres chinesisches Klassifikationssystem (der Tiergattungen) illustrativ deutlich

archäologische Kritik der kontinuitätstheoretischen Prämissen weist alle (faktischen und kontrafaktischen) Gemeinsamkeitsunterstellungen zwischen den Diskursen zurück; die einzelnen Diskursformationen stehen, so Foucault, gleichsam 'quer' zueinander, sie koinzidieren in keinem Punkt, schon gar nicht verschmelzen sie zu einer höherstufigen Einheit idealer Geltung.

Die archäologische Diskurstheorie, die die Kontinuitätsunterstellung gelingender Verständigung mittels der Annahme einer irreduziblen Differenz der diskursrelativen Perspektiven zurückweist, nimmt explizit eine oppositionelle Stellung gegenüber hermeneutischen bzw. sinnverstehenden Ansätzen ein. Es gilt, so Foucault, "die diskursiven Tatsachen nicht als autonome Kerne vielfältiger Bedeutungen (...), sondern als Ereignisse und funktionelle Abschnitte" (Foucault 1988b, S. 15) zu beobachten und zu behandeln. Die Diskurstheorie ist an dem "Vorhaben einer *reinen Beschreibung der diskursiven Ereignisse*" (Foucault 1981, S. 41) orientiert, wobei die Anhäufung der Aussagen "nicht als die geschlossene und übervolle Totalität einer Bedeutung (...), sondern als eine lückenhafte und zerstückelte Figur" (ebd., S. 182) begriffen wird. Die archäologische Analyse läßt sich somit in aller Kürze als ein funktionalistisches Verfahren charakterisieren, das sich "außerhalb jeder Interpretation" (Foucault 1981, S. 159) hält und allein an dem funktionalen, nicht-sinnhaften Zusammenhang der Diskurstatsachen interessiert ist.

Reflektiert man die letzten Überlegungen mit Hilfe der Begriffe *Beobachten*, *Verstehen* und *Verständigung*, so gelangt man jedoch zu einem verblüffenden Ergebnis: Offensichtlich schließt die archäologische Kritik der hermeneutischen Kontinuitätsunterstellung gelingender *Verständigung*, so läßt sich formulieren, eine Kritik des *Verstehens* und damit eine Kritik sinnverstehender, interpretativer Verfahren ein; die Aussagenanalyse wird aus diesem Grunde als funktionale Analyse konzipiert, deren zentrales Verfahren das reine Beschreiben bzw. *Beobachten* der Diskurselemente ist. Unschwer lassen sich damit im Zentrum des archäologischen Verfahrens exakt die zwei Prämissen wiedererkennen, die für die philosophische Hermeneutik, zumindest in der Version von Gadamer und Habermas, konstitutiv sind: Verstehen und Verständigung werden als gleichbedeutende bzw. einander ergänzende, Beobachten und Verstehen hingegen als gegensätzliche, einander ausschließende Termini begriffen. Das Ergebnis überrascht: Bei aller nicht zu leugnenden Gegensätzlichkeit teilen diskurstheoretische Aussagenanalyse und philosophische Hermeneutik offenbar gewisse Denkvoraussetzungen; beide Ansätze sind, mit den Worten Foucaults, in den gleichen archäologischen Tiefenschichten verankert und somit im gleichen Raum des Wissens situiert. Foucaults Abwendung von der Hermeneutik scheint, so läßt sich in aller Kürze formulieren, noch vom Gift des Gegners gebeizt zu sein; sie verdankt sich zum Teil jedenfalls Denkfiguren, die für die philosophische Hermeneutik ebenfalls konstitutiv sind.

---

gemacht; eine derart fremde Taxonomie macht, so Foucault, mit einem Sprung "die Grenze unseres Denkens: die schiere Unmöglichkeit, *das* zu denken" (Foucault 1974, S. 17) - und damit die schiere Unmöglichkeit, *das zu verstehen*, bewußt.

III.

Luhmann begreift psychische und soziale Systeme als getrennt operierende, autopoietische Einheiten. Alles, was diese Systeme als Einheit verwenden, produzieren und reproduzieren sie in einem fortlaufenden rekursiven Prozeß. Somit operieren psychische und soziale Systeme selbstreferentiell-geschlossen: Sie konstituieren die Komponenten, aus denen sie bestehen, durch die Komponenten, aus denen sie bestehen; insofern beziehen sie sich in allen ihren Operationen stets auf sich selbst.

Der Begriff der Selbstreferenz ist zugleich Ausgangspunkt des systemtheoretischen Verstehenskonzepts. Entgegen einem gängigen Vorwurf hat die Theorie sozialer Systeme durchaus Verwendung für den Begriff des Verstehens (vgl. Kneer/Nassehi 1991). Und zwar behandelt sie Verstehen als Leistung psychischer und sozialer Systeme: Systeme verstehen Systeme. Verstehen wird dabei als Verstehen der Handhabung von Selbstreferenz definiert (vgl. Luhmann 1986, S. 72). Allein selbstreferentielle Systeme lassen sich somit verstehen - und sie werden verstanden, indem sie von anderen, ebenfalls selbstreferentiell operierenden Systemen daraufhin beobachtet werden, wie sie mit ihrer eigenen Selbstreferenz verfahren.[14] Verstehen ist dem Gesagten zufolge eine bestimmte, spezifische Form der Beobachtung; jede weitere Klärung des Verstehensbegriffs setzt aus diesem Grunde eine Klärung des Beobachtungsbegriffs voraus.

Auf der Basis der operativen Logik von George Spencer Brown definiert Luhmann Beobachtung als Operation, die aus den Komponenten *Bezeichnen* und *Unterscheiden* besteht. Beobachten meint den Vorgang des *Bezeichnens-anhand-einer-Unterscheidung*; eine Beobachtung kommt also dadurch zustande, daß eine Unterscheidung gewählt und eine der beiden Seiten der Unterscheidung bezeichnet wird. Dabei gilt, daß bei einer Beobachtung die beiden Komponenten Bezeichnen und Unterscheiden stets gemeinsam auftreten. Etwas läßt sich nur als etwas bezeichnen und damit beobachten, wenn es von anderem unterschieden wird - und eine Unterscheidung läßt sich operativ nur verwenden, wenn eine

---

14 Oder anders formuliert: Ausschließlich Systeme, die selbstreferentiell strukturiert sind, können verstehen und ebenfalls ausschließlich selbstreferentielle Systeme können verstanden werden. Bei verstehenden Systemen kommt als Zusatzbedingung hinzu, daß diese über hinreichende Verarbeitungs- und Verweisungsmöglichkeiten verfügen müssen. Aus diesem Grunde können, so Luhmann, allein *sinnverarbeitende* Systeme, d.h. allein psychische und soziale Systeme verstehen, da nur die Errungenschaft Sinn diese komplexe Verweisungsmöglichkeit bereithält. Verstanden werden können hingegen auch selbstreferentielle Systeme, die nicht sinnhaft strukturiert sind, also etwa lebende Systeme. "Das heißt konkret, daß lebende, psychische und soziale Systeme verstanden werden können, aber nur psychische und soziale Systeme verstehen können." (Luhmann 1986, S. 81) Aus dieser Konzeption des Verstehensbegriffs ergeben sich offensichtlich weitreichende wissenschaftstheoretische Konsequenzen, da die von der Hermeneutik formulierte Differenz zwischen erklärenden Naturwissenschaften und verstehenden Geisteswissenschaften hinfällig wird.

Seite bezeichnet wird.[15] Eine Beobachtung ist somit die Einheit einer Unterscheidung, nämlich die Einheit der Unterscheidung von Bezeichnung und Unterscheidung.[16]

Verstehen ist, wie angedeutet, eine spezifische Form des Beobachtens, nämlich die Beobachtung des Umgangs mit Selbstreferenz. Ein verstehendes System beobachtet ein anderes System, wie dieses seine eigene Selbstreferenz handhabt. Dies wird dadurch erreicht, daß das verstehende System beobachtet, wie ein anderes System die *Unterscheidung von System und Umwelt* intern prozessiert. Verstehen als Spezialfall des Beobachtens ist somit eine Beobachtung, die sich an einer bestimmten beobachtungsleitenden Unterscheidung orientiert. Verstehen kommt eben dadurch zustande, daß die Beobachtung als *Leitdifferenz* "die System/Umwelt-Differenz eines *anderen* Systems" (Luhmann 1986, S. 80; Hervorhebung G.K.) verwendet. Das verstehende System beobachtet in seiner eigenen Umwelt ein anderes System und versteht es aus *dessen* Umweltbezügen heraus. Dazu ist es erforderlich, die beobachtungsleitenden Unterscheidungen des anderen Systems zu beobachten, also zu beobachten, mit welchen Unterscheidungen das andere System seine Umwelt beobachtet. Insofern meint Verstehen eines anderen Systems die Beobachtung seiner Unterscheidungen bzw. die Beobachtung seines Unterscheidungsgebrauchs. Verstehen ist somit, so läßt sich das Gesagte zusammenfassen, eine Beobachtung, die sich an der System/Umwelt-Differenz eines anderen Systems orientiert, um dessen beobachtungsrelevante Unterscheidungen in den Blick zu nehmen.

Aus dem derart definierten Verstehensbegriff ergeben sich *autologische* Konsequenzen für die Theorie sozialer Systeme. Das meint, daß das, was die Theorie über ihren Gegenstandsbereich aussagt, auf die Theorie selbst zutrifft. Die Theorie sozialer Systeme beobachtet in ihrer Umwelt eine Vielzahl selbstreferentieller Systeme, wobei sie ihren Beobachtungen die Leitdifferenz System/Umwelt der anderen Systeme zugrunde legt, um auf diese Weise deren beobachtungsleitende Unterscheidungen zu erfassen. Insofern läßt sich sagen,

---

15 Selbstverständlich läßt sich auch die andere Seite der Unterscheidung bezeichnen - Spencer spricht von crossing -, aber dazu bedarf es einer weiteren Bezeichnung, also einer weiteren Beobachtungsoperation und somit bedarf es Zeit.

16 Luhmann spricht deshalb von der paradoxalen Grundstruktur des Beobachtens: "Beobachten ist also eine paradoxe Operation. Sie aktualisiert eine Zweiheit als Einheit, in einem Zuge sozusagen. Und sie beruht auf der Unterscheidung von Unterscheidung und Bezeichnung, aktualisiert also eine Unterscheidung, die in sich selbst wiedervorkommt." (Luhmann 1990, S. 95) Damit eine Beobachtung operativ zustande kommt, muß die zugrundeliegende Paradoxie der Identität des Differenten im aktuellen Vollzug freilich ausgeblendet werden; die Beobachtung entparadoxiert sich dadurch, so Luhmann, daß sie darauf verzichtet, die Einheit der verwendeten Unterscheidung zu bezeichnen. Dies geschieht dadurch, daß die Beobachtung nicht beide, sondern eben nur eine Seite der Unterscheidung bezeichnet. Eine Beobachtung kann daher sich auch nicht selbst beobachten, sie verwendet ihre eigene Unterscheidung als ihren *blinden Fleck*.

daß die Theorie sozialer Systeme durchaus über einen *verstehenden* Zugang zu ihrem Gegenstandsbereich verfügt.[17]

Der bisher vorgestellte systemtheoretische Verstehensbegriff ist in zwei Hinsichten näher zu erläutern. *Erstens*: Damit verstehendes Beobachten zustande kommt, sind zumindest zwei Systeme erforderlich - ein System, das versteht, sowie ein System, das verstanden wird. Verstehen ist, so Luhmann, zunächst "eine asymmetrische Beziehung. Wenn das System A das System B versteht, impliziert das nicht notwendigerweise, daß das System B auch das System A versteht." (Luhmann 1986, S. 79) Herr Müller beobachtet, wie der Nachbar Meyer ins Auto steigt; er sieht, wie er kurz danach fluchend wieder im Hause verschwindet, um nach einer Minute schließlich mit seiner Aktentasche zum Wagen zurückzukehren - und versteht: er hatte seine Bürounterlagen vergessen. Selbstverständlich ist damit nicht ausgeschlossen, daß auch umgekehrt das System B das System A versteht. Herr Meyer beobachtet bei der Rückkehr zu seinem Wagen, wie Herr Müller grinsend vor seiner Haustür steht - und versteht: Herr Müller macht sich über seine Vergeßlichkeit lustig.

Und *zweitens*: Der so definierte Begriff des Verstehens ist strikt systemrelativ zu denken. Verstehen ist eine spezielle Beobachtungsoperation selbstreferentieller, sinnverarbeitender Systeme, wobei gilt, daß Systemoperationen je nur Systemoperationen operierender Systeme sind. Selbstreferentielle Systeme operieren niemals in ihrer Umwelt und somit auch niemals in Systemen ihrer Umwelt. Damit ist ausgeschlossen, daß verstehende Systeme an anderen Systemen teilhaben, also unmittelbar an ihren Systemoperationen partizipieren; ebenso ist ausgeschlossen, daß Systeme miteinander verschmelzen. Jede Systemoperation, jede Beobachtungsoperation und damit jedes verstehende Beobachten ist stets eine systeminterne Operation, die an die eigenen, systemrelativen Unterscheidungen gebunden bleibt. Letztlich geht es also beim Verstehen darum, daß ein verstehendes System den Gebrauch bestimmter Unterscheidungen beim anderen, verstandenen System *unterstellt*; dafür, daß dies die richtigen, tatsächlich vom anderen System verwandten Unterscheidungen sind, gibt es keine Garantie. Alles, was der verstehende Beobachter für Verstehen hält, ist für ihn Verstehen. Ein verstehendes System kann, hält man sich an die Auffassung der operationellen Geschlossenheit selbstreferentieller Einheiten, ein anderes System nicht vollständig durchschauen - und gerade *weil* ein solches Durchschauen nicht möglich ist, muß verstanden werden (vgl. Luhmann 1990, S. 26). Oder anders formuliert: Die prinzipielle Intransparenz selbstreferentieller Systeme wird auch durch Verstehensoperationen nicht aufgelöst, aber Verstehen ermöglicht einen operativen und damit strukturbildenden Umgang mit eben dieser Intransparenz.[18]

---

17 Zu einem ähnlichen Ergebnis gelangt Wolfgang Ludwig Schneider (1991), der betont, daß sinnverstehende, hermeneutische Ansätze einerseits, funktionalistische bzw. systemtheoretische Ansätze andererseits gleichermaßen auf der Grundfigur von Frage und Antwort bzw. Problem und Problemlösung basieren.

18 Oder nochmals anders formuliert: Verstehen ist stets Verstehen, niemals aber Mißverstehen oder Nicht-Verstehen. Die Erfahrung des Mißverstehens bzw. Nicht-Verstehens kann

Die bisherigen Überlegungen bezogen sich allein auf die Begriffe des Beobachtens und des Verstehens. Aus dem zuletzt Gesagten ergeben sich freilich unmittelbar Konsequenzen für den dritten in diesem Zusammenhang interessierenden Begriff, also für den Begriff der *Verständigung*. Eine Übereinkunft, ein in der Sache koinzidierendes Verstehen oder gar eine gelingende Verständigung der Systeme im Sinne einer Horizontverschmelzung der einzelnen Beobachtungsperspektiven ist, hält man sich an die Prämissen der Theorie sozialer Systeme, kategorial ausgeschlossen. Sinnverarbeitende Systeme, die andere Systeme in ihrer Umwelt zu verstehen suchen, operieren selbstreferentiell geschlossen und somit vollkommen überschneidungsfrei. Die Annahme einer faktischen oder kontrafaktischen Einheitlichkeit der Systemperspektiven entfällt - verstehende Systeme sind nicht, wie die empirischen Bewußtseine Kants, in der Einheitsform eines transzendentalen Bewußtseins kurzgeschlossen, sie haben nicht, wie bei Gadamer, Teil an einer gemeinsamen Wirkungsgeschichte, und sie partizipieren auch nicht, wie in der phänomenologischen Sozialforschung, an einem gemeinsamen, lebensweltlichen Sinn. Die Theorie sozialer Systeme geht von einer unhintergehbaren Pluralität von (verstehenden) Beobachtern aus und begreift sich zugleich selbst als (verstehenden) Beobachter, ohne "daß dies zur Annahme 'intersubjektiver' Übereinstimmung führen müßte, ja auch nur führen könnte. Verschiedene Beobachter legen verschiedene Schnitte in die Welt, unterscheiden verschieden, benutzen verschiedene Formen, konstruieren also die Welt nicht als Universum, sondern als Multiversum." (Luhmann 1993, S. 203f.)

Damit bietet sich ein kurzer Rückblick auf die archäologische Diskurstheorie an. Ähnlich wie Luhmann kritisiert Foucault, wie gezeigt, die kontinuitätstheoretische Prämisse einer gelingenden Verständigung. Diskurse treten, ebenso wie selbstreferentielle Systeme, stets im Plural auf, ohne daß sie in einer höherstufigen Einheit (Prinzip, Vernunft, Geist, Wirkungsgeschichte) aufgehen. Zugleich mit dem Begriff der Verständigung verabschiedet sich Foucault von dem Begriff des Verstehens und hält allein an der Kategorie des Beobachtens fest. Luhmann hingegen unterscheidet strikt zwischen Verstehen und Verständigung und begreift Verstehen als spezielle Form des Beobachtens. Während Foucault bei seiner Kritik interpretativer Ansätze kurzerhand Verstehen und Verständigung gleichsetzt und damit der Verständigungsthese aufsitzt, weist Luhmann diese bei der Explikation des systemtheoretischen Verstehensbegriffs

---

sich erst später, im Nachhinein einstellen, etwa wenn aufgrund des Folgeverhaltens des beobachteten Systems deutlich wird, daß dieses die (zunächst) unterstellten Unterscheidungen nicht verwendet hat. Verstehen schließt somit Verstehen und Mißverstehen/Nichtverstehen ein, wobei gilt, daß die Unterscheidung zwischen Verstehen und Mißverstehen/Nichtverstehen nicht beim unmittelbaren Verstehen, sondern erst anschließend relevant wird. In den Worten von Luhmann: "Die Differenz von richtig/falsch Verstehen wird am Verstehen artikuliert. Es handelt sich um eine Kontrolldifferenz, die nur dann relevant wird, wenn aus dem Verstehen Anschlußverhalten abgeleitet werden soll. Erst der Lauf der Zeit und die Notwendigkeit, Konsequenzen zu ziehen, führen vor die Frage, ob jemand einen richtig oder falsch verstanden hatte. Binäre Schematismen sind Schematismen der Zeit." (Luhmann 1986, S. 86) zurück. Diskurstheorie und Systemtheorie stehen, betrachtet man ihr jeweiliges Verhältnis zum (hermeneutischen) Problem des Verstehens, in einer eigentümlichen Konstellation: *Die sich anti-hermeneutisch präsentierende archäologische Aussagenanalyse kritisiert auf der Basis der hermeneutischen Verständigungsthese das Konzept des Verstehens, während die Systemtheorie unter Preisgabe eben dieser Verständigungsthese einen Begriff des Verstehens formuliert.*

IV.

Verstehen ist nach dem zuvor Gesagten eine spezifische Beobachtungsoperation selbstreferentieller, sinnverarbeitender Systeme. Hält man sich an diese Auffassung, dann gilt, daß nicht nur soziale, sondern auch psychische Systeme verstehen können. Verstehen ist also auch ohne Kommunikation möglich. Reichweite und Komplexität eines auf einseitiger bzw. wechselseitiger Wahrnehmung basierenden psychischen Verstehens sind freilich begrenzt, erst im Kontext von Kommunikation erhält Verstehen eine weitergehende Relevanz. Für das Zustandekommen von Kommunikation ist Verstehen sogar unerläßlich. Jede Kommunikation muß verstanden werden, ohne Verstehen keine Kommunikation. Allerdings ist in diesem Falle mit Verstehen keine Bewußtseinsaktivität, sondern eine *Kommunikationskomponente* gemeint. Alles weitere setzt eine Klärung des systemtheoretischen Kommunikationsbegriffs voraus.

Luhmann bestimmt Kommunikation als Operationsmodus sozialer Systeme. Kommunikationen sind die Elementarereignisse des Sozialen. Soziale Systeme bestehen aus Kommunikationen, sie reproduzieren sich dadurch, daß sie Kommunikation an Kommunikation anschließen. Die Fortsetzung der Kommunikation erfordert die ständige Auswahl einer geeigneten Nachfolgekommunikation. Insofern ist Kommunikation bereits auf operativer Ebene ein *selektives* Geschehen. Jede Kommunikation nimmt eine Auswahl vor - und zwar eine Auswahl aus einer Vielzahl von Informations-, Mitteilungs- und Verstehensmöglichkeiten. Kommunikation bildet, so Luhmann, einen dreistelligen Selektionsprozeß, der *Information*, *Mitteilung* und *Verstehen* zu einer emergenten Einheit synthetisiert. Die Differenzierung und Kombination der drei Selektionskomponenten Information, Mitteilung und Verstehen erfolgt *kommunikativ*, sie geschieht also "jenseits dessen, was in den psychischen Systemen jeweils bewußt wird (woran sie gerade denken), durch den Kommunikationsprozeß selbst" (Luhmann 1990, S. 24). In der psychischen Umwelt des kommunikativen Geschehens gibt es, anders formuliert, somit weder für die drei Kommunikationskomponenten noch für deren Synthese ein entsprechendes Korrelat. Was jeweils als Information, Mitteilung und Verstehen fungiert, wird kommunikativ entschieden - insofern handelt es sich bei den drei Komponenten um "kommunikationsinterne Konstrukte" (ebd.). Information wird dadurch als eigenständige Komponente ausdifferenziert, daß Kommunikation ständig über etwas kommuniziert. Die Mitteilungskomponente ergibt sich daraus, daß Kommunikation stets eine Auswahl eines bestimmten (mitteilenden) Verhaltens vornimmt. Und Verstehen schließlich bildet die dritte eigenständige

Komponente, weil jede Kommunikation zugleich signalisiert, daß sie "auf einem Verstehen der vorausgehenden Kommunikation beruht" (Luhmann 1984, S. 198). Die Verstehenskomponente ist ausschlaggebend dafür, daß Kommunikation als ein selbstreferentieller Prozeß zustande kommt. Jede Einzelkommunikation knüpft selbstbezüglich an die vorhergehende Kommunikation an, indem sie zu verstehen gibt, daß sie diese in ganz bestimmter Weise versteht, aufnimmt, interpretiert und weiterführt. Allerdings geht Kommunikation nicht in dem selbstreferentiellen Verweisungszusammenhang auf. Selbstreferenz ist "immer nur *mitlaufende Selbstreferenz*" (ebd., S. 604). Kommunikation besteht eben nicht aus reiner Selbstreferenz, sondern bildet die *Einheit der Differenz von Selbstreferenz und Fremdreferenz*. Das meint, daß Kommunikation sich eben nicht nur (verstehend) auf sich selbst bezieht, sondern auch auf anderes. Dies geschieht in der Regel mit Hilfe der Informationskomponente.

Daß es sich bei Kommunikation um ein selbstreferentielles Geschehen handelt, ergibt sich dadurch, so ist gesagt worden, daß die Kommunikationsereignisse in einen Verstehenszusammenhang eingelassen sind. Jede Kommunikation basiert auf dem Verstehen der vorausgehenden Kommunikation, jede Anschlußkommunikation signalisiert, anders formuliert, das *Verstehen* einer *mitgeteilten Information*. Für das kommunikative Verstehen ist somit die Anwendung der beobachtungsleitenden Unterscheidung von Information und Mitteilung konstitutiv. Kommunikation organisiert sich, so Luhmann (1986, S. 95), vom Verstehen aus; immer dann, wenn ein Geschehen als Mitteilung einer Information beobachtet und somit: verstanden wird, kommt Kommunikation zustande. Im Vergleich zum Verstehen selbstreferentieller Systeme, das sich an der Leitdifferenz System/Umwelt des zu verstehenden Systems orientiert, nimmt das kommunikative Verstehen somit eine beträchtliche Vereinfachung vor.[19] Auch hier geht es um das verstehende Beobachten der Handhabung von Selbstreferenz, aber dieses "Verstehen geht nicht in die Tiefe, wo es sich ja nur verlieren könnte. Kommunikation kann mit der 'Unergründlichkeit des menschlichen Inneren' durchaus leben. Sie setzt diese Unergründlichkeit voraus - aber nur, um daran Mitteilung und Information unterscheiden zu können." (Ebd., S. 95f.)

Die Ausdifferenzierung und Synthetisierung der drei Komponenten Information, Mitteilung und Verstehen erfolgt mit jeder Kommunikationsoperation, und zwar auch ohne daß dieser Vorgang explizit zum Thema der Kommunikation gemacht wird. Eine explizite Thematisierung der einzelnen Kommunikationskomponenten ist selbstverständlich nicht ausgeschlossen. So etwa kann die Information hinterfragt, die Mitteilungsform thematisiert und das Verstehen problematisiert werden. Eine solche Thematisierung erfolgt in allen Fällen kommunikativ, d.h. die Kommunikation selbst legt fest, ob etwa Verstehensprobleme reflektiert

19 Die Unterscheidung zwischen einem *systemischen* und einem *kommunikativen Verstehen* knüpft unmittelbar an Luhmanns (1986, S. 93ff.) Überlegungen an; an dieser Stelle verzichte ich freilich darauf, der Frage nachzugehen, ob der kommunikative, operationsbezogene Verstehensbegriff sich tatsächlich, wie Luhmann behauptet, als Sonderfall des systembezogenen Verstehenskonzepts begreifen läßt. Zur Unterscheidung der beiden Verstehenstypen vgl. auch den Beitrag von Armin Nassehi in diesem Band.

und klärende Zwischenschritte vorgenommen werden, die Kommunikation legt fest, zu welchem Zeitpunkt die reflexive Verstehenskontrolle abgebrochen und das ursprüngliche bzw. ein neues Thema aufgenommen wird.

Wolfgang Ludwig Schneider (1994a, S. 176ff.; 1994b) hat darauf aufmerksam gemacht, daß die kommunikative Thematisierung von Verstehensproblemen nicht von der unmittelbaren Anschlußkommunikation, sondern erst von deren Nachfolgekommunikation, also frühestens von der an der jeweils dritten Sequenz positionierten Kommunikation vorgenommen werden kann. Die an zweiter Stelle positionierte Kommunikation signalisiert, *indem* sie an die Ausgangskommunikation anschließt, ein Verstehen; die darauffolgende Kommunikation kann dieses Verstehen mit Hilfe der Unterscheidung richtig verstehen/falsch verstehen beobachten und das Verstehen somit explizit zum Thema der Kommunikation machen.

Eine Kommunikation kommt dadurch zustande, so ist gesagt worden, daß ein Geschehen als Mitteilung einer Information verstanden wird. Insofern stellt jede Kommunikation die Synthese von drei Selektionen dar. "Alles weitere geschieht 'außerhalb' der Einheit einer elementaren Kommunikation und setzt sie voraus. Das gilt besonders für die vierte Art von Selektion: für die Annahme bzw. Ablehnung der mitgeteilten Selektion." (Luhmann 1984, S. 203) Kommunikationen können angenommen bzw. abgelehnt werden, jede Anschlußkommunikation kann den Sinnvorschlag der vorhergehenden Kommunikation befürworten oder ausschlagen. Es ist wichtig, diese weitere Selektion des Annehmens/Ablehnens sorgfältig von der Verstehensselektion zu unterscheiden. Augenscheinlich fallen die beiden Selektionen nicht zusammen. Um eine Kommunikation anzunehmen oder aber abzulehnen, muß sie zunächst einmal - und zwar in beiden Fällen - verstanden werden. Auch die *Ablehnung* einer Kommunikation setzt, anders formuliert, ebenso wie die *Annahme* ein Verstehen der Kommunikation voraus. Verstehen geht also keineswegs, wie Gadamers Hermeneutik suggerieren möchte, zwangsläufig mit einer Verständigung, Übereinstimmung oder vorsichtiger formuliert: mit der Annahme der kommunizierten Sinnofferte einher. Die Ablehnung basiert ebenso wie auch Dissens und Streit auf dem Verstehen von Kommunikation.

In einer bestimmten Hinsicht läßt sich Gadamers These der Identität von Verstehen und Verständigung jedoch reformulieren. Zweifellos lassen sich Kommunikationssituationen beobachten, in denen der Unterschied zwischen Verstehen einerseits sowie Annehmen/Ablehnen andererseits eingezogen wird. Dies ist etwa dann der Fall, wenn die Ablehnung einer Kommunikation nicht als Ablehnung, sondern als Nichtverstehen behandelt wird (vgl. Luhmann 1984, S. 604). Die Behandlung der Ablehnung als Nicht-Verstehen bietet offensichtlich eine Reihe von Vorteilen. Zunächst einmal wird der durch die Ablehnung möglich gewordene Dissens bzw. Konflikt - unter Konflikt verstehe ich im Anschluß wiederum an Schneider (1994a, S. 199ff.) die Ablehnung der Ablehnung, also die Konfirmierung des Dissenses an der dritten Sequenzposition - kommunikativ umgangen; die Kommunikation gerät so nicht in den Strudel einer konfliktuösen Auseinandersetzung, sondern verbleibt in ruhigeren Gewässern. Ferner verlangt die Behandlung der Ablehnung als Nicht-Verstehen nach einer Präzisierung der Ausgangskommunikation. Bei der Konkretisierung können jedoch mehr oder weniger weitreichende Änderungen vorgenommen werden - die Ausgangskommunikation läßt sich so einschränken, korrigieren, ja, revidieren, ohne daß diese Umbaumanöver als Einschränkungen, Korrekturen, Revisionen ausgewiesen werden müssen. Auf diese Weise gelingt es, Modifikationen in der Sachdimension als Bedeutungsklärungen zu 'tarnen'; der Sprecher der Ausgangskommunikation 'wahrt' gegenüber dem Gesprächspartner sein Gesicht, weil er nicht zu einem 'offiziellen' Fehlereingeständnis gezwungen ist. Und schließlich führt die Behandlung der Ablehnung als Nicht-Verstehen zu einer Erhöhung der Annahmebereitschaft; derjenige, der die Kommunikation zunächst abgelehnt hatte, kann diese nach erfolgter Bedeutungsklärung annehmen, ohne seinerseits seine frühere Position nach außen hin aufgeben zu müssen. Zusammenfassend läßt sich somit sagen, daß die Verwischung des Unterschiedes zwischen Verstehen und Verständigung eine *kommunikative Strategie* bildet, die bei der Erzielung verschiedener Diskursziele (Konfliktvermeidung, Tarnung des Positionswechsels, Erhöhung der Annahmebereitschaft) eine wichtige Funktion erfüllt. Solange freilich ein Zusammenfallen von Verstehen und Verständigung behauptet wird, läßt sich diese kommunikative Technik nicht durchschauen. Die Strategie bekommt man *als* Strategie erst in den Blick, wenn man die Prämissen der traditionellen Hermeneutik preisgibt. Allerdings wird man über eine solch voraussetzungsvolle und zugleich folgenreiche Auffassung wohl kaum eine *Verständigung* erzielen. Das schließt ein *Verstehen* der Überlegungen nicht aus.

Literatur:

Dreyfus, Hubert L./Rabinow, Paul (1987): Michel Foucault. Jenseits von Strukturalismus und Hermeneutik. Mit einem Nachwort von und einem Interview mit Michel Foucault, Frankfurt/M.

Fink-Eitel, Hinrich (1989): Foucault zur Einführung, Hamburg.

Fohrmann, Jürgen (1988): Der Kommentar als diskursive Einheit der Wissenschaft, in: Jürgen Fohrmann/Harro Müller (Hg.): Diskurstheorien und Literaturwissenschaft, Frankfurt/M., S. 244-257.

Foucault, Michel (1954): Maladie mentale et personnalité, Paris.

Foucault, Michel (1973): Über verschiedene Arten Geschichten zu schreiben. Ein Gespräch mit Raymond Bellour, in: Adalbert Reif (Hg.): Antworten der Strukturalisten, Hamburg, S. 157-175.

Foucault, Michel (1974): Die Ordnung der Dinge. Eine Archäologie der Humanwissenschaften, Frankfurt/M.

Foucault, Michel (1977): Überwachen und Strafen. Die Geburt des Gefängnisses, Frankfurt/M.

Foucault, Michel (1981): Archäologie des Wissens, Frankfurt/M.

Foucault, Michel (1988a): Schriften zur Literatur, Frankfurt/M.

Foucault, Michel (1988b): Die Geburt der Klinik. Eine Archäologie des ärztlichen Blicks, Frankfurt/M.

Foucault, Michel (1991): Die Ordnung des Diskurses, Frankfurt/M.

Foucault, Michel (1992): Einleitung, in: Ludwig Binswanger: Traum und Existenz, Bern, Berlin, S. 7-93.
Gadamer, Hans-Georg (1990): Gesammelte Werke. Bd. 1, Wahrheit und Methode. Grundzüge einer philosophischen Hermeneutik, Tübingen.
Habermas, Jürgen (1981): Theorie des kommunikativen Handelns. Band 1, Handlungsrationalität und gesellschaftliche Rationalisierung, Frankfurt/M.
Habermas, Jürgen (1986): Entgegnung, in: Axel Honneth/Hans Joas (Hg.): Kommunikatives Handeln. Beiträge zu Jürgen Habermas' "Theorie des kommunikativen Handelns", Frankfurt/M., S. 327-405.
Kammler, Clemens (1990): Historische Diskursanalyse (Michel Foucault), in: Klaus-Michael Bogdal (Hg.): Neue Literaturtheorien. Eine Einführung, Opladen, S. 31-55.
Kammler, Clemens/Plumpe, Gerhard (1987): Antikes Ethos und postmoderne Lebenskunst. Michel Foucaults Studien zur Geschichte der Sexualität, in: Philosophische Rundschau 35, S. 186-194.
Kneer, Georg (1996): Rationalisierung, Disziplinierung und Differenzierung. Zum Zusammenhang von Sozialtheorie und Zeitdiagnose bei Jürgen Habermas, Michel Foucault und Niklas Luhmann, Opladen.
Kneer, Georg/Nassehi, Armin (1991): Verstehen des Verstehens. Eine systemtheoretische Revision der Hermeneutik, in: Zeitschrift für Soziologie 20, S. 341-356.
Kneer, Georg/Nassehi, Armin (1993): Niklas Luhmanns Theorie sozialer Systeme. Eine Einführung, München.
Luhmann, Niklas (1984): Soziale Systeme. Grundriß einer allgemeinen Theorie, Frankfurt/M.
Luhmann, Niklas (1985): Die Autopoiesis des Bewußtseins, in: Soziale Welt 36, S. 402-446.
Luhmann, Niklas (1986): Systeme verstehen Systeme, in: ders./Karl Eberhard Schorr (Hg.): Zwischen Intransparenz und Verstehen. Fragen an die Pädagogik, Frankfurt/M., S. 72-117.
Luhmann, Niklas (1990): Die Wissenschaft der Gesellschaft, Frankfurt/M.
Luhmann, Niklas (1993): Die Paradoxie der Form, in: Dirk Baecker (Hg.): Kalkül als Form, Frankfurt/M., S. 197-212.
Menke, Christoph (1990): Zur Kritik der hermeneutischen Utopie. Habermas und Foucault, in: Eva Erdmann/Rainer Forst/Axel Honneth (Hg.): Ethos der Moderne. Foucaults Kritik der Aufklärung, Frankfurt/M., New York, S. 101-129.
Schmid, Wilhelm (1991): Auf der Suche nach einer neuen Lebenskunst. Die Frage nach dem Grund und die Neubegründung der Ethik bei Foucault, Frankfurt/M.
Schneider, Wolfgang Ludwig (1991): Objektives Verstehen. Rekonstruktion eines Paradigmas: Gadamer - Popper - Toulmin - Luhmann, Opladen.
Schneider, Wolfgang Ludwig (1994a): Die Beobachtung von Kommunikation. Zur kommunikativen Konstruktion sozialen Handelns, Opladen.
Schneider, Wolfgang Ludwig (1994b): Intersubjektivität als kommunikative Konstruktion, in: Peter Fuchs/Andreas Göbel (Hg.): Der Mensch - das Medium der Gesellschaft, Frankfurt/M., S. 189-238.

Schroer, Markus (1996): Ethos des Widerstands. Michel Foucaults postmoderne Utopie der Lebenskunst, in: Rolf Eickelpasch/Armin Nassehi (Hg.): Utopie und Moderne. Beiträge zum utopisch/anti-utopischen Diskurs der Gegenwart, Frankfurt/M., S. 136-169.

Friedhelm Guttandin

Konstruieren und Komponieren

Zur Differenz von Methodologie und Methode bei Max Weber

1 Einleitung: Zwischen großer Theorie und Methodendiktat

Aufklärung

Von Beginn der Etablierung der Soziologie als akademischer Disziplin an haben sich Varianten soziologischer Aufklärung gegen die angeblich von vornherein naive Beziehung von Begriff und Gegenstand und die sie implizierenden Fragen nach der Wahrheit oder zumindest nach der Objektivität von Aussagen gerichtet. Zuerst übernahm die Wissenssoziologie diese Rolle der Aufklärung: Aussagen über den Gegenstand wurden als interessenbedingt, abhängig vom jeweiligen Herkunftsmilieu der Wissenschaftler, mithin als ideologieverdächtig entlarvt. Danach wurde soziologische Aufklärung von den sogenannten "Strukturalisten" betrieben: Die verdeckten Strukturen einer Sprach- und Diskurslogik bestimmen die Aussagen über den Gegenstand und lassen die Frage nach der Wahrheit, nach dem Verhältnis von Begriff und Sache als naiv erscheinen. Im Zuge soziologischer Aufklärung tendiert der wissenschaftliche Diskurs immer mehr dazu, von den Daten wegzugleiten und sich auf Erkenntnisstrukturen zu richten, mit denen man sie zu erfassen sucht. Die aktuellste Spielart soziologischer Aufklärung wird von den Konstruktivisten verschiedenster Schattierungen praktiziert. Während Wissenssoziologen und Strukturalisten die Frage nach der Beziehung von Aussage und Gegenstand (die Wahrheitsfrage) nicht völlig ersetzen, sondern lediglich versetzen, indem sie den Produktionsprozeß der Aussage zum neuen Gegenstand, über den gestritten werden kann, erheben, deutet sich auf Seiten der Konstruktivisten, bei allen Unterschieden in ihren Konzeptionen, im Kern eine gemeinsame neue Aufklärungsstrategie an: Die Wahrheit einer Aussage spielt dabei keine Rolle mehr - auch nicht, was die eigenen Überlegungen betrifft. Darüber will man nicht mehr diskutieren; denn im Prinzip gelten alle Aussagen (Erzählungen, Geschichten, Beschreibungen, Theorien) nicht nur als möglich, sondern auch als gleich-gültig, und es kommt darauf an zu klären, was diese oder jene Erzählung, Geschichte, Beschreibung, Theorie leistet, wobei die Kriterien (etwa Problemlösungskapazität, Konsistenz und Verknüpfbarkeit mit Ergebnissen anderer Disziplinen) dafür, woran die Leistungsfähigkeit gemessen wird, variieren. Schließlich kann selbst der eigentlich absolute Anspruch auf Wahrheit (z.B. im Unterschied zur Schönheit) noch in einen Leistungsbezug integriert und somit relativiert werden. Ein solcher Klärungsprozeß versteht sich selbst wieder als Erzählung, Geschichte, Beschreibung, Theorie, freilich auf einem neuen Niveau, das zwar nicht Wahrheit, dafür aber Überlegenheit garantiert.

In dem Maße, wie die Frage nach der Wahrheit systematisch unterminiert wird, stellt sich für die akademischen Diziplinen das Problem ihrer Wissenschaftlichkeit in radikaler Weise: Worin anders, wenn schon nicht in der Suche nach der Wahrheit, könnte die Wissenschaftlichkeit der Sozialwissenschaften (von der Soziologie bis zu den Geschichtswissenschaften) zu suchen sein als in Methoden - und, darauf kommt es an: ausschließlich in Methoden. Die Frage nach dem methodischen Vorgehen, mithin nach der Art und Weise, wie man zu seinen Aussagen gelangt, ersetzt die Frage nach der Wahrheit dessen, was den Inhalt der Erkenntnis ausmacht. Unter der Hand vollzieht sich eine Dichotomisierung wissenschaftlicher Tätigkeit: Auf der einen Seite die großen Theorien, die großen Erzählungen, die sich nicht mehr direkt auf Empirie beziehen, sondern Untersuchungen über empirische Sachverhalte auf ihre Leistungsfähigkeit und Brauchbarkeit hin prüfen und für sich auswerten. Und auf der anderen Seite jene empirischen Untersuchungen, die zunehmend dem Diktat der Methoden unterworfen werden. Auf der Strecke bleiben dieserart methodologische Positionen, die die Verbindung zwischen Wahrheit und Methode aufrechterhalten, wobei sie keineswegs die Problematik der Wahrheitsfrage unterschlagen. Gedacht ist hierbei insbesondere an empiristische und neukantianische Diskussionstraditionen. Beide sind, längst bevor sich der Konstruktivismus als solcher etablierte, in Teilen konstruierend vorgegangen, ohne jedoch die Frage nach dem Verhältnis von Aussage und Gegenstand zu suspendiern. In jenen älteren konstruierenden Konzepten determiniert diese Frage nicht das Vorgehen: Sie nimmt längst nicht mehr die Leitposition ein, sondern erfüllt die Aufgabe einer regulativen Idee. Die hier anvisierte Stellung zwischen großer Theorie und Methodendiktat läßt sich anhand des konstruierenden Verfahrens von Max Weber, das er in seinen in neukantianischer Tradition stehenden methodologischen Erörterungen vorschlägt, skizzieren.

Methode und Methodologie

Hinsichtlich seiner Vorgehensweise ist zuerst einmal bemerkenswert, was Weber nicht gemacht hat. Am Beispiel seiner Aufsätze über "Die protestantische Ethik und der Geist des Kapitalismus"[1] kann man folgendes konstatieren: Er hat kein "Methoden-Kapitel" geschrieben, das er seiner materialen Untersuchung voranstellt, und das sein Analyseverfahren darlegt. Die recht sparsamen

1 in: ders., Gesammelte Aufsätze zur Religionssoziologie, Bd.1, Tübingen 1988 (im folgenden: GARS I)

Bemerkungen über sein Vorgehen finden sich an verschiedenen Stellen der Untersuchung. Dies wirft einige Fragen auf: Ist es Kennzeichen von Webers Souveränität, auf eine von jeder Diplomarbeit geforderte Übung, nämlich das Darlegen des methodischen Instrumentariums, verzichten zu können? Oder ist seine Methode gar eine nachträgliche; oder hat er seine Methode erst im Zuge der Auseinandersetzung mit seinem Untersuchungsgegenstand entwickelt? Meint Methode, wie sie von Weber in der "Protestantischen Ethik" praktiziert wird, ein vor jeder Untersuchung schon fertiges, grundsätzlich jedem Forscher verfügbares Instrumentarium, oder bezeichnet Methode bei ihm das vernünftige Fortschreiten der Gedankenführung, die derart entwickelt wird, daß sie prinzipiell von jedem Wissenschaftler nachgegangen, nachvollzogen werden kann? Anhand seiner Erörterungen über die protestantische Ethik können diese Fragen auch nicht annähernd beantwortet werden. Hier nur soviel: Hinsichtlich der Begriffsbildung bei Max Weber kann man zwischen zwei Fragen unterscheiden: Was hat Weber effektiv gemacht? Und zweitens: Was hat er sich dabei gedacht, welche Reflexionen begleiteten seine Methode? Dies ist die Frage nach seiner Methodologie.

Das, was Weber unter seinem methodischen Vorgehen, nämlich dem Idealtypen konstruierenden Verfahren versteht, hat er in seinen Aufsätzen über die protestantische Ethik nur beiläufig angedeutet (vgl. GARS I, 55). Irgendwie scheint er sich darauf verlassen zu haben, daß dem Leser jene methodischen Fragen und seine spezifischen Antworten bekannt waren. Tatsächlich hat er in einer Anmerkung (vgl. GARS I, 55, Anm. 1) darauf hingewiesen, daß das Thema "Idealtypus" an anderer Stelle schon abgehandelt worden sei, nämlich in demselben "Archiv für Sozialwissenschaft", in dem er seine Aufsätze zur protestantischen Ethik zum erstenmal veröffentlicht hat. Bemerkenswert ist, daß die methodologischen Betrachtungen über den Idealtypus gerade in dem Band veröffentlicht worden sind, der der Publikation der protestantischen Ethik vorangegangen ist. In Band XIX im Jahre 1904 erschienen jene methodologischen Betrachtungen unter dem Titel "Die 'Objektivität' sozialwissenschaftlicher und sozialpolitischer Erkenntnis"[2], in den darauffolgenden Bänden XX und XXI im Jahre 1905 der Aufsatz "Die protestantische Ethik und der 'Geist' des Kapitalismus" in zwei Teilen. Wie wäre es mit der Überlegung, daß es sich bei dem "Objektivitätsaufsatz" Webers auch um eine Einführung in die methodischen Prämissen seiner Untersuchungen über die protestantische Ethik handelt? Zumindest lassen sich Teile dieses Aufsatzes - worauf er ja selbst hingewiesen hat - als eine Darstellung der idealtypischen Begriffsbildung, wie er sie in den darauffolgenden "Protestantismusaufsätzen" praktiziert hat, lesen. Bei genauerem Hinsehen freilich wird man auch erhebliche Differenzen bemerken, die zu der

2 Wiederabgedruckt in: Max Weber, Gesammelte Aufsätze zur Wissenschaftslehre, Tübingen 1973, S. 146 ff. (im folgenden WL). Obwohl es sich bei der Wissenschaftslehre um eine nach Webers Tod zusammengestellte Sammlung verstreuter Aufsätze handelt, läßt sich das Buch als Einheit lesen und auch dementsprechend zitieren. Vgl. hierzu: Tenbruck 1959, S. 574.

Frage Anlaß geben, inwieweit Weber in seinen methodologischen Erörterungen tatsächlich seine Methode vorweggenommen hat, oder ob nicht vielmehr eine prinzipielle Differenz zwischen Methodologie und Methode angenommen werden muß. Am Unterschied zwischen Konstruieren und Komponieren soll dieser Sachverhalt deutlich gemacht werden. Während Weber in seinen materialen Untersuchungen vom "Komponieren" spricht, verwendet er in seinen methodologischen Schriften den Terminus "Konstruieren". Bevor jedoch dieser Differenz im vierten Kapitel nachgegangen wird, ist auf den spezifischen Status seiner methodologischen Schriften einzugehen.

> Die "Methodologie", sagt Weber, "kann immer nur Selbstbesinnung auf die Mittel sein, welche sich in der Praxis bewährt haben, und daß diese ausdrücklich zum Bewußtsein gebracht werden, ist sowenig Voraussetzung fruchtbarer Arbeit, wie die Kenntnis der Anatomie Voraussetzung 'richtigen' Gehens. Ja, wie derjenige, welcher seine Gangart fortlaufend an anatomischen Kenntnissen kontrollieren wollte, in Gefahr käme zu stolpern, so kann das Entsprechende dem Fachgelehrten bei dem Versuche begegnen, auf Grund methodologischer Erwägungen die Ziele seiner Arbeit anderweit zu bestimmen." (WL, 317)

Webers Spott ist offensichtlich und zweideutig. Er bezieht sich auf eingespielte Forschungsroutinen, die schon beim ersten Nachdenken aus dem Tritt geraten. Aber auch die Methodologie gerät ins Visier, indem sie sich nämlich im Normalgang der Wissenschaften als überflüssig erweist. Freilich gilt Webers Spott nicht der Methodologie schlechthin, sondern er richtet sich gegen ihre Fundierung in allgemeiner Wissens- und Erkenntnistheorie; denn Methodologie habe - wie schon gesagt - die bewährten Verfahren der Forschungspraxis zu reflektieren, was dann dem Wissenschaftler erlaubt, "sich durch philosophisch verbrämten Dilettantismus ein- für allemal nicht imponieren zu lassen." (WL, 217) Was Weber in diesem Zusammenhang intendiert, ist nichts weniger als der Versuch, eine sozialwissenschaftlich-historische Methodologie unabhängig von Philosophie zu entwerfen (vgl. Baier 1969). Daher hat sich für ihn das Problem methodologischer Reflexion keineswegs erledigt: "Wichtig für den Betrieb der Wissenschaft selbst pflegen solche [methodologischen; F.G.] Erörterungen (...) dann zu werden, wenn infolge starker Verschiebungen der 'Gesichtspunkte', unter denen ein Stoff Objekt der Darstellung wird, die Vorstellung auftaucht, daß die neuen 'Gesichtspunkte' auch eine Revision der logischen Formen bedingen, in denen sich der überkommene 'Betrieb' bewegt hat, und dadurch Unsicherheit über das 'Wesen' der eigenen Arbeit entsteht." (WL, 217-218) Offensichtlich sieht sich Weber in eine solche Situation, die ihn zur Reflexion auf wissenschaftliches Vorgehen zwingt, gestellt. Während das unbeirrte Praktizieren von Methoden als ein Indikator für Normalität und Routine in einem "Wissenschaftsbetrieb" gelten kann - und sich umgekehrt das Bedürfnis nach Normalität einer Wissenschaft in der Suche nach einem Kanon verläßlicher Methoden äußert -, zwingt die Krise zu methodologischen Reflexionen, deren außerordentlicher Status und Wirkkraft in mancher Hinsicht an Webers Begriff des Charisma erinnert. Und nicht zufällig möchte er seine Methodologie vom Routinebetrieb philosophisch-erkenntnistheoretischer Reflexionen loslösen.

Weber verfolgt mit seinen methodologischen Erörterungen zwei Absichten: Erstens begründet er mit Hilfe seiner Methodologie einen eigenständigen Gegenstandsbereich kulturwissenschaftlicher Analyse. Diese Argumentationsrichtung wird im folgenden Kapitel über die "Konstruktion des historischen Individuums" skizziert. Und zweitens konstituiert Weber eine eigenständige Verfahrensweise der kulturwissenschaftlichen Analyse, wobei er auf die vor jeglicher Untersuchung stattfindende Entwicklung von Methoden, Schemata, Instrumentarien, die dann direkt auf Forschungsgegenstände anzuwenden wären, verzichtet. Stattdessen bevorzugt er das Herauspräparieren allgemeiner Prinzipien (s)einer Forschung, die dann den konkreten Untersuchungsprozeß zwar zu orientieren vermögen, ihn aber keineswegs determinieren sollen. Diese These wird im dritten Kapitel über die "Konstruktion des Idealtypus" näher erläutert. Das vierte und letzte Kapitel über "Komposition" beobachtet die behauptete Differenz von Methodologie und Methode von der anderen Seite her, nämlich der der historisch-soziologischen Untersuchung der protestantischen Ethik.

2 Konstruktion des historischen Individuums

Chaos legitimiert Konstruieren

Konstruktion ist der zentrale Terminus der methodologischen Schriften Max Webers. Während Komponieren eher in Richtung eines Zusammenstellens, Zusammenfügens vorgefundener und ausgewählter Aspekte im Zusammenspiel eines Leitgedankens mit dem Material geht, klingt Konstruieren technisch und willkürlich. Wissenschaft ist eine "künstliche Welt" (WL, 94), Begriffsbildung eine technische Frage (vgl. WL, 534 f.), sagt Max Weber.

Bevor er zu Konstruktionen der Gegenstände wissenschaftlicher Untersuchung und des begrifflichen Apparates ihrer Erfassung kommt, konstatiert er die Existenz eines irgendwie gearteten Chaos. Der "Stoff" der Geschichte und darüber hinaus die gesamte unmittelbar im ungeschiedenen Erlebnis gegliederte Wirklichkeit bietet sich Weber als ein Chaos dar (vgl. WL, 207), das erst durch denkende Umbildung dem Erkennen zugänglich wird. In immer neuen Wendungen spricht Weber von der "unendlichen Fülle der Erscheinungen" (WL, 177), in dem "ungeheueren chaotischen Strom (...) von Geschehnissen, der sich durch die Zeit dahinwälzt" (WL, 214), von der intensiven Unendlichkeit alles empirisch gegebenen Mannigfaltigen (vgl. WL, 67), von der "Unendlichkeit und absoluten Irrationalität jedes konkreten Mannigfaltigen" (WL, 92, Anm. 1) infolge "komplexer Verschlingung" (WL, 67). Hiermit folgt er einer Argumentationsstrategie, die bislang alle Großtheorien praktiziert haben: Ihre Ordnungsentwürfe sind gegen Unordnung gerichtet. Bei ihnen stellt sich heraus, daß jeder

Ordnung eine spezifische Unordnung entgegengesetzt wird. Aufgrund des Mangels, den Unordnung hervorruft, lassen sich Ordnungsstrategien begründen. Je weniger die Realität dem Erkennen eine Ordnungsstruktur vorgibt, desto mehr sieht sich dieses Erkennen veranlaßt, auf eigene Faust und unabhängig von etwaigen Realitätsstrukturen vorzugehen. Das Chaos verlangt nach Formung, aber es stellt sich die Frage, woher in einer Welt des Chaos diese Ordnungsformen kommen sollen. Sie kommen aus "unserem" Wissen von der "Welt", aber nicht aus der Welt, ist die Folgerung von Max Weber. So gesehen dient das Chaos dem konstruierenden Erkennen als Legitimation (vgl. Guttandin 1984, S. 132 ff.). Nicht etwa ein Sich-Anschmiegen, Einfühlen, Nachbilden irgendwie geordneter Realität leistet das Erkennen, sondern Formung, geistige Beherrschung eines Chaos. Der Begriff einer Sache soll ein gegenüber der Objektwelt völlig autonomes Denkgebilde sein, das die Objekte in gültiger Weise denkend ordnet. Begriffe sind daher "gedankliche Mittel zum Zweck der geistigen Beherrschung des empirisch Gegebenen" (WL, 208). Der "Gedankenapparat" der Wissenschaft besteht als "denkende Umbildung, der unmittelbar gegebenen Wirklichkeit" und in der "Einordnung in (...) Begriffe" (WL, 207).

Ausgehend von der Annahme einer chaotischen Realität vermag Weber abbildtheoretische und wesenstheoretische Erkenntnisvarianten auszuhebeln zugunsten einer vom Erkenntnissubjekt zu leistenden Begriffsbildung. Lag in diesem Falle noch die Betonung auf dem Subjekt und seiner konstruierenden Erkenntnis im Gegensatz zu einer Orientierung vom Objekt her, so betont Weber nunmehr den Aspekt der Begriffsbildung im Gegensatz zum subjektiven Erleben und Einfühlen in ein prinzipiell irrationales Geschehen. Um die Notwendigkeit der konstruierenden Begriffsbildung gegenüber dem unmittelbaren Verstehen, tiefgründigen Erleben und Fühlen begründen zu können, spezifiziert er seine Chaoskonzeption.

Konstruktion des Chaos

Max Webers Bild der Wirklichkeit ist geprägt durch eine Unzahl von einzelnen Ereignissen, welche alle durch Kausalketten mit früheren Ereignissen verbunden sind. Zu jedem einzelnen Moment der Wirklichkeit in einem beliebigen Augenblick gehört eine Bedingungskonstellation von Ursachen, und zu jeder dieser Ursachen gehört wieder ein Komplex von Ursachen, so daß sich die Kausalkette nach wenigen Schritten des kausalanalytischen Regresses vielfach zu kreuzen beginnt und völlig unübersichtlich wird, da "in Wahrheit stets eine Unendlichkeit von ursächlichen Momenten das Zustandekommen des einzelnen 'Vorgangs' bedingt hat" (WL, 271). Wirklichkeit wird auf diese Weise zu einem amorphen Kausalstrom, zu einem chaotischen Kausalnetz, zu einem chaotischen Durcheinander von Kausallinien, zu einem Chaos von Kausalbezügen. Bei Weber ist die Wirklichkeit also nicht völlig strukturlos, amorph, chaotisch; denn sie stellt sich als ein Chaos von Kausalbeziehungen dar. Auch wenn es sich um

Kausalbeziehungen handelt, so sind diese doch so komplex, daß sie von sich aus dem Betrachter keine überschaubare Struktur des Gegenstandes vermitteln. Mithin wird das Chaos nicht als völlig chaotisch, sondern als kausal-chaotisch begriffen.

Dies hat zwei Konsequenzen: Die erste ist schon bekannt, nämlich: Erkenntnis des Gegenstandes läßt sich nicht mehr von seiner Wirklichkeit her legitimieren. Wissenschaft muß sich die Gegenstände erst schaffen. Die zweite Konsequenz ist neu: Zwar lassen sich die Regeln dieses Ordnungsprozesses nicht aus der Wirklichkeit rechtfertigen, aber interessanterweise geht Weber zumindest implizit von einer strukturellen Parallelität des Gegenstandsfeldes außerhalb der Wissenschaften und der wissenschaftlichen Konstruktion des Gegenstandes aus, nämlich von seiner kausalen Verfaßtheit. Hier chaotische Kausalität und dort Methode, die die relevanten Kausalbeziehungen konstruiert. Hierin, nämlich in der Kausalität der Vorgänge, liegt die "geheime" Verbindung zweier als unabhängig voneinander konzipierter Bereiche. Der Verwandlung der Welt "in einen kausalen Mechanismus" (GARS I, 564) auf der Objektseite entspricht auf der Seite des Erkenntnissubjekts ein "kausales Bedürfnis" (WL, 67).

Diese Verbindung der Weberschen Konstruktionen zu ihrer "Gegenstands-Wirklichkeit" läßt eben bei der Lektüre zwei Gedankenprozesse gleichzeitig ablaufen: die der wissenschaftlichen Konstruktion und die einer Wirklichkeit vor jener Konstruktion, wobei immer wieder darauf insistiert wird, daß letztere nicht dargestellt wird, daß sie aber gemeint sei. Das Verhältnis wissenschaftlicher Erkenntnis und nicht konstruierter Wirklichkeit ist auf diese Weise nicht "völlig inkongruent", wie Tenbruck für "Die Genesis der Methodologie Max Webers" (Tenbruck 1959, S. 602) behauptet hat. Zwar verhält es sich tatsächlich so, daß im "Rahmen der elementaren Tatsächlichkeiten (...) beliebige Erscheinungen ausgewählt, beliebig verbunden und beliebig nach ihren Ursachen verfolgt werden" können (ebd.), aber eben nach ihren Ursachen und nicht etwa nach anderen Gesichtspunkten.

Konstruktion des Gegenstandes

Indem Weber den Zustand der Unordnung, den er in eine Ordnung überführen will, als ein Chaos von Kausalbeziehungen bestimmt, und indem er die Ordnungsaufgabe seiner Theorie darin sieht, die chaotischen Kausalbeziehungen zu strukturieren, stellt sich ihm als nächstes die Frage, welche Gegenstände er überhaupt als kausal relevante der Analyse zuführen will. Welcher Gegenstand ist der Analyse wert und welcher nicht?

Wenn etwa jemand antworten würde, daß ja doch selbstverständlich für die Wissenschaft nur die historisch bedeutsamen Bestandteile in Betracht kommen, so hat der Sozialwissenschaftler darauf zu erwidern, daß eben jenes "selbstverständlich" das für ihn entscheidende Problem enthalte, da er ja gerade danach fragt: welches denn das entscheidende Merkmal der historisch bedeutsamen Bestandteile ist. Weber erscheint es als selbstverständlich, daß die Werte, an denen sich die historisch-soziologische Forschung ausrichtet, nicht dem Stoff selbst entnommen werden können.

Eine erste Schwierigkeit besteht darin, daß das Chaos des kausalen Geschehens amorph ist, sich beliebige Geschehensverläufe per se in qualitativer Hinsicht nicht voneinander unterscheiden. Cäsars Leben und das Leben von Lieschen Müller besitzen erst einmal die gleich geringe historische Bedeutung, indem sie nämlich beide der "grauen Unendlichkeit des historisch Gleichgültigen" (WL, 51) zugehören. Erst die Wahl des Forschers hebt den einen Gegenstand gegenüber dem anderen heraus. Auf diese Weise negiert Weber die Existenz von Geschichte in sensu objectivo. Zunächst einmal findet man eine unendliche Zahl miteinander kausal vernetzter Geschehensverläufe, aber keine Geschichte. Gegeben ist dem wissenschaftlichen Erkennen nichts als der ungegliederte unendliche Strom des ewigen Geschehens, ein Neben- und Nacheinander von kausalen Abläufen. Gegenstand des Wissens wird dieses Geschehen dadurch, daß sich gliedernd und isolierend ein Interesse darauf richtet. Zur Kennzeichnung dieses Interesses dient der Begriff des Wertes. Die Funktion des Wertes im historisch-soziologischen Erkennen besteht zuerst und wesentlich in der Konstituierung des Erkenntnisgegenstandes: Durch die Beziehung von Teilen des Geschehens auf Werte, an denen unser Interesse haftet, entsteht der Bereich des Geschichtlichen überhaupt und durch jeweils konkrete Wertbeziehung das geschichtliche Individuum. Ein Wertinteresse und nicht irgendeine Beschaffenheit des Geschehens ist der alleinige Grund dafür, daß ein Ereignis für jemanden geschichtlich bedeutsam wird. Die Wertbeziehung bildet das konstruktive Moment für das historische Geschehen, indem in der indifferenten Wirklichkeit bestimmte individuelle Bestandteile als wesentlich ausgezeichnet werden. Mit anderen Worten: Das erkennende Ich trägt seine Wertgesichtspunkte an einen Stoff heran, in dem per se keine Merkmale zu finden sind, die das Wesentliche vom Unwesentlichen scheiden. Erst die Wertgesichtspunkte spalten die indifferente Wirklichkeit auf und führen die Trennung "bedeutungsvoll" und "bedeutungslos" herbei.

Zwar sieht sich Weber mit Hilfe der Wertbeziehung in der Lage, Ordnung in das Chaos kausaler Verfilzung zu bringen, indem er analyserelevante Gegenstände formt, aber die zur Ordnungsstiftung eingeführten Werte drohen nun selbst ein Chaos zu verursachen. Denn Max Weber lehnt den Gedanken an irgendein System der Werte, an eine Werteordnung, die der Fragestellung, das heißt, der Konfrontation einer Wertidee mit der Wirklichkeit, eine gewisse Objektivität verleihen könnte, ab. Wenn auch uns in irgendeiner Form der "Glaube an die überempirische Geltung letzter und höchster Wertideen" innewohnt, an denen wir "den Sinn unseres Daseins verankern" (WL, 213), so ist doch ein System ein "Unsinn in sich" (WL, 184). "Die Unendlichkeit des Weltgeschehens" gilt ihm als "sinnlos" (WL, 180), als ein ewiges Fragezeichen: "Vor mir den Tag und hinter mir die Nacht. Den Himmel über mir und unter mir die Wellen." (WL, 214) Es kann sich demnach bei der Konstitution der Fragestellung immer nur um den Einfluß einzelner Werte handeln. Der einzelne Mensch hat sich für einen Wert und damit gegen alle übrigen Werte, "die anderen ebenso heilig sind, wie uns die unseren" (WL, 154), zu entscheiden, hat zu wählen, welches für ihn der Gott und welches der Teufel sein soll (vgl. WL, 507). Einzig und allein auf dieser Entscheidung gründet, was für jeden wertvoll ist und was nicht. Die einzelnen Menschen sind es, die einen Ausschnitt aus der sinnlosen Unendlichkeit des Weltgeschehens mit Sinn und Bedeutung bedenken (vgl. WL, 180). Diese Entscheidung liegt vor aller Wissenschaft. Damit kommt ein eigentümlicher Subjektivismus in Max Webers Methodologie hinein. Denn die "historischen Individuen" werden nun nicht durch Beziehung auf irgendwie verbürgte Werte, sondern durch Beziehung auf subjektiv je verschiedene Wertentscheidungen konstituiert.

> "Endlos wälzt sich der Strom des unermeßlichen Geschehens der Ewigkeit entgegen. Immer neu und anders gefärbt bilden sich die Kulturprobleme, welche die Menschen bewegen, flüssig bleibt damit der Umkreis dessen, was aus jenem stets gleichunendlichen Strome des Indiviuellen Sinn und Bedeutung für uns erhält, 'historisches Individuum' wird. Es wechseln die Gedankenzusammenhänge, unter denen es betrachtet und wissenschaftlich erfaßt wird. Die Ausgangspunkte der Kulturwissenschaft bleiben damit wandelbar in die grenzenlose Zukunft hinein". (WL, 184)

Mag der Ursprung und auch die Tatsache der Geltung eines Wertes noch so subjektiv sein, in dem Moment, wo man auf diesen einmal als geltend vorgefundenen Wert die individuellen Bestandteile der Wirklichkeit bezieht, erhält man einen formal logischen Sachverhalt, der objektiv für alle gilt, die diese In-Beziehung-Setzung mitvollziehen. Denn der logische Sinn der "Beziehung auf Werte" ist von der Art ihrer Geltung und der Form, in der sie auftreten, unabhängig. Die Festlegung der angesichts der jeweils gegebenen leitenden Wertideen historisch relevanten Elemente des Geschehens ist nicht eine Angelegenheit der subjektiven Willkür, sondern eine, die in der Logik der Sache begründet ist: Was jeweils mit Rücksicht auf gegebene, faktisch geltende Werte Objekt der historischen Darstellung werden soll, und was an diesem Objekt in die Darstellung aufzunehmen ist, steht grundsätzlich gesehen objektiv fest, denn das ergibt sich aus der Feststellung, daß bestimmte Sachverhalte eines Wirklichkeitsausschnitts in bezug auf gegebene, faktisch geltende Werte wertrelevant sind. Betrachtet man einen solchen Ausschnitt der historischen Wirklichkeit unter einer bestimmten Wertidee, so steht es durchaus nicht im Belieben des Einzelnen, welche konkreten Elemente aus diesem Ausschnitt herauszuheben und zum Gegenstand der geschichtlichen Darstellung zu formen sind.

> "Denn es ist und bleibt wahr, daß eine methodisch korrekte wissenschaftliche Beweisführung auf dem Gebiete der Sozialwissenschaften, wenn sie ihren Zweck erreicht haben will, auch von einem Chinesen als richtig anerkannt werden muß (...), daß (...) die logische Analyse eines Ideals auf seinen Gehalt und auf seine letzten Axiome hin und die Aufzeigung der aus seiner Verfolgung sich logischer und praktischer Weise ergebenden Konsequenzen, wenn sie als gelungen gelten soll, auch für ihn gültig sein

> muß". (WL, 155) Weber sagt: "(...)in der Auswahl der leitenden Werte, die ihrerseits die Auslese und Formung des zu erklärenden 'historischen Individuums' (...) bestimmen, ist der Historiker 'frei'. Auf seinem weiteren Wege ist er aber an die Prinzipien kausaler Zurechnung schlechthin gebunden" (WL, 124, Anm. 1).

Mit Hilfe der Wertbeziehung schafft man sich den Gegenstand, den man zu untersuchen behauptet. Solche Willkür endet freilich mit der Untersuchung selbst, die sich an der Wahrheit einer Aussage als regulativer Idee orientiert. Dies macht sie überhaupt erst in einem universalen Sinne - eben auch für Chinesen - diskussionsfähig.

Kulturwissenschaft als Konstruktion der Konstruktion

Weber begreift seine Wissenschaft als Kulturwissenschaft. "Kultur ist", so definiert er, "ein vom Standpunkt des Menschen aus mit Sinn und Bedeutung bedachter endlicher Ausschnitt aus der sinnlosen Unendlichkeit des Weltgeschehens." (WL, 180) Einerseits hält Weber an der Bestimmung einer irrationalen Wirklichkeit fest, andererseits hebt er aus dieser Irrationalität einen abgegrenzten Raum heraus, den er als "Kultur" darstellt. Entscheidend wird jedoch die Ausrichtung seines Kulturbegriffs auf den "Menschen", der in seinen alltagspraktischen Lebensvollzügen einen solchen "endlichen Ausschnitt" mit "Sinn und Bedeutung" bedenkt, das heißt mit Werten behaftet. "Der Begriff der Kultur ist ein Wertbegriff. Die empirische Wirklichkeit ist für uns 'Kultur', weil und sofern wir sie mit Wertideen in Beziehung setzen, sie umfaßt diejenigen Bestandteile der Wirklichkeit, welche durch jene Beziehung für uns bedeutsam werden, und nur diese." (WL, 175) Kulturelle Bedeutung geben Menschen nur einzelnen, ausgesonderten Bereichen ihrer Lebenswelt, die sich aus der Mannigfaltigkeit der Dinge um sie abheben, sich als wertvoll für sie auszeichnen. "Kultur" ist demnach ein menschliches Ereignis in jenem Sinne, daß sie von uns willentlich als ausschnitthaft individualisierte, durch Wertideen verfaßte und deshalb wissenswerte Wirklichkeit hervorgebracht und erhalten wird. Wenn nämlich die kulturhaften Vorgänge erst durch das wertgebende Verhalten der Menschen aus dem Datenchaos ihrer Umwelt heraus gebildet werden und auf diese Weise für ihresgleichen "Bedeutung" gewinnen, dann haben auch die Wissenschaftler die Möglichkeit, sich an diese jeweils "bewerteten" Wirklichkeitsfragmente zu halten und sich von ihnen die Themen ihrer Forschungsarbeit vorgeben zu lassen.

Weber versucht, jenem Widerspruch auszuweichen, der darin liegen könnte, daß er zwar eine irrationale Erfahrungswelt voraussetzt, aber seine Forschungsziele aus eben dieser als radikal strukturlos angesetzten Wirklichkeit entnehmen muß. Sein Manöver besteht darin, sich auf das Reservoir kulturaktiver Werte in den zu erforschenden und den forschenden Subjekten selbst zu stützen. Ohne wertgebende und sich auf diese Werte beziehende Akteure in Gestalt faktischer kulturwollender und wissenwollender Menschen entbehrte seine Methodologie der konkreten Bezugspunkte: "Transzendentale Voraussetzung jeder Kulturwissenschaft", sagt Weber ausdrücklich, "ist nicht etwa, daß wir eine bestimmte oder überhaupt irgendeine 'Kultur' wertvoll finden, sondern daß wir Kulturmenschen sind, begabt mit der Fähigkeit und dem Willen, bewußt zur Welt Stellung zu nehmen und ihr einen Sinn zu verleihen." (WL, 180) Dieser Sinn, der von Individuen gegeben wird, dann aber an den Dingen haftet, bildet gewissermaßen einen Sektor zwischen der innerseelischen Befindlichkeit einzelner Personen und der nackten Tatsächlichkeit der Dinge. Mit der Kultur wird ein Objekt konstruiert, die als Drittes weder in die Sphäre der Subjekte noch in die der bloßen Objekte fällt, sondern als Mitte zwischen beiden situiert wird. So gesehen läuft Kulturwissenschaft erst einmal auf die Analyse des Objektbereichs Kultur hinaus, der unabhängig vom wissenschaftlichen Denken in alltagspraktischen Lebensvollzügen auf eine spezifische Weise, nämlich durch Wertbeziehung, konstruiert worden ist; ein Verfahren, das dann dem Kulturwissenschaftler als Vorbild dient. Kulturwissenschaft meint dann im zweiten Schritt auch Analyse des Objektbereichs der Kulturwerte nach Wertgesichtspunkten, die man in jenen nicht enthalten findet. Denn im wissenschaftlichen Bezug auf alltagspraktische Kulturkonstruktionen sind diese aus methodologischen Gründen in ein Chaos aufzulösen. Auf der Ebene der Theoriebildung wird Kultur zunächst so präsentiert, als ob sie ein Chaos wäre. Es geht hier gar nicht um die Frage, ob etwa ein solches Chaos real existiere, sondern darum, daß das wissenschaftliche Denken die Ordnungen des Alltagsdenkens in einen möglichst ordnungsfreien Zustand aufzulösen hat, um dann souverän seine eigene Ordnung schaffen zu können. Wirklichkeit muß vom methodologisch reflektierenden Forscher prinzipiell als noch nicht begriffen gedacht werden. Sie gilt dem Kultur- und Sozialwissenschaftler nur als 'negative Voraussetzung' oder als "'negative' Instanz". (WL, 75, Anm. 2 / WL 92, Anm. 1)

Auch dort, wo im Alltagsleben Wirklichkeit unproblematisch, soziales Geschehen verständlich ist, muß der Sozialwissenschaftler jene Selbstverständlichkeit des Verstandenen desaggregieren. Kompakte, im Alltagsleben nicht weiter problematische Zusammenhänge werden in dem "ungeheuren Meer der empirischen Tatsachen" (WL, 206) verflüssigt. So verfährt - zumindest implizit - jede Wissenschaft. Selbst Wiederspiegelungstheorien müssen den Gegenstand, der sich dem Denken nicht einfach offenbart, sondern verstellt präsentiert, zuerst einmal dekomponieren. Anschließend versucht man, in einem methodisch kontrollierten Verfahren zu einer Konstruktion oder Rekonstruktion der Gegenstände, über die verhandelt wird, zu gelangen. Wie nun alle sozial- und kulturwissenschaftlichen Verfahren in irgendeiner Weise davon ausgehen, daß der Untersuchungsgegenstand durch methodische Bearbeitung zerlegt und neu zusammengesetzt werden muß, so besteht die Differenz des Weberschen Konstruierens zu anderen Forschungspraktiken nicht in den Verfahren des Auflösens und Zusammensetzens der Erkenntnisgegenstände, sondern in der prinzipiell unterschiedlichen Beurteilung des 'Endproduktes': Webers wissenschaftliche Ergebnisse bleiben auch im Endzustand noch Konstruktionen.[3]

Kulturwissenschaft betreiben bedeutet nun, Wertbeziehungen zu analysieren und dementsprechende begriffliche Konstruktionen aufzubauen. Eine Wertanalyse findet erst einmal auf der Ebene des Verstehens statt. Hier geht es um das Verstehen der Ideen, die sich in einem historischen Produkt verkörpert haben. Durch Wertdeutung kann das von den historischen Personen nur unklar Empfundene ausformuliert werden. Solche Wissenschaft kann immer nur sagen, daß die oder jene der verschiedenen letzten Stellungnahmen denkbar, und daß die Tatsachen, mit denen man bei der Wahl zwischen diesen Stellungnahmen zu rechnen hat, so oder so liegen. Ihre Aufgabe ist immer nur eine technische: Wenn so optiert wird, dann ist so zu verfahren; oder umgekehrt: Die und die Tatsachen liegen vor; welches ist das Motiv, die dazugehörige Stellungnahme (Ursache) gewesen? Hier wird das Verstehen um den Aspekt kausaler Konstruktionen erweitert. Indem nun beide Analyseperspektiven miteinander verschränkt werden, kommt es zu einer Kombination von (Sinn-)Verstehen und (Kausal-) Erklären.

Kombination von Verstehen und Erklären

Weber setzt sich in seinen methodologischen Erörterungen gezielt zwischen die Stühle, die das hermeneutische Verstehen und das naturwissenschaftliche Erklären besetzt halten. Wenn er von seinem Verfahren als "verstehendem Erklären" oder "kausalem Verstehen" (WL, 91) in den verschiedensten Formulierungen spricht, so macht dies auf den ersten Blick den Eindruck, als wolle er zwischen den Gegenpositionen der Geisteswissenschaften und Naturwissenschaften vermitteln. Genau genommen aber bezieht er eine - terminologisch doppeldeutige - Frontstellung nach beiden Seiten hin. Spricht er von Erklärung, dann meint er damit nicht den Gesetzesbegriff der Physik, sondern eine Kausalität einmaliger individueller Einheiten. Ebensowenig wie sich sein "Erklären" den Naturwissenschaften adaptiert, meint sein Verstehen das Verstehen der Hermeneutik. Denn Webers Verstehen bedeutet keine einfache Rückkehr zur Diltheyschen Hermeneutik. Bekanntlich basiert das Verstehen im Diltheyschen Sinne auf der "beschreibenden Psychologie". Bei ihm geht es um ein gefühlsmäßiges Nacherleben historischer Ereignisse, ein Einfühlen in das unendlich komplexe Seelenleben von Persönlichkeiten. Weber zielt darauf ab, den Vorgang des Verstehens aus dem Bereich der Psychologie herauszulösen. Das Verstehen läuft bei ihm keineswegs auf ein Einfühlen in die dunkle Verschlungenheit irgendeiner individuellen Psyche hinaus. Auch die Verfilzung, das unendliche, chaotische Gemenge einer individuellen Motivlage gilt ihm als nicht voll erfaßbar. Verstehen von Handlungsmotiven heißt nicht etwa Verstehen eines nicht erklärbaren Irrationalen und Dunklen, worauf oben schon hingewiesen

3 Hierauf wird weiter unten im Zusammenhang mit dem Idealtypus noch einzugehen sein.

wurde, sondern Verstehen dessen, was effektiv als intendierte Wirkung einer Handlung als Folge aufzufassen ist. Mithin geht es Weber um diejenigen Sinn- und Wertgesichtspunkte und die damit zusammenhängenden Gefühlslagen, die in entscheidender Weise ein Handeln angestoßen haben. Das, was bei Weber gelegentlich "Motivationsverstehen" (WL, 547) heißt, läuft auf ein Sinn- und Wertverstehen hinaus. Die konkreten Wert- und Sinnelemente, die sich im Handeln realisieren, werden zu Verstehensobjekten. Denn verstehen läßt sich das menschliche Tun, insofern es an Werten orientiert ist - und deshalb mit ihnen konfrontiert werden kann.

Max Weber zeigt an einer Klärung dessen, was Verstehenkönnen bedeutet, kaum Interesse. So entwickelt er nicht einmal Ansätze zu einer Verstehenslehre. Den Sachverhalt, daß verstanden werden kann, nimmt er hin und setzt ihn voraus. Aber das Verstehen macht noch keine Wissenschaft. Im Gegenteil, es gilt ihm, allein für sich praktiziert, eher als unwissenschaftlich, da es sich intersubjektiver Überprüfung entzieht. Weber verwirft jede nicht-demonstrable und nicht-nachprüfbare Erkenntnisvermittlung - etwa durch Nacherleben, Einfühlen oder intuitiven Mitvollzug fremder Erfahrungsrealität - rigoros. "Der subjektive Charakter derartiger 'Erkenntnis'", faßt Weber zusammen, "ist in diesem Falle identisch mit dem Mangel der 'Geltung'." (WL, 121) Demonstrierbar werden die Ergebnisse des Verstehens, sobald sie sich in den Konstruktionen kausaler Zuordnungen bewähren. Erst indem das Verstehen der Kausalanalyse als Hilfsmittel dient, erhält es wissenschaftliche Bedeutung. "Immer muß (...) das 'Verstehen' des Zusammenhangs noch mit den sonst gewöhnlichen Methoden kausaler Zurechnung, soweit möglich, kontrolliert werden, ehe eine noch so evidente Deutung zur gültigen 'verständlichen Erklärung' wird." (WL, 428) Die Kausalanalyse - als Konstruktionsprinzip - bestimmt bei Weber den Gang der Erkenntnis und das Verstehen spielt nur insofern eine Rolle, als es zur Klärung derjenigen Einheiten, die zueinander in eine Kausalbeziehung gesetzt werden sollen, beitragen kann. Verstehen und kausale Zurechnung stehen also nicht beziehungslos nebeneinander, sondern in einem konstruierten Ergänzungsverhältnis, das es nahelegt, bei Webers Vorgehen nicht von einer verstehenden (vgl. Bühl 1972, S. 17 ff.), sondern von einer kausal-konstruierenden qualitativen Soziologie zu sprechen.[4] Konstruktionen sind - begründete - Willkürakte. Die

---

4 Werner Sombart (1956, S. 86 f.) hat darauf hingewiesen, daß der Gedanke der Kausalität dem des Verstehens, wie es in der Tradition der Romantik praktiziert wird, diametral entgegensteht. Im Unterschied zu Kausalprozessen beschreibe die Romantik in Kulturbereichen Umschichtungen und Verlagerungen. Stellte man sich im Anschluß an Sombart etwa die Frage, worin denn die Differenz zwischen einem Verstehen und einem Erklären, die sich beide die Mehodologie Webers zum Objekt nehmen, bestünde, so wäre - knapp formuliert - zu antworten: Webers Methodologie verstehen heißt unter anderem, sie in ihrer Spezifität im Vergleich (Unterschiede und Gemeinsamkeiten) zu anderen Verfahren der Erkenntnisgewinnung charakterisieren, um dann auch ihre immanenten Veränderungen nachzuvollziehen. Seine Methodologie erklären liefe darauf hinaus, sie auf jenen langen und seit der protestantischen Reformation verstärkt betriebenen Prozeß der

sich in ihnen präsentierende Souveränität des Wissenschaftlers zeigt sich im Falle Webers an der Kombination der termini "Verstehen" und "Erklären", die traditionell als Gegensatzpaar aufgefaßt werden. Nicht die sachliche Qualität des Erkenntnisstoffes, sondern die Verschiedenheit der Gesichtspunkte des erkennenden Subjekts sollen entscheidend sein für die Konstruktion unterschiedlicher Wissenschaften. Bei Weber bezieht sich diese Überlegung auf die Differenz zwischen Naturwissenschaften und Kuturwissenschaften. Zuerst einmal nimmt Weber keine Unterscheidung zwischen Natur- und Kulturwissenschaften vor: Beide intendieren Kausalerklärungen. Während die Naturwissenschaften mit allgemeinen Gesetzen arbeiten (müssen), versuchen die Kulturwissenschaften, die Kausalität individueller Ereignisse darzulegen.[5] Dies - und hierin liegt die entscheidende Differenz zwischen beiden Wissenschaften - ist mithilfe des Verstehens möglich. Das Verstehen setzt einen Gegenstand voraus, der ihm zugänglich ist, nämlich soziales Handeln, das im Unterschied zu Naturvorgängen verstanden werden kann, weil in ihm geistige Vorgänge eine zentrale Rolle spielen, insofern es nämlich der Kultursphäre angehört. Denn es kommt hier auf den von dem Handelnden gemeinten Sinn an: Menschliches Handeln ist als überlegtes, sinnvolles Geschehen eines, das in seiner Zweck- und Sinnrichtung dem Verstehen offenliegt. Mit dieser Unterstellung einer Gemeinsamkeit zwischen Erkenntnissubjekt und Objekt der Erkenntnis ebenso wie auch mit der damit einhergehenden Annahme eines stofflichen Unterschiedes zwischen Vorgängen im Bereich der Natur und des Handelns des Menschen scheint sich Weber von seinem radikalen Konstruktionsverfahren zu verabschieden, wäre da nicht der Gedanke, daß dem konstruierenden Verfahren der Primat gegenüber dem Sinnverstehen zukommt: Kulturwissenschaftliche Erkenntnis ist "natürlich rein kausale Erkenntnis genau in dem gleichen Sinn wie die Erkenntnis bedeutsamer individueller Naturvorgänge" (WL, 182).

Eigentlich, so sollte man meinen, wäre mit der Konstruktion des Gegenstandsbereichs sowie der ihm adäquaten Erkenntnisvariante die Aufgabe der Methodologie beendet. Was nun einsetzen könnte, wäre eine Methodenlehre, die genau beschreibt, in welcher Weise mit dem Stoff umzugehen ist. Aber Max Weber entwickelt keine Methode im Sinne eines handwerklichen Instrumentariums, sondern integriert die Beschreibung der Grundzüge methodischen Vorgehens unter dem Stichwort "Idealtypus" in seine Methodologie.

Entzauberung der Welt durch ihre rationale Beherrschung, mithin auf ihre wesentlichen Ursachen zurückzuführen.

5 Hierin liegt auch begründet, daß Weber sein Vorgehen als "qualitativ" bezeichnet. Vgl. WL, 67, 173

3 Idealtypus als Konstruktion

Funktionen des Idealtypus

"Typus" ist der Idealtypus, weil es sich bei ihm um gedankliche Formulierung von Sachverhalten handelt, die zwar in verschiedenen Graden, aber doch für die Eigenart vieler Kulturerscheinungen bedeutsam sind. "Ideal" ist der Idealtypus, weil er eben nur in der denkenden Phantasie existiert und den höchsten gedanklich möglichen Grad der empirischen Sachverhalte ausdrückt. "Ideal" sind die Idealtypen für Weber nicht etwa in normativer Hinsicht, denn sie geben keinen Soll-Zustand an, sondern in konstruktiver Weise, denn sie decken sich nicht mit der Empirie.[6] Sobald man wie Weber jede Metaphysik, jede Orientierung an sachlichen Qualitäten, jedes überempirische Wertesystem ablehnt, dann steht tatsächlich nur noch die Methode, das Verfahren der Konstruktion zur Erfassung des Gegenstandes zur Verfügung. Der Idealtypus ist Resultat einer Konstruktion. Dies bedeutet starke Unabhängigkeit von der je spezifischen Empirie. So sind auch die Kriterien der Konstruktion weitgehend empirieunabhängig: Logische Konsistenz ist hier Webers zentrales Postulat.

Der Idealtypus soll die Wirklichkeit erkennen helfen, er bildet aber keinen Begriff von wirklichem Geschehen, sondern eine "Utopie", die durch Steigerung bestimmter Elemente und durch Weglassen anderer Aspekte der Wirklichkeit gewonnen wird. Sein Inhalt wird also einerseits aus der Wirklichkeit geformt, andererseits handelt es sich hierbei um höchst gesteigerte Aspekte der Wirklichkeit. Was sind das für Elemente der Wirklichkeit, durch deren Steigerung man den Idealtypus gewinnt? Da es keine Stufen in der empirischen Wirklichkeit gibt, können die zu steigernden Aspekte nichts anderes sein als die Wertbestimmungen und Sinndeutungen, die an der Wirklichkeit haften. Steigern lassen sich die Sinn- und Wertverwirklichungen des alltäglichen sozial-historischen Lebens, indem nämlich ihre Verunreinigungen, Unvollkommenheiten, Inkonsequenzen ausgeschaltet werden. Man hat, kurz gesagt, unwirkliche Zusammenhänge zu konstruieren, um die wirklichen zu erkennen. "Um die wirklichen Kausalzusammenhänge zu durchschauen, konstruieren wir unwirkliche." (WL, 287)

In diesem Zusammenhang muß auf den Unterschied zwischen Idealtypus und historischem Individuum hingewiesen werden. Das historische Individuum ist zwar auch geformte Wirklichkeit, dabei ist der Ausgangspunkt der Begriffsbildung auch ein spezieller Gesichtspunkt. Doch sind die Prinzipien der Auswahl verschieden: Mit Hilfe der einem Forscher bewußten Kulturwerte wählt er das

6 Den Terminus "Idealtypus" übernahm Max Weber von Georg Jellinek (1976, S. 34 ff.), der zwei Arten von Erkenntnisregeln unterscheidet, solche, die ein Sein, und solche, die ein Sein-Sollen ausformulieren. Diesen Regeln des Erkennens ordnet er methodisch zwei Varianten der Forschung zu, den "idealen Typus" und den "empirischen Typus". Max Weber übernimmt nur den Namen "Idealtypus" von Jellinek, nicht die Funktion. Zur Geschichte des Typusbegriffs in der Soziologie vor Weber vgl. Baier (1969) S. 193 f.; S. 218, Anm. 1.

ihm Bedeutungsvolle aus der Wirklichkeit aus und bildet daraus den individuellen historischen Begriff. Der Idealtypus dagegen isoliert eine der historischen Erscheinung eigentümliche Seite auf ihre immanente Bedeutung hin. Der wesentliche Unterschied zwischen beiden besteht darin, daß das historische Individuum zwar einseitig, aber doch mit realem Gehalt konstruiert ist, während es sich beim Idealtypus um eine völlig irreale Konstruktion handelt. Dieser Unterschied erklärt sich aus den verschiedenen Aufgaben, die beide jeweils übernehmen. Das historische Individuum steht im Zentrum der Bestimmung des Gegenstandsfeldes und der Erkenntnis- und Wissenschaftsform der Kulturwissenschaft, während anhand des Idealtypus Leitlinien der Vorgehensweise jener Kulturwissenschaft entwickelt werden.

Der Idealtypus ist "nie Endpunkt der empirischen Erkenntnis" (WL, 358, Anm. 1), sondern nur ihr Mittel "zum Zweck der Erkenntnis der unter individuellen Gesichtspunkten bedeutsamen Zusammenhänge" (WL, 208 u. 209). Er dient als ein rein pragmatisches Medium der möglichst eindeutigen Beschreibung und kausal zurechnenden Erklärung und Darstellung. Daher bildet er keinen Begriff von historisch-sozialer Wirklichkeit oder von konkreten historisch-sozialen Zusammenhängen, sondern er soll deren Erkenntnis nur ermöglichen. In seinen frühen Schriften zur Wissenschaftslehre, insbesondere im "Objektivitätsaufsatz", betrachtet Weber die Idealtypen vorrangig als heuristische Hilfsmittel zur Erfassung von gesellschaftlichen und historischen Phänomenen. Er ging gelegentlich so weit zu sagen, daß die Erkenntnis des Generellen nie um ihrer selbst willen wertvoll sei. In dem Aufsatz "Über einige Kategorien der verstehenden Soziologie" vom Jahre 1913 begegnet man dann einer Änderung der Forschungsstrategie, insofern als nun die Formulierung von idealtypischen Begriffen zum eigentlichen Ziel soziologischer Forschung erhoben wird. In "Wirtschaft und Gesellschaft", insbesondere den beiden ersten Kapiteln der "Soziologischen Kategorienlehre", tritt schließlich das Konzept des Idealtypus in seiner reinsten Gestalt auf. Man findet nicht einzelne Idealtypen angewandt auf historische oder gesellschaftliche Sachverhalte, sondern vielmehr Systematisationen von Idealtypen, die zusammen betrachtet den begrifflichen Träger einer universal-historischen Soziologie bilden. Diese Diskussion soll hier freilich eingeklammert werden.

Vergleich

Die Idealtypen dienen "zur Vergleichung der Wirklichkeit mit ihnen" (WL, 205), "zur Messung (...) von individuellen (...) Zusammenhängen" (WL, 201), zur Auffindung des wirklich Historischen durch Beziehung auf einen selbst unwirklichen Maßstab: hierin liegt der 'heuristische Wert' des Idealtypus (WL, 203). Zum Beispiel wird gefragt,

> "wie würde im Fall idealer und dabei rein wirtschaftlich orientierter Zweckrationalität gehandelt werden, um so das reale, durch Traditions-

> hemmung, Affekte, Irrtümer, Hineinspielen nicht wirtschaftlicher Zwecke oder Rücksichtnahmen mindestens mitbestimmte Handeln 1. insoweit verstehen zu können, als es tatsächlich ökonomisch zweckrational im konkreten Falle mitbestimmt war, oder - bei Durchschnittsbetrachtung - zu sein pflegt, 2. aber auch: gerade durch den Abstand seines realen Verlaufs vom idealtypischen die Kenntnis seiner wirklichen Motive zu erleichtern." (WL, 561)

Mithin wird eine bestimmte Entscheidung (in diesem Fall rein wirtschaftlich orientiertes Handeln) getroffen, und mit diesem isolierten Moment und mit Bezug auf es streng rational ein idealtypischer Verlauf generalisierend konstruiert, um daran den wirklichen Vorgang zu "messen". Weber konstruiert zum Zwecke des Vergleichens Idealtypen nach dem Zweck-Mittel-Schema, da diese höchste Evidenz gewährleisten. Setzt man nämlich einen Zweck und die Kenntnis von sozialen Verhaltenskonstanten sowie von Bedingungskonstellationen voraus, dann ist es eine Frage der reinen Berechnung, gleichsam der Logik, wie man welche Mittel auf diesen Zweck hin ordnet. Die Zweck-Mittel-Kalkulation bildet den objektiven, intersubjektiv demonstrierbaren Kern der Weberschen Konstruktion (vgl. Mackenroth 1972, S. 192). Es handelt sich um eine wissenschaftliche Konstruktion, die freilich auch bis zu einem gewissen Grad mit Alltagskonstruktionen der Menschen kongruent geht; denn das Handeln der Menschen folgt im Zuge der zunehmenden Entzauberung der Welt eben jener Rationalität. Insofern im Alltag die nach allgemeinen Regeln adäquatesten Mittel jeweils gewählt werden, erweist sich ihre Konfrontation mit einem rational konstruierten Idealtypus als plausibel.

Alle irrationalen, affektuell bedingten Sinnzusammenhänge, die das Handeln beeinflussen, lassen sich auf diese Weise am übersehbarsten als Ablenkungen von einem konstruierten, rein zweckrationalen Verlauf desselben erforschen und darstellen. Wenn zum Beispiel bei einer Börsenpanik festgestellt wird, wie das Handeln ohne Beeinflussung durch irrationale Affekte abgelaufen wäre, wird dadurch gleichzeitig die Eintragung der irrationalen Komponenten als "Störungen" möglich.

Genetische Begriffsbildung

Der von Max Weber verwendete Begriff des "Genetischen" will besagen, daß allein mit Hilfe und auf dem Umweg der Einordnung des historischen Gegenstandes in die Sinnzusammenhänge seines Gewordenseins und Weiterwirkens seine Erkenntnis möglich wird. Das Problem der kausalen Analyse läßt sich knapp folgendermaßen formulieren: Wie kann einem individuellen konkreten Ereignis ein anderes ebenso individuelles kausal zugerechnet werden, wenn man, wie Weber, von der Unendlichkeit der Ursachen eines jeden zu erklärenden historisch-sozialwissenschaftlichen Faktums ausgeht? Wie ist eine Kausalbeziehung zwischen einer kulturbedeutsamen Wirkung und der Unendlichkeit der sie determinierenden Momente wissenschaftlich zu erklären?

Zu dem als Erkenntnisobjekt aufgegebenen "historischen Individuum" sind die Ursachen aufzufinden, die "genetisch", das heißt, "in bezug auf gewisse (...) Kulturbedeutungen" (WL, 194) jenes Erkenntnisobjekt erklären. Diese genetische Erklärung leistet nach Weber allein der Idealtypus:

> "Der Idealtypus ist in dieser [erklärenden; F.G.] Funktion insbesondere der Versuch, historische Individuen oder deren Einzelbestandteile in genetische Begriffe zu fassen. Man nehme etwa die Begriffe: 'Kirche' und 'Sekte'. Sie lassen sich rein klassifizierend in Merkmalskomplexe auflösen (...). Will ich aber den Begriff der 'Sekte' genetisch, z.B. in bezug auf gewisse wichtige Kulturbedeutungen, die der 'Sektengeist' für die moderne Kultur gehabt hat, erfassen, so werden bestimmte Merkmale beider wesentlich, weil sie in adäquater ursächlicher Beziehung zu jenen Wirkungen stehen. Die Begriffe werden aber alsdann zugleich idealtypisch, mithin in voller begrifflicher Reinheit sind sie nicht oder nur vereinzelt vertreten." (WL, 194) "Es bleibt, wenn eine genetische Definition des Begriffsinhaltes versucht werden soll, nur die Form des Idealtypus" (ebd.). "Scharfe genetische Begriffe [sind; F.G.] notwendige Idealtypen" (WL, 208). Der Idealtypus übernimmt die Aufgabe, "die gültige Zurechnung eines historischen Vorgangs zu seinen wirklichen Ursachen aus dem Kreise der nach Lage unserer Erkenntnis möglichen zu vollziehen." (WL, 204)

Die logischen Verfahren 1. der Isolierung, 2. der Konstruktion von Möglichkeitsurteilen und 3. der Generalisation stellen das Gerüst des Weberschen Schemas der kausalen Zurechnung dar (vgl. WL, 279).

ad 1) "Schon der erste Schritt zum historischen Urteil ist (...) ein Abstraktionsprozeß, der durch Analyse und gedankliche Isolierung der Bestandteile des unmittelbar Gegebenen (...) verläuft und in eine Synthese des 'wirklichen' ursächlichen Zusammenhangs ausmünden soll." (WL, 275) Jedes historisch-gesellschaftliche Ereignis findet man in eine komplexe Situation eingebettet, und jede Ursache agiert gemeinsam mit einer unendlichen Zahl weiterer Determinanten, aus deren Zusammenhang sie nur auf dem Wege der Abstraktion gedanklich herausgelöst werden kann. Um aus der Pluralität der Ursachen und Bedingungen die wesentlichen zu isolieren, muß der erkennende Verstand die kausale Verfilzung auflösen. Der Erkenntnis stellt sich mithin die Aufgabe, die entscheidenden Ursachen einer gegebenen Wirkung zu bestimmen, indem sie das Kausalknäuel in eine lineare Kausalkette umformt.

Entscheidend für die Isolierung von Kausalfaktoren wird das Feststellen von Sinnadäquanzen. Bei der Analyse von Sinnadäquanz geht es um die Entdeckung von Entsprechungen zwischen den Handlungen und Bewußtseinslagen, die wir in der Geschichte finden; in diesem Sinne spricht Weber zum Beispiel davon, daß die Lebensführung, die der reformierte Protestantismus hervorbrachte, der kapitalistischen Entwicklung "adäquat" war. Weber fragt immer wieder, ob bestimmte Ereignisse auch in anderen Zusammenhängen gedacht werden könnten. So erwartet er vom Leser zum Beispiel von vornherein ein Verständnis dafür, daß Miltons Gedanke vom "inneren Paradies" des Menschen der mittelalterlichen Paradiesvorstellung fremd ist. (In Miltons Epos hatte der Erzengel Michael Adam bei der Verstoßung getröstet: Wenn er zu den christlichen Tugenden vor allem die christliche Liebe hinzufüge, dann werde er das ursprüngliche Paradies nicht ungern verlassen, weil er in sich selber ein viel seligeres trage.) "Jeder empfindet sofort, daß dieser mächtigste Ausdruck der ernsten puritanischen Weltzugewendetheit, das heißt: Wertung des innerweltlichen Lebens als Aufgabe, im Munde eines mittelalterlichen Schriftstellers unmöglich gewesen wäre. Aber auch dem Luthertum, wie es etwa in Luthers und Paul Gerhards Chorälen sich gibt, ist er ganz ebenso wenig kongenial." (GARS I, S. 80) Die eben geäußerte Einsicht bezeichnet Weber als nur eine unbestimmte Empfindung, an deren Stelle eine genaue gedankliche Formulierung zu treten hätte. Als erstes fragt Weber in diesem Zusammenhang nach dem religionsgeschichtlichen Zusammenhang, innerhalb dessen die Unterschiede, die wir heute empfinden, hervorgebracht werden. Als zweites beobachtet er die Entsprechungen, "Wahlverwandtschaften" zwischen religiösen und wirtschaftlichen Formen, also zwischen protestantischer Ethik einerseits und Geist des Kapitalismus andererseits. Erst nach der Betrachtung jener Entsprechungen bzw. Wahlverwandtschaften kann der Versuch einer Zurechnung von Wirtschaftsformen zu prägenden Ursachen gestartet werden.

Aus dem vielfach verschlungenen Komplex von Ursachen und Wirkungen hebt der erkennende Verstand die wesentlichen Ursachen und Wirkungen in Form einer eindeutigen Kausalfolge hervor. Hierbei handelt es sich um eine Vereinfachung der tatsächlichen Zusammenhänge, die aber unentbehrlich ist, da sie das Labyrinth der miteinander verfilzten Faktoren entwirrt und übersichtlich gestaltet. Die Idee der Kausalkette erweist sich als eine (nützliche) Fiktion; sie stellt ein Produkt der logischen Tätigkeit des Verstandes dar.

ad 2) Die nächste Stufe des Weberschen Schemas der kausalen Erklärung besteht darin, daß der Forscher die zuvor gedanklich isolierten kausalen Komponenten in bestimmter Richtung abgeändert denkt. Hier führt Max Weber die Kategorie der "objektiven Möglichkeit" ein: Die Zurechnung eines Ereignisses zu seinen "Ursachen" erfordert, daß man sich für jedes mögliche Element des Geschichtsprozesses, dem wir in Verhältnis auf das zu erklärende Ereignis kausale Bedeutung beimessen wollen, fragt, ob und in welchem Maße es für das Eintreten dieses Ereignisses unerläßlich gewesen sei. Eine Antwort auf diese Frage kann nur an das Mittel der Begriffsbildung gebunden werden, allein aus einem Ausschließungs- und Konstruktionsverfahren kommen, das das (als explanans angenommene) Element aus der Reihe der Antezedenten ausschließt und prüft, was ohne es geschehen wäre. Dieses Verfahren "bedeutet zunächst jedenfalls die Schaffung von - sagen wir ruhig: - Phantasiebildern durch Absehen von einem oder mehreren der in der Realität faktisch vorhanden gewesenen Bestandteile der 'Wirklichkeit' und durch die denkende Konstruktion eines in bezug auf eine oder einige 'Bedingungen' abgeänderten Herganges." (WL, 275) So wie das geschichtliche Ereignis nie gegeben, sondern aus einem Auswahl- und Konstruktionsverfahren resultiert, so ist auch der Geschichtsprozeß - im Sinne einer Folge von durch Kausalverhältnisse verbundenen Geschehnissen -

das Ergebnis einer Reihe von Operationen, die ihn als solchen "konstruieren". Wenn der Historiker und der Sozialwissenschaftler sich eine historisch-soziale Situation vergegenwärtigen, müssen sie das wirklich Geschehene versuchsweise nach den Richtungen hin auflösen, in welche die Handlungen, Denkweisen, Ereignisse sich auch hätten entwickeln können. Die Kategorie der "Möglichkeit" eröffnet Weber ein Erklärungsverfahren, das auf dem Vergleich zwischen seiner durch Isolation gewonnen Kausalfolge und anderen gedanklich konstruierten möglichen Prozessen beruht.[7] Zur näheren Bestimmung der Ursachen schlägt Weber ein Gedankenspiel zu deren sukzessiven Auslese vor: Durch gedankliche Variationen der verursachenden Momente werden bestimmte hypothetische Situationen entworfen, die objektiv möglich waren, wenn bestimmte Konstellationen nicht vorhanden oder anders gelagert gewesen wären. Jede Ursache, die ausgelassen oder verändert gedacht werden kann, ohne daß die Charakteristika des Untersuchungsobjekts beeinflußt werden, gilt dann - in Bezug auf die interessierenden Gesichtspunkte - als nichtadäquate, als unbedeutende Ursache.

> "Die Erwägung der kausalen Bedeutung eines historischen Faktums wird zunächst mit der Fragestellung beginnen: ob bei Ausschaltung desselben aus dem Komplex der als mitbedingend in Betracht gezogenen Faktoren oder bei seiner Abänderung in einem bestimmten Sinne der Ablauf der Geschehnisse nach allgemeinen Erfahrungsregeln eine in den für unser Interesse entscheidenden Punkten irgendwie anders gestaltete Richtung hätte einschlagen können, - denn nur darauf, wie jene uns interessierenden 'Seiten' der Erscheinung durch die einzelnen mitbedingenden Momente berührt werden, kommt es uns ja an. Ist freilich auch auf diese wesentlich negative Fragestellung ein entsprechendes 'objektives Möglichkeitsurteil' nicht zu gewinnen, war also - was dasselbe besagt - nach Lage unseres Wissens auch bei Ausschaltung oder Abänderung jenes Faktums der Ablauf in den 'historisch wichtigen', d.h. uns interessierenden, Punkten nach allgemeinen Erfahrungsregeln gerade so, wie er erfolgt ist, 'zu erwarten', dann ist jenes Faktum eben auch in der Tat kausal bedeutungslos." (WL, 282f.)

Kausalreihen werden angesehen als Reihen von objektiven Möglichkeiten, die konstruiert werden, indem zu historischen Situationen verschieden variierte Ereignisse gedanklich hinzugefügt und die daraus resultierenden adäquaten Wirkungen nach Erfahrungsregeln konstruiert werden. Dadurch soll lediglich die

---

7 Die Kategorie der "Möglichkeit" erlaubt es Weber, die kausale Relevanz von Ereignissen jenseits der Alternative notwendiger Verbindungen oder Beziehungslosigkeit graduell in der Weise zu bestimmen, daß "das objektive Möglichkeitsurteil (...) einer ganzen Skala von Graden der Bestimmtheit fähig" ist und "also seinem Wesen nach Gradabstufungen" zuläßt. (WL, 283 u. 284) Auf der Skala von Graden der kausalen Beziehung unterscheidet Weber auch zwischen adäquater und zufälliger Verursachung (vgl. WL, 286). Letztlich geht es ihm um die Bestimmung von für das Auftreten des zu erklärenden Ereignisses "günstigen" oder "hemmenden" Bedingungen und um die Grade der "Begünstigung", die in Form von Möglichkeitsurteilen formuliert werden können.

kausale Relevanz der in Frage stehenden Tatsachen ermittelt werden. Bei eindeutig herausgearbeitetem Endstadium eines historischen Ablaufs kann man die gedanklich isolierten Ereignisse als Entwicklungsstufen ansehen, wenn sie zueinander im Verhältnis der Adäquanz stehen.

ad 3) Zwar betrachtet Max Weber die Möglichkeitsurteile als reine Fiktionen, doch versucht er sich auch hier wieder gegen Relativismus und subjektive Willkür abzugrenzen, indem er die Möglichkeitsurteile an das "nomologische Wissen" des forschenden Individuums bindet. Es sind nur solche Konstruktionen über einen möglichen kausalen Verlauf eines gegebenen historisch-gesellschaftlichen Ereignisses sinnvoll, die in eine "Regel der Erfahrung" eingefügt werden können. Und hiermit findet man den dritten Bestandteil des Weberschen Schemas der kausalen Zurechnung: die Generalisation.[8] "Wenn die kausale Erkenntnis des Historikers Zurechnung konkreter Erfolge zu konkreten Ursachen ist, so ist eine gültige Zurechnung irgend eines individuellen Erfolges ohne die Verwendung 'nomologischer' Kenntnis - Kenntnis der Regelmäßigkeiten der kausalen Zusammenhänge - überhaupt nicht möglich." (WL, 179) Um kausale Zusammenhänge konstruieren zu können, muß man über Kenntnisse der Regelmäßigkeiten kausaler Zusammenhänge verfügen; denn jedes objektive Möglichkeitsurteil "bedeutet also stets die Bezugnahme auf Erfahrungsregeln." (WL, 276) Was ist dies für ein Wissen? Woher kommt es und wie wird es gebildet? Was die Klärung dieser Fragen angeht, hält sich Weber weitgehend bedeckt. Er spricht von "Bezugnahme auf ein positives Wissen von 'Regeln des Geschehens', auf unser 'nomologisches' Wissen, wie man zu sagen pflegt." (ebd.) Fragt man sich, was im Zusammenhang mit diesem Wissenstypus "positiv" und "unser" heißen könnte, so wird auch die terminologische Relativierung: "wie man zu sagen pflegt", verständlich. Es handelt sich nämlich bei den nomologischen Kenntnissen um Wissensbestände, "die unsere, an der Wirklichkeit orientierte und geschulte Phantasie als adäquat beurteilt." (WL, 194) Es sind die Kenntnisse, die Erfahrungen und auch die Einbildungskraft des Wissenschaftlers, die darüber entscheiden, welche Kausalbestimmungen möglichen anderen vorgezogen werden. In der Tat kann jedes Ereignis von verschiedenen Gesichtspunkten aus erklärt werden, indem man auf unterschiedliche Erfahrungsregeln zurückgreift. Indem Weber gar nicht daran denkt, deutlich zu machen, auf welche Weise dieses nomologische Wissen systematisiert und methodisch generiert werden könnte - er setzt es einfach voraus -, wird deutlich, daß er keinesfalls eine Methodenlehre zu schreiben beabsichtigte, sondern eine Methodologie, die die Möglichkeitsbedingungen des in der Wissenschaftspraxis Bewährten reflektiert.[9]

---

8 Zwar läßt sich die Generalisation nicht aus der vorher beschriebenen Bildung von Möglichkeitsurteilen wegdenken, aber indem sie geradezu eine Vorbedingung derselben ist, soll sie in ihrer Problematik gesondert skizziert werden.

9 Bei und infolge der Bildung von Idealtypen ergeben sich vier Probleme: 1. Alles neue empirische Material kann schnell als Bedrohung der idealtypischen Begriffsbildung aufgefaßt werden, wie umgekehrt die Idealtypen leicht als "Vergewaltigung" des

Aber wären nicht gerade an diesem Punkt der Kausalanalyse, die ja alle Relativierungen und Subjektivitäten, die das Erkenntnisverfahren begleiten, überwinden wollte, und zwar so, daß selbst der oben von Weber angeführte Chinese nicht seine Zustimmung verweigern können sollte, einige weitere Absicherungen des Verfahrens vonnöten? Immer wieder hat Weber, sowohl gegenüber der Subjektivität der Wertgesichtspunkte, die sein Objekt formen, als auch gegenüber der Beschränktheit des Verstehens, auf die klare Logik der Kausalanalyse verwiesen, die letztlich die Objektivität der Erkenntnis zu garantieren vermöge, um schließlich sein ganzes Wissenschaftsverfahren an den seidenen Faden "unserer" "geschulten Phantasie" aufzuhängen. Weber verweist hiermit auf die handwerklich kreativen Fähigkeiten der Wissenschaftler. Offensichtlich ist er sich des Risikos voll bewußt. Denn ob es sich bei dem Ganzen "um reines Gedankenspiel oder um eine wissenschaftlich fruchtbare Begriffsbildung handelt, kann a priori niemals entschieden werden; es gibt auch hier nur einen Maßstab: den des Erfolges für die Erkenntnis konkreter Kulturerscheinungen in ihrem Zusammenhang, ihrer ursächlichen Bedingtheit und ihrer Bedeutung." (WL, 193)

Methoden sichern den Gedankengang durch permanente Kontrolle nach Kriterien. Dieser Sicherungsaspekt bringt sie in Gegensatz zu einem wilden Denken, das durchaus erfolgreich sein, das heißt, relevante Ergebnisse hervorbringen kann. Aber das wilde Denken erweist sich als hochgradig riskant, insofern es Gefahr läuft, seinen Gegenstand zu verfehlen oder zu vergewaltigen. Das Risiko, zu inadäquaten Resultaten zu gelangen, ist in diesem Falle sehr hoch. Methode hingegen intendiert systematisch eine Risikoverminderung. Webers Hinweis darauf, daß die konkrete Forschung risikoreich sei, deutet darauf hin, daß er keine ausgefeilte Methode, die eine Sicherstellung des Erkenntnisverfahrens gewährleisten sollte, zu entwickeln beabsichtigte. Freilich spricht er nicht von wilder, sondern von "geschulter Phantasie". Mithin läuft der Verzicht auf Methode nicht auf die Ablehnung jeglichen methodischen Vorgehens hinaus. Allerdings sind die Kriterien für das methodische Vorgehen der "geschulten Phantasie" erstens in einem Sachwissen und zweitens in methodologischen Vorgaben zu suchen. Wie der Forscher jeweils damit umgeht, muß sich immer wieder von neuem an der Begriffsbildung zeigen. Um die konkrete Forschung

---

Materials erscheinen können. 2. Es läßt sich kein Kriterium ausmachen, ab welchem Grad der Abweichung des empirischen Materials vom Idealtypus (beide sind ja nie deckungsgleich) letzterer als widerlegt oder zumindest als revidierungsbedürftig zu gelten hat. Oder anders gesagt bzw. gefragt: Wie läßt sich überhaupt ein Idealtypus vom empirischen Material her kritisieren? 3. Einerseits soll der Idealtypus ein Maßstab sein, der die Erklärungen für Abweichungen veranlaßt; andererseits müßte er selbst auf seine Richtigkeit hin überprüfbar sein. 4. Wer sieht sich denn überhaupt in der Lage, ein solches Forschungsinstrument angemessen und sinnvoll zu handhaben? Denn wer besitzt einen hinreichenden Überblick über das vielschichtige historische Material, um die jeweils gedanklich zu steigernden Elemente zu selektieren? Oder: Wie lassen sich bei mangelndem Überblick über das verfügbare Material unzulässige Generalisierungen vermeiden?

von Methodologie abzuheben, wechselt Weber den Terminus "Konstruieren" gegen den des "Komponierens" aus.

4 Komponieren

Theodor W. Adornos berühmt gewordener Satz: "Philosophisches Ideal wäre, daß die Rechenschaft über das, was man tut, überflüssig wird, indem man es tut" (Adorno 1975, S. 58), beweist, schon indem er formuliert wird, daß eine derart ungebrochene Beziehung zwischen Gedanken und Gedachtem eben Ideal bleiben muß. Die Aufgabe, die der nunmehr unabwendbaren Reflexion auf die Beziehung zwischen beiden zukommt, besteht in der Abwehr von Vorstellungen, sachgerechtes Denken sei in einer intellektuellen Instanz jenseits seiner selbst fundiert, nämlich in Methodologie. Adornos "Negative Dialektik" läßt sich auch als Kritik an Methodologie zugunsten derjenigen sachgemäßen Methode, die das Denken in der Auseinandersetzung mit ihrem Gegenstand jeweils praktiziert, lesen. Nicht aus der Philosophie, sondern aus bedeutenden wissenschaftlichen Untersuchungen ließe sich der Sachverhalt entnehmen, daß die durchgeführte wissenschaftliche Arbeit ihrem methodologischen Selbstverständnis voraus sei. Als Kronzeugen für diese These nennt Adorno Max Weber, der in seiner "Protestantischen Ethik" im Unterschied zu seinen erkenntnistheoretischen Erörterungen den Weg der "Komposition" seiner Begriffe einschlägt, indem immer wieder Begriff und Sachverhalt aufeinander abgestimmt werden (vgl. ebd., S. 166 f.). Insbesondere Webers Bemerkung: soziologisch-historische Begriffe müßten aus ihren "einzelnen der geschichtlichen Wirklichkeit zu entnehmenden Bestandteilen allmählich komponiert werden. Die endgültige begriffliche Erfassung kann daher nicht am Anfang, sondern muß am Schluß der Untersuchung stehen" (GARS I, S. 30), gilt Adorno als Hinweis auf den Eigenwert des Untersuchungsgegenstandes. Dessen charakteristische Merkmale hätte man durch ein im wörtlichen Sinne Komponieren (componere = zusammenstellen, zusammenlegen) allmählich zu einem Begriff der Sache zu verdichten.

In der Auseinandersetzung mit seinem Kritiker H. Karl Fischer, der von ihm verlangt, doch "auf eine methodisch einwandfreie Verwertung des Quellenmaterials zu achten" (Fischer 1982, S. 43), beharrt Weber auf dem Primat des Inhaltes gegenüber Methodologie: "Eine nicht auf irgendwelcher Sachkenntnis ruhende Besprechung kann aber überhaupt, auch bei den schönsten 'methodologischen' Vorsätzen, nicht wohl mit der Prätention auftreten, eine 'Nachprüfung' historischer Untersuchungen darzustellen." (Weber 1982 c, S. 45) Die konkrete Bearbeitung des Gegenstandes soll keineswegs von methodologischen Annahmen determiniert werden. Diese Äußerung Webers richtet sich weniger gegen Methodologie als solche als vielmehr gegen Prämissen, die vor jeder Untersuchung schon feststehen, mithin gegen jede Art von Verfahren, das - vorab definiert - auf den Gegenstand angewendet werden soll. Methodologie hat Weber zufolge bei der Bearbeitung des Untersuchungsmaterials in das zweite

Glied zurückzutreten, nicht etwa weil nun ein Methodeninstrumentarium an ihre Stelle träte, sondern weil sich Weber von der Anwendung irgendwelcher Prämissen, seien sie methodologischer oder auch methodischer Art, freihalten will. Es hat ganz den Eindruck, daß Weber das Ungesicherte, Risikoreiche, weil Experimentelle seines Vorgehens hervorheben will, wenn er gegenüber den Forderungen seines Kritikers nach einem sicheren, weil methodischen Verfahren, betont, daß es sich bei einem seiner zentralen Begriffe, nämlich "Geist des Kapitalismus", um eine "ad hoc" Benennung handelt. (Weber 1982 b, S. 27) Weber verzichtet auf die Anwendung einer Methode; allerdings geht er dabei, was im folgenden zu zeigen sein wird, hochgradig methodisch vor.

Verfolgt man Webers Ausführungen in der Protestantischen Ethik, so kann man den Schluß ziehen, daß eine historisch-soziologische Begriffsbildung im Durchgang durchs Material sukzessive entwickelt wird. Am Beispiel des Begriffs "Geist des Kapitalismus" läßt sich dies kurz skizzieren.

Das zweite Kapitel unter der Überschrift "Der 'Geist' des Kapitalismus" beginnt mit folgenden Sätzen: "In der Überschrift dieser Studie ist der etwas anspruchsvoll klingende Begriff: '*Geist* des Kapitalismus' verwendet. Was soll darunter verstanden werden? Bei dem Versuch, so etwas wie eine 'Definition' davon zu geben, zeigen sich sofort gewisse, im Wesen des Untersuchungszwecks liegende Schwierigkeiten." (GARS I, 30[10]) Denjenigen, der die eine oder andere Schrift von Max Weber, insbesondere sein Werk "Wirtschaft und Gesellschaft", gelesen hat, überrascht eine derartige Zurückhaltung; denn es scheint gerade eine der Stärken Webers zu sein, präzise und knappe Definitionen seinen Erörterungen voranzustellen, um sie anschließend zu erläutern und am historischen Material zu belegen. Auch in seiner "Vorbemerkung" hat er ein Beispiel hierfür geliefert: "*Definieren* wir zunächst einmal genauer, als es oft geschieht. Ein 'kapitalistischer' Wirtschaftsakt soll uns heißen zunächst ein solcher, der (...)" usw. (GARS I, 4) Dieses berühmte, Webers Definitionen begleitende "soll heißen" kommt in jener Untersuchung über den "'Geist' des Kapitalismus" nicht nur nicht vor, sondern seine Vorsicht vor jeder vorschnellen Vorabdefinition findet ihren Ausdruck darin, daß er das Wort "Definition", als ob es so nicht ganz gemeint sei, in Anführungsstriche setzt. Das, was der Begriff 'Geist' des Kapitalismus meint,

> "muß aus seinen einzelnen, der geschichtlichen Wirklichkeit zu entnehmenden Bestandteilen allmählich *komponiert* werden. Die endgültige begriffliche Erfassung kann daher nicht am Anfang, sondern muß am *Schluß* der Untersuchung stehen: es wird sich m.a.W. erst im Laufe der Erörterung und als deren wesentliches Ergebnis zu zeigen haben, was wir hier unter dem 'Geist' des Kapitalismus verstehen." (GARS I, 30)

Dies bedeutet freilich nicht, daß der Leser zu Anfang der Untersuchung völlig darüber im unklaren gelassen wird, worum es sich handelt: "Soll gleichwohl eine Feststellung des Objektes, um dessen Analyse und historische Erklärung es sich

---

10 Hervorhebungen in den Zitaten im Original.

handelt, erfolgen, so kann es sich also nicht um eine begriffliche Definition, sondern vorerst wenigstens nur um eine provisorische *Veranschaulichung* dessen handeln, was hier mit dem 'Geist' des Kapitalismus gemeint ist." (GARS I, 31) Geradezu um den Eindruck einer Vorabdefinition abzuwehren und den Charakter der vorläufigen Veranschaulichung hervorzuheben, formuliert Weber im folgenden nicht selbst, sondern läßt ein zweiseitiges Zitat sprechen. Die Prozeßhaftigkeit und das noch nicht Abgeschlossene der Begriffsbildung hebt er einige Seiten danach hervor, wenn er vom "kapitalistischen Geist" "in dem Sinne [spricht; F.G.], den wir für diesen Begriff bisher gewonnen haben" (GARS I, 38). Und noch in einem wesentlich fortgeschrittenen Stadium seiner Untersuchung ist die Rede von dem "'kapitalistische(n) Geist' (immer in dem provisorisch hier verwendeten Sinn dieses Wortes)" (GARS I, 83). Die Prozeßhaftigkeit historisch-soziologischer Begriffsbildung kann als ein methodisches Prinzip verstanden werden. Aber mit welchem Instrumentarium steuert Weber diesen Prozeß? Zunächst erweckt er den Eindruck, daß sein Vorgehen einen selbstrelativierenden Charakter hat. Das folgende Zitat läßt sich als Antwort auf die - nicht ausdrücklich formulierte - Frage lesen: ob und wie nun die Forschungsergebnisse Webers zwingend aus seiner methodischen Vorgehensweise resultieren:

> "es wird sich m.a.W. erst im Laufe der Erörterung und als deren wesentliches Ergebnis zu zeigen haben, wie das, was wir hier unter dem 'Geist' des Kapitalismus verstehen, am besten - d.h. für die uns hier interessierenden Gesichtspunkte am adäquatesten - zu formulieren sei. Diese Gesichtspunkte wiederum (von denen noch zu reden sein wird) sind nun nicht etwa die einzig möglichen, unter denen jene historischen Erscheinungen, die wir betrachten, analysiert werden können. Andere Gesichtspunkte der Betrachtung würden hier, wie bei jeder historischen Erscheinung, andere Züge als die 'wesentlichen' ergeben: - woraus ohne weiteres folgt, daß man unter dem 'Geist' des Kapitalismus durchaus nicht notwendig nur das verstehen könne oder müsse, was sich uns als das für unsere Auffassung Wesentliche daran darstellen wird. Das liegt eben im Wesen der 'historischen Begriffsbildung', welche für ihre methodischen Zwecke die Wirklichkeit nicht in abstrakte Gattungsbegriffe einzuschachteln, sondern in konkrete genetische Zusammenhänge von stets und unvermeidlich spezifisch individueller Färbung einzugliedern strebt." (GARS I, 30f.)

Hier finden Webers Sensibilität gegenüber dem Gegenstand und sein vorsichtiger Umgang mit Klassifizierungen ihren Höhepunkt. Nachdem er sich zu einer Definition durch das Material gewissermaßen "vorgetastet" hat, relativiert er diese Definition noch einmal vollständig, indem er sie als Resultat der - unvermeidlichen - Perspektivität dieser oder jener Forschungsfrage bezeichnet. Auf jeden Fall hätte es immer auch eine andere sein können.

Für das Verfahren historisch-soziologischer Begriffsbildung, wie Weber es hier andeutet, ist der Orientierungspunkt nicht ein abstraktes Begriffssystem, sondern es sind die "konkret genetischen Zusammenhänge", in die es sich "einzugliedern strebt". Während die Verben "einschachteln" und "eingliedern" die schon erwähnte Prozeßhaftigkeit des Forschungsprozesses zum Ausdruck bringen, zielt der Gegensatz zwischen "abstrakten Gattungsbegriffen" und "konkret genetischen Zusammenhängen" auf die Zielrichtung des Forschungsprozesses: Es geht nicht um große abstrakte Theorie, sondern um eine Begriffsbildung, die den konkreten Zusammenhängen nahebleibt, sich ihnen anzunähern in der Lage ist. Dies bedeutet auch, daß sich der Forschungsprozeß nicht von den Höhen abstrakter Theorie her steuern läßt, sondern daß er sich am Material zu entwickeln hat. An die Stelle der Steuerungsposition "große Theorie" treten bei Weber die "Gesichtspunkte" der Forschung. Hierbei handelt es sich sowohl um begründete Fragestellungen als auch um heuristische Vorabdefinitionen. Und je nach Fragestellung und je nachdem, wie die heuristischen Vorabdefinitionen ausfallen, können aus dem Forschungsgang durch dasselbe Material hindurch durchaus unterschiedliche Ergebnisse, verschiedene historisch-soziologische Begriffe resultieren. Die Schwierigkeit dieses Verfahrens besteht darin, daß am Anfang und am Schluß der Forschung ein Begriff des Gegenstandes vorliegt: am Anfang zwar provisorisch, aber erkenntnisleitend, und am Schluß voll ausgebildet.

Fazit: Weber besteht auf dem Eigensinn des Gegenstandes, dem der Forscher allererst durch Sachkenntnis gerecht werden muß. In diesem Zusammenhang lehnt er, durchaus im Sinne Adornos und gegen seinen Kritiker Fischer gerichtet, jedes - sei es von großen Theorien, sei es von Methoden gesteuertes - Verfahren ab, das, vor der Untersuchung schon festgelegt, sich von den in Frage stehenden Inhalten losgelöst hat. Die jeweils angemessene Begrifflichkeit und Methode werden in der Auseinandersetzung mit dem Gegenstand entwickelt. Methodologie kommt die Aufgabe zu, dieses Verfahren der vorsichtigen und sukzessiven Komposition der Begriffe erstens hinsichtlich der Konstitution des Forschungsgegenstandes abzusichern (Konstruktion des historischen Individuums) und zweitens allgemeine Verfahrensregeln, die je nach Forschungssituation zu modifizieren sind, an die Hand zu geben (Konstruktion des Idealtypus). Verteilt man die Aufgaben zwischen Methodologie und Methode so, wie Weber dies tut, dann erübrigt sich die Integration ausgedehnter Methodendarstellungen in materiale Untersuchungen.

Literatur:[11]

Adorno, Theodor W. (1975): Negative Dialektik, Frankfurt/M.

Baier, Horst (1969): Von der Erkenntnislehre zur Wirklichkeitswissenschaft. Eine Studie über die Begründung der Soziologie bei Max Weber, Universität Münster/Westfalen.

Becker, Howard (1972): Typologisches Verstehen, in: Walter L. Bühl (Hrsg.), Verstehende Soziologie. Grundzüge und Entwicklungstendenzen, München, S. 214-251.

---

11 Neben den im Text erwähnten werden im folgenden auch jene Titel aufgeführt, die bei den Erörterungen eine Rolle gespielt haben.

Bühl, Walter L. (1972): Die alte und die neue Verstehende Soziologie. Einleitung, in: ders. (Hrsg.), Verstehende Soziologe. Grundzüge und Entwicklungstendenzen, München, S. 7-76.
Bühl, Walter L. (Hrsg.) (1972): Verstehende Soziologe. Grundzüge und Entwicklungstendenzen, München.
Döbert, Rainer (1994): Evolution, Verstehen und Wertung bei Max Weber, in: Karl Otto Apel und Matthias Kettner (Hrsg.), Mythos Wertfreiheit? Neue Beiträge zur Objektivität in den Human- und Kulturwissenschaften, Frankfurt/M./New York, S. 109-130.
Fischer, H. Karl (1982): Protestantische Ethik und der "Geist des Kapitalismus". Replik auf Herrn Professor Max Webers Gegenkritik, in: Max Weber, Die protestantische Ethik II (hrsg. v. Johannes Winckelmann), Gütersloh, S. 38-43.
Guttandin, Friedhelm (1984): Ordnungen und ihre Gegenbilder. Apokalypse, Chaos, Barbarei, Katastrophe, in: Thomas Jung u.a. (Hrsg.): Vom Weiterlesen der Moderne, Beiträge zur aktuellen Aufklärungsdebatte, Bielefeld, S. 132-152.
Helfrich, Karl (1939): Die Bedeutung des Typusbegriffes im Denken der Geisteswissenschaften. Eine wissenschaftliche Untersuchung unter besonderer Berücksichtigung der Wissenschaftslehren von Wilhelm Dilthey, Eduard Spranger, Wilhelm Windelband, Heinrich Rickert und Max Weber, Gießen.
Janoska-Bendl, Judith (1965): Methodologische Aspekte des Idealtypus. Max Weber und die Soziologie der Geschichte, Berlin.
Jellinek, Georg (1919): Die Erklärung der Menschen- und Bürgerrechte. Ein Beitrag zur modernen Verfassungsgeschichte, München und Leipzig.
Mackenroth, Gerhard (1972): Zweckverstehen und Ausdrucksverstehen, in: Walter L. Bühl (Hrsg.), Verstehende Soziologie. Grundzüge und Entwicklungstendenzen, München, S. 188-213.
Oppenheimer, Hans (1925): Die Logik der soziologischen Begriffsbildung mit besonderer Berücksichtigung von Max Weber, in: Heidelberger Abhandlungen zur Philosophie und ihrer Geschichte, Bd. 5, Tübingen.
Pfister, Bernhard (1928): Die Entwicklung zum Idealtypus. Eine methodologische Untersuchung über das Verhältnis von Theorie und Geschichte bei Menger, Schmoller und Max Weber, Tübingen.
Rossi, Pietro (1987): Vom Historismus zur historischen Sozialwissenschaft. Heidelberger Max-Weber-Vorlesungen 1985, Frankfurt a.M.
Schaaf, Julius Jakob (1946): Geschichte und Begriff. Eine kritische Studie zur Geschichtsmethodologie von Ernst Troeltsch und Max Weber, Tübingen.
Schelting, Alexander von (1934): Max Webers Wissenschaftslehre. Das logische Problem der historischen Kulturerkenntnis. Die Grenzen der Soziologie des Wissens, Tübingen.
Schluchter, Wolfgang (1979): Die Entwicklung des okzidentalen Rationalismus, Tübingen.
Seiterich, Eugen (1930): Die logische Struktur des Typusbegriffes bei William Stern, Eduard Spranger und Max Weber, Freiburg i. Br.
Sombart, Werner (1956): Das Verstehen, in: ders., Noo-Soziologie, Berlin, S. 75-93.

Tenbruck, Friedrich H. (1959): Die Genesis der Methodologie Max Webers, in: Kölner Zeitschrift für Soziologie und Sozialpsychologie, Jg. 11, Köln, S. 573-630.

Weber, Max (1973): Gesammelte Aufsätze zur Wissenschaftslehre (hrsg. v. Johannes Winckelmann), Tübingen.

Weber, Max (1976): Wirtschaft und Gesellschaft. Grundriß einer verstehenden Soziologie, Tübingen.

Weber, Max (1982 a): Die Protestantische Ethik, Bd. II, Kritiken und Antikritiken (hrsg. von Johannes Winckelmann), Gütersloh.

Weber, Max (1982 b): Kritische Bemerkungen zu den vorstehenden "Kritischen Beiträgen", in: ders., Die Protestantische Ethik, Bd. II, Kritiken und Antikritiken (hrsg. von Johannes Winckelmann), Gütersloh, S. 27-37.

Weber, Max (1982 c): Bemerkungen zu der vorstehenden "Replik", in: ders., Die Protestantische Ethik Bd. II, Kritiken und Antikritiken (hrsg. v. Johannes Winckelmann), Gütersloh, S. 44-56.

Weber, Max (1988): Gesammelte Aufsätze zur Religionssoziologie, Bd. I, Tübingen 1988 (photomechanischer Nachdruck der 1920 erschienenen Erstauflage).

Weber, Max (1988): Die protestantische Ethik und der Geist des Kapitalismus, in: ders., Gesammelte Aufsätze zur Religionssoziologie, Bd. I, Tübingen (photomechanischer Nachdruck der 1920 erschienenen Erstauflage), S. 17-206.

Wolf, Erik (1930/1931): Max Webers ethischer Kritizismus und das Problem der Metaphysik, Logos 19, S. 359-375.

Jo Reichertz

Plädoyer für das Ende einer Methodologiedebatte bis zur letzten Konsequenz

0 Einleitung

"Wer über die Akte der Deutung nichts weiß und sich über ihre Prämissen und Ablaufstrukturen keine Rechenschaftspflicht auferlegt, interpretiert - aus der Sicht wissenschaftlicher Überprüfungspflicht - einfältig, d.h. auf der Grundlage impliziter alltäglicher Deutungsroutinen und Plausibilitätskriterien." (SOEFFNER 1985, S. 110) Demnach gehört zum 'Verstehen von etwas' selbstverständlich auch die "*Beschreibung und das Verstehen des Verstehens*" (ebd.). Interpretative Soziologie ist deshalb auch immer eine Soziologie des Interpretierens. Diese apodiktischen Aussagen von Soeffner sind m.E. nicht nur sehr wesentliche Bestandteile jeder sozialwissenschaftlichen Hermeneutik bzw. der hermeneutischen Wissenssoziologie, sondern (historisch betrachtet) können sie auch als Ausgangspunkte dieser phänomenologisch inspirierten Forschungsstrategie gelten.

Auf den Punkt gebracht besagen diese Forderungen, daß der, welcher seine Beobachtung verstehen will, auch *seine eigene* Handlung des 'Verstehens' (also seinen 'Alltag der Hermeneutik') beobachten muß. Durch diese Forderung der 'Anwendung auf sich selbst' wurde die wissenssoziologische Hermeneutik von Beginn an (und einige Zeit vor der Präsenz des 'radikalen Konstruktivismus') in die prekäre Lage gebracht, sich mit dem 'konstruktivistischen Charakter' von Beobachtung und Interpretation auseinanderzusetzen. 'Prekär' ist diese Lage deshalb, weil die Selbstanwendung der Wissenssoziologie auf die Arbeiten der Wissenssoziologen zutage bringt, daß sich die Konstrukte der Wissenschaftler zwar inhaltlich, aber nicht strukturell von den Konstrukten unterscheiden, welche die Personen in ihrem normalen Alltag anfertigen, und die von den Wissenssoziologen beobachtet und gedeutet werden. Für wissenschaftliche wie für alltägliche Konstruktionen gilt jedoch: sie resultieren nicht aus einem Abdruck, den die Außenwelt zurückgelassen hat, sie spiegeln die 'Welt dort draußen' auch nicht wieder, sondern diese Konstruktionen sind das Ergebnis einer kollektiven Deutungstätigkeit, welche entlang bestimmter (und variabler) Relevanzen voranschreitet. Damit stellt sich unabweisbar die Frage, ob Wissenschaftler überhaupt über einen Zugang zu einer widerständigen Außenwelt verfügen oder ob (wie Tilmann Sutter in seiner Einleitung zu diesem Band fragt) die radikalen Konstruktivisten (und Systemtheoretiker) recht haben, wenn sie 'auf die selbstreferentielle Operationalität von Epistemen abheben, wobei eine reale Außenwelt nur noch unterstellt werden kann, weil diese prinzipiell unzugänglich ist'.

In meinem Beitrag werde ich versuchen zu zeigen, daß es zwischen klassischem Realismus und radikalem Konstruktivismus noch eine dritte (m.E. plausiblere) Position gibt - die der Wissenssoziologie. Um diese These zu plausibilisieren, möchte ich im ersten Teil meiner Argumentation die Prämissen und die Position einer hermeneutisch vorgehenden Wissenssoziologie kurz skizzieren. Im einzelnen werde ich dabei auf die Erkenntnislogik, die Datenerhebungs- und die Datenauswertungsverfahren eingehen (vgl. hierzu REICHERTZ 1991, REICHERTZ/SCHRÖER 1994, SCHRÖER 1994, SOEFFNER 1989 u. 1991).

Im Anschluß daran werde ich im zweiten Teil einige (nicht alle) Probleme schildern, die sich aus einer Selbstanwendung der Wissenssoziologie auf sich selbst ergeben[1] (Intersubjektivität als Konstruktion, Notwendigkeit von Vagheiten etc.) Dabei wird sich zeigen, daß bei diesem Unternehmen die 'normale' Ordnung der Sozialforschung zerbricht. Denn es ist nicht so, daß die 'Spiegelung der Wissenssoziologie im wissenssoziologischen Spiegel' vergleichbar wäre mit der Handlung, einen Gegenstand, z.B. einen Stuhl, in einen Spiegelsaal (nach französischem Vorbild) zu stellen. Diesen Stuhl sähe man nämlich, schaute man in einen der Spiegel, 'unendlich' oft. Das Spiegelbild des Stuhls spiegelte sich nämlich im gegenüberliegenden Spiegel und dieses wiederum im diesem gegenüberliegenden Spiegel und dies wiederholte sich *sine fine*. Dabei wäre der Stuhl jedoch stets als Stuhl erkennbar, er würde seine Form behalten, wenn auch das Abbild (von Spiegelbild zu Spiegelbild) immer kleiner würde.

Die Selbstanwendung der Wissenssoziologie auf sich selbst ist mit einem gänzlich anderen Vorgang zu vergleichen: man nehme dazu einen Camcorder, schließe ihn an ein Fernsehgerät an und schalte den Camcorder auf 'record'. Man beobachte dann mit dem Camcorder die Welt, wobei das aufgenommene Bild der Welt (fast) gleichzeitig auf dem Fernsehbildschirm erscheint. Sodann wende man das beobachtende Objektiv des Camcorders von der Welt ab und zum Bildschirm hin. Blitzartig zerfällt das eben noch sichtbare Bild der Welt. Statt dessen sieht man sich ständig verändernde Farben und Muster. Man sieht gerade nicht die beobachtende Kamera bei der Selbstbeobachtung, sondern man sieht - nichts (Bekanntes).

Im abschließenden dritten Teil werde ich versuchen, dennoch einen 'Standort' zu beschreiben, von dem aus (angesichts der Herausforderungen moderner Wissenssoziologie) wissenschaftliche Forschung zu betreiben ist. Denn es kann nicht so sein, daß man (vor der Klammer) wissenssoziologische, systemtheoretische oder konstruktivistische Argumente von der Beschränktheit bzw. der

---

1 Mir ist dabei durchaus die Sentenz bewußt, daß man nicht versuchen soll, 'den Bus zu schieben, in dem man fährt' (BERGER/LUCKMANN 1977, S. 14). Doch so einleuchtend diese Metapher auf den ersten Blick scheinen mag, in Bezug auf das Geschäft der Wissenssoziologie ist sie untauglich. In dieser Form klingt sie mehr wie ein Denkverbot, das Aufklärung verhindert, wo diese notwendig ist.

Unmöglichkeit menschlicher Außenwelterfahrung vorträgt, um dann (in der Klammer) zur Tagesordnung zurückzukehren und dann munter über die Beschaffenheit dieser Außenwelt zu dozieren - wie dies z.B. einige konstruktivistisch orientierte Medienwirkungsforscher oder Werbepraktiker tun. Ähnliches ist aber auch bei einer Reihe von 'radikalen Konstruktivisten' oder Systemtheoretikern zu beobachten (obwohl sie es besser wissen sollten): mit großer Geste tragen sie Erkenntnisse der Biologie (insbesondere der Gehirnforschung) vor, die aufgrund der genauen Beobachtung der Außenwelt und aufgrund der richtigen Interpretation dieser Beobachtungsdaten gewonnen wurden, und die im Kern vor allem eins besagen: man kann wegen der informationellen Geschlossenheit autopoietischer Systeme über Beobachtung nicht zur Kenntnis der Außenwelt gelangen. Schon wieder ein Kreter, der da ruft: 'Alle Kreter lügen stets'.

1 Die Prämissen einer hermeneutischen Wissenssoziologie

Die hermeneutische Wissenssoziologie ist vom theoretischen Selbstverständnis her Teil einer Soziologie des Wissens und methodisch/methodologisch Teil einer *hermeneutisch* die Daten analysierenden, *strukturanalytisch* modellbildenden, qualitativen Sozialforschung. *Wissenssoziologisch* ist diese Perspektive, weil sie diesseits von Konstruktivismus und Realismus die Großfragestellung untersucht, wie Handlungssubjekte - hineingestellt und sozialisiert in historisch und sozial entwickelte Routinen und Deutungen des jeweiligen Handlungsfeldes - diese einerseits *vor*finden und sich aneignen (müssen), andererseits diese immer wieder neu ausdeuten und damit auch *er*finden (müssen). Diese Deutungen und Routinen werden ihrerseits den Mitgliedern eines Handlungsfeldes als *Wissen* zur Verfügung gestellt, und neue Deutungen und Routinen werden ebenfalls als Wissen in das Handlungsfeld wieder eingespeist. Unter 'Wissen' wird dabei *keinesfalls* die korrekte Wiederspiegelung einer objektiv gegebenen und unabhängig existierenden äußeren Wirklichkeit verstanden, sondern alles Wissen ist demnach Ergebnis eines spezifischen gesellschaftlichen Konstruktionsprozesses. Das jeweils nur historisch gültige Wissen dient den Mitgliedern einer Interaktionsgemeinschaft als das wichtigste Handwerkszeug (Medium), sich ihre problematische Umwelt 'passend' und handhabbar zu machen. Was für 'wahr' gehalten wird und was als 'wirklich' gilt, ist demnach Resultat eines gesellschaftlichen Austauschprozesses (grundlegend für diese Perspektive siehe BERGER/LUCKMANN 1977 und SOEFFNER 1989 u. 1992).

Hermeneutisch ist diese Perspektive, weil sie bei der methodisch angeleiteten Auswertung der erhobenen Daten den Prämissen der 'sozialwissenschaftlichen Hermeneutik' (SOEFFNER 1989; REICHERTZ 1991; SCHRÖER 1992) folgt, welche sich in dieser Form durch die Kritik an der 'Metaphysik der Strukturen' der objektiven Hermeneutik (z.B. OEVERMANN et al. 1979, siehe auch REICHERTZ 1986) herausgebildet hat. Im Kern bezeichnen die Begriffe 'sozialwissenschaftliche Hermeneutik' und 'hermeneutische Wissenssoziologie' die gleiche Forschungsperspektive. Allerdings halte ich den zweiten Begriff für glücklicher, weil er die Fragerichtung in den (substantivischen) Mittelpunkt rückt und diesem eine Methode als Attribut zur Seite stellt.

Strukturanalytisch ist diese Perspektive, weil das Verhalten der Individuen erst dann als verstanden gilt, wenn der Interpret in der Lage ist, beobachtetes Verhalten in Bezug zu dem vorgegebenen und für den jeweiligen Handlungstypus relevanten Bezugsrahmen zu setzen und es in dieser Weise als sinnvoll nachzuzeichnen. Folglich geht es bei der Rekonstruktion des Handelns um die Sichtbarmachung der (als Wissen abgelagerten) strukturellen, vorgegebenen Handlungsprobleme und -möglichkeiten, die bei der Herausbildung der 'egologischen Perspektive' dem Protagonisten *mit guten Gründen zugeschrieben werden können.* Es handelt sich also gerade nicht um eine verkappte intentionalistische Handlungstheorie.

Um es zu präzisieren und naheliegenden Mißverständnissen vorzubeugen: Im Zentrum steht selbstverständlich *nicht* die Rekonstruktion der von den jeweiligen Individuen *gewußten singulären Perspektive.* Ein solches Unternehmen wäre von vornherein zum Scheitern verurteilt. Es geht vielmehr um die rationale Konstruktion der Perspektive, die Akteure in bezug auf (a) eine bestimmte Aufgabenstellung und (b) nicht hintergehbare Rahmenbedingungen zu ihrer Bewältigung in einer bestimmten Gesellschaft zwangsläufig einnehmen müssen. Angestrebt wird also die rationale Konstruktion egologischer Perspektiven*typen* (vgl. hierzu SCHÜTZ 1972, SOEFFNER 1980).

Oder anders: Es geht (1) um die Rekonstruktion der strukturellen Probleme, die Individuen bewältigen müssen, wenn sie in einem bestimmten Rahmen handeln (im übrigen unabhängig davon, ob sie von diesen Problemen wissen) und (2) um die Rekonstruktion der durch diese spezifische Struktur eröffneten (aber auch verschlossenen) Handlungsmöglichkeiten zur 'Lösung' dieser Probleme.

Nimmt man die oben formulierten Ziele einer hermeneutischen Wissenssoziologie ernst, dann ergeben sich für die *Datenerhebung* und die *Datenauswertung* einer solchen Forschung folgende allgemeinen Grundsätze:

* Schon bei der Hypothesenbildung ist das beobachtbare Geschehen in möglichst vielen *Details* zu berücksichtigen - und dies ist eben am besten mit der Erhebung '*natürlicher*' oder '*quasi-natürlicher Daten*' möglich (vgl. REICHERTZ 1991a, S. 141ff.).
* Erhoben werden diese natürlichen Daten in der Regel durch *Beobachtung,* d.h durch unterschiedliche Verfahren der Feldforschung. Dabei gilt es zu beachten, daß es nicht allein um die Rekonstruktion des Handelns einer *einzelnen* Person geht, sondern um die Rekonstruktion der Entwicklung eines komplexen Handlungsgefüges, das durch die mehr oder weniger koordinierten Aktivitäten mehrerer Personen erst entsteht. Strauss hat solche Handlungsgefüge '*trajectories*' genannt[2].

2 Vgl. STRAUSS 1991a und 1991b. Mit 'trajectories' bezeichnet Strauss komplexe Handlungsgefüge, die von einer Reihe von Akteuren, welche nicht unbedingt eine Gruppe

* Die Aufarbeitung der so erhobenen Daten erfolgt sinnvollerweise im Rahmen von *Einzelfallanalysen*, weil der handlungstypspezifische Bezugsrahmen für trajectories allein in den Besonderheiten der Handlungen zum Ausdruck kommt und erfahrbar ist.

Es geht dieser Forschungsstrategie allerdings keineswegs um eine generelle Ausgrenzung quantitativer Verfahren. Ganz im Sinne der von Ch. S. Peirce entwickelten *abduktiven* Forschungslogik gehe ich davon aus, daß die Auszählung von Fällen auch in einer qualitativ angelegten Strategie ohne Zweifel ihren Platz hat, nämlich dann, wenn es darum geht, gewonnene Hypothesen zu testen und/oder mengenmäßige Verteilungen von Einstellungen, Verhaltensweisen und Handlungsstrukturen zu bestimmen.

1.1 Zur Erkenntnislogik: Abduktion und qualitative Induktion

Die gesellschaftlichen Ordnung, an der sich Menschen (oft, aber nicht immer) in ihrem Handeln orientieren bzw. an der sie sich ausrichten, wandelt sich permanent und ist zudem 'subkulturell fragmentiert'. Die Ordnung(en) besitzen deshalb immer nur einen lokalen Geltungsbereich und werden ständig und (seit dem Aufkommen der Moderne) immer schneller von eben den Menschen geändert, die ihr zuvor (in Maßen) noch folgten. Hinzu kommt, daß sowohl die Gestaltung als auch die Geltung dieser Ordnung an die Sinnzuschreibungen und Interpretationsleistungen der handelnden Subjekte gebunden sind. Sozialwissenschaftliche Handlungserklärungen zielen nun auf die Rekonstruktion der für die handelnden Subjekte relevanten Ordnung. Allerdings kann diese Ordnung nicht aus klassischen Großtheorien *deduziert* werden, da diese zum einen in der Regel nicht 'lokal' genug, zum anderen durch die Wirklichkeit bereits überholt sind. Weil dies so ist, müssen passende Hypothesen über die Beschaffenheit sozialer Ordnung stets auf's Neue von der Sozialwissenschaft generiert werden.

Hypothesen über die Gestaltung gesellschaftlicher Ordnung lassen sich jedoch auch nicht aus empirischen Daten (z.B. Interaktionstranskriptionen, Memos, Interviews etc.) mittels *Induktion* gewinnen. Diese Daten enthalten nämlich 'nur' das Ergebnis einer 'Regelanwendung' also nicht die Regel selbst. Die Regel oder auch der Typus lassen sich nur mithilfe von *qualitativen Induktionen* oder *Abduktionen* erschließen. Zur Erläuterung dieser Begriffe hier ein kurzer Exkurs: Bei der Ausdeutung erhobenen Datenmaterials lassen sich im wesentlichen *zwei* produktive Vorgehensweisen unterscheiden. (Die Subsumption ist eine weitere, wenn auch unproduktive Verfahrensweise.)

---

bilden müssen, hervorgebracht werden, "ohne daß ein zentraler Planer oder Autor - ein zentrales Subjekt - auszumachen wäre (...). Das eigentliche gesellschaftliche Subjekt dieses - am Kern engen, an der Peripherie weitmaschigen - Kooperationsgefüges ist die jeweilige gesellschaftliche Organisation selbst." (SOEFFNER 1991, S. 10)

* Man deutet seine Daten aus und kommt zu dem Ergebnis, daß die beobachtete (zusammengestellte) Merkmalskombination einer anderen (bereits im Repertoire der Interaktionsgemeinschaft vorhandenen) in wesentlichen Punkten gleicht. In diesem Fall kann man den bereits existierenden Begriff für diese Kombination benutzen, um die 'eigene' Merkmalskombination zu benennen.
* Die andere Form der Typisierung besteht darin, bei der Dateninterpretation eine Merkmalskombination so zusammenzustellen, daß sich im gesellschaftlich existierenden Vorratslager bereits bewährter Figurationen *kein* ensprechendes Pendant findet.

Jede dieser Typisierungen beruht auf einer gedanklichen, konstruktiven Tätigkeit. Allerdings schließt man sich bei der einen Tätigkeit einer bestehenden, bereits konstruierten Ordnung an, während man bei der anderen eine neue entwirft. Beide Akte heben sich in Form und Leistung sehr deutlich voneinander ab, haben jedoch einen gemeinsamen Rahmen: Am Anfang steht ein beobachtetes Verhalten, und nach Abschluß der gedanklichen Operation ist dieses Verhalten als konkreter Ausdruck typischen Handelns verständlich, somit weiteres Handeln möglich. Kurz: beide Operationen stellen Überzeugungen bereit (durch Anschluß oder Neuschöpfung), die sinnvolles Weiterhandeln erlauben. Beide Verfahren scheinen also zwei verschiedene Antworten auf ein Problem (Wie komme ich durch Deutung zu Überzeugungen?) zu sein.

Schaut man nun die theoretischen Schriften zur Struktur der Erkenntnis durch und sucht nach begrifflichen Parallelen für die oben festgestellte Unterscheidung von Typisierungsleistungen, dann stößt man schnell auf die Arbeiten von Peirce[3]. Er hat vor allem in seinen Spätschriften eine ähnliche Differenzierung gefunden und dabei den Akt des unterordnenden Schlußfolgerns *'Qualitative Induktion'* und den des (re)konstruierenden *'Abduktion'* genannt. Beide Akte - auch wenn sie sich in Form und Leistung sehr deutlich voneinander abheben - stellen sich einander ergänzende Typisierungen dar: Am Anfang steht ein beobachtetes Verhalten und am Ende ist dieses Verhalten als konkreter Ausdruck typischen Handelns verständlich. Allerdings schafft der eine Akt neue Typen, während der andere auf bereits bestehende zurückgreift. Die Abduktion ist gefordert, wenn die qualitative Induktion nicht mehr weiter kommt. Es lassen sich also zwei Formen des Typisierens bestimmen:

* Die Unterordnung des Beobachteten unter einen bereits bekannten Typus aufgrund gemeinsamer Merkmale (Qualitative Induktion) und
* die Erfindung einer neue Regel, welche eine bestimmte Auswahl von Merkmalen zu einem neuen Typus zusammenbindet (Abduktion).

3 Siehe dazu PEIRCE 1976. Die zugespitzte Unterscheidung zwischen Qualitativer Induktion und Abduktion findet sich auch in REICHERTZ 1991 und 1993. Siehe auch KELLE 1994.

Beide Formen sind Teil des normalen, aber auch des wissenschaftlichen Alltags. Beide wechseln sich ab und ergänzen einander. Stets werden aktuelle Daten der Wahrnehmung (das sind natürlich auch die erhobenen Felddaten) daraufhin geprüft, ob ihre Merkmale mit den Merkmalen bereits bestehender Typen hinreichend übereinstimmen. Kommt das Angemessenheitsurteil zu einem positiven Ergebnis wird mittels qualitativer Induktion zugeordnet. Die qualitative Induktion schließt also von der Beobachtung und der Kenntnis der Regel auf den Fall - also von zwei bekannten auf eine unbekannte Größe.

Kommt das Angemessenheitsurteil jedoch zu dem Ergebnis, daß keine der bisher bekannten Typen zu den wahrgenommenen Merkmalen hinreichend paßt, dann ist die Abduktion gefragt. Die Abduktion greift nicht auf bereits vorhandene Typen zurück, um etwas Beobachtetes zu erklären, sie erschafft einen neuen Typus. Sie schließt von der Beobachtung auf Regel *und* den Fall zugleich - also von einer bekannten auf zwei unbekannte Größen. Insofern ist dieser Schluß, bestimmte Merkmale zu einem neuen Typus zusammenzubinden, äußerst waghalsig. Aber nicht nur das: zudem ist er durch keinen Algorithmus herbeizuführen, sondern er stellt sich eher unwillkürlich ein. Begleitet wird die Abduktion (aber auch die qualitative Induktion) von einem angenehmen Gefühl, das überzeugender ist als jede Wahrscheinlichkeitsrechnung. Leider irrt dieses gute Gefühl nur allzu oft. Abduktionen und in begrenztem Maße auch qualitative Induktionen sind geistige Akte, die nie allein kognitiv und rational fundiert sind. Sie resultieren aus Prozessen, die nicht rational begründ- und kritisierbar sind - das gilt natürlich nicht für deren Ergebnisse. Diese Prozesse sind noch nicht einmal vollständig darstellbar.

Unterschieden werden muß also auch zwischen Entdeckung von Hypothesen und deren Überprüfung. Nach dieser Forschungslogik verhilft die (vorprädikative) Abduktion in der ersten *Phase der Entdeckung* zu sprachlichen Hypothesen, die in der folgenden *Phase der Überprüfung* mittels Deduktion und qualitativer sowie quantitativer Induktion getestet werden. Die Deduktion leitet aus der Hypothese Folgen ab, deren empirische Triftigkeit mithilfe von Induktionen überprüft werden (Vgl. z.B. PEIRCE 1973, 5.171; REICHERTZ 1991, S. 9 - 70; REICHERTZ/SCHRÖER 1994; SOEFFNER 1989, S. 51 - 65).

1.2 Zu den Daten und der Datenerhebung

In der ersten Forschungsphase sollte der Forscher darum bemüht sein, eine 'abduktive Haltung' aufzubauen. D.h. er muß seine Forschung so gestalten (siehe REICHERTZ 1991), daß die 'alten' Überzeugungen ernsthaft auf die Probe gestellt werden und ggf. 'neue', tragfähigere Überzeugungen gebildet werden können. Dieses 'Programm' läßt sich jedoch nur sinnvoll umsetzen, wenn die erhobenen Daten so beschaffen sind, daß ihre Verrechenbarkeit mit den abgelagerten Überzeugungen nicht von vorneherein gewährleistet ist. Die Daten müssen die Eigenschaften eines Wetzsteines besitzen, und der Interpret muß gezwungen sein, seine überkommenen Vorurteile abduktiv ab- oder umzuschleifen.

Am widerstandfähigsten dürften m.E. *nichtstandardisiert* erhobene Daten, also audiovisuelle Aufzeichnungen und Tonbandprotokolle, sein (vgl. hierzu BERGMANN 1985 und REICHERTZ 1989). Da solche Daten von den Interaktanten nicht in Anbetracht der/einer forschungsleitenden Fragestellung produziert und die Erhebung selbst nicht von subjektiven Wahrnehmungsschemata geprägt wurden, ist die Wahrscheinlichkeit recht groß, daß sie nicht von vornherein mit den abgelagerten Überzeugungen zur Deckung zu bringen sind. Als quasi authentische alltagsweltliche Lebensvollzugsspuren sind sie geradezu prädestiniert dafür, Widerstand zu leisten. Leider stößt der Forscher bei der Erhebung nichtstandardisierter Daten immer wieder an Grenzen:

* Die audiovisuelle Aufzeichnung bringt in der Regel enorme forschungstechnische Schwierigkeiten mit sich (Aufnahmegenehmigung; Feldmanipulation), die ihren Einsatz fast unmöglich macht oder nicht ratsam erscheinen läßt. So bleibt für den Normalfall die Tonbandprotokollierung, die in den den Sozialwissenschaftler oft interessierenden brisanten Feldern auch nicht obligatorisch ist.
* In Kontexten, in denen das Gespräch als Kommunikationsform dominiert, kann man zunächst einmal - aber auch nur mit Einschränkungen (LUCKMANN 1984, S. 54f.) - davon ausgehen, daß die wesentlichen Handlungs- und Verständigungszusammenhänge durch Tonbandmitschnitte bzw. durch deren Verschriftung hinreichend detailliert protokolliert sind. Aber da, wo die gesprochene Sprache nicht relativ selbstversorgt gebraucht wird oder vielleicht sogar gar nicht zum Einsatz kommt, ist eine Tonbandprotokollierung sinnlos oder zumindest unzureichend.

Wenn die Erhebung nichtstandardisierter Daten nicht möglich ist oder keinen Sinn macht, dann ist der Forscher genötigt, etwas statt dessen zu tun, also selbst etwas zu produzieren. Er muß nämlich Beobachtungsprotokolle anfertigen und Interviews führen - und er tut gut daran, dies nach wissenschaftlich verbindlichen Standards zu tun; mithin produziert er Daten, die ihrerseits von (wissenschaftlichen) Standards geprägt sind.

Bei der Erhebung auf diese Weise 'standardisierter' Daten steht der Forscher dann zwangsläufig in dem Dilemma, Daten auf die untersuchungsleitende Fragestellung hin zu entwerfen. Damit besteht natürlich die Gefahr, daß die abgelagerten Überzeugungen vorschnell bestätigt werden und Überarbeitungschancen von vorneherein verwirkt sind. Aus dieser Schwierigkeit gibt es im Grunde genommen kein Entrinnen. Man kann dieser Schwierigkeit aber trotzdem (in Grenzen) entgegenwirken und zwar in der Beherzigung der zwei folgenden Erhebungsprinzipien: (1.) Der Forscher sollte (*nur*!) in bezug auf den zu untersuchenden Sachverhalt möglichst *naiv* ins Feld gehen und Daten sammeln. (2) Gerade in der Einstiegsphase sollte eine möglichst *unstrukturierte* Datenerhebung gewährleistet sein. Der Grund: Eine frühzeitige analytische und theoretische Durchdringung des Materials und eine sich daran anschließende gezielte Erhebung von Daten in der Eingangsphase würde nur dazu führen, den

Datenwetzstein, an dem sich später Theorien bewähren und entwickeln lassen sollen, frühzeitig zu entschärfen. Setzt der Forscher bei der Erhebung standardisierter Daten diese beiden Prinzipien um, dann ist zumindest strukturell die Möglichkeit eröffenet, daß die Daten 'ihn ins Grübeln bringen', ihn an seinen 'alten' Überzeugungen zweifeln lassen.

Einwenden könnte man an dieser Stelle, der gesamte Aufwand sei sinnlos und wenig erfolgreich, weil letztlich zirkulär. Denn was wer als Datum akzeptiere, und was die Daten jeweils repräsentierten, sei Ergebnis und Ausdruck der jeweiligen impliziten/expliziten Vorab-Theorien über die Beschaffenheit der Welt. Der Einwand trifft, wenn auch die Lage nicht ganz so mißlich ist. Auch wenn es nicht möglich ist, Konsens über eine Theorie zu erzielen, was als Datum gelten und was es repräsentieren soll, so erreicht man doch eins: die Prämissen des Interpretierens werden sichtbar und für den Rezipienten einer Studie/Theorie kalkulierbarer. Kurz: Man weiß selbst besser, was man tut, und andere erfahren es auf diesem Wege ebenfalls - können es also akzeptieren oder kritisieren.

1.3 Grundzüge des methodischen Vorgehens

Eine Interpretation von Daten mithilfe der wissenssoziologischen Hermeneutik erschöpft sich nicht in der angemessenen Deskription von Beobachtungen oder der Nachzeichnung subjektiv entworfenen und gemeinten Sinns, sondern sie zielt auf die Findung der objektiven *Bedeutung* von *Handlungen bzw. Handlungen mit Symbolen*. 'Objektiv' heißt nun in keinem Fall 'wahr' oder 'wirklich', sondern ergibt sich daraus, daß es um die Bedeutung geht, welche durch eine (sprachliche) *Handlung* innerhalb einer bestimmten Interaktionsgemeinschaft erzeugt wird. Die Bedeutung einer Handlung wird so (zu einem Teil) gleichgesetzt mit der *antizipierbaren* Reaktionsbereitschaft, welche die Handlung innerhalb einer Interaktionsgemeinschaft auslöst.

Aus dieser Perspektive wird 'Bedeutung' jedoch nicht gefaßt als eine Reaktion, die zwanghaft an eine bestimmte symbolische Repräsentation einer Handlung gebunden ist und durch diese im anderen automatisch ausgelöst wird, sondern als (aufgrund des erworbenen und gesellschaftlich verteilten Wissens) *antizipierbare Reaktionsbereitschaft und Reaktionsoption* (kurz: *das antizipierbare Reaktionspotential*). Auch wenn - wie in der Mehrzahl der Handlungen - die Verbindung zwischen Symbol und Reaktion habitualisiert und unter die Bewußtseinsschwelle gesunken ist, so gelangt das Symbol doch niemals *vor* das Bewußtsein, kann sich also nicht der Interpretation entziehen. Weil dies so ist, kann die auf ein Symbol zeitlich folgende Antwort auch nicht 'berechnet', sondern (mit dem Wissen um das in einer Sozialität Mögliche und Sinnvolle) nur das nicht immer klar umgrenzte Potential der Reaktionsbereitschaft angegeben werden.

Diese Interpretationstheorie schließt sich nur an die Vorstellungskraft eines typischen, in eine bestimmte Interaktionsgemeinschaft einsozialisierten Symbolbenutzers an, nicht jedoch an dessen konkrete Bewußtseinsinhalte. Die

Bedeutung einer Handlung bzw. eines Symbols bemißt sich in dieser Perspektive (zu einem weiteren Teil) nach den tatsächlich ausgelösten Reaktionen.

Bedeutungsunterschiede beruhen dann (folgt man dieser Überlegung) auch auf unterschiedlichen praktischen Auswirkungen der Symbolbenutzung. Unterschiedliche Handlungen konstituieren unterschiedliche Bedeutungen. Will man also die Bedeutung eines Symbols rekonstruieren, muß man neben dem antizipierbaren Reaktionspotential möglichst viele (vielleicht auch alle) von ihm ausgelöste Verhaltensweisen (tatsächliche *und* die nur vorstellbaren, noch nicht gelebten) auflisten.

Bei dieser Bedeutungsexplikation geht es also *nicht allein* um die Sammlung aller *bereits vorkommenden* Wirkungen eines Symbols. Zu dieser Sammlung gehört noch die Ermittlung neuer, bislang nur *vorstellbarer* Wirkungen. Die Bedeutung eines Begriffes ist das Ensemble der bereits vorliegenden Wirkungen *und* der zukünftig möglichen. Allerdings ist eine Einschränkung vonnöten: Der Prozeß der Bedeutungsrekonstruktion ist m. E. prinzipiell nicht abschließbar. Symbole werden, da sie auch Gebrauchsgüter einer sich entwickelnden Interaktionsgemeinschaft sind, immer wieder neue Wirkungen hervorbringen, so daß Rekonstruktionen von Bedeutungen stets nur vorläufige Stationen eines offenen Prozesses sein können.

Kurz und plakativ: Die Bedeutung eines Symbols liegt *nicht* vergraben im Bewußtsein des Zeichenbenutzers oder zeigt sich in einer codifizierten Verweisung (sie liegt also nicht in der Vergangenheit), sondern die Bedeutung eines Zeichens besteht statt dessen in der *antizipierbaren Reaktionsbereitschaft* und den *realisierten Reaktionen*, die das Symbol bei der interpretierenden Gruppe auslöst (sie liegt also in der Zukunft).

Methodisch verfolgt eine wissenssoziologische Hermeneutik folgenden Weg - dabei ist es nur von geringer Bedeutung, ob die zu analysierenden Daten aus Texten (Transkriptionen, Interviews, Memos etc.), Bildern oder anderen Kulturprodukten bestehen. In der Anfangsphase wird das Datenprotokoll 'offen kodiert', will sagen: das Dokument wird sequentiell, extensiv und genau analysiert "und zwar Zeile um Zeile oder sogar Wort für Wort" (STRAUSS 1991, S. 58). Entscheidend in dieser Phase ist, daß man noch keine (bereits bekannte) Bedeutungsfigur an den Text heranführt, sondern mithilfe des Textes möglichst viele, mit dem Text kompatible Lesarten konstruiert.[4] Diese Art der Interpretation nötigt den Interpreten, sowohl die Daten als auch seine (theoretischen Vor-)Urteile immer wieder aufzubrechen, was ein gutes Klima für das Finden neuer Lesarten schafft. "Der Punkt ist tatsächlich der, daß das Potential an Aspekten nicht so sehr im Dokument selbst liegt als vielmehr in der Qualität der Beziehung zwischen Datum und forschendem Geist sowie in der Übung, die der Forscher hat, wenn er die Arbeit des offenen Kodierens tatkräftig und phantasievoll angeht." (STRAUSS 1991, S. 58)

---

4 Das Verfahren der objektiven Hermeneutik (OEVERMANN et al. 1979) ist für diesen Prozeß sehr hilfreich, jedoch nicht dessen theoretische Implikationen zur Natur von Strukturen (REICHERTZ 1986).

In der Phase des offenen Kodierens sucht man nach größeren Sinneinheiten im Bildtext, die natürlich immer schon theoretische Konzepte beinhalten bzw. mit diesen spielen und auf sie verweisen. Hat man solche gefunden, sucht man in der nächsten Phase der Interpretation nach höheraggregierten Sinneinheiten und Begrifflichkeiten, welche die einzelnen Teileinheiten verbinden. Außerdem lassen sich jetzt gute Gründe angeben, weshalb man welche Daten neu bzw. genauer nacherheben sollte. Man erstellt also im nächsten Schritt neue Datenprotokolle, wenn auch gezielter. So kontrolliert die Interpretation die Datenerhebung, aber zugleich, und das ist sehr viel bedeutsamer, wird die Interpretation durch die nacherhobenen Daten falsifiziert, modifiziert, erweitert oder bestätigt.

Am Ende ist man angekommen, wenn ein hochaggregiertes Konzept, eine Sinnfigur gefunden bzw. mithilfe der Daten konstruiert wurde, in das alle untersuchten Elemente zu einem sinnvollen Ganzen integriert werden können und dieses Ganze im Rahmen einer bestimmten Interaktionsgemeinschaft verständlich (sinnvoll) macht. Die Frage, ob die so gewonnene Deutung mit der 'Wirklichkeit im Text' tatsächlich korrespondiert, ist sinnlos, da eine wissenssoziologische Forschung sich stets und immer nur mit der '*sozialen* Realität' beschäftigt.

Damit bin ich wieder an dem Ausgangspunkt meiner Überlegungen, nämlich bei der Forderung von Soeffner, sich und anderen nicht nur wegen der Inszenierung von wissenschaftlicher Redlichkeit die Grundlagen seines deutenden Handelns bewußt zu machen - und ich bin natürlich auch bei meiner Bemerkung, daß diese Forderung die wissenssoziologische Hermeneutik von Beginn an in eine prekäre Lage gebracht hat. Diese Behauptung möchte ich im weiteren erläutern.

2 Die prekäre Lage der wissenssoziologischen Hermeneutik

Ist man nun nicht ganz bei Sinnen, dann macht man in der Tat ernst mit der Maxime, sich der Prämissen seines Interpretierens *stets* und *vollständig* zu vergewissern, und betrachtet in der Folge das sehr genau, was man selbst bei einer jeweils konkreten Arbeit des Datenerhebens und -interpretierens (also in der alltäglichen Forschungspraxis) getan hat; - und dies mit der Absicht, genau zu ermitteln, welche methodischen und methodologischen Prämissen diesem Tun zugrunde liegen.

2.1 Wissenssoziologische Theorie und der 'Alltag der Hermeneutik'

Läßt man sich also von einer solchen reflexiven Selbstzuwendung der eigenen Forschungspraxis (also von der Selbstanwendung der Wissenssoziologie auf sich selbst) nicht abhalten, dann stößt man schon nach sehr kurzer Zeit auf zwei gravierende Probleme: Das erste resultiert aus der Frage, ob die theoretisch erarbeiteten erkenntnistheoretischen Prämissen nicht ganz entschieden dem eigenen tatsächlichen Vorgehen bei der Forschung widersprechen. Das zweite Problem zeigt sich, wenn man versucht, das erste zu bearbeiten, nämlich wenn bei dem Versuch, die Handlungen des Beobachtens und Auswertens zu isolieren und auf verschiedenen Ebenen anzuordnen, langsam klar wird, daß es weder nach 'unten' noch nach 'oben' einen Abschluß gibt - mithin die Chancen gut stehen, nicht nur Fiktionales, sondern auch fiktionalen Unsinn zu schreiben.

Doch bevor ich dieses paradoxienreiche Problem anfasse, möchte ich vorab noch auf die zuerst genannte Frage nach dem vermeintlich widersprüchlichen Verhältnis von wissenssoziologischer Theorie und tatsächlicher Forschungspraxis eingehen. Laut der eingangs referierten theoretischen Fundierung verzichtet die Wissenssoziologie bei der Bestimmung von 'Wissen' explizit auf jeden 'realistischen' Kern. Die Hoffnung auf einen wie auch immer organisierten und methodisierten Weg zur 'wahren' Wirklichkeit war dem Anspruch nach aufgegeben worden.

Genau dies scheint jedoch bei der Entwicklung einer Forschungslogik vergessen worden zu sein. Denn die Forschungsprogrammatik der wissenssoziologischen Hermeneutik scheint immer wieder (wenn auch klammheimlich und aller erkenntnistheoretisch gewußten (Un)Gewißheiten zum Trotz) von der Vorstellung (oder Hoffnung) geleitet zu werden, daß es doch geheime und recht verwinkelte Wege zur Welt 'dort draußen' gibt. Was sonst bedeutet es, wenn

a. einige Verfahren der Datenerhebung als günstig, andere als ungünstig eingeschätzt werden,
b. einige Daten geeigneter sein sollen als andere und
c. einige Interpretationsverfahren anderen überlegen sein sollen.

Drehen sich diese vielfältigen Bemühungen, etwas Positives zu erreichen, nicht letztlich doch um einen realistischen Kern? Sind die benutzten Attribute wie 'günstig', 'geeignet', 'überlegen' und 'sinnvoll' nicht doch Synonyme für 'wirklichkeitsnäher'? Alle diese Fragen kann man mit einem klaren 'Nein' beantworten. Aber man kann nicht jede dieser Fragen mit der gleichen Begründung für das 'Nein' parieren, da die Wahl des positiven Attributes sich jeweils aus der Geltung eines anderen symbolischen Hintergrundes ergibt.

a. Zu den Erhebungsverfahren: Die Frage, weshalb einige Erhebungsverfahren günstiger als andere sein sollen, ist recht knifflig oder besser: sie wird erst dann knifflig, wenn man aus der praxisentlasteten und erkenntnistheoretischen Perspektive die Frage angeht. Im sogenannten Alltag stellt sich diese Frage so nicht. Wenn man etwas nicht kennt, dann schaut man es sich an - keine Frage! Will man dort z.B. etwas über die Tätigkeit von Polizisten wissen, dann geht man hin und schaut ihnen zu (wenn man darf). Ganz selbstverständlich scheint dies erheblich mehr Erkenntnisgewinn zu bringen als allein am heimischen Schreibtisch über Polizeiaktivitäten nachzudenken und sich seinen Reim darauf zu machen.

Wenn aber nun der Weg zur Wirklichkeit - folgt man den erkenntnistheoretischen Meditationen - ohnehin verschlossen ist, dann fragt man sich mitrecht, weshalb ein bestimmtes Verfahren in irgendeiner Weise besser oder schlechter als ein anderes sein sollte. *Eine* Antwort auf diese Vorhaltung ergibt sich m. E. aus den erkenntnistheoretischen Überlegungen von Peirce (vgl. REICHERTZ 1991). Danach können für die Entdeckung des Neuen gute bzw. schlechte Bedingungen gegeben sein oder in eine Metapher übersetzt: es gibt für abduktive Blitze gute Klimate, aber auch schlechte. So *erleichtert* u.a. die Einnahme einer abduktiven Haltung das Aufkommen von Abduktionen, sie *garantiert* diese jedoch nicht. Die deduktive und induktive Methode behindern dagegen die abduktive Phantasie, sie schließen sie jedoch nicht aus. Und der Feldaufenthalt scheint mir eine gute Möglichkeit zu sein (und das ist eine Spekulation), das Klima für abduktive Schlußfolgerungen zu verbessern - einfach weil dort *mehr* (biologisch gesprochen) 'Reize' auftauchen, die mit vorhandenen symbolischen Deutungen von Welt in Einklang zu bringen sind. Die Chance ist - so hoffe ich - einfach größer, daß die qualitative Induktion zu stottern anfängt. Insofern ist der Feldaufenthalt (und natürlich auch der Zwang zur akribischen Datenauslegung) *auch* ein *forschungspsychologischer Kniff*, der jedoch aus methodologischen Überlegungen resultiert - ansonsten ist er jedoch eine theoretisch begründete Methode.

b. Zu den Daten: Aus erkenntnistheoretischer Perspektive sind *alle* Daten Konstruktionen - auch die, welche vom Forscher unstandardisiert erhoben werden. Die Unterscheidung standardisiert/unstandardisiert macht jedoch aus forschungspraktischer Sicht einen gewissen Sinn, weil damit ein Punkt angegeben werden kann, ab dem der *Wissenschaftler* anfängt, Konstruktionen höherer Ordnung zu erzeugen. Was der Wissenschaftler allerdings sehen und berücksichtigen muß, ist der Umstand, daß die untersuchten Daten das Ergebnis der unterschiedlichsten Konstruktionsbemühungen der im Feld Agierenden sind. Und er kann nicht wissen (da er sich ja erst um Feldkenntnis bemüht), auf welcher Ordnungsstufe der Konstruktion sich das untersuchte Datum befindet. Und selbst wenn er seine Bemühungen um die (Re)Konstruktion der Konstruktionsstufen weiter und weiter treiben würde, könnte er aus wissenssoziologischer Perspektive dennoch niemals auf den 'Gegenstand' der Konstruktionen stoßen.

Wenn dies eine korrekte Beschreibung des 'Sachverhalts' ist, dann fragt sich doch, weshalb es 'geeignetere' Daten geben sollte? Geeigneter sind Daten - so die Antwort - nicht, weil sie näher an einem imaginären Ursprung sind, sondern geeigneter sind Daten dann, wenn in ihnen wenig *wissenschaftliche* Verarbeitung und Reduktion enthalten ist. Es geht nämlich nicht um die Deutungsmuster der Wissenschaftler, sondern um die der Untersuchten.

c. Zu den Interpretationsverfahren: Die Frage nach den besseren Interpretationsverfahren erweist sich bei genauem Hinsehen als die Neuformulierung der Frage nach den günstigeren Erhebungsverfahren, wenn auch auf einer anderen symbolischen Ebene. Beide Fragen orientieren sich an einem vermeintlichen Mehr an Aufklärung - die eine an mehr Aufklärung über das Feld, die andere an mehr Aufklärung über wissenschaftliche Daten. Da die Fragen strukturgleich sind, sind es auch die Antworten: Bessere Interpretationsverfahren sind nur im Hinblick auf eine 'höhere Reizdichte' besser - *verbessert* man mit dem Deutungsverfahren das Klima für abduktive Blitze, dann sollte man sie bevorzugen; verschlechtert man durch sie das Klima, sollte man nur im Notfall auf sie zurückgreifen. Dennoch: Sicherheit ist auch durch das 'günstigste' Verfahren nicht zu erreichen.

Nun kann der Kritiker die formulierten Antworten Revue passieren lassen, um dann zu dem Urteil zu kommen, sie seien alle Ausdruck eines tiefsitzenden und letztlich paradoxen Solipsismus. Er könnte ebenso an den wehmütig bis melancholisch klingenden Satz von Maturana: "Als lebende Systeme existieren wir in vollständiger Einsamkeit innerhalb der Grenzen unserer individuellen Autopoiese." (MATURANA 1987, S. 117) erinnern und nach dem Sinn von Kommunikation und Wissenschaft fragen. Dem Solipsismus, welcher letztlich jede Praxis und Verständigung stillstellt,[5] kann man jedoch mit einem Konzept oder besser: *Konstrukt* von Intersubjektivität begegnen, das ich im folgenden nur sehr knapp umreißen will und das sich aus verschiedenen Quellen[6] speist. Hilfreich ist dieses Konzept, weil mit ihm die erkenntnistheoretischen Antinomien, welche aus der Fiktion von einsamen, individuellen Subjekten resultieren, aufgelöst werden können. Kann man nämlich das Sprechen von 'Subjekt' und 'Objekt' als die gesellschaftlich gewachsene Form der Thematisierung bestimmter gesellschaftlicher Sachverhalte enttarnen, gelingt es also, das Subjekt als zeichenhafte, soziale Konstruktion zu verstehen, dann stellen sich die Fragen nicht mehr, wie Verständigung und Weitergabe von Wissen möglich sind.

2.2 *Zur Konstruktion von Intersubjektivität*

Die Vorstellung von einem Ich, welches bei der Geburt bereits keimhaft im Organismus vorhanden ist und welches sich im Laufe der Jahre zur vollen Form ausblüht, ist lediglich eine romantische Fiktion, aus der u.a. auch die erkenntnistheoretisch so folgenschwere Trennung zwischen Subjekt und Objekt resultiert. Unterstellt man jedoch, daß am Anfang des Prozesses der Subjektwerdung die Sozialität und die von ihr vorgenommene Deutung der Welt stehen, dann schließt sich die Kluft zwischen Subjekt und der es umgebenden Welt. Denn im Prozeß der Sozialisation nimmt der Organismus die sozial erarbeitete und geteilte Ordnung der Welt nach innen. Mit 'Ordnung der Welt' sind dabei *alle* bekannten und bewährten Beziehungen von Subjekten zu anderen Subjekten oder Objekten gemeint. Alle diese Beziehungen sind sozial konstruiert und - was sehr wichtig

5 Die folgenden Bemerkungen argumentieren auch gegen das von Ungeheuer entworfene Konzept der 'individuellen Welttheorie' (vgl. UNGEHEUER 1987), das von Juchem noch erheblich radikalisiert worden ist (vgl. JUCHEM 1989).

6 Ganz wesentliche Bezüge finden sich zu den Arbeiten der deutschen philosophischen Anthropologie (Plessner; Gehlen), der Phänomenologie (Schütz; Schütz/Luckmann; Berger/Luckmann) und des amerikanischen Interaktionismus (Mead; Goffman).

ist - *zeichenhaft*. Intersubjektivität ist stets zeichenhaft vermittelt, und sie wird konstituiert über die Aneignung einer Kultur, welche von einer historisch gewachsenen Interaktionsgemeinschaft sukzessive erarbeitet wurde.

Der Organismus wird mit der Geburt in ein ausgearbeitetes 'Universum von Bedeutungen' gesetzt. Dieses 'Universum' ist Ergebnis eines langen und sehr komplexen Bemühens der Sozialität um eine Deutung von Welt, welche wegen der prinzipiellen 'Weltoffenheit' des Menschen notwendig ist. Ein einmal konstruiertes 'Universum von Bedeutungen' und die daraus resultierenden Institutionen entlasten die einzelnen Subjekte, sowohl bei Handlungs- als auch bei Wahrnehmungsaufgaben, und sie schaffen auf diese Weise Freiraum - auch den Freiraum, das 'Universum' in Teilen umzustrukturieren. *Indem der Organismus die symbolisch geordnete Welt nach innen nimmt, nimmt er die Deutung seiner Sozialität nach innen und wird in dieser Sozialität ein von dieser Sozialität gedeutetes und damit auch ein sich selbst deutendes Subjekt.* Wie das Subjekt sich selbst oder andere Subjekte oder Dinge seiner Um-Welt im einzelnen deutet, ist erst einmal nichts anderes als das Erinnern und Repetieren gesellschaftlich erarbeiteter Formen der Selbst- und Fremdthematisierung. Spricht das Subjekt von 'Subjekten' oder 'Objekten', dann spricht es nicht über eigenständige Entitäten, sondern es aktiviert durch diesen Sprachgebrauch soziale Perspektiven und Umgangsweisen mit Symbolen.[7] Doch weil das Subjekt diese Formen nicht nur zwanghaft und immer wieder repetiert bzw. 'aufsagt', sondern wegen seiner 'exzentrischen Positionalität' (Plessner) an ihnen arbeiten muß (d.h. diese wahrnimmt und erneut ausdeutet), findet und erfindet es sich stets aufs Neue.

Das Subjekt - und das ist hier der springende Punkt - ist also nicht gefangen in der nur von ihm entworfenen und allein ihm bekannten Welt, sondern seine Welt war schon immer die der anderen. Nur weil die subjekteigene individuelle Weltdeutung bereits sozial war, konnte sie individuell werden, und deshalb sichert die individuelle Aneignung kollektiver Symbolwelten eine gewisse Intersubjektivität. Der individuelle Solipsismus läßt sich auf diese Weise auflösen, doch da in dieser Konzeption von Intersubjektivität die Innensicht der kollektiven Weltdeutung nicht verlassen werden kann, tauscht man den individuellen Solipsismus gegen einen sozialen ein. Doch mit diesem kann man leben, weil man miteinander sprechen und sich verständigen kann.[8]

Eine schöne und berühmte Metapher, die allerdings nicht ohne realistische Reste auskommt, und *einen* Teil (und zwar den Aspekt der Aneignung) dieses *sozialen Solipsismus* besonders gut verdeutlicht, stammt von Maturana: "Wenn der Pilot ohne Sicht fliegen und landen muß, dann muß er die Anzeiger der

---

7 Gleiches gilt natürlich für den Umgang mit allen Begriffen, also auch für den Gebrauch von 'Genauigkeit'. So wird mit 'Genauigkeit' eine symbolische Perspektive in Geltung gesetzt, die u.a. implizit die Subjekt-Objekt-Trennung und eine krude Abbildtheorie enthält und (zumindest im Bereich der Wissenschaft) hohe Anschlußfähigkeit gewährleistet.

8 Skeptiker könnten sich angesichts solcher Überlegungen allerdings die Frage stellen, ob es neben einer folie à famille auch eine folie à société gibt (vgl. POLLNER/WIKLER 1979).

Instrumente seines Flugzeuges innerhalb genau spezifizierter Grenzwerte halten oder einer Reihe spezifischer Variationen folgen. Wenn der Pilot die Maschine nach der Landung verläßt, könnten seine Frau und seine Freunde zu ihm kommen und sagen: 'Das war ein wunderbarer Flug mit einer exzellenten Landung!' (...) Der Pilot könnte antworten: 'Was für ein Flug? Was für eine Landung? Ich bin nicht geflogen, ich habe nur meine Anzeigegeräte in bestimmten Bereichen konstant gehalten.' Tatsächlich gab es einen Flug nur für einen äußeren Beobachter (...)." (MATURANA 1987, S. 105)

Diese Metapher kann man allerdings noch eine 'konstruktivistische' Windung weiterschrauben: Dazu stelle man sich vor, man säße an seinem PC und hätte dort (ohne das Handbuch gelesen zu haben) einen *Flugsimulator* geladen. Zudem wäre (als zusätzliche Schikane) das Spiel auf *Nachtflug* eingestellt. Dann kann man das von Maturana entworfene Szenario einmal selbst durchspielen und - so denke ich - auch konstruktiv(istisch) erweitern: Vor sich sieht man nämlich in diesem Falle keine Außenwelt durch die Flugzeugfenster, sondern allein das Innere des Flugzeuges - u.a. also 'Flugzeugwände' und eine Fülle von 'Instrumenten', über die man sich seine Gedanken machen kann. Man beobachtet die einzelnen 'Zeiger' und deren vermeintliches Wechselspiel. Die einzige Rückmeldung, die der unerfahrene Flugschüler erhält, ist die 'Absturzmeldung'. Das ist allein ein Hinweis des Computerprogramms, daß es nicht mehr 'weitergeht': Informationen darüber, weshalb es nicht mehr weitergeht, werden jedoch nicht gegeben. Das entspricht m. E. ziemlich genau der konstruktivistischen Annahme, autopoetische Systeme seien energetisch offen, aber informationell geschlossen (und es verträgt sich ganz gut mit der Formulierung von Plessner, der 'Schmerz sei das Auge des Geistes').

Absturzmeldungen liefert der 'Große Bruder' bei den ersten Versuchen im übrigen sehr schnell und sehr häufig. Erste Hypothesen werden zu mindestens vier Fragekomplexen gebildet: Als erstes muß geklärt werden, welche Teile der Umwelt im Flugzeug 'Wände' sind, also nichts anzeigen, und welche Teile 'Instrumente' sind, also etwas anzeigen. Als zweites wird hypothetisch ein 'Außenverhältnis' der Instrumente angenommen (Instrument zeigt 'Höhe', 'Wind', 'Geschwindigkeit' etc. an). Im dritten Schritt wird aufgrund der Instrumentenanzeigen eine 'Außenwelt' erbaut und der vierte Hypothesenkomplex bezieht sich darauf, in welchen Bereichen der Instrumente die Zeiger besonders günstig stehen. Nach sehr vielen Abstürzen und noch mehr Hypothesen *auf allen vier Ebenen* (nacheinander, aber auch parallel) hat man sich dann eine hypothetische Außenwelt 'zusammengebaut', durch die man seine Maschine schadlos steuern kann, solange keine neue, noch nie erlebte Instrumentenanzeige (= neue Außenwelt oder Versagen der Instrumente?) auftaucht. Ereignen sich also neue Instrumentenanzeigen *und* neue Abstürze, dann tut der Pilot gut daran, seine bisherige Deutung der Instrumente zu überdenken und neue Hypothesen zu entwickeln. Der Pilot wird die Neudeutung akzeptieren, mit deren Hilfe es ihm gelingt, weitere Absturzmeldungen zu vermeiden. Der 'Profi' am Flugsimulator, der dann mit seiner Maschine ohne Schramme auch die engsten 'Täler' durchfliegt, hat mithin sehr subtile Hypothesen über die Welt dort draußen, ohne je etwas anderes gesehen zu haben als seine 'Instrumente' und deren 'Zeiger'. [9]

Dieses Beherrschen eines Flugzeuges am Simulator plausibilisiert m.E. aber noch mehr: im Vergleich zu Maturanas Flugzeugführer, der nach der geglückten Landung von Freunden auf die Qualität seiner Arbeit hingewiesen wird, lebt der Mensch an seinem Simulator nämlich ausschließlich in einer (vom Programmierer vorgegebenen) symbolischen Welt. Die ursprüngliche Ordnung dieser Welt ist virtuell und vollkommen symbolisch. Dem Spieler ist diese Welt durch den Programmierer auferlegt. Eine Verbindung zur 'wirklichen' Welt ist nicht erkennbar. Der Spieler muß, will er spielen, diese Ordnung der Symbole teilen, d.h. er muß sie schnell lernen. Aus ihr heraus kommt er nur durch den Druck auf die 'Exit-Taste'. In dieser Welt gibt es nichts außer den Symbolen: Sie sagen ihm, daß ein Spiel begonnen hat, ob er noch im Spiel ist und wie es verläuft. Über das Scheitern seiner Mission informieren ihn stilisierte Blitze auf dem Bildschirm, dumpfes Grollen aus dem schwächlichen Lautsprecher und später dann aufscheinende Sätze, in denen Spott und Beileid wohl dosiert verteilt sind.

Ohne die Kenntnis der Bedeutung der Symbole und der symbolischen Ordnung *der Welt des Programmierers* würde allerdings jeder 'Flugversuch' zum Scheitern verurteilt sein. Oder anders: Kaspar Hauser hätte keine Chance, 'sich in der Luft zu halten'. Die entscheidende Frage für jede wissenssoziologische wie konstruktivistische Hermeneutik ist also: Wie kommt der 'Flugschüler' an die Bedeutung der Symbole und der symbolischen Ordnung von Welt? Ist dieser Aneignungsprozeß analog zum Flugsimulatormodell zu denken? Dazu weiter unten mehr.

Aber man kann das Flugsimulatormodell noch in eine andere Richtung weiterdenken. Wenn man z.B. unterstellt, daß aus dem Schüler am Flugsimulator

---

9 Daß Typisierungen konstruierte Hilfsmittel sind, ist weder eine besonders neue Erkenntnis, noch auf die Geisteswissenschaften beschränkt. Auch die Physik weiß davon in schönen Metaphern zu berichten: "Physikalische Begriffe sind freie Schöpfungen des Geistes und ergeben sich nicht, wie man sehr leicht zu glauben geneigt ist, zwangsläufig aus den Verhältnissen der Außenwelt. Bei unseren Bemühungen, die Wirklichkeit zu begreifen, machen wir es manchmal wie der Mann, der versucht, hinter den Mechanismus einer geschlossenen Taschenuhr zu kommen. Er sieht das Ziffernblatt, sieht, wie sich die Zeiger bewegen, und hört sogar das Ticken, doch er hat keine Möglichkeit, das Gehäuse aufzumachen. Wenn er scharfsinnig ist, denkt er sich vielleicht einen Mechanismus aus, dem er alles das zuschreiben kann, was er sieht, doch ist er sich wohl niemals sicher, daß seine Idee die einzige ist, mit der sich seine Beobachtungen erklären lassen. Er ist niemals in der Lage, seine Ideen an Hand des wirklichen Mechanismus nachzuprüfen. Er kommt überhaupt gar nicht auf den Gedanken, daß so eine Prüfung möglich wäre, ja, er weiß nicht einmal, was das ist. Bestimmt glaubt er aber, daß seine Vorstellung von der Wirklichkeit immer einfacher wird, je mehr sein Wissenshorizont sich weitet, und er ist überzeugt, daß er auf diese Weise einen immer größeren Kreis seiner sinnlichen Wahrnehmungen wird deuten können. Vielleicht glaubt er auch an eine unerreichbare Grenze aller Erkenntnis und daran, daß der Mensch sich mit den Produkten seines Geistes dieser Grenze immer mehr nähert. Diese Grenze mag er dann wohl als objektive Wahrheit bezeichnen." (EINSTEIN/INFELD 1987, S. 40)

vielleicht einmal ein Meister geworden ist, der auch gelernt hat, Programme zu lesen und *zu verändern*, dann läßt sich diese Metapher nämlich noch zur Veranschaulichung des anderen Teils des sozialen Solipsismus (nämlich des Aspekts der Veränderung) nutzen. Unser neuer Meister könnte nämlich in diesem Falle das Spiel je nach Geschmack vereinfachen oder neue Schikanen (= neue 'Außenwelten') einbauen. Auch könnte er sich für die 'Absturzmeldung' ganz 'neue' Zeichen einfallen lassen: weinende Gesichter der Hinterbliebenen, das Läuten von Totenglocken oder gar den 'Absturz' des Simulationsprogrammes. Das neue Programm könnte er an andere weitergeben (unklar ist allerdings, wie ihm das gelingt!). Wäre diese neue Version mit einer erheblichen Steigerung von Spielfreude (= Steigerung des intern angestrebten 'Erfolges') verbunden, fände sich gewiß auch bald eine Möglichkeit der sehr viel größeren Verbreitung.

Kurz: Befindet sich der Akteur am Flugsimulator anfangs in vorgefundenen Weltdeutungen, so kann er später die symbolische (Ordnung der) Welt verändern und damit auch sich und möglicherweise auch andere neu erfinden. Aneignung von Wissen, dessen Veränderung und Weitergabe lassen sich auf diese Weise als Teile *eines* gesellschaftlich und symbolisch organisierten Prozesses beschreiben, der durch den anthropologisch verankerten Zwang zum Handeln *und* zur Reflektion immer wieder Konstanz und Veränderung hervorbringt.

2.3 Der blinde Fleck

Aber dennoch: auch wenn man einen solchen sozialen Solipsismus akzeptiert, und wenn man sich wendet und dreht, und wenn man sich geschickt die sich immer wieder selbst reflektierende Reflexion entweder in scharfe und scharf umgrenzte wissenschaftliche Begrifflichkeiten faßt oder mehr auf einer dunklen und vagen alltäglichen (zudem noch zeitgemäßen) Metaphorik zu gründen versucht, am Schluß all dieser Bemühungen steht doch immer wieder die Einsicht, daß nicht gelungen ist, was gelingen sollte: die verbindliche Begründung dessen, was man im Forschungsprozeß für den Fortgang der Forschung für sinnvoll hielt. Bei näherem Hinsehen lösen sich die jeweiligen Begründungen in Blickpunkte auf verschiedene Dinge von unterschiedlichen 'Ebenen' auf, ohne daß eine rechte Ordnung in diesem 'Beobachtungskosmos' zu finden ist. Dazu eine weitere Bebilderung meiner Argumentation - dieses Mal aus der Welt der Kriminalistik.

Kriminalbeamte beobachten die von ihnen als relevant erachtete Welt. In dieser Welt gibt es u.a. zwielichtige Gestalten, die ihrerseits die für sie relevante Welt beobachten. In dieser gibt es wiederum andere, die beobachten und deuten usw. Doch diesen Regreß möchte ich hier noch nicht weiterführen, sondern bei den 'Dunkelmännern' erst einmal stehen bleiben. Sie beobachten Erscheinungen 'ihrer' Welt meist recht genau und versehen diese mit bewährten Deutungen (z.B. diese Bank ist leicht zu berauben) oder entwickeln bei Bedarf neue (z.B. wie trickst man einen Geldautomaten aus). Kommt es dann nach dem Deutungsprozeß zu praktischen Konsequenzen (z.B. einem Bankraub), hinterlassen diese in der Regel Zeichen (Spuren), die beobachtet und gedeutet werden können (müssen). Da die hinterlassenen Zeichen aus verständlichen Gründen meist nicht allzu zahlreich sind, könnte man vermuten, daß die Kriminalisten Experten in der Kunst der Beobachtung und Ausdeutung geworden sind.

Die Ausübung dieser Kunst kann nun ihrerseits von Wissenschaftlern beobachtet und gedeutet werden. Zu diesem Zweck kann man gewisse Kunstlehren des Beobachtens und Deutens einsetzen. Wenn man es nicht zu genau nimmt, kann man sagen, daß dies der Bereich der *Methodik* ist. Der Einsatz der Methoden kann nun selbst wieder beobachtet und natürlich auch wieder gedeutet werden. Hier beginnt das Reich der *Methodologie*. Und auch dieser Prozeß kann innerhalb einer allgemeinen erkenntnistheoretischen Debatte Gegenstand der Beobachtung und Deutung werden. Eine solche Debatte kann dann in einer nächsten Deutungsschleife zu den *transzendentallogischen* Fragen nach den Bedingungen der Möglichkeit von Erkenntnis führen, um dann einen neuen Höhepunkt (wenn auch kein Ende) bei der diskursiven Erörterung der Fragen nach den Bedingungen der Möglichkeit von *herrschaftsfreien Diskursen* über Erkenntnis zu erreichen.

Dieser nach 'unten' und 'oben', nach 'links' und 'rechts' nicht abschließbare Prozeß kann, - da (wie oben gezeigt) Beobachten immer die Deutung miteinschließt - sehr grob vereinfacht so formalisiert werden: Operation und Beobachtung dieser Operation (= Operation, die beobachtet werden kann <=Operation, die beobachtet werden kann [= Operation, die beobachtet werden kann {=Operation, die beobachtet werden kann .... }]>). Diese russische Puppe erweist sich im Gegensatz zu ihrem folkloristischen Vorbild als nicht abschließbare und nicht nur hochkomplexe Reihe (a) immer weiterer und (b) immer kategorial verschiedener Perspektivpunkte. Und dieser Umstand aktualisiert u.a. das in der Naturwissenschaft und der Logik schon sehr lange bekannte (ungelöste) Problem, daß Sachverhalte *innerhalb eines bestimmten Rahmens* weder vollständig dargestellt noch erklärt werden können, ohne auf andere, außerhalb dieses Rahmens liegende Rahmen zurückzugreifen.[10] Weder lassen sich Pobleme eines 'einfachen' Rahmens ohne Leerstelle zu den vermeintlichen

10 Diese Paradoxie ist vielfach formuliert worden u.a. vom frühen Wittgenstein: "Der Satz kann die gesamte Wirklichkeit darstellen, aber er kann nicht darstellen, was er mit der Wirklichkeit gemein haben muß, um sie darstellen zu können - die logische Form. Um die logische Form darstellen zu können, müßten wir uns mit dem Satz außerhalb der Logik aufstellen können, das heißt außerhalb der Welt."(WITTGENSTEIN 1976, S. 42) Siehe auch die Arbeiten von Frege und Russell zur Typenlogik. Eine anschauliche Einführung in die Handhabung dieses Problems bei Gödel, Escher und Bach aus Sicht eines Vertreters der K-I-Forschung liefert HOFSTADTER 1985. Im Anschluß an konstruktivistische Grundgedanken formuliert Luhmann: man sieht "auf der Ebene des Beobachters zweiter Ordnung, daß der beobachtete Beobachter nicht sehen kann, was er nicht sehen kann. Und mehr noch: daß dieses Nichtsehenkönnen Bedingung der Möglichkeit des Beobachtens ist. Der 'blinde Fleck' tritt an die Stelle der sich über sich selbst vergewissernden Vernunft." (LUHMANN 1987, S.38)

Lösungen eines 'komplexeren' Rahmens hochrechnen, noch lassen sich komplexe Lösungen tautologisch kleinrechnen.

Eine solche Sicht beleuchtet allerdings nur das Problem, das sich ergibt, wenn man von unterschiedlichen Rahmen entlang der *einen* Achse 'zunehmende Komplexität' ausgeht. Besonders mißlich wird es (gemessen an den Standards von Einfachheit) jedoch dann, wenn man berücksichtigt, daß diese Perspektivpunkte (im Gegensatz zu einer russischen Puppe) sich gerade *nicht* aufgrund höherer Komplexität einander einschließen und dadurch die 'einfachen' durch die 'komplexeren' erklärt oder begründet werden können. Verschiedene Perspektiven schließen sich gerade nicht ein, sondern aus; einige bauen nicht aufeinander auf, sondern zerstören das Fundament der anderen. Und auch für diese Perspektiven gilt das eben Gesagte: Ohne Brüche lassen sie sich nicht ineinander überführen - stets sind sie auf übergreifende und anschlußstiftende Argumente höherer Ordnung angewiesen, und diese wiederum auf andere, noch höherer oder besser: relevanterer Ordnung (bezogen auf ein Handlungsziel). Jedes perspektivenverbindende Argument ergibt sich allein aus einer Position des Überblicks, doch kann keine Position gedacht werden, die einer weiteren Beobachtung ganz entzogen ist.

Forschung ergibt sich aus einem ständigen Hin und Her von Ausgangspunkt und Ziel, vergleichbar einer Erkenntnisfigur, welche Kellner/Heuberger die 'zirkuläre Explikation des Ausgangspunktes' nennen. Diese Figur läßt sich so beschreiben, daß ein Forscher "von einer beobachteten und schon irgendwie verständlichen 'Oberfläche' ausgehend auf eine mögliche 'Tiefenstruktur' rekurriert, von der aus dann die Oberflächenstruktur sich theoretisch eindeutig ableiten lassen muß." (KELLNER/HEUBERGER 1986, S. 10) Mildert man den 'Ableitungsanspruch' ein wenig und schachtelt man mehrere Explikationen des Ausgangspunktes ineinander, dann - so denke ich - kann man sich eine gute Vorstellung des Forschungsprozesses 'bauen'. Der Forschungsprozeß ergibt sich nämlich nicht aus einer Reihe abgrenzbarer Handlungen aus bestimmbaren Perspektiven, sondern er vollzieht sich (gerade weil er zu abduktiven Schlußfolgerungen führen soll) so, wie Abduktionen sich vollziehen[11]: auf mehreren Ebenen gleichzeitig.

---

11 Vergleiche hierzu PEIRCE 1976, S. 404f.: "Wenn wir diesen unbewußten Prozeß einer logischen Analyse unterwerfen würden, so würden wir finden, daß er in dem endet, was jene Analyse als einen abduktiven Schluß repräsentieren würde, der auf dem Resultat eines ähnlichen Prozesses aufbaut, den eine logische Analyse als durch einen ähnlichen abduktiven Schluß beendet repräsentieren würde und so weiter ad infinitum. Diese Analyse wäre genau der analog, die der Sophismus von Achill und der Schildkröte auf Achills Jagd auf die Schildkröte anwendet, und sie würde aus demselben Grunde darin scheitern, den realen Prozeß zu repräsentieren. Nämlich genauso, wie Achill nicht eine Reihe voneinander getrennter Anstrengungen zu machen hat, wie er sie nach dieser Repräsentation zu machen hätte, so vollzieht dieser Prozeß des Formens von Wahrnehmungsurteilen, weil er unbewußt ist und so der logischen Kritik nicht zugänglich, keine getrennten Akte des Schließens, sondern sein Ablauf vollzieht sich in einem kontinuierlichen Prozeß."

Forschung ist (so das Ergebnis all dieser Ausführungen) leider *nicht* genau d.h. vollständig begründ- und darstellbar - weder die Beobachtungspraxis, noch die Bestimmung der Methoden, noch die Auswahl der Auswertungsverfahren, noch die Findung der Darstellungsperspektive. In dieser Situation eröffnen sich zumindest drei Wege:

a. Man kann auf die Paradoxie hinweisen und dem Leser alles weitere überlassen.
b. Man kann (wider besseren Wissens) versuchen, das Problem durch die Einführung weiterer Metaebenen doch noch in den Griff zu bekommen.[12]
c. Man kann versuchen, das Problem nicht nur zu benennen, sondern auch zu *zeigen*, d.h. den Leser das Problem beim Lesen selbst erfahren zu lassen.[13]

In meiner Argumentation versuch(t)e ich, vor allem den dritten Weg zu gehen. Deshalb wird bzw. wurde die Annäherung an Begründungen immer wieder und auf immer neuen Ebenen unternommen, um dann das Scheitern zu reflektieren oder (in der Metapher von Wittgenstein): ich ließ die Fliege in ihrem Glas sich auf der Suche nach einem Ausgang mehrfach den Kopf anschlagen. Ob sich allerdings jetzt aufgrund der Reflexion ein Ausweg weisen läßt, ist noch offen. Vielleicht gelingt es ja, eine Richtung auszumachen, in der ein Ausgang vermutet wird.

Doch was bringen diese ständigen Selbstreflexionen? Bringen sie mehr als immer neue und durch beliebige andere zu ersetzende Perspektivpunkte - in dem

---

12 Luhmann versucht sich mit seinem Konzept einer Systemtheorie als Supertheorie an diesem Ziel. Seine Darstellung der Problemlage kann ich ohne Vorbehalte teilen, sein Vertrauen in eine Systemtheorie nicht. "Das Anspruchsniveau theoretischer Konzepte läßt sich variieren und verschieden einstellen. Es gibt nicht nur eine Art von Theorie. Auf den Normalebenen theoriegeleitetеter Forschungsarbeit wird man erkenntnistheoretische Voraussetzungen und moralische Ansprüche nicht eigens reflektieren. Die operativen Entscheidungen, die man zu treffen hat, erfordern dies nicht. Man entscheidet unter der Voraussetzung, erkenntnistheoretisch und moralisch gedeckt zu sein. Ein Seitenblick auf Kollegen und Mitarbeiter genügt, um sicherzustellen: sie verfahren ebenso. Erst wenn eine Theorie in bestimmte Anspruchslagen getrieben wird, die mit dem Status einer 'Supertheorie' zusammenhängen, ändert sich dies.
Supertheorien sind nicht etwa normale Theorien mit erhöhter Oktanzahl. Sie haben eine eigenständige Funktion im Wissenschaftssystem, die eigene Rechte und Mittel erfordert. Sie sind innerhalb des Wissenschaftssystems die Auffang- und Abwehrebene für moralische ebenso wie für erkenntnistheoretische (im Wissenschaftssystem selbst generierte) Ansprüche. (...) Status und Funktion dieser Theorieebene sind jedoch keineswegs geklärt, es gibt nicht einmal fachüblichen Konsens über Begriff und Fragestellung." (LUHMANN 1978, S. 9f.)

13 Dieser Versuch knüpft an literarisch und stilistisch viel interessantere Bemühungen um kunstvolle Metaloge an (u.a. BATESON 1983; HOFSTADTER 1985). Dort wird in Gesprächen nicht nur ein Problem diskutiert, sondern durch die Form des Gesprächsverlaufes demonstriert. Eine andere, nicht metalogische Form des Problemezeigens findet sich u.a. in den späten Arbeiten Wittgensteins (z.B. WITTGENSTEIN 1977).

hier anstehenden Falle waren dies eine kurze (hervorgezauberte[14]) Skizze eines Konzepts von Intersubjektivität und eine knappe (hervorgezauberte) Fassung des Paradoxons vom Beobachten des Beobachtens? Leisten sie wirklich etwas oder halten sie nur auf? Was soll die angestrebte Genauigkeit bei der Beobachtung, bei der Methodik, bei der Interpretation, bei der Darstellung etc.? Damit ich auf diese Fragen halbwegs sinnvoll antworten kann, möchte ich zuvor noch kurz ein weiteres ad-hoc-Konzept 'hervorzaubern', nämlich das von der Notwendigkeit von Ungenauigkeiten.

2.4 Über die Notwendigkeit von Ungenauigkeiten

Den Anfang nimmt diese Argumentation (wie so viele andere) bei den Konstruktionen der Anthropologen: Anstelle der Instinktbindung, welche schnelles und zweifelfreies Handeln ermöglicht, haben die Mitglieder der Gattung Mensch eine gewisse Neigung ausgebildet, Verhalten zu habitualisieren.[15] Das heißt nichts anderes, als daß Menschen davon ausgehen, daß das, was einmal geschehen ist, wieder geschehen wird, zumindest aber wieder geschehen kann.[16] Ob man heute so handeln kann, wie man gestern gehandelt hat, hängt davon ab, ob es gelingt, die erlebte Mannigfaltigkeit des Heute auf die erinnerte Mannigfaltigkeit des Gestern abzubilden. Zu diesem Zweck wird die unendliche Mannigfaltigkeit des Gestern entlang spezifischer Relevanzen in marginale und bedeutsame Merkmale aufgeteilt und aus den relevanten Merkmalen ein Typus des Gestern (re)konstruiert. Das erlebte Heute kann dann mit dem typisierten Gestern verglichen und gegebenenfalls zugeordnet werden.

In den Worten von Peirce geht es bei diesen Typenzuordnungen stets um qualitative Induktionen. Gelingen diese, dann kann Handeln wiederholt werden, dann können sich Institutionen und Handlungsroutinen herausbilden. Diese schaffen Sicherheit durch 'Hintergrunderfüllung', da sie von der 'eigenen Aktualität' (Gehlen) entlasten. Menschen neigen nun dazu, einmal erreichte Hintergrunderfüllungen duch das Beibehalten der Umwelt stabil zu halten oder sogar die Umwelt bzw. den 'zufälligen Umgebungsbestand' so zu verändern, "daß er auch dauernde Erfüllungslagen herstellen kann und sich so von der Fälligkeit des Bedürfnisses und von der fallweisen Beschaffung der Hilfsmittel entlastet."

14 'Hervorgezaubert' sind diese Konzepte deshalb, weil sie im Rahmen dieser Arbeit weder entwickelt noch begründet werden können. Sie werden von 'außen' zur Stützung von Argumenten herangeführt.

15 Wie unschwer zu erkennen ist, schließen sich diese Überlegungen (wie bereits weiter oben) vor allem an Arbeiten von Plessner, Gehlen, Schütz und Berger/Luckmann an. Es versteht sich von selbst, daß ich dieses Konzept stark vereinfacht darstelle und mich nur auf die Hauptlinien beschränke.

16 Dieser Sachverhalt führt Maturana zu der Aussage, der Mensch sei induktiv (vgl. MATURANA 1970). Im Alltag, aber auch gelegentlich in der Wissenschaft, geistert dieses Wissen in Form folgender Spruchweisheit herum: 'Einmal ist keinmal, zweimal ist immer'.

(GEHLEN 1975, S. 51) Menschen neigen also - formt man die Erkenntnis der philosophischen Anthropologie ein wenig um - stark zu qualitativen Induktionen. Sie deuten das Heute mit Konstruktionen vom typisierten Gestern.[17]

Diese Typisierungen (oder auch: Konstruktionen) bilden das Gestern nicht einmal annähernd in seiner Komplexität ab, sie wollen es auch gar nicht, da sie notwendigerweise ungenau sein müssen. Sie sind keine Widerspiegelungen des Außen im Innen, sondern an bestimmten Relevanzkriterien[18] orientierte simplifizierende Verdichtungen erlebter Wirklichkeit. Selbst wenn man nur sehr kleine Ausschnitte sozialen Handelns in all seinen Merkmalen und Verweisungen festhalten wollte, dann käme man doch nie an ein Ende und wäre letztendlich handlungsunfähig. Denn mit der Mannigfaltigkeit von Welt kommt man nur zurecht, indem und weil man sie reduziert. Ungenaue Typisierungen sind also nicht unbedingt Unwahrheiten oder Irrtümer, die einem das Leben leichter machen, sie sind statt dessen Notwendigkeiten, die das Leben überhaupt erst möglich machen. Aber dies gilt erst einmal nur für die alltägliche Lebenspraxis und nicht notwendigerweise für die Wissenschaft, die ja gerade deshalb vom aktuellen Handlungsdruck gesellschaftlich freigestellt wird, um das zu tun, was im Alltag nicht möglich ist, nämlich über die Geltung bewährter qualitativer Induktionen permanent nachzudenken.

Um zu diskutieren, ob das Konzept von der Notwendigkeit von Ungenauigkeiten auch in der wissenschaftlichen Praxis relevant ist, möchte ich die oben beschriebene Form von Typisierungen (wenn auch mit Magenschmerzen) im folgenden (im Anschluß an Schimank) *'Akteurfiktion'* nennen.[19] Mit starker argumentativer Rückendeckung durch VAIHINGER (1924) charakterisiert Schimank diese Akteurfiktionen als Als-ob-Unterstellungen. Jede dieser Typisierungen - so Schimank weiter - "wird, gewissermaßen augenzwinkernd, so benutzt, als ob sie die soziale Wirklichkeit abbildet, obwohl jedem aus Erfahrung klar ist, daß jede soziale Situation einen weit darüber hinausreichenden Überschuß an Kontingenzen bereithält." (SCHIMANK 1988, S. 634)

Ein solches augenzwinkerndes Zugeständnis des Konstruktionscharakters eigener Weltdeutungen findet sich m.E. jedoch nur sehr selten in der wissenschaftlichen Praxis. Findet man in der Wissenschaft ein solches Augenzwinkern,

---

17 Das kann in dieser harten Form nur die Hälfte der 'Wahrheit' sein. Denn folgerten die Menschen nur qualitativ induktiv, dann wären sie nicht in der Lage, sich immer wieder auf neue Umwelten einzustellen. Es muß neben dem Hang zur Habitualisierung auch etwas geben, das dem Menschen signalisiert, daß bewährte Typenzuordnungen in bestimmten Situationen außer Kraft gesetzt werden müssen, um anderen (abduktiv erlangten) neuen Typenkonstruktionen Platz zu machen. Nach Plessner ist der Schmerz ein solches Auge des Geistes.

18 Die jeweiligen Relevanzkriterien sind zugleich Produkt und Ausdruck der Sozialität, in der sie benutzt und gehandelt werden.

19 Unbehaglich ist mir dieser Begriff, weil (a) 'Akteur' zu sehr auf eine Systemtheorie verweist und (b) 'Fiktion' suggeriert, es gebe etwas Nicht-Fiktives. Lieber spräche ich von 'Subjektkonstruktionen' oder 'subjektiven Typisierungen'. Doch diese Begriffe sind teils zweideutig, teils unhandlich.

dann jedoch nur bei älteren, meist emeritierten Vertretern ihres Faches. In der alltäglichen Lebenspraxis ist das kokette Zwinkern mit den Augen fast unbekannt: hier werden solche Akteurfiktionen bitter ernst gehandelt. Oft stellen sie den Glaubenskern bereit, der für Gruppenbildungen unabdingbar ist. Zudem liefern sie auch häufig die Rechtfertigung und manchmal auch den Anlaß für kriegerische Auseinandersetzungen. Im wissenschaftlichen Alltag mag man sich vielleicht ein wenig leichter darüber verständigen können, daß alle Deutungen, also auch die eigenen, Akteurfiktionen sind und daß man sie nicht so ernst nehmen sollte, wie man sie nimmt, doch man *muß* die jeweiligen Akteurfiktionen ernstnehmen, will man weiterhandeln können. Schärfer: man darf sogar noch nicht einmal an ihnen ernsthaft zweifeln - entgegen besseren Wissens. Zweifelt man dennoch, wird zumindest das Handeln unterbrochen oder im schlimmsten Fall ist das 'Weiterhandeln-wie-zuvor' unmöglich geworden. Ein etwas längeres Beispiel soll dies erläutern: In einem Proseminar, das in die grundlegenden Ansätze kriminologischer Praxis einführen soll, antwortet ein Student auf die Frage nach den Leistungen und Grenzen der beliebten Typenlehren in etwa folgendes: 'Die Frage sei unsinnig, weil (a) die Typenlehren reine Fiktionen seien und mit der Wirklichkeit nichts gemein hätten und (b) man zur Beurteilung solcher Typenlehren selbst etwas über die Wirklichkeit wissen müsse, was aber laut Maturana nicht möglich sei. Deshalb interessiere er sich weder für die Typenlehren, noch für etwas anderes, was ihm an der Universität angeboten werde.' Mich interessiert hier nicht die pragmatische Bedeutung dieses konstruierten Sprechaktes, sondern ich möchte nur an einem solch 'klaren Fall' verdeutlichen, was passiert, wenn man an Akteurfiktionen zweifelt oder sie gar aufgibt.

Die Akteurfiktion, die in der Regel Seminarteilnehmer und Dozenten teilen, könnte man in etwa so skizzieren: Über die Wirklichkeit lassen sich Aussagen treffen. Diese Aussagen können miteinander verglichen werden, und einige Aussagen sind 'besser' als andere.' Dieses 'besser' kann sich nun - je nach Position - auf Komplexität, Widerspruchsfreiheit, Wahrheitsnähe etc. beziehen. Als Favorit unter diesen Bezugspunkten hat sich (und das unterscheidet den Bereich 'Wissenschaft' von den Bereichen 'Wirtschaft' und 'Politik') trotz aller Relativierungen ganz hartnäckig die 'Wahrheitsnähe' gehalten. Lebt man nun nicht nur in und mit dieser Unterstellung, sondern wendet man sich ihr reflexiv zu und enttarnt sie als Fiktion, dann gehen die Maßstäbe für ein 'besser' verloren. Der Dozent könnte (als Folge dieser Aufklärung) Lehrveranstaltungen einstellen und die Studenten deren Besuch. Weiter wären Prüfungen nicht mehr möglich, zudem wissenschaftliche Debatten über das bessere oder das schlechtere Argument. Und es gehört nicht viel Phantasie dazu, sich die Folgen für die Forschung und das Schreiben von Forschungsberichten vorzustellen.

Eine gewisse ernsthafte Naivität gegenüber dem eigenen Handeln ist also zumindest zu gewissen Zeiten unabdingbar, will man handlungsfähig bleiben. Solche Fiktionen sind nicht nur für das Handeln notwendig, sondern sie bilden zugleich die Bedingung der Möglichkeit von Aufklärung, über die nicht immer und nicht an jeder Stelle aufgeklärt werden darf - oder zumindest solange nicht, solange noch keine andere, unthematisierte Fiktion im Hintergrund wartet. An diesem Punkt erreicht das Postulat von der reflexiven Selbstaufklärung des Forschungshandelns ihr paradoxes Ende: denn treibt man die reflexive Aufklärung nur weit genug, erreicht man bald einen Punkt, von dem aus sich jede weitere Aufklärung verbietet - und zwar nicht aus (wie auch immer gearteten) ideologischen Gründen. Denn nur Akteurfiktionen, von denen man wider besseres Wissen dennoch *überzeugt* ist, eignen sich als Handlungsregulative, denen man sich stellen und an denen man sich im wahrsten Sinne des Wortes abarbeiten kann. Zu solchen Akteurfiktionen zählen auch die Überzeugungen, man könne durch 'gute' Forschung mehr Aufklärung erzielen als durch schlechte oder es gäbe bessere und schlechtere Methodologien.

In das oben schon mehrfach beschriebene Dilemma[20] gerät man jedoch erst, wenn man (wie bei allen Paradoxien) zwei Akteurfiktionen gegeneinander ausspielt - also die Rahmung einer Situation wechselt. Es wird immer dann paradox, wenn man die durch Beobachtung ermittelte Akteurfiktion auf das Beobachtete anwenden will - wenn z.B. der Erkenntnistheoretiker dem Forscher im Feld seine Fiktion vermitteln kann, daß Forschung (egal ob im Schaukelstuhl oder vor Ort) Akteurfiktionen produziere.

Akteurfiktionen sind jeweils auf Handlungsrahmen bezogen, und hält man Fiktionen und Rahmen nicht sehr deutlich auseinander, entsteht erst einmal Paralyse. Aber es genügt nicht, sie nur analytisch auseinander zu halten. Man muß auch innerhalb eines Rahmens in der Haltung des 'ernsthaften Als-Ob' an die Fiktion glauben. Denn ohne die *Überzeugung*, daß eine Fiktion zur Erreichung bestimmter Ziele 'irgendwie' relevant ist, läßt sich nicht handeln, und ohne die stille und geheime, aber dennoch sehr wirksame Fiktion, daß es zumindest 'bessere' und 'schlechtere' Konstruktionen gibt, läßt sich auch heute nicht in der Wissenschaft leben.[21] Gelingt es nicht, mit einer für eine bestimmte Zeit nicht mehr zur Diskussion stehenden Fiktion alle übrigen zumindest ein wenig zu ordnen, dann verliert man sich buchstäblich im Gewirr der unüberschaubaren Anzahl möglicher Welten (und bricht womöglich die Arbeit z.B. an diesem Artikel abrupt ab).

Doch zurück zu der oben gestellten Frage, was denn dieses Bemühen um Genauigkeit an Wert erbringen soll, wenn doch (a) eine echte Genauigkeit weder erreicht werden kann noch (wie gerade ausgeführt) große Genauigkeit überhaupt anstrebenswert erscheint und wenn (b) am Ende solcher Bemühungen lediglich

---

20 Möglich bzw. unabwendbar sind solche Dilemmata aufgrund der 'exzentrischen Positionalität' (PLESSNER 1975) des Menschen. Die Gleichzeitigkeit von 'Sein und Haben' macht nicht nur strukturell die Selbstbeobachtung erst möglich, sie stellt sie unwiderruflich auf Dauer.

21 Sokrates wußte, daß er nichts weiß. Hätte er aber auch dieses Wissen als Fiktion enttarnen können, dann hätte er möglicherweise statt des Schierlingbechers ein Glas Champagner zur Hand genommen und auf das Wohl der Welt getrunken. In der Neuzeit sorgt vor allem eine protestantisch geprägte Wissenschaftsethik dafür, daß die einzelnen Wissenschaftler das tun, was sie glauben tun zu müssen, nämlich trotz der Unhintergehbarkeit von Akteurfiktionen weiter zu suchen.

weitere Akteurfiktionen auf den Suchenden warten. Auf diese Fragen sind m.E. vor dem Hintergrund des Gesagten drei im Rahmen verbleibende und eine weitere, den Rahmen verlassende Antworten möglich.

1. Durch die möglichst exakte Beschreibung der internen Verarbeitungsprozesse kann man letztere besser isolieren und vielleicht auch optimieren. Studien zum Aufbau und der Organisation rekursiver Systeme scheinen mir von dieser Hoffnung getragen zu sein (z.B. VON FOERSTER 1987 und RICHARDS/GLASERSFELD 1987).
2. Durch die genaue Darstellung der Konstruktionsbedingungen von Akteurfiktionen erlangt man eine weitere Differenzierung der 'inneren' Welt. Die Palette der erarbeiteten Fiktionen wird reichhaltiger und damit differnzierter. Damit einher ginge eine höhere Enttäuschungssicherheit von Fiktionen, weil einfach mehr ausgearbeitete Deutungen von Welt zur Verfügung stehen (Vgl. KNORR-CETINA 1989).
3. Durch die genaue Beschreibung des Konstruktionsprozesses verstärkt man den für die Wissenschaft schon immer konstitutiven Zweifel und schafft ein gutes Klima für abduktive Schlußfolgerungen.

Die erste Antwort scheint mir keine echte Lösung zu bieten, da zu befürchten steht, daß sich das alte Problem auf einem anderen Feld in gleicher Weise stellt. Denn wie soll es möglich sein, daß sich selbst beobachtende Systeme sich bei diesem Beobachten selbst beobachten, ohne sich in Paradoxien zu verstricken. Die zweite Antwort nennt gute Gründe für das Beibehalten der Genauigkeit, allerdings nur unter der Voraussetzung, daß man von dem Wert hochdifferenzierter Weltdeutungen überzeugt ist. Ist man von deren Wert überzeugt, dann läßt sich Genauigkeit mit 'Mehr-an-zeichenhafter-Differenzierung' übersetzen. Eine Genauigkeit, die bestehende Differenzierungen aufgreift und weiter ausbuchstabiert, bringt aus dieser Sicht nicht nur erkenntnistheoretischen Gewinn (= erhöhte Akzeptanz), sondern auch sozialen: Weltdeutungen können weiter intersubjektiv ausgearbeitet werden.

Der Wert der dritten Antwort kann jedoch - so meine These - am wenigsten bestritten werden. Diese Antwort kann allerdings nur für die Wissenschaft eine Antwort sein, keinesfalls für die alltägliche Praxis, betont die Antwort doch die hervorgehobene Stellung des unpraktischen systematischen Zweifels. Wenn schon die akribische Beschreibung methodologischer Bemühungen nicht den (Aus)Weg aus der Unwissenheit weisen kann, dann kann sie doch durch das Herausarbeiten des Konstruktionscharakters von Akteurfiktionen Denk- und Handlungsroutinen im wissenschaftlichen Alltag aufbrechen, alte und unmittelbare Gewißheiten desintegrieren und somit die Voraussetzungen für den 'entfremdeten Blick' (Plessner) schaffen. Das Vertraute gerät in Distanz und wird fremd. All dies - so könnte man aus der Perspektive von Peirce sagen - schafft ein gutes Klima für das Eintreten abduktiver Schlußfolgerungen und dies ist für das Gelingen wissenschaftlicher Praxis konstitutiv.[22]

---

22 Die systematische Verstärkung des systematischen Zweifels ist auch dann produktiv, wenn man (wie Christian Lüders in vielen konstruktiven Diskussionen) die Akteurfiktion

Aber ich hatte weiter oben noch von einer vierten Antwort gesprochen. Sie ergibt sich, wenn man die gestellte Frage etwas *genauer* betrachtet. Sie fragt nämlich nach Sinn und Zweck von 'Genauigkeit' bei der Konstruktion von Akteurfiktionen bzw. bei deren Beschreibung und unterstellt gleichzeitig und unthematisiert, daß mit einem 'Mehr an Genauigkeit' ein 'Mehr von Nutzen' einhergehe. 'Genauigkeit' ist in diesem Zusammenhang ein positiv wertender Begriff, der sich aus der stillschweigend mitgedachten Prämisse ergibt, es gäbe etwas anderes als Akteurfiktionen - gewissermaßen Originale, von denen mehr oder weniger genaue Kopien herstellbar sind. Der Begriff 'Genauigkeit' ist also nur sinnvoll vor der Hintergrundvorstellung von Wirklichkeit und der sie abbildenden Beschreibung. Entfernt man diesen realistischen Kern aus der Vorstellung von Genauigkeit, dann lautet die Eingangsfrage nun anders - nämlich: macht es Sinn, daß man möglichst viele *verschiedene* Beschreibungen produziert. Auf diese Frage machen die oben genannten beiden letzten Antworten sowohl konstruktiven als auch produktiven Sinn, und das nicht nur in einer Hinsicht.

3 Der erkenntnistheoretische 'Standort' der hermeneutischen Wissenssoziologie

Nach all diesen Reflektionen/Reflexionen lassen sich jetzt in einer äußerst kurzen Skizze die zentralen Linien des hier vertretenen Selbstverständnisses einzeichnen. Ein Wissenschaftler, welcher seine berufliche Praxis ernst nimmt, muß (auch wenn er wissenssoziologisch informiert ist) an folgenden erkenntnistheoretischen Prämissen festhalten:

1. Bei seinen Akten der Wahrnehmung trifft der Wissenschaftler auf etwas Nicht-Eigenes, auf ein 'Nicht-Ego' (Peirce), das er zwar nicht 'an sich' erfahren kann, das aber körperlich erfahrbar zu Wahrnehmungsurteilen, welche ihrerseits im 'soziohistorischen Apriori' gründen, anregt. Deshalb sind diese Deutungen (und hier greife ich eine Anregung von H.-G. Soeffner auf) immer *'fiktiv'*, aber keinesfalls *'fiktional'*.[23] Fiktive Deutungen sind - so die Setzung - 'Entwürfe mit besseren Gründen', Imaginationen von Behauptungen, die, wenn sie zuträfen, Sinn machen; sie sind begründbare Als-ob-Unterstellungen, daß sich etwas so verhält

---

vertritt, die Aufgabe der Wissenschaft bestehe nicht darin, Antworten auf Fragen zu finden, sondern darin, immer wieder der Lebenspraxis das beruhigende Gefühl zu vermitteln, an den Antworten würde von kompetenten Leuten gearbeitet werden. Auch aus dieser Perspektive ist es für Wissenschaft wertvoll, neue Deutungen zu produzieren. Ganz problemlos läßt sich meine Antwort mit der Akteurfiktion von Marquard vereinbaren. Aus dieser Perspektive kompensiert (die Geisteswissenschaft) vornehmlich den durch die Modernisierung bewirkten Verlust von Weltdeutungen, indem sie immer neue und immer mehr Deutungen produziert und anbietet (Vgl. MARQUARD 1986).

23 Das ist gewiß eine willkürliche Benennung, da sich beide Worte von 'fingere' = 'bilden', 'dichten', 'vorstellen', 'entwerfen' herleiten.

wie ich es unterstelle. Fiktionale Deutungen sind dagegen 'Entwürfe mit guten ästhetischen Gründen', das Imaginäre, das mit einer freischwebenden Willkür Erfundene, das Erdichtete.

2. Der wissenschaftlich arbeitende Sozialforscher hält daran fest, daß seine Urteile mithilfe der Differenzen 'wahr/falsch'[24] und 'latent/manifest' bewerten werden können.
3. Er hält zudem daran fest, daß alle seine Urteile und alle Deutungsroutinen, welche zu Urteilen führen, einem systematischen Zweifel unterworfen werden müssen (und dies ist der unverzichtbare Kern von Forschung, die sich als Wissenschaft versteht). Erst wenn der Forscher *ernsthaft* von diesen Unterstellungen überzeugt ist (d.h. es sind für ihn keine Unterstellungen mehr), kann er zum einen die Probleme bei der Duchführung seiner Forschungen erkennen, aber auch entscheiden, welche Antworten zugleich eine Lösung sind.
4. Ein Sozialforscher (insbesondere wenn er sich einer hermeneutischen Vorgehensweise bedient) muß davon ausgehen (soll die Verwendung des Wortes 'Hermeneutik' noch Sinn machen), daß Subjekte nicht zwanghaft aufgrund äußerer Einflüsse handeln. Weder 'latente Strukturen' noch 'operierende Systeme' *beherrschen* das Handeln des Menschen (siehe hierzu REICHERTZ 1988). Es ist hochevident, daß menschliches Handeln keineswegs durch ein (wie immer geartetes) Äußeres - die Natur, die Sozialität, Strukturen, Prozesse etc. - *determiniert* ist, sondern jedes Außen wird von der Deutung des Handelnden gebrochen. Dieses 'Äußere' besitzt nur dann Kraft und manchmal auch Macht über den Handelnden, wenn es *durch* ihn und damit auch *für* ihn Bedeutung erhalten hat. Jenseits dieses bedeutungsvollen (=sinnhaften) Äußeren mag es weiteres geben, doch dieses interessiert die (hermeneutische) Soziologie nicht, da es bedeutungslos ist - also irrelevant, nicht existent. Hinter diese grundlegende Erkenntnis kann vernüftigerweise keine (Sozial)Wissenschaft mehr mit rationalen Gründen zurück - und zwar nicht, weil dies der romantische Glaube an die Autonomie menschlicher Subjekte normativ fordert, sondern weil zum einen keine Evidenz dafür spricht und weil zum anderen ein solcher 'Rückfall' den Gegenstand der Sozialwissenschaft beseitigt und sie selbst dann ohne Geschäftsbereich ist.

---

24 Mit dieser Differenz arbeiten selbst die radikalsten Konstruktivisten und die liberalsten Ästheten - solange sie beanspruchen, Wissenschaft zu betreiben. So schreibt Brunkhorst zutreffend (gegen Rorty): "Denn schon in ihrer täglichen Rede über beliebige Sachverhalte gehen auch die ganz normalen Liberalen und Pragmatiker davon aus, daß es sich *objektiv* so verhält, wie sie sagen, wenn sie sagen, es verhielte sich so und nicht anders. Dann beziehen sie sich aber im Gebrauch des Vokabulars, mit dem sie ein rein zufälliges Sozialisationsschicksal geschlagen hat, auf die regulative Idee einer objektiven Wirklichkeit, die ihre Behauptungen, wenn sie wahr sind, in *jedem* Vokabular wahr macht. (...) In einer jeden sozialen Praxis und in jeder perspektivischen Neubeschreibung ist die Wahrheit der Beschreibung und die Objektivität der Welt als eine ideale Invariable vorausgesetzt und regulativ wirksam." (BRUNKHORST 1990, S. 231f.)

5. Die wissenssoziologisch informierte Sozialforschung will rekonstruieren, aufgrund welcher Sinnbezüge gehandelt wurde, wie gehandelt wurde. Zu diesem Zweck zeichnet sie (aus der virtuell übernommenen Perspektive des Handelnden) die Bedeutung nach, die das Handeln für den Handelnden hatte. Belanglos ist dabei, ob dem Handelnden zum Zeitpunkt seines Tuns alle diese Bedeutungen klar bewußt waren. Insofern geht es keinesfalls um den emphatischen Nachvollzug subjektiv gemeinten Sinns.
6. Aus dieser Sicht besteht die Arbeit des Forschers darin, bei der Beobachtung und Darstellung die in seiner wissenschaftlichen Kultur vorhandenen Deutungen von Welt (sein soziohistorisches Apriori inklusive seine wissenschaftliche Kultur) zu verflüssigen. Gut geeignet für diesen Zweck ist die Deutung noch nicht wissenschaftlich vorgedeuteter 'Gegen'stände (=natürliche Daten). Dies kann aufgrund von Abduktionen oder qualitativen Induktionen zu Wahrnehmungsurteilen führen, die vom Hermeneuten als ein singuläres Bewußtseinserlebnis erfahren werden (Vgl. REICHERTZ 1991, S. 9 - 71). Der *Vergleich* der so gefundenen Deutung mit den bereits in der jeweiligen wissenschaftlichen Kultur vorhandenen Deutungen führt zu neuen Deutungen, welche Gewißheiten zersetzen und weitere Unterscheidungen hervortreiben können.
7. Die hermeneutische Deutung von Daten ist aus dieser Perspektive als ein Versuch zu werten, eine singuläre und möglicherweise neue Erfahrung an den bereits ausgedeuteteten Kosmos, dem der Hermeneut angehört, anzuschließen, was diesen Kosmos - zumindest partiell - weiter ausdifferenziert. Diese Ausdifferenzierung gelingt jedoch nur dann, wenn der Hermeneut seine berufliche Mitwelt davon überzeugt, daß die von ihm gewonnene Deutung tatsächlich eine Ausdifferenzierung der gemeinsamen Kultur darstellt. Dies ist erreicht, wenn die Darstellung der Neudeutung, also die Ausdifferenzierung, als Ergebnis und Ausdruck der Kultur (als Selbstauslegung) der Hermeneuten erscheint.

Eine solche wissenssoziologische Sozialforschung ist (trotz einiger Berühungspunkte) weder mit der strukturalistisch argumentierenden 'objektiven Hermeneutik' noch mit der Systemtheorie in Einklang zu bringen. An der 'objektiven Hermeneutik' kritisiert sie deren 'Metaphysik der Strukturen' (= ein Geflecht sich entfaltender autonomer Strukturen bestimmt das Schicksal menschlicher Subjekte bis in die 'kleinsten Poren' - siehe ausführlicher REICHERTZ 1988). Nicht geteilt wird zudem der blauäugige Erkenntnisoptimismus der 'objektiven Hermeneutik',[25] der wohl vor allem aus der fehlenden Einbeziehung des 'konstruktivistischen Charakters' menschlicher Erkennntis resultiert.

---

25 Dieser Optimismus hat sich bei dem Vordenker der 'objektiven Hermeneutik', Ulrich Oevermann, in den letzten Jahren beachtlich gesteigert. Bezog er in den frühen Arbeiten das Attribut 'objektiv' ausschließlich auf den Gegenstandsbereich (nämlich die objektiven Strukturen), so reklamiert er in neueren Arbeiten auch den Anspruch auf objektive Gültigkeit: "Latente Sinnstrukturen sind objektiv gegebene Realitäten genau insofern, als

Mit der Systemtheorie ist die Wissenssoziologie durch die gemeinsame 'konstruktivistische Einfärbung' verbunden. 'Erkenntnis' gilt beiden nicht als Abbildung eines Äußeren im Inneren, sondern als 'konstruktive Deutung'. Dennoch gibt es auch im Hinblick auf die Erkenntnistheorie zwischen den beiden Ansätzen beachtliche Unterschiede. Die gravierensten Differenzen finden sich jedoch in den jeweils zugrundegelegten *Objekttheorien* und den damit verbundenen *Erkenntniszielen*. Der Entwurf der Systemtheorie ist m.E. jedoch nicht nur für eine empirische Sozialforschung völlig fruchtlos, sondern auch der theoretische Ansatz und die Zielstellung führen zu keinem nennenswerten Erkenntnisgewinn.

Zur Erläuterung: Erkenntnistheoretisch argumentiert die Systemtheorie bedeutend radikaler als die Wissenssoziologie. So geht z.B. mit dem Konzept autopoietischer Systeme auch die Vorstellung einher, daß es sich bei der Beobachtung eines Textes durch einen Leser/Interpreten um "eine Operation eines Beobachters [handelt], die nicht durch das Beobachtete determiniert, sondern durch den Beobachter generiert wird." (Nassehi 1997, S. 151).[26] Etwas 'verständlicher' formuliert läuft die Behauptung des Lesers/Autors Armin Nassehi auf die etwas paradoxe - oder genauer: auf die *sich selbst dementierende Aussage* hinaus: *Ich habe verstanden, daß nichts verstanden werden kann.* Nimmt man diese und ähnliche Aussagen für bare Münze, dann ist fraglich, weshalb ein Leser/Interpret (z.B. der Luhmannschen Schriften) reklamieren kann, er habe diese Texte adäquat verstanden bzw. besser als andere. Ähnliches gilt natürlich auch für das Verstehen von Texten, die als Handlungsprotokolle aufgefaßt werden. Ein 'Verstehen' ist dann nicht möglich, außer man definiert, daß 'Verstehen' identisch mit 'Beobachten' und letzteres identisch mit 'Eine-Differenz-machen' ist (vgl. ebd., S. 139ff.) - das ist aber lediglich ein Taschenspielertrick, somit wenig erhellend.

Zu den Unterschieden zwischen Wissenssoziologie und Systemtheorie in Bezug auf die zugrundegelegten *Objekttheorien* und *Erkenntnisziele* kurz folgendes: Aus der Perspektive der Systemtheorie kommunizieren bekanntermaßen nicht Menschen miteinander, sondern allein die 'Kommunikation vermag es zu kommunizieren' (ebd., S. 138). Dementsprechend interessiert sich die Systemtheorie nicht für den "*Beitrag des Individuums* zur Konstituierung sozialer Prozesse" (ebd.), sondern "ausschließlich für den *rekursiven Zusammenhang selbstreferentiell aufeinander* bezogener kommunikativer Ereignisse" (ebd.). Kommunikation schreitet demnach (auch bei Mißverständnissen) unaufhaltsam voran. Ein Ereignis schließt sich nach systemimmanenten Selektionsmustern an

---

sie von objektiv geltenden Regeln im Sinne von Algorithmen generiert werden und als solche mit Anspruch auf objektive Gültigkeit durch Inanspruchnahme genau jener Regeln im Interpretationsakt rekonstruiert werden können." (OEVERMANN 1993, S. 115)

26 Ich zitiere hier nicht Luhmann, sondern Nassehi, weil (1) er reklamiert, die Luhmannsche Position adäquat wiedergegeben zu haben, und weil (2) die Ausführungen von Nassehi in dem vorliegenden Band abgedruckt sind, was den Vergleich und die Abwägung der Argumente für den Leser erleichtert.

vorhergegangene kommunikative Ereignisse an. Dabei bedarf die Kommunikation nicht des Bewußtseins des sprechenden und handelnden Subjekts, sondern sie treibt den Fortgang aus sich heraus, die Kommunikation 'bedient' sich lediglich der menschlichen Stimme: das Subjekt dient vor allem als 'Laut-Sprecher' - der sprechende Körper wird entworfen als das Vollstreckungsinstrument einer nach eigenen Selektionskriterien[27] prozessierenden Kommunikation.

Diese Position richtet sich ganz entschieden gegen eine intentionalistische Handlungs- und Kommunikationstheorie und gegen die (unerfüllbare) Forderung, Sozialwissenschaft habe das 'bewußt Intendierte' oder (mit Schütz gesprochen) die 'Um-Zu-Motive' menschlichen Handelns zu erkennen und zu benennen. Diese vor allem von überzeugten Interaktionisten vertretene Forderung impliziert die Vorstellung vom freien, *bewußt* die Welt aus sich selbst spinnenden Subjekt. Zwar enthält sie ein gutes Maß an romantischer Wehmut, jedoch wenig an Überzeugungskraft.

Denn es ist gewiß naiv (nicht nur nach Karl Marx und Sigmund Freud) allein das für handlungsbedeutsam zu halten, das dem sicheren Griff des klaren Bewußtseins verfügbar ist. Bedeutung für das Handeln hat sehr vieles, das von dem Handelnden selbst nicht *sofort* benannt werden kann. So sind z.B. in 'kommunikative Gattungen' Formen der Thematisierung und Darstellung von Ereignissen eingelassen, die dem einzelnen Erzähler kaum bewußt verfügbar sind. Gleiches gilt sowohl für die durch bestimmte soziale settings in Kraft gesetzten Formen und Regeln der Gesprächsorganisation als auch für die in Sprechroutinen eingelagerten Entscheidungen - weder kennt der Sprecher diese Entscheidungen noch kann er sie bewußt nachvollziehen. Gewiß verengt auch der permanente Handlungs- und Entscheidungszwang die Möglichkeit der Subjekte, sich ihre Handlungssituation in ihrer Komplexität zu vergegenwärtigen und mögliche Handlungsoptionen und deren Folgen hochzurechnen.

Aber daß diese Fälle (und andere) zu benennen sind, resultiert allein daraus, daß sie als (wenn auch normale) Abweichung vor dem zugrundeliegenden Normalfall herauskonturiert werden können. Auch wenn die 'Handlungsmotivierung' oft im 'Untergrund' bleibt, kann sie doch bei Bedarf (und mit bestimmten Verfahren) ans Licht des Bewußtseins gebracht bzw. rekonstruiert werden. Auch der durch psychische Krankheit systematisch dem Kranken verstellte Zugang zur Bedeutung von Äußerem und das damit einhergehende zwanghafte Handeln, das oft die Macht der äußeren Einflüsse beweisen soll, verweist im Kern auf die zentrale Stellung, die das 'Bedeutsam-Machen' für das menschliche Handeln hat. Denn auch das zwanghafte Handeln resultiert aus der

---

27 An dieser Stelle trennt sich im übrigen die Systemtheorie von der 'objektiven Hermeneutik'. Letztere geht davon aus, daß bereits existierende Strukturen (Regeln) das Geschehen aus sich heraustreiben, während Nassehi für die Systemtheorie reklamiert, daß die Kommunikation ihre Selektionsmuster in der Kommunikation stets aufs Neue entwickelt (ebd., S. 153ff.). Diese Dynamisierung starrer Strukturen zu sich entwickelnden Selektionen ändert jedoch nichts an der grundlegenden Argumentationsfigur von der Außendeterminiertheit menschlichen Tuns.

Bedeutung, die äußeren Ereignissen vom Handelnden beigegeben werden: halt der falschen - aus der Sicht des Therapeuten.

Hinter all den oben genannten Abkürzungsformen und Routinen stehen sinnhafte (oft auch langwierige und interaktiv ausgehandelte) Entscheidungen handelnder Menschen. Indem andere Menschen später und andernorts diese Formen und Routinen übernehmen, schließen sie sich auch den darin eingelagerten Entscheidungen an (und sie haben sich diese Entscheidungen auch zurechnen zu lassen). Die wissenssoziologische Hermeneutik bemüht sich also *nicht* um die 'gewußten Bewußtseinsinhalte' von Subjekten, auch für die Wissenssoziologie bleiben die Subjekte intransparent, ihr geht es statt dessen um die Rekonstruktion der *objektiven* (= gesellschaftlichen) Bedeutung von (auch in Formen und Routinen eingelassenen) Entscheidungen und damit um die Rekonstruktion von Sozialität: wie sie ensteht, wie sie gesichert wird, wie sie auf Veränderungen reagiert. Im Zentrum dieser Sozialforschung steht das gesellschaftlich individuierte Subjekt, das sich im Laufe seiner Ontogenese erst in (und mithilfe) der Sozialität findet, um dann sich und die Gesellschaft neu zu 'erfinden'. Eine Soziologie ohne menschliches Subjekt ist nicht denkbar. Entfernen Soziologen das Subjekt und sein Handeln aus ihrem Geschäftsbereich, dann eröffnen sie ein neues Geschäft: fraglich ist jedoch, was man dort erhält.

Der Systemtheorie (in der Version von Nassehi) geht es in der Tat um etwas anderes: hier interessiert man sich z. B. für die Fragen, wie der "selektive Prozeß einer Kommunikation" (ebd., S. 150) verläuft, oder wie "kommunikative Ereignisse ihre Anschlußfähigkeit" sichern (ebd.) oder wie Texte ihre "interne kommunikative Verstehenskontrolle" (ebd.) ausüben oder wie "der Kommunikation womöglich die Kontrolle über sich selbst" (ebd.) entgleitet. Das sind ohne Zweifel Fragen, die man stellen kann. Daß man sie aber mit einer Erkenntnistheorie, welche postuliert, daß Beobachtungen nicht vom Beobachteten determiniert, sondern vom Beobachter generiert sind, nicht beantworten kann, ist bereits oben gesagt worden. Insofern wäre systemtheoretische Kommunikationsanalyse jetzt am Ende.

Interessanter bei diesen Fragen ist die ihnen inhärente Ontologie, nach der Kommunikationen die Kommunikation gestalten, Texte Verstehenskontrolle ausüben und die Kommunikation sogar die Kontrolle über sich selbst verlieren kann. Diese anthropozentrische Auffüllung des Systembegriffs erinnert nicht nur an die Anfänge u.a. der Astronomie, der Biologie und der Ethnologie, sondern auch an den bei Naturvölkern verbreiteten magischen Glauben an die Allbelebung der Natur. Insofern gesellt sich zu der 'Metaphysik der Strukturen' innerhalb der 'objektiven Hermeneutik' auch die 'Metaphysik der Systeme' innerhalb der Systemthorie. Die Rekonstruktion der 'Sinnhaftigkeit' menschlichen Handelns ist nicht der Geschäftsbereich der Systemtheorie, sondern sie fühlt sich angezogen vom spröden Charme der Logik einer selbstreferentiellen Kommunikation, die den Menschen als 'Laut-Sprecher' benötigt, um weiter prozessieren zu können. Die Suche nach dieser Chimäre erscheint mir jedoch weder verlockend noch erhellend.

Literatur:

Apel, K.O. (1979): Die Erklären-Verstehen-Kontroverse in transzendentalpragmatischer Sicht. Frankfurt/M.
Bateson, G. (1983): Ökologie des Geistes. Frankfurt/M.
Berger, P./Luckmann, Th. (1977 (1966)): Die gesellschaftliche Konstruktion der Wirklichkeit. Frankfurt/M.
Bergmann, J. (1985): Flüchtigkeit und methodische Fixierung sozialer Wirklichkeit. In: Bonß, W./Hartmann, H. (Ed.), Entzauberte Wissenschaft (pp. 299-320): Göttingen.
Bergmann, J./Luckmann, Th./Soeffner, H.G. (1987): Kommunikative Formen der gesellschaftlichen Organisation des Wissens. MS, Konstanz-Hagen.
Bourdieu, P. (1989): Satz und Gegensatz. Berlin.
Brunkhorst, H. (1990): Der entzauberte Intellektuelle. Hamburg.
Cicourel A. (1974): Methode und Messung in der Soziologie. Frankfurt/M.
Einstein, A./Infeld, L. (1987 (1950)): Die Evolution der Physik. Reinbeck.
Fleck, L. (1983): Erfahrung und Tatsache. Frankfurt/M.
Foerster, H.v. (1987): Erkenntnistheorien und Selbstorganisation. In: Schmidt, S.J. (Ed.), Der Diskurs des Radikalen Konstruktivismus (pp. 133-158): Frankfurt/M.
Foucault, M. (1977): Die Ordnung des Diskurses. München.
Gehlen, A. (1975): Urmensch und Spätkultur. Frankfurt/M.
Gehlen, A. (1978): Der Mensch - Seine Natur und seine Stellung in der Welt. Wiesbaden.
Glaser, B./Strauss, A. (1974 (1967)): The Discovery of Grounded Theory: Strategies for Qualitative Research. Chicago.
Hofstadter, D.R. (1985): Gödel, Escher, Bach - ein endloses Band. Stuttgart.
Juchem, J. (1989): Konstruktion und Unterstellung. Ein kommunikationstheoretischer Versuch. Münster.
Kellner, H./Heuberger, F. (1988): Die Einheit der Handlung als methodologisches Problem. In: List, E./Srubar, I. (Eds.), Alfred Schütz - Neue Beiträge zur Rezeption seines Werkes (pp. 257 - 284): Amsterdam.
Kelle, U. (1994): Empirisch begründete Theoriebildung. Weinheim.
Knorr-Cetina, K. (1984): Die Fabrikation von Erkenntnis. Frankfurt/M.
Knorr-Cetina, K. (1989): Spielarten des Konstruktivismus. Soziale Welt, Jg. 40, S. 86-96.
Luckmann, Th. (1981): Zum hermeneutischen Problem der Handlungswissenschaften. In: Fuhrmann et al. (Eds.), Text und Applikation (pp. 513-524): München.
Luckmann, Th. (1988): Grundformen der gesellschaftlichen Vermittlung des Wissens: Kommunikative Gattungen. In: Neidhardt, F./Lepsius, R./Weiss, J. (Eds.), Kultur und Gesellschaft (pp. 191-213): Opladen.
Luhmann, N. (1978): Soziologie der Moral. In: Luhmann, N./Pfürtner, St. (Eds.), Theorietechnik und Moral (pp. 8-116): Frankfurt/M.
Luhmann, N. (1980): Ideengeschichten in soziologischer Perspektive. In: Matthes, J. (Ed.), Lebenswelt und soziale Probleme (pp. 49-61): Frankfurt/M.
Luhmann, N. (1984): Soziale Systeme. Frankfurt/M.

Luhmann, N. (1987): Die Richtigkeit soziologischer Theorie. Merkur, Jg. 41, Heft 1, S. 36-49.
Marquard, O. (1981): Abschied vom Prinzipiellen. Stuttgart.
Marquard, O. (1986): Apologie des Zufälligen. Stuttgart.
Maturana, H.R. (1970): Biologie der Erkenntnis. Braunschweig.
Maturana, H.R. (1987): Kognition. In: Schmidt, S.J. (Ed.), Der Diskurs des Radikalen Konstruktivismus (pp. 89-118): Frankfurt/M.
Mead, G.H. (1973): Geist, Identität und Gesellschaft. Frankfurt/M.
Nassehi, A. (1997): Kommunikation verstehen. Einige Überlegungen zur empirischen Anwendbarkeit einer systemtheoretisch informierten Hermeneutik (in diesem Band).
Oevermann, U. (1983): Die Bedeutung von Adornos methodologischem Selbstverständnis für die Begründung einer materialen soziologischen Strukturanalyse. In: Friedeburg, L./Habermas, J. (Eds.), Adorno-Konferenz (pp. 234-292): Frankfurt/M.
Oevermann, U. (1986): Kontroversen über sinnverstehende Soziologie. Einige Probleme und Mißverständnisse in der Rezeption der 'objektiven Hermeneutik'. In: Aufenanger, St./Lenssen, M. (Eds.), Handlung und Sinnstruktur (pp. 19-83): München.
Oevermann, U. (1993): Die objektive Hermeneutik als unverzichtbare methodologische Grundlage für die Analyse von Subjektivität. In: Jung, Th./Müller-Doohm, St. (Eds.): 'Wirklichkeit' im Deutungsprozeß (pp. 106 - 189): Frankfurt/M.
Oevermann, U./Allert, T./Konau, E./Krambeck, J. (1979): Die Methodologie einer 'objektiven Hermeneutik' und ihre allgemeine forschungslogische Bedeutung in den Sozialwissenschaften. In: Soeffner, H.G. (Ed.), Interpretative Verfahren in den Sozial- und Textwissenschaften (pp. 352-433): Stuttgart.
Peirce, Ch.S. (1973): Lectures on Pragmatism - Vorlesungen über Pragmatismus, herausgegeben mit Einleitung und Anmerkungen von E. Walther. Hamburg.
Peirce, Ch.S. (1976 (1967/1970)): Schriften zum Pragmatismus und Pragmatizismus, herausgegeben von K. O. Apel und übersetzt von G. Wartenberg. Frankfurt/M.
Peirce, Ch.S. (1988): Naturordnung und Zeichenprozeß. Aachen.
Plessner, H. (1970): Philosophische Anthropologie. Frankfurt/M.
Plessner, H. (1975): Die Stufen des Organischen und der Mensch. Berlin/New York.
Plessner, H. (1982): Mit anderen Augen. Stuttgart.
Pollner, M./Wikler, L. (1979): 'Cognitive Enterprise' in einem Fall von Folie à Famille. In: Soeffner, H.G. (Ed.), Interpretative Verfahren in den Sozial- und Textwissenschaften (pp. 177-187): Stuttgart.
Popper, K. (1968): Conjectures and Refutations. New York.
Popper, K. (1973 (1934)): Logik der Forschung. Tübingen.
Popper, K. (1974 (1972)): Objektive Erkenntnis. Hamburg.
Reichenbach, H. (1983 (1938)): Erfahrung und Prognose. Braunschweig/Wiesbaden.
Reichertz, J. (1986): Probleme qualitativer Sozialforschung. Frankfurt/New York.

Reichertz, J. (1988): Verstehende Soziologie ohne Subjekt. KZfSS, Jg. 40, Heft 1, S. 207-221.
Reichertz, J. (1989): Hermeneutische Auslegung von Feldprotokollen? In: Aster, R./Merkens, H./Repp, M. (Eds.), Teilnehmende Beobachtung (pp. 84-102): Frankfurt/M.
Reichertz, J. (1991): Aufklärungsarbeit - Kriminalpolizisten und Feldforscher bei der Arbeit. Stuttgart.
Reichertz, J. (1993): Abduktives Schlußfolgern und Typen(re)konstruktion. In: Jung, Th./Müller-Doohm, St. (Eds.), 'Wirklichkeit' im Deutungsprozeß (pp. 258-282): Frankfurt/M.
Reichertz, J./Schröer, N. (1994): Erheben, Auswerten, Darstellen. Konturen einer hermeneutischen Wissenssoziologie. In: Schröer, N. (Ed.), Interpretative Sozialforschung. Auf dem Wege zu einer hermeneutischen Wissenssoziologie (pp. 24-55): Opladen.
Reichertz, J./Soeffner, H.G. (1994): Von Texten und Überzeugungen. In: Schröer, N. (Ed.), Interpretative Sozialforschung. Auf dem Wege zu einer hermeneutischen Wissenssoziologie (pp. 285-299): Opladen.
Richards, J./Glasersfeld, E. (1987): Die Kontrolle von Wahrnehmung und die Konstruktion von Realität. In: Schmidt, S.J. (Ed.), Der Diskurs des Radikalen Konstruktivismus (pp. 192-228): Frankfurt/M.
Schimank, U. (1988): Gesellschaftliche Teilsysteme als Akteurfiktionen. KZfSS, Jg. 40, Heft 4, S. 619-639.
Schröer, N. (1992): Der Kampf um Dominanz. Hermeneutische Fallanaylse einer polizeilichen Beschuldigtenvernehmung. New York/Berlin.
Schröer, N. (Ed.) (1994): Interpretative Sozialforschung. Auf dem Wege zu einer hermeneutischen Wissenssoziologie. Opladen.
Schütz, A. (1971 - 1972): Gesammelte Aufsätze, 3. Bd. Den Haag.
Schütz, A./Luckmann, Th. (1979/1984): Strukturen der Lebenswelt, 2 Bde. Frankfurt/M.
Soeffner, H.G. (1985): Anmerkungen zu gemeinsamen Standards standardisierter und nicht-standardisierter Verfahren in der Sozialforschung. In: Kaase. M./Küchler, M. (Eds.), Herausforderung der empirischen Sozialforschung (pp. 109-126): Mannheim.
Soeffner, H.G. (1989): Auslegung des Alltags - Der Alltag der Auslegung. Frankfurt/M.
Soeffner, H.G. (1991): 'Trajectory' - Das geplante Fragment. Die Kritik der empirischen Vernunft bei Anselm Strauss. BIOS 1/91, S. 1-12.
Soeffner, H.G. (1992): Die Ordnung der Rituale. Frankfurt/M.
Strauss, A. (1991a): Grundlagen qualitativer Forschung. München.
Strauss, A. (1991b): Creating sociological Awareness. New Brunswick.
Ungeheuer, G. (1987): Kommunikationstheoretische Schriften I: Sprechen, Mitteilen, Verstehen. Aachen.
Vaihinger, H. (1924): Die Philosophie des Als Ob. Leipzig.
Wittgenstein, L. (1976 (1921)): Tractatus logico-philosophicus. Frankfurt/M.
Wittgenstein, L. (1977 (1958)): Philosophische Untersuchungen. Frankfurt/M.

Brückenschläge zwischen Hermeneutik und Systemtheorie

Armin Nassehi

Kommunikation verstehen

Einige Überlegungen zur empirischen Anwendbarkeit einer systemtheoretisch informierten Hermeneutik[1]

Verstehen ist ein vieldeutiger Begriff. Er versteht sich gewissermaßen nicht von selbst, sondern es bedarf Erörterungen mit erheblichem Auflösevermögen, um das Geschäft des Verstehens verstehen zu können. Traditionellerweise ist dies das Gebiet der *Hermeneutik* als wissenschaftlicher Sondermethodologie für die methodisch kontrollierte Beobachtung von Texten, von sprachlich strukturierten Daten, von kulturellen Phänomenen schlechthin. Immer wieder ist darauf hingewiesen worden, daß das Entstehen hermeneutischer Denkweisen in entscheidender Weise mit dem Verlust gesellschaftlicher Bindungskräfte zusammenhängt, mit dem Verlust gesellschaftsweit gültiger Regeln der Deutung und Beobachtung von Welt. Sehr treffend sieht Manfred Frank unter Hinweis auf Schleiermacher die "Pointe des Rekurses auf die Hermeneutik" darin, "daß in Ermangelung eines trans-individuellen (metaphysischen) Kriteriums für die Identifikation von Einzeldingen und die Verifikation von Aussagen über Sachverhalte die individuelle Weltdeutung der Kommunikationspartner ins Spiel gebracht werden *muß*"[2]. Die Konsequenz dieser Dezentralisierung der Wahrheit besteht darin, daß es ab jetzt kein letztgültiges, allgemeines, nicht kontingentes Verständnis der Welt mehr geben kann. An die Stelle der *einen*, universalen Welt*gewißheit* tritt nun eine *Vielzahl* individueller Welt*deutungen.*[3] Indem die Deutung der Welt kontingent wird, wird folgerichtig nicht nur die Welt als Seiendes, sondern auch ihre Deutung zum Problem. Weltdeutungen können sich nun nicht mehr bescheiden, nur die Welt zum Gegenstand zu haben, sie müssen zunehmend auch sich selbst als Deutung thematisieren. Letztlich trifft dieses Syndrom jegliche Form der Weltkonstitution und -beobachtung, doch hat sich mit der Hermeneutik eine Sondermethodologie entwickelt, die sich insbesondere

---

1 Ich danke Steffani Engler, Georg Kneer, Markus Schroer, Tilmann Sutter und Peter Wiechens für kritische Hinweise zu früheren Versionen des Textes.

2 Manfred Frank, *Die Unhintergehbarkeit von Individualität. Reflexionen über Subjekt, Person und Individuum aus Anlaß ihrer 'postmodernen' Toterklärung*, Frankfurt/M. 1986, S. 119.

3 Vgl. dazu Georg Kneer und Armin Nassehi, *Verstehen des Verstehens. Eine systemtheoretische Revision der Hermeneutik*, in: Zeitschrift für Soziologie 20 (1991), S. 341-356, hier S. 342f.

der Auslegungskunst textförmiger Daten widmet und damit konstitutiv für die philologischen Kulturwissenschaften ist. Die Hermeneutik kann demnach - verkürzend gesagt - als wissenschaftliche Reflexionstheorie der Auslegung der Welt mit dem Schwerpunkt der wissenschaftlichen Bearbeitung historisch-kultureller Daten angesehen werden.

In die Soziologie hat das hermeneutische Paradigma mit Max Webers Begründung der *verstehenden Soziologie* Einzug gehalten. Bekanntlich gründet sich Webers Methodologie der Sozialwissenschaften als ursächlicher Erklärung sozialen Handelns primär auf das *deutende Verstehen subjektiv gemeinten Sinns sozialen Handelns*[4] - also auf das klassische hermeneutische Paradigma, Tatsachen von Kulturbedeutung methodisch kontrolliert idiographisch erfassen zu können. Freilich ist das Paradigma der *verstehenden Soziologie* keineswegs unwidersprochen geblieben, und so läßt sich ohne Übertreibung behaupten, daß die von Weber seinerzeit überwunden geglaubte Dichotomie von idiographischen und nomothetischen bzw. subjektivistischen und objektivistischen soziologischen Ansätzen heute ungebrochen weiter wirkt. Das Fach zerfällt in zwei Kulturen: In ein *verstehendes* Paradigma, das an die hermeneutische Tradition des Sinnverstehens anknüpft, und in ein *erklärendes* Paradigma, das Soziologie nur als nomothetische, letztlich am Hempel-Oppenheim-Schema[5] orientierte Wissenschaft will gelten lassen.

Berührungen zwischen diesen zwei Kulturen sind vergleichsweise selten, und noch seltener erreichen sie jenes Niveau, auf dem Alfred Schütz und Talcott Parsons in einem berühmt gewordenen Briefwechsel in den Jahren 1940 und 1941 um den angemessenen Anschluß an Max Weber gerungen haben.[6] Gleichwohl scheinen die im Forschungs- und Lehralltag der Soziologie anzutreffenden stabilen Blöcke nicht gar so undurchlässig zu sein, wie es auf den ersten Blick erscheint. Wenn dies auch womöglich nicht für den - derzeit meines Wissens eher latent geführten - Streit zwischen sogenannten quantitativen und

---

4 Vgl. Max Weber, *Wirtschaft und Gesellschaft*, 5. Aufl., Tübingen, S. 1.

5 Das Hempel-Oppenheim-Schema besagt: *Wissenschaftliches Erklären* erfolgt als Deduktion aus Randbedingungen und allgemeinen (Natur-)Gesetzen, die in den *erklärenden* Sozialwissenschaften freilich lediglich in Form statistischer Gesetze ("induktiv-statistische Erklärung") denkbar sind. Vgl. dazu Wolfgang Stegmüller, *Probleme und Resultate der Wissenschaftstheorie und Analytischen Philosophie. Band I: Wissenschaftliche Erklärung und Begründung*, Berlin/Heidelberg/New York 1969, S. 86; Karl R. Popper, *Logik der Forschung*, 3. Aufl., Tübingen 1969, S. 31.

6 Vgl. Alfred Schütz und Talcott Parsons, *Zur Theorie sozialen Handelns. Ein Briefwechsel*, hg. und eing. v. Walter Sprondel, Frankfurt/M. 1977; vgl. dazu auch den instruktiven Aufsatz von Thomas Schwinn, *Wieviel Subjekt benötigt die soziologische Theorie?*, in: Sociologia Internationalis 33 (1995), S. 49-75. Als Ausnahme kann etwa die Kontroverse zwischen Hartmut Esser und Hans-Georg Soeffner gelten, vgl. dazu Hartmut Esser und Hans-Georg Soeffner, *Die Relevanz von Kommunikation im Rational-Choice-Ansatz und in der interpretativen Soziologie* (Transkript eines Podiumsgesprächs bei der Jahrestagung der Sektion Sprachsoziologie der DGS in Bamberg 1990); vgl. auch Hartmut Esser, *Alltagshandeln und Verstehen*, Tübingen 1991.

qualitativen Methoden gilt, so sind doch seit geraumer Zeit Arbeiten erschienen, die Berührungspunkte, gar Konvergenzen zwischen systemtheoretischen und verstehenden Ansätzen in der Soziologie systematisch herausarbeiten,[7] Berührungspunkte zwischen zwei Formen der soziologischen Theoriebildung also, die traditionellerweise als inkompatibel angesehen werden, und zwar anhand der Unterscheidung einer *objektvistischen* und einer *subjektivistischen* Theorieanlage.[8] Spätestens mit dem Paradigmenwechsel innerhalb der soziologischen Systemtheorie hin zur Theorie selbstreferentieller und autopoietischer Systeme[9] kann diese eindeutige Frontstellung aufgebrochen werden, denn *erstens* ordnet sich Luhmanns Theorie sozialer Systeme weder dem einen noch dem anderen Paradigma zu, indem sie die Unterscheidung eher *subjektiver* und eher *objektiver* Theorieanlagen nicht mitträgt. *Zweitens* führt Luhmann den Begriff des *Verstehens* an theoretisch entscheidender Stelle bei der Konzeptualisierung des grundlegenden Begriffs seiner Sozialtheorie, nämlich *Kommunikation*, die er als dreistellige Selektion von Information, Mitteilung und *Verstehen* faßt.[10] Es war nicht zuletzt jener prominente Ort, an dem Luhmann den Begriff des Verstehens einführt, der einige Autoren dazu inspiriert hat, das Verhältnis von systemtheoretischer und verstehender Soziologie genauer zu untersuchen. Die bisher dazu vorliegenden Arbeiten beschäftigen sich aber - mit wenigen Ausnahmen - noch mit sehr abstrakten theoretischen Begründungs-, Konzeptualisierungs- sowie Begriffsproblemen, während eine methodisch-methodologische Umsetzung des angedeuteten Programms erst ansatzweise erfolgt ist.[11] Ziel der nachstehenden Überlegungen ist es, diese Lücke - wenn sie

---

7 Vgl. etwa Georg Kneer und Armin Nassehi, *Verstehen des Verstehens*, a.a.O.; Wolfgang Ludwig Schneider, *Objektives Verstehen. Rekonstruktion eines Paradigmas: Gadamer, Popper, Toulmin, Luhmann*, Opladen 1991; Wolfgang Ludwig Schneider, *Hermeneutik sozialer Systeme. Konvergenzen zwischen Systemtheorie und philosophischer Hermeneutik*, in: Zeitschrift für Soziologie 21 (1992), S. 420-439; Alfons Bora, *Konstruktion und Rekonstruktion. Zum Verhältnis von Systemtheorie und objektiver Hermeneutik*, in: Gebhard Rusch und Siegfried J. Schmidt (Hg.): Konstruktivismus und Sozialtheorie. Delfin 1993, Frankfurt/M. 1994, S. 282-330; Armin Nassehi, *Die Form der Biographie. Theoretische Überlegungen zur Biographieforschung in methodologischer Absicht*, in: BIOS 7 (1994), S. 46-63; Armin Nassehi, *Die Deportation als biographisches Ereignis. Eine biographieanalytische Untersuchung*, in: Georg Weber et al., Die Deportation von Siebenbürger Sachsen in die Sowjetunion 1945-1949, Band 2: Die Deportation als biographisches Ereignis und literarisches Thema, Köln/Weimar/Wien 1995, S. 5-412.

8 So etwa Rolf Eickelpasch in einer Einführung in die interpretative Soziologie (vgl. Rolf Eickelpasch, *Handlungssinn und Fremdverstehen. Grundkonzepte einer interpretativen Soziologie*., in: Georg Kneer, Klaus Kraemer und Armin Nassehi (Hg.): Soziologie. Zugänge zur Gesellschaft, Band 1: Geschichte, Theorien und Methoden, Münster/Hamburg 1994, S. 119-144).

9 Vgl. dazu Georg Kneer und Armin Nassehi, *Niklas Luhmanns Theorie sozialer Systeme. Eine Einführung*, 2. Aufl., München 1994, S. 47ff.

10 Vgl. Niklas Luhmann, *Soziale Systeme. Grundriß einer allgemeinen Theorie*, Frankfurt/M. 1984, S. 191ff.

hier schon nicht zu schließen ist - zumindest genauer zu bestimmen und einige Schlaglichter auf die Möglichkeiten der empirischen Anwendbarkeit einer systemtheoretisch informierten Hermeneutik zu werfen. Dabei gehe ich folgendermaßen vor: Zunächst führe ich in eine systemtheoretische Rekonstruktion von *Verstehen* ein (I.) und behandle dann die Frage einer methodischen Operationalisierung der theoretisch gewonnen Erkenntnisse (II.). Schließlich werde ich dem Problem des Verstehens als *wissenschaftlicher Operation* nachgehen (III.), um abschließend auf das Verhältnis von Text und Autor bzw. Kommunikation und Person zu sprechen zu kommen (IV.).

I Eine systemtheoretische Rekonstruktion von *Verstehen*

In der Theorie sozialer Systeme Luhmanns kommt der Verstehensbegriff, wie bereits erwähnt, an theoretisch zentraler Stelle vor, nämlich als eine der drei Selektionen, die gemeinsam Kommunikation, die Grundoperation sozialer Systeme, konstituieren. In diesem Sinne sind soziale System per se verstehende Systeme, bildet doch die Verstehenskomponente eine der konstitutiven Bedingungen für die Operationsfähigkeit von sozialen Systemen. Der Verstehensbegriff kommt in Luhmanns Theorie aber noch an einer zweiten Stelle vor, nämlich als spezifischer Modus der Selbst- oder Fremdbeobachtung eines Systems. Für meine nachstehenden Erläuterungen sowie für die empiriefähige Operationalisierung werden beide Verstehensbegriffe von Bedeutung sein, so daß ich die beiden Begriffe zunächst unabhängig voneinander erläutern werde. Ich schlage dazu vor, den ersten Verstehensbegriff *operatives Verstehen* (a) zu nennen und den zweiten *beobachtendes Verstehen* (b).

ad a) Die Theorie autopoietischer sozialer Systeme steht und fällt mit der Annahme der operativen Geschlossenheit sowohl psychischer als auch sozialer Systeme. Wie psychische, also Bewußtseinsoperationen als autopoietischer Zusammenhang nacheinander ablaufender Bewußtseinsereignisse zu verstehen sind, werden soziale Systeme als Systeme verstanden, die fortlaufend kommunikative Ereignisse an kommunikative Ereignisse anschließen. Selbstverständlich kann keine Kommunikation ohne beteiligte psychische Systeme zustandekommen, aber die strukturelle Kopplung von Bewußtsein und Kommunikation widerspricht nicht dem Theorem der *operativen Geschlossenheit* beider sinnverarbeitender Systemarten. Niemals kann Kommunikation an Gedanken anschließen, sondern ausschließlich an vorherige Kommunikation. Und wenn ein psychisches System an Kommunikation anschließen wollte, müßte

---

11 Wenn ich recht sehe, zum ersten Mal bei Wolfgang Ludwig Schneider, *Hermeneutische Einzelfallrekonstruktion und funktionalanalytische Theoriebildung - Ein Versuch ihrer Verknüpfung, dargestellt am Beispiel der Interpretation eines Interviewprotokolls*, in: Jürgen H.P. Hoffmeyer-Zlotnik (Hg.): Analyse verbaler Daten. Über den Umgang mit qualitativen Daten, Opladen 1992, S. 168-215. Allerdings nutzt Schneider hier noch weniger das Theorem selbstreferentieller Systeme, sondern schließt an den Funktionalismus des 'frühen' Luhmann an.

es diese Kommunikation erst selbst wahrgenommen haben, um daran anschließen zu können. Es läßt sich letztlich leicht an der Teilnahme an einem Gespräch empirisch überprüfen, daß die Dynamik der eigenen Gedanken niemals identisch ist mit der Dynamik des kommunikativen Geschehens. Im Gegenteil: Ein Gespräch unter Anwesenden entwickelt schnell eine eigene Dynamik, die kaum von einzelnen Kommunikanden zu steuern ist. Und Bewußtseinsinhalte beteiligter psychischer Systeme kommen niemals als solche in der Kommunikation vor. Man kann das etwa daran erkennen, daß die Dynamik eines Gesprächs unter anderem dadurch bestimmt wird, daß die beteiligten psychischen Systeme füreinander intransparent sind. Es läßt sich sogar sagen, daß Kommunikation als emergente Ebene funktional nur deshalb möglich und nötig ist, *weil* psychische Systeme aufgrund ihrer operativen Geschlossenheit füreinander vollständig intransparent sind. Gerade weil sie nicht unmittelbar aneinander gekoppelt werden können, entsteht Kommunikation als strukturell gekoppelter, aber gerade deshalb strukturell andersartiger Systemzusammenhang, der sich nicht auf die beteiligten Psychen reduzieren läßt. Deshalb - und nur deshalb, nicht wegen einer irgendwie gearteten Geringschätzung des "Menschen" oder des "Subjekts" - läßt sich aus der Perspektive der Theorie sozialer Systeme sagen, daß nicht Menschen oder Subjekte kommunizieren, sondern daß allein *Kommunikation kommunizieren kann.*[12] Und nur deshalb interessiert sich die Theorie sozialer Systeme eben nicht für die Innerlichkeit des Menschen, für den - Webersch gesprochen - *subjektiv gemeinten Sinn* als Grundlage sozialen Handelns, sondern ausschließlich für den *rekursiven Zusammenhang selbstreferentiell aufeinander bezogener kommunikativer Ereignisse.*

Es sollte schon hier deutlich geworden sein, daß aus der Perspektive soziologischer Systemtheorie *Verstehen* nicht mehr als gewissermaßen *psychisches surplus* bzw. als *Beitrag des Individuums* zur Konstituierung sozialer Prozesse angesehen werden kann. Als *soziologischer Grundbegriff* kann der Verstehensbegriff ausschließlich als Komponente von Kommunikation, also als gerade *nicht* psychisch fundiertes Geschehen aufgefaßt werden. Exakt in dieser Weise führt Luhmann, wie schon angedeutet, das *Verstehen* als dritte Komponente seines Kommunikationsbegriffs ein.

Kommunikation faßt Luhmann als dreistelligen Selektionsprozeß von *Information*, *Mitteilung* und *Verstehen*. *Information* steht für den selektiven Zugriff eines Kommunikationsinhalts im Horizont unendlich vieler möglicher Kommunikationsinhalte, sie seligiert also das, *was* kommuniziert wird. Dieses *Was* ist vom *Wie* der Kommunikation zu unterscheiden, nämlich von einem Verhalten, "das diese Information *mitteilt*"[13]. Mit dieser zweistelligen Selektion läßt sich Kommunikation letztlich nur als Übertragung einer Information durch entsprechendes Mitteilungshandeln beschreiben, und zwar als Übertragung von einem Bewußtsein zum anderen, das dann wieder eine Anschlußkommunikation aufgrund einer neuen Selektion von Information und Mitteilung vornehmen

---

12 Vgl. Niklas Luhmann, *Die Wissenschaft der Gesellschaft*, Frankfurt/M. 1990, S. 30f.

13 Luhmann, *Soziale Systeme*, a.a.O., S. 195.

könnte. Das Ziel, Kommunikation als selbstreferentiellen, operativ geschlossenen Ereigniszusammenhang zu beschreiben, ließe sich so nicht erreichen.

Dies wird erst durch Hinzufügung der dritten Selektion, des *Verstehens* erreicht, die Luhmann als "Unterscheidung der Information von ihrer Mitteilung"[14] bezeichnet. Erst wenn die Mitteilung einer Information *verstanden* wird, kommt Kommunikation zustande. Das Verstehen sichert den Anschluß einer neuen Kommunikation und ist damit der Garant für die Autopoiesis des sozialen Systems. Luhmann schreibt: "Daß Verstehen ein unerläßliches Moment des Zustandekommens von Kommunikation ist, hat für das Gesamtverständnis von Kommunikation eine sehr weittragende Bedeutung. Daraus folgt nämlich, daß Kommunikation *nur als selbstreferentieller Prozeß möglich ist.*"[15] Die Selbstreferenz der Kommunikation kann aber nur dann als theoretisch angemessen beschrieben gelten, wenn die Verstehenskomponente der Kommunikation streng als Komponente *der Kommunikation* beschrieben wird. Zwar vermögen psychische Systeme ohne Zweifel, Information und Mitteilung zu unterscheiden und damit in gewisser Weise zu *verstehen.* Stellen wir uns eine Situation vor, in der eine Person das Augenzwinkern einer anderen Person wahrnimmt. Es kommt nun auf die Beobachtung selbst an, ob hier Information und Mitteilung unterschieden werden oder nicht: Man unterscheidet und denkt, der/die andere flirtet. Oder man unterscheidet anders und denkt, der/die andere möchte dies oder jenes mitteilen. Oder man unterscheidet nicht und nimmt nur eine vegetative Reaktion der Augenlider wahr - es handelt sich nicht um sinnhaftes Geschehen, also gibt es auch nichts zu verstehen. Wie auch immer das psychische System unterscheidet, es kann dies stets nur im Modus der Bewußtseinsautopoiesis tun. Kommt aber Kommunikation in Gang, d.h. wird ein weiteres kommunikatives Ereignis im Sinne einer mitgeteilten Information angeschlossen, *versteht* das soziale System gleichsam unabhängig vom psychischen Geschehen. Das beteiligte Bewußtsein versucht zwar, aufgrund seiner Beobachtung, seiner Unterscheidung von Information und Mitteilung etwas in die Kommunikation hineinzugeben, was dort aber geschieht, ist nicht das, was das Bewußtsein tut. Der wahrnehmende Interaktionspartner fragt sich noch, ob es nun flirtend gemeint war oder nicht, kann sein Verstehen gewissermaßen in der Schwebe halten, muß sich nicht entscheiden, während der anschließende Kommunikationsversuch sich quasi schon entschieden hat: er hat - wie auch immer - angeschlossen und damit Information und Mitteilung *sozial* unterschieden. Kommunikation ist dabei nicht auf die Transparenz des Bewußtseins angewiesen - man kann fast formulieren: Es ist unwichtig, *wie* und *ob* das Bewußtsein verstanden hat, denn "wenn Kommunikation in Gang kommt, bildet sie ein eigenes autopoietisches System mit eigenen rekursiv vernetzten Operationen, das sich auf die Fähigkeit des Bewußtseins zur Transparenz auf der Grundlage von Intransparenz verlassen kann"[16], m.a.W.: Kommunikation tut so, als böten die

14 Ebd.

15 Ebd., S. 198.

16 Luhmann, *Wissenschaft der Gesellschaft*, a.a.O., S. 26.

beteiligten Bewußtseine ein transparentes Bild. Dies ist jedoch nur möglich, *weil* die beteiligten Bewußtseine eben *nicht* transparent sind und somit gewissermaßen durch Kommunikation simplifiziert *in* der Kommunikation als Horizont mitlaufen. Die durch Intransparenz erst unterstellte (simplifizierte) Transparenz psychischer Systeme ermöglicht es der Kommunikation erst, nach eigener Logik zu verstehen, d.h. Kommunikation an Kommunikation anzuschließen, denn "angesichts der selbstreferentiellen Komplexität psychischer Systeme wäre es für Kommunikation eine endlose Aufgabe, hätte sie festzustellen, ob die beteiligten psychischen Systeme eine mitgeteilte Information verstanden haben oder nicht"[17]. Die entscheidende theoretische Konsequenz des Besagten besteht demnach darin, daß das, was in der Kommunikation als Verstehen fungiert, ausschließlich "im Kommunikationsprozeß souverän entschieden und als Bedingung fürs Weitermachen bzw. für klärende Zwischenkommunikation markiert"[18] wird.

Die Verstehenskomponente, so die Quintessenz aus dem Gesagten, sorgt somit für den Anschlußzusammenhang weiterer kommunikativer Ereignisse. Sobald Kommunikation weitergeht, hat die Kommunikation bereits verstanden - sie hat dadurch, *daß überhaupt* eine Information von einer Mitteilung unterschieden wurde, für Anschlüsse gesorgt, und sie hat dadurch, *wie* unterschieden wurde, den Fortgang weiterer Informations- und Mitteilungsselektion rekursiv konditioniert. Die beflirtete Person mag denken, *das kann ja noch ein feiner Abend werden,* während die Kommunikation in ganz andere Bahnen lenkt und damit eine eigene Verstehensdynamik und -kontrolle entwickelt. Jedenfalls wird auch im besten Falle - also in dem, daß es tatsächlich ein feiner Abend wird - das, was psychisch permanent unterschieden und verstanden wird, nicht unmittelbar in die Kommunikation übertragen, auch wenn Kommunikation (und manche Kommunikationstheorie) gewissermaßen zur Selbstvereinfachung so tut, als übertrage sie sinnhafte Inhalte von Psyche zu Psyche.[19]

---

17 Ebd.

18 Ebd.

19 Luhmann formuliert dazu: "Es ist unmöglich, bei aller Kommunikation immer mitzukommunizieren, daß dies eine Übertragung ist und was dies bedeutet; und ebensowenig sind bewußte Gedanken immer belastet mit der Überlegung, was andere an entsprechendem Gedankengut aktualisieren. So etwas mag, gleichsam in Krisenfällen, vorkommen; aber dann wiederholt sich das gleiche Unvermögen an dieser Überlegung bzw. Kommunikation. Psychische Systeme, die an Kommunikation teilnehmen, prozessieren in sich selbst denn auch sehr viel mehr Information, als sie in die Kommunikation eingeben. Und umgekehrt gibt der Gebrauch von sprachlich fixiertem Sinn der Kommunikation immense Überschüsse an semantischen Selektionsmöglichkeiten, die zu Information verarbeitet werden können, die psychisch erst erlebbar werden in dem Moment, in dem dies geschieht." (Ebd., S. 27) Sehr mißverständlich kommentiert Wolfgang Ludwig Schneider (*Hermeneutik sozialer Systeme*, a.a.O., S. 422) diese Textstelle, die "Selektionshorizonte zwischen mitteilendem und verstehenden Systemen" träten auseinander. Diese Formulierung impliziert fälschlicherweise, Mitteilungs- und Verstehensselektion seien Operationen der beteiligten psychischen Systeme. Ähnlich irreführende Implikationen hat eine frühere Formulierung von Georg Kneer und mir (*Verstehen des Verstehens*, a.a.O., S.

Sobald Kommunikation weitergeht, wurde also verstanden, was übrigens Mißverstehen, Mißverständnisse einschließt.[20] Schon damit Kommunikation Anschlüsse als Mißverständnisse thematisieren kann, bedarf es des Verstehens als Anschlußmechanismus kommunikativer Ereignisse. So lange Kommunikation weitergeht, ist die vorherige Kommunikation ja verstanden worden, was nicht im Sinne einer Perfektibilität des Anschlusses zu verstehen ist, sondern schlicht als operative Anschlußbedingung für die basale Selbstreferenz kommunikativer Systeme. Dieser niedrigschwellige Ort ist es, der es rechtfertigt, die dritte Komponente der Dreieinigkeit von Information, Mitteilung und Verstehen als *operatives Verstehen* zu bezeichnen. Der operative Fortgang eines Kommunikationssystems wird durch das verstehende Unterscheiden von Information und Mitteilung erst am Laufen gehalten. Es geschieht kommunikativ, was geschieht, insbesondere aufgrund der Verstehenskontrolle, die kommunikative Ereignisse zwar kontingent, aber nicht zufällig aneinander anschließen läßt. Die Dynamik von Kommunikationsprozessen, die in diesen Prozessen sich einschränkenden und öffnenden Horizonte möglicher Anschlüsse werden unmittelbar durch die Verstehenskomponente gesteuert. Sie ist der operative Garant dafür, daß Kommunikation weitergeht - und wird eine Information nicht mehr von einer Mitteilung unterschieden, enden die Operationen des Systems.

ad b) Luhmanns zweiter Verstehensbegriff, den ich *beobachtendes Verstehen* nenne, führt Luhmann 1986 anläßlich der Erörterung pädagogischer Kommunikation ein. Er konzeptualisiert Verstehen als eine besondere, anspruchsvolle "Art der Beobachtung"[21]. Da es sich beim Verstehen um eine *Beobachtung* handelt, sind sowohl psychische als auch soziale Systeme in der Lage, diese Sonderform der Beobachtung auszuführen, denn beide sind in der Lage, Unterscheidungen zu handhaben, was in Luhmanns Terminologie nichts anderes bedeutet als: zu beobachten.[22] Doch auch das *beobachtete System* muß ein selbstreferentielles, sinnverarbeitendes System sein, denn die verstehende Beobachtung zeichnet sich dadurch aus, daß sie Systeme "im Hinblick auf die Handhabung von Selbstreferenz"[23] beobachtet.[24] Was bedeutet aber eine

---

349), die Emergenz von Kommunikation könne "weder allein dem Mitteilenden noch allein dem Verstehenden zugerechnet werden".

20 Vgl. Luhmann, *Soziale Systeme*, a.a.O., S. 196.

21 Niklas Luhmann, *Systeme verstehen Systeme*, in: Ders. und Karl Eberhard Schorr (Hg.): Zwischen Intransparenz und Verstehen. Fragen an die Pädagogik, Frankfurt/M., S. 72-117, hier S. 79.

22 Vgl. Luhmann, *Die Wissenschaft der Gesellschaft*, a.a.O., S. 14f. und S. 60f.

23 Luhmann, *Systeme verstehen Systeme*, a.a.O., S. 79.

24 Es muß hinzugefügt werden, daß auch solche Systeme verstanden werden können, denen man eine solche Handhabung lediglich unterstellt. So hängt das Verstehen von Gottheiten davon ab, daß man gedachten oder wahrgenommenen Erscheinungen - das reicht von einem Naturphänomen wie etwa einem Baum oder dem Wetter bis zum unsichtbaren *deus absconditus* des Protestantismus - eine solche Handhabung von Selbstreferenz unterstellt, nämlich einen Spielraum in der Entscheidung über ihre Operationen. So verstandene Objekte sind notwendigerweise intransparent, weil man damit rechnen muß, daß sie sich

Beobachtung im Hinblick auf die Handhabung von Selbstreferenz? Luhmann präzisiert folgendermaßen: "Die *Leitdifferenz*, die das Verstehen als Beobachtung ermöglicht, ist mithin *die System/Umwelt-Differenz eines anderen Systems*. Vom verstehenden System ist damit eine eigentümliche *Reflexivität von System/Umwelt-Unterscheidungen* verlangt. Es muß die Wiedereinführung dieser Unterscheidung in ihren eigenen Bereich *doppelt* handhaben."[25] Es handelt sich gewissermaßen um ein doppeltes Re-entry, nämlich um die Einführung sowohl der eigenen System/Umwelt-Differenz in das System als auch der des verstandenen Systems.[26] Freilich wird nicht die fremde System/Umwelt-Differenz in das verstehende System eingeführt, was ja eine Operation des Systems in seiner Umwelt bedeuten würde. Wie jede andere Beobachtung ist selbstverständlich auch das verstehende Beobachten ein unaufhebbar systemrelativer Vorgang. Das Verstehen eines Systems durch ein anderes System ist somit unhintergehbar an das eigene Vorverständnis, an eine "vorgängige Kontextwahl"[27] gebunden.

Systeme haben keinen unmittelbaren Kontakt zueinander und untereinander, sie sind füreinander radikal intransparent - nur deshalb können sie sich verstehen. Verstehen, so lautet eine Formulierung von Schneider, wird in der Systemtheorie als "Antwort auf ein Bezugsproblem: das Problem der Intransparenz psychischer und sozialer Systeme füreinander"[28] beschrieben. Die Handhabung von Selbstreferenz eines anderen Systems kann demnach nur - systemrelativ! - *beobachtet* werden, es kann dagegen nicht wahrgenommen oder gar angezapft werden.

Die entscheidende Folge: Wenn Verstehen ein systemrelativer Beobachtungsvorgang ist, kann es kein systemexternes Kriterium für *richtiges Verstehen* geben - in der sozialen Praxis läßt sich *richtiges Verstehen* letztlich nur evolutionär beurteilen: Richtig verstanden ist etwas dann, wenn sich das Verstehen im entsprechenden Kontext bewährt. Es dürfte schon hier deutlich werden, daß an dieser Stelle das Problem angemessener Kriterien für *methodisch kontrolliertes wissenschaftliches Verstehen* einer Lösung harrt, doch dazu weiter unten mehr.

Zunächst noch zwei Bemerkungen: *Erstens* ist zu betonen, daß es kein psychisches oder soziales Privileg fürs Verstehen gibt. Sowohl psychische als auch soziale Systeme können verstehen, und zwar jeweils psychische und soziale

---

anders entscheiden, als man es erwartet. Vgl. dazu sehr erhellend Gesa Lindemann, *Inklusion und Exklusion als Konstitutionsprinzip von Gesellschaften*, Vortrag, gehalten am 11.10.1996 auf dem Kongreß der Deutschen Gesellschaft für Soziologie in Dresden (Manuskript).

25 Luhmann, *Systeme verstehen Systeme*, a.a.O., S. 80.

26 Hans Ulrich Gumbrecht, *Interpretation versus Verstehen von Systemen*, in: Henk de Berg und Matthias Prangel (Hg.): Differenzen. Systemtheorie zwischen Dekonstruktion und Konstruktivismus, Tübingen und Basel 1995, S. 171-186, spricht gar von einem "re-entry zweiter Ordnung [...], durch welches das System beide Seiten des re-entry erster Ordnung, d.h. sich selbst und seine Umgebung, als Beziehung zwischen Selbstreferenz und Fremdreferenz zu sehen vermag" (176).

27 Luhmann, *Die Wissenschaft der Gesellschaft*, a.a.O., S. 666.

28 Schneider, *Hermeneutik sozialer Systeme*, a.a.O., S. 426.

Systeme.[29] *Zweitens* ist Verstehen ein ziemlich voraussetzungsreicher Vorgang, denn vom verstehenden System wird eine "eigentümliche *Reflexivität von System/Umwelt-Unterscheidungen*"[30] verlangt. Nicht jede Beobachtung der Operationen eines anderen Systems erfüllt diese Voraussetzung, es muß sich in jedem Falle um eine Beobachtung zweiter Ordnung handeln, denn die Operation *Verstehen* muß in der Lage sein, zu beobachten, daß ein anderes System beobachtet. Denn die *differentia specifica* des Verstehens besteht darin, die beobachtenden Operationen eines anderen Systems zu beobachten.[31] Freilich lassen sich, auch wenn Verstehen *per se* als Beobachtungsvorgang zweiter Ordnung abläuft, unterschiedliche Reflexionsformen des Verstehens unterscheiden - die Bandbreite reicht vom alltäglichen, gewissermaßen *blinden* Verstehen, die als Verstehen gar nicht in ihrem eigenen Horizont auftaucht[32], über bestimmte elaborierte, verfahrensmäßig kontrollierte, zumeist professionalisierte Verstehensformen - etwa in Gerichtsverhandlungen[33], Psychotherapien[34] oder pädagogischen Handlungsfeldern[35] - bis hin zu elaborierten, reflexiven Formen wissenschaftlichen Verstehens, die nicht nur fremde Beobachtungen verstehen wollen, sondern eine reflexive Einstellung zum *eigenen* Verstehensprozeß einnehmen. Diese Form des reflexiven Verstehens des Verstehens nennt man gewöhnlich *Hermeneutik*.

Damit dürften die beiden Verstehensformen - das *operative Verstehen* und das *beobachtende Verstehen* - ausreichend erläutert sein, zumal der Verstehensbegriff der Systemtheorie und damit die grundlegende Verwandtschaft zwischen Systemtheorie und Hermeneutik bzw. einer systemtheoretischen und einer verstehenden Soziologie bereits von verschiedenen Seiten dargelegt worden

---

29 Gumbrecht bringt dies auf folgendes Vier-Felder-Schema verschiedener Typen des Verstehens: "(i) das Verstehen psychischer Systeme durch psychische Systeme; (ii) das Verstehen sozialer Systeme durch psychische Systeme; (iii) das Verstehen psychischer Systeme durch soziale Systeme; und (iv) das Verstehen sozialer Systeme durch soziale Systeme." (Gumbrecht, *Interpretation versus Verstehen von Systemen*, a.a.O., S. 180) Im folgenden wird es nahezu ausschließlich um den vierten Typus gehen. Ich komme darauf zurück.

30 Luhmann, *Systeme verstehen Systeme*, a.a.O., S. 80.

31 Demgegenüber spricht Schneider von Verstehen auf der Ebene erster oder auf der Ebene zweiter Ordnung (vgl. Schneider, *Hermeneutik sozialer Systeme*, a.a.O., S. 423).

32 Vgl. etwa, aus phänomenologischer Perspektive, Ronald Hitzler, *Verstehen: Alltagspraxis und wissenschaftliches Programm*, in: Thomas Jung und Stefan Müller-Doohm (Hg.): 'Wirklichkeit' im Deutungsprozeß. Verstehen und Methoden in den Kultur- und Sozialwissenschaften, Frankfurt/M. 1993, S. 223-240, hier S. 224.

33 Vgl. Wolfgang Ludwig Schneider, *Die Beobachtung von Kommunikation. Zur kommunikativen Konstruktion sozialen Handelns*, Opladen 1994, S. 74ff.

34 Vgl. Bora, *Konstruktion und Rekonstruktion*, a.a.O., S. 305ff.; Ulrich Oevermann, *Die objektive Hermeneutik als unverzichtbare methodologische Grundlage für die Analyse von Subjektivität. Zugleich eine Kritik der Tiefenhermeneutik*, in: Thomas Jung und Stefan Müller-Doohm (Hg.): 'Wirklichkeit' im Deutungsprozeß. Verstehen und Methoden in den Kultur- und Sozialwissenschaften, Frankfurt/M. 1993, S. 106-189, hier S. 145-163.

35 Vgl. Luhmann, *Systeme verstehen Systeme*, a.a.O.

ist. Sehe ich recht, werden im soziologischen Kontext drei verschiedene Thesen vertreten, die sich aber nur in Nuancen unterscheiden, eine Überbietungsthese, eine Affinitätsthese und eine Defizitthese:

- Zum einen wird behauptet, die soziologische Systemtheorie könne die traditionelle philosophische Hermeneutik, aber auch soziologische Spielarten der Hermeneutik *überbieten*, da sie zum einen den Gedanken der *Perfektibilität gelungenen Verstehens und gelungener Verständigung* zugunsten höheren Kontingenzeinbaus aufgebe und da sie zum anderen mit Hilfe der Unterscheidung von Kommunikation und Bewußtsein den operativen Ort des *sozialen Verstehens* eindeutiger angeben könne.[36]
- Von anderer Seite wird hervorgehoben, daß in der philosophischen Hermeneutik Hans Georg Gadamers[37] bereits jene nicht-psychischen sowie konstruktivistischen Verstehensformen angelegt seien, die in der Systemtheorie entfaltet werden. Diese *Affinitätsthese* legt außerdem Wert auf die Feststellung, daß auch der Gedanke der *Perfektibilität der richtigen Auslegung* bereits philosophisch destruiert sei und eine systemtheoretisch informierte Hermeneutik damit auf bereits bestelltes Terrain gerate.[38]
- Schließlich wird von einem *methodologischen Defizit* der soziologischen Systemtheorie gesprochen, das darauf zurückgeführt wird, daß Luhmann sich generell in seinen wissenschaftssoziologischen Schriften zu stark auf das empirisch-analytische Paradigma bezieht und hermeneutische, verstehende Methoden unterschätzt, obwohl die Systemtheorie gerade den theoretischen Schlüssel für eine soziologische Rekonstruktion des hermeneutischen Paradigmas besitze.[39]

Diese drei Positionen verbindet der gemeinsame Gedanke, daß sich aus der Perspektive der Theorie sozialer Systeme die Potentiale, Erfahrungen und Erkenntnisgewinne verstehender Verfahren in den Sozialwissenschaften mit den theoretischen Potentialen der Systemtheorie verbinden lassen. Freilich bewegt sich diese Diskussion, wie bereits oben erwähnt, bis heute fast ausschließlich auf der Ebene theoretischer Selbstvergewisserung. Methodologische und vor allem methodische Konsequenzen aus dieser Theoriediskussion sind noch Mangelware - aber nur auf diesem Feld kann sich die empirische Anwendbarkeit einer systemtheoretisch informierten Hermeneutik erweisen. Ich werde mich deshalb im folgenden einigen Fragen methodisch-methodologischer Art zuwenden. Dabei wird sich die vorgeschlagene Unterscheidung von *operativem* und *beobachtendem Verstehen* als entscheidender theoretischer Ansatzpunkt erweisen.

---

36 Vgl. Kneer und Nassehi, *Verstehen des Verstehens*, a.a.O.

37 Hans Georg Gadamer, *Wahrheit und Methode. Grundzüge einer philosophischen Hermeneutik*, 2. Aufl., Tübingen 1965.

38 Vgl. Schneider, *Hermeneutik sozialer Systeme*, a.a.O.

39 Vgl. Bora, *Konstruktion und Rekonstruktion*, a.a.O.

II Soziologisches Textverstehen

Es dürfte bereits deutlich geworden sein, daß sich mit dem vorgeschlagenen begrifflichen Instrumentarium sehr wohl ein Weg zum methodisch kontrollierten *Verstehen* von Kommunikation finden lassen dürfte. Bevor ich im nächsten Punkt auf die Frage der spezifischen *Wissenschaftlichkeit* des Verstehens als *methodisch kontrollierter Operation* zu sprechen komme, ist zunächst nach dem Gegenstand des Verstehens, gleichsam nach der Struktur der vorhandenen *Daten* zu fragen. Es dürfte deutlich geworden sein, daß ein systemtheoretisch informiertes soziologisch-hermeneutisches Verfahren keinen Zugriff auf psychische Realitäten, auf Bewußtseinsprozesse haben kann, da diese nicht unmittelbar beobachtbar sind. *Gegenstand* soziologisch-hermeneutischer Forschung kann nach diesem Verständnis ausschließlich *beobachtbare Kommunikation* sein. In der Regel liegt einem interpretativen soziologischen Forschungsprozeß Kommunikation in *Textform* vor, genauer: als Transkript von tatsächlich stattgehabten Kommunikationsprozessen in Form von beliebigen Interaktionen, Interviews, artifiziellen Experimenten etc. *Texte*, so ließe sich eine allgemeine Definition wagen, sind Erscheinungen, deren Erleben an eine bestimmte Reihenfolge, an das Vorher/Nachher eines linearen Prozesses gebunden ist.[40]

Die in Texten geronnene Kommunikation wird insofern beobachtbar, als die Beobachtung des Textes durch die Schriftform nicht mehr an die Echtzeit der Kommunikation gebunden ist, sondern das Vorher und Nachher kommunizierter Inhalte gewissermaßen zeitunabhängig beobachten kann.[41] Dies mag auf den ersten Blick banal erscheinen, führt aber dann zu weitreichenden Konsequenzen, wenn man sich vor Augen führt, welche Bedeutung gerade die Anordnung kommunizierter Inhalte, das Nacheinander kommunikativer Ereignisse für die Interpretation von Texten hat. Kann es aus methodologischen Gründen nicht mehr um das Verstehen von Kommunikanden, von Autoren und Sprechern gehen, sondern ausschließlich um das Verstehen von in Texten geronnener Kommunikation, dann sind es nicht psychische Strukturen oder Strukturen einer wie auch immer verstehbaren Innerlichkeit, die den Gegenstand einer soziologi-

---

40 Ähnlich und in diesem Sinne unterscheidet Luhmann, *Ist Kunst codierbar?*, in: ders.: Soziologische Aufklärung 3, Opladen 1981, S. 245-266, künstlerische *Dinge* und *Texte* danach, "ob die Reihenfolge des stimulierten Erlebens beliebig ist oder nicht" (247). Ähnliche Konnotationen trägt die literaturwissenschaftliche Unterscheidung von *Zeichen* und *Text* (vgl. Jochen Schulte-Sasse und Renate Werner, *Einführung in die Literaturwissenschaft*, 7. Aufl., München 1991, S. 61).

41 Insofern unterscheiden sich Protokolltexte der empirischen Sozialforschung kategorial von literarischen Texten. Protokolltexte geben kommunikative Ereignisse innerhalb des engen Korsetts echtzeitlicher Ereignishaftigkeit wieder. Ihnen bleibt keine Zeit zur Selbstinszenierung *außerhalb* der echtzeitlichen Sukzession von Ereignissen. Literarische Texte dagegen haben alle Zeit der Welt. Sie können inszeniert werden. Die Reihenfolge ihrer Stimuli sowie das Einfügen von ganzen Sätzen und Kapiteln ist bis zum letzten Moment vor der Drucklegung jenseits der Echtzeit des Leseerlebnisses möglich.

schen Hermeneutik darstellen kann, sondern ausschließlich *Textstrukturen*. Textwissenschaftlich wird als Textstruktur "die Anwesenheit mindestens zweier Elemente/Relata und der Relation zwischen ihnen"[42] beobachtet, also gewissermaßen das im Text beobachtbare Geflecht eines nicht beliebigen Nacheinanders kommunikativer Ereignisse.

Aus dem bisher Gesagten lassen sich bereits zwei Schlüsse ziehen: *Erstens* liegt soziologisch-hermeneutischer Forschung ausschließlich *Text* als Gegenstand zugrunde; *zweitens* ist es ausschließlich der *Text*, der Strukturen und interpretationsfähige Gestalten ausbildet und nicht die Intentionalität und Innerlichkeit von sozial handelnden Personen. Wir sehen nur Text, und jede Reduktion kommunizierter Sachverhalte auf die Intentionalität des Sprechers würde behaupten, Kommunikationen seien *bewußt geplante, willentlich produzierte und dem Sprecher vollständig transparente und von ihm hervorgebrachte Prozesse*. Bedenkt man aber, daß zumindest eine systemtheoretische Perspektive Kommunikation nicht als Entäußerung inneren Sinns versteht, sondern als selbstreferentiellen Selektionszusammenhang, müßte deutlich werden, daß eine interpretierende Beobachtung vertexteter Kommunikation exakt jenen allein dem Text inhärenten selbstreferentiellen Selektionszusammenhang zu beobachten hat. Das *Soziologische* soziologischen Verstehens besteht aus dieser Perspektive gerade darin, daß Texte *als Kommunikation*, d.h. als soziales Geschehen innerhalb eines sozialen Raums beobachtet werden[43]: auf eine Formel gebracht: als *sozialer* Text innerhalb eines *sozialen* Kontextes.

Dieses Verständnis des Textes als alleiniger *Spur* sozialen Geschehens in der verstehenden Soziologie teilt entscheidende Grundannahmen mit der von Ulrich Oevermann entwickelten *objektiven Hermeneutik*. Auch Oevermann verlangt von einer soziologischen Hermeneutik, daß sie *erstens* allein auf die soziale Realität gerichtet ist und sich "grundsätzlich von den Operationen des auf die Psyche

---

42 Schulte-Sasse/Werner, *Einführung in die Literaturwissenschaft*, a.a.O., S. 64.

43 Eine Bemerkung zum Verhältnis von *Text* und *Kommunikation*: Ich verstehe unter *Texten* in der Tat Resultate, Protokolle von sozialer Realität, also von *Kommunikation*. Während aber Kommunikation als unmittelbarer Operationsmodus sozialer Systeme an die Echtzeit ihres ereignishaften Auftretens und Prozessierens gebunden ist und damit auch ihre Beobachtung an eine solche echtzeitliche Gleichzeitigkeit gebunden wäre, sind Texte als Verschriftlichung von Kommunikation von dieser zeitlichen Restriktion befreit und bewahren den temporalen Index der ereignishaften Kommunikation zeitunabhängig auf. Folgt man der Definition von Text als nicht beliebiger Reihenfolge stimulierten Erlebens durch Schrift, wird ein Protokolltext von Kommunikation tatsächlich zum Protokoll seiner zeitabhängigen Ereignishaftigkeit, seiner Dynamik und prozeßhaften Gestalt. Insofern läßt sich sagen, daß es *Texte* sind, die ihre *kommunikativen* Anschlüsse - *für einen Beobachter beobachtbar* - sichern. Michael Corsten, *Beschriebenes und wirkliches Leben. Die soziale Realität biographischer Kontexte und Biographie als soziale Realität*, in: BIOS 7 (1994), S. 183-205, sah sich angesichts dieser Begriffskonstruktion bemüßigt, die "ironische" Frage zu stellen, "ob Texte ihre kommunikativen Anschlüsse auch dann sichern, wenn sie in Aktenordnern abgeheftet wurden" (S. 194, Anm. 7). Eindeutige Antwort: Ja - man muß sie nur wieder auspacken und lesen!

oder Seele des anderen gerichteten Fremd-Verstehens frei macht".[44] *Zweitens* betont Oevermann, daß für die "Methodologie der objektiven Hermeneutik die methodisch einzig greifbare Datenebene"[45] in Protokolltexten sozialer Ereignisse zu sehen ist; ein "direkter Zugang zur protokollierten Wirklichkeit"[46] sei prinzipiell unmöglich. Und *drittens* lehnt auch die objektive Hermeneutik jede Emphase bezüglich einer angeblich *subjektiven* Perspektive der verstehenden Soziologie, gewissermaßen einer *Soziologie von unten* kategorisch ab.[47] Oevermann geht es also wie der hier vorgestellten Perspektive nicht darum, den subjektiv gemeinten Sinn von sozial Handelnden innerhalb ihrer sozialen Kontexte zu entbergen, sondern *latente Sinnstrukturen* als objektiv gegebene soziale Realität verstehend herauszuarbeiten.[48]

Latente Sinnstrukturen sind für Oevermann "objektiv gegebene Realitäten genau insofern, als sie von *objektiv geltenden Regeln* im Sinne von Algorithmen generiert werden und als solche mit Anspruch auf objektive Gültigkeit durch Inanspruchnahme genau jener Regeln im Interpretationsakt rekonstruiert werden können, die schon bei der Erzeugung der zu interpretierenden protokollierten Wirklichkeit operierten."[49] Mit dieser Grundannahme einer gewissermaßen durch sich in objektiv geltenden Regeln manifestierenden objektiven Strukturen des Sozialen vorentworfenen Praxis von Subjekten setzt sich Oevermann in die Lage, sein Credo einer *nicht-subjektivistischen* Hermeneutik operationalisierbar zu machen. Es kommt dann darauf auf, in Protokolltexten sozialer Wirklichkeit exakt jene algorithmischen Regeln auffindbar zu machen, als deren Derivat die vorgestellte Intentionalität sozial Handelnder allein angesehen werden müsse.[50]

So sehr Oevermann in seinem Bemühen um eine soziologische Hermeneutik zu folgen ist, mit der Tradition des Fremdverstehens subjektiv gemeinten Sinns zu brechen, so wenig kann aus der Perspektive der Theorie sozialer Systeme Oevermanns Annahme *objektiv geltender Regeln* als Taktgeber subjektiven Verhaltens überzeugen. Denn letztlich wird mit dieser Annahme der Gewinn einer nicht-subjektivistischen Perspektive gerade dadurch verspielt, daß man subjektive Perspektiven durch die Annahme gemeinsamen Regelwissens kurzschließt. Genau betrachtet, befinden sich Oevermanns sozialtheoretische Grundlagen auf dem Niveau von Parsons' normgeleiteter Integration sozialer

---

44 Oevermann, *Die objektive Hermeneutik als unverzichtbare methodologische Grundlage für die Analyse von Subjektivität. Zugleich eine Kritik der Tiefenhermeneutik*, a.a.O., S. 141; *objektiv* nennt sich diese Hermeneutik, weil sie nicht an der *subjektiven* Wirklichkeit sozial Handelnder ansetzt.

45 Ebd., S. 113.

46 Ebd., S. 132.

47 Vgl. ebd., S. 110.

48 Vgl. dazu auch Bora, *Konstruktion und Rekonstruktion*, a.a.O., S. 291.

49 Oevermann, *Die objektive Hermeneutik als unverzichtbare methodologische Grundlage für die Analyse von Subjektivität. Zugleich eine Kritik der Tiefenhermeneutik*, a.a.O., S. 115, Hervorh. A.N.

50 Vgl. ebd.

Systeme und der entsprechenden Lösung des Problems doppelter Kontingenz sozialen Handelns.

Parsons hat mit dem Problem der doppelten Kontingenz die Lösung des Problems der Wechselseitigkeit von Erwartungsstrukturen behandelt. Der Begriff bezeichnet eine Situation, in der aufgrund der wechselseitigen Erwartungsstruktur kein Handeln zustandekommen kann, weil "Alter sein Handeln davon abhängig macht, wie Ego handelt und Ego sein Verhalten an Alter anschließen will".[51] Bekanntlich geht Parsons davon aus, daß solche Situationen nur dadurch aufgelöst werden können, daß sich beide Seiten in einer vorkonsentierten, also durch Normen und Werte bereits vorstrukturierten Welt vorfinden, die die Auflösung des Zirkels in eine bestimmte Richtung präferieren und so Handeln zustandekommen lassen.[52] Luhmann setzt dagegen, daß Situationen doppelter Kontingenz nicht die Entstehung sozialer Prozesse behindern, sondern gerade dafür sorgen, daß ein "Drittes", nämlich Kommunikation zustandekommt: "Für beide ist die Situation (...) unbestimmbar, instabil, unerträglich. In *dieser* Erfahrung *konvergieren* die Perspektiven, und das ermöglicht es, ein Interesse an Negation dieser Negativität, ein Interesse an Bestimmung zu unterstellen."[53] Luhmann bemerkt desweiteren, daß nichts dazu zwingt, die Lösung des Problems der doppelten Kontingenz allein über schon vorhandenen sozialen Konsens zu suchen.[54] Luhmann bringt zur Geltung, daß Soziales, also Kommunikation, erst dadurch emergiert, daß Situationen doppelter Kontingenz entstehen. Gerade die Tatsache, daß es sich um *doppelte* Kontingenz handelt, also um eine Unterbestimmtheit der Situation von beiden Seiten, macht das Entstehen eines sozialen Kontaktes zugleich unwahrscheinlich und durch *wechselseitiges* Erleben von Unwahrscheinlichkeit und Kontingenz auch möglich. Schon der Zirkel selbst ist durch seine Wechselseitigkeit auf keine der beiden Seiten reduzierbar, was das Entstehen eines Dritten - des sozialen Systems - wahrscheinlicher werden läßt. Sobald nun ein selektiver Zugriff auf Information und Mitteilung erfolgt und dies durch ein Anschlußereignis

---

51 Luhmann, *Soziale Systeme*, a.a.O., S. 149.

52 Die Integration sozialer Systeme durch eine bestehende normative Ordnung bildet für Parsons die Bedingung der Möglichkeit dafür, daß es überhaupt zu stabilen Verhältnissen, zu sozialer Ordnung kommt. Unmißverständlich formuliert er, es könne "kein großes und komplexes soziales System bestehen und überleben, wenn nicht die Erfüllung großer Teile seiner normativen Ordnung *obligatorisch* ist, d.h., bei Nichterfüllung negative Sanktionen je nach Situation zu erwarten sind. Derartige Sanktionen verhindern Nichterfüllung, teilweise indem sie den guten Bürger an seine Pflichten 'erinnern', und bestrafen Zuwiderhandlungen wenn, wann und wie sie auftreten." (Talcott Parsons, *Das System moderner Gesellschaften*, München 1972, S. 26) Was Parsons hier freilich für Gesamtgesellschaften formuliert, gilt für ihn für soziale Systeme schlechthin. So sind etwa auch Gruppen, in denen abweichendes Verhalten im Sinne der allgemeinen Normordnung gepflegt wird, normativ integriert, auch sie bilden sanktionsbewehrte Mechanismen des Einschlusses/Ausschlusses ihrer Mitglieder aus, wenn sie sich stabil erhalten wollen.

53 Luhmann, *Soziale Systeme*, a.a.O., S. 172.

54 Ebd., S. 150.

verstanden wird, entsteht jene Dynamik, die Luhmann mit dem Begriff der Kommunikation belegt.[55] Die Negation der Negativität der Situation doppelter Kontingenz jedenfalls versteht Luhmann als den noch relativ strukturlosen Ausgangspunkt jeglichen sozialen Kontaktes, der mit weiterem kommunikativem Geschehen thematische Bindungen erzeugt, die Kontingenz einschränken, aber auch neue Selektionshorizonte eröffnen und damit dem kommunikativen Prozeß eine Struktur verleihen. Jedenfalls sind nach diesem Verständnis nicht bereits *intersubjektive Vorkonsentierungen* Bedingung für soziale Prozesse, sonden umgekehrt: Kommunikation ist die "Bedingung für so etwas wie 'Intersubjektivität' (wenn man den Ausdruck überhaupt beibehalten will)."[56]

Entscheidend an dem Gesagten ist, daß das, was in der objektiven Hermeneutik als bereits vorhandener Regelkanon sozialer Kontexte vorausgesetzt wird, hier selbst zum Gegenstand der sozialen Dynamik wird. Die Theorie autopoietischer Systeme vermittelt damit eine Sensibilität dafür, wie in sozialen Prozessen Selbstbindungen und -strukturierungen des Geschehens *im Hinblick auf soziale Kontexte*, aber nicht von diesen *algorithmisch vorberechnet*, entstehen. Eine systemtheoretisch informierte Hermeneutik sucht also nicht nach den gewissermaßen außerhalb des Geschehens verankerten Regeln des Geschehens, sondern beobachtet kommunikative Verläufe gemäß ihren internen Regulierungsroutinen und prozessierenden Strukturen und strukturierten Prozessen.[57]

Oevermanns Interesse besteht insbesondere darin, die "Realität latenter Sinnstrukturen in das Zentrum der methodischen Operationen zu stellen"[58], Sinnstrukturen also, die den Alltagshandelnden nicht bewußt sind, weil sie blind jenseits der intentionalen und vordergründigen Realität sozialen Handelns liegen. Oevermann geht davon aus, daß seine interpretative Kunstlehre in der Lage ist, jene Realität hinter der Realität der unmittelbaren Alltagspraxis durch Extraktion des Regelgerüsts der Handlungsverläufe freizulegen. Latente Sinnstrukturen sind für Oevermann exakt jene untergründig wirksamen Strukturen, die alltägliches

---

55 Es ist anzumerken - darauf weist auch Luhmann (ebd., S. 168) hin - daß eine Situation *reiner* doppelter Kontingenz letztlich nicht vorkommen kann, weil jedes sinnhafte Geschehen auf frühere Kommunikationen und damit auf Strukturbildung innerhalb eines sozialen Verweisungszusammenhangs angewiesen ist. Das ist jedoch nicht mit der Unterstellung einer sozialen Normreziprozität gleichzusetzen.

56 Luhmann, *Die Wissenschaft der Gesellschaft*, a.a.O., S. 19; vgl. dazu auch Wolfgang Ludwig Schneider, *Intersubjektivität als kommunikative Konstruktion*, in: Peter Fuchs und Andreas Goebel (Hg.): Der Mensch - das Medium der Gesellschaft?, Frankfurt/M. 1994, S. 189-238.

57 Zur theoretischen und empirischen *Gleichzeitigkeit* von Struktur und Prozeß vgl. Armin Nassehi, *Die Zeit der Gesellschaft. Auf dem Weg zu einer soziologischen Theorie der Zeit*, Opladen 1993, S. 210ff.

58 Oevermann, *Die objektive Hermeneutik als unverzichtbare methodologische Grundlage für die Analyse von Subjektivität. Zugleich eine Kritik der Tiefenhermeneutik*, a.a.O., S. 114.

Handeln "im Sinne von Algorithmen"[59] bestimmen und die für ihn offenbar die Bedingung der Möglichkeit sozialer Ordnung (im Sinne von interpretierbarer Regelhaftigkeit) darstellen.

Was bleibt an interpretierbarer Realität, wenn man den Gedanken einer hinter der Realität liegenden Realität latenter Sinnstrukturen als Taktgeber des sozialen Lebens verwirft? Was ist noch interpretationsfähig, wenn man aus theoretischen Gründen *weder* die psychische Realität von Alltagshandelnden *noch* die integrierende Ebene einer Regelhaftigkeit sozialer Praxis beobachten kann? Was läßt sich an einem Text verstehend beobachten, wenn er nicht bereits durch die prästabilierte Harmonie (oder Disharmonie) eines sozialen Algorithmus prädeterminiert ist? Indem die Theorie autopoietischer Systeme das Problem der doppelten Kontingenz nicht vorgängig durch Norm- oder Regelintegration auflöst, eröffnet sich ihr die Möglichkeit, die in Protokolltexten aufbewahrte Strukturgenese von kommunikativen Ereignisverläufen gewissermaßen zeitgleich mitzuverfolgen. Die Theorie autopoietischer Systeme geht ja gerade davon aus, daß kommunikative Verläufe die Strukturen, in denen sie verlaufen, unmittelbar durch ihre Prozesse hervorbringen, will heißen: die in kommunikativen Prozessen deutlich werdenden Strukturen dürfen nicht auf eine außerhalb des Textes liegende Realität bezogen werden. Sie sind vielmehr so zu betrachten, daß Prozesse selbst Strukturen hervorbringen.

Um diesen Vorgang genauer beschreiben zu können, greife ich auf meinen obigen Begriffsvorschlag zurück, nämlich *operatives Verstehen* und *beobachtendes Verstehen* zu unterscheiden. Danach lassen sich kommunikative Prozesse in der Tat unter zwei Gesichtspunkten *verstehen*:

Erstens bildet jeder Text eine interne Struktur aus, die durch das Nacheinander der kommunikativen Ereignisse bestimmt wird. Das Nacheinander von Kommunikationsprozessen ist aber nichts anderes als jene Verstehenskomponente, die als dritte Selektion der Kommunikation die Anschlüsse von kommunikativen Ereignissen stiftet und die ich oben *operatives Verstehen* genannt habe. Indem in einem Protokolltext kommunikatives Ereignis auf kommunikatives Ereignis folgt, läßt er eine permanente Verstehenskontrolle seiner selbst mitlaufen. Er generiert sozusagen einen eigenen Verstehensverlauf, der das Nacheinander kommunizierter Sachverhalte bestimmt. Daraus ergeben sich folgende forschungsleitende Fragen: Wie verläuft der selektive Prozeß einer Kommunikation, und welchen Strukturen folgt dieser Prozeß? Wie sichern kommunikative Ereignisse ihre Anschlußfähigkeit an frühere und kommende Ereignisse? Welche Brüche und Anschlußprobleme ergeben sich in kommunikativen Verläufen? Welche interne kommunikative Verstehenskontrolle üben Texte aus, und wie entgleitet der Kommunikation womöglich die Kontrolle über sich selbst?

Diese Fragen haben eine Perspektive gemeinsam: Sie gehen nicht davon aus, daß kommunikative Verläufe durch Regeln und latente Strukturen prädeterminiert sind, sondern suchen *in der kommunikativen Ereignishaftigkeit*

59 Ebd., S. 115.

selbst nach der Regel- und Strukturgenese des Textes. Es geht also darum, die interne Verstehenskontrolle, die Anschlußselektivität, gewissermaßen die strukturgebende *Sequenzialität* sozialen Geschehens in Protokolltexten aufzuspüren und nachzuverfolgen. Freilich handelt es sich bei der Beobachtung dieses Vorgangs keineswegs um eine unmittelbare Wahrnehmung der internen Verstehenskontrolle eines Textes, sondern sehr wohl um eine *Beobachtung*, also eine Operation eines Beobachters, die nicht durch das Beobachtete determiniert, sondern durch den Beobachter generiert wird. Dies verweist auf den *zweiten* Gesichtspunkt, das *beobachtende Verstehen*.

Was und wie beobachtet man, wenn man einen Text als soziales Geschehen, gewissermaßen als Protokoll der Ereignisse eines sozialen Systems *verstehen* möchte. Halten wir uns zunächst an die oben vorgeschlagene Definition. Zweifelsohne handelt es sich bei einem transkribierten Protokolltext etwa eines narrativen biographischen Interviews, um nur ein Beispiel für eine prominente Textsorte der empirisch-hermeneutischen Sozialforschung zu nennen, um das Protokoll eines sozialen Systems, nämlich eines Interaktionssystems, das durch die Kopräsenz mindestens einer interviewenden und einer interviewten Person besteht. Und ohne Zweifel handelt es sich bei der Interpretation eines Textes um eine Beobachtungsoperation. Damit wäre die erste Voraussetzung unserer Definition erfüllt: *Es können nur selbstreferentielle Systeme verstanden, d.h. unter bestimmten Prämissen beobachtet werden.*

Wenn unter *Verstehen* die Beobachtung der Handhabung der Selbstreferenz eines anderen Systems gemeint ist, so hat der verstehende Akt einen Text dahingehend zu beobachten, welche Unterscheidungen dieser verwendet, wie dieser seine Umwelt und sich selbst beobachtet, man könnte sagen: wie ein Text diejenige Realität inszeniert, die er erzeugt. Bezogen etwa auf einen biographischen Text heißt dies: Mit Hilfe welcher beobachtungsleitenden Unterscheidungen greift der Text auf die biographische Realität seines Sprechers zu, wie thematisiert er das gelebte Leben und dessen soziale Kontexte, welche Formen der Selbstreflexivität bildet der Text *als Text* aus[60], welche Thematisierungsebenen, selektiven Aus- und Einblendungen, welche Beobachtungsblockaden und Leitunterscheidungen, welche blinden Flecke und welche Kontexturen erzeugen biographische Texte?

Der Zusammenhang der beiden Gesichtspunkte *operativen* und *beobachtenden Verstehens* besteht darin, daß das *beobachtende Verstehen* die *operativen Verstehensakte* des Textes selbst *beobachtet*. Das beobachtende Verstehen beobachtet, wie ein Text sich durch operative Verstehensakte entfaltet und so Strukturen und Prozesse seiner selbst erzeugt. Es geht dabei um den Aspekt der *Selbstreferenz des Textes*, d.h. derjenigen Strukturen, die der Text als zeitlich geordnetes Geflecht sinnhafter Verweisungen ausbildet. Dazu gehört übrigens

60 Wohlgemerkt: Es geht hier nicht um die Frage der *Reflexivität des biographischen Verlaufs* bzw. der thematisierten Realität, sondern um die Frage, ob der Text selbst reflexiv auf seine Thematisierungsformen, auf seine eigene Struktur, auf seine Selektivität des Thematisierten zugreift, vgl. dazu Nassehi, *Die Form der Biographie*, a.a.O.

ebenso der *fremdreferentielle* Aspekt des sinnhaften Geschehens, also der Zugriff des Textes auf seine Umwelt. Grob gesagt, thematisiert die Selbstreferenz des Textes den *Wie*-Aspekt der vertexteten Kommunikation, während die Fremdreferenz des Textes den *Was*-Aspekt bezeichnet.

Damit dürften die Bedingungen einer systemtheoretisch informierten Hermeneutik als *verstehender Methode* zumindest theoretisch ausreichend erläutert sein. Ungeklärt ist aber bis jetzt noch die konkrete Frage der Operationalisierbarkeit dieses Modells geblieben, der ich mich im folgenden zuwenden werde.

III Verstehen als *wissenschaftliche* Operation

Galt die Aufmerksamkeit bis hier eher dem Gegenstand des Verstehens, ist nun die Beobachtung selbst zu beobachten. Zweifellos ist eine wissenschaftliche Beobachtung von Protokolltexten sozialer Prozesse - sei es eines Interviews, z.B. eines biographischen Stegreifinterviews, sei es eines Mitschnittes von Interaktionen, z.B. alltäglicher Routinen in einem Haushalt, sei es von Kommunikationen innerhalb einer Organisation, z.B. eines Gesprächs zwischen Arzt und Patient im Krankenhaus, sei es eines kommunikativen Experiments, z.B. im Sinne von Garfinkels Krisenexperimenten - eine Beobachtung des Wissenschaftssystems. *Zum einen* ist also ein Akt *verstehender* Soziologie selbst nichts anderes als Kommunikation[61]; *zum anderen* handelt es sich dabei um eine besondere Form der Kommunikation, nämlich um *wissenschaftliche Kommunikation*, also um eine Operation eines Funktionssystems der modernen Gesellschaft. Folgt man der Theorie funktionaler Differenzierung in der Luhmannschen Variante, handelt es sich beim Wissenschaftssystem um ein gesellschaftliches Teilsystem, das Kommunikationen umfaßt, die den binären Code *wahr/unwahr* benutzen und spezifische Programme des Wissenschaftssystems, nämlich Theorien und Methoden, zur Anwendung bringen.[62] Wissenschaftliche Kommunikation zeichnet sich also dadurch aus, daß sie das Kommunikationsmedium (wissenschaftliche) *Wahrheit* benutzt und die Beobachtung ihres Gegenstandes methodisch kontrolliert, also unter hohem Aufwand an Selbstbeobachtung und unter möglichst hoher Transparenz der Genese ihrer Beobachtungen beobachtet. *Wissenschaftliches Verstehen* ist - anders als alltägliches, i.e. außerwissenschaftliches Verstehen - in erster Linie *methodisch kontrolliertes Verstehen* mit dem Ziel der Genese von wissenschaftlich "wahren" Aussagen über ihren Gegenstand. Um eine systemtheoretisch informierte soziologische Hermeneutik zu entwerfen,

61 Insofern haben wir es hier weder auf der verstehenden noch auf der verstandenen Seite mit *psychischem Verstehen* zu tun, wenn auch selbstverständlich die Psyche des Wissenschaftlers ebenso an der verstehenden Kommunikation beteiligt ist wie die des Interviewten, Probanden, etc. an der verstandenen Kommunikation.

62 Vgl. dazu Luhmann, *Die Wissenschaft der Gesellschaft*, a.a.O., passim, v.a. S. 271ff.; zur Einführung vgl. Kneer/Nassehi, *Niklas Luhmanns Theorie sozialer Systeme*, a.a.O., S. 111ff.

bedarf es also nicht nur einer theoretischen Rekonstruktion eines allgemeinen Verstehensbegriffs, sondern vor allem der Frage, wie sich *wissenschaftliche* von *nicht-wissenschaftlichen* Verstehensakten unterscheiden.

Einer langen, vor allem auf Alfred Schütz sich berufenden Tradition der verstehenden Soziologie folgend, wird immer wieder betont, *alltägliches* und *wissenschaftliches* Verstehen sei zunächst einmal ein ziemlich ähnliches Geschehen. Es handle sich um einen Vorgang, "der einer Erfahrung Sinn verleiht."[63] Wissenschaftliches Verstehen aber habe die natürliche Einstellung des Alltags einzuklammern und alle Gewißheit des Verstehens mit einem *methodischen Zweifel* zu versehen, um den Strukturen des Alltäglichen, dem subjektiv gemeinten Sinn in seiner sozialen Typik auf den Grund zu gehen.[64] Eine solche Form der Beobachtung möchte sich also von allen Selbstverständlichkeiten freimachen, um tatsächlich *zu den Sachen selbst* zu gelangen. Ohne Zweifel besitzt dieses Verfahren einiges an Plausibilität, denn es verhält sich erkenntniskritisch gegenüber sich selbst, es möchte nicht den Strukturen jener Alltagswelt auf den Leim gehen, die sie letztlich beobachten möchte. Allein, was durch ein solches Verfahren womöglich zu wenig beachtet wird, ist die Frage der - im weitesten Sinne - *alltäglichen* Routine wissenschaftlichen Verstehens und den unhinterfragten Strukturen der wissenschaftlichen Einstellung, die sich von der natürlichen Einstellung letztlich nur durch die Form des (Vor-)Wissens, nicht aber durch das *factum brutum* der Strukturdeterminiertheit der eigenen Beobachtung durch die eigenen Strukturen unterscheidet.

Ein erneuter Seitenblick auf die objektive Hermeneutik Oevermanns macht das angesprochene Problem noch deutlicher. Oevermann macht nicht nur einen formalen oder methodischen Unterschied zwischen alltäglichem und wissenschaftlichem Verstehen, sondern zieht gar eine kategorische Differenz. Anders läßt sich sein "Anspruch auf objektive Gültigkeit"[65] der Interpretation durch Aufspüren der objektiv wirksamen Regeln des Alltags nicht interpretieren. Einem "intersubjektiv nachprüfbarem, *zwingendem* Nachweis aufgrund methodisch expliziter Operationen"[66] redet Oevermann das Wort und scheint

---

63 Vgl. nur Hitzler, *Verstehen: Alltagspraxis und wissenschaftliches Programm*, a.a.O., S. 223f., basierend vor allem auf Alfred Schütz, *Wissenschaftliche Interpretation und Alltagsverständnis menschlichen Handelns*, in: ders., Gesammelte Aufsätze, Band 1, Den Haag 1971, S. 3-54.

64 Ronald Hitzler hat den Gedanken des methodischen Zweifels der Phänomenologie sehr schön folgendermaßen auf den Begriff gebracht: Ansätze einer sozialwissenschaftlichen Hermeneutik wiesen zwei Gemeinsamkeiten auf: "sie basieren auf *Dummheit* und *Langsamkeit* - und zwar intendiertermaßen." (*Verstehen verfremden. Hermeneutik in der deutschsprachigen Soziologie*, Vortrag beim Kongreß 'Fremdheit und Vertrautheit. Hermeneutik im europäischen Kontext' an der Martin Luther-Universität Halle-Wittenberg am 24.9.1994, Manuskript)

65 Oevermann, *Die objektive Hermeneutik als unverzichtbare methodologische Grundlage für die Analyse von Subjektivität. Zugleich eine Kritik der Tiefenhermeneutik*, a.a.O., S. 115.

66 Ebd., S. 118 (Hervorh. A.N.).

damit die Interpretationsoffenheit jeglicher Kulturerscheinung, also die *Kontingenz der Beobachtung* methodisch-methodologisch ausschalten zu wollen. Der objektive Hermeneut *verläßt* also nicht nur wie der Phänomenologe die Welt der natürlichen Einstellung, er stattet sich zusätzlich mit einer privilegierten Beobachterposition aus, die *Verstehen*, jene idiographische Beobachtungsform, der man gerade ihre unhintergehbare Abhängigkeit vom Erkenntnissubjekt vorgeworfen hatte, zu einem *objektiven*, ja *zwingenden* Ergebnis führen will.

Man verzeihe mir die etwaige Überzeichnung der Objektivitätsansprüche der objektiven Hermeneutik. Sie möge nur dazu dienen, die Position einer systemtheoretisch informierten Hermeneutik schärfer umreißen zu können. Denn aus dieser Perspektive wird zunächst *überhaupt kein Unterschied zwischen wissenschaftlichen und nicht-wissenschaftlichen Beobachtungsmethoden gemacht*. Es handelt sich vielmehr stets um *Beobachtung*, und dieser gemeinsame Nenner ist es, der im Falle des Verstehens Erkenntnis und Erkenntnisgegenstand vereint: Beide Seiten sind selbstreferentiell operierende, beobachtende soziale Systeme.

Wenn dies stimmt, dann ergeben sich daraus folgende Konsequenzen für eine wissenschaftliche Beobachtung: Wissenschaftliches Verstehen richtet sich auf die interne Verstehenskontrolle eines Textes sowie auf dessen Handhabung seiner Selbst- und Fremdreferenz. Es geht in der Tat darum, dem Text selbst nicht ansichtig werdende Strukturen sichtbar zu machen, also tatsächlich um nichts anderes als um die Entbergung *latenter Strukturen*. Unter latenten Strukturen soll aber nicht länger jener von Oevermann angenommene Algorithmus sozialen Handelns gemeint sein, der, dem Handelnden selbst nicht unmittelbar ansichtig, durch *objektive Hermeneutik* an die Oberfläche gebracht werden soll. Ersetzt man jenes *strukturalistische* Denkmodell[67] durch ein solches, das Strukturen nicht Prozessen vorordnet, sondern die Strukturgenese in Prozessen, also in der Ereignishaftigkeit sozialen Geschehens aufzufinden versucht, bekommt der Begriff der *latenten Struktur* eine neue Bedeutung.

Latente Strukturen, also solche, die dem strukturgebenden Prozeß *in actu* verborgen bleiben, lassen sich sehr wohl beobachten - nichts anderes bezeichnet jener Vorgang, den ich oben als den beobachtenden Nachvollzug der internen Verstehensstruktur von Texten bezeichnet habe. Aber wie geschieht dies? Zunächst ist zu betonen, daß es sich bei diesem Vorgang *um eine Beobachtung handelt*, also stärker durch den Akt der Beobachtung bestimmt ist als durch

67 Oevermann selbst bezeichnet die objektive Hermeneutik denn auch als eine "dem strukturalistischen Denken affine Methodologie" (Oevermann, *Die objektive Hermeneutik als unverzichtbare methodologische Grundlage für die Analyse von Subjektivität. Zugleich eine Kritik der Tiefenhermeneutik*, a.a.O., S. 136). Insofern kann ich Bora (*Konstruktion und Rekonstruktion*, a.a.O., S. 299, Fußnote 35) nicht zustimmen, die objektive Hermeneutik treffe die Sichtweise des Konstruktivismus, nur weil Oevermann betont, soziale Wirklichkeit sei nur in Protokollen methodologisch greifbar. Denn diese Greifbarkeit bezieht sich ja letztlich auf den regelnden Algorithmus, der *strukturell* dem sozialen Geschehen vorgeordnet ist, *funktional* aber nur in Protokolltexten aufgefunden werden kann.

vermeintlich unabhängig von der Beobachtung bestehende algorithmische Regeln, auf die sich soziale Prozesse rückrechnen ließen. Luhmann hat die Frage, wie sich Latenzen beobachten ließen, denn auch unmißverständlich dahingehend beantwortet, daß es ganz unabhängig vom entlarvenden Gestus des *besseren Blicks* auf die Latenz von Systemen im Moment der Systemreproduktion immer schon zu Latenzen kommt. Luhmann betont, "daß das Beobachten, als Operation gesehen, eine Unterscheidung verwenden muß, die es im Moment der Operation nicht bezeichnen, weil nicht unterscheiden kann."[68] So gesehen, sind kommunikative Prozesse im jeweiligen Moment ihrer Operation blind, sie können die ihnen zugrundeliegende Unterscheidung nicht sehen, sie sind unhintergehbar an ihren blinden Fleck gekettet, der sie, selbst wenn eigene Unterscheidungen später beobachtet werden, auf Schritt und Tritt verfolgt.[69] Der Akt des Verstehens nun besteht gerade darin, jene untergründige, im kommunikativen Prozeß selbst entstehende Dynamik des Nacheinanders je aktueller sinnhafter Verweisungen zu beobachten und so in der Tat *die Latenzen eines anderen sozialen Systems* systematisch herauszuarbeiten. Wer also - um nur ein Beispiel zu nennen - eine Interaktion interpretierend beobachtet, arbeitet heraus, wie die für das kommunikative Geschehen zunächst blinde Dynamik je ereignishaft zu neuen Strukturformen, Thematisierungsebenen und Brüchen, zu logischen Verkettungen, Aus- und Einblendungen, zu parallel laufenden Geschichten und je aktuell werdenden Erwartungserwartungen des kommunikativen Geschehens kommt. Entscheidend ist, daß das Geschehen nicht dahingehend beobachtet wird, daß es einer bereits bestehenden Struktur folgt, sondern daß sich innerhalb des kommunikativen Verlaufs eine Struktur von Ereignissen aufbaut, die nicht wie Perlen an einem Faden hängen, sondern letztlich zumindest potentiell kontingent zustandekommen. Das heißt freilich nicht, daß Interaktionen per se frei sind, außerhalb sozialer Kontexte und Erwartungen stattfinden, beileibe nicht. Aber wenn man nicht von vornherein *analytisch* eine Struktur vor die Prozesse setzt, läßt sich Strukturbildung *in actu* beobachten.

Systemtheoretisch formuliert, geht es also darum, die Unterscheidungen, also die Beobachtungen eines anderen Systems zu beobachten, *zu beobachten!* Akte des Verstehens eines Protokolltextes sind also strukturell nichts anderes als jene zu verstehenden Akte, nämlich: *Beobachtungen*. Luhmann zieht daraus folgende Konsequenz: "Das Problem der Latenz zieht sich dann zusammen auf die Frage, wie man Unterscheidungen beobachten kann, die ein Beobachter verwendet, um etwas zu bezeichnen, und die deshalb im Moment ihrer operativen Verwendung unbeobachtbar sind. Und die Antwort müßte lauten: *nur mit Hilfe von Unterscheidungen, für die dasselbe gilt*."[70]

---

68 Niklas Luhmann, *Wie lassen sich latente Strukturen beobachten?*, in: Paul Watzlawick und Peter Krieg (Hg.): Das Auge des Betrachters. Beiträge zum Konstruktivismus, München 1991, S. 61-74, hier S. 68.

69 Vgl. dazu ausführlich Nassehi, *Die Zeit der Gesellschaft*, a.a.O., S. 190f.

70 Luhmann, *Wie lassen sich latente Strukturen beobachten?*, a.a.O., S. 68 (Hervorh. A.N.).

Methodisch kontrolliertes Verstehen besteht dann in diesem Sinne darin, die eigenen, *verstehenden* beobachtungsleitenden Unterscheidungen transparent zu machen. Das soll nicht bedeuten, wissenschaftliche Operationen könnten ihrem eigenen blinden Fleck entkommen, sie können sich aber so weit limitieren, d.h. auf ein Repertoire beobachtungsleitender Unterscheidungen einlassen, daß der - dann übrigens meist *textförmig* vorliegende - Verstehensprozeß so weit transparent wird, daß ein Leser des wissenschaftlichen Textes genauer beobachten kann, aufgrund welcher Unterscheidungen bestimmte Ergebnisse erzielt wurden. Insofern ist es konsequent, daß wissenschaftliche Kommunikation zumeist die Schriftform wählt[71], was nicht nur der besseren Verbreitung wissenschaftlicher Ergebnisse dient, sondern aufgrund jener *Entzeitlichung* des Textes, die ich oben dargestellt habe, eine genaue Inszenierung und Präsentation wissenschaftlicher Ergebnisse erlaubt. Damit wird nicht *der blinde Fleck* als solcher überwunden, aber *manch blinder Fleck* des Forschungsprozesses dürfte so im Nachhinein reflexiv werden.

Es dürfte zumindest theoretisch deutlich geworden sein, daß Verstehen als *wissenschaftliche Operation* in erster Linie durch den Beobachter *Wissenschaft* determiniert ist und nicht durch die Struktur des Gegenstandes selbst. Insofern ist eine so verstandene *qualitative* Sozialforschung weit davon entfernt, so zu tun, als ermögliche sie eine Einführung des *subjektiven Faktors* oder der Sicht der *Betroffenen* in den Expertendiskurs. Ich komme sogleich darauf zurück. Ebenso weit entfernt ist sie von dem Bestreben, einer wie auch immer *zwingenden, objektiven* Bedeutung von Texten, einer *ursprünglichen Textbedeutung* auf den Grund zu gehen. Eine unterscheidungs- und beobachtungstheoretische Position kann nicht anders, als "Interpretation als Auswahl einer Bedeutung aus einer Vielfalt von Bedeutungsmöglichkeiten"[72] zu konzipieren. Insofern ist die letztlich methodisch relevante Frage, *nach welchen Unterscheidungen man nun beobachten solle*, eine unbeantwortbare Frage, zumindest, wenn sie in dieser Allgemeinheit gestellt wird. Das einzige, was an dieser Stelle dazu gesagt werden kann, ist Folgendes: Das Wahrheitskriterium für die Interpretation von Protokolltexten kann letztlich nur die *Sachhaltigkeit* im Hinblick auf den erörterten Gegenstand sein. Damit folge ich einem Begriffsvorschlag von Alfons Bora[73], der sehr treffend sowohl den Aspekt der *Angemessenheit* der Interpretation als auch deren strukturelle *Freiheit* und *Kontingenz* betont.[74] Jedenfalls

---

71 Das gilt auch für wissenschaftliche Vorträge, die ja meist eine Re-Verbalisierung von verschrifteten Texten sind - was je nach Vortragsstil mehr oder weniger sichtbar wird.

72 Gumbrecht, *Interpretation versus Verstehens von Systemen*, a.a.O., S. 173.

73 *Konstruktion und Rekonstruktion*, a.a.O., S. 299.

74 Worauf im übrigen schon Georg Simmel, *Das Gebiet der Soziologie*, in: ders.: Schriften zur Soziologie. Eine Auswahl, Frankfurt/M. 1986, S. 37-50, hier S. 43, hingewiesen hat. Simmel legt Wert darauf, daß die wissenschaftliche Beobachtung des Sachgehalts sozialer Phänomene eine *Beobachtung* ist, mithin also keineswegs eindeutig als Gegenstand vorliegt.

kommt es darauf an, die *verstehenden Unterscheidungen* offenzulegen, die dann ihrerseits wieder beobachtbar sind - etwa auf ihre Latenzen hin.[75]

IV Text und Autor/Kommunikation und Person

Daß der Autor von Texten ein historisch relatives *Prinzip* ist und keine ontologische Notwendigkeit, wissen wir spätestens seit Michel Foucault.[76] Keineswegs leugnet Foucault die Existenz des schreibenden oder sprechenden Individuums, aber daß jedem Text ein *Autor*, eine *Identität* als notwendiger Ursprung zugrundeliegt, ist für ihn (sic!) ein besonderes Merkmal der modernen *Ordnung des Diskurses*. Was hier eher für Autoren literarischer Texte gesagt wird, scheint auf den ersten Blick soziologisch kaum von Bedeutung zu sein, wenn man soziale Prozesse stets als Ausdruck des *subjektiv gemeinten Sinns sozial Handelnder* ansieht. Bricht man aber mit dieser Denkfigur, ergeben sich eher Parallelen. Es stellt sich die Frage: Wer spricht eigentlich in Protokolltexten sozialer Prozesse, wenn eine verstehende Beobachtung solcher Texte sich ausschließlich auf den Text, ausschließlich auf die soziale Dynamik der

75 Eine konkretere Beantwortung der Frage nach den methodischen Unterscheidungen läßt sich letztlich nur am konkreten Forschungsprozeß selbst leisten. Wie bereits angedeutet, habe ich das hier theoretisch vorgestellte Modell im Rahmen meiner Habilitationsschrift (Nassehi, *Die Deportation als biographisches Ereignis*, a.a.O.) bereits getestet. In dieser Untersuchung habe ich sechs biographische Interviews mit ehemaligen rumäniendeutschen Insassen von sowjetischen Zwangsarbeitslagern (zwischen 1945 und 1949) bearbeitet und die biographischen Texte folgendermaßen untersucht. An eine Sequenzanalyse der Einzelfälle im Hinblick auf Selektivität der Themen, Verstehenskontrolle des Textes, Textstruktur, Textlogik und Bezugsproblem/-lösung des Thematisierten schließt sich ein struktureller Vergleich der Einzelfälle an. Dabei haben sich folgende beobachtungsleitende strukturelle Vergleichskategorien ergeben: 1) *Erleben/Handeln*: Wird der biographische Verlauf eher als passives Erleben oder aktives Handeln dargestellt? 2) *Bezugsproblem/Bewältigungsform*: Welches durch den Text selbst erzeugte Problem haben die Texte zu lösen versucht? (Vgl. dazu sehr instruktiv Schneider, *Hermeneutische Einzelfallrekonstruktion und funktionalanalytische Theoriebildung*, a.a.O.) 3) *Erwartungshorizonte*: Welche Erwartungen werden durch die Interviewtexte bedient? 4) *Einmusterung in die Gesamtbiographie*: Wie haben die Texte das biographisch unerwartbare Ereignis der Deportation in ihre Gesamtbiographie eingebaut? Diese forschungsleitenden Fragen, denen bestimmte Unterscheidungen zugrundeliegen, ergeben sich in der Tat ausschließlich aufgrund ihrer Sachhaltigkeit bezüglich des Forschungsgegenstandes sowie aufgrund ihrer *theoretisch* gewonnen Plausibilität der wissenschaftlichen Beobachtung. Es gibt kein anderes Kriterium für die verstehende Beobachtung, insofern wäre sie unter anderen Prämissen ohne Zweifel anders ausgefallen. Und beide Varianten hätten wissenschaftliche "Wahrheit" als Zielkriterium in Anspruch nehmen können.
Diese Andeutungen mögen genügen. Sie lassen sich nicht an kurzen Interpretationsbeispielen erläutern, da in diesen gerade das Kriterium der *Sachhaltigkeit* im Sinne Boras nicht demonstriert werden könnte. Ich verzichte deshalb darauf und verweise auf die genannte Studie.

76 Vgl. Michel Foucault, *Die Ordnung des Diskurses*, Frankfurt/M. 1991, S. 20ff.

Kommunikation und ihre Selbstreferenz richtet und nicht auf die beteiligten *Autorinnen* und *Autoren*? Anders gefragt: Welche Rolle spielen eigentlich Individuen, Menschen, Personen bei der hermeneutischen Analyse von Texten, wenn bereits methodologisch ausgeschlossen wird, die beteiligten *Menschen* verstehen zu wollen, sondern ausschließlich die Texte? Wird vollständig mit der hermeneutischen Grundannahme gebrochen, es gehe in erster Linie um den "deutende[n] menschliche[n] Zugriff auf Welt und die menschliche Existenz"[77]? Interessiert sich eine systemtheoretisch gewendete soziologische Hermeneutik nicht für Menschen?

Doch! Aber sie hält sich aus methodologischen Gründen ausschließlich an das, was sie beobachten kann: an in Protokollen sozialer Prozesse vertextete Kommunikation. Wird der *Text* aufgrund der selbstreferentiellen Dynamik sozialer Kommunikation als das ausschließliche *Subjekt seiner selbst* behandelt, kann in diesem Sinne nicht mehr von *Menschen als den Subjekten der Kommunikation* gesprochen werden. Auch mit diesem Satz - es muß immer wieder betont werden - wird nicht der Mensch geringgeschätzt, und keineswegs wird die Existenz des sprechenden (und wissenschaftliche Texte schreibenden) Individuums gegen jede empirische Evidenz geleugnet. Es wird lediglich behauptet, daß eine solche Zurechnung von Kommunikation auf kommunizierende Individuen für eine *soziologische* Beobachtung von Kommunikation womöglich zu kurz greift, weil dann die Rekursivität und eigenlogische Dynamik des Sozialen in Differenz zum Psychischen aus dem Blick gerät.[78]

Freilich verschwinden die Menschen nicht aus der Kommunikation, wenn man eine Kommunikationstheorie zugrundelegt, die den *Menschen* in die Umwelt sozialer Systeme verlagert.[79] Die meisten Kommunikationsformen in der modernen Gesellschaft thematisieren Menschen, sie greifen kommunikativ auf Sprecher, auf Handelnde, auf Individuen, auf Männer und Frauen, auf Kinder und Greise, auf Funktionsträger und Freischwebende, auf Insider und Outsider.

77 Hans Georg Soeffner und Ronald Hitzler, *Hermeneutik als Haltung und Handlung. Über methodisch kontrolliertes Verstehen*, in: Norbert Schröer (Hg.): Interpretative Sozialforschung. Auf Wege zu einer hermeneutischen Wissenssoziologie, Opladen 1994, S. 28-55, hier S. 38.

78 "Ein Beobachter kann zwar, wenn er will, bewußte Disposition über intentionale Aufmerksamkeit und kommunikatives Handeln als ein einziges, undekomponierbares Ereignis sehen. Es ist *seine* Konstruktion, wenn er so identifiziert. Aber er muß dann von den Rekursionen abstrahieren, die für die beteiligten Systeme die Operationen als elementare Einheiten definieren; denn die rekursiven Rückgriffe auf Vorheriges und Vorgriffe auf Zukünftiges aktualisieren in psychischen Systemen auf der einen und in sozialen Systemen auf der anderen Seite ganz unterschiedene Netzwerke und bilden auch ganz verschiedene Strukturen." (Niklas Luhmann, *Die Tücke des Subjekts und die Frage nach dem Menschen*, in: Peter Fuchs und Andreas Göbel (Hg.): Der Mensch - Medium der Gesellschaft?, Frankfurt/M. 1994, S. 40-56, hier S. 54f.)

79 Dazu Luhmann: "Im übrigen ist nicht einzusehen, weshalb der Platz in der Umwelt des Gesellschaftssystems ein so schlechter Platz sein sollte. Ich jedenfalls würde nicht tauschen wollen." (Luhmann, *Die Tücke des Subjekts und die Frage nach dem Menschen*, a.a.O., S. 55)

auf *good guys* und *bad guys* usw. zu. Entscheidend ist aber, daß diese *Typen* von Menschen als solche Typen wie als konkrete Individuen letztlich erst durch Kommunikation *erzeugt* werden. Das hier zugrundeliegende systemtheoretische Kommunikationsverhältnis kehrt damit - anhand des Begriffes *Person* - die alltäglichen Verhältnisse um: *Kommunikationen werden nicht vorgestellt als Produkte von kommunizierenden Personen, sondern Personen sind in diesem Sinne Produkte von Kommunikation.* Daß jemand als Sprecher, Handelnder, als Individuum, als Mann oder Frau, als Kind oder Greis, als Funktionsträger oder Freischwebender, als Insider oder Outsider, als *good guy* oder *bad guy* behandelt wird, läßt sich nicht auf die ontologische Verfassung seiner anthropoiden Struktur zurückführen, sondern ist letztlich das Ergebnis *kommunikativer Routinen und sozialer Zuschreibungen. Personen* sind nach diesem Verständnis lediglich Adressaten und damit Konstruktionen sozialer Systeme, die letztlich Komplexitätsprobleme sowohl sozialer als auch psychischer Systeme lösen.[80] Menschen werden im sozialen Verkehr stets innerhalb struktureller Limitationen behandelt, sie finden sich in einer vorstrukturierten Welt vor, und je nach dem, *wo* sie sich gerade befinden, greifen andere Limitationen auf sie zu. Als Vater meines Sohnes bin ich eine *andere Person* denn als Hochschullehrer, der Leistungsnachweise ausstellt und Prüfungen abnimmt; als Sohn meiner Eltern bin ich eine *andere Person* denn als Ehemann meiner Frau. Und daß *meine Frau* so genannt werden kann, macht sie zu einer Person, die sie in anderen sozialen Konfigurationen nicht ist. Personen sind also letztlich Erwartungskollagen, sie sind Zurechnungspunkte und kommunikativ ermöglichte/erzeugte Strukturen, die für Formen im sozialen Verkehr sorgen.

"Personen dienen der strukturellen Kopplung von psychischen und sozialen Systemen."[81] Psychischen Systemen bieten sie gewissermaßen eine Orientierung, besser: einen Fahrplan bezüglich des Verhaltens innerhalb sozialer Kontexte an, und für soziale Systeme machen sie *Menschen* als Adressaten von Kommunikation ansprechbar. Als Personen erscheinen Menschen also letztlich in der Weise, wie sie durch soziale Prozesse erzeugt werden - und ihre psychischen Selbstbeschreibungen sind letztlich ohne die Strukturierung durch soziale Erwartungen (Sozialisation) gar nicht denkbar.

Für die Konzeption einer empirisch relevanten systemtheoretischen Hermeneutik hat dies folgende Konsequenzen: Die interpretierende Beobachtung eines Protokolltextes interpretiert nicht die dem Text zugrundeliegenden Sprecher oder Autoren, sondern sie hat zu fragen, *was für Personen durch den Text erzeugt werden.* Wie wir nur über den Text Zugang[82] zur sozialen Wirklichkeit bekommen, ist es auch ausschließlich der Text, der Zugang zu den

---

80 Vgl. Niklas Luhmann, *Die Form "Person"*, in: ders.: Soziologische Aufklärung, Band 6: Die Soziologie und der Mensch, Opladen 1995, S. 142-154; Luhmann, *Die Wissenschaft der Gesellschaft*, a.a.O., S. 33f.

81 Luhmann, *Die Form "Person"*, a.a.O., S. 153.

82 Wohlgemerkt: einen *durch die eigene Beobachtung gebrochenen* Zugang!

Personen bietet.[83] Ein narratives biographisches Interview etwa, das den Lebenslauf eines Probanden/einer Probandin thematisiert,[84] konstruiert und konstituiert erst jene Personalität, als die das im biographischen Text thematisierte Bewußtsein bzw. Individuum erscheint. Der Text ist der Signifikant der Person, als Signifikat ist die Person nicht beobachtbar - es sei denn wiederum über kommunikative Signifikation. Soziologisch relevant daran ist vor allem die Tatsache, daß diejenigen Formen, als die Menschen in sozialen Kontexten erscheinen, vor allem Resultate sozialer Texte und Kontexte sind. Eine systemtheoretisch informierte Hermeneutik hat also vor allem die Frage zum Gegenstand, wie Personen innerhalb sozialer Prozesse erzeugt werden und wie sich in Personen und ihren sozialen Präsentationsformen *soziale Strukturen* im Sinne von Erwartungen niederschlagen. Insofern - aber auch nur insofern - geht es auch einer systemtheoretisch informierten soziologischen Hermeneutik um den *deutenden menschlichen Zugriff auf Welt und die menschliche Existenz in ihr.*[85]

Literatur:

Bora, Alfons (1994): Konstruktion und Rekonstruktion. Zum Verhältnis von Systemtheorie und objektiver Hermeneutik, in: Gebhard Rusch und Siegfried J. Schmidt (Hg.): Konstruktivismus und Sozialtheorie. Delfin 1993, Frankfurt/M., S. 282-330.

Corsten, Michael (1994): Beschriebenes und wirkliches Leben. Die soziale Realität biographischer Kontexte und Biographie als soziale Realität, in: BIOS 7, S. 183-205.

Eickelpasch, Rolf (1994): Handlungssinn und Fremdverstehen. Grundkonzepte einer interpretativen Soziologie, in: Georg Kneer, Klaus Kraemer und Armin Nassehi (Hg.): Soziologie. Zugänge zur Gesellschaft, Band 1: Geschichte, Theorien und Methoden, Münster/Hamburg, S. 119-144.

---

83 Das heißt übrigens auch, daß die psychische Realität des hinter der Person stehenden *Menschen* kategorial unbeobachtbar bleibt. Von verschiedenen Seiten wird versucht, diese Unbeobachtbarkeit unter Hinweis auf die *strukturelle Kopplung* von Bewußtsein und Kommunikation unter anderem durch Sprache anzuzweifeln (vgl. etwa Gumbrecht, *Interpretation versus Verstehen von Systemen*, a.a.O.; Corsten, *Beschriebenes und wirkliches Leben. Die soziale Realität biographischer Kontexte und Biographie als Realität*, a.a.O.). Ich kann solchen Argumenten nicht folgen, weil ja gerade die strukturelle Kopplung ausdrücken soll, daß es sich um *unterschiedliche Systeme* handelt, die an ihren Grenzen strukturgekoppelt sind und unabweisbar in einem System/Umwelt-Verhältnis stehen, ohne miteinander zu verschmelzen.

84 Zur Unterscheidung von *Lebenslauf* und *Biographie* vgl. Alois Hahn, *Biographie und Lebenslauf*, in: Hanns-Georg Brose und Bruno Hildenbrand (Hg.): Vom Ende des Individuums zur Individualität ohne Ende, Opladen 1988, S. 91-105; Hartmann Leitner, *Text oder Leben? Über den Gegenstand der Lebenslauf- und Biographieforschung*, in: Martin Kohli und Hartmann Leitner: Biographie oder Lebenslauf? Über die Tauglichkeit zweier Konzepte. Kurseinheit 2, Fernuniversität Hagen, Hagen 1988, S. 2-63.

85 Vgl. Soeffner/Hitzler, *Hermeneutik als Haltung und Handlung*, a.a.O., S. 38.

Esser, Hartmut (1991): Alltagshandeln und Verstehen, Tübingen.
Esser, Hartmut und Hans-Georg Soeffner (1990): Die Relevanz von Kommunikation im Rational-Choice-Ansatz und in der interpretativen Soziologie (Transkript eines Podiumsgesprächs bei der Jahrestagung der Sektion Sprachsoziologie der DGS in Bamberg 1990).
Foucault, Michel (1991): Die Ordnung des Diskurses, Frankfurt/M.
Frank, Manfred (1986): Die Unhintergehbarkeit von Individualität. Reflexionen über Subjekt, Person und Individuum aus Anlaß ihrer 'postmodernen' Toterklärung, Frankurt/M.
Gadamer, Hans Georg (1965): Wahrheit und Methode. Grundzüge einer philosophischen Hermeneutik, 2. Aufl., Tübingen.
Gumbrecht, Hans Ulrich (1995): Interpretation versus Verstehen von Systemen, in: Henk de Berg und Matthias Prangel (Hg.): Differenzen. Systemtheorie zwischen Dekonstruktion und Konstruktivismus, Tübingen und Basel, S. 171-186.
Hahn, Alois (1988): Biographie und Lebenslauf, in: Hanns Georg Brose und Bruno Hildenbrand (Hg.): Vom Ende des Individuums zur Individualität ohne Ende, Opladen, S. 91-105.
Hitzler, Ronald (1993): Verstehen: Alltagspraxis und wissenschaftliches Programm, in: Thomas Jung und Stefan Müller-Doohm (Hg.): 'Wirklichkeit' im Deutungsprozeß. Verstehen und Methoden in den Kultur- und Sozialwissenschaften, Frankfurt/M., S. 223-240.
Hitzler, Ronald (1994): Verstehen verfremden. Hermeneutik in der deutschsprachigen Soziologie, Vortrag beim Kongreß 'Fremdheit und Vertrautheit. Hermeneutik im europäischen Kontext' an der Martin Luther-Universität Halle-Wittenberg am 24.9.1994, Manuskript.
Kneer, Georg und Armin Nassehi (1991): Verstehen des Verstehens. Eine systemtheoretische Revision der Hermeneutik, in: Zeitschrift für Soziologie 20, S. 341-356.
Kneer, Georg und Armin Nassehi (1994): Niklas Luhmanns Theorie sozialer Systeme. Eine Einführung, 2. Aufl., München.
Leitner, Hartmann (1988): Text oder Leben? Über den Gegenstand der Lebenslauf- und Biographieforschung, in: Martin Kohli und Hartmann Leitner: Biographie oder Lebenslauf? Über die Tauglichkeit zweier Konzepte. Kurseinheit 2, Fernuniversität Hagen, Hagen, S. 2-63.
Lindemann, Gesa (1996): Inklusion und Exklusion als Konstitutionsprinzip von Gesellschaften, Vortrag, gehalten am 11.10.1996 auf dem Kongreß der Deutschen Gesellschaft für Soziologie in Dresden, Manuskript.
Luhmann, Niklas (1981): Ist Kunst codierbar?, in: ders.: Soziologische Aufklärung, Band 3: Soziales System, Gesellschaft, Organisation, Opladen, S. 245-266.
Luhmann, Niklas (1986): Systeme verstehen Systeme, in: ders. und Karl Eberhard Schorr (Hg.): Zwischen Intransparenz und Verstehen. Fragen an die Pädagogik, Frankfurt/M., S. 72-117.
Luhmann, Niklas (1990): Die Wissenschaft der Gesellschaft, Frankfurt/M.
Luhmann, Niklas (1991): Wie lassen sich latente Strukturen beobachten?, in: Paul Watzlawick und Peter Krieg (Hg.): Das Auge des Betrachters. Beiträge zum Konstruktivismus, München, S. 61-74.

Luhmann, Niklas (1994): Die Tücke des Subjekts und die Frage nach dem Menschen, in: Peter Fuchs und Andreas Göbel (Hg.): Der Mensch - Medium der Gesellschaft?, Frankfurt/M., S. 40-56.
Luhmann, Niklas (1995): Die Form "Person", in: ders.: Soziologische Aufklärung, Band 6: Die Soziologie und der Mensch, Opladen, S. 142-154.
Nassehi, Armin (1993): Die Zeit der Gesellschaft. Auf dem Weg zu einer soziologischen Theorie der Zeit, Opladen.
Nassehi, Armin (1994): Die Form der Biographie. Theoretische Überlegungen zur Biographieforschung in methodologischer Absicht, in: BIOS 7, S. 46-63.
Nassehi, Armin (1995): Die Deportation als biographisches Ereignis. Eine biographieanalytische Untersuchung, in: Georg Weber et al., Die Deportation von Siebenbürger Sachsen in die Sowjetunion 1945-1949, Band 2: Die Deportation als biographisches Ereignis und literarisches Thema, Köln/Weimar/Wien, S. 5-412.
Oevermann, Ulrich (1993): Die objektive Hermeneutik als unverzichtbare methodologische Grundlage für die Analyse von Subjektivität. Zugleich eine Kritik der Tiefenhermeneutik, in: Thomas Jung und Stefan Müller-Doohm (Hg.): 'Wirklichkeit' im Deutungsprozeß. Verstehen und Methoden in den Kultur- und Sozialwissenschaften, Frankfurt/M., S. 106-189.
Parsons, Talcott (1972): Das System moderner Gesellschaften, München.
Popper, Karl R. (1969): Logik der Forschung, 3. Aufl., Tübingen.
Schneider, Wolfgang Ludwig (1991): Objektives Verstehen. Rekonstruktion eines Paradigmas: Gadamer, Popper, Toulmin, Luhmann, Opladen.
Schneider, Wolfgang Ludwig (1992): Hermeneutik sozialer Systeme. Konvergenzen zwischen Systemtheorie und philosophischer Hermeneutik, in: Zeitschrift für Soziologie 21, S. 420-439.
Schneider, Wolfgang Ludwig (1992): Hermeneutische Einzelfallrekonstruktion und funktionalanalytische Theoriebildung - Ein Versuch ihrer Verknüpfung, dargestellt am Beispiel der Interpretation eines Interviewprotokolls, in: Jürgen H.P. Hoffmeyer-Zlotnik (Hg.): Analyse verbaler Daten. Über den Umgang mit qualitativen Daten, Opladen, S. 168-215.
Schneider, Wolfgang Ludwig (1994): Die Beobachtung von Kommunikation. Zur kommunikativen Konstruktion sozialen Handelns, Opladen.
Schneider, Wolfgang Ludwig (1994): Intersubjektivität als kommunikative Konstruktion, in: Peter Fuchs und Andreas Goebel (Hg.): Der Mensch - das Medium der Gesellschaft?, Frankfurt/M., S. 189-238.
Schulte-Sasse, Jochen und Renate Werner (1991): Einführung in die Literaturwissenschaft, 7. Aufl., München.
Schütz, Alfred und Talcott Parsons (1977): Zur Theorie sozialen Handelns. Ein Briefwechsel, hg. und eing. v. Walter Sprondel, Frankfurt/M.
Schwinn, Thomas (1995): Wieviel Subjekt benötigt die soziologische Theorie?, in: Sociologia Internationalis 33, S. 49-75.
Simmel, Georg (1986): Das Gebiet der Soziologie, in: ders.: Schriften zur Soziologie. Eine Auswahl, Frankfurt/M., S. 37-50.
Soeffner, Hans-Georg und Ronald Hitzler (1994): Hermeneutik als Haltung und Handlung. Über methodisch kontrolliertes Verstehen, in: Norbert Schröer (Hg.): Interpretative Sozialforschung. Auf Wege zu einer hermeneutischen Wissenssoziologie, Opladen, S. 28-55.

Stegmüller, Wolfgang (1969): Probleme und Resultate der Wissenschaftstheorie und Analytischen Philosophie. Band I: Wissenschaftliche Erklärung und Begründung, Berlin/Heidelberg/New York.

Weber, Max (1976): Wirtschaft und Gesellschaft, 5. Aufl., Tübingen.

Wolfgang Ludwig Schneider

Die Analyse von Struktursicherungsoperationen als Kooperationsfeld von Konversationsanalyse, objektiver Hermeneutik und Systemtheorie

I.

Soziale Systeme, so eine der bekanntesten und umstrittensten Thesen von Luhmanns Systemtheorie, bestehen nicht aus Akteuren oder deren intentionalen Handlungen, sondern konstituieren und reproduzieren sich durch die autopoietische Verknüpfung kommunikativer Ereignisse.[1] Kommunikation wird damit als autonome (aber nicht autarke!) *Strukturbildungsebene des Sozialen* definiert. Welche Attacke auf das übliche Verständnis von Soziologie mit dieser Umstellung verbunden ist, macht vor allem die folgende Konsequenz deutlich: Handlungszielen, Interessenkonflikten, Ungleichheiten, Herrschaftsbeziehungen und anderen Dingen, für die sich Soziologen gemeinhin besonders interessieren, ist demnach nur insoweit soziale Realität zuzusprechen, als sie in Kommunikationen *aufgerufen*, d.h. entweder *explizit thematisiert* oder als *Prämissen* für die Produktion und Verknüpfung von Mitteilungsereignissen beansprucht werden.[2]

Für Anhänger der objektiven Hermeneutik und der Konversationsanalyse ist diese Konsequenz freilich nicht sonderlich überraschend, stimmt sie doch völlig überein mit ihren Vorstellungen über die Organisation von Kommunikation und dem daraus abgeleiteten Postulat *strikt sequentiell* verfahrender Analyse.[3] Was als der *relevante externe Kontext* einer Interaktionssequenz zu gelten hat, erschließt der objektive Hermeneut aus der Binnenstruktur und der Abfolge der einzelnen Äußerungen als diejenigen *situativen Angemessenheitsbedingungen*, deren Erfüllung vorausgesetzt werden muß als Prämisse ihres regelgemäßen

---

1 Für Anregungen und Kritik danke ich Kay Junge, Jörg Bergmann und den Teilnehmern seines Kolloquiums, Tilmann Sutter sowie allen Teilnehmern der Konferenz, die der Anlaß zur Entstehung dieses Bandes war.

2 Zur Kritik dieser Implikation vgl. Berger 1987, S. 138ff.; als Antwort darauf siehe Luhmann 1987, S. 316ff.

3 Zur ausführlichen Untersuchung der darin verankerten Übereinstimmungen von Systemtheorie und objektiver Hermeneutik vgl. Schneider 1995; als ergänzende Diskussion der Verknüpfungsmöglichkeiten zwischen funktionaler Analyse als systemtheorieeigener Methode und objektiver Hermeneutik vgl. Schneider 1991, Kap. 10 und 1992a. - Wie sich im Gegensatz zu den üblichen Unvereinbarkeitsunterstellungen übrigens leicht zeigen läßt (vgl. Schneider 1992), bestehen weitreichende Parallelen auch zwischen *philosophischer* Hermeneutik und Systemtheorie.

Vollzugs.[4] Welchen Regeln die Produktion einer Äußerungssequenz folgt, ist dabei offen und allein an der Gestalt der Sequenz selbst abzulesen. Unterstellt wird nur, daß ihre Erzeugung überhaupt bestimmbaren Regeln folgt, daß also nicht Zufall und Beliebigkeit herrschen.[5]

Ähnlich verfährt die Konversationsanalyse,[6] wenngleich mit anders gelagertem Erkenntnisinteresse: Während es der objektiven Hermeneutik vor allem um die Herauspräparierung der fallspezifischen Besonderungen und der darin verkörperten Rationalitätsbezüge vor dem Hintergrund allgemeinerer Regeln geht, zielt die Konversationsanalyse primär auf die Rekonstruktion dieser allgemeineren Regeln selbst. Dabei legt sie den Akzent auf die Analyse der Verhaltensmerkmale, durch die die Beteiligten einander mitanzeigen, in welches übergreifende *kommunikative Strukturmuster* sich ihre Einzelbeiträge als Teilelemente jeweils einfügen sollen. In jüngeren Veröffentlichungen richtet sich hier die Aufmerksamkeit verstärkt auf unterschiedliche *institutionelle Kontexte*.[7] Ob Therapiegespräch oder Radiointerview, ob gerichtliche Vernehmung oder Schulunterricht, stets machen die Teilnehmer durch die Art ihrer Beteiligung einander sichtbar, in welches Genre, in welchen Kommunikationstyp sie gemeinsam involviert und wie ihre Rollen darin verteilt sind. Möglich wird so die kontinuierliche Abstimmung des Kommunikationsverhaltens im Blick auf den Strukturtypus, der als *Kontext* der fortlaufenden Einzelbeiträge *konsensuell vorausgesetzt* und mit jedem Beitrag reproduziert wird, der sich sichtbar darin einfügt. Das Verhältnis von Äußerungen und Kommunikationstyp, von Element und Struktur erscheint hier zirkulär bestimmt: Strukturen orientieren die Verkettung von Äußerungen und werden durch die Verkettung von Äußerungen reproduziert. Dies entspricht im Kern dem systemtheoretischen *Autopoiesiskonzept*.[8] Ebenso paßt dazu die allgemeine Fassung des objektiv-hermeneuti-

---

4 Siehe dazu bes. Oevermann u.a. 1979 sowie Oevermann 1986, 1991 und 1993a.

5 Oder in konversationsanalytischem Vokabular formuliert: Die Analyse verfährt unter der Prämisse einer das Material durchdringenden "order at all points". - An dieser Stelle steckt freilich ein Problem, das hier nur erwähnt werden kann, richten sich doch Zweifel an der Kompatibilität von Systemtheorie und objektiver Hermeneutik vor allem gegen eine *starke Version des Regelbegriffs* als quasi ontologische Grundlage objektiver Bedeutungen (kritisch dazu Sutter/Weisenbacher 1993; Sutter, in diesem Band; Bora, in diesem Band; Nassehi, in diesem Band). Daß die Systemtheorie hier anders optiert, ist bekannt: Für sie gibt es keine durch Regeln gewährleistete Lösung des Intersubjektivitätsproblems (vgl. dazu ausführlich Nassehi, in diesem Band). Diese Differenz darf in ihrer Bedeutung für die Frage der Kompatibilität von Systemtheorie und objektiver Hermeneutik allerdings nicht überschätzt werden. Eine schwächere Version des Regelbegriffs als die von Oevermann vertretene Konzeption algorithmischer Regeln reicht m.E. als methodologische Prämisse für die Begründung der objektivhermeneutischen Auslegungsmaximen aus und läßt sich im Bezugsrahmen der Systemtheorie rekonstruieren (vgl. dazu auch Schneider 1994a).

6 In aller Deutlichkeit und Konsequenz siehe dazu Schegloff 1987 und 1992; zuletzt 1996.

7 Exemplarisch dazu der Sammelband von Drew und Heritage 1992.

8 Vgl. dazu Luhmann 1984, S. 383ff. Aus der Perspektive der Konversationsanalyse siehe Hausendorf 1992.

schen Strukturbegriffs von Oevermann, nach dem die Rekonstruktion einer Struktur die Analyse eines *vollständigen Zyklus ihrer sequentiellen Reproduktion* verlangt.[9]

Die erwähnten Übereinstimmungen mögen schwach, weil von äußerst abstrakter Art erscheinen. Differenzen treten in den Vordergrund, wenn es um gegenstandsspezifische Aussagen geht. Anders als die streng mikrologisch argumentierende und sich auf die Untersuchung von *Interaktionssystemen* konzentrierende Konversationsanalyse, betreffen die Aussagen der Systemtheorie vor allem die Systembildungsebene der Gesellschaft und die Typik ihrer Differenzierung in primäre Teilsysteme. Entsprechend gering erscheint das *Auflösungsvermögen* ihrer Feststellungen aus konversationsanalytischer Perspektive.[10] Umgekehrt geraten Fragen, wie sie sich etwa mit der These des *Primats funktionaler Differenzierung* als Charakteristikum der modernen Gesellschaft verbinden lassen, nicht in das Blickfeld der Konversationsanalyse. Man mag deshalb vielleicht der Auffassung zuneigen, daß trotz einiger abstrakter begrifflicher Gemeinsamkeiten sich hier das vertraute disziplinäre *Schisma zwischen mikro- und makrosoziologischen Thematisierungsweisen* wiederholt und die erwähnten Ansätze im Grunde genommen keine gemeinsamen Themen haben. Dagegen könnte die systemtheoretische Unterscheidung der Systembildungsebenen von Interaktion, Organisation und Gesellschaft mobilisiert werden,[11] um der Systemtheorie mit Gesellschaft und Organisation, der Konversationsanalyse mit der Ebene der Interaktion *komplementäre* Arbeitsbereiche zuzuweisen. Ein solcher Versuch scheint zunächst eher dazu geeignet, den Eindruck einer rein *formal-arbeitsteiligen* Verknüpfung ohne gemeinsame *materiale Fragestellung* zu verstärken. Ein kurzer Blick auf das Verhältnis der Systembildungsebenen von Gesellschaft und Interaktion genügt jedoch, um diesen Eindruck zu konterkarieren. Denn die Ausdifferenzierung sozialer Funktionssysteme bedeutet eben nicht deren vollständige Ablösung von Prozessen der Interaktion, sondern läßt sich gerade auch an der Spezifizierung von Interaktionen ablesen, so z.B. dann, wenn die Teilnehmer als Träger von *Leistungsrollen* einerseits und *Klientenrollen* andererseits agieren (etwa Arzt/-Patient im Gesundheitssystem; Anwalt/Klient im Rechtssystem; Lehrer/Schüler im Erziehungssystem).[12] Die Analyse derartiger Interaktionen müßte daher einen aussichtsreichen Ausgangspunkt zur Rekonstruktion von strukturellen Eigentümlichkeiten funktionssystemischer Kommunikationen bieten. Nimmt man den bereits erwähnten Umstand hinzu, daß die Untersuchung von Interaktionen in institutionellen Kontexten einen der wesentlichen Schwerpunkte der neueren konversationsanalytischen Forschungen darstellt und - in Verbindung

9 Siehe Oevermann 1991, S. 274.

10 Zur Bedeutung "unterschiedliche(r) Auflösungsvermögen als constraint soziologischer Theorien" vgl. Junge 1993, S. 106ff.

11 Vgl. dazu Luhmann 1975.

12 Zum Zusammenhang der Theorie funktionaler Differenzierung und der Theorie der Professionen aus systemtheoretischer Sicht siehe bes. Stichweh 1988 und 1992.

mit professionalisierungstheoretischen Überlegungen - *funktionsspezifische Interaktionen* auch zum Gegenstand der objektiven Hermeneutik geworden sind,[13] dann liegt es nahe, hier (aber nicht nur hier!) *einen* möglichen Kooperationsbereich zwischen den genannten Ansätzen zu vermuten. Eine solche Kooperation scheint mir auch deshalb von besonderem Interesse, weil von ihr ein wesentlicher Beitrag zum Problem der Verknüpfung mikro- und makroanalytischer Aussagen erwartet werden kann.[14]

Dabei verkenne ich nicht, wie ich hier noch einmal hervorheben möchte, die - m.E. freilich eher kontingente - *Differenz der jeweiligen Beobachtungsperspektiven*. Luhmanns Systemtheorie fokussiert vor allem auf die gesellschaftliche Funktion von Kommunikation. Ihr Zugriff erreicht aber kaum das Auflösungsniveau, dessen es bedarf, um eine Interaktionssequenz als Realisierung funktionsadäquater Erwartungsstrukturen zu entschlüsseln.

Konversationsanalyse und objektive Hermeneutik arbeiten zwar mit einem entsprechenden Auflösungsvermögen, marginalisieren dabei jedoch - wenngleich auf unterschiedliche Weise - den *gesellschaftlichen Funktionsbezug*: In *objektiv-hermeneutischen* Analysen erscheint er oft als nur kontrafaktischer Hintergrund für die Explikation von *devianten Strukturmerkmalen des Einzelfalles*, auf deren Darstellung dann der Schwerpunkt der Untersuchung liegt.[15] Man erfährt demnach vor allem, inwiefern der untersuchte Verlauf *abweicht* von bestimmten Funktionsanforderungen. Deren strukturierende Kraft für diesen Verlauf kommt so meist nur *ex negativo*, etwa in der Form verdeckter Kompromiß- und Symptombildungen zum Ausdruck. Das mag an den Besonderheiten des analysierten Materials, vielleicht auch an der bevorzugten Suchrichtung des Interpreten liegen und ist insofern gerade *nicht* konstitutiv für die Methode. Dennoch prägt es ihr Erscheinungsbild.

Von dieser Vorliebe für Abweichungen ist die *Konversationsanalyse* frei. Ihr geht es um die Identifikation *typenspezifischer Sequenzmuster* und um die Funktionen ihrer Bauelemente. Die funktionale Betrachtungsweise kommt dabei jedoch meist nur auf eine gleichsam *introvertierte* Weise zur Geltung:[16] Im Vordergrund stehen jeweils Probleme, deren Lösung Voraussetzung für die *kooperative Prozessierung des analysierten Kommunikationsmusters selbst* ist. Über dessen Reproduktionsanforderungen hinausreichende soziale Funktionen bleiben so weitgehend ausgeblendet.

Die Rekonstruktion *fallspezifischer Verknüpfungsregeln*, *Deutungsprämissen* und damit verbundener *Rationalitätsbezüge*, die den generativen Hintergrund für die Abfolge und den Inhalt der Kommunikationsbeiträge bilden, steht im

---

13 Vgl. dazu Oevermann 1978 und 1981a. Als Fallanalyse, die professionalisierungstheoretische Überlegungen im Hintergrund der Interpretation mitführt, siehe Oevermann 1993.

14 Oder in systemtheoretischer Diktion: Ein Beitrag zur Verknüpfung von Aussagen, die sich auf die Systembildungsebenen Interaktion, Organisation und Gesellschaft beziehen.

15 Als Beispiel dazu vgl. die Analyse von Oevermann 1993.

16 Als Beispiel dazu vgl. die Explikation des "closing problems" in Schegloff/Sacks 1974.

Zentrum objektiv-hermeneutischer Interpretation. Vor allem gegenüber der Einbeziehung von Deutungsprämissen verhält sich die Konversationsanalyse, zumindest in ihrer 'orthodoxen' Ausprägung, eher abstinent. Sie versucht zu zeigen, wie - d.h. mit Hilfe welcher Praktiken ("Ethnomethoden") - und auf welche Weise die Beteiligten *einander* verstehen. Interpretationen des wissenschaftlichen Beobachters stehen dabei solange unter dem Verdacht, bloße Beobachtungs*artefakte* zu sein, wie sie keine Bestätigung durch übereinstimmende Interpretationen eines Gesprächsteilnehmers erfahren.[17] Verglichen mit den klassischen konversationsanalytischen Untersuchungen zu internen Organisationsproblemen von Kommunikation wie etwa den Analysen der Modalitäten des Sprecherwechsels ("turn-taking"), der Eröffnung oder Beendigung von Gesprächen oder der Reparaturorganisation, weist die Rekonstruktion *impliziter Deutungsprämissen* eine methodologisch problematische Besonderheit auf: Die empirischen Abstützpunkte, die dafür aus der *sequentiellen Organisation* von Kommunikationen zu gewinnen sind, weisen typisch eine weniger dichte Verteilung auf, finden sich oft nicht in der unmittelbaren lokalen Umgebung des Äußerungsereignisses, das den Anlaß zu ihrer Explikation bildete und sind häufig von weniger direkter Qualität als in der Konversationsanalyse sonst üblich. Die gewohnten methodologischen Gütekriterien können so nur in abgeschwächter Form erfüllt werden. Davor scheint die Konversationsanalyse Schegloffschen Typs zurückzuschrecken, vermutlich, weil als Folge der Aufweichung dieser Gütekriterien die *Verwischung der (für die Konversationsanalyse konstitutiven)*[18] *Differenz zwischen bloßen Beobachter- und nachweislichen Teilnehmerinterpretationen* befürchtet wird. Inwieweit diese Befürchtung berechtigt ist, läßt sich wohl nur am einzelnen Interpretationsbeispiel diskutieren. Welche Anforderungen an das Niveau der erreichbaren Trennschärfe man hier stellt entscheidet darüber, in welchem Umfang die Rekonstruktion des impliziten Deutungshintergrundes von Äußerungsereignissen Eingang in die Konversationsanalyse finden kann. Pointiert formuliert wird damit die Frage beantwortet, inwiefern (aus konversationsanalytischer Perspektive betrachtet),[19] das Interpretationsverfahren der objektiven

---

17 Explizit diskutiert wurde diese Frage z.B. am Problem der Behandlung ambiger Äußerungen. Schegloffs Aussagen dazu (vgl. 1984, S. 50ff.) repräsentieren die 'orthodoxe' konversationsanalytische Position. Das Problem der Ambiguität in seiner üblichen Fassung erscheint ihm im wesentlichen als *"overhearer's problem"*, das entsteht, weil der unbeteiligte Interpret nicht über das gemeinsam geteilte und wechselseitig unterstellte Vorwissen der Teilnehmer verfügt, das diese bei der Formulierung ihrer Äußerungen voraussetzen. Die methodologische Konsequenz daraus ist, daß nur solche Äußerungen, die von den Teilnehmern selbst ausdrücklich als mehrdeutig behandelt werden (z.B. durch Hörernachfrage oder Selbstkorrektur des Sprechers), vom wissenschaftlichen Interpreten in einem empirisch gehaltvollen Sinne als mehrdeutig klassifiziert werden dürfen.

18 Vgl. dazu auch den Beitrag von Hausendorf in diesem Band.

19 Aus der Perspektive der objektiven Hermeneutik mag es sich dann genau umgekehrt ausnehmen und die Konversationsanalyse im Grundsatz als Anwendung des eigenen sequenzanalytischen Vorgehens erscheinen, das dort zur Untersuchung der Regeln bzw.

Hermeneutik aufgrund seiner ebenfalls strikt sequenzanalytischen Bindung als Fortsetzung der Konversationsanalyse auf dem Terrain der Rekonstruktion sozialer Deutungsmuster und daran gebundener Verknüpfungsregeln gelten könnte.[20]

Der konversationsanalytischen Unterscheidung von "overhearer" (=externem Beobachter) und "participant" (=Kommunikationsteilnehmer) entspricht in der objektiven Hermeneutik die Differenz zwischen den "objektiv möglichen Lesarten" einer Äußerung (entworfen aus der Perspektive des interpretierenden "overhearer") und ihrer "faktisch erfüllten" Bedeutung, die sich als Folge der Selektion aus den Bedeutungsmöglichkeiten durch den realen situativen Kontext und die Anschlußäußerungen der "participants" ergibt.[21] Völlig dekungsgleich sind diese Unterscheidungen jedoch nicht. Während die Konversationsanalyse dazu neigt, Interpretationen des beobachtenden "overhearer", die von den Interpretationen der "participants" abweichen, als verzerrende Artefakte zu behandeln, versucht die objektive Hermeneutik daraus Gewinn zu ziehen, indem sie solche Abweichungen mit Hilfe der *Zusatzunterscheidung manifest/latent* weiterverarbeitet: Daß bestimmte Bedeutungsmöglichkeiten durch die Anschlußäußerungen systematisch ausgeblendet werden erscheint als wesenliches Element der "latenten Sinnstruktur" eines analysierten Falles.[22] Systemtheoretisch gesprochen versucht damit die objektive Hermeneutik die besondere Leistungsfähigkeit der *"Beobachtung 2. Ordnung"* zu nutzen.[23] Indem sie beobachtet, mit welchen Unterscheidungen Systeme operieren, kann sie deren Unterscheidungen von anderen unterscheiden und damit sehen, was die beobachteten Systeme nicht sehen, solange sie mit diesen Unterscheidungen operieren - die Selektivität ihres Unterscheidungsgebrauchs.[24]

Praktiken eingesetzt wird, mit denen die Teilnehmern individuell zurechenbare Sprechhandlungen kooperativ erzeugen.

20 Auch dazu verweise ich auf den aus konversationsanalytischer Perspektive argumentierenden Beitrag von Hausendorf (in diesem Band). - Dessen Interpretationsbeispiel macht zudem sichtbar, wie ein Befund, der mit den Mitteln des konventionellen konversationsanalytischen Inventars gewonnen worden ist, Probleme aufwirft, deren Lösung zur Fortsetzung der Analyse als Deutungsmusteranalyse *zwingt*. In einer solchen Situtation mit Hinweis auf *methodologische Korrektheitsstandards* die Analyse abzubrechen wäre eine denkbare Alternativoption, die freilich der konversationsanalytischen Generalstrategie, methodologische Fragen nicht abstrakt zu behandeln, sondern gleichsam durch den Gegenstand selbst entscheiden zu lassen, strikt zuwider laufen würde.

21 Siehe dazu Oevermann 1981, S. 9ff.

22 Als Interpretationsbeispiele dazu vgl. Oevermann u.a. 1979, S. 354-378; Schneider 1995, S. 138-149.

23 Siehe dazu Luhmann 1991, bes. S. 66ff.

24 Der berechtigten Befürchtung, daß der Bereich textkompatibler Deutungsmöglichkeiten, sobald er von der Bindung an die Perspektive der "participants" gelöst wird, ins Beliebige auszuufern droht, trägt die objektive Hermeneutik dabei ausdrücklich Rechnung, indem sie nur solche Lesarten zuläßt, die durch eine "im Text lesbare, sichtbare, fühlbare oder hörbare Markierung erzwungen werden" (Oevermann 1996, S. 103). Zentrale Voraussetzung für diese Einschränkung im Bereich der zulässigen Lesarten ist, daß Oevermann

Die erwähnten Differenzen zwischen Konversationsanalyse, Systemtheorie und objektiver Hermeneutik verdanken sich, so mein Eindruck, eher unterschiedlichen Akzentsetzungen, die in einer gemeinsamen Grundvorstellung der Organisation von Kommunikation zusammenlaufen. Zwischen ihnen herrscht insofern nicht Konkurrenz, sondern *Komplementarität.*[25] Ihre Kombination

---

zwischen der *Perspektive der Teilnehmer* und dem von ihnen jeweils erzeugten *Text* scharf unterscheidet. Nur unter dieser Voraussetzung kann der Beobachter Sinnstrukturen aufdecken, für die es in der Wahrnehmung der Teilnehmer keine Entsprechung gibt und die dennoch nicht als bloße Artefakte der Beobachtung zu qualifizieren sind.

25 Hier scheint mir eine erläuternde Anmerkung geboten, die klärt, wie sich diese Komplementaritätsbehauptung zu anderen in diesem Band versuchten Bestimmungen der Beziehung zwischen Systemtheorie und objektiver Hermeneutik verhält. Armin Nassehi (in diesem Band) unterscheidet dazu drei Positionen, die sich nach seiner Einschätzung jedoch nur in Nuancen unterscheiden: (1) die *Defizit*these, (2) die *Affinitäts*these und (3) die *Überbietungs*these. Ich sehe das Verhältnis zwischen diese drei Positionen wie folgt: (1) Die *Defizitthese* geht davon aus, daß der Systemtheorie eine geeignete Methode zur Analyse des autopoietischen Strukturaufbaus von Kommunikation fehlt und die objektive Hermeneutik (und - wie ich hier ergänzen möchte - die Konversationsanalyse) geeignet ist (sind), dieses Defizit zu beheben (vgl. dazu bes. Bora 1994). In dem Maße, wie auch umgekehrt Defizite in der Theorie bzw. Praxis der objektiven Hermeneutik thematisiert werden und die Systemtheorie zu deren Kompensation aufgeboten wird (s.o.), symmetrisiert sich die Defizit- zur *Komplementaritätsthese* (vgl. auch Bora, in diesem Band). (2) Die *Affinitätsthese*, die Nassehi mir zuschreibt, möchte ich weit schärfer pointieren, als Nassehi dies tut: Hier meine ich nicht nur, daß die systemtheoretische Verstehenskonzeption im Kontext der Hermeneutik bereits vorbereitet ist (etwa bei Gadamer; vgl. dazu Schneider 1992), sondern vertrete darüber hinaus die Auffassung, daß sich die *methodischen Auslegungsregeln* der objektiven Hermeneutik aus den theoretischen Prämissen der Systemtheorie unmittelbar *ableiten* lassen (ausführlich dazu Schneider 1995). (Insofern bin ich beinahe versucht, der Auffassung zuzustimmen, daß die Systemtheorie im Prinzip über die eingeklagte Methode zur Analyse von Kommunikation durchaus verfügt, was bislang jedoch auch ihren Vertretern verborgen geblieben ist, so daß diese Methode unter dem Titel der objektiven Hermeneutik ausformuliert und bekannt gemacht werden mußte.) (3) Seine eigene Position belegt Nassehi mit dem Titel der *Überbietungsthese* (vgl. dazu bes. Kneer/Nassehi 1991). Neben der strikten Unterscheidung der Systemreferenzen Kommunikation und Bewußtsein, die sich in der objektiven Hermeneutik ebenfalls findet, hebt Nassehi (in diesem Band) hier vor allem hervor, daß der Gedanke der "Perfektibilität gelungenen Verstehens und gelungener Verständigung zugunsten höheren Kontingenzeinbaus" aufgegeben werde. Dieses Argument wird dann präzisiert durch eine ausführliche Kritik an Oevermanns Konzeption algorithmischer Regeln als Erzeugungsgrundlage kommunikativer Strukturen. - Die Kritik an Oevermanns "Regelontologie" ist freilich ein Punkt, an dem sich Nassehi mit anderen Autoren dieses Bandes trifft (vgl. bes. die Beiträge von Sutter und Bora). Andererseits geht auch Nassehi nicht soweit, den Regelbegriff vollständig zu verwerfen, macht er es einer systemtheoretisch informierten Interpretationsmethodik doch ausdrücklich zur Aufgabe, "nach der Regel- und Strukturgenese des Textes" zu suchen (in diesem Band). Insofern, so scheint es, kann auch die Überbietungsthese auf weitreichende Zustimmung anderer Autoren rechnen. M.E. muß bei dieser Diskussion jedoch schärfer unterschieden werden zwischen den *methodischen Interpretationsanweisungen* der

erscheint so als Desiderat:[26] Gesellschaftlichen *und* typeninternen Funktionsanforderungen, ihrer kommunikativen Realisierung *und* den dabei sichtbar werdenden fallspezifischen Brechungen, manifesten *und* latenten Bedeutungsaspekten gilt es gleichermaßen Rechnung zu tragen. Durch die Verbindung konversationsanalytischer und hermeneutischer Analysetechniken sowie den *heuristischen* Einsatz systemtheoretischer Begriffe und Hypothesen kann dieses Ziel erreicht werden. - Zu betonen ist, daß die Luhmannsche Systemtheorie dabei als *eine Quelle neben anderen* zählt, aus der Deutungshypothesen zu beziehen sind. (Andere Quellen sind etwa der klassische Strukturfunktionalismus, die Ethnologie und Kulturanthropologie oder auch Theorien rationaler Wahl.) Von besonderem Interesse ist diese Theorie für unsere Zwecke deshalb, weil sie eine Vielzahl *funktionaler Interpretationen* enthält, die für Sequenzanalysen fruchtbar gemacht werden können. In der Regel ist dazu eine Präzisierung dieser Hypothesen aus der Perspektive des Einzelfalles notwendig, für dessen Interpretation sie verwendet werden. Für die Systemtheorie bedeutet dies ein *Gewinn an Bestimmtheit*, der nicht durch theoriegesteuerte Deduktion, sondern nur durch empirisch kontrollierte Spezifikation erreicht werden kann.

Wie es *forschungspraktisch* möglich ist, Konversationsanalyse, Systemtheorie und objektive Hermeneutik mit der dargestellten Zielsetzung zu verknüpfen, möchte ich im folgenden vorführen. Als dafür taugliches Objekt wähle ich die Untersuchung eines bestimmten Typs kommunikativer Operationen, die ich provisorisch mit dem etwas teutonisch klingenden Titel *"Struktursicherungsoperationen"* belegen möchte. - *Struktursicherungsoperationen* haben die Aufgabe, einen aktuell prozessierten Kommunikationstyp gegen abweichende Äußerungsereignisse oder auch nur gegen deren typusunverträgliche Interpretation zu schützen.[27] Sie können auf unterschiedliche Weise ausgeführt werden: *vorbeugend*, durch struktursensiblen Zuschnitt eines problematischen Mitteilungsgehalts auf die Anforderungen der Kommunikationssituation,[28] oder

---

objektiven Hermeneutik und ihren *theoretisch-methodologischen Prämissen*: Die Kritik an Oevermanns starkem Regelbegriff (hierin stimme ich mit Sutter, in diesem Band, überein) *betrifft nur die theoretisch-methodologischen Prämissen, nicht aber die methodischen Maximen der Auslegung*. Diese Differenz der Argumentationsebenen sollte nicht durch die ungeprüfte Unterstellung eines hier angeblich bestehenden zwingenden Zusammenhanges vorschnell verschüttet werden. Statt dessen wären schwächere Versionen des Regelbegriffs zu diskutieren (vgl. dazu u.a. Heritage 1984; Schneider 1994a) und auf ihre Vereinbarkeit mit den Interpretationsmaximen der objektiven Hermeneutik hin zu prüfen.

26 Um Mißverständnisse zu vermeiden sei angemerkt, daß die These der Kompatibilität und Komplementarität der hier diskutierten Ansätze nicht totalisierend zu verstehen ist. Es geht also *nicht* um Komplettintegration, sondern um selektive Kooperation, deren Reichweite zunächst offen bleiben kann und sich durch die Fruchtbarkeit ihrer Ergebnisse zu bewähren hat.

27 Siehe dazu auch Schneider 1994a, S. 228ff. - Als konversationsanalytische Untersuchungen, die ebenfalls auf die Identifikation derartiger "strukturerhaltender" bzw. "-konservierender" Operationen zielen, vgl. Jefferson/Lee 1992 und Knoblauch 1991.

28 In der Konversationsanalyse ist hier von "recipient design" die Rede

ex post, als Reparaturprozedur, z.B. durch entschärfende Reformulierung, expliziten Ausschluß unpassender Deutungsmöglichkeiten oder nachträgliche Markierung des problematischen Ereignisses als Abweichung.[29]

Ich nehme an, daß Struktursicherungsoperationen als kommunikative Formen, die von Sprechern routinisiert gehandhabt werden, vor allem entlang besonderer *Risikozonen* kondensieren, in denen ein Kommunikationstyp leicht auflaufen und umkippen kann. Solche Risikozonen finden sich sowohl im Rahmen *alltäglicher Kommunikation* wie auch -und möglicherweise verstärkt - bei Kommunikationstypen, die auf die Erfüllung *spezifischer Funktionsbezüge* spezialisiert sind. In jedem Falle vermute ich, daß die Analyse von Struktursicherungsoperationen einen guten Zugang zur empirischen Aufdeckung *funktional bedeutsamer Struktureigenschaften* von Kommunikationsmustern bietet.

Im folgenden (II.) möchte ich das Konzept der Struktursicherungsoperation zum Auftakt anhand konsensorientierter und konfliktärer Interaktion innerhalb *alltäglicher* (d.h. keinem sozialen Funktionssystem zugeordneter) Kommunikation plausibilisieren. Dabei soll deutlich werden, wie ein konversationsanalytischer Befund und dessen systemtheoretisch informierte Interpretation die Ergänzung durch eine (hier freilich nur angedeutete) *hermeneutische Präsuppositionenanalyse* erforderlich machen und von deren Ergebnissen profitieren kann. Danach (III.) geht es um ein längeres Beispiel aus einem *funktionssystemischen* Kontext: Analysiert wird eine Szene aus dem Bereich der Lehrer/Schüler-Interaktion. Die Kombination konversationsanalytischer Befunde und systemtheoretischer Überlegungen bei der Analyse einer unterrichtstypischen Struktursicherungsoperation soll dabei sichtbar machen, auf welche Weise Schule als Organisation und Erziehung als Funktionssystem im Kontext der Unterrichtsinteraktion präsent sind. Die daran anschließende hermeneutische Interpretation der *fallspezifischen Verknüpfungslogik*, die als generativer Hintergrund der Sequenz vermutet werden kann, identifiziert ein mikrologisches Strukturmuster abweichenden Verhaltens, das 'makro'logische Entsprechungen in institutionell ausdifferenzierten Einrichtungen mit äquivalenter Funktion findet.[30]

29 Je nach der Art und Weise, wie dies jeweils geschieht, lassen sich dann - bei taxonomischem Interesse - unterschiedliche Operationstypen unterscheiden.

30 Wie hier angedeutet, verstehe ich die Mikro-Makro-Unterscheidung als eine über mehrere Stufen iterierbare Differenz, d.h. die erwähnten institutionellen Einrichtungen, die aus der Perspektive der Analyse kurzer Interaktionsepisoden als 'makro'soziale Erscheinungen angesprochen werden, können bei der Untersuchung sozialer Strukturen größerer Reichweite ihrerseits als 'Mikro'strukturen gelten usw.

II.

Aus dem Traditionsbestand konversationsanalytischer Forschung stammt ein Phänomen, das unter dem Titel der "preference for agreement" bekannt geworden ist.[31] Was unter dieser Überschrift firmiert, kann als konversationsanalytische Auskunft auf das "Hobbesian problem of social order" verstanden werden, die an die Stelle gemeinsamer Werte und Normen à la Parsons die Rekonstruktion kommunikativer Praktiken setzt, die es erlauben, Konsens auch unter Bedingungen unvermeidlicher Erwartungsenttäuschungen verläßlich zu reproduzieren.

Wie Harvey Sacks gezeigt hat, läßt sich im Kontext alltäglicher Kommunikation eine Präferenz für die Bewahrung von Übereinstimmung (Konsens) zwischen den Gesprächspartnern nachweisen. Dabei geht es nicht um die Annahme einer psychologischen Neigung, sondern um die Identifikation von Strukturmerkmalen der Gesprächsorganisation, die gerade dann sichtbar werden, wenn Interaktionsofferten *abgelehnt* werden. Die Gestaltung der Ablehnungen zeigt dabei an, daß sie als *dispräferierter* Anschluß gewählt wird:[32]

Beispiel 1:

B: Eh, wenn du Lust hast, heute Vormittag auf einen Sprung herüber zu kommen, bekommst du eine Tasse Kaffee.

A: hehh Ja, das ist schrecklich süß von dir, ich glaube nicht, daß ich das heute Vormittag einrichten kann, hh ehm ich habe eine Kleinanzeige in der Zeitung laufen und-und eh, ich muß in der Nähe des Telephons bleiben.

Die Äußerung B's im Beispiel zeigt charakteristische Merkmale einer als dispräferiert markierten Ablehnung. Einladungsannahmen werden typisch in direktem Anschluß an die Einladung ausgeführt, ohne Abschwächung formuliert und von keiner Erklärung begleitet. Die oben zitierte Ablehnung unterscheidet sich in jedem dieser Merkmale. Auffällig ist vor allem ihre späte Plazierung sowie die Art ihrer Einbettung: Als Auftakt steht ein kurzes Ausatmen ('hehh'). Darauf folgt ein Ausdruck der Wertschätzung. Erst dann wird die Ablehnung in abgeschwächter Form ('Ich glaube nicht..') vorgetragen und in einer relativ ausführlichen Erklärung erläutert. Durch ihre Realisierungsform beschreibt sich die Ablehnung als Ergebnis verhindernder Sonderumstände, die der Annahme der ausdrücklich positiv bewerteten Einladung entgegenstehen. Die Ablehnung etikettiert sich so als kontingente Abweichung gegenüber der Annahmeerwartung, die - qua Sprechakttypus - mit dem Aussprechen einer Einladung verknüpft ist, bestätigt also die grundsätzliche Berechtigung dieser Erwartung als Prämisse der sozialen Beziehung zwischen A und B.

Was an diesem Beispiel beobachtet werden kann, gilt auch für andere Fälle, in denen Interaktionen unter der "Präferenz für Übereinstimmung" ablaufen: Die Kommunikation beschreibt sich als konsensorientiert, indem Abweichungen von

---

31 Siehe dazu Sacks 1987.

32 Ich übernehme dieses Beispiel von Heritage (1984, S. 266; Übersetzung von mir, W.L.S.).

sichtbar gemachten Annahmeerwartungen darstellungstechnisch minimiert bzw. als Ausnahmen isoliert werden. Die *soziale Kongruenz der unterstellten Erwartungen* wird damit so weit als möglich bekräftigt. In der *Reproduktion der gemeinsamen Erwartungsgrundlagen* und der *Sicherung der darin verankerten sozialen Beziehung*, die andernfalls gefährdet werden könnte, liegt die Funktion der "Präferenz für Konsens".

Konflikte sind dadurch weder ausgeschlossen, noch werden sie als bloße Störung sozialer Ordnung verbucht. In Übereinstimmung mit Luhmanns Systemtheorie können Konflikte aus konversationsanalytischer Perspektive als Sozialsysteme eigener Art betrachtet werden, die eigenständige Erwartungsgrundlagen entwickeln. Sie "parasitieren" dabei an anderen Sozialsystemen, deren Strukturen sie für ihre Reproduktion benutzen. Konflikte entstehen, wenn Annahmeerwartungen in der Kommunikation enttäuscht, solche Enttäuschungen nicht akzeptiert und ein solcher Dissens zum Anlagerungspunkt für Folgekommunikation wird. Der Ablehnung einer Interaktionsofferte folgt dann die Ablehnung dieser Ablehnung. Erst dann aber, wenn eine solche Konstellation zum Umspringen der Präferenzorganisation von "Konsens" auf "Dissens" führt, d.h. die zugrunde gelegte Erwartungsstruktur sich transformiert, indem die Beteiligten durch den Zuschnitt ihrer Äußerungen anzeigen, *daß sie darin übereinstimmen, nicht übereinzustimmen*, funktioniert die Kommunikation als Konflikt.[33]

Deutlich wird dies daran, daß es nun Ablehnung und Widerspruch sind, die prompt und ohne Abschwächung formuliert werden, Zustimmung und Annahme hingegen mit Anzeichen der Zurückhaltung bzw. Einschränkungen versehen werden müssen, um sie mit der etablierten Ordnung des Konflikts kompatibel zu machen. Charakteristisch ist hier etwa die Äußerung von abgeschwächter, eng begrenzter Zustimmung als Auftakt zu einer ablehnenden Entgegnung.[34] Zustimmenden Äußerungen eines Kontrahenten, in denen eine solche Markierung fehlt, die aber ebensowenig als Aufgabe der eigenen Position zugunsten der des Gegenspielers gekennzeichnet sind, erhalten dadurch einen problematischen Status. Erforderlich wird gleichsam eine *'erkennungsdienstliche Behandlung'*, die den Status dieser Äußerungen klärt.

Das folgende Beispiel, das ich dazu von Susanne Günthner übernehme,[35] stammt aus einem Gespräch zwischen einer Deutschen und einem Chinesen über die Rechte der Frauen in der chinesischen Gesellschaft. Wie die Autorin erläutert, hat der chinesische Gesprächsteilnehmer zuvor behauptet, daß

---

33 Anders als Luhmann (1984, S. 530) gehe ich also davon aus, daß eine einzige, isoliert bleibende Ablehnung nicht genügt, um von einem Konflikt zu sprechen. Zur Diskussion dieses Punktes siehe Schneider 1994, S. 199ff.

34 Charakteristisch etwa die folgende Verwendung eines 'Ja-aber'-Formats (entnommen aus Kotthoff 1992, S. 21): "Sch: yeah but, in a way uh that's true. of course but those are so much separate issues (..)".

35 Hier zitiert nach Kotthoff 1992, Episode 12, S. 28f.

chinesische Frauen emanzipiert seien und es keine geschlechtsspezifischen Probleme in China gebe, was die deutsche Kontrahentin jedoch bestreitet:

Beispiel 2:

1 D: das ist eben nicht so einfach für Frauen. - DIE können nicht einfach sagen eh den Haushalt eh um den kümmere ich mich jetzt nicht mehr das Bab eh Kind soll schreien so lange es will. irgendwann wird der Vater sich ja schon kümmern. (---) für Frauen ist die Doppelbelastung viel größer.

2 C: ja eh das ist so.

3 D: ja aber vorhin haben sie doch gesagt in Schina würden die Männer genausoviel im Haushalt mitarbeiten= (Ch: hm) =sie helfen vielleicht mal, aber die HAUPTbelastung liegt bei der FRAU.

4 C: ja vielleicht stimmt so.

Um die Darstellung zu vereinfachen, kommentiere ich die Sequenz zunächst in einem ersten Überblick, der die darin enthaltene Struktursicherungsoperation hervorhebt und ihr eine funktionalanalytische Deutung gibt. Danach folgt eine ausführliche Interpretation, in der ich die die Struktur der Gesamtsequenz rekonstruiere.

Die erste Äußerung der deutschen Teilnehmerin präsentiert sich als *Replik* auf eine *darin vorausgesetzte Gegenposition*. Wie an ihren weiteren Beiträgen sichtbar wird, handelt es sich dabei um die (unterstellte) Position des chinesischen Teilnehmers. - Die darauf folgende *Zustimmung* des chinesischen Teilnehmers an zweiter Sequenzposition ist unmarkiert, ihr struktureller Status im Kontext der Auseinandersetzung deshalb unklar: Ist sie als Beitrag zur Fortsetzung der Kontroverse zu verstehen oder als Einschwenken auf die Position des Gegenübers mit der Folge eines Wechsels der Präferenzstruktur in Richtung auf Präferenz für Konsens? - D's *Struktursicherungsoperation* (3 D) behauptet die Inkonsistenz der Zustimmung mit den vorangegangenen Äußerungen des Chinesen. In unmittelbarem Anschluß daran führt D die Debatte unter der Prämisse eines weiterhin bestehenden Dissenses fort. Die Möglichkeit, daß C seine Ausgangsposition revidiert haben könnte, wird ignoriert und das struktur*transformierende* Potential seiner Äußerung damit ausgeblendet. - Die abschließende Äußerung des chinesischen Teilnehmers reproduziert die Unschärfe seines vorausgegangenen Beitrags: Wiederum bleibt unklar, wie sie sich zu der in D's Beiträgen zunächst *vorausgesetzten*, dann gegenüber C *eingeklagten* Struktur einer Kontroverse verhält.

Ich habe oben die Vermutung geäußert, daß die Untersuchung von Struktursicherungsoperationen vor allem auf die Bewahrung *funktional relevanter* Strukturmerkmale eines Kommunikationstyps gerichtet sei. Unser Beispiel unterstützt diese Vermutung: *Inkonsistenzen* in den Äußerungen eines Gesprächspartners lassen unsicher werden, welche Überzeugungen ihm zugeschrieben und als Erwartungshintergrund der sozialen Beziehung zu ihm vorausgesetzt werden können. Im Rahmen eines unterhaltsamen Gesprächs, bei dem eher die Variation von Themen und Beiträgen im Vordergrund steht, Originalität gewünscht, 'pedantische Konsequenzenmacherei' dagegen verpönt ist, sind Unsicherheiten dieser Art tolerabel, kommt es doch auf die Verläßlichkeit von Äußerungen wenig an. Anders wird dies, wenn Äußerungen zum Anknüpfungspunkt einer Kontroverse werden. Wer *sich offensichtlich selbst* widerspricht, disqualifiziert sich als Debattenteilnehmer, weil er die Orientierungsgrundlagen zerstört, die andere benötigen, um *ihre* Widersprüche gegenüber seinen Aussagen geltend machen und verteidigen zu können. Das Gebot der Vermeidung von Selbstwidersprüchen dient also geradezu der *scharfen Profilierung von Dissens.*[36] Ein erkennbar gemachter Dissens ist dabei die interne Betriebsvoraussetzung eines Konflikts. Zugleich aber markiert ein Konflikt innerhalb des Sozialsystems, an dem er parasitiert, die Grenzen der Erwartungen, die *dort als konsentierte* Ordnungsstruktur unterstellt werden können. Aus der Perspektive des "Wirtssystems" können Konflikte daher auch als *Abwehrmechanismen* verstanden werden, die aktiviert werden, sobald 'systemfremde' Erwartungen zum Inhalt von Mitteilungen werden und deren Annehmbarkeit im System beansprucht wird. Widerspruch und Konflikt haben insofern, wie Luhmann bemerkt, die *soziale Funktion eines Immunsystems.*[37] Die Erfüllung dieser Funktion aber setzt voraus, daß Ablehnung und Widerspruch sich gegen ein erkennbares Ziel richten können. Diese Voraussetzung wird durch *offensichtliche Inkonsistenzen* in den Beiträgen einer Konfliktpartei unterminiert.

Die bisherige Analyse konzentrierte sich auf die Klärung der problematischen Qualität der Äußerung des Chinesen in *funktionalanalytischer* Perspektive. Unterbelichtet blieb dabei die *Struktur der Sequenz*, in der sie erscheint. Sie gilt es durch die Kombination von *konversationsanalytischem und objektiv-hermeneutischem* Instrumentarium aufzudecken.

Die erste Äußerung kontrastiert die Situation von Männern und Frauen im Blick auf Hausarbeit und Kinderbetreuung und behauptet, daß die Situation der Frauen schwieriger, d.h. ihre Doppelbelastung wesentlich höher sei, als die der Männer. Durch eine Markierung in der Startphase ("das ist *eben nicht* so einfach für Frauen.") wird diese Feststellung auf eine *unterstellte Kontraposition* bezogen, gegen die sie sich direkt und ohne jede Abschwächung richtet, die Position des chinesischen Gesprächspartners.[38] Die Äußerung weist sich so als Beitrag zu einer laufenden Auseinandersetzung aus, als *Gegen*argument, das eine Antwort des Adressaten verlangt. Seine Reaktion wird damit unter Prämissen gestellt, die von ihr eine sichtbare Entscheidung der Frage verlangen, ob sie die Interaktion als Konflikt fortsetzt oder nicht.

---

36 Und mit einer Unterscheidung von Miller (1992) kann man präzisierend hinzufügen: der Formierung eines *rationalen oder koordinierten* Dissenses, bei dem sich die streitenden Parteien darüber einig sind, worüber sie sich nicht einig sind.

37 Vgl. dazu Luhmann 1984, S. 504ff.

38 Die Interpretation im Text kürzt ab: Daß es sich bei der unterstellten Kontraposition um die Position des Chinesen handelt, kann an dieser Stelle - bei ausschließlicher Berücksichtigung des Binnenkontexts der protokollierten Sequenz - nämlich nur vermutet werden. Diese Vermutung wird aber durch die nächste Äußerung von D an dritter Sequenzposition bestätigt.

Der Angesprochene hat, sofern er innerhalb des so abgesteckten Rahmens bleibt, die folgenden Anschlußmöglichkeiten: Er kann D's Behauptung *in toto bestreiten*. Er kann statt dessen ihre *partielle Berechtigung* einräumen, um dann aber zu beanspruchen, daß wesentliche Aspekte seiner Position dadurch nicht berührt sind. Schließlich kann er D's Behauptung *uneingeschränkt akzeptieren* und seine Position aufgeben. Die ersten beiden Alternativen setzen den Konflikt fort, die letzte beendet ihn.

Die tatsächliche Reaktion des Chinesen fällt gerade dadurch aus dem Rahmen, daß sie hier *keine* Entscheidung erkennen läßt. Weil diese Frage durch die Eingangsäußerung jedoch aufgerufen ist, erhält auch diese Nicht-Entscheidung durch sie eine klare Bedeutung: Wenn C hier einfach zustimmt, dann kann dies nur heißen, daß er *keinen Widerspruch* zwischen D's Behauptung und seiner eigenen Position sieht. Damit würde C die mit D's Äußerung verknüpfte Präsupposition bestreiten, daß hier ein Ausschließungsverhältnis besteht. Demnach hätte D die Position C's anders verstanden als C selbst. Der Dissens hätte sich damit verlagert auf die Frage der Vereinbarkeit zwischen D's Behauptung und C's Position.

Für D ergeben sich daraus die folgenden Anschlußmöglichkeiten: Will sie ihre Eingangsäußerung rechtfertigen, dann muß sie diese Vereinbarkeit bestreiten. Alternativ dazu könnte sie C um weitere Erläuterungen bitten, um ein eventuelles Mißverständnis aufzuklären.

Wie gleich sichtbar wird, wählt D die erste Möglichkeit. Zu Beginn ihrer Äußerung an dritter Sequenzposition, nur unterbrochen durch ein kurzes, Bestätigung oder aufmerksames Zuhören signalisierendes "hm" von C, führt D ihren Beitrag mit der sinngemäßen Wiederholung ihrer Eingangsbehauptung zu Ende. Die Ursprungsformulierung "..für Frauen ist die Doppelbelastung viel größer", in der bereits impliziert ist, daß auch für Männer eine, wenngleich geringere Doppelbelastung existiert, sie also auch im Haushalt helfen, wird darin in eine schwache, rhetorische Konzession transformiert und dient so als Auftakt für die Restatuierung ihrer Position als *Gegen*position, "..*sie helfen vielleicht mal, aber* die HAUPTbelastung liegt bei der Frau". D's Äußerung beschreibt sich so als Beitrag zur Fortsetzung der Auseinandersetzung mit C.

C ist damit in eine Situation gebracht, in der er einer Entscheidung der Frage, die er zuvor vermieden hat, kaum noch ausweichen kann: Er kann seine Zustimmung zur Behauptung von D nur aufrecht erhalten, wenn er sie als *Teilkonzession* definiert und ihre Verträglichkeit mit seiner Ausgangsposition gegenüber D demonstriert oder seine Ausgangsposition *offen revidiert* oder sie auf eine Weise *reinterpretiert*, die den von D behaupteten Selbstwiderspruch vollständig aufhebt. Dieser Alternativenraum ist aufgespannt durch die vorausgegangenen Äußerungen. Wie immer C's Reaktion nun ausfallen und was er sich dabei denken mag, sie erhält ihre Bedeutung vor diesem Hintergrund.

C reagiert nun erneut mit einer zustimmenden Äußerung, ohne dabei D's Feststellung zu widersprechen, daß eine solche Zustimmung unvereinbar sei mit seiner ursprünglichen Position. Vor dem Hintergrund der relevanten Alternativen kann dies nur als "stillschweigende Bestätigung"[39] von D's Feststellung und somit als Zeichen dafür gedeutet werden, daß C nicht uneingeschränkt an seiner früher geäußerten Auffassung festhält. Die angezeigte Revision bleibt jedoch auf eigentümliche Weise unbestimmt. Eingeräumt wird nur, daß es *"vielleicht"* so sei, wie von D behauptet.[40] Die ursprünglich geäußerte Auffassung wird damit nicht definitiv zugunsten der von D verabschiedet. D's Position wird nur als *plausible Möglichkeit* akzeptiert, deren Anerkennung es nicht ausschließt, der eigenen Auffassung den gleichen Status zuzubilligen. Die von D vorausgesetzte Erwartung, daß eine einmal geäußerte Meinung *konsistent durchgehalten oder revidiert* werden müsse, wird so unterlaufen und eine Entscheidung darüber, welche der geäußerten Überzeugungen *wahr* sei, vermieden. Die Auseinandersetzung könnte damit beendet werden, ohne diese Frage zu beantworten, weil die *soziale Akzeptabilität* der Behauptung von D für C nicht an die kommunikative Erzielung von *Geltungskonsens* gebunden erscheint.

Wie die hermeneutische Interpretation zeigt, treffen in der analysierten Sequenz *unterschiedliche Präsuppositionen* aufeinander und erzeugen das Bild eines *einseitigen*, weil *nur mit D's Äußerungen betriebenen* Konflikts. Blicken wir von diesem Ergebnis her auf die erste Äußerung von C zurück, dann gewinnen deren zunächst als deviant beobachtete Merkmale einen plausiblen Sinn: *Abweichend* erschien diese Äußerung, weil sie die kontextuell relevanten Deutungsmöglichkeiten umsteuerte, d.h. weder als beschränkte Konzession unter der Prämisse von Dissens noch als klare Aufgabe der eigenen und Übernahme der gegnerischen Position interpretiert werden konnte.[41] Der Umstand, daß sie keiner dieser beiden Deutungsmöglichkeiten einen verläßlichen Anhalt bietet, aber auch keine andere Interpretation zuläßt, motiviert die Vermutung, daß der besondere Sinn dieser Äußerung *genau in dieser Unschärfe zu suchen ist*: Eine eindeutig beschränkte Zustimmung würde auf die Bekundung der Absicht zur Fortsetzung der Debatte hinauslaufen. Die Aufgabe der eigenen Position käme andererseits dem Eingeständnis einer *Niederlage* gleich bei dem Versuch, sie erfolgreich zu verteidigen. Der Versuch einer Reinterpretation der eigenen Position mit dem Ziel, den von D behaupteten Widerspruch als Folge eines Mißverständnisses darzustellen, liefe schließlich Gefahr, die Auseinandersetzung nur zu verlagern: Wie schon zuvor könnte D - bestrebt, nun *ihre Deutung* von C's Position zu verteidigen - darauf immer wieder mit Einwänden des Typs "Aber vorhin haben sie doch gesagt..." reagieren. Wenn ein möglichst sicherer Weg zur

---

39 Zur generellen Diskussion der kommunikativen Funktion der *"tacit confirmation"* an jeder *dritten Stelle einer Sequenz* vgl. Heritage 1984, S. 258f. sowie Schneider 1994, S. 176ff. Im Text haben wir es mit einer *dreizügigen Teilsequenz* zu tun, die mit der Äußerung 2 C beginnt, durch D's Interpretation dieser Äußerung (3 D) im Kontext der vorausgegangenen Beiträge weitergeführt und durch die "stillschweigende Bestätigung" dieser Interpretation in 4 C abgeschlossen wird.

40 Zur häufigen Verwendung von "vielleicht" und anderen Abschwächungsformen als typische Elemente chinesischen Gesprächsverhaltens vgl. Günthner 1993, S. 75.

41 Helga Kotthoff (a.a.O.), S. 28, führt als mögliche Erklärung für diesen Sachverhalt nur defizitäre Sprachbeherrschung an.

Beendigung der Debatte gesucht wird, eine *offene Unterwerfung* dabei jedoch vermieden werden soll, dann erscheint die diagnostizierte Unklarheit der Äußerung deshalb als adäquate Realisationsform dieses Zieles. Um es sicher zu erreichen, bedarf es jedoch eines kooperierenden Gegenübers, das die eröffnete Möglichkeit taktvoll, d.h. ohne hier auf Eindeutigkeit zu insistieren, ergreift. So etwa, indem es in seinen weiteren Beiträgen auf *Konsens*unterstellung umschaltet und gleichzeitig die Äußerung von Überzeugungen vermeidet, für die auch weiterhin keine Übereinstimmung vorausgesetzt werden kann. Erreicht wäre so die Beendigung der Debatte unter *Wahrung des Gesichts* aller Beteiligter. Die Tolerierung sachlicher Inkonsistenz sowie die Bereitschaft zur Ausklammerung der strittigen Fragen aus der weiteren Interaktion wären der Preis, der für die gemeinsame Durchführung dieses Manövers zu zahlen wäre.

Dazu ist die deutsche Kontrahentin allerdings nicht bereit. Sie insistiert auf Konsistenz, setzt die Debatte fort, bei der sie auch die Simulation des Widerparts übernimmt, und erreicht doch wieder nur eine Reaktion, der es an der gesuchten Eindeutigkeit fehlt: Das abschließende "ja vielleicht stimmt so" des Chinesen besagt nicht mehr, als daß es durchaus so sein *könnte*, wie die Deutsche behauptet, so *oder vielleicht auch anders*. Das unauffällige "vielleicht" erlaubt es, *beide Positionen nebeneinander* stehen zu lassen, ohne sie miteinander konfrontieren zu müssen. Die Leistung dieser Äußerung ist die gleiche, wie die der vorausgegangenen (2 C): Sie gestattet die *Beendigung der Debatte ohne 'Gewinner' und 'Verlierer'*. In beiden Äußerungen geschieht dies um den Preis einer Inkonsistenz. Diese Inkonsistenz wird in der zweiten Variante allerdings *explizit anerkannt* und durch *Potentialisierung* der unvereinbaren Sachverhaltsdarstellungen *neutralisiert*.[42]

Die vorstehende Interpretation weist der *Produktion von Inkonsistenzen* eine prominente Bedeutung zu. Diese Bedeutung besteht darin, daß Inkonsistenzen geeignet sind, Ablehnungen das Ziel zu entziehen und damit die Voraussetzungen für die Unterhaltung eines Konflikts aufzulösen. Aus der Beobachtungsperspektive eines streitbaren Kontrahenten wird ein Gegenüber, das Inkonsistenzen kommunikativ einsetzt, wahrscheinlich als jemand erscheinen, der 'keine Angriffsfläche bietet', der 'nicht zu fassen' ist, der 'sich entzieht', bei dem man 'nicht weiß, woran man mit ihm ist', der 'undurchsichtig' erscheint u.ä.m.[43] Auf welche alternative Weise aber kann, wenn Konflikten so der Boden entzogen wird, deren *immunologische Funktion* dennoch erfüllt werden? - Meine These dazu ist, daß es gerade jene problematischen Inkonsistenzen sind, die hier als *funktionales Äquivalent* einspringen. Durch ihre systematische Plazierung

42 Interessant ist übrigens, daß die ausdrückliche Lokalisierung der Inkonsistenz in der *Sozialdimension* erneut vermieden wird, wie sie etwa mit der Formulierung "ja, vielleicht haben *sie recht*" angesprochen worden wäre. Vermutlich würde damit das Junktim von Zustimmung und Gegen-den-anderen-recht-behalten zu deutlich angesprochen und damit die auf Distanz zu haltende, weil gesichtsbedrohende Frage nach 'Gewinner' und 'Verlierer', nach 'Überlegenem' und 'Unterlegenem' gerade ins Spiel gebracht.

43 Umgekehrt dürfte das streitlustige Verhalten der Deutschen aus der Gegenperspektive als 'aggressiv', 'rüde', 'unhöflich' erscheinen.

nämlich ist es möglich, kommunizierte Erwartungen gleichsam *als Fremdkörper zu markieren*, die es aus der weiteren Kommunikation auszuscheiden gilt. Inkonsistenzen könnten so verwendet werden *als pragmatisches Substitut* für Konflikte und *als Warnvorrichtung*, die anzeigt, daß ein Konflikt drohen könnte. Ihr Sinn läge dann darin, bei Annäherung der Kommunikation an derartig markierte Themenbereiche rechtzeitige Umsteuerungs- oder 'Abstoßungs'reaktionen auszulösen, die verhindern, daß es überhaupt zu einem offenen Konflikt kommt.

Warum aber ein solcher Aufwand, um konfliktär verlaufende Argumentationen zu vermeiden? - "Verstehend erklärt" werden kann ein solches Muster redepragmatischer Markierung nur, wenn *weitere Deutungsprämissen* hinzugezogen werden, die es in einen generalisierten Zusammenhang der normativen Schematisierung sozialer Beziehungen einbetten. Aus dem identifizierten Selektionsmuster kann dazu die Vermutung abgeleitet werden, daß die konfliktäre Austragung von Meinungsverschiedenheiten als unangemessen gilt. Positiv gewendet würde dem die Vorstellung entsprechen, daß Interaktionen *harmonisch* verlaufen sollten. Gedeutet als Beitrag zur Sicherung bzw. Wiederherstellung einer solchen Harmonie würde das Verhalten des chinesischen Gesprächsteilnehmers *rational einsichtig*. Ein solches *Interaktionsideal der Harmonie* ist nun tatsächlich ein wesentliches Element der chinesischen Kultur.[44] Dieses Ideal verpflichtet die Beteiligten zu einem zurückhaltenden und bescheidenen, konformitätsorientierten, die Auffassungen und Erwartungen des Gegenübers schonenden und Konflikte vermeidenden Verhalten und verbindet mit jeder offenen Konfrontation die Gefahr des Gesichtsverlustes.[45] Oder in den Worten einer Chinesin, die zu diesem Thema befragt wurde:[46]

> "Ja weißt du, bei uns im chinesischen Gesprächsverhalten ist man immer bemüht, Harmonie unter den Beteiligten zu erhalten. Konflikte und verschiedene Meinungen werden *nicht direkt ausgesprochen*, vielmehr ist jeder versucht, die *'Wogen zu glätten'*. Es ist sehr schwierig im Chinesischen, Konflikte und Nichtübereinstimmung auszusprechen, ohne dabei gleichzeitig *unverschämt* zu wirken. Bei euch im Deutschen geht das, man kann ausdrüken, daß man nicht einverstanden ist oder man kann

---

44 Dies gilt ebenso für die Gegenwart wie auch für die chinesische Tradition, findet sich die Betonung von Harmonie als Interaktionsideal doch bereits bei Konfuzius; vgl. dazu sowie zum folgenden Günthner 1993, S. 73ff. und die dort angegebene Literatur.

45 Im Kontext der objektiven Hermeneutik haben wir damit die Ebene der Explikation *sozialer Deutungsmuster* erreicht, von der aus die *generative Struktur* der untersuchten Sequenz bestimmt werden kann. Systemtheoretisch entspricht dem die Analyse der *operativ* wirksamen (d.h. die Anschlußselektionen orientierenden, aber unthematisch bleibenden) *Semantik*. "Semantik" ist dabei zu bestimmen als gesellschaftlicher "Vorrat an bereitgehaltenen Sinnverarbeitungsregeln", an denen Kommunikation Führung gewinnt (vgl. dazu Luhmann 1980, S. 19; Fuchs 1992, S. 86f.). Wie solche Regeln die *Beobachtung* von Kommunikation instruieren, zeigen die im Text gleich folgenden Äußerungen einer chinesischen Informantin.

46 Zitiert nach Günthner 1993, S. 74f.; Hervorhebungen von mir, W.L.S.

jemanden kritisieren, ohne daß man sofort *das Gesicht verliert*. Bei uns ist das nahezu unmöglich."

Als Konsequenz daraus gilt Indirektheit als generell gebotenes Gesprächsverhalten. Die Verwendung von Inkonsistenzen als Konfliktumschiffungsstrategie fügt sich sinnadäquat in diesen Zusammenhang ein.

Betrachten wir die analysierte Sequenz vor dem eben skizzierten Hintergrund, dann erscheint das, was auf den ersten Blick leicht als bloßer Fehler und Folge mangelnder Beherrschung der deutschen Sprache verbucht wird, *als mögliches Ergebnis des Imports einer strukturell andersartigen, aber funktional äquivalenten Strategie redepragmatischer Markierung aus dem Chinesischen ins Deutsche.*[47] Der materiale Hintergrund, die *kulturspezifischen Rationalitätsprämissen* dieses alternativen Markierungsmodus sind verankert in einem Interaktionsideal, das die Wahrung von Harmonie als zentrales Gebot definiert und dessen Verletzung mit dem Verlust des Gesichtes bedroht. Bezogen auf dieses Interaktionsideal kommt den beobachteten Inkonsistenzen in den beiden Gesprächsbeiträgen des Chinesen der Status *konträrer Struktursicherungsoperationen* zu, die exakt *gegenläufig angesetzt sind zur Struktursicherungsoperation der deutschen Kontrahentin*. Trifft diese Vermutung zu, dann hätten wir es im analysierten Beispiel mit einem geradezu paradigmatischen Fall systematisch verzerrter Kommunikation im Rahmen eines interkulturellen encounters zu tun, dessen *"schismogenetischer"* Verlauf hervorragende Anknüpfungspunkte für *wechselseitige Devianzzuschreibungen* bietet.[48]

III.

Kontrastierend zu dem eben dargestellten Beispiel aus dem Bereich *alltäglicher* Kommunikation möchte ich nun eine Struktursicherungsoperation behandeln, die innerhalb *funktional spezifizierter* Kommunikation ausgeführt wird, nämlich im Rahmen *pädagogischer Interaktion*. Die nähere Analyse dieser Operation in ihrem typischen institutionellen Zusammenhang und die anschließende Explika-

---

47 Diese Annahme kommt überein mit Feststellungen von Gumperz, nach denen die Projektion pragmatischer Markierungskonventionen aus der Herkunftssprache auf eine später erlernte Fremdsprache (bei Gumperz vor allem die Übertragung von Intonationsmustern) eine typische Quelle von 'Fehlern' und daraus resultierenden Mißverständnissen zwischen "native speakern" und fremdsprachlichen Sprechern ist. Siehe dazu Gumperz 1982, insbes. S. 168ff. - Zur ausführlichen Präsentation und Analyse von deutsch-chinesischen Gesprächen, deren Lektüre die hier explizierten Strukturmerkmale als in jeder Hinsicht typisch erscheinen läßt, vgl. Günthner 1993, bes. Kap. 8, S. 230-96.

48 Von "Schismogenese" im Sinne Batesons (vgl. u.a. 1981, S. 109ff.) kann gesprochen werden, wenn kulturspezifische Deutungsmuster Interaktionsverläufe generieren, bei denen die Beiträge der Beteiligten in einen positiven feedback-Zirkel *wechselseitiger Abweichungsverstärkung* zueinander geraten. Dabei ist es für die Beteiligten jeweils das Verhalten des *anderen*, das - aus der *eigenen* Perspektive beobachtet - als zunehmende Verletzung normativer Standards der Angemessenheit erscheint.

tion ihres fallspezifischen Realisierungskontextes, so sei hier vorgreifend vermerkt, liefert interessante Aufschlüsse über strukturelle, funktionale und strategische Aspekte pädagogischen Handelns.

Beispiel 3:
(...) Wenn du was sagen willst, Periza, meldest du dich.

Ohne den Sprecher, den Adressaten oder den sequentiellen Kontext der Äußerung zu kennen, kommt man rasch zu der Vermutung, daß es sich hier wahrscheinlich um eine *Ermahnung* handelt, die ein Lehrer gegenüber einem Schüler im Rahmen des Schulunterrichts ausspricht. Worin aber gründet diese Vermutung? - Worum es in der Äußerung allem Anschein nach geht, sind die Modalitäten der Verteilung des Rederechts.[49] Expliziert werden dieser Deutung zufolge die Anforderungen einer Regel, nach der der Angesprochene nicht aus eigener Initiative das Wort ergreifen darf, sondern sich durch Melden um das Rederecht bewerben muß. Die Entscheidung über dessen Zuteilung wird durch eine dafür zuständige Instanz getroffen. Diese Instanz, der zugleich die Aufgabe zufällt, zu überwachen, daß diese Prozedur auch eingehalten wird, ist die Lehrperson, die diesem Reglement Unterworfenen sind die Schüler.

Die Prozedur des Meldens ist typischer Teil eines sequentiellen Grundmusters, das konstitutiv ist für die Organisation von Unterricht. Es besteht aus der Abfolge *'Initiierung (Lehrer) - Erwiderung (Schüler) - Bewertung (Lehrer)'*. Die Organisation der Verteilung des Rederechts kann gedeutet werden als *formales Äquivalent zu dieser material bestimmten Sequenz*: Dem Lehrer fällt das Recht zur Initiierung und zur Auswahl des nächsten Sprechers zu, dem - mit Hilfe der *Prozedur des Meldens und/oder Aufrufens* - die Aufgabe der Erwiderung zugewiesen wird; danach fällt das Rederecht an den Lehrer zurück unter der *konditionalen Relevanz*, daß die Erwiderung eine anschließende Bewertung verlangt.[50]

Freilich muß die Prozedur des Meldens und Aufrufens nicht notwendig mit der erwähnten Basissequenz verknüpft sein. Die Veranstaltung einer Diskussion mit einer hohen Teilnehmerzahl, sei es in einer Schulklasse oder anderswo, verlangt ebenfalls eine solche Form der turn-taking-Regelung, um die Vielzahl der Beiträge sequentiell zu ordnen. Diese Form der turn-taking-Organisation, die unsere Beispieläußerung gemäß unserer Hypothese durch explizite Kennzeichnung thematisiert, ist demnach nicht nur charakteristisch für das institutionelle

---

49 Andere Möglichkeiten sind jedoch nicht ausgeschlossen. So etwa könnte es sich bei "Periza" auch um einen Gefangenen handeln, der sich weigert, bestimmte Informationen preiszugeben, der deshalb durch Einzelhaft o.ä. gefügig gemacht werden soll und dem von einem Wärter auf diese Weise mitgeteilt wird, daß er sich (z.B. durch lautes Rufen oder Klopfen) "melden" soll, sobald er bereit ist, auszusagen. (Den Hinweis auf diese Deutungsmöglichkeit verdanke ich Gerold Gerber.)

50 Dazu sowie zu den Komplikations- und Expansionsmöglichkeiten dieser Basissequenz, die es erlauben, ausgedehnte Interaktionen unter ihrem Regime zu organisieren, siehe vor allem Mehan 1979.

setting 'Schule'. Die Art der Adressierung aber läßt gleichwohl vermuten, daß es sich dabei um Schulunterricht oder eine unterrichtsanaloge Veranstaltung handelt. Der illokutionäre Sinn einer *Ermahnung* ergibt sich hier unter der Voraussetzung, daß beim Adressaten die Kenntnis der explizierten Regel unterstellt werden kann, was bei Schülern normalerweise der Fall ist,[51] und diese Regel in der Gesprächssituation gilt. Unter dieser Prämisse kann angenommen werden, daß ein vorangegangenes Fehlverhalten des angesprochenen Schülers Anlaß für die Erinnerung an die Anforderungen der Regel ist, ihre Erwähnung also zugleich das vorausgegangene Verhalten als abweichend etikettiert und es damit kritisiert. Aufgabe der Äußerung wäre demnach die Sicherung der unterrichtstypischen turn-taking-Organisation angesichts eines Schülerverhaltens, das ihre Geltung in Frage stellen könnte.

Die Untersuchung des realen Kontextes und der fallspezifischen Realisierung dieser Struktursicherungsoperation als Element einer längeren Sequenz sei hier noch zurückgestellt. Bis dahin mag der Hinweis genügen, daß die Äußerung tatsächlich im Zusammenhang einer Unterrichtsstunde von einem Lehrer produziert wurde und an einen Schüler adressiert war. Im folgenden möchte ich zunächst die allgemeine Bedeutung der durch sie geschützten Prozedur des Meldens und Aufrufens sowie des erwähnten Grundmusters der Unterrichtsinteraktion diskutieren, dessen Teil diese Prozedur typisch ist. Dabei will ich in knappen Umrissen andeuten, wie eine *systemtheoretische* Interpretation der *konversationsanalytisch* isolierten *Basissequenz pädagogischer Interaktion* empirische Befunde, welche die Systembildungsebene der Interaktion betreffen, in Kontakt bringen kann mit Aussagen, die sich auf die Systembildungsebenen Organisation und Gesellschaft beziehen.

Voraussetzung für Unterricht ist die Unterstellung einer sozial ungleichen Verteilung von Wissen oder Fertigkeiten. Seine *soziale Funktion* richtet sich nicht auf die allgemeine Beseitigung dieser Ungleichheit,[52] sondern darauf, die Allokation von Wissen und Fertigkeiten in gewissen Grenzen *sozial kontrollierbar* und - vor allem für Kontakte außerhalb des Erziehungssystems - *berechenbar* zu machen.[53] Diese Funktionsanforderungen schlagen auf das Interaktions-

---

51 Sonderfälle sind jedoch denkbar, so z.B., wenn es sich bei der angesprochenen Person um einen Schüler handeln sollte, bei dem aufgrund besonderer Merkmale (etwa: neu in der Klasse und vermutlich ohne vorausgegangene Schulerfahrungen) angenommen werden kann, daß er mit dem geltenden turn-taking-Reglement nicht hinreichend vertraut ist und dem deshalb die entsprechenden Verhaltensanforderungen erklärt werden, ohne daß dazu eine Verletzung dieser Standards unmittelbar vorausgegangen sein muß.

52 In der Schule sollen nicht nur Lehrer, an der Universität nicht nur Professoren (aus)gebildet werden.

53 Oder, wie Luhmann/Schorr (1979, S. 28) formulieren: Die Funktion von Erziehung besteht "..in der Ermöglichung von eher unwahrscheinlichen Prämissen für soziale Kontakte, die normalerweise außerhalb des Erziehungssystems liegen". - Eingeschränkt auf das Erziehungs*system* unter Bedingungen einer *funktional differenzierten* Gesellschaft gibt Tenort (1989, S. 813) die folgende Funktionsbestimmung: Erziehung ist "..dasjenige gesellschaftliche System, in dem bei allem Wechsel der Generationen generelle und

system Unterricht durch: Welches Wissen Unterrichtsgegenstand ist und auf welche Weise es vermittelt werden soll, darüber entscheidet (innerhalb des Interaktionssystems Unterricht) die Lehrperson. Ihr obliegt die Themenkontrolle, die Entscheidung über Art und Verteilung der Schülerbeiträge und deren Bewertung unter den Gesichtspunkten thematischer Zugehörigkeit und sachlicher Richtigkeit. Die Monopolisierung des Initiativrechts und die Verwaltung des Rederechts ermöglichen ihr die Erfüllung dieser Aufgabe. Im Rahmen einer *alltäglichen Unterhaltung* werden Belehrungen typisch entweder von dem Belehrten angefordert, oder vom Belehrenden erst nach einem Vorspann erteilt, in der er sich der Zustimmung des anschließend zu Belehrenden vergewissert.[54] Daß ein *bearbeitungsrelevantes* Wissensdefizit beim Belehrten vorliegt, muß so durch ihn selbst angezeigt oder zumindest gegenüber dem potentiellen 'Lehrer' bestätigt werden. Kontrastierend dazu ist die *funktionale Spezifikation* von Kommunikation auf Wissensvermittlung daran zu erkennen, daß es einer solchen Vorklärung nicht mehr bedarf. Die Rollenverteilung von Belehrendem und Belehrtem, von Lehrer und Schüler kann hier, sei es als Ergebnis *institutioneller Einrichtungen* wie Schulpflicht (d.h. Oktroyierung der Mitgliedsrolle in einer Organisation) oder von vorausgegangener *individueller Vereinbarung* (z.B. mit einem Fremdsprachen-, Klavier- oder Tennislehrer), *vorausgesetzt* werden.[55] Eine Vorschaltphase, in der diese Voraussetzungen für jede Einzelbelehrung in der laufenden Kommunikation jeweils neu hergestellt werden, erübrigt sich deshalb. Das *Initiativrecht* zur Belehrung liegt beim Lehrer, oder genauer gesagt: wer ein solches Recht unbestritten ausübt, dem wird damit die Rolle eines Lehrers in der Kommunikation zugeschrieben.[56]

Um Erwiderungen von Schülern zu ermöglichen, müssen Initiierungen in Fragen auslaufen bzw. in Frageform vorgetragen werden. Die *bewertende Kommentierung* der anschließenden Antwort markiert den spezifisch pädagogischen Charakter der vorausgegangenen Verknüpfung von *Initiierung und Erwiderung* auf komplementäre Weise: Sie macht deutlich, daß der Autor der Initiierung über das thematische Wissen bereits verfügt, ihr Sinn also nur darin liegen kann, dieses Wissen auch seinen Interaktionspartnern zugänglich zu machen bzw. den Erfolg entsprechender Bemühungen zu prüfen. Im Gegenzug macht die Bewertung für die Schüler sichtbar, *was als Wissen gilt* und von ihnen erwartet wird.

---

gesellschaftlich für unverzichtbar erachtete Prämissen für Kommunikation je subjektiv, als 'Habitus', universalisiert werden, die sich ohne Ausdifferenzierung von Erziehungstätigkeit nicht universalisieren lassen".

54 Siehe dazu Keppler 1989 sowie 1994, S. 89ff.

55 Alternative Angemessenheitsbedingungen sind denkbar: So z.B. ein Eltern-Kind-Verhältnis, unter bestimmten Voraussetzungen auch große Altersdifferenz oder anders begründete Statusunterschiede zwischen den Beteiligten.

56 Wie hier nicht näher ausgeführt werden kann, kommt eine solche kommunikative Zuschreibung durch kongruente Selbst- und Fremdzuschreibung zustande (vgl. dazu Schneider 1994, S. 176ff. und 1994a, S. 210ff.), wie sie sich aus dem ungestörten Zusammenspiel von initiativer Belehrung und deren widerspruchsloser Annahme durch den Belehrten ergibt.

Entfällt diese Information für die Schüler, können sie entsprechende Erwartungserwartungen nicht mehr entwickeln und als Orientierungsgrundlage für die Planung und Bewertung ihrer Beiträge verwenden. Konsequente Abstinenz gegenüber Bewertungen würde die Unterscheidungen zwischen relevanten und irrelevanten sowie zwischen richtigen und falschen Beiträgen auflösen.[57] Damit verschwände die *konstitutive Differenz zwischen Wissen und Nicht-Wissen* aus der Kommunikation und der *identitätssichernde Funktionsbezug* pädagogischer Interaktion würde ruiniert.

Daß Bewertung auch *soziale Differenzierungseffekte* erzeugt, ist dabei nicht zu übersehen.[58] Die mitproduzierte Differenzierung zwischen Schülern, die oft und richtig sowie anderen, die seltener oder häufig falsch antworten, kommt zunächst als kaum vermeidbares Epiphänomen zustande. Spätestens dann aber, wenn die Unterrichtung bestimmter Gegenstände spezifische Vorkenntnisse verlangt, die nicht bei allen Schülern vorausgesetzt bzw. durch ergänzenden Unterricht vermittelt werden können, wird *soziale Selektion zur Prämisse der Funktionserfüllung*. Biographisch einschneidende, hochaggregierte Selektionsentscheidungen, etwa über die Versetzung von Schülern oder den Übertritt in einen weiterführenden Schulzweig, schließen an dieser Stelle an.[59] Vorbereitet und fundiert werden solche Selektionsentscheidungen durch *Zensuren*. Sie bilden die Form, zu der sich die ständig anfallenden Bewertungen verdichten, graduierbare selektionsrelevante Kennziffern, die - zeitfest fixiert und 'aktenmäßig' erfaßt - als Elemente des Systemgedächtnisses fungieren, d.h. als *jederzeit aktualisierbarer Hintergrund* des Interaktionsgeschehens im Unterricht präsent sind. *Zensuren* sind eine Einrichtung, durch die Schule als *Organisation*, die Selektionsentscheidungen produziert, im Kontext der laufenden Interaktion präsent, aber auch auf bemerkbare Weise abwesend sein kann: Der Lehrer blättert im Notenbüchlein, und schon reagieren die Schüler alarmiert. Normalunterricht und 'Ernstfall' erscheinen hier deutlich gegeneinander differenziert. Die ständig als notwendiges Begleitresultat pädagogischer Interaktion anfallenden Bewertungen bleiben im Vergleich dazu diffus, situationsgebunden und schnell reversibel. Ihre mögliche Selektionsrelevanz wird durch Zensuren und eigens zu deren Festsetzung ausdifferenzierte Phasen der Interaktion (Klassenarbeiten, mündliche Prüfungen) neutralisiert.[60] Durch den Unterschied von

57 Zur möglichen Reaktion von Schülern auf ein solches pädagogisches 'Krisenexperiment' vgl. die folgende Bemerkung von Sinclair/Coulthard 1975, S. 51 (hier zitiert nach Hammersley 1986, S. 96): "..we have a tape of one lesson where a teacher, new to a class, and trying to suggest to them that there aren't always right answers, does withhold feedback and eventually reduces the children to silence - they cannot see the point of his question".

58 Zu "Lob und Tadel" als den "primären Intrumente(n) pädagogischer Interaktion" siehe auch Luhmann/Schorr 1979, S. 300ff.

59 Dazu sowie zur Analyse sozialer Selektion als *binärem Code des Erziehungssystems* siehe Luhmann 1987a, insbes. S. 190.

60 Bei Bedarf können diese Bewertungen jedoch re-aktualisiert und selektionsrelevant werden. So etwa, wenn die *rege und erfolgreiche 'Beteiligung am Unterricht'* als diffuse

Normalunterricht und Prüfungsepisoden wird die Differenz zwischen *pädagogischer Interaktion* und den Anforderungen *organisationeller Entscheidungsproduktion* in der Interaktion deutlich markiert und kontinuierlich reproduziert.[61] Funktions- und Selektionsorientierung, bewertende Kommentierung und (positive bzw. negative) Sanktionierung können so auseinandergezogen und desambiguiert werden.[62] Die Schüler wissen, daß bei falschen Antworten im einen Fall nur eine *Korrektur*, im anderen dagegen eine schlechte *Zensur* droht, und stellen ihr Verhalten darauf ein.[63]

Die interne Differenzierung pädagogischer Interaktion in der *Zeit*dimension ist jedoch nur eine Form, in der die Differenz von Interaktion und Organisation prozessiert wird. Die ihr vorausliegende zentrale, weil auf der Ebene *basaler Selbstreferenz ständig* mitlaufende Form, durch die sich pädagogische Interaktion als dem organisationellen Kontext Lehrer -Schulklasse zugehörig beschreibt, ist die in unserem Analysebeispiel angesprochene Subroutine des *Meldens und Aufrufens.* Ihr kommt innerhalb der pädagogischen Basissequenz von Initiierung-Erwiderung-Bewertung eine spezifische Bedeutung zu: Unter Bedingungen *dyadischer* Interaktion zwischen Erzieher und Zögling funktioniert dieses Sequenzmuster *ohne sie*. Erst bei einer *Mehrzahl* von Schülern wird diese Subroutine benötigt. Sie ermöglicht es, ein Kommunikationssystem mit einer Vielzahl von Beteiligten als ein System mit nur zwei Sprecherrollen zu prozessieren. Die Unterrichtskommunikation kann so gleichsam in eine Vielzahl von Episoden aufgesplittert werden, deren jede *das dialogische Modell von Erzieher und Zögling simuliert* und die übrigen Schüler in die Rolle des *beobachtenden Publikums* versetzt. Dadurch bleibt der Unterricht mit einer großen

---

Hintergrundvariable heranzitiert wird, um bei einem Schüler, dessen Leistung zwischen zwei Noten liegt, die Entscheidung für die bessere Zensur zu begründen.

61 System- bzw. unterscheidungstheoretisch (im Sinne der Unterscheidungslogik von Spencer-Brown, 1979) gesprochen liegt hier ein Fall von "re-entry", d.h. des Wiedereintritts einer Unterscheidung (hier: Interaktion/Organisation) in eine ihrer beiden Seiten (hier: Interaktion) vor.

62 Interessanterweise ist es gerade die Differenz zwischen *negativer Bewertung* und *Sanktion*, die bei Auffassungsschwierigkeiten eines Kindes nur schwer aufrecht zu erhalten ist, wenn etwa Eltern sich an ihren eigenen Kindern als Pädagogen versuchen (verwischt wird diese Differenz bei Kommentaren wie 'Stell' dich doch nicht so dumm an, ich habe dir doch gerade erklärt...') . Dies spricht für eine spezifische Einübungsbedürftigkeit dieser Unterscheidung.

63 Das Lachen der Mitschüler kann freilich schlimmer verletzen als eine schlechte Zensur. Um die Differenz zwischen bewertender Kommentierung und sanktionierender Zensierung sozial durchzusetzen, muß das Auslachen von Mitschülern deshalb *als Delikt behandelt*, d.h. ebenfalls zum Gegenstand entsprechender *Struktursicherungsoperationen* werden. Siehe dazu die folgende Mitteilung eines Lehrers (zitiert nach Hargreaves/Hester/Mellor 1981, S. 100): "..Ich dulde kein Gelächter, wenn jemand etwas falsch macht. Das ist das allererste; ich bestehe von Anfang an darauf. Ich sage: 'Mir macht es nichts, ob ihr eine Antwort richtig hinkriegt oder nicht. Meldet euch und versucht eine Antwort. Wenn die Antwort falsch ist, ist sie halt falsch'. Und wenn einer von ihnen lacht, ermahne ich sie immer".

Zahl von Schülern zentral kontrollierbar. Durcheinanderreden, Unverständlichkeit der Einzelbeiträge für Lehrer und Klasse sowie deren typische Folge, daß sich die Sprecher auf Adressaten in ihrer Nahumgebung konzentrieren und das System Unterricht in eine Vielzahl kleinster Kommunikationssysteme aufsplittert, werden so verhindert.

Diese Lösung ist nicht frei von Nebenwirkungen: Die zwangsweise Plazierung der meisten Schüler in *Publikumsrollen* macht es schwierig, sie darin engagiert zu halten. Psychischer Absentismus und aufmerksamkeitsabsorbierende Nebenbeschäftigungen verschiedenster Art sind die kaum zu vermeidenden Folgen. Erreichen solche Absetzbewegungen eine kritische Schwelle, dünnen die psychischen Abstützpunkte der Unterrichtskommunikation zu sehr aus, dann gerät das System auf andere Weise in Gefahr.[64] Doch auch hier erfüllt die Prozedur des Meldens zumindest eine *dämpfende* Funktion. Sie stellt ein Forum der Konkurrenz zur Verfügung, an der viele sich beteiligen können. Die Möglichkeit der freien Kandidatur für die Übertragung des Rederechts bindet Aufmerksamkeit, die ohne diese Chance kaum für das Unterrichtsgeschehen zu gewinnen wäre. Für den Lehrer ist die Beteiligung daran ein wichtiger Kontrollparameter: Wer sich meldet, signalisiert Engagement. Es dauerhaft nicht zu tun ist deshalb riskant, weil es auf überdurchschnittliches Unwissen oder Unaufmerksamkeit schließen läßt und gerade dadurch die Aufmerksamkeit des Lehrers wecken kann. Das Wissen um diesen Zusammenhang kann Minimal- oder auch Pseudobeteiligung motivieren. Aber selbst dies trägt noch zur Reduktion möglicher Störquellen bei.

Die besondere Bedeutung der *Prozedur des Meldens und Aufrufens* ist darin zu sehen, daß sie es ermöglicht, die pädagogische Interaktion aus den Schranken der dyadischen Beziehung zwischen Erzieher und Zögling zu lösen. Durch den Einbau dieser Prozedur in die Basissequenz Initiierung-Erwiderung-Bewertung wird die unterrichtstypische turn-taking-Regelung erzeugt. Sie ist insofern eine der zentralen kommunikativen Vorrichtungen, die die Unterrichtung einer ganzen Klasse durch einen Lehrer ermöglichen, und sie zeigt zugleich auf der basal-operativen Ebene der Kommunikation für alle Teilnehmer sichtbar an, daß es sich bei der Realisierung der Sequenz Initiierung-Erwiderung-Bewertung um pädagogische Interaktion unter den Bedingungen *klassen- bzw. lerngruppenförmiger Organisation* handelt. Die weitgehende Blockierung spontaner Schülerbeiträge bindet deren Beteiligung an die Bedingung, daß sie als Ergebnis von *Entscheidungen* dargestellt und prozessiert wird. Das Melden eines Schülers (vergleichbar dem Antrag an eine Amtsperson) zielt darauf, den Lehrer zu veranlassen, ihm das Rederecht in Konkurrenz zu alternativen Möglichkeiten zu übertragen. Es hat insofern den Status einer kommunikativ sichtbar gemachten *Entscheidung* zur Beteiligung am Unterricht, die sich von einer *Anschlußentscheidung* des Lehrers abhängig macht. Die Prozedur des Meldens und Aufrufens stellt die Fortsetzbarkeit der Unterrichtskommunikation unter die

64 Systemtheoretisch läßt sich diese Gefahr als *Erosion der strukturellen Kopplung* zwischen dem Kommunikationssystem und den involvierten Psychen umschreiben.

Bedingung, daß sie sich ständig als Relationierung von Teilnahmeentscheidungen und Entscheidungen über Teilnahmeentscheidungen reproduziert, d.h. die operative Gestalt *organisationeller* Kommunikation annimmt.[65] Darin, daß Lehrer auch Schüler aufrufen können, die sich *nicht* gemeldet und sich damit *sichtbar gegen* die gerade aktuelle Möglichkeit zur Beteiligung *entschieden* haben, reflektiert sich, daß Schüler einer Teilnahme*verpflichtung* unterliegen, die in letzter Instanz durch die gesetzliche Schulpflicht gedeckt ist. Unter dieser Voraussetzung signalisiert die häufige Entscheidung für Nicht-Teilnahme entweder *abweichendes Verhalten* (und)/oder *Schwierigkeiten, dem Unterricht zu folgen.* Für den Lehrer bedeutet beides: akuter Handlungsbedarf. Die kombinierte Prozedur des Meldens und Aufrufens fungiert so zugleich als *Ordnungsvorrichtung, Informationsraffer und Diagnoseinstrument*, mit dessen Hilfe der Lehrer die Kommunikation regulieren und sich über die Situation der Klasse wie auch einzelner Schüler in Relation zum ablaufenden Unterricht zeitökonomisch und in kurzer Taktung (wenn auch nicht ohne Irrtumsrisiko) informieren lassen kann.

Dennoch ist diese Prozedur keine alternativlose Einrichtung für den Unterricht in der Schulklasse. Auf die Möglichkeit des Meldens kann zugunsten der Praxis direkten Aufrufens einzelner Schüler durch den Lehrer verzichtet werden. Richten Fragen bzw. Aufforderungen des Lehrers sich an die Klasse als kollektiven Akteur, dessen Antwort im Chor erfolgt, bedarf es auch des individuellen Aufrufens nicht mehr. Im Grenzfall schließlich tritt an die Stelle des Dialogs zwischen Lehrer und Schülern der bloße Lehrervortrag. Gleichgültig, welche dieser Formen der Prozessierung von Kommunikation bevorzugt oder im Wechsel gewählt werden und unabhängig davon, wie effektiv sie unter pädagogischen Gesichtspunkten jeweils sein mögen, lassen sie sich gleichermaßen verstehen als Lösungsversuche *desselben* Bezugsproblems, des Problems nämlich, Erziehung *in Schulen* zu ermöglichen, sie auf diese Weise *organisierbar* zu machen und damit eine notwendige Voraussetzung für die *Ausdifferenzierung von Erziehung als sozialem Funktionssystem* zu sichern.[66]

Gegenüber diesen Überlegungen liegt der Einwand nahe, daß sie sich ausschließlich an einem veralteten Modell des lehrerzentrierten Frontalunterrichts orientieren, dem die heutige Unterrichtspraxis kaum noch entspricht. Sofern die vorgetragenen Argumente zur funktionalen Bedeutung der Prozedur des Meldens und Aufrufens in Verbindung mit dem Sequenztyp Initiierung-Erwiderung-Bewertung gültig sind, erscheint es andererseits wenig wahrscheinlich, daß diese kommunikativen Einrichtungen ihre zentrale Rolle verloren haben sollen. Versuchen wir beides zusammenzudenken, dann führt dies zu der Hypothese, daß bei offeneren Unterrichtsformen wie Gruppenarbeit oder Diskussionen

---

65 Vgl. dazu Luhmann 1981, S. 339f., der Organisationssysteme bestimmt als "..soziale Systeme, die aus Entscheidungen bestehen und Entscheidungen wechselseitig miteinander verknüpfen".

66 Zum Zusammenhang von Organisierbarkeit und funktionssystemischer Ausdifferenzierung von Erziehung vgl. Luhmann/Schorr 1979, S. 53f.

das beschriebene Kommunikationsmuster zwar oft suspendiert sein mag, seine funktional begründete Prominenz aber dennoch grundsätzlich bestehen bleibt.[67]

Wie sich dies in der Unterrichtskommunikation zeigt, führt die folgende Sequenz aus einer Gruppendiskussion zwischen Schülern vor Augen, bei der es um die Frage der Selbstverteidigungsmöglichkeiten von Kaufleuten gegenüber rechtsbrecherischen Lords geht:[68]

Beispiel 4:
B: Gordon's the leader, right, Gordon should go to the king and ask...
A: He's only our chairman - *sorry to interrupt.*
B: Chairman. He could go to the king and aks the king can
have some of his army...
C: But he could...
D: Wait Johnny.
B: Could he control his army so we can fight the lords and win?
C: But he's too weak to control his army.

Interessant ist hier die aufwendige Entschuldigung A's für den Umstand, daß er B durch einen korrigierenden Einwurf unterbricht. Auffällig ist vor allem, daß er seinen Einwurf dabei *explizit als Unterbrechung beschreibt*, so als ginge es um den Ausschluß der Möglichkeit, daß A nicht einen knappen Einwurf, sondern die Aneignung des Rederechtes beabsichtigt habe. Warum diese Möglichkeit überhaupt als relevant behandelt und eigens ausgeschlossen werden muß wird erkennbar, wenn man den Umstand einbezieht, daß es sich bei A um den Lehrer handelt. Seine Intervention in die befristet eingerichtete Struktur einer Gruppendiskussion hat den Status einer *Korrektur* der vorausgegangenen Schüleräußerung, impliziert also zugleich eine *Bewertung*. Sie könnte deshalb interpretiert werden als Reaktualisierung der unterrichtstypischen turn-taking-Organisation in Verbindung mit dem Sequenzformat Initiierung-Erwiderung-Bewertung, nach der das Rederecht in Anschluß an eine Schüleräußerung an den Lehrer zurückfällt und dieser über dessen Neuverteilung für den nächsten Zug entscheiden muß. Darin, daß sie diese Deutungsmöglichkeit *effektiv ausschließt*, liegt der spezifische Sinn der Etikettierung des Einwurfes als "Unterbrechung".

---

67 Als Unterstützung für diese These sei hier auf die Ergebnisse der ersten repräsentativen Befragung deutscher Lehrer verwiesen (befragt wurden 1123 Lehrer der Sekundarstufe I und 331 Grundschullehrer, die im Herbst 1995 im Auftrag des Dortmunder Instituts für Schulentwicklungsforschung (IfS) durchgeführt wurde. Nach diesen Ergebnissen hat sich "am eher konventionellen Unterricht .. nach Einschätzung der Lehrer bislang wenig geändert: Sehr häufig redet der Lehrer und stellt Fragen, einzelne Schüler antworten, oder die Schüler bearbeiten jeder für sich die gleichen Aufgaben oder Arbeitsblätter. Daneben wird oft gemeinsam mit der Klasse diskutiert. Fast 40% der Befragten geben aber an, daß in ihrem Unterricht die Schüler niemals oder nur ganz selten selbständig an selbstgewählten Aufgaben arbeiten"; so der Bericht von Kanders, Rolff und Rösner (alle Mitarbeiter am IFS) über diese Befragung in Die Zeit, Nr.12 vom 15.3.1996, S.35.

68 Ich übernehme die zitierte Sequenz von Edwards/Westgate 1987, S. 39; Hervorhebung von mir, W.L.S.

Der unterbrochene Schüler reagiert durch Übernahme der Korrektur und Wiederaufnahme seines Beitrages, ratifiziert also durch seine Reaktion die Definition des Einwurfes als Unterbrechung und setzt die Diskussion fort. Die Selbst-Etikettierung des Lehrereinwurfes fungiert so als *inverse Struktursicherungsoperation*, die auf die Sicherung der turn-taking-Modalitäten einer freien Diskussion *unter Bedingungen der prinzipiellen Fortgeltung der oben als schultypisch vorgestellten turn-taking-Regeln* zielt.

Von den Überlegungen zur funktionalen Bedeutung der Prozedur des Meldens zurück zur Analyse unserer darauf bezogenen Struktursicherungsoperation, die den Ausgangspunkt dafür bot. Sie soll nun mit dem Instrumentarium der *objektiven Hermeneutik* auf ihre *fallspezifische Einbettung und Bedeutung im Kontext der vorausgegangenen Interaktion* untersucht werden. Dazu zunächst der Wortlaut der vollständigen Sequenz.

Beispiel 5:[69]
1 S1: (skandierend) Zugabe!
2 S2: Wuah ...
3 *S3: (ahmt den Lehrer nach) Wer hat was zu sagen? - ne ...
4 S1: (imitiert Lehrerbefehlston) Wer hat was zu sage!
5 L: Ich will heute nur mal zuhören, was ihr meint.
6 *S3: Ich bin nur müde.
7 S1: Wir sage kein Wort, gelle!
8 L: (ironisch) Richtig.
9 S1: Wollt' ich auch hoffen!
10 *S3: Wir sind noch geschockt.
11 *S4: Ganz schön geschockt.
12 S1: (redet unverständlich dazwischen)
13 L: Die Frau Koch macht die Diskussion. (leicht verwarnend zu S1) *Wenn du was sagen willst, Periza, meldest du dich.*

Die erste Äußerung der Sequenz verweist auf eine relativ klar umrissene Menge *möglicher* Situationen, in denen ihre Ausführung standardisierten Normalitätserwartungen entsprechen würde. Sie paßt in den Kontext einer unterhaltsamen Darbietung, etwa aus den Bereichen Sport, Kunst oder Entertainement. Artikuliert von einer Einzelperson oder einer Personengruppe, die als Publikum einer Vorführung beiwohnen, könnte sie im Anschluß an eine besonders beifallswürdige Leistung folgen (z.B. eine gelungene Konzertvorstellung oder Varietévorführung, ein gerade geschossenes Tor, eine raffinierte Schlagkombi-

69 Ich übernehme diese Sequenz aus Brunkhorst 1983, S. 52; Hervorhebung von mir, W.L.S. S1 und S2 stehen dabei für zwei Schüler, *S3 und *S4 für zwei Schülerinnen; L steht für den Lehrer. Problematisch an dem zitierten Transkript erscheint, daß es auf Angaben über Intonation und Betonung verzichtet und statt dessen bei einzelnen Äußerungen (vgl. besonders die Interakte 3, 4, 8 und 13) *interpretierende Klammerbemerkungen* in das Textprotokoll einfügt. Bei meiner Auslegung des Textes werde ich diese Deutungen nicht von vornherein als gültig voraussetzen, sondern mich bei der Interpretation der Äußerungen nur an deren Wortlaut und Kontext orientieren.

nation o.ä.) und zur unmittelbaren Wiederholung einer entsprechenden Leistung auffordern.

Vergleichen wir dies mit dem realen Kontext der Szene: Sie stammt von einem Schüler der 9. Klasse einer Hauptschule in Frankfurt am Main und fiel unmittelbar nach der Vorführung einer ca. 50-minütigen Kurzfassung der Fernsehserie "Holocaust".[70]

Der reale und der durch die Binnenmerkmale der Äußerung nahegelegte Kontext kontrastieren denkbar hart. Der zuvor gezeigte Film "Holocaust" stellt bekanntlich den Völkermord an den Juden während des Dritten Reiches dar.[71] Statt zu Reaktionen wie Betroffenheit, Entsetzen und Empörung zu veranlassen wird die Filmvorführung durch den Ruf "Zugabe!" als Unterfall der o.g. möglichen Kontexte gerahmt, d.h. sie wird als *unterhaltsame Darbietung* behandelt.

Die Spannung zwischen realem und möglichem Kontext findet freilich eine gewisse Entsprechung im präsentierten Film selbst, bearbeitet dieser das historische Geschehen doch mit den Mitteln des Erzählkinos Hollywoodscher Prägung. Die Wahl einer typisch auf Unterhaltung zielenden filmischen Form für die Darstellung des Holocausts wurde in der öffentlichen Diskussion um diese Fernsehserie einerseits kritisiert, andererseits jedoch als erfolgreicher Kunstgriff begrüßt, um auf dem Wege individueller Identifikation und dadurch ermöglichten Nacherlebens beim Publikum die gewünschte Bereitschaft zur Auseinandersetzung mit der deutschen Vergangenheit zu erzeugen.[72] Auf eine andere Weise an diese Spannung zwischen Form und Inhalt anschließend, könnte eine Reaktion, die das Gesehene als Unterhaltung deklariert, verstanden werden als *demonstrative Anzeige* eines spezifischen Rezeptionsmusters, das durch die *filmische Form* bedient wird - eines Rezeptionsmusters, das der intendierten Verwechselung zwischen Filmdramaturgie und Realgeschehen, wie sie sich im identifikatorischen Erleben vollzieht, nicht 'auf den Leim geht', sondern beansprucht, die Form als Form zu durchschauen ('alles nur gestellt'), sie dabei goutiert (oder zumindest vorgibt zu goutieren) und sich gegenüber dem Realitätsgehalt des Gezeigten explizit desinteressiert bis skeptisch verhält. Was dann

---

70 Wie Brunkhorst (a.a.O.) erwähnt, handelt es sich dabei um eine Klasse mit 28 Schülern und einem Ausländeranteil von 50%.

71 Die amerikanische Fernsehserie "Holocaust", die Grundlage für den gezeigten Zusammenschnitt war, wurde in vier Folgen am 22., 23., 25. und 26.1.1979 über die zusammengeschalteten Dritten Programme vom Westdeutschen Rundfunk gesendet, jeweils gefolgt von einer anschließenden Live-Diskussion. Bereits im Vorfeld der Sendung begann eine zum Teil heftige Kontroverse um die Serie, deren Ausstrahlung "..zu dem größten 'Medienereignis' seit Jahren.." wurde; vgl. Märthesheimer/Frenzel (Hrsg.) 1979, Vorbemerkung der Herausgeber, S. 20. Die durchschnittliche Sehbeteiligung bei der hier relevanten Altersgruppe der 14-29 Jahre alten Personen lag bei 27,5%. In der Gruppe der "Erwachsenen ab 14 Jahren" haben 48,1% mindestens eine der vier Folgen gesehen. Zu diesen Daten siehe Magnus 1979, S. 223f.

72 Vgl. dazu die Dokumentation der Diskussion um "Holocaust" in Märthesheimer/Frenzel (Hrsg.) 1979.

übrig bliebe wäre *der Holocaust als 'geile Show'*, rezipiert nach einem analogen Muster wie Seifenopern oder Gewaltszenen in Action-Filmen. Die Aufforderung zu einer "Zugabe" verweist dabei möglicherweise auch auf die Differenz zwischen der Unterrichtsversion des Filmes und seiner Fernsehfassung: Es handelte sich um eine Kurz-Serie von vier Sendungen mit einer Gesamtdauer von sieben Stunden, die innerhalb eines Zeitraumes von fünf Tagen ausgestrahlt wurden. Die Unterrichtsversion von 50 Minuten Dauer präsentiert also nur einen Bruchteil des Filmmaterials. Die Wahrnehmung dieser Differenz kann deshalb die (tatsächliche oder nur vorgebliche) Aufforderung veranlassen, der Lehrer solle *weitere Teile des Filmes vorführen.*

Insofern die vereinseitigte Anknüpfung an die Form *das dargestellte Geschehen selbst fiktionalisiert,* kommt das skizzierte Rezeptionsmuster de facto zugleich überein mit rechten politischen Positionen, welche die historische Realität des Holocausts leugnen. Seine demonstrative Artikulation eignet sich daher als *provokative Markierung* einer solchen Position. Umgekehrt wäre es freilich auch möglich, daß eine äußerst kritische Einstellung gegenüber einer verharmlosenden und tendenziell irrealisierenden 'Aufbereitung' des Holocaust-Themas mit den Mitteln des Unterhaltungskinos diese Ausdrucksform wählt, um auf diese Weise diejenige Rezeptionsweise in sarkastischer Überspitzung vorzuführen, die ihr bei dieser Art der Bearbeitung adäquat erscheint.[73]

---

73 Die o.g. genannten Prämissen für die Rezeption des Gesehenen als *unterhaltsame Darstellung* (Analogisierung zu Seifenopern, Vergnügen an Gewaltszenen, der Holocaust als Show) wurden in verschiedenen Kritiken des Films ausführlich dargelegt. Insofern wirkt diese Äußerung, als sei es geradezu ihr Zweck, in kunstvoller Verdichtung ein Reaktionsmuster vorzuführen, das dem Inhalt der Kritiken entspricht. - Als Belege einige Auszüge (hier zitiert nach dem Dokumentationsband von Märthesheimer/Frenzel (Hrsg.) 1979, Hervorhebungen jeweils von mir hinzugefügt, W.L.S.): "Die Judenvernichtung als *Seifenoper*", so lautete die Überschrift eines Artikels von Sabina Lietzmann, der noch vor Ausstrahlung der Serie in der F.A.Z. vom 20.4.1978 erschien (vgl. a.a.O., S. 35-41). Der Artikel nahm u.a. Bezug auf einen wenige Tage zuvor erschienen Essay von Elie Wiesel, der in The New York Times vom 16.4.1978 unter dem Titel "Die Trivialisierung des Holocaust: Halb Faktum und halb Fiktion" veröffentlicht wurde und in dem Wiesel dem Film vorwirft, daß er "..ein ontologisches Ereignis in eine Seifen-Oper" verwandele (a.a.O., S. 26). Wiesel hält dem Film die verwirrende und oft geschmacklose Vermischung der Gattungen Drama und Dokumentation vor und gibt dazu die beiden folgenden Beispiele (a.a.O., S. 28f.): "Wir sehen Juden, die in langen, endlosen Kolonnen nach Babi Yar marschieren - mit 'entsprechendem' musikalischem Background. Wir sehen, wie sie sich ausziehen, sich an die Grube begeben, dort auf die Kugeln warten, hinunterstürzen. Wir sehen die nackten Körper voller 'Blut' - und alles bleibt Fiktion. Ein anderes Beispiel: Wir sehen nackte Frauen und Kinder in die Gaskammern hineingehen; wir sehen ihre Gesichter, wir hören ihr Stöhnen, als die Türen geschlossen werden, dann - nun, genug: Warum fortfahren? Besondere Effekte und Tricks zu benutzen, um das Unbeschreibbare beschreibbar zu machen, ist für mich moralisch anstößig. Schlimmer, *es ist obszön.*" Zu der damit angesprochenen Frage der Darstellung von Gewalt und Grausamkeit schreibt ein anderer Autor (Pankraz, in: Die Welt vom 26.6.1978; vgl. a.a.O., S. 52f.), die im Fernsehen oft gezeigten Brutalitäten "sind im Grunde nur ertragbar, weil sie - im

Eine zweite Deutungsmöglichkeit ergibt sich, wenn man den Ruf "Zugabe!" auf den Stoff oder propositionalen Gehalt des Filmes, das historische Realgeschehen des Mordes an den Juden, bezieht. Die Äußerung würde dann den Holocaust selbst als beifallswürdige Leistung deklarieren und käme einer Aufforderung zu seiner Wiederholung/Fortsetzung gleich, für die jedoch in der gegebenen Situation der konkrete Adressat fehlt.[74] Das Verhalten des Sprechers wäre hier dem eines begeisterten Fußballfans vergleichbar, der die Aufzeichnung eines Spieles vor dem Fernsehschirm verfolgt und seine Mannschaft zu weiteren Aktionen anfeuert, sich also so verhält, *als ob* er anwesender Beobachter des Geschehens wäre. Legt man diese zweite Lesart zugrunde, würde sich der Sprecher der Äußerung damit als *Neonazi bzw. Antisemit schärfster Ausprägung* präsentieren.

Nimmt man als Kontextinformation hinzu, daß es sich bei dem Sprecher vermutlich um einen ausländischen Schüler handelt (er wird in 13 L als "Periza" adressiert), dann erscheint die Erfüllung der zweiten Lesart im Vergleich zur ersten weniger wahrscheinlich. Die Rezeption des Filmes unter Ausblendung des historischen Realbezuges findet hingegen in der *Situation des Sprechers* einen doppelten Anknüpfungspunkt: Als Angehöriger einer Generation, deren Eltern die Zeit des Nationalsozialismus allenfalls in ihrer Kindheit miterlebt haben, und als Nicht-Deutscher, für den der Holocaust ohnehin zur Geschichte eines anderen Volkes gehört, kann für ihn das dargestellte Geschehen auf eine ähnliche Weise *distant und irreal* erscheinen, wie für viele Fernsehzuschauer ohne ausgeprägtes geschichtliches Interesse die filmische Dramatisierung eines beliebigen historischen Stoffes aus weit zurückliegender Zeit. Wie oben bereits angemerkt, hat die Klasse, in der die analysierte Szene sich ereignet hat, einen ausländischen Schüleranteil von 50%, so daß eine solche Situation doppelter Distanz für einen erheblichen Teil der Schüler vorausgesetzt werden kann.

Gegensatz zu 'Holocaust' - leicht durchschaubare Fiktionen sind. ... Vollkommene Fiktion oder große historische Ferne, so zeigt sich, sind die ästhetischen Bedingungen dafür, daß die vielen Gewaltdarstellungen auf dem Bildschirm unbeanstandet passieren. Entfallen sie, wird sofort die prinzipielle Fragwürdigkeit von *Grausamkeit und Gewalt* als Mitteln der künstlerischen Dramaturgie augenfällig. ...der Effekt beim Zuschauer ist nie kathartische Betroffenheit, sondern immer *lustvolles Vergnügen an der eigenen Gänsehaut*, ja, vielfach sogar sadomasochistisches Einverstandensein mit der gezeigten Moritat". Passend dazu der Schlußsatz des Essays von Wiesel, mit dem er seine Kritik resümiert: "Der Holocaust muß uns in Erinnerung bleiben. Aber nicht als eine *Show*"; (a.a.O., S. 30).

74 Die dazu passende Hintergrundüberzeugung verbalisiert die folgende Äußerung eines Anrufers aus der an den Film anschließenden Sendung "Anruf-erwünscht", die vom Moderator der Sendung wiedergegeben wurde (hier zitiert nach Schoeps 1979, S. 227): "Man hätte alle Juden umbringen sollen". - Als aktuellere und etwas 'mildere' Parallelkonstellation zur Deutung im Text könnte man an eine Situation denken, in der Beobachter die Bewerfung eines Asylantenheimes mit Steinen und Molotowcocktails - bzw. die Dokumentation eines solchen Ereignisses im Fernsehen mit Zugabe-Rufen quittieren würden.

Die beiden bisher umrissenen Deutungsmöglichkeiten ergeben sich, wenn man die Startäußerung der Sequenz auf Form oder Inhalt des gezeigten Filmes bezieht. Unberücksichtigt blieb dabei die *pragmatische Einbettung* der Filmvorführung. Sie ist Teil des Unterrichts, d.h. eine Veranstaltung des Lehrers für die Schüler. Stellt man diesen Umstand in Rechnung, dann ergibt sich daraus eine weitere mögliche Bedeutung: Nicht primär der Film mit seinem spezifischen Inhalt, sondern die Tatsache, daß der Lehrer *einen Film vorgeführt hat*, statt auf die sonst übliche Weise *zu unterrichten*, könnte demnach als *seltene Darbietung mit besonderem Unterhaltungswert* deklariert werden, deren Fortsetzung durch Vorführung weiterer Teile der ursprünglichen Fernsehserie gewünscht wird. Gerade indem er schweigt und den Film für sich sprechen läßt, wird er mit dem Ruf "Zugabe!" wie ein *erfolgreicher Entertainer* gefeiert. Die *Vorführung von "Holocaust" als vom Lehrer präsentierte 'Nummern-Revue'*, dies wäre die Rahmung der Situation, die durch die Beifallsäußerung von S1 erzeugt wird.

Als Hintergrund der Äußerung wäre hier die Unterscheidung: *interessante Abwechselung* (=Filmvorführung) vs. *langweilige Routine* (=Normalunterricht) zu vermuten. Auf der *expliziten Ebene als Lob* an den Lehrer als Veranstalter der Vorführung adressiert, würde *implizit Kritik und/oder Desinteresse* an seinem sonstigen Unterricht mitgeteilt. Nach dieser Interpretation ist die Äußerung objektiv *ironisch* gebaut und erzeugt so eine *double-bind-analoge Struktur*, die zwei gegensätzliche Mitteilungsinhalte in einer sprachlichen Gestalt synthetisiert. Dabei immunisiert sie die negative Bedeutungskomponente gegenüber einer direkten Thematisierung durch den Adressaten, könnte der Sprecher gegebenenfalls doch immer behaupten, es 'so nicht gemeint' zu haben.

Doch damit nicht genug. Bereits das explizite Lob ist, wenn man es näher auf seinen Voraussetzungsgehalt hin analysiert, 'vergiftet': Die *Vorführung* des Filmes läßt sich nur dann als unterhaltsam deklarieren, wenn auch *der Film selbst* als unterhaltend wahrgenommen worden ist. Die zuletzt entwickelte Interpretation *setzt also die erste Deutungsmöglichkeit voraus*, d.h. die *Rezeption des Holocausts als Unterhaltungskino*, die darüber hinaus verbunden sein könnte mit der Leugnung seiner historischen Realität. Das Lob präsupponiert so ein Rezeptionsverhalten des Schülers, das die anzunehmenden pädagogischen Intentionen, die mit der Vorführung des Films "Holocaust" im Unterricht verbunden sind,[75] *schon im Ansatz sabotiert* und dem Lehrer Beifall für eine

---

75 Als Ziele, die vor dem Hintergrund der Diskussion um "Holocaust" und der berichteten Zuschauerreaktionen auf den Film vermutet werden können (vgl. erneut die Beiträge in Märthesheimer/Frenzel (Hrsg.) 1979), sind hier etwa zu nennen: die Konfrontation mit den Greueltaten des Nationalsozialismus; Erzeugung von Empörung, Betroffenheit und Abscheu; Stimulierung der Frage, wie es dazu hat kommen können sowie des Vorsatzes, daß sich so etwas niemals wiederholen dürfe. - Anders, als man vielleicht meinen könnte, geben die hier für Hessen einschlägigen Rahmenrichtlinien Gesellschaftslehre für die Sekundarstufe I (vgl. 1973 und 1982; das Fach Gesellschaftslehre vereint die Fächer Sozialkunde, Geographie und Geschichte) keine spezifischen Lernzielprojektionen für die Behandlung des Holocaust-Themas vor. Dies hat seinen Grund darin, daß die anzustrebenden Lernziele dort jeweils themenunabhängig formuliert sind und deren Kon-

Vorstellung spendet, die sich für die Umwidmung zu bloßen Unterhaltungszwecken eignet. Dem Lob liegt so die Umkehrung der pädagogischen Zielsetzung in ihr Gegenteil unmittelbar zugrunde. Es bringt die Vereitelung dieser Zielsetzung zum Ausdruck und erscheint auch hier in seiner objektiven Struktur ironisch, als *beifällige Bestätigung und Sabotageerklärung* in einem. Zugleich kehrt es das übliche Beziehungsmuster um: Indem der Schüler den Platz eines Beifall spendenden Publikums einnimmt, *lobt er den Lehrer*. In Relation zum *institutionellen Kontext* des Schulunterrichts handelt er so im Muster einer "category-bound-activity", die charakteristisch für die Rolle des Lehrers ist, setzt sich insofern an dessen Stelle und weist ihm die Rolle des Schülers zu, der sich die Bewertung seiner Leistungen gefallen lassen muß.

Wenden wir uns nun der Analyse der kontextuellen Randbedingungen zu, um diejenigen Voraussetzungen zu identifizieren, die geeignet sein könnten, das explizierte Rezeptionsmuster als angemessene Reaktionsbildung auf Merkmale der Handlungssituation zu erklären. - Die in der Schüleräußerung *demonstrativ artikulierte* Haltung zum Unterricht erscheint keineswegs untypisch. Daß Schüler sich im Unterricht häufig langweilen und eine Unterbrechung des Normalablaufs, die dazu noch von einer der beliebtesten Formen der Freizeitgestaltung kaum zu unterscheiden ist, als unterhaltsame Abwechselung begrüßen, kann als Bestandteil des gemeinsamen Wissens von Lehrern und Schülern unterstellt werden. Struktureller Hintergrund dafür ist letztlich die Zwangsmitgliedschaft der Schüler in der Institution Schule und die externe Vorgabe des Lehrstoffes. Die Möglichkeiten wirksamer Artikulation von Unzufriedenheit mit dem Unterricht sind dadurch drastisch beschränkt. *"Exit"* (d.h. die Aufkündigung der Mitgliedschaft) ist praktisch ausgeschlossen, *"voice"* (d.h. Kritik an den Organisationszielen bzw. der Art ihrer Realisierung) kann nur zu geringfügigen Änderungen führen.[76] Generalisierte Formen der Entschädigung (vergleichbar der Entlohnung abhängiger Arbeit) sind ebensowenig in ausreichendem Maße verfügbar wie nachhaltige Sanktionsmöglichkeiten.[77] Hinreichende *"Loyalität"*

---

kretisierung für die einzelnen Themenbereiche des Unterrichts den Fach- und Koordinationskonferenzen der Schulen bzw. dem einzelnen Lehrer überlassen bleibt.

76 Zu der im Text verwendeten Unterscheidung von "voice", "exit" und "loyality" siehe Hirschmann 1974.

77 *Zensuren* haben eine symbolische Anreiz- bzw. Sanktionsqualität nur für diejenigen, die im Sinne der Schule 'leistungsorientiert', d.h. bereits auf deren Erfolgssymbole hin sozialisiert sind. Ohne den stützenden Hintergrund familialer Sozialisation sind die Chancen der Schule, entsprechende sozialisatorische Effekte allein aus eigener Kraft zu erzielen, eher ungünstig einzuschätzen. *Nicht-Versetzung* bedroht die Schüler zwar mit dem Verlust von peer-group-Kontakten und einer stigmatisierenden Gesamtbewertung ihrer intellektuellen Fähigkeiten. Sie hat insofern eine relativ hohe Sanktionsqualität, ist jedoch ein Mittel in letzter Instanz, durch kalkulierte Minimalanstrengung in der Regel vermeidbar und deshalb nicht geeignet, die von Unterrichtsstunde zu Unterrichtsstunde neu zu gewinnende Aufmerksamkeit und Mitarbeitsbereitschaft der Schüler kontinuierlich zu sichern. Ähnliches gilt für die Drohung des *'Abstieges'* in einen weniger anspruchsvollen

gegenüber den Anforderungen und Zielsetzungen von Schule und Lehrer kann deshalb günstigstenfalls als Resultat der Selektion von konform sozialisierten Schülern (A-Kurse; Schüler weiterführender Schultypen) oder charismatischer Befähigung des einzelnen Pädagogen, nicht jedoch als institutionell garantiertes Normalergebnis erwartet werden. Zu einem wahrscheinlichen Reaktionsmuster wird so die innere, aber auch oft demonstrativ zur Schau getragene Distanzierung von einem Unterrichtsgeschehen, dem beizuwohnen unvermeidliches Schicksal ist, das über weite Strecken als langweilig erlebt wird und deshalb dazu disponiert, jede Möglichkeiten der Ablenkung zu suchen sowie jede Abwechselung *ohne Rücksicht auf ihren spezifischen Inhalt* zu begrüßen.[78] Es sind demnach die skizzierten *Randbedingungen der Schule als Organisation*, die ein Rezeptionsmuster nahelegen, welches jede Sonderveranstaltung, gleichgültig wie sehr dies ihrem Inhalt widerspricht, zunächst als unterhaltsame Darbietung wahrnimmt.

Hinzu kommt ein weiteres: Die moralische Besetzung des Themas Holocaust läßt nur geringen Raum für die legitime Vertretung unterschiedlicher Einschätzungen. Seine Behandlung im Unterricht kann sich deshalb nicht auf die Vermittlung historischen Wissens beschränken, sondern muß die Übernahme

---

Kurstyp oder Schulzweig, die für Hauptschüler, um die es in unserer Analyse geht, zudem ausscheidet.

78 Diese Haltung kann als Grundprämisse pädagogischen Handelns gelten, als permanentes Hindernis, das immer wieder neu überwunden, unterlaufen und umgangen werden muß, ohne je definitiv beseitigt werden zu können. Die Möglichkeiten des Lehrers, eine *generalisierbare Antwort auf diese Haltung* zu finden, die mit seiner Aufgabendefinition kompatibel ist, sind eng begrenzt: Eine uneingeschränkt billigende Reaktion des Lehrers gegenüber dieser Haltung ist kaum möglich, steht sie doch der Erfüllung seiner Aufgabe entgegen. (Da dies auch für die Schüler sichtbar ist, würde eine solche Reaktion vermutlich als Versuch zur Anbiederung bzw. Kumpanei wahrgenommen und der Lehrer daraufhin getestet, wie weit man bei ihm gehen kann, bis die Grenzen seiner Toleranz erreicht sind.) Ihre pauschale Zurückweisung als Verletzung schulischer Verhaltensnormen erscheint freilich ebensowenig praktikabel, würde damit doch der strukturelle Hintergrund dieser Haltung ignoriert und die Orientierungen eines großen Teils der Schüler en bloque als abweichend deklariert. Wer dennoch so handelt, muß wesentlich *gegen* die Schüler unterrichten. (Und d.h. einen 'autoritären' Unterrichtsstil entwickeln, für dessen Durchsetzung heute in der Regel die sozialisatorischen Voraussetzungen auf Seiten der Schüler wie auch der dafür notwendige Rückhalt bei den Eltern sowie innerhalb der Institution Schule fehlen. Wer sich dennoch in der Kultivierung eines solchen Verhaltensmusters versucht, riskiert sich in wirkungsloser Aufgeregtheit zu erschöpfen und gibt sich selbst leicht der Lächerlichkeit preis.) Was als aussichtsreiche Alternative bleibt, ist die *Kombination* von gelassener Toleranz gegenüber dem Desinteresse der Schüler und der klaren Forderung, die unterrichtsrelevanten Verhaltenszumutungen gleichwohl zu erfüllen. Auf *"Moralität" der Handlungsorientierungen* im Sinne schulischer Anforderungen kann dabei verzichtet werden. Die *bloße "Legalität"* des Verhaltens, d.h. die rein äußerliche Erfüllung dieser Anforderungen ohne Identifikation und inneres Engagement genügt.

bestimmter Bewertungen anstreben.[79] Wird die sichtbare Übernahme bzw. Ablehnung dieser Bewertungen durch die Schüler ihrerseits vom Lehrer zum Anknüpfungspunkt moralischer Kommunikation, dann funktioniert Schule in diesem Moment strukturell nach dem Muster einer *totalen (genauer: totalitären) Institution*, die *Zwangsmitgliedschaft* mit dem Ziel der *Gesinnungskontrolle* vereint, ohne jedoch über entsprechende Überwachungs- und Sanktionsmöglichkeiten zu verfügen. Damit reproduziert sich die bereits skizzierte Problemlage in verschärfter aber zugleich modifizierter Form: Wenn die "exit"-Option ausgeschlossen und durch Kritik keine Veränderung zu erreichen ist, dann eröffnet gerade der Versuch zur *Normierung von Überzeugungen* Möglichkeiten der *sichtbaren Distanzierung und Demonstration von Autonomie durch die Signalisierung abweichender Auffassungen*, die in einem Alter, in dem die Gewinnung und Selbstvergewisserung autonomer Handlungsfähigkeit biographisch ohnehin in besonderer Weise aktuell ist,[80] mit hoher Wahrscheinlichkeit genutzt werden. Die Thematisierung des Holocausts im Schulunterricht gerät so in die Gefahr, als *paradoxen Effekt ihrer interaktionsstrukturellen Prämissen* gerade die Artikulation derjenigen Einstellungen zu provozieren, deren Verhütung das pädagogische Ziel dieses Unternehmens ist. Sie *ermutigt* den zumindest simulativen, experimentellen, demonstrativ zur Schau gestellten Umgang mit Auffassungen bzw. deren Symbolen, die die besondere Bedeutung des Holocausts ignorieren, dementieren oder gar dessen historische Realität in Zweifel ziehen.

Welche geeigneten *Reaktionsmöglichkeiten* stünden dem *Lehrer* auf die Äußerung von S1 zur Verfügung, wenn wir die oben dargestellte Interpretation

---

79 Vgl. dazu Artikel 56, Abs. 5 der Verfassung des Landes Hessen: "Der Geschichtsunterricht muß auf getreue, unverfälschte Darstellung der Vergangenheit gerichtet sein. .. Nicht zu dulden sind Auffassungen, welche die Grundlagen des demokratischen Staates gefährden". Siehe weiterhin § 1, Abs.1 des hessischen Schulverwaltungsgesetzes in der Fassung vom 4.4.1978 (GV 81.I S. 232): "..Die Schulen sollen den Schüler befähigen, in Anerkennung der Wertforderungen des Grundgesetzes und des Landes Hessen die Grundrechte für sich und andere wirksam werden zu lassen, .. nach ethischen Gesichtspunkten auf der Grundlage der christlichen und humanistischen Tradition zu handeln sowie religiöse und kulturelle Werte zu achten, ..und die Beziehungen zu anderen Menschen nach den Grundsätzen der Toleranz, der Gerechtigkeit und der Solidarität zu gestalten..". Auch in der Allgemeinen Grundlegung der hessischen Rahmenrichtlinien (1978), in der die o.g. Rechtsvorschriften als Anlage mitabgedruckt sind, wird ausdrücklich die Notwendigkeit eines in Schule und Unterricht herzustellenden "Grundkonsenses" (S. 10) betont: "Die Konsensbildung muß darauf gerichtet sein, das erforderliche Maß an Einheit zur Gewährleistung des gesellschaftlichen und staatlichen Zusammenhangs und der Erreichung gemeinsamer verbindlicher Ziele herzustellen. Dazu gehören die Anerkennung der Menschenwürde sowie die Überzeugung von der Legitimität der freiheitlichen rechtsstaatlichen Demokratie des Grundgesetzes, der Hessischen Verfassung und ihrer Institutionen..".

80 Zur Erinnerung: Es geht um eine 9. Hauptschulklasse, d.h. um Schüler, für die das Ende der Schulzeit, die Berufswahlentscheidung und der Wechsel in die Arbeitswelt unmittelbar bevorstehen.

dafür zugrunde legen? Obwohl auf den ersten Blick vielleicht naheliegend, erscheint eine *bewertende Kommentierung* oder das *zur-Rede-stellen* des Schülers kontraindiziert. Beide Reaktionen liefen Gefahr, die Unterrichtskommunikation in einen moralisch aufgeladenen Konflikt des Lehrers mit S1 zu transformieren und damit die Entfaltung des eben erwähnten paradoxen Effektes zu begünstigen. Für eine *argumentative Thematisierung* liefert die Äußerung keinen ausreichenden Ansatzpunkt. Ihr fehlt der dazu benötigte propositionale Gehalt. Ihn müßte der Lehrer zuvor selbst durch Interpretation erst erzeugen oder bei S1 erfragen. Das aber heißt, er müßte den Ausruf des Schülers als *Indiz* für eine *dahinter verborgene Gesinnung* behandeln, die es - gleichsam auf dem Wege des Vorhaltes bzw. Verhörs - zu ermitteln gilt und der so der Status eines *möglichen Deliktes* per Präsupposition zugeschrieben würde. Bereits im Vorfeld einer angestrebten argumentativen Thematisierung würde die Kommunikation so unter *moralische Prämissen* gestellt. Zudem könnte jede Bedeutungsvermutung des Lehrers leicht dementiert werden und der Schüler sich so einer offenen Auseinandersetzung entziehen. Was dann bliebe, wäre (gleichgültig, ob ursprünglich beabsichtigt oder nicht) die *erfolgreiche Provokation*, die den Lehrer als schnell reizbar und machtlos zugleich vorführt. Das, was eine adäquate Reaktion auf die Äußerung so schwierig erscheinen läßt, die hochgradige Implizitheit ihres Bedeutungsgehaltes, macht es andererseits leicht, sie als bloßen Zwischenruf ohne besondere Bedeutung zu behandeln, sie also *kommentarlos zu übergehen* oder als *bloße Störung zu behandeln*, die nur formal, als unautorisierte Äußerung zu kennzeichnen und u.U. zu rügen ist.

Die Einbeziehung der turn-taking-Modalitäten in die Analyse macht deutlich, daß beide Optionen gleichermaßen möglich sind. Zwar könnte die Äußerung beobachtet werden als *Verletzung der unterrichtstypischen Regeln der Rederechtsverteilung*, handelt es sich dabei doch um eine klassenöffentliche Äußerung, die nicht durch den Lehrer autorisiert ist. Diese Bedeutungsmöglichkeit findet in der Unterrichtssituation freilich keinen eindeutigen Anhalt: Die Vorführung des Filmes kann zunächst als Teil einer *Initiierung* (d.h. des ersten Gliedes der pädagogischen Basissequenz) verstanden werden, nach deren Ende der Lehrer weitere Erläuterungen zu geben, Fragen zu stellen oder einen Arbeitsauftrag zu erteilen hätte, um diese Initiierung abzuschließen. Bisher jedoch hat der Lehrer noch nicht wieder das Wort ergriffen. Vielleicht hantiert er noch am Projektor oder Videogerät, so daß eine Unterbrechung entsteht, in der die Fortführung der Initiierung *ausgesetzt* ist. Dieser Aufschub erzeugt einen *Zwischenraum*, der besetzt werden kann, eine kurze *Schaltphase*, in der die Filmvorführung bereits zu Ende ist, der normale Unterricht jedoch noch nicht wieder begonnen hat. Unter diesen Voraussetzungen kann die Geltung des unterrichtstypischen turn-taking-Reglements nicht ohne weiteres unterstellt werden. Der Zwischenruf muß deshalb nicht als Ordnungswidrigkeit verbucht, ja, er braucht überhaupt nicht als Teil des Unterrichtsgeschehens registriert zu werden, auf das zu reagieren der Lehrer verpflichtet wäre.

Welchen Unterschied dies für die Bedingungen macht, die für das weitere Handeln des Lehrers gelten, zeigt sich bei gedankenexperimenteller Erprobung der entgegengesetzten Situation: Bei Geltung der üblichen turn-taking-Regeln wäre durch den Zwischenruf von S1 eine Situation eingerichtet, in der der Lehrer als Garant der sozialen Ordnung im Unterricht zum Handeln aufgerufen ist. Was immer er jetzt tut, würde seine Bedeutung vor diesem Hintergrund erhalten.[81] Nicht-Handeln im Hinblick auf diese Situation wäre unmöglich. Nichts zu tun, wie immer es auch motiviert sein mag, bedeutete Interventionsverzicht, hieße also, daß er den 'Täter' *gewähren ließe*, könnte ihm (ähnlich, wie passives Verhalten der Polizei gegenüber gewaltsamen Ausschreitungen von Demonstranten) verantwortlich zugerechnet werden und Anlaß zu Attributionen geben, an denen die Schüler ihr weiteres Verhalten orientierten (z.B. 'lasch', 'kann sich nicht durchsetzen' bzw. 'großzügig', 'nimmt nicht alles supergenau' oder 'läßt sich nicht provozieren', 'reagiert cool' etc.). Andererseits: Sklavische Orientierung am Legalitätsprinzip und unnachsichtige Verfolgung jedes Vergehens ist - weder für Polizisten noch für Lehrer - eine brauchbare Strategie. 'Übersehen' bzw. 'Überhören' wird deshalb von Lehrern häufig praktiziert. Dieses Bewältigungsmuster erlaubt es, die Mehrzahl der ständig anfallenden kommunikativen wie nicht-kommunikativen Ordnungswidrigkeiten zu erledigen, indem man sie ins Leere laufen läßt. Anders ist Unterricht kaum durchführbar, würde doch die peinlich genaue Verfolgung jedes Vergehens viel zuviel Zeit benötigen und die Schüler leicht in die Lage versetzen, durch geringfügige Übertretungen immer neue Interventionen und Bearbeitungszyklen zu provozieren und Unterricht so zu blockieren.[82] Jetzt nicht auf einen Regelverstoß zu reagieren, kann Zeit sparen und deshalb unter *kurzfristigen* Gesichtspunkten opportun sein. In *längerfristiger* Perspektive muß einkalkuliert werden, ob daraus nicht Präzedenzfälle entstehen, die Schüler zu Schlußfolgerungen gebracht werden, die der Autorität und Durchsetzungsfähigkeit des Lehrers abträglich sind und es dadurch zu häufigeren sowie gravierenderen Regelverletzungen kommt.[83] Jede Intervention verlangt demnach die Berücksichtigung

---

81 In konversationsanalytischer Diktion könnte man dann davon sprechen, daß die Ordnungsverletzung des Schülers eine "konditionale Relevanz" für eine anschließende, auf die Bearbeitung dieser Störung gerichtete Reaktion des Lehrers erzeugt und der Ausfall einer solchen Reaktion dazu führt, daß sie als "noticeably absent" wahrgenommen wird.

82 Systemtheoretisch gesprochen haben Struktursicherungsoperationen, deren Funktion es ist, die kommunikative Ordnung gegen Störungen zu schützen, den Status von *Immunreaktionen*, die sich gegen strukturfremde Mitteilungsereignisse innerhalb eines Kommunikationssystems richten. Und wie bei Immunreaktionen generell, so führt auch der übermäßige Einsatz von Struktursicherungsoperationen zur *Selbstgefährdung* (bis hin zur *Selbstzerstörung*) des Systems.

83 Vgl. dazu die Antwort eines Lehrers auf die Frage, wie er reagiere, wenn ein bestimmter Problemschüler "Dummheiten" mache (zitiert nach Hargreaves/Hester/Mellor 1981, S. 215): "..Wenn es nicht viel Unruhe erzeugt, unternehme ich manchmal sehr wenig, denn die Störung wäre viel größer, wenn ich offensichtlich etwas dagegen unternehmen würde. .. Manchmal schreie ich Fritz an, so daß der Rest der Klasse nicht angesteckt wird. Mit anderen Worten, sie merken, daß das, was Fritz sich erlauben kann, nicht für sie zutrifft".

potentiell konkurrierender Gesichtspunkte. Sie bewegt sich zwischen unterschiedlichen Gefahrenzonen, bei denen übermäßige Umsteuerungsversuche der einen oft um so tiefer in die andere hineinführen. Derartige Bedingungen, obgleich pädagogische Alltagsnormalität, machen jedes Handeln riskant, weil es für zukünftige Interaktionen im Unterricht potentiell folgenreich, in der Art seiner Auswirkungen jedoch kaum zu berechnen ist. In der hier analysierten Situation aber sind die schultypischen turn-taking-Regeln nicht (bzw. noch nicht wieder) auf eindeutige Weise etabliert. Dies eröffnet für den Lehrer die Möglichkeit, nicht zu reagieren, ohne sich darauf einrichten zu müssen, daß ihm dies als *Handlungsunterlassung* zugerechnet und mit Attributionen der o.g. Art verknüpft wird. Insofern erscheint die Thematisierung des Zugabe-Rufes durch eine anschließende Äußerung des Lehrers auch im Hinblick auf die formale Organisation der Rederechtsverteilung zwar möglich, aber nicht erforderlich.

Wie die Fortsetzung des Transkriptes zeigt, bleibt eine unmittelbare Reaktion des Lehrers tatsächlich aus. Dies eröffnet die Möglichkeit, daß ein weiterer Schüler (S2) per Selbstselektion als nächster Sprecher zu Wort kommt. Seine Äußerung ("Wuah..") entzieht sich freilich einer eindeutigen Interpretation. Es ist möglich, daß diese Ausdrucksgeste die vorangegangene Äußerung oder - vielleicht weniger wahrscheinlich - das gerade gesehene Filmgeschehen als in besonderem Maße bemerkenswert apostrophiert (paraphrasierbar als: "Das war vielleicht 'n Ding!"). Ebensogut kann es sich dabei jedoch um ein lautstarkes Gähnen bzw. Strecken, die Imitation von Motorengeräusch, das ein gerade durchs Klassenzimmer segelndes Papierflugzeug begleitet oder die 'Kommentierung' irgendeines anderen Ereignisses handeln, das nicht im Transkript festgehalten ist. Auch diese Äußerung weicht ab vom schulüblichen turn-taking-Reglement, ohne daß dabei von dessen Verletzung die Rede sein kann, fehlen doch hinreichende Anhaltspunkte dafür, daß dieses Reglement aktuell in Kraft ist. Die Situation bleibt deshalb weiterhin offen. Der Lehrer kann, aber er muß nicht reagieren. Sein Schweigen läßt Raum für zusätzliche Schüleräußerungen per Selbstselektion der jeweiligen Sprecher. Diese Bedingungen gelten, solange der Lehrer nicht interveniert, um die Verwaltung der Rederechtsverteilung wieder in seine Regie zu nehmen.

Die gleichen Voraussetzungen gelten für die beiden nachfolgenden Schüleräußerungen.[84] Darin wird die Tatsache, daß die bisherigen Schüleräußerungen nicht das unterrichtstypische Ordnungsformat erfüllen, *zugleich zum Thema* gemacht und - gleichsam *stellvertretend* für den nicht reagierenden Lehrer - *gerügt*: Die *dritte* Äußerung ("Wer hat was zu sagen? - ne...") *simuliert* die Reaktion eines Lehrers (an dessen Stelle sich *S3 damit setzt) gegenüber schwätzenden oder unautorisiert in die Klasse rufenden Schülern (hier: S1 und S2), mit der diese dazu bewegt werden sollen, die Regeln für die Verteilung des Rederechts zu beachten. Sie hat die Form einer Frage, benutzt also ein unterrichtstypisches Format zur Initiierung von Schülerbeiträgen, funktioniert aber

84 Aus Abkürzungsgründen verzichte ich auf die durchgängige Explikation der Anschlußmöglichkeiten für den jeweils nächsten Redezug.

nach dem Muster einer konditionalen Aufforderung (Paraphrase: 'Wenn einer was zu sagen hat, dann soll er sich melden'): Wer darauf "Ich" antwortet oder sich meldet, schwenkt auf die übliche turn-taking-Prozedur ein und beantwortet die 'Frage' bereits dadurch 'richtig'. Wer dazu nicht bereit ist und deshalb schweigt, wählt die zweite regelkonforme Alternative.

Ausgeführt von *S3, d.h. durch eine dazu nicht autorisierte Person, hat diese Äußerung objektiv den Status einer *Parodie.*[85] Parodiert wird die Ausführung einer Struktursicherungsoperation, wie sie, unter Voraussetzung der schulüblichen turn-taking-Regeln in Anbetracht der beiden vorausgegangenen unautorisierten Schüleräußerungen, an dieser Stelle vom Lehrer hätte realiter vollzogen werden können. Der Umstand, daß der Lehrer bisher nicht intervenierte, wird durch diese *Ersatzhandlung* zugleich registriert und spielerisch kompensiert. Die nicht ausgeführte Struktursicherungsoperation erscheint so in der Kommunikation *auf eine darin selbst angezeigte Weise abwesend.* Die Situation wird definiert als *Ausnahme*situation, in der die unterrichts*übliche* kommunikative Ordnung nicht gilt, und sie wird genutzt, um genau dies *zum Ausdruck* zu bringen. Es ist die bloße *Abweichung von der Routine*, die in diesem Spiel zelebriert und als *willkommene Abwechselung* goutiert wird. In der dritten Äußerung kommt so die bereits als Hintergrund des Zugabe-Rufes identifizierte Unterscheidung *langweilige Routine vs. interessante Abwechselung*, hier jedoch durch einen anderen Sprecher artikuliert, erneut als *generalisiertes Beobachtungsschema* zur Geltung. Die simulierte Struktursicherungsoperation ist dabei auf eine ähnlich widersprüchliche, aber entschärftere Weise *doppeldeutig*, wie bereits die Eingangsäußerung: Sie gibt sich auf der *Inhaltsebene* als Beitrag zur Herstellung der schultypischen Ordnung der Unterrichtskommunikation, die sie damit zugleich *bestätigt*. Sie tut dies unter der Voraussetzung, daß die aktuelle Geltung dieser Regeln zuverlässig unterstellt und ihre Befolgung vom Sprecher auf diese Weise angemahnt werden kann. Die erste Voraussetzung ist zumindest potentiell, die zweite offensichtlich nicht erfüllt. Insofern operiert die Äußerung unter fiktiven Prämissen. *Fiktiv* ist damit auch ihre *ordnungsbestätigende* Qualität. *Interaktionsstrukturell* impliziert sie die *symbolische Usurpation der Lehrerrolle*, deren Inhaber dabei freilich nicht verdrängt, sondern nur *imitiert* und dadurch u.U. *verspottet* werden kann.

Die *vierte* Äußerung, die wieder vom Autor der Eingangsäußerung stammt, wiederholt diese Parodie, reproduziert also das erwähnte Beobachtungsschema ein weiteres Mal, jedoch mit einer *Verschiebung des Akzentes*. Die Änderung der Intonationskontur hebt den drohenden Beiklang hervor. Indem sie die Vorläu-

---

85 Als alternative Lesart, die an dieser Stelle noch möglich wäre, ist zu erwähnen, daß *S3 hier *tatsächlich* in einer lehreranalogen Rolle agieren könnte. Dies wäre etwa dann der Fall, wenn sie hier als designierter Leiter einer zuvor vereinbarten Diskussion tätig zu werden versuchte, die in unmittelbarem Anschluß an den Film hätte beginnen sollen, durch die Einwürfe von S1 und S2 aber noch nicht beginnen konnte. - Durch den weiteren Verlauf der Sequenz kann diese Deutungsmöglichkeit jedoch ausgeschlossen werden. Aus Gründen der Darstellungsökonomie werde ich sie deshalb nicht weiter verfolgen.

feräußerung in leicht modifizierter Form wiederholt, tritt sie zu ihr in Konkurrenz, versucht sie, diese zu korrigieren bzw. zu übertrumpfen und sich an deren Stelle zu setzen: Die imitierte Lehrerintervention erhält eine verstärkt autoritäre Komponente. Die Okkupation der Lehrerrolle gibt sich dadurch den Anschein größerer Gewagtheit, richtet sie sich doch gegen eine - laut eigener Darstellung - bedrohlichere Figur. - Von *S3 zuvor als 'störender Schüler' behandelt, dessen unautorisierte Bemerkung vom 'Lehrer' mit einem allgemeinen Ordnungsruf quittiert wurde, schert S1 damit aus der ihm zugeschriebenen Rolle aus und rivalisiert mit *S3 um die Übernahme der Lehrer-Rolle, weist so aber zugleich selbst seinem vorausgegangenen Zwischenruf per Implikation den Status einer unautorisierten Schüleräußerung zu, auf die er sich nun als 'Lehrer' bezieht.

Kann man annehmen, daß diese parodistische Episode durch den *beobachtbaren Ausfall* der Lehrerintervention (mit)ausgelöst wurde? - Eine solche Vermutung erscheint unter zwei Gesichtspunkten zumindest plausibel: Das Ausbleiben einer vielleicht erwarteten Intervention mag die Hemmschwellen für weitere Zwischenrufe senken und so einer Kettenreaktion Vorschub leisten. Ob die kurze Zeitdauer und die geringe Anzahl der Schüleräußerungen ausreichen, um einen nennenswerten Effekt in dieser Richtung zu erzeugen, sei hier dahingestellt. Wichtiger erscheint mir, daß der Ausfall der Intervention eine *Leerstelle* erzeugt, die parasitär besetzt werden kann, um überschießenden Handlungsimpulsen Ziel und Struktur zu verleihen. Dabei mag die Anwesenheit mindestens einer weiteren Person (die in 13 L erwähnte Frau Koch; darüber hinaus u.U. noch eine oder zwei Personen, die die Aufzeichnung der Stunde durchführen) katalytische Wirkung entfalten: Weder Schüler noch Lehrerin der Klasse und insofern 'dritte Partei' ist diese Person geeignet, als Publikum eines 'character contests' zwischen Lehrer und Schülern zu dienen, bei dem ein Schüler den anderen zu übertreffen versucht. Gerade im Rahmen eines solchen 'contests' aber muß die Okkupation der Lehrerrolle als besonders gewagte und daher beifallswürdige Leistung erscheinen.

Das Verhalten eines anderen in dessen Beisein auf offensichtliche Weise zu imitieren, ihn 'nachzuäffen', gilt üblicherweise als Provokation, die eine adäquate Reaktion verlangt. Wer darauf keine Antwort weiß, erscheint hilflos. Wer wütend wird, signalisiert, daß er sich getroffen fühlt und darüber die Fassung verliert. Offensichtliche Hilflosigkeit, leichte Verletzlichkeit und mangelnde Selbstkontrolle können den Anspruch auf Autorität diskreditieren, den der Lehrer qua Rolle gegenüber den Schülern plausibel machen und durchsetzen muß.[86] Die Situation ist demnach für den Lehrer tendenziell riskant. 'Überhören' bleibt zwar eine grundsätzlich mögliche Strategie, um einer solchen Situation zu begegnen. Sie reizt jedoch zum weiteren Austesten der Toleranzgrenzen des

86 Dies gilt umso mehr, als die Unterrichtsstunde durch ihre Aufzeichnung einem anonymen Publikum zugänglich sein wird und darüber hinaus bereits jetzt mindestens eine weitere Person (Frau Koch) in der Klasse ist, von der angenommen werden kann, daß sie das Verhalten des Lehrers unter Gesichtspunkten kompetenter Rollenerfüllung beobachtet.

Lehrers. Diese Gefahr besteht hier besonders, weil durch die Äußerungsabfolge 3 *S3 - 4 S1 eine *Wettbewerbssituation* zwischen *S3 und S1 hergestellt worden ist, in der es nun an *S3 wäre, die parodistische Leistung von S1 zu überbieten. *Langfristiges* wie *kurzfristiges Kalkül weisen hier in die gleiche Richtung*: Sowohl um Ansehens- und Autoritätsverluste gegenüber der Klasse als auch um eine Aufschaukelung abweichenden Verhaltens in der Konkurrenz zwischen *S3 und S1 zu vermeiden, erscheint eine Intervention des Lehrers an dieser Stelle gleichermaßen sinnvoll.

Im Anschluß an diese Episode, an fünfter Sequenzposition, kommt es zur ersten Reaktion des Lehrers. Er formuliert eine Ordnungsvorgabe für den weiteren Unterrichtsverlauf, die von der üblichen Ordnung des Rederechtes abweicht. Dies bestätigt die Vermutung, daß für den bisherigen Verlauf noch kein fest etabliertes Ordnungsformat vorausgesetzt werden konnte. Der Lehrer weist sich selbst die Rolle des *Zuhörers der Schüler* zu und macht es den Schülern *zur Aufgabe*, ihre Meinung zu äußern. Spontane Schüleräußerungen erscheinen damit potentiell zulässig. Die bisherige Passivität des Lehrers wie auch die nicht autorisierten Äußerungen der Schüler erhalten im Nachhinein einen *legitimierenden Rahmen*. Indem er die Rolle des Publikums einnimmt, erhält das, was er sich von den Schülern 'bieten läßt', den Charakter einer Darbietung und wird so zu einer den Schülern grundsätzlich offen stehenden Möglichkeit, den zugestandenen Spielraum zu nutzen. Weil er damit zugleich völlig anders reagiert, als in der vorangegangenen Parodie dargestellt, es also offensichtlich mißlungen ist, 'den Lehrer vorzuführen', entzieht er der Vorstellung das mögliche Angriffsziel. Die Parodie verliert die Qualität einer Provokation. Ihren Urhebern wird 'der Wind aus den Segeln' genommen.

Die angekündigte Rollenverteilung wird ausdrücklich als befristete Ausnahme deklariert ("Ich will *heute* nur mal zuhören, .."). Für deren Dauer will sich der Lehrer auf eine *reine Beobachterrolle* beschränken, d.h. auf die *Bewertung, Kommentierung sowie Reglementierung* von Schülerbeiträgen *verzichten*, mithin also weiterhin so verfahren, wie er es bisher bereits getan hat. Genau genommen ist es damit auch ausgeschlossen, daß er etwa als Diskussionsleiter fungiert. Demnach muß er entweder darauf vertrauen, daß die Schüler selbst in der Lage sind (sei es durch Selbstdisziplin, die Wahl eines Mitschülers als Diskussionsleiter o.ä.), die für ein Gespräch notwendigen Ordnungsleistungen zu sichern, oder er muß eine andere Person mit der Moderation des Gesprächs beauftragen. Welche dieser Möglichkeiten erfüllt ist, bleibt hier noch offen.

Die *unterbrochene Initiierung* des Lehrers, zu der bereits die Vorführung des Filmes zählte, ist damit fortgeführt, aber immer noch nicht abgeschlossen. Erneut entsteht so ein Zwischenraum, in den sich weitere Schüleräußerungen schieben können. Dieser nur vorläufigen, unabgeschlossen bleibenden Einführung der Strukturvorgabe kann ein klarer objektiv-strategischer Sinn zugewiesen werden: Sie hat den Status eines *'Versuchsballons'*, mit dessen Hilfe der Lehrer feststellen kann, inwieweit die Schüler schon fähig und bereit sind, ihm zu folgen, ohne im negativen Falle gleich mit Normverletzungen konfrontiert zu sein, die ihn vor die Alternative stellen, sie entweder mit unklaren Erfolgsaussichten *sanktionieren* oder *sichtbar tolerieren* zu müssen. Die Funktion dieses 'Versuchsballons' ist es, zum einen den Schülern anzuzeigen, worauf sie sich einzurichten haben, und ihnen Zeit zu geben, allmählich und noch ohne unmittelbare Sanktionsdrohung die gewünschte Richtung einzuschlagen. Zum anderen machen die anschließenden Reaktionen der Schüler für den Lehrer sichtbar, ob er die Initiierung ohne Risiko zu Ende führen und den Unterricht fortsetzen kann, oder ob die Klasse 'noch nicht soweit ist'. Im letzteren Fall hat er dann die Option, den Abschluß der Initiierung weiter hinauszuzögern und/oder sich auf die Notwendigkeit einer schärferen Intervention vorzubereiten. Die unabgeschlossene Initiierung fungiert so gleichsam als *Sonde*, mit deren Hilfe der Lehrer Daten über den Zustand des Kommunikationssystems Schulklasse generiert, an denen er dann sein weiteres Verhalten orientieren kann.

Mit der sechsten Äußerung schwenkt der erste Schülerbeitrag zumindest formal auf die unabgeschlossene Strukturvorgabe des Lehrers ein: Indem die Schülerin *S3, die eben noch den Lehrer parodierte, jetzt ihre Müdigkeit thematisiert, weist sie auf eine kontingente Einschränkung ihrer Beteiligungsfähigkeit hin, scheint aber zugleich grundsätzliche Kooperationsbereitschaft zu signalisieren. Die Feststellung, daß sie "..*nur* müde" sei, impliziert jedoch darüber hinaus, daß Müdigkeit der einzige mitteilungsfähige Eindruck ist, den der vorgeführte Film bei ihr hinterlassen hat, mit Meinungsäußerungen von ihr daher nicht gerechnet werden kann. Nun ist Müdigkeit als Folge einer Filmvorführung eine nicht ungewöhnliche vegetative Reaktion. Sie nach der Aufforderung zu einer Meinungsäußerung als *einzige* Reaktion auf die Darstellung des Holocausts zu nennen erscheint jedoch, gemessen an den dramatischen, affektiven und moralischen Valenzen des dargestellten Geschehens, als ungewöhnliche Reaktion. Als Deutungen für diese Mitteilung kommen mehrere Alternativen in Frage: Sie kann Ausdruck aktueller Blockierung, desinteressierter Gleichgültigkeit oder auch von Abwehr bzw. passivem Widerstand gegenüber der Beschäftigung mit dem Thema und der Aufforderung des Lehrers sein. In jedem Falle impliziert sie, *daß der Lehrer mit Äußerungen der Schülerin zu diesem Thema gegenwärtig nicht rechnen kann.*

Die nun folgende Äußerung 7 S1 ("Wir sage kein Wort, gelle!") greift diese Implikation auf, gibt ihr eine explizite Form und generalisiert sie für alle Schüler. Dabei hat sie die illokutionäre Bedeutung einer *Ankündigung bzw. Zusicherung*, die S1 stellvertretend für alle Schüler, also gleichsam in der *Rolle eines Klassensprechers* gegenüber dem Lehrer, abgibt. Das nachgestellte "gelle", eine Bestätigung heischende Floskel, kann sich dabei sowohl an die Mitschüler wie an den Lehrer richten. An die Mitschüler, die bekräftigen sollen, daß ihr gemeinsamer Wille zutreffend zum Ausdruck gebracht worden ist. An den Lehrer, insofern er bestätigen soll, daß das zugesagte Verhalten seinen Wünschen entspricht. Eine solche Bestätigung könnte vom Lehrer unter der Voraussetzung erwartet werden, daß er zuvor die Klasse zur Ruhe aufgefordert, d.h. genau diejenige Struktursicherungsoperation ausgeführt hätte, die in Reaktion auf die unautorisierten Einwürfe der Schüler ausblieb, die aber in parodistischer Form von den Schülern selbst - zuletzt durch S1 - vorgeführt wurde. S1 reagiert insofern auf seine eigene Vorläuferäußerung in 4 S1, die er als authentische Äußerung des Lehrers behandelt, sich ihr gegenüber nun als Schüler verhält und stellvertretend für die Klasse die *Zusicherung* formuliert, daß kein störendes Wort mehr gesprochen werde. Einer solchen *expliziten* Zusicherung bedürfte es nach dieser Äußerung jedoch gar nicht. *Schweigen* oder *Melden* (als Vorhalt einer beabsichtigten Schüleräußerung) wären, wie oben erwähnt, die beiden konformen Antwortalternativen, die durch diese Äußerung aufgerufen sind. Die *explizite* Zusicherung bricht aus diesem Spektrum aus. Als weitere unautorisierte Schüleräußerung verletzt sie die (simulativ) etablierten Interaktionsbedingungen auf der *pragmatischen* Ebene und hat zugleich die Zusicherung ihrer Erfüllung zum *Inhalt*. Formal hat sie damit die Struktur eines *performativen Widerspruchs*. Bezogen auf den (simulierten) Kontext gewinnt dieser Widerspruch die bereits aus der Eingangsäußerung bekannte *Doppelstruktur von expliziter Bestätigung* des Lehrers bzw. der von ihm etablierten Handlungsbedingungen und gleichzeitiger *Sabotage*. Der als Prämisse dieser Äußerung vorausgesetzte Interaktionsverlauf ist offensichtlich fiktiv, die darauf referierende Zusicherung hat, wie schon mehrfach vermerkt, den Status einer *Simulation*. Das Bestätigung heischende "gelle" bedeutet deshalb auf einer Metaebene die *Aufforderung, sich an dieser Simulation zu beteiligen*. Diese Aufforderung kann ebenfalls sowohl auf die Mitschüler wie auf den Lehrer bezogen sein.

Vergleichen wir den fingierten mit dem realen Kontext der Sequenz, in der der Lehrer die Schüler gerade ausdrücklich zu Meinungsäußerungen aufgefordert hat (5 L), dann bedeutet die Versicherung, daß die Schüler kein weiteres Wort mehr sagen werden, die Verweigerung der Kooperation. Ebenso wie in der *Binnenrelation des fingierten Kontextes* reproduziert diese Äußerung auch im *Verhältnis zwischen realem und fingiertem Kontext* die *widersprüchliche Doppelstruktur der Startäußerung*: Sie deklariert sich als *Bestätigung* des Lehrers im Hinblick auf eine ihm *fiktiv* zugeschriebene Handlung (in der Startäußerung: Präsentation des Films "Holocaust" als unterhaltsame Darbietung; hier: Aufforderung der Klasse zur Ruhe) und ist zugleich eine *Sabotageerklärung* im Blick auf die jeweils *real geltenden* Interaktionsbedingungen.

In der Anschlußäußerung 8 L nimmt der Lehrer die Aufforderung zur Beteiligung an der Simulation von S1 an. Mit "Richtig." reagiert er ganz so, *als ob* es sich bei der Äußerung von S1 um eine korrekte Antwort auf eine *von L selbst* zuvor gestellte *Frage* handeln würde. Er knüpft damit an die Mitteilungs*form* des simulierten Ordnungsrufes wie auch den expliziten Charakter der Reaktion darauf an und kann deshalb die Äußerung 7 S1 als *richtige Antwort bewerten*. Genutzt wird darin die Möglichkeit zur Plazierung des abschließenden Elementes der dreigliedrigen Standardsequenz Initiierung-Erwiderung-Bewertung. Dies bedeutet die Chance, einen schnellen Abschluß des Intermezzos von S1 zu erreichen und die Initiative zurückzugewinnen, ohne die potentiell konfliktträchtige Ausführung einer expliziten Struktursicherungsoperation. - Wenn S1 diese Bewertung akzeptieren würde, so wäre zumindest auf der Ebene *simulierter* Interaktion die Normalform einer Lehrer/Schüler-Beziehung für diese Episode hergestellt, ein mögliches Ende des Zwischenspiels wäre auf sparsamste

Weise und ohne Rüge bzw. Sanktion erreicht und die Interaktion könnte in die (in 5L) annoncierten Bahnen einschwenken.

Das 'Manöver' des Lehrers mißlingt zunächst:[87] In 9 S1 reagiert S1 *seinerseits mit der Simulation einer Bewertung*, die in autoritärem Duktus die *Erwartungskonformität* der vorausgegangenen Lehreräußerung bestätigt. Er weist damit der faktischen Lehreräußerung den Status einer *Schülerantwort*, sich selbst aber die *Rolle des bewertenden und zurechtweisenden Lehrers* zu. - Diese Deutung ist zu ergänzen um eine zweite Lesart, die sich erschließt, wenn die Äußerung auf 7 S1 ("Wir sage kein Wort, gelle") bezogen wird: "Wollt' ich auch hoffen" unterstreicht dann mit Nachdruck, daß das in 7 S1 zugesicherte Schülerverhalten eine Forderung des Sprechers erfüllt. 9 S1 wäre demnach nicht nur als Antwort auf 8 L, sondern auch als simulierte Reaktion auf 7 S1 zu betrachten, bei der S1 wiederum die Rolle gewechselt und nun als 'Lehrer' auf die zuvor von ihm selbst fabrizierte 'Schüler'äußerung reagiert hätte. In Relation zu 7 S1 hätten 8 L und 9 S1 dann gleichermaßen den Status von Antworten, von denen die letztere mit der ersteren *konkurriert* und sie zu ersetzen, zu korrigieren bzw. zu übertrumpfen beansprucht, indem sie - wie bereits die Äußerung 4 S1 gegenüber 3 *S3 - sich drohender gebärdet. Durch die Vorführung einer Antwortvariante, die an die Stelle der faktischen Lehrerantwort treten soll, würde S1 damit beanspruchen, eine (in welcher Hinsicht auch immer) überlegene Darstellung der Lehrerrolle anzubieten, mithin also mit dem Lehrer konkurrieren und ihm den Platz des Schülers anweisen. Die zweite Lesart kommt insofern zum gleichen Resultat, wie schon die erste. Darüber hinaus aber erscheint die Äußerung 9 S1 in ihrem Lichte als *Teil einer One-man-show*, in welcher der Alleindarsteller zwischen verschiedenen Rollen wechselt.

Prüfen wir, ob diese Hypothese geeignet sein könnte, die sequentielle Logik aller bisherigen Redebeiträge von S1 zu entschlüsseln, indem wir diese Beiträge unmittelbar hintereinanderstellen und in Klammern die jeweils vermutete Rolle eintragen:

---

87 Von einem Manöver des Lehrers kann hier freilich nur im Sinne eines 'als ob' die Rede sein. Inwiefern die dargestellten objektiv möglichen Folgen seiner Äußerung dem Lehrer als Teil seiner Handlungs*intention* zugeschrieben werden können, muß hier offen bleiben. Gleichwohl erscheinen diese Folgen hinreichend gut zu den Handlungszielen zu passen, die dem Lehrer qua Rolle sowie aufgrund seiner Äußerung 5L unterstellt werden können, so daß dieser Redezug von seiner *objektiven* Bedeutung her die notwendigen Voraussetzungen erfüllt, um als mögliches Element eines beabsichtigten Manövers zu fungieren. - In diesem Zusammenhang von Interesse ist die Auskunft einer erfahrenen Lehrkraft, die die Plazierung einer *positiven Bewertung* ("Richtig") als eine *Standardstrategie* nennt, mit der sie versucht, unerwünschten Schülerbeiträgen zu begegnen. *Generell*, so meine Deutung dieser Mitteilung, eröffnet eine solche Reaktion die Möglichkeit, nach vorübergehenden Episoden, in denen der Sprecherwechsel durch *Selbstselektion* des jeweils nächsten Sprechers erfolgt, ohne Rüge und Ermahnung, d.h. ohne Ausführung einer Struktursicherungsoperation, auf die zentrale Verwaltung des Rederechtes durch den Lehrer zurückzuschalten.

1 S1 (Schüler): Zugabe!
4 S1 (Lehrer): Wer hat was zu sage!
7 S1 (Schüler): Wir sage kein Wort, gelle!
9 S1 (Lehrer): Wollt' ich auch hoffen!

Die so gewonnene Sequenz hat eine klare Struktur:

- Zwischenruf eines Schülers.
- Lehrer ruft zur Ordnung. ('Schweigen' oder 'Melden' sind die danach möglichen korrekten Reaktionsmöglichkeiten für die Schüler.)
- Schüler sagt stellvertretend für alle die weitere Einhaltung dieser Ordnung *explizit* zu. (Dabei verletzt er diese Ordnung auf der *performativen* Ebene erneut, indem er dies durch eine weitere unautorisierte Äußerung tut und fordert den Lehrer zugleich auf, diese neuerliche Ordnungswidrigkeit als korrektes Verhalten zu bestätigen).
- Lehrer bestätigt und bekräftigt in autoritärer Diktion, daß der propositionale Gehalt der vorausgegangenen Zusage seinen (in 4 S1 bereits angezeigten) Konformitätserwartungen entspricht. (Dabei unterläßt er es, die neuerliche Ordnungsverletzung zu thematisieren.)

Die Sequenz erweist sich als *solistisch inszenierte Parodie der Störung und Wiederherstellung des schultypischen turn-taking-Reglements*. Den in dem Eingangsruf "Zugabe!" artikulierten Wunsch nach einer Fortsetzung der unterhaltsamen Darbietung, die sich abhebt vom Einerlei des Routineunterrichts, hat sich S1 damit selbst erfüllt, indem er eines seiner wesentlichen Ordnungselemente karikiert und die Wiederaufnahme des Unterrichts auf der Grundlage einer variierten Form der Organisation des Rederechts dadurch zugleich sabotiert. Die *Doppelstruktur von Bestätigung und Sabotage* bestimmt dabei nicht nur die Bedeutung dieses Verhaltens in Relation zum *tatsächlichen Kontext* der Szene, sondern *reflektiert* sich zugleich im *Binnenkontext der inszenierten Parodie*. Was S1 *tut, führt er zugleich vor*. Durch die Art der interaktionellen Einbettung gelingt es ihm, die spielerisch fingierte Bedeutungsstruktur *uno actu* (in 7 S1) real zu erzeugen. S1 stellt dar, wie ein Schüler seinen Lehrer 'vorführt', und indem er dies zeigt, führt er seinen Lehrer tatsächlich vor. Er synthetisiert so ein Verhalten, das dem eines *Klassenclowns* entspricht, mit dem eines *Provokateurs*, der den Lehrer reizt, sein Reaktionsvermögen testet, dessen Rolle spielerisch übernimmt, ihm dagegen die Schülerrolle zuweist (mit 9 S1) und so mit ihm um die Führungsposition in der Klasse konkurriert.

Die Äußerung 9 S1 stimmt mit 8 L in einer wesentlichen Hinsicht überein: In beiden Fällen handelt es sich um eine *Bewertung* und damit um das dritte Element der unterrichtstypischen Basissequenz Initiierung-Erwiderung-Bewertung, nach deren Abschluß die Initiative an den Lehrer zurückfällt. Von hier aus beobachtet fällt auf, daß die simulativen Äußerungen 4 S1 ('Lehrer'): "Wer hat was zu sage!" und 7 S1 ('Schüler'): "Wir sage kein Wort, gelle!" sich wie eine (rhetorische) Lehrerfrage und eine darauf bezogene Schülerantwort zueinander verhalten, mithin also auch die Glieder *Initiierung* und *Erwiderung* in korrekter Reihenfolge in der Sequenz enthalten sind. Die parodistische Einlage von S1 simuliert demnach nicht nur die Wiederherstellung der schulüblichen Organisation des Rederechtes nach einer vorausgegangenen Störung, *sie gibt dem Ablauf dieser Intervention darüber hinaus auch die Form der unterrichtstypischen Basissequenz.* S1 gelingt es so, *eine komplette Reproduktionsphase derjenigen schultypischen kommunikativen Strukturmuster zu fingieren*, die ich oben aus *konversationsanalytischer Perspektive* allgemein eingeführt und *funktionalistisch interpretiert* habe, und darin zugleich *seinen doppelbödigen Umgang* mit diesen Ordnungsvorgaben vorzuführen.

Für den Lehrer war es attraktiv, mit einer positiven Bewertung ("Richtig!") auf die Vorführung von S1 einzugehen, blieb er doch so eine Antwort nicht schuldig und konnte zugleich hoffen, ohne Sanktion und Konflikt das *passende Schlußelement* zu der szenischen Einlage von S1 beizusteuern, um so auf kürzestem Wege die Kommunikation in unterrichtsnahe Bahnen zurückzuleiten. Auch wenn dieses Mannöver zunächst mißlingt und eine weitere Äußerung von S1 (9 S1) folgt, die das Spiel fortsetzt, erscheint der mögliche Schlußpunkt der Vorführung damit nur um diesen Beitrag hinausgeschoben. Zufrieden mit der gelungenen Aufführung könnte S1 sich nun zurückziehen und L das Feld überlassen. Aus der Handlungsperspektive von L bedeutet dies, daß er ohne weitere Intervention mit der Rückkehr zu normalen Unterrichtsbedingungen rechnen kann. Ein Ordnungsruf oder eine Sanktion hingegen wären mit hoher Wahrscheinlichkeit geeignet, S1 zu weiteren Kapriolen zu veranlassen. *Ignoranz* gegenüber der Schüleräußerung erscheint insofern erneut als brauchbare Strategie.

Tatsächlich reagiert L nicht. Statt dessen schließen zwei Schüleräußerungen an. *S3, die in (6) ihre Müdigkeit erwähnt hatte, stellt nun in (10) für sich wie auch stellvertretend für andere fest: "Wir sind noch geschockt". Dabei hat diese Äußerung den Status einer Reformulierung von 6 *S3 ("Ich bin nur müde"), die jetzt jedoch - qua Stellvertretungsanspruch - eine 'offizielle' Form annimmt und die problematischen Aspekte der Vorläuferäußerung vermeidet. Grundsätzlich, so scheint es, wird Kooperationsbereitschaft bei aktuell eingeschränkten Beteiligungsfähigkeiten angezeigt. Die Einschränkung wird jetzt als Ergebnis einer *emotionalen Reaktion* deklariert, die den *themaspezifischen Normalitätserwartungen entspricht*, wie sie mit dem gezeigten Film verbunden sind.[88] Die Äußerung kontrastiert dadurch scharf mit dem Zugabe-Ruf von S1 am Beginn der Sequenz. Zugleich wird die mitarbeitsblockierende Wirkung der mitgeteilten emotionalen Reaktion zeitlich befristet ("..*noch* geschockt") und damit angekündigt, daß der Lehrer später u.U. mit den von ihm gewünschten Meinungsäußerungen der Schüler rechnen kann. Die parodistisch-*explizite*

88 Vgl. dazu auch Tilman Ernst (1979, S. 297f.), der als eines der wesentlichen Elemente des "Tenors" einer überwältigenden Anzahl von Zuschriften an die Bundeszentrale für politische Bildung (bis zum 8.2.1979 gingen ca. 50 000 Briefe und Postkarten ein, ohne daß bis zu diesem Zeitpunkt ein Ende abzusehen gewesen wäre) *"Betroffenheit/-Schockiertheit durch den Film"* nennt.

Sabotage-Erklärung von S1 ("Wir sage kein Wort, gelle") erhält insofern keine Unterstützung. Dadurch, daß auch *S3 sich der Wir-Form bedient, tritt sie darüber hinaus mit S1 in Konkurrenz um die Rolle des 'Klassensprechers'.

Was so zunächst als Überleitung zu konformem Verhalten erscheint, ist freilich nicht ohne *Ambivalenz.*[89] Wie lange die mitgeteilte Schockreaktion noch andauert, wird nicht gesagt. Der Effekt dieser Reaktion ist deshalb nicht unbedingt unterschieden von den Auswirkungen der zuvor behaupteten Müdigkeit. *Beide* Äußerungen (6 *S3 und 10 *S3) lassen sich verstehen als Angabe von Gründen dafür, warum mit einer regen Unterrichtsbeteiligung der Sprecherin gegenwärtig nicht gerechnet werden kann. Obwohl in ihren Folgen vergleichbar, lassen sich diese Gründe jedoch nicht miteinander vereinbaren: Die lähmende Wirkung eines emotionalen Schockzustandes resultiert aus einem hohen Maß empfundener Betroffenheit und *innerer Erregung*, für die kein sprachlicher bzw. handlungsförmiger Ausdruck gefunden werden kann. 'Nur müde sein' meint hingegen einen Zustand, in dem die Aufnahme- und Reaktionskapazität eines Akteurs auf das Niveau *desinteressierter Gleichgültigkeit* reduziert ist. Die in 6 *S3 und 10 *S3 mitgeteilten Befindlichkeiten *widersprechen* demnach einander in ihrem *semantischen Gehalt*, aber sie *konvergieren in ihrer pragmatischen Funktion*. Dieser Umstand läßt vermuten, daß die Ankündigung ausbleibender Unterrichtsbeteiligung hier vor allem die *Erscheinungsform gewechselt hat*. Statt 'nur müde sein' wird 'geschockt sein' als Begründung genannt, um damit eine normativ unangemessene durch eine konforme Erläuterung von Passivität im Unterricht zu ersetzen, deren wohlorganisierte Gestalt zugleich das dementiert, was sie ihrem Inhalt nach behauptet: betroffene Sprachlosigkeit. Der Sinn der Äußerung (10 *S3) erscheint insofern objektiv-strategischer Art, als *verdeckter*, weil hinter vorgeblicher Kooperationsbereitschaft verborgener *Ausdruck eines Widerstandes*, der die *Sabotage-Erklärung von S1* ("Wir sage kein Wort, gelle") auf eine geschicktere, weil dem Zugriff des Lehrers als Ordnungsinstanz von vornherein entzogene Weise *wiederholt.*[90] Zugleich aber, und dies macht die strukturelle Ambivalenz der Äußerung 10 *S3 aus, wird dieser Widerstand damit auch soweit in die *kommunikative Latenz* zurückgenommen, daß diese Äußerung nicht nur eine

---

89 Den Hinweise auf die folgende Deutungsmöglichkeit verdanke ich Tilmann Sutter.

90 Dieser Interpretation mag man entgegenhalten, daß sie eine andere, harmlosere Deutungsmöglichkeit vorschnell ausschließt: Die Formulierung "Wir sind noch geschockt" könnte *allein* als Folge einer *ausschließlich* um Konformität bemühten Artikulation der eigenen Befindlichkeit im Betroffenheits-Jargon erklärt werden. Bestritten würde damit, daß auf Seiten von *S3 irgendein psychisches Äquivalent zur oben herausgearbeitete Ambivalenz vorhanden ist. - In der Tat glaube ich, daß man diese Interpretation nicht mit absoluter Sicherheit ausschließen kann. Sie läßt allerdings die vorausgegangene Äußerung 6 *S3 und die objektive Übereinstimmung der redepragmatischen Funktion zwischen 6 *S3 und 10 *S3 unerklärt, die auf eine Kontinuität auf der Ebene des latenten Sinns hindeuten. Darüber hinaus muß sie zwischen beiden Äußerungen einen Einstellungswechsel bei *S3 voraussetzen, für den jedes Indiz fehlt. Aus diesen Gründen halte ich die oben skizzierte Lesart für die bei weitem wahrscheinlichere.

spätere Unterrichtsbeteiligung der Sprecherin in Aussicht stellt, sondern sich bereits selbst als erster Beitrag zum Thema verstehen und verwerten läßt: Der Lehrer könnte hier mit der Nachfrage anschließen, *was* an dem vorgeführten Geschehen so schockierend für sie gewesen sei und *S3 so mit der Alternative konfrontieren, sich völlig in die Sprachlosigkeit zu flüchten oder weitere thematisch anknüpfungsfähige Äußerungen zu produzieren, durch die sie (und sei es gegen einen möglicherweise fortbestehenden Widerstand) allmählich in ein Unterrichtsgespräch über den gesehenen Film verwickelt werden könnte.

Mit 11 *S4 bestätigt eine weitere Schülerin diese emotionale Reaktion und unterstreicht ihre *Intensität*. Die Äußerung teilt die *ambivalente Bedeutungsstruktur* der vorangegangenen und verleiht ihr soziale Resonanz. Anders, als zuvor bei S1, wird der von *S3 erhobene Stellvertretungsanspruch damit durch einen anderen Schüler *explizit ratifiziert*. Es ist *S3 und nicht S1, die als *Sprecher der Klasse Anerkennung findet*. - Blicken wir von hier aus zurück, so zeigt sich, daß bereits in der Abfolge der vorangegangenen Äußerungen eine solche Konkurrenz zwischen *S3 und S1 angelegt ist: Es ist *S3 (in 3 *S3), die auf den Zugabe-Ruf von S1 zuerst die Lehrer-Rolle spielerisch usurpiert und damit S1 (stellvertretend und fiktiv) zur Ordnung ruft. S1 (in 4 S1) reagiert, indem er versucht, *S3 in dieser Rolle zu übertrumpfen. Eine analoge Beziehung findet sich zwischen den Äußerungen 6 *S3 und 7 S1: Während *S3 mit ihrer Müdigkeit auf einen Umstand hinweist, der es ihr gegenwärtig unmöglich macht - wie vom Lehrer gewünscht - etwas zu dem Film zu sagen, generalisiert S1 diese Konsequenz und spitzt sie zu der provozierenden Mitteilung zu "Wir sage kein Wort, gelle". Wiederum nutzt er so eine vorausgegangene Äußerung von *S3 und beansprucht darüber hinaus, stellvertretend für die Klasse zu sprechen. Die Bestätigung der angemaßten Sprecherrolle durch andere Schüler bleibt jedoch aus. Kurz darauf (10 *S3; 11 *S4) erhält *S3 diese Bestätigung mühelos mit einer Äußerung, die als verdeckte Wiederholung der Sabotage-Erklärung von S1 gelesen werden kann. Sie agiert jetzt in der Rolle des legitimen Klassensprechers, der zumindest auf der *'offiziellen' Ebene* der Kommunikation eher die Konformität mit den Lehrer-Anforderungen betont, d.h. insofern objektiv als Bündnispartner des Lehrers gegenüber S1 handelt, und mit dem S1 auf ähnliche Weise wie mit L um die Führungsposition in der Klasse zu konkurrieren versucht.

Nachdem mit *S3 und *S4 alle übrigen an der laufenden Episode beteiligten Schüler auf der Ebene *expliziter* Kommunikation bestätigend an die Ordnungsvorgabe des Lehrers (in 5 L) angeschlossen haben, ist S1 ohne Intervention des Lehrers in der *Position des Störers und Provokateurs isoliert*. Gleichwohl gibt er immer noch nicht auf. In 12 S1 redet er "dazwischen" (d.h. vermutlich: überlappend mit der Vorläufer- bzw. Nachfolgeäußerung).[91] Erst dadurch löst er die

---

91 Leider ist das Transkript hier sehr ungenau, ersetzt es doch an dieser Stelle die *Darstellung* des Gesprächsverhaltens durch den zusammenfassenden *Kommentar*, S1 rede "unverständlich dazwischen". "Dazwischenreden" ist eine Charakterisierung, die in der Regel voraussetzt, daß ein Sprecher, dessen Verhalten so bezeichnet wird, einem anderen

oben diskutierte, an ihn persönlich adressierte Struktursicherungsoperation aus ("..Wenn du was sagen willst, Periza, meldest du dich"). Ihr vorangestellt ist eine Detaillierung der Strukturvorgabe für den weiteren Unterrichtsablauf ("Die Frau Koch macht die Diskussion"). Die Rolle des 'bloßen Zuhörers', deren Übernahme der Lehrer in 5 L angekündigt hatte, erscheint darin auf zweifache Weise begründet: Zum einen soll im folgenden diskutiert werden, zum anderen übernimmt nicht der Lehrer, sondern eine andere Person (Frau Koch; wahrscheinlich eine Referendarin, Praktikantin o.ä.) die Diskussionsleitung.

Der Ausdruck "..*macht* die Diskussion" läßt dabei vermuten, daß die Aufgabe der Diskussionsleitung ein außergewöhnlich hohes Maß an Aktivität verlangt, so daß es gerechtfertigt wäre zu sagen, die Diskussionsleitung stellt *"Diskussion" als kommunikativen Aktivitätstypus* praktisch erst her. Dies wäre etwa dann der Fall, wenn der Inhaber dieser Funktion ständig intervenieren muß, um zu verhindern, daß die Schüler durcheinanderreden, oder umgekehrt die Beiträge sich so 'zähflüssig' einstellen, daß durch Fragen und Statements zur weiteren Beteiligung motiviert werden muß, ebenso wenn darüber hinaus häufige Zusammenfassungen und Fokussierungen für thematische Kontinuität sorgen müssen, um so der anhaltenden Gefahr zu begegnen, daß die Diskussion den Faden verliert bzw. sich in unverständlichem Durcheinanderreden auflöst.

Eine weitergehende Deutung, die ebenfalls durch den Wortlaut der Äußerung gedeckt ist, würde darauf hinauslaufen, daß der Diskussionsleiter auch die Aufgabe hat, den *Inhalt* der Diskussion zu *"machen"*, d.h. durch geschickte thematische Steuerung, Auswahl von Beiträgen und Zusammenfassungen einen *erwünschten Verlauf mit bestimmten Ergebnissen* sicherzustellen. In diesem Falle wäre die 'Diskussion' durch den Veranstalter idealiter gleichsam *nach einem pädagogischen Drehbuch zu fabrizieren* und d.h. letztlich, zu fingieren.[92] Gerade anläßlich des Themas "Holocaust" ist diese Lesart durchaus plausibel,[93] könnte sich ein Pädagoge doch kaum nach dem Muster eines neutralen, sich auf formale Koordination der Beiträge beschränkenden Moderators verhalten, wenn etwa diskutierende Schüler rechtsradikale Positionen vertreten würden.

Betrachtet man die Beiträge 5 L ("Ich will heute nur mal zuhören") und 13 L bis zu dem hier analysierten Punkt ("Frau Koch macht die Diskussion"), dann fügen sie sich mit der vorangegangenen Vorführung des Filmes zum ersten Glied der Grundsequenz *Initiierung-Erwiderung-Bewertung* zusammen. *Erst jetzt*, in 13L, findet die *Initiierung* einen vorläufigen *Abschluß*. "Diskussion" wird als Aktivitätstyp annonciert, ohne das Thema zu bezeichnen. Dies ist ohne weiteres

---

ins Wort fällt bzw. redet, obwohl ein anderer Sprecher an der Reihe wäre. Bei meiner Interpretation lege ich daher die Erfüllung dieser Voraussetzung zugrunde.

92 Der möglichen Entgegnung, daß es sich hier um die Überinterpretation einer laxen Redeweise handele, die sich bei Lehrern häufig finde, wäre die Frage entgegenzusetzen, worin eine solche Redeweise ihren Grund hat. Daß Diskussionen im Unterricht typisch nach curricularem 'Drehbuch' fingiert sind, wäre dann eine naheliegende Erklärungs*hypothese*.

93 Da das Transkript mit der Äußerung 13 L abbricht, muß sie freilich den Status einer Vermutung behalten.

möglich, sofern der gezeigte Film auf selbstverständliche Weise als allen bekannte Themenvorgabe vorausgesetzt werden kann. Bezogen auf diese, sich über mindestens drei Beiträge (Filmvorführung; 5 L; 13 L) erstreckende Initiierung kommt den gewünschten Diskussionsbeiträgen der Schüler der Status von *Erwiderungen* zu, die - eventuell durch die *Prozedur des Meldens und Aufrufens* vom Lehrer bzw. seiner Stellvertreterin ("Frau Koch") koordiniert - einen wesentlichen Teil des weiteren Unterrichtsablaufs bestimmen sollen.[94] Eine *Bewertung* der Schülerbeiträge, kann dabei sowohl diskussionsbegleitend wie auch am Schluß der Diskussion in der Form eines Fazits erfolgen. Daß eine solche Bewertung ausbleibt erscheint unwahrscheinlich. Dies nicht nur wegen der verhandelten Thematik, sondern vor allem deshalb, weil nur so zwischen dem, was als *anzueignendes Wissen* gelten soll und 'fehlerhaften' bzw. 'unwichtigen' Schülerbeiträgen unterschieden, d.h. der *pädagogische Funktionsbezug* gewahrt und "Diskussion" als Aktivitätstypus nur unter dieser Voraussetzung problemlos in den Unterricht eingebaut werden kann. - Da unser Transkriptauszug mit 13 L endet, muß diese Hypothese, ebenso wie die bereits vorangegangenen Deutungen der Formulierung "Frau Koch *macht* die Diskussion", ohne weitere Bestätigung am Material bleiben.

Das Kommunikationsmuster "Diskussion" impliziert häufig, aber nicht notwendig, daß jeder Redner sich zu Wort melden muß, um sich vom Diskussionsleiter die Berechtigung zu einem Beitrag erteilen zu lassen. In kleineren Gruppen oder in Gesprächsphasen, in denen sich kein anderer Sprecher um das Rederecht bewirbt, sind Spontanäußerungen möglich, ohne deshalb das turn-taking-Reglement zu verletzen. Auch dann gilt es freilich als Delikt, wenn man andere nicht ausreden läßt, ihnen ins Wort fällt bzw. die Reihenfolge der bereits nominierten nächsten Sprecher durch Dazwischenreden durchbricht. Wer anderen ins Wort fällt, kann dann daran erinnert werden, daß er nicht an der Reihe ist bzw. sich gegebenenfalls melden muß, um sich in die Warteschlange kandidierender Sprecher einzureihen. Genau dies tut der Lehrer im zweiten Teil der Äußerung 13 L. Periza (alias S1), der laut Transkript in 12 S1 "unverständlich dazwischen" geredet hat,[95] wird jetzt darauf hingewiesen, daß er sich zu melden habe, wenn er etwas sagen wolle. Sein vorausgegangenes Verhalten wird damit als kritikwürdig deklariert.

L reagiert hier offensichtlich auf eine Situation, in der S1 gerade etwas gesagt hat und insofern (seine Zurechnungsfähigkeit unterstellt) per Implikation auch den Willen bekundet hat, etwas zu sagen. Indem L (in 13 L) diese (Willens)Äußerung einerseits implizit voraussetzt, sie aber andererseits zugleich

94 Der Umstand, daß auf eine Initiierung mehrere Erwiderungen von Schülern folgen können, bevor es zu einer Bewertung des Lehrers kommt, findet sich dabei auch außerhalb von Diskussionen im Unterricht. So etwa, wenn der Lehrer zunächst mehrere Schülerantworten auf eine Frage sammelt und dann erst bewertend kommentiert.

95 Diese Einstufung der Äußerung 12 S1 gibt zunächst nur die Einschätzung des wissenschaftlichen Beobachters wieder, der diese Äußerung damit als *Störung* des anlaufenden Unterrichtsgesprächs bewertet. Diese Deutung wird aber sofort darauf durch die Äußerung 13L bestätigt und damit sozial wirksam.

explizit als ungeschehen behandelt, macht er deshalb außerdem deutlich, daß im weiteren nur solche Äußerungswünsche anerkannt und gegebenenfalls durch Zuteilung des Rederechts erfüllt sowie nur solche Beiträge in anschließenden Äußerungen berücksichtigt werden, die gemäß den Anforderungen der explizierten Melderegel zuvor angezeigt worden sind.

Von einer solchen Meldepflicht ist freilich jetzt erstmals die Rede. Darüber hinaus hat sich keiner der Schüler, die bisher gesprochen haben, vorher gemeldet. Dennoch wird diese Verpflichtung nicht in allgemeiner und unpersönlicher Form eingeführt, sondern speziell an S1 adressiert. Schließen wir die Möglichkeit aus, daß es damit *allein für S1* zur Auflage gemacht werden soll,[96] sich vor weiteren Beiträgen zu melden, dann kann dies nur bedeuten, daß die Meldepflicht als allgemein gültige und bekannte Regel *vorausgesetzt* wird, an die - mit Ausnahme von Periza - niemand ausdrücklich erinnert werden muß. Bisher nicht in Geltung und dennoch als gültig und bekannt voraussetzbar - dies scheint ein Widerspruch zu sein. Der Widerspruch löst sich jedoch auf, wenn wir annehmen, *daß die Melderegel per Implikation mit der Strukturvorgabe "Diskussion" verbunden und dies für alle Schüler ersichtlich ist.* Ihre Explikation mit Adresse an S1 ist dann redundant. Der Sinn dieser ausdrücklichen und persönlich adressierten Wiederholung wäre der einer *'Extra-Einladung'*, d.h. einer *vorbeugenden Ermahnung*, deren Prämisse die Erwartung zukünftiger Regelverstöße vor dem Hintergrund des vorausgegangenen Verhaltens von S1 ist. Dabei ist es nicht in erster Linie die parodistische Einlage, die diese Erwartung rechtfertigt, sondern der Umstand, daß er - nachdem ein Abschluß dieser Episode erreicht schien - in 12 S1 dazwischenredet und damit in einer Situation stört, in der *S3 und *S4 (zumindest auf der Ebene *explizit* kommunizierter Bedeutungen) gerade dabei sind, auf die Vorgabe des Lehrers einzuschwenken. S1 zeigt damit ein Verhalten, das einem Verstoß gegen die Strukturvorgabe "Diskussion" entsprochen *hätte*, wenn deren Etablierung, die mit 5 L auf für die Schüler sichtbare Weise eingeleitet worden war, vor 12 S1 bereits abgeschlossen gewesen wäre. Dies legt die Befürchtung nahe, daß S1 mit weiteren Einwürfen fortfahren und die anlaufende Diskussion stören wird. Unter diesen Voraussetzungen erscheint die Ausführung einer *präventiven Struktursicherungsoperation*, wie sie der Lehrer vollzieht, durchaus situationsangemessen. Als Resultat dieser Konstellation kommt es dazu, *daß die Strukturvorgabe "Diskussion" innerhalb desselben Redebeitrages annonciert und die dafür geltenden turn-taking-Regeln durch eine darauf bezogene, sofort*

---

96 Mit *Sicherheit* auszuschließen ist diese Möglichkeit hier natürlich nicht. Sie erscheint nur weniger wahrscheinlich, würde sie jedoch eine scharfe Diskriminierung von S1 gegenüber allen anderen Schülern bedeuten, die durch den bisherigen Interaktionsverlauf nicht hinreichend erklärt und kaum auf eine derartig knappe und weitgehend implizite Weise vollzogen werden könnte. Möglich wäre dies nur, wenn S1 bereits einen solchen diskriminierten Sonderstatus in der Klasse hätte, der dann durch eine derartige Äußerung für die laufende Interaktion nur reaktualisiert würde. Auch das erscheint wenig wahrscheinlich, ist aber keineswegs völlig ausgeschlossen.

anschließende präventive Struktursicherungsoperation uno actu in Kraft gesetzt werden.

In globaler Betrachtung erscheint die analysierte Sequenz zunächst als *anomische Schaltphase*, die nach dem Ende des Films einsetzt und mit der Reetablierung unterrichtstypischer Ordnungsbedingungen endet. "Anomisch" ist diese Sequenz, insofern darin eine Reihe normativer Erwartungen sanktionsfrei verletzt werden, diese Erwartungen dadurch kurzfristig außer Kraft gesetzt zu sein scheinen und nicht sichtbar wird, welche Regeln statt dessen gelten.

Die Art der festgestellten Abweichungen läßt jedoch eine *klare Struktur* erkennen. Durch die Schüleräußerungen werden Möglichkeiten des Erlebens und Handelns kommunikativ sichtbar gemacht, die in der Situation *als ausgeschlossene zugleich latent präsent* sind: Ein Film über den Holocaust wird gezeigt, der mit den dramaturgischen Mitteln des Unterhaltungskinos arbeitet, um die Aufmerksamkeit des Publikums zu mobilisieren, aber nicht als unterhaltsam erlebt werden darf. Indem der Lehrer den Film als Teil des Unterrichts vorführt, läßt er ihn (im doppelten Sinne) 'für sich' sprechen, kann er - wenn die Spannung zwischen fiktionaler Form und dem realhistorischen Inhalt des Filmes zur Seite der Form hin aufgelöst wird - in der Rolle des erfolgreichen *Entertainers* wahrgenommen werden, dem man durch den Ruf "Zugabe!" den gebührenden Beifall zollt und zur Präsentation einer weiteren Folge der Fersehserie auffordert. Unterricht als anspruchslose Freizeitveranstaltung, der Holocaust als 'geile Show', die Schüler als Gewaltdarstellungen genießendes Publikum und das Ganze vom Lehrer zur Unterhaltung kompetent arrangiert, all dies darf Schule gerade nicht sein, ist das, *wogegen sie sich abgrenzt und ausdrücklich richtet.* Die Einführung des erwartungsstrukturell Ausgeschlossenen ins System - diese Figur siedelt hier an der Grenze zwischen Innen und Außen, an der *Differenz von System und Umwelt.* Die folgenden beiden Äußerungen von *S3 und S1 transponieren diese Figur in den *Binnenkontext* des Unterrichts: Per Simulation als Möglichkeit eingeblendet wird nun die Ausführung einer Struktursicherungsoperation, die im Anschluß an die ersten beiden Äußerungen vom Lehrer hätte vollzogen werden können, aber nicht ausgeführt worden ist und deren stellvertretende Aktualisierung durch die Schüler die fiktive *Usurpation der Lehrerrolle* impliziert. Die daran anschließende erste Äußerung des Lehrers bietet dann die Chance, *"antistrukturelle"* Verhaltensoptionen in der *laufenden Lehrer-Schüler-Interaktion* vorzuführen: S1 nutzt diese Chance, indem er die Einleitung der Strukturvorgabe "Diskussion" (5 L) zunächst mit der noch als 'Schüler' vorgetragenen Zusage disziplinierten Schweigens *konterkariert* (7 S1), dann aber, nach der anschließenden Reaktion des Lehrers, die *Umkehr der Rollen* arrangiert, indem er dessen Verhalten einer *zurechtweisenden Bewertung* unterwirft (9 S1: "Wollt' ich auch hoffen!"). Die Logik, die diesen Ablauf beherrscht, ist die der *Umkehrung.* Die Sequenz funktioniert im wesentlichen als *karnevaleske Travestie der herrschenden Ordnung*, d.h. nach dem Muster eines *entlastenden Rituals*, in dem Heiliges zum Objekt von Lästerungen wird, die Knechte das Gebaren des Herren nachahmen, ja, deren Platz einnehmen und diese zu Knechten machen und so das Korsett der geltenden Verhaltensbeschränkungen vorübergehend abwerfen. Das Verhältnis zwischen schultypischen Normalitätserwartungen und der analysierten Szene entspricht, mit einer Unterscheidung von *Victor Turner*, dem von *Struktur und Anti-Struktur.*[97] Sie spielt in einem *Übergangszustand des Interaktionssystems*, zwischen dem Ende der Filmvorführung und dem Neubeginn des Unterrichts, einem Phasenwechsel, in dem die Verhaltensregeln der gerade abgeschlossenen Phase *nicht mehr* und die der gleich anschließenden *noch nicht* gelten:

Zu Beginn dieser Szene steht ein Ereignis, welches das Ende der abgeschlossenen Phase durch einen scharfen *Bruch* normativer Erwartungen, ein *offenes Sakrileg*, symbolisch markiert. Im Anschluß daran wird auf parodistische Weise vorgeführt, wie die so erzeugte 'Krisensituation' durch den Vertreter der herrschenden Ordnung mit Hilfe des Repertoires institutionell vorgesehener Prozeduren bewältigt werden könnte. Dessen erste Intervention (5L) führt zum Rückzug eines der 'Spieler' (6 *S3). Dem anderen (S1), der das Spiel initiierte, gibt diese Intervention jedoch die Möglichkeit, den Hüter der Ordnung in dieses Spiel zu verwickeln, sich darin seinem Willen ironisch zu widersetzen (7 S1), dann seine Stelle einzunehmen und ihm, in einem Akt der Statusumkehr und der rituellen Degradierung, die Position des Herrschaftsunterworfenen zuzuweisen, der gemaßregelt wird (9 S1). Die komödiantische 'Rebellion' im Singular hat damit ihren Höhepunkt und möglichen Abschluß erreicht. Ihr Protagonist könnte abtreten, sich seines Schelmenkostüms entledigen und den Weg freigeben für die Rückkehr zur Ordnung des Alltags. Der zweite 'Spieler' und ein Mitglied des 'Publikums' tun dies bereits (10 *S3 und 11 *S4). Der *manifeste Gehalt* ihrer in expliziter Stellvertretung für das Kollektiv der Herrschaftsunterworfenen formulierten Äußerungen steht dabei in antithetischem Verhältnis zur Eröffnungsäußerung der Szene, heilt so den darin begangenen Regelbruch und *hebt das Sakrileg auf*, das am Beginn der Aufführung stand.[98] Der Phasenwechsel scheint beinahe abgeschlossen, doch der Protagonist versucht einen neuen Anlauf zur Fortsetzung des Spiels. Jetzt endlich greift der Hüter der Ordnung entschlossen ein. Knapp und entschieden statuiert er, was im folgenden geschehen wird, und ermahnt den Protagonisten, sich den damit in Geltung gesetzten Regeln zu fügen.

Was am Spiel des Hauptakteurs beeindruckt und ihn von seinen Mitakteuren deutlich unterscheidet ist die Flexibilität und Konsequenz, mit der er ein Verhaltensmuster durchgängig vermeidet - das des *konformen* Schülers. Alle Darstellungsmöglichkeiten auszuschöpfen, die es ihm ermöglichen, *das nicht zu sein, was er sein soll* und dies vor allem durch *subversive Umwidmung institutioneller Normalitätsmuster* zu erreichen, scheint das *generative Prinizip* zu sein, das sein Verhalten in der analysierten Sequenz leitet.[99] Ob als 'schlitzohrig-

---

97 Vgl. dazu Turner 1989.

98 Dieser Aufbau der Inszenierung trägt wesentliche Züge der Struktur eines "sozialen Dramas" im Sinne Turners (vgl. 1989a, S. 108ff.).

99 In spezifischem Kontrast dazu steht das *Verhalten von *S3*: Sie ist es, die zuerst die Rolle des Lehrers übernimmt. Dabei reagiert sie jedoch mit einer 'stellvertretenden' Struktursicherungsoperation auf die beiden Eröffnungsäußerungen 1 S1 und 2 S2. Nach

renitenter Schüler' oder als 'autoritärer Lehrer', jede dieser Rollen ist geeignet, vor allem eines vorzuführen: *Autonomie* und *souveräne Distanz* gegenüber den Anforderungen der qua Schulpflicht *oktroyierten Schülerrolle.*[100] Um zu demonstrieren, daß man sich den Anforderungen dieser Rolle *nicht willenlos unterwirft*, man zugleich aber *jedes* der kontextuell relevanten Verhaltensmuster *problemlos und unübertreffbar beherrscht*, um so letztendlich zu zeigen, daß die eigenen Fähigkeiten *weit über das hinausreichen*, was von einem Schüler verlangt wird, ist die Strategie der Verkehrung konformer Muster und die Usurpation der Lehrer-Rolle bestens geeignet.

Die Vorlagen dazu liefern jeweils andere (vgl. 3 *S3; 6 *S3; 8 L). Die Leistung von S1 ist es, dieses Material mit Gespür für abweichende Effekte zu modifizieren bzw. die Vorlage zu übertrumpfen. Über die jeweils lokalen Pointen in Relation zu den benachbarten Äußerungen anderer Sprecher hinaus gelingt ihm dabei (in der sequentiellen Verkettung seiner Einzelbeiträge 1 S1, 4 S1, 7 S1 und 9 S1) die solistische Parodie der Störung und Wiederherstellung des schultypischen turn-taking-Reglements im Muster der pädagogischen Basissequenz Initiierung-Erwiderung-Bewertung. Gerade weil die schultypischen Strukturmuster situativ außer Kraft gesetzt sind, eignet sich deren fingierte Einführung in die Kommunikation als Mittel zur Inszenierung non-konformen Verhaltens. Die Bedingungen der Situation und die Art der von S1 präferierten Strategie zur Demonstration von Rollendistanz haben so zur Folge, daß seine 'Rebellion' weitestgehend im Bereich der institutionalisierten Handlungsmuster verbleibt und damit letztendlich die *Alternativenlosigkeit der Gesamtordnung* bestätigt.

Zur Klärung der Frage, welche Funktion dem beobachteten Verhaltensmuster im Kontext des Sozialsystems Unterricht zugeschrieben werden kann, können wir an bekannte Hypothesen zur *allgemeinen sozialen Funktion* ritualisierter Formen der Ordnungsverletzung und der Umkehr von Statusbeziehungen anschließen: Deren Aufgabe ist es, durch Einrichtung periodisch wiederkehrender Entlastungsmöglichkeiten diejenigen psychischen Spannungen zu neutralisieren, die - vor allem auf Seiten der Statusniedrigen - aus der Erfahrung der Differenz zwischen dem Gesamt der *sozial vorgesehenen* und dem Repertoire der *individuell zugänglichen* Handlungsmöglichkeiten herrühren. Durch befristete

---

der ersten Äußerung des Lehrers (5 L) wechselt sie sofort zurück in die Schülerrolle, agiert darin aber (mit dem Hinweis auf ihre Müdigkeit in 6 *S3 in Reaktion auf die bekundete Absicht des Lehrers, den Schülern das Wort überlassen zu wollen) im Muster passiven Widerstands. Kurz darauf signalisiert sie stellvertretend für die anderen Schüler *explizit* grundsätzliche Bereitschaft zur Mitarbeit, tut dies aber in einer Form, die auf das Fortbestehen *latenten Widerstandes* gegenüber den Erwartungen des Lehrers schließen läßt. Ob für sich allein als Schülerin, in unautorisierter Stellvertretung des Lehrers oder ihrer Mitschüler, *S3 agiert hier jeweils auf eine *ambivalente* Weise, die *konforme und non-konforme Bedeutungselemente kombiniert*, zu Beginn der analysierten Episode die non-konformen Momente in den Vordergrund stellt und am Ende umgekehrt die non-konformen Anteile hinter den konformen verschwinden läßt.

100 Zum Konzept der Rollendistanz, dessen Bedeutung für das Verhalten von Schülern die Darbietung von S1 auf originelle Weise unterstreicht, vgl. Goffman 1973.

Lockerung dieser Einschnürung werden daraus entspringende Handlungsimpulse in sozial kontrollierbare Bahnen gelenkt. Ihr Störpotential wird so entschärft, die involvierten Psychen werden wieder in die Lage versetzt, sich selbst zu erwartungskonformem Verhalten zu disziplinieren. Soziale Einrichtungen dieser Art können als *Zugeständnisse sozialer Systeme an die eigensinnigen Reproduktionsbedingungen ihrer psychischen Umwelt* betrachtet werden, deren Funktion es ist, die Kompatibilität psychischer Reproduktion mit den Reproduktionsanforderungen sozialer Systeme zu sichern.[101] Solche Einrichtungen können als Systeme mit eigenen Grenzen ausdifferenziert werden,[102] etwa als Fest, wie die römischen Saturnalien. Sie können in der Form von Rollen, wie etwa der des Hofnarren, institutionalisiert werden, deren Träger - gleichsam stellvertretend für andere - tun dürfen, was diesen verwehrt ist. Ebenso finden sie sich aber auch, wie unsere Analyse zeigt, als flüchtige *Episoden* im Normalbetrieb eines Systems, als spontane Improvisationen der Teilnehmer oder eines 'Klassenclowns', die - u.U. bereits nach wenigen Sekunden - wieder einmünden in strukturkonformes Verhalten.

Die prinzipielle Funktionalität solcher Episoden für die Sicherung der systemischen Ordnung läßt eine allzu strikte Intervention der Ordnungshüter nicht geraten erscheinen. Zugleich macht der Umstand, daß es sich dabei nur um ritual*analoge* Abläufe handelt, institutionell verankerte Regeln und Beschränkungen, an die sich die Akteure dabei halten können, also fehlen, jedes Verhalten in besonderem Maße riskant. Weil noch die Regeln des Spiels im Spiel selbst ausgehandelt werden müssen, es darum geht, welches Maß an Ordnungsverletzungen die Ordnungshüter zu akzeptieren bereit sind und wie es ihnen gelingt, die Ordnung wieder herzustellen, wird jede derartige Situation zum Testfall für deren Großzügigkeit und Durchsetzungsfähigkeit. Der Versuch schneller und scharfer Intervention kann überflüssige Konflikte provozieren, abwartende Toleranz zur Ausdehnung und Eskalation spielerischer Normverletzungen und Provokationen ermutigen. Beides kann das Image der Ordnungsinstanz schädigen und ihrer Autorität abträglich sein.

---

101 Vgl. dazu auch die folgende Charakterisierung der sozialen Bedeutung von Ritualen der Statusumkehrung bei Victor Turner (1989, S. 168): "Rituale der Statusumkehrung dagegen machen in ihren Symbol- und Verhaltensmustern soziale Kategorien und Gruppierungen sichtbar, die als selbstverständlich und sowohl in ihrem Wesen als auch in ihren Beziehungen zueinander als unveränderlich gelten. Kognitiv betrachtet unterstreicht nichts Ordnung so sehr wie das Absurde oder Paradoxe. Emotional betrachtet befriedigt nichts so sehr wie extravagantes oder vorübergehend gestattetes unerlaubtes Verhalten. Rituale der Statusumkehrung umfassen beide Aspekte. Indem sie die Niedrigen erhöhen und die Hohen erniedrigen, bestätigen sie das hierarchische Prinzip. Indem sie die Niedrigen das Verhalten der Hohen (manchmal bis hin zur Karikatur) nachahmen lassen und die Initiativen der Stolzen bremsen, unterstreichen sie die Vernünftigkeit des kulturell vorhersehbaren Alltagsverhaltens der verschiedenen Gruppen der Gesellschaft."

102 Als Untersuchung eines im französischen Schulsystem institutionalisierten Rituals dieser Art und dessen "anomischer" Transformation in jüngerer Zeit siehe Testanières 1967; vgl. dazu auch Krämer 1995, S. 182.

Unter diesen Voraussetzungen geboten erscheint eine Strategie der Flexibilität und der sanften, aber nachdrücklichen Begrenzung.

Was damit gemeint sein kann, zeigt das Verhalten des Lehrers in der analysierten Sequenz: Er versucht nicht, die Initiierung, zu der die Vorführung des Filmes zählt, in unmittelbarem Anschluß an die Vorführung zu Ende zu bringen. Indem er die Beendigung der Initiierung *aufschiebt*, sich gleichsam *selbst unterbricht*, erzeugt er einen *Zwischenraum*, der durch spontane Schüleräußerungen besetzt werden kann. Auf entsprechende Initiativen der Schüler reagiert er zunächst durch *anfängliches Gewährenlassen.* Er leitet dann die Etablierung der Strukturvorgabe "Diskussion" mit einem Redebeitrag ein (5 L: "Ich will heute nur mal zuhören, was ihr meint"), der für die nicht autorisierten Äußerungen der Schüler wie auch seine bisherige Passivität als Ordnungshüter im Nachhinein einen *legitimierenden Rahmen* bereitstellt. Aber auch jetzt führt er die Initiierung noch nicht zu einem deutlich markierten Ende. Wieder entsteht eine Lücke, die weiteren Schüleräußerungen Raum gibt. Die unabgeschlossene Einführung der Strukturvorgabe fungiert hier objektiv als *'Versuchsballon'*: Am Anschlußverhalten der Schüler kann L ablesen, inwieweit sie schon bereit und in der Lage sind, ihm zu folgen, ohne sich, bei negativem Ergebnis, schon auf die Alternative festzulegen, entweder zu *sanktionieren* oder als Normverletzung sichtbar gewordenes Verhalten *tolerieren* zu müssen. Vermieden werden kann dadurch die vorschnelle kommunikative Fixierung normativer Erwartungen zu einem Zeitpunkt, zu dem sie noch nicht oder nur unter unverhältnismäßig hohem Einsatz gegenüber den Schülern durchgesetzt werden können. S1 nutzt diese Möglichkeit zur Fortsetzung seiner Vorführung. L reagiert darauf, indem er sich, nach vorausgegangener Aufforderung von S1, mit der Äußerung 8L ("Richtig.") an dessen Inszenierung auf knappe und den möglichen Abschluß des Spieles in Aussicht stellende Weise beteiligt. Erst *nachdem* dieser Versuch zur Beendigung fehlschlägt, die übrigen an der Kommunikation beteiligten Schüler (wenngleich auf *ambivalente* Weise, die auf *Verlagerung von Widerstandsimpulsen in die Latenz* hindeutet) die grundsätzliche Bereitschaft erkennen lassen, sich in das angekündigte Ordnungsformat einzuklinken, S1 hingegen erneut dazwischen redet und dadurch als *'einzelner Störer' isoliert und sichtbar geworden ist*, reagiert der Lehrer mit der *präventiven Struktursicherungsoperation*, die den Anlaß für die Analyse der Sequenz gab. Er tut dies im zweiten Teil seines Redebeitrags 13 L, dessen erster Teil die in 5L eingeleitete Etablierung der Strukturvorgabe "Diskussion" zu Ende führt und die Initiierung damit abschließt, behandelt die vorbeugende Ermahnung von S1 so nur als Nebenthema, macht damit aber deutlich, daß die im weiteren zu beachtenden turn-taking-Regeln *ab sofort gelten.* Die Situation erscheint günstig, der Moment klug gewählt. Eine frühere Intervention hätte die Konfrontation mit mehreren Schülern bedeutet, die leicht den Charakter einer Kraftprobe zwischen Klasse und Lehrer hätte annehmen können. Dieser Gefahr ist der Lehrer durch *verzögerten (aber, bezogen auf die sequentielle Etablierung der neuen Strukturvorgabe, frühestmöglichen!), äußerst sparsamen und betont beiläufigen* Einsatz von Autorität ausgewichen, ohne die Klasse dabei 'aus dem Ruder' laufen zu lassen. Zuvor bot die verzögerte Beendigung der Initiierung den Platz für ein auflockerndes Zwischenspiel, ohne gegen bereits in Kraft getretene Vorgaben zu verstoßen. Der Lehrer brauchte deshalb nicht früher einzugreifen, ohne daß ihm dies als bereitwilliges Akzeptieren von Verstößen zugerechnet werden konnte. Auf optimale Weise gelingt ihm damit beides: *Er gibt Raum für eine entlastende "antistrukturelle" Episode und sorgt für deren Begrenzung.* Die Sequenz eignet sich deshalb durchaus als Anschauungsmaterial für die *strategisch geschickte Plazierung* von Strukturvorgaben und Struktursicherungsoperationen. Deren Beherrschung kann als wesentlicher Bestandteil *professioneller pädagogischer Handlungskompetenz* gelten.

Blicken wir abschließend zurück auf die vorangegangene Diskussion des Gegenstandes der analysierten Struktursicherungsoperation: die Prozedur des Meldens und Aufrufens als konstitutives Element der Basissequenz Initiierung-Erwiderung-Bewertung und der schultypischen turn-taking-Organisation, dann überrascht, daß die *Prominenz dieses Grundmusters* sich selbst in einer Situation zeigt, in der es gerade außer Kraft zu sein scheint. Als *parodistische Beschreibung des Systems* in einer Schaltphase der Unterrichtskommunikation ins System eingeführt, wird dieses Grundmuster *reflexiv* vergegenwärtigt, gegen seinen Garanten gewendet und so als Medium der symbolischen Inszenierung von Distanz gegenüber den Anforderungen der Institution und ihres Vertreters genutzt. Es erscheint paradox, aber gerade der Umstand, daß die Akteure *nicht* als regelgesteuerte "cultural dopes" (Garfinkel),[103] *nicht* als konditionierbare "Trivialmaschinen" (von Foerster) funktionieren,[104] sondern ein reflektiertes und distanziertes Verhältnis zu den Normalitätsmustern der Institution einnehmen und kommunikativ vorführen können, läßt die Bedeutung dieser

103 "Cultural dope", unter diesem Titel resümiert und kritisiert Garfinkel die Parsonssche Konzeption des Akteurs. Was dieses Etikett meint, formuliert Garfinkel (1967, S. 68) wie folgt: "By 'cultural dope' I refer to the man-in-the-sociologist's society who produces the stable features of the society by acting in compliance with preestablished and legitimate alternatives of action that the common culture provides."

104 Nach von Foerster (1985, S. 12; Hervorhebung von mir, W.L.S.) ist "eine triviale Maschine ... durch eine eindeutige Beziehung zwischen ihrem 'Input' (Stimulus, Ursache) und ihrem 'Output' (Reaktion, Wirkung) charakterisiert. Diese invariante Beziehung *ist* die Maschine". (Es bedarf also keiner Räder und Schrauben. Die Art der hardware ist überhaupt irrelevant. Die triviale "Maschine" besteht ausschließlich in einer *Transformationsfunktion*, welche die immer gleiche Umsetzung identischer Inputs in identische Outputs garantiert.) Im Unterschied dazu variiert der Output von *nicht-trivialen* Maschinen bei identischen Inputs in Abhängigkeit von ihren veränderlichen inneren Zuständen, die wiederum Resultat ihres vorausgegangenen Operierens sind, und ist deshalb nicht berechenbar. In diesem Sinne begreift Luhmann (1991a, S. 25 und 30), darin an von Foerster anschließend (vgl. 1985, S. 13), Kinder bzw. psychische Systeme überhaupt als *nicht-triviale Maschinen*, bei denen durch schulische Erziehung nur versucht werden kann, sie in Teilbereichen (z.B. beim Lösen von Rechenaufgaben bzw. generell bei Fragen, für die einzig richtige Antwort vorgesehen sind) dazu zu bringen, *wie* Trivialmaschinen zu funktionieren, d.h. sie zu *"trivialisieren"*.

Normalitätsmuster noch über die Grenzen ihrer Geltung hinaus nur um so deutlicher hervortreten.

IV.

Die vorgetragenen Überlegungen und Interpretationen versuchten, den *makrosoziologischen Funktionalismus* der Systemtheorie mit dem *mikroanalytischen Funktionalismus* von Konversationsanalyse und objektiver Hermeneutik in Kontakt zu bringen und dabei sowohl *typische* als auch *fallspezifische* Strukturmerkmale bei der Analyse zu berücksichtigen. Demonstrationsfeld dieses Versuchs war die Untersuchung von *Struktursicherungsoperationen* in den Bereichen *konsensorientierter bzw. konfliktärer Kommunikation* sowie im Kontext *pädagogischer Interaktion*. Die Untersuchung von Struktursicherungsoperationen erschien mir als Kooperationsfeld der genannten Ansätze besonders geeignet, weil ich vermutete, daß Operationen dieses Typs *strukturelle Auffälligkeit und Prägnanz mit hoher Funktionsrelevanz* kombinieren.

Die Rollenverteilung zwischen den beteiligten Ansätzen in der Analyse der präsentierten Beispiele wurde durch die Wahl des Untersuchungsgegenstandes wesentlich geprägt: Die *Konversationsanalyse*, spezialisiert auf Explikation allgemeiner sowie typenspezifischer Regeln der Gesprächsorganisation, lieferte die zentralen Konzepte für die Konstruktion *struktureller Normalitätstypen* konfliktärer bzw. pädagogischer Kommunikation und die Identifikation darauf bezogener Struktursicherungsoperationen. Hypothesen aus dem Bereich der *Systemtheorie* wurden herangezogen, um diese Normalmuster als Einrichtungen zur Erfüllung bestimmter *sozialer Funktionen* zu interpretieren. Der *objektiven Hermeneutik* fiel die Aufgabe zu, die *fallspezifische Sinnstruktur* der Sequenz aufzudeken, in die die untersuchte Struktursicherungsoperation jeweils eingebettet war. Durch die hermeneutische Sequenzanalyse gelang es dabei, die *latente Eigenlogik* der Abweichungen zu bestimmen, die zur Realisierung der Struktursicherungsoperationen Anlaß gaben. Im ersten Beispiel konnten die Verletzungen der Angemessenheitsbedingungen kontroverser Argumentation durch die Beiträge des chinesischen Gesprächsteilnehmers erklärt werden als Folge der Ausführung *'verdeckter' Struktursicherungsoperationen* mit der 'latenten' Funktion,[105] die gesichtsbedrohende Abweichung der deutschen Kontrahentin vom *kulturspezifischen Ideal harmonischer Interaktion* zu reparieren. Während die Analyse so schließlich bei der Identifikation *kulturspezifischer Rationalitätsprämissen* und darauf zugeschnittener Verhaltenskonventionen anlangte, trat im zweiten Fallbeispiel die *strukturaffirmierende*

---

105 'Verdeckt' waren diese Struktursicherungsoperationen allem Anschein nach für die Gesprächsteilnehmerin wie zunächst auch für den analysierenden Beobachter durch die eigenen Normalitätserwartungen, vor deren Hintergrund die Reaktionen des Chinesen zunächst nur als Abweichung wahrgenommen werden konnten. Entsprechendes gilt im Hinblick auf die 'Latenz' der Funktion, auf deren Erfüllung diese Operationen zugeschnitten erschienen.

Bedeutung abweichenden Verhaltens sowie die Nachzeichnung seiner begrenzten Zulassung und Kontrolle durch den Lehrer als Ordnungsinstanz des Interaktionssystems Unterricht in den Vordergrund. Die verschiedenen Abweichungen folgten hier im wesentlichen dem ritualisierten Muster einer *karnevalesken Umkehr* der geltenden Ordnung, primär realisiert als *Parodie unterrichtstypischer Struktursicherungsoperationen* und mit der Doppelfunktion, die Verhaltenslasten dieser Ordnung für die involvierten Individuen tragbar zu halten sowie dadurch zur Stabilisierung dieser Ordnung beizutragen. In beiden Fällen machte die hermeneutische Interpretation so *verborgene Rationalitätsbezüge abweichender Verhaltensmuster* sichtbar und formulierte Hypothesen für deren Erklärung, deren Bedeutung weit über die untersuchten Einzelfälle hinausreichte. Durch Strukturgeneralisierungen dieser Art gelingt es der objektiven Hermeneutik, die üblicherweise unterstellte Distanz zwischen Einzelfallanalyse und Theoriebildung zu überbrücken. Die Kooperation mit der Systemttheorie - aber, wie vor allem die zweite Fallanalyse sichtbar macht, nicht nur mit ihr - wird dadurch möglich, ebenso freilich auch die selektive Konkurrenz mit Theorieangeboten dieser Allgemeinheitsstufe, sofern am Einzelfall gewonnene Strukturgeneralisierungen in Widerspruch zu deren Annahmen treten.[106]

Die Verknüpfung zwischen bereits entwickelten theoretischen Konzepten und hermeneutischer Interpretation bzw. konversationsanalytischen Befunden ist dabei vor allem *heuristischer* Art. Theoretische Begriffe und Hypothesen können so beim Entwerfen von Deutungsmöglichkeiten eingesetzt werden. Systemtheorie fungiert hier als eine Anregungsquelle unter vielen. Sie stellt Unterscheidungen zur Verfügung, die - *nach hinreichender Spezifikation* im Blick auf die besondere Konstellation des Falles - bestimmte Bedeutungsmöglichkeiten hervortreten lassen, auf die der Interpret ohne diese Unterscheidungen vielleicht nicht verfallen wäre. Umgekehrt ergeben sich aus der fallanalytischen Konkretisierung allgemeiner theoretischer Begriffe *Bestimmtheitsgewinne* für die involvierten Theorien, die auf andere Weise kaum zu erzielen sind.

Ob durch die interpretative Nutzung theoretischer Konzepte 'An-Sichten der Sache selbst' zur Sprache gebracht oder, wie häufig befürchtet, nur subsumtionslogische Projektionen fixer Begriffe und Deutungsprämissen erzeugt werden, ist allein nach den Interpretationsergebnissen zu beurteilen. Der *bloße Verdacht* auf subsumtionslogischen Hypothesen- und Begriffsgebrauch hat, so lange er nicht an der Interpretation selbst belegt werden kann, den Status eines "paper doubt" (Peirce) und führt in einen performativen Widerspruch, bedeutet seine unbelegte Äußerung doch nichts anderes als die *subsumtionslogische Verwendung dieses Etikettes selbst.* Begründet ist ein solcher Verdacht erst dann, wenn die Dichte der Abstützpunkte im Material relativ zu Deutungshypothesen analoger Reichweite zu gering ist,[107] d.h. wenn *gezeigt* werden kann, daß das Auflösungsvermögen von Falldeskriptionen einerseits und darauf bezogenen

106 Siehe dazu auch Schneider 1992b.

107 Vgl. dazu den Beitrag von Jo Reichertz in diesem Band.

Deutungs- bzw. Erklärungshypothesen andererseits zu weit und ohne Vermittlung kontrolliert nachvollziehbarer Abstraktionsschritte auseinander klafft.[108]

Literatur:

Bateson, G. (1981): Ökologie des Geistes. Anthropologische, psychologische, biologische und epistemologische Perspektiven. Frankfurt am Main.

Berger, J. (1987): Autopoiesis: Wie "systemisch" ist die Theorie sozialer Systeme? In: H. Haferkamp, M. Schmid, (Hrsg.): Sinn, Kommunikation und soziale Differenzierung. Beiträge zu Luhmanns Theorie sozialer Systeme. Frankfurt am Main, S. 129-152.

Bora, A. (1994): Konstruktion und Rekonstruktion. Zum Verhältnis von Systemtheorie und objektiver Hermeneutik. In: G. Rusch, S. J. Schmidt

108 Wenn ich recht sehe, bedient sich Schegloff (1987) eines dementsprechenden Argumentes, wenn er Versuche der Einführung makrosoziologischer Variablen zur Erklärung konversationeller Phänomene als voreilig kritisiert. - Das im Text zugrunde gelegte Gütekriterium für die Bewertung von Deutungshypothesen weist enge Parallelen zum Konzept der *Vergleichsbewährung zwischen konkurrierenden Theorien oder Forschungsprogrammen durch Überschußgehalt* auf (siehe Lakatos 1974). Bezogen auf die hier behandelte Frage, wann die Verwendung theoretischer Konzepte als "subsumtionslogisch" kritisiert zu werden verdient, geht es dabei um die Sicherung der *Nicht-Beliebigkeit* von Interpretationen. Im Falle der Konkurrenz zwischen unterschiedlichen Deutungshypothesen ist jeweils diejenige als besser bewährt zu betrachten, die den *geringsten Beliebigkeitsgrad* aufweist. Das Konzept der Wahrheit erscheint hier in methodologisch transformierter Gestalt, als Imperativ, *nach größtmöglicher Einschränkung von Beliebigkeit einer Interpretation durch Maximierung des Auflösungsvermögens von Deutungshypothesen* zu streben. Dieses Resultat kann verstanden werden als Übertragung des von Lakatos für die Naturwissenschaften vorgeschlagenen Wahrheitskriteriums in den Bereich hermeneutischer Textinterpretation. Dem Begriff der Wahrheit, verstanden als die Minimalvoraussetzung, daß zwischen akzeptablen und zu verwerfenden Hypothesen mit Gründen unterschieden werden kann, kommt dabei der Status einer Sinnbedingung für die Bildung von Deutungs- und Erklärungshypothesen zu. Ein Wahrheitskonzept, das voraussetzt, es könne Wahrheit jeweils nur im Singular, d.h. nur eine wahre Interpretation eines Textes (oder auch der natürlichen Welt) geben, ist dadurch nicht zu begründen. Texte etablieren Restriktionen für ihre Interpretation. Wie scharf diese Restriktionen sind und ob sie in jedem Falle ausreichen, um eine Entscheidung zwischen verschiedenen Interpretationen zuzulassen, die miteinander inkonsistent sind, ist eine jeweils nur empirisch zu entscheidende Frage. Texte können demnach Zonen *objektiver Unbestimmtheit* aufweisen. Von *vollständiger Bestimmtheit* eines Textes kann hingegen gesprochen werden, sofern er genügend widerständige Anhaltspunkte liefert, um alternative Deutungshypothesen scheitern zu lassen. Letztes Kriterium für die Wahrheit einer Interpretation ist ihre *Verträglichkeit* mit allen Einschränkungen, die ihr durch den Text auferlegt sind, oder - um einen Begriff aus dem Diskussionskontext des sogenannten "Radikalen Konstruktivismus" zu bemühen, der eben dies besagt - ihre "Viabilität" (vgl. dazu Glasersfeld 1987, S. 439f.). Diese Einschränkungen aber sind, dies sei hier nochmals betont, nicht als etwas anzusetzen, das durch den Wortlaut eines Textes *ontologisch* fixiert wäre. Sie sind vielmehr ihrerseits interpretativ konstituiert, d.h. sie werden wesentlich durch das *Auflösungsvermögen der Deutungshypothesen bestimmt*.

(Hrsg.): Konstruktivismus und Sozialtheorie. DELFIN 1993. Frankfurt am Main, S. 282-330.

Brunkhorst, H. (1983): Unterrichtsforschung als Textinterpretation. In: D. Garz, K. Kraimer (Hrsg.): Brauchen wir andere Forschungsmethoden? Beiträge zur Diskussion interpretativer Verfahren. Frankfurt am Main 1983, S. 48-62.

Drew, P., Heritage, J. (Hrsg.) (1992): Talk at work. Interaction in institutional settings. Cambridge.

Edwards, A. D., Westgate, D. P. G. (1987): Investigating Classroom Talk. London and Philadelphia.

Ernst, T. (1979): Anfragen an die Bundeszentrale für politische Bildung (zum Fernsehfilm Holocaust). In: P. Märthesheimer, I. Frenzel (Hrsg.): Im Kreuzfeuer: Der Fernsehfilm Holocaust. Eine Nation ist betroffen. Frankfurt am Main, S. 297-298.

Foerster, H. v. (1985): Sicht und Einsicht. Versuche zu einer operativen Erkenntnistheorie. Braunschweig, Wiesbaden.

Fuchs, P. (1992): Die Erreichbarkeit der Gesellschaft. Zur Konstruktion und Imagination gesellschaftlicher Einheit. Frankfurt am Main.

Garfinkel, H. (1967): Studies in Ethnomethodology. Englewood Cliffs, New Jersey.

Glasersfeld, E. v. (1987): Siegener Gespräche über Radikalen Konstruktivismus. In: S. J. Schmidt (Hrsg.): Der Diskurs des Radikalen Konstruktivismus. Frankfurt am Main, S. 401-440.

Goffman, E. (1973): Interaktion: Spaß am Spiel. Rollendistanz. München.

Günthner, S. (1993): Diskursstrategien in der interkulturellen Kommunikation. Analysen deutsch-chinesischer Gespräche. Tübingen.

Gumperz, J. J. (1982): Discourse Strategies. Cambridge.

Hammersley, M. (1986): Putting Competence into Action: Some Sociological Notes on a Model of Classroom Interaction. In: ders. (Hrsg.): Controversies in Classroom Research. Milton Keynes, Philadelphia, S. 93-103.

Hammersley, M. (1990): The Organization of Pupil Participation. In: ders.: Classroom Ethnography. Empirical and Methodological Essays. Toronto, Ontario, S. 15-26.

Hargreaves, D. H., Hester, St. K., Mellor, F. J. (1981): Abweichendes Verhalten im Unterricht. Weinheim und Basel.

Hausendorf, H. (1992): Das Gespräch als selbstreferentielles System. Ein Beitrag zum empirischen Konstruktivismus der ethnomethodologischen Konversationsanalyse. In: Zeitschrift für Soziologie, Jg. 21, S. 83-95.

Heritage, J. (1984): Garfinkel and Ethnomethodology. Cambridge.

Hirschmann, A. O. (1974): Abwanderung und Widerspruch: Reaktionen auf Leistungsabfall bei Unternehmungen, Organisationen und Staaten. Tübingen.

Jefferson, G., Lee, J. R. E. (1992): The rejection of advice: managing the problematic convergence of a "trouble-telling" and a "service encounter". In: P. Drew, J. Heritage (Hrsg.): Talk at work. Interaction in institutional settings. Cambridge, S. 521-548.

Junge, K. (1993): Zur räumlichen Einbettung sozialer Strukturen. Einleitende Überlegungen zu einer Topologie sozialer Systeme. Dissertation. Gießen.

Kanders, M., Rolff, H. G., Rösner, E. (1996): Mehr Lust als Frust. (Bericht zur bisher größten deutschen Lehrerbefragung). In: Die Zeit, Nr. 12 vom 15.3.1996, S. 35.
Keppler, A. (1989): Schritt für Schritt - Das Verfahren alltäglicher Belehrungen. In: Soziale Welt, Jg. 40, S. 538-556.
Keppler, A. (1994): Tischgespräche. Über Formen kommunikativer Vergemeinschaftung am Beispiel der Konversation in Familien. Frankfurt am Main.
Kneer, G., Nassehi, A. (1991): Verstehen des Verstehens. Eine systemtheoretische Revision der Hermeneutik. In: Zeitschrift für Soziologie, Jg. 20, S. 341-356.
Knoblauch, H. (1991): The taming of foes: The avoidance of asymmetry in informal discussions. In: J. Markovà, K. Foppa (Hrsg.): Asymmetries of Dialogue. Hertfordshire, S. 166-194.
Kotthoff, H. (1992): Disagreement and Concession in Disputes. On the Context Sensitivity of Preference Structures. Fachgruppe Sprachwissenschaft der Universität Konstanz. Arbeitspapier Nr. 43. Konstanz.
Krämer, H. L. (1995): Die Gewaltproblematik im französischen und deutschen Schulsystem. Überlegungen für eine vergleichende Analyse. In: S. Lamnek (Hrsg.): Jugend und Gewalt. Devianz und Kriminalität in Ost und West. Opladen, S. 171-188.
Lakatos, I. (1974): Falsifikation und die Methodologie wissenschaftlicher Forschungsprogramme. In: A. Musgrave, I. Lakatos (Hrsg.): Kritik und Erkenntnisfortschritt. Abhandlungen des Internationalen Kolloquiums über die Philosophie der Wissenschaften, London 1965. Braunschweig, S. 89-189.
Lietzmann, S. (1979): Die Judenvernichtung als Seifenoper. In: P. Märthesheimer, I. Frenzel (Hrsg.): Im Kreuzfeuer: Der Fernsehfilm Holocaust. Eine Nation ist betroffen. Frankfurt am Main, S. 35-39.
Luhmann, N. (1975): Interaktion, Organisation, Gesellschaft. In: ders.: Soziologische Aufklärung. Bd. 2. Opladen, S. 9-20.
Luhmann, N. (1980): Gesellschaftsstruktur und Semantik. Bd. 1. Frankfurt am Main.
Luhmann, N. (1981): Organisation und Entscheidung. In: Soziologische Aufklärung. Bd. 3. Opladen, S. 335-389.
Luhmann, N. (1984): Soziale Systeme. Grundriß einer allgemeinen Theorie. Frankfurt am Main.
Luhmann, N. (1987): Autopoiesis als soziologischer Begriff. In: H. Haferkamp, M. Schmid (Hrsg.): Sinn, Kommunikation und soziale Differenzierung. Beiträge zu Luhmanns Theorie sozialer Systeme. Frankfurt am Main, S. 307-324.
Luhmann, N. (1987a): Codierung und Programmierung. Bildung und Selektion im Erziehungssystem. In: ders.: Soziologische Aufklärung. Bd. 4. Opladen, S. 182-201.
Luhmann, N. (1991): Wie lassen sich latente Strukturen beobachten? In: P. Watzlawick, P. Krieg (Hrsg.): Das Auge des Betrachters. Beiträge zum Konstruktivismus. München, Zürich, S. 61-74.

Luhmann, N. (1991a): Das Kind als Medium der Erziehung. In: Zeitschrift für Pädagogik, Jg. 37, S. 19-40.
Luhmann, N., Schorr, K.-E. (1979): Reflexionsprobleme im Erziehungssystem. Stuttgart.
Magnus, U. (1979): Die Einschaltquoten und Sehbeteiligungen (des Fernsehfilms Holocaust). In: P. Märthesheimer, I. Frenzel (Hrsg.): Im Kreuzfeuer: Der Fernsehfilm Holocaust. Eine Nation ist betroffen. Frankfurt am Main, S. 221-224.
Märthesheimer, P., Frenzel, I. (Hrsg.) (1979): Im Kreuzfeuer: Der Fernsehfilm Holocaust. Eine Nation ist betroffen. Frankfurt am Main.
Mehan, H. (1979): Learning Lessons. Social Organization in the Classroom. Cambridge, Massachusetts and London.
Mehan, H. (1985): The Structure of Classroom Discourse. In: T. A. Dijk, Van (Hrsg.): Handbook of Discourse Analysis, Vol. 3. Discourse and Dialogue. London, S. 119-131.
Miller, M. (1992): Rationaler Dissens. Zur gesellschaftlichen Funktion sozialer Konflikte. In: H.-J. Giegel (Hrsg.): Kommunikation und Konsens in modernen Gesellschaften. Frankfurt am Main, S. 31-58.
Oevermann, U. (1978): Probleme der Professionalisierung in der berufsmäßigen Anwendung sozialwissenschaftlicher Kompetenz. Unveröff. Manuskript. Frankfurt am Main.
Oevermann, U., Allert, T., Konau, E., Krambeck, J. (1979): Die Methodologie einer "objektiven Hermeneutik" und ihre allgemeine forschungslogische Bedeutung in den Sozialwissenschaften. In: H. G. Soeffner (Hrsg.): Interpretative Verfahren in den Sozial- und Textwissenschaften. Stuttgart, S. 352-434.
Oevermann, U. (1981): Fallrekonstruktion und Strukturgeneralisierung als Beitrag der objektiven Hermeneutik zur soziologisch-strukturtheoretischen Analyse. Unveröff. Manuskript. Frankfurt am Main.
Oevermann, U. (1981a): Professionalisierung der Pädagogik - Professionalisierbarkeit pädagogischen Handelns. Vortragsmanuskript. FU-Berlin.
Oevermann, U. (1986): Kontroversen über sinnverstehende Soziologie. Einige wiederkehrende Probleme und Mißverständnisse in der Rezeption der "objektiven Hermeneutik". In: St. Aufenanger, M. Lenssen (Hrsg.): Handlung und Sinnstruktur. Bedeutung und Anwendung der objektiven Hermeneutik. München, S. 19-83.
Oevermann, U. (1991): Genetischer Strukturalismus und das sozialwissenschaftliche Problem der Erklärung der Entstehung des Neuen. In: St. Müller-Doohm (Hrsg.): Jenseits der Utopie. Theoriekritik der Gegenwart. Frankfurt am Main, S. 267-336.
Oevermann, U. (1993): Struktureigenschaften supervisorischer Praxis. Exemplarische Sequenzanalyse des Sitzungsprotokolls der Supervision eines psychoanalytisch orientierten Therapie-Teams im Methodenmodell der objektiven Hermeneutik. In: B. Bardé, D. Mattke (Hrsg.): Therapeutische Teams. Theorie - Empirie - Klinik. Göttingen und Zürich, S. 141-269.
Oevermann, U. (1993a): Die objektive Hermeneutik als unverzichtbare methodologische Grundlage für die Analyse von Subjektivität. Zugleich eine Kritik der Tiefenhermeneutik. In: Th. Jung, St. Müller-Doohm (Hrsg.):

"Wirklichkeit" im Deutungsprozeß. Verstehen und Methoden in den Kultur- und Sozialwissenschaften, S. 106-189.
Oevermann, U. (1996): Beckett's "Endspiel" als Prüfstein hermeneutischer Methodologie. Eine Interpretation mit dem Verfahren der objektiven Hermeneutik. (Oder: Ein objektiv-hermeneutisches Exerzitium). In: H.-D. König (Hrsg.): Neue Versuche, Becketts *Endspiel* zu verstehen. Frankfurt am Main, S. 93-249.
Pankraz (1979): Pankraz, der Holocaust und die Fernsehserie. In: P. Märthesheimer, I. Frenzel (Hrsg.): Im Kreuzfeuer: Der Fernsehfilm Holocaust. Eine Nation ist betroffen. Frankfurt am Main, S. 51-53.
Pomerantz, A. (1984): Agreeing and disagreeing with assessments: some features of preferred/dispreferred turn shapes. In: J. M. Atkinson, J. Heritage (Hrsg.): Structures of Social Action. Studies in Conversation Analysis. Cambridge, S. 57-101.
Rahmenrichtlinien Sekundarstufe I Gesellschaftslehre (1973). Der Hessische Kultusminister. Frankfurt am Main.
Rahmenrichtlinien. Allgemeine Grundlegung der Hessischen Rahmenrichtlinien (1978). Der Hessische Kultusminister. Frankfurt am Main.
Rahmenrichtlinien Sekundarstufe I Gesellschaftslehre. Unterrichtspraktischer Teil (1982). Der Hessische Kultusminister. Frankfurt am Main.
Sacks, H. (1987): On the preference for agreement and contiguity in sequences in conversation. In: G. Button, J. R. E. Lee (Hrsg.): Talk and Social Organization. Clevedon, S. 54-69.
Schegloff, E. A. (1984): On some questions and ambiguities in conversation. In: J. M. Atkinson, J. Heritage (Hrsg.): Structures of Social Action. Studies in Conversation Analysis. Cambridge, S. 28-52.
Schegloff, E. A. (1987): Between Micro and Macro: Contexts and Other Connections. In: J. C. Alexander, B. Giesen, R. Münch, N. J. Smelser (Hrsg.): The Micro-Macro Link. Berkeley, S. 207-234.
Schegloff, E. A. (1992): On talk and its institutional occasions. In: P. Drew, J. Heritage (Hrsg.): Talk at work. Interaction in institutional settings. Cambridge, S. 101-134.
Schegloff, E. A. (1996): Confirming Allusions: Toward an Empirical Account of Action. In: American Journal of Sociology, Vol. 102, No. 1, S. 161-216.
Schegloff, E. A., Sacks, H. (1974): Opening Up Closings. In: R. Turner (Hrsg.): Ethnomethodology. Harmonsworth, Middlesex, S. 233-264.
Schneider, W. L. (1991): Objektives Verstehen. Rekonstruktion eines Paradigmas: Gadamer-Popper-Toulmin-Luhmann. Opladen.
Schneider, W. L. (1992): Hermeneutik sozialer Systeme. Konvergenzen zwischen Systemtheorie und philosophischer Hermeneutik. In: Zeitschrift für Soziologie, Jg. 21, S. 420-439.
Schneider, W. L. (1992a): Hermeneutische Einzelfallrekonstruktion und funktionalanalytische Theoriebildung - Ein Versuch ihrer Verknüpfung, dargestellt am Beispiel der Interpretation eines Interviewprotokolls. In: J. H. P. Hoffmeyer-Zlotnik (Hrsg.): Analyse verbaler Daten. Über den Umgang mit qualitativen Daten. Opladen, (ZUMA-Publikationen), S. 168-215.

Schneider, W. L. (1994): Die Beobachtung von Kommunikation. Zur kommunikativen Konstruktion sozialen Handelns. Opladen.
Schneider, W. L. (1994a): Intersubjektivität als kommunikative Konstruktion. In: P. Fuchs, A. Göbel (Hrsg.): Der Mensch - das Medium der Gesellschaft? Frankfurt am Main, S. 189-239.
Schneider, W. L. (1995): Objektive Hermeneutik als Forschungsmethode der Systemtheorie. In: Soziale Systeme. Zeitschrift für soziologische Theorie, Jg. 1, Heft 1, S. 129-152.
Schönfeld, G. M. (1979): Nach "Holocaust" in Klasse 10. In: P. Märthesheimer, I. Frenzel (Hrsg.): Im Kreuzfeuer: Der Fernsehfilm Holocaust. Eine Nation ist betroffen. Frankfurt am Main, S. 287-294.
Schoeps, J. H. (1979): Angst vor der Vergangenheit? In: P. Märthesheimer, I. Frenzel (Hrsg.): Im Kreuzfeuer: Der Fernsehfilm Holocaust. Eine Nation ist betroffen. Frankfurt am Main, S. 225-230.
Sinclair, J. M., Coulthard, R. M. (1975): Towards an Analysis of Discourse: The English Used by Teachers and Pupils. London.
Spencer-Brown, G. (1979): Laws of Form. New York.
Stichweh, R. (1988): Inklusion in Funktionssysteme der modernen Gesellschaft. In: R. Mayntz, B. Rosewitz, U. Schimank, R. Stichweh: Differenzierung und Verselbständigung: Zur Entwicklung gesellschaftlicher Teilsysteme. Frankfurt am Main, S. 261-193.
Stichweh, R. (1992): Professionalisierung, Ausdifferenzierung von Funktionssystemen, Inklusion. Betrachtungen aus systemtheoretischer Sicht. In: B. Dewe, W. Ferchhoff, F.-O. Radtke (Hrsg.): Erziehen als Profession. Zur Logik professionellen Handelns in pädagogischen Feldern. Opladen. S. 36-48.
Sutter, T., Weisenbacher, U. (1993): Divergenz und Konvergenz von Text und Welt. In: T. Regehly u.a. (Hrsg.): Text - Welt. Karriere und Bedeutung einer grundlegenden Differenz. Parabel Schriftenreihe Bd. 16. Gießen, S. 41-54.
Tenorth, H.-E. (1989): Professionstheorie für die Pädagogik? In: Zeitschrift für Pädagogik, Jg. 35, S. 809-824.
Testanière, J. (1967): Chahut traditionel et chahut anomique dans l'enseignement du second degré. In: Revue francaise de sociologie, Vol. VIII, No. spécial. Sociologie de L'éducation (I), S. 17-33.
Turner, V. (1989): Das Ritual. Struktur und Anti-Struktur. Frankfurt am Main, New York.
Turner, V. (1989a): Soziale Dramen und Geschichten über sie. In: ders.: Vom Ritual zum Theater. Der Ernst des menschlichen Spiels. Frankfurt am Main, New York, S. 95-139.
Wiesel, E. (1979): Die Trivialisierung des Holocaust. In: P. Märthesheimer, I. Frenzel (Hrsg.): Im Kreuzfeuer: Der Fernsehfilm Holocaust. Eine Nation ist betroffen. Frankfurt am Main, S. 25-30.

Alfons Bora

Sachhaltigkeit versus Verfahren?

Einige methodologische Konsequenzen konstruktivistischer Wissenschaftssoziologie

Methoden scheinen ein Eigenleben gegenüber Theorien zu führen, und zwar auch gegenüber Methodologien. Dieser Verdacht wird durch die Beobachtung genährt, daß auch unorthodoxe Methoden "funktionieren", ja daß umgekehrt gerade das dogmatische Festhalten an kanonisierten Verfahrensweisen den Blick erheblich zu trüben vermag. Bisweilen sind Methodologien sogar als eine der Quellen des Widerstands gegen wissenschaftliche Entdeckungen bezeichnet worden.[1] Differenzen zwischen ertragreichen Methoden und methodologischen Taxonomien können also, so die Vermutung, gerade einen methodologischen Informationswert besitzen.

Es ist angesichts dieser autonomen Daseinsweise wissenschaftlicher Praktiken nicht weiter verwunderlich, daß der methodologische Status selbst etablierter Verfahren, wie der in der sozialwissenschaftlichen Hermeneutik angewandten, dauerhaft in der Diskussion geblieben ist. Dabei liegt das Problem offensichtlich mehr auf Seiten der Theorie, also der Methodologie, aber auch der Wissenschaftstheorie bzw. der Wissenschaftssoziologie. Als selbstimplikative, autologische Formen der Beobachtung suchen sie nach Konzeptualisierungen für alle wissenschaftlichen Operationen und damit auch für das gängige Methodenarsenal. Spielarten der Wissenschaftstheorie ebenso wie der Wissenschaftssoziologie, die von vornherein bestimmte Methoden auszuklammern versuchten, würden mit einem solchen Vorgehen ihren Geltungsanspruch in Frage stellen oder doch stark beschränken. Unter diesem Gesichtspunkt der Vollständigkeit methodologischer Reflexion stellt das Verhältnis von hermeneutischen Methoden und konstruktivistischer, konkret: systemtheoretischer Wissenschaftssoziologie einen instruktiven Fall dar. Es müßte sich - jedenfalls grundsätzlich - zeigen lassen, wie rekonstruktive Verfahren im theoriearchitektonischen Gesamtrahmen solcher Theorien beschrieben werden können.

Dabei wird man sich vor allem mit der Frage beschäftigen müssen, ob konstruktivistische Wissenschaftstheorie hinreichend sensibel ist für das Thema "Sachhaltigkeit von Rekonstruktionen". Solche Bedenken sind u.a. die

---

1 vgl. Barber 1962.

Konsequenz aus möglichen Relativismusvorwürfen gegen den Konstruktivismus. Derartige Vorwürfe kulminieren in der Frage, was eine Methodologie, die auf die "radikale" Konstruktion, auf den Entwurfscharakter von Erkenntnis und auf die vollständige Trennung von erkennendem "Subjekt" (Epistem) und Gegenstand hinausläuft, mit einer Methode anfangen will, die behauptet, den *Gegenstand* zu verstehen.[2] Nicht immer ist jedoch der theoretische Standort solcher oder ähnlicher Einwände völlig klar. Sind sie erkenntnistheoretischer Natur, beziehen sie sich also auf die Bedingungen der Möglichkeit des Verstehens bzw. Beobachtens ganz allgemein? Sind sie wahrheitstheoretischer Natur, beziehen sich also auf den Begriff und die Kriterien der "Wahrheit" von Beobachtungen, also auf ein Programm für das Beobachten zweiter Ordnung? Oder sind sie methodologischer Natur und verweisen damit auf die notwendigen Eigenschaften wissenschaftlicher Verfahren?

Ausgehend von einem erkenntnistheoretischen Konstruktivismus wird im folgenden nach dem Wahrheitsanspruch konstruktivistischer Theorien gefragt sowie nach den methodologischen Grundsätzen, die sich daraus ergeben. Dabei ist vor allem zu erörtern, welche Folgen sich aus der Festlegung auf eine Kohärenztheorie der Wahrheit für die methodologische Ebene ergeben. Inwiefern sind hermeneutische Methoden mit kohärenztheoretischen Überlegungen kompatibel? Es soll wenigstens ansatzweise gezeigt werden, daß konstruktivistische Theorien über einen gehaltvollen und operationalisierungsfähigen Wahrheitsbegriff verfügen, der auch für die Methodologie rekonstruktiver Verfahren fruchtbar gemacht werden kann.

Dazu wird in aller Kürze an die Erkenntnistheorie des Konstruktivismus erinnert, wie sie in der Kybernetik zweiter Ordnung und in der autopoietischen Systemtheorie zum Tragen kommt; der Vorwurf eines sich in Beliebigkeiten verlierenden Relativismus kann, wie sodann kurz erörtert wird, gegen eine autopoietische Wissenschaftstheorie wohl kaum aufrecht erhalten werden (1). Die Frage nach den Wahrheitskriterien einer konstruktivistischen Wissenschaftstheorie ist damit allerdings noch nicht beantwortet; Versuche, dies an die Ebene des Beobachtens erster Ordnung - an Formen des "Alltagswissens" - anzubinden, sind wenig chancenreich, wie ungelöste Probleme in der Sozialphänomenologie ebenso wie in Poppers Falsifikationismus zeigen; konstruktivistische Theorien benutzen daher mit guten Gründen eine Wahrheitskriteriologie, die auf Beobachten zweiter Ordnung abstellt (2). "Sachhaltigkeit" ist unter solchen Voraussetzungen nicht zu verstehen als (quasi gegenständlicher) "Maßstab" für Wahrheit, sondern als Stoppregel in Rekonstruktionsverfahren; sie besteht in Konsistenz und Komplexität der rekonstruktiv gewonnenen Strukturhypothesen (3). Unter diesen Voraussetzungen lassen sich dann abschließend einige Ansätze zu methodologischen "Brückenschlägen" zwischen objektiver Hermeneutik und Systemtheorie diskutieren (4).

---

2 Bisweilen läuft das dann auf die Alternative "Rekonstruktion statt Konstruktivismus" hinaus, Soeffner 1992.

1 Konstruktivismus - Relativismus

Im folgenden wird Gebrauch gemacht von Entwicklungen in der Biologie und der Kybernetik zweiter Ordnung, die als Konzepte der Selbstorganisation bzw. der Autopoiese bekannt geworden sind und in der Soziologie zuerst von der neueren Systemtheorie Niklas Luhmanns vertreten wurden. Diese Theorie stellt in Abgrenzung zum Konstruktivismus in der Philosophie, wie etwa der Erlanger Schule, und in der Mathematik - man denke an Frege, Russell oder den Streit zwischen Brouwers intuitionistisch begründeter Konstruktion und Hilberts Formalismus - wesentlich auf die Differenz von System und Umwelt ab und auf Beobachten (Unterscheiden) als grundlegende Operation.[3] Sie setzt also auf der allgemeinsten Ebene kognitiver Operationen an.

Die hermeneutische Frage in ihrer globalen Fassung, wie nämlich der Sinn von Texten *überhaupt* beobachtet bzw. verstanden werden könne, ist nach der Vorstellung der Systemtheorie und des neueren Konstruktivismus auf der Ebene des Beobachtens erster Ordnung angesiedelt. Sie ist damit *nicht* spezifisch für die Wissenschaft oder irgendein anderes gesellschaftliches Subsystem, sondern betrifft alle Episteme, die im Medium Sinn operieren. Damit ist unter anderem auch der Bereich angesprochen, der mit einer Unterscheidung des Wissenschaftssystems als "Alltag" bezeichnet werden kann. Auf diesem erkenntnistheoretischen Niveau gibt es zwei grundsätzlich verschiedene Antwortstrategien, die als Abbildtheorie bzw. Konstruktionstheorie der Erkenntnis charakterisiert werden.

Für die Systemtheorie und den sogenannten "radikalen" Konstruktivismus von Foersters, von Glasersfelds u.a. stellt sich die Antwort nach den Bedingungen der Möglichkeit von Erkenntnis wie folgt dar: Auf Grund der differenzlogischen Theorieanlage und der daraus folgenden grundlegenden Entscheidung, Systeme als geschlossen vorzustellen, muß Erkenntnis als Operation von Systemen ein konstruktiver Akt sein, da ein Operieren in der Umwelt grundsätzlich nicht möglich ist.[4] Die Umwelt ist für das System in diesem spezifischen Sinne kognitiv unzugänglich. Gleichwohl existiert sie, nicht in sachlicher Entsprechung, wohl aber in Gleichzeitigkeit zu den Operationen des Systems. Kognitive Operationen sind insofern kein Abbilden oder Repräsentieren der realen Welt, sondern bestehen in der Bildung von "Eigenwerten" im epistemischen System.[5] Von entscheidender Bedeutung für alle weiteren Überlegungen ist die Tatsache, daß Erkenntnis in diesem allgemeinen Sinne (als Beobachtung erster Ordnung) gegenüber der Unterscheidung wahr/unwahr zunächst völlig indifferent ist. Und diese Beschreibung gilt für alle kognitiven Systeme, egal, ob von psychischen oder Kommunikationssystemen die Rede ist.

---

3 vgl. vor allem Luhmann 1988.

4 zum folgenden vgl. vor allem Luhmann 1990 und 1988.

5 Eine Kritik der Abbildtheorie könnte etwa über den Komplexitätsbegriff geführt werden (Luhmann 1990, S. 201). Empirisch könnte man sich dabei auf Befunde aus Biologie, Neurophysiologie, Entwicklungspsychologie (v. Foerster, Glasersfeld, Piaget) stützen.

Wissen resultiert also aus Beobachtungen erster Ordnung; Wahrheit ist hingegen ein Code, der beim Beobachten zweiter Ordnung zum Unterscheiden von Erstbeobachtungen verwendet werden kann; er ist charakteristisch für das Wissenschaftssystem, das sich durch diese spezielle Art der Beobachtung von anderen Systemen unterscheidet. Wenn Wissenschaft als ein ausdifferenziertes, funktionales Subsystem moderner Gesellschaften bezeichnet wird, das sich auf das Beobachten von Beobachtungen spezialisiert hat und mit dem Code Wahrheit operiert, so ergibt sich daraus zunächst weder die Bevorzugung von Wahrheit gegenüber Unwahrheit noch eine Entscheidung darüber, nach welchen Kriterien über Wahrheit entschieden werden soll. Zu diesem Zweck werden zum einen Präferenz- bzw. Rejektionswerte eingesetzt, die über Programme den Code selbst steuern (Theorien); zum anderen werden Programme durch den Anschluß an andere Unterscheidungen paradoxiefrei gehalten (Methoden). Methoden sind also Vorkehrungen gegen "Beliebigkeit", gegen die systeminterne Kontingenz; solche Kontingenzformeln in Form von Verfahren findet man beispielsweise auch im Rechtssystem. Daß die lege artis gebildeten, mit Wahrheit (Recht, Geld ...) codierten Sätze in konkreten Situationen quasi "extern", d.h. aus der Perspektive eines anderen Beobachters, mit anderen Satztypen (Schönheit, gutes Leben etc.) konkurrieren können, bleibt davon unberührt und tangiert die internen Gültigkeitsbedingungen nicht.

Umgekehrt folgt allerdings aus dem Umstand, daß die Anwendung eines Codes Teil des selbstreferentiellen Operierens des Systems - also Konstruktion - ist, in keiner Weise, daß diese Operation sich - wie auch immer - beliebig vollziehe. Beliebigkeit hieße ja: auf die Unterscheidung letztlich zu verzichten, also auch: die System-Umwelt-Grenze aufzuheben. Daß Kontingenz möglich ist, kann nicht bezweifelt werden, ebensowenig aber, daß das Kontingentwerden der System-Umwelt-Unterscheidung das Ende systemspezifischen Operierens nach sich zieht. Sobald also die Unterscheidung wahr/falsch von einer Kommunikation selbst als kontingent unterstellt wird, handelt es sich nicht mehr um eine Kommunikation des Wissenschaftssystems; und umgekehrt orientiert man sich an der Unterscheidung wahr/falsch, solange wissenschaftlich kommuniziert wird. Auch die systemtheoretische Wissenschaftssoziologie nimmt folgerichtig für sich in Anspruch, selbst Teil der über Wahrheit codierten Kommunikationen zu sein, die sie beobachtet, also ihre Beobachtungen als "wahr" zu bezeichnen. Es gibt *insofern* von der Theorieanlage her gar keinen Ausweg in einen "radikalen Relativismus".[6] Kommunikationen, die nicht mehr der Unterscheidung wahr/falsch folgen, gehören nicht mehr dem Wissenschaftssystem an.

Relativismusvorwürfe lassen sich auf dieser Ebene eigentlich nur gegen einen Theorietyp erheben, wie er etwa im Gefolge marxistisch inspirierter Wissenschaftssoziologien, aber auch in der klassischen Wissenssoziologie aufgetreten ist. Die zeitweilig in Starnberg vertretene "Finalisierungsthese", nach der interne Entwicklungsprozesse wissenschaftlicher Disziplinen wie z.B. der Agrochemie oder der Strömungsphysik Resultate externer, und zwar industriell-

6 so im Ergebnis auch Schmid 1996, S. 141.

wirtschaftlicher Faktoren sind, mag vielleicht als Beispiel dafür dienen.[7] Auch die Bielefelder Laborkonstruktivisten um Karin Knorr-Cetina oder Wissenschaftssoziologen wie Bruno Latour[8] vertraten zumindest anfänglich die Ansicht, die "soziale Erzeugung" bestimme letztlich Form und Inhalt wissenschaftlichen Wissens. Und noch in einer vorsichtig formulierten Variante heißt es, das Wissenschaftssystem könne ohne den Import systemfremder Elemente nicht funktionieren.[9] Diese Theoreme verursachen allerdings regelmäßig Schwierigkeiten, wenn man versucht, sie auf sich selbst anzuwenden. Karl Mannheim selbst hatte sich schon gegen den in einem sozialen Determinismus verborgenen Relativismus zu wehren gesucht, indem er erstens einen epistemologischen Sonderstatus von Naturwissenschaft und Mathematik einführte - also insofern eine Position des Realismus und nur im übrigen diejenige eines sozialen Konstruktivismus vertrat -, und indem er zweitens seinen Wahrheitsbegriff durch kohärenztheoretische Modulationen zu objektivieren versuchte. Denn Modelle "sozialer Konstruktion", die den wissenschaftlichen Kommunikationsprozeß nicht als autoregulativen Vorgang, sondern als quasi deterministische Kausalbeziehung zwischen "gesellschaftlichem Unter-" und "wissenschaftlichem Überbau" betrachten, geraten in der Tat in Probleme. Sie haben keine Möglichkeit, mit der Paradoxie umzugehen, die sich bei dem Versuch der Selbstimplikation ergibt, und können sich deshalb kaum gegen starke Relativismusvorwürfe wehren. Ein verbreitetes Argument, das unter anderen auch Lyotard gegen Latour vorgebracht hat, läuft auf den niedrigen Grad an Selbstimplikationsfähigkeit solcher Theorien hinaus: die Behauptung, Wissenschaft sei rhetorisch ("sozial" determiniert), ist entweder rhetorisch, *weil* wissenschaftlich, und daher unfähig, einen Wahrheitsgehalt zu behaupten. Oder sie ist wissenschaftlich, *weil nicht* rhetorisch; dann darf man aber nicht behaupten, daß die Wissenschaft überhaupt, sondern nur, daß eine bestimmte Wissenschaft rhetorischer Natur ist.[10]

Mit anderen Worten: der Relativismusvorwurf resultiert allenfalls aus dem Determinismus eines halbierten Konstruktivismus. Eine Variante eines solchen "falschen Konstruktivismus" gibt es beispielsweise auch im Umfeld politischer Technikkritik überall dort, wo gesagt wird, angesichts der Vielzahl wissenschaftlicher "Meinungen" könne man über die Gefahren neuer Techniken nur noch abstimmen. Solche modischen Technik- und Wissenschaftskritiken in der Politik stützen sich lediglich auf eine konstruktivistische Rhetorik. Der Konstruktivismus wird dabei - ähnlich ergeht es bisweilen der Postmoderne - zu einer "Philosophie der Beliebigkeit" verballhornt, Wahrheitsansprüche werden in dieser Rhetorik auch entsprechend folgerichtig durch Mehrheits- oder sonstige

---

7 vgl. Böhme et al. 1978

8 vgl. Knorr-Cetina 1984; Latour/Woolgar 1986; Latour 1987.

9 vgl. Wagner 1996, S. 92.

10 vgl. Lyotard 1983, S. 40. Eine weitergehende wissenschaftssoziologische Kritik des Laborkonstruktivismus findet sich bei Hasse/Krücken/Weingart 1994.

machtförmige Entscheidungen ersetzt.[11] Wenn man dagegen von den Argumenten eines konsequenten Konstruktivismus Gebrauch macht, sind derartige Manöver nicht möglich, da die eben skizzierte Art von "Determinismus" oder "Kausalität" vollständig ausfällt. Externe Einflüsse auf Wissensproduktion, die niemand leugnen würde, werden dann als Bedingungen für die Selektion funktionaler Äquivalente betrachtet, als Konditionierungen auf der Ebene von Programmen.[12] Das System selbst folgt freilich seinen intern erzeugten Regeln der Beobachtung von Beobachtungen. Da kann man dann auch wissenschaftssoziologisch nicht heraus: qua Selbstimplikation gilt dasselbe auch für die autologische Beobachtung des Wissenschaftssystems.

Damit ist zwar die grundsätzliche wissenschaftssoziologische Position des Konstruktivismus umrissen. Umso dringlicher aber stellt sich dann die Frage nach dem zugrundeliegenden Wahrheitsbegriff und den Wahrheitskriterien, auf die man sich dabei bezieht. Denn es ist klar, daß der vorerst stillgestellte Relativismusverdacht dort von neuem auftaucht. Begrifflich befindet sich die Systemtheorie dabei relativ nahe an der Kohärenztheorie der Wahrheit;[13] sie ersetzt Kohärenz durch informationelle Redundanz und führt Komplexität als übergeordnetes Wahrheitsmerkmal ein.[14] Kriteriologisch muß sie sich nach dem bisher Gesagten zwangsläufig auf *Verfahren* stützen, mittels derer sich entscheiden läßt, ob und wann von "wahren" Sätzen gesprochen werden kann. Solche prozeduralen Wahrheitskriteriologien stehen in gewissem Gegensatz zu der Position, die in Wahrheitskriterien einen *Maßstab* für Wahrheit sieht, der angibt, wann ein Satz und sein Referent übereinstimmen bzw. in welchem Ausmaß sie das tun. Die Wahrheitstheorie spricht im zweiten Fall von "Sachgemäßheit" - und das scheint mir auch in Ulrich Oevermanns Gebrauch des Terminus "Sachhaltigkeit" mitzuschwingen.

Die objektive Hermeneutik beruft sich auf die Sachhaltigkeit ihrer Analysen, "die die Sache selbst zum Sprechen bringen, indem sie sich an sie anschmiegen ...".[15] Andererseits muß sie, will sie nicht in die unerwünschte Nähe einer Korrespondenztheorie der Wahrheit, einer Abbildtheorie der Erkenntnis - kurz: eines ontologischen Realismus geraten, sich von möglichen Fehldeutungen dieser schönen Metapher distanzieren. Unter der Bezeichnung "methodologischer Realismus" wird deshalb in einem späteren Text - mit Blick auf die Welt der Sinnstrukturen - eine stärker auf Verfahren basierende Position vertreten: "Das Kriterium für den Umfang erfahrbarer Realität besteht hier nicht in der sinnlichen Gegebenheit der Gegenstände, sondern in deren intersubjektiv nachprüfbarem, zwingenden Nachweis aufgrund methodisch expliziter

---

11 Diese "Neokonstruktivisten" hat Döbert 1995 im Visier; zur Funktion wahrheitsorientierter Diskurse für Technikbewertungen siehe auch Bora/Döbert 1993.

12 vgl. Schimank 1996, S. 165ff.

13 vgl. Rescher 1973, 1979.

14 vgl. Luhmann 1990, S. 609ff., S. 373; etwas mißverständlich heißt es dort "Wahrheitskriterium", während eine Kriteriologie erst anzugeben hätte, wie man Kohärenz und Komplexität feststellt.

15 Oevermann 1983, S. 234.

Operationen ...".[16] Hinter dieser Sichtweise ließe sich eher ein kohärenztheoretischer Wahrheitsbegriff vermuten. Explizite Festlegungen bleiben allerdings aus.

Wenn ich es recht sehe, liegt hier der kritischste Punkt im Verhältnis von konstruktivistischer Wissenschaftstheorie und rekonstruktiven Methoden, nämlich in der Frage, ob ein derartiger "Maßstab" unabhängig von Verfahren "existiert" oder nicht. Eine Argumentationsfigur, die zur Unterstützung des ontologischen Realismus verwendet werden kann, besteht nun darin, eine "Erkenntnistheorie des Alltags" und die Wahrheitskriteriologie - die nach den bisherigen Überlegungen auf ganz unterschiedlichen Abstraktionsniveaus angesiedelt sind - kausal aufeinander zu beziehen. Dieses Argument behauptet mit anderen Worten, Realität und Wahrheit seien durch einen einzigen Beobachtungsmodus kausal verknüpft, weil Wahrheitskriterien sich durch Beobachtung 1. Ordnung gewinnen ließen. Das Postulat der methodischen Sachhaltigkeit und konstruktivistische Wissenschaftstheorien, so könnte man meinen, ließen sich deshalb gegeneinander ausspielen.

Solche Annahmen verursachen allerdings Folgeprobleme und werden deshalb auch nirgends wirklich konsequent durchgehalten. Das läßt sich im Rückblick auf sozialphänomenologische Traditionen ebenso wie auf Poppers Kritik einer Theorie des Alltagsverstandes in aller Kürze illustrieren.

2 Wahrheitskriterien

Auch in der sozialphänomenologischen Tradition ist es üblich, Wissensbestände als Konstruktionen und den rekonstruktiven Sozialforscher als "Konstrukteur 2. Ordnung" zu beschreiben: Er "verdoppelt in seinen Konstruktionen nicht einfach die [von ihm beobachteten, A.B.] jeweiligen Konstrukte alltäglichen Handelns. Vielmehr überzieht er in den Prozessen des Beschreibens, Verstehens und Erklärens die alltäglichen Konstruktionen mit einem Netz von Kategorisierungen, idealtypischen Annahmen, Modellen, ex-post-Schlüssen und Kausalisierungen oder Finalisierungen."[17] Wenn man mit einer solchen Position nicht in allzu gefährliche Nähe zu den "radikalen" Konstruktivisten geraten will, müssen nun allerdings Kautelen und Relativierungen über den Begriff des Alltags, also des Beobachtens 1. Ordnung eingebaut werden. Der Wissenschaftler tut dann "nichts prinzipiell anderes, als das, was die Menschen im Alltag auch tun."[18] Als Absicherung gegen befürchtete konstruktivistische Beliebigkeit dient der Rekurs auf die allen Menschen in gleicher Weise gegebene Alltagskompetenz. Wissenschaftssoziologisch gerät man damit in die bekannte und oben in der Form von Lyotards Einwand gegen Latour vorgeführte Falle: Eine selbstimplikative Theorie müßte angeben können, ob diese Unterscheidung zwischen

16 Oevermann 1993, S. 118.

17 Soeffner/Hitzler 1994, S. 33.

18 ebenda.

Wissenschaft und Alltag und der durch sie bedingte methodische Perspektivenwechsel zwischen beiden Sphären selbst wissenschaftlich oder alltagsförmig ist - ein Problem, das seit Alfred Schütz bekannt, aber in den sozialphänomenologischen Theorien bislang wohl nicht überzeugend gelöst ist. Konstruktion als differenztheoretisches und Partizipation an der lebensweltlich-alltäglichen Welt als identitätstheoretisches Modell lassen sich nicht unter der Hand harmonisieren.

Man sieht mit anderen Worten nicht, wie das Problem des Teilnehmer-Beobachter-Perspektivenwechsels hier theoretisch gelöst werden soll. Wie kann die Differenz zwischen Beobachtung und Gegenstand in Teilnahme transponiert werden? Entweder ist die Perspektive des Forschers eine beobachtende und insofern eben gerade nicht mit dem beobachteten Gegenstand geteilt; oder aber beide Perspektiven sind geteilt und damit identisch: dann gibt es in dieser Beziehung auch keinen Beobachter mehr. Schütz' radikale Konsequenz eines nicht weiter theoriefähigen Einstellungswechsels hat das Problem bekanntlich nicht gelöst, sondern eigentlich erst bezeichnet: der wissenschaftliche Beobachter soll sein Relevanzsystem gegen dasjenige der beobachteten Alltagspraxis austauschen können. Dabei bleibt allerdings unklar, wie es möglich sein sollte, sich der Bedingung der Möglichkeit eines solchen Einstellungswechsels bzw. seines Gelingens methodologisch (wissenschaftlich!) zu versichern. Die schiere Reklamation einer gemeinsamen "Welt" von Beobachter und Beobachtetem bleibt theoretisch defizitär.

Als zweiter Hinweis neben der Sozialphänomenologie mag die Erinnerung an Poppers Kritik einer Erkenntnistheorie des Alltagsverstandes dienen. Popper zweifelte einerseits nie an dem sachlich angemessenen und unhintergehbaren Realismus des Alltagsverstandes, an der Tatsache mit anderen Worten, daß das Epistem eine Welt beobachtet, die unabhängig von der Beobachtung ist. Andererseits gab er sich alleredings auch nie der Illusion hin, aus dem Alltagswissen könne eine Erkenntnistheorie folgen. "Der Versuch, die Theorie des Alltagsverstandes als Ganzes - Realismus plus Erkenntnistheorie des Alltagsverstandes - beizubehalten, ist zum Scheitern verurteilt", heißt es zum Abschluß des Aufsatzes über die "Zwei Seiten des Alltagsverstandes".[19] Die Erkenntnistheorie des Alltagsverstandes, so schließt Popper, sei durch eine "objektive" Theorie zu ersetzen, die allerdings vom Realismus des Alltagsverstandes in näher zu bestimmender Weise Gebrauch machen müsse.[20] Alltagswissen ist in Poppers Sprache "subjektive Erkenntnis", unmittelbare Gewißheit; sie bezieht sich auf die Welten 1 und 2. Eine objektive (wissenschaftliche) Erkenntnistheorie erstreckt sich darüber hinaus auch auf Welt 3. Und sie ist formal anders gebaut: sie hat die Form "kühner Vermutungen", ihr fehlt also gerade das Moment "subjektiver" Gewißheit, das den Alltag kennzeichnet. Dahinter steckt eine Besonderheit von Poppers Wahrheitstheorie,

---

19 Popper 1972, S. 122.

20 also systemtheoretisch gesprochen: die Beobachtung 1. Ordnung methodisch einsetzen müsse.

nach der Wahrheit korrespondenztheoretisch begriffen wird,[21] die Wahrheitskriteriologie jedoch im Falsifikationismus auf Verfahren angelegt ist. Beides wird durch die graduelle Abstufung des Wahrheitsbegriffs in Konzepten wie "Wahrheitsgehalt" und "Wahrheitsähnlichkeit" kompatibel gemacht: Neue, in Falsifikationsversuchen erprobte Theorien sind (wegen der Falsifikationsversuche, d.h. wegen der Durchführung entsprechender Verfahren) bessere Annäherungen an die Wahrheit als alte. Also insgesamt eine recht unwahrscheinliche Kombination: Korrespondenztheorie plus Verfahren als Kriterium - bei aller "Theoriegebundenheit von Beobachtung"[22]. Und im Zusammenhang mit dieser Theoriearchitektur ist auch die ambivalente Stellung des Alltagswissens zu verstehen. Es gibt unmittelbare (subjektive) Erfahrung als Beobachtung 1. Ordnung, aber die wissenschaftliche Methode kann sich nicht (nur) darauf stützen.

Die hier angelegte Spannung ist bei Popper letztlich nicht mehr aufgelöst worden. Sie hat aber in der Wissenschaftssoziologie ein interessantes Nachspiel. Im Gefolge der Popper-Kuhn-Kontroverse, in welcher der Falsifikationismus der Popperschen Wahrheitstheorie angegriffen wurde,[23] formuliert Imre Lakatos das wissenschaftstheoretische Programm eher in Richtung auf ein Modell der Selbstorganisation um: Er weist darauf hin, daß oft "interne" Gründe (Einfachheit, Genauigkeit, "Eleganz" einer Theorie) ausschlaggebend für die Weiterentwicklung einer Theorie sind. Lakatos zeigt dies am Beispiel der Mathematik, die er ihres von Mannheim bis Popper vertretenen Sonderstatus entkleidet und "empiristisch" deutet. Damit hat er sie zugleich für Poppers Wissenschaftstheorie zurückgewonnen, da sie sich nunmehr wie alle anderen Disziplinen als ein bis auf weiteres gültiges System von Sätzen darstellt. Sie ist ihrer Sonderstellung beraubt und unter falsifikationistische Kuratel gestellt worden. Wenn Lakatos damit letztlich ebenfalls in eine Sackgasse geriet, so lag dies wohl am Festhalten an korrespondenztheoretischen Versatzstücken. Der Falsifikationismus setzt auch für die Mathematik "eine wie auch immer geartete äußere, objektive Welt voraus, anhand derer Theorien beurteilt werden können."[24] Lakatos ist diesen Nachweis letztlich schuldig geblieben, die Mathematik hat sich dann, wie Bettina Heintz zeigt, insgesamt vom Modell "objektiver Falsifikatoren" und damit von der Beobachtung 1. Ordnung als Wahrheitskriterium verabschiedet.[25]

Im Gegensatz zu den oben erwähnten Theorien zieht die objektive Hermeutik eine scharfe Trennlinie zwischen "Alltag" und wissenschaftlicher Wahrheit; die objektive Gültigkeit methodischer Rekonstruktionen wird allein im Wissenschaftssystem thematisiert. Damit befindet man sich schon in gewisser

---

21 so im Ergebnis auch Schneider 1991, S. 70.

22 Popper 1982, S. 31, Fn.1

23 Speziell gegen die Annahme, Beobachtungsdaten führten zur Aufgabe von Hypothesen und Theorien, verteidigte Willard V. Quine die Annahme der Undeterminiertheit.

24 Heintz 1993, S. 145.

25 ebenda, S. 147-150.

Nähe zu konstruktivistischen Methodologien, die ebenfalls versuchen, Kriteriologie und Wahrheitsbegriff so aufeinander abzustimmen, daß die an den Beispielen von Schütz und Popper erwähnten Probleme nicht mehr auftreten. Dies heißt vor allem, auf der begrifflichen Ebene der Wahrheitstheorie von der Korrespondenzthese endgültig Abschied zu nehmen, ohne ihr jedoch in der "Alltagserkenntnis" ihre Daseinsberechtigung zu bestreiten; Poppers Überlegungen zeigen, daß Beobachtung 1. Ordnung stets mit Korrespondenzannahmen operiert, die ihr gewissermaßen Rückendeckung für die intuitiv gewonnene "subjektive" Gewißheit ihres Wissens liefern. Es heißt dann konsequenterweise auch, die Kriterien für die Wahrheit von Beobachtungen in Methodenanweisungen zu übersetzen. Und es heißt schließlich die Frage zu beantworten, wie man mit der Kontingenz von Programmen auf *dieser* Ebene theoretisch umgeht.

Im "Edinburgher Modell", wie es etwa von David Bloor oder Barry Barnes[26] vertreten wird, setzt man auf einen harten Konstruktivismus ("strong programme"). Da es nach dieser Ansicht grundsätzlich keine Rückkopplungschleifen zwischen Epistem und Umwelt geben kann, läßt sich auch überhaupt kein Wahrheitskriterium angeben. Deshalb bleibt Wissenschaft ein Sprachspiel neben zahllosen anderen, ohne spezifisch ausgewiesenen Geltungsanspruch. Demgegenüber beharrt ein weicher Konstruktivismus ("soft programme"), etwa im Sinne von Mary Hesse,[27] auf der raumzeitlichen Organisiertheit der Realität, die deshalb in Form eines feedbacks die Operationen des Epistems quasi korrigieren könne. Dabei scheint freilich vor allem die Abgrenzung zu Korrespondenzmodellen sehr schwierig zu sein. Gunther Teubner hat deswegen eine elaborierte und an die Kohärenztheorie der Wahrheit angelehnte Position für die autopoietische Systemtheorie eingefordert,[28] ohne jedoch die Konturen einer solchen bislang detaillierter umrissen zu haben. Im folgenden Abschnitt sollen unter dem Stichwort "Sachhaltigkeit" einige Bausteine zu einer solchen Methodologie zusammengetragen werden.[29]

3 Sachhaltigkeit

Das Verständnis des systemtheoretischen Verhältnisses zur Hermeneutik wird durch eine etwas unglückliche Begriffswahl in der Theorie sozialer Systeme behindert. Wie verschiedentlich bemerkt wurde, setzt Luhmann den Begriff des Verstehens auf zweierlei Weise ein, wobei die beiden Begriffsvarianten auf unterschiedlichen theoretischen Ebenen angesiedelt sind. Armin Nassehi hat in diesem Band dafür die Bezeichnungen "operatives" und "beobachtendes" Verstehen vorgeschlagen. Als *operatives Verstehen* bezeichnet er eine spezifische Selektionsleistung von Kommunikationssystemen, die als dritte

26 vgl. etwa Barnes/Bloor/Henry 1996.

27 vgl. Arbib/Hesse 1986.

28 vgl. Teubner 1995, S. 150ff.

29 Dabei wird in einigen Punkten auf bereits Veröffentlichtes zurückgegriffen, vgl. Bora 1994.

Komponente des Kommunikationsbegriffs (neben Information und Mitteilung) für Anschlußmöglichkeiten weiterer Kommunikationen zuständig ist. Insofern geht es um eine selbstreferentielle Form des Operierens. Mit *beobachtendem Verstehen* ist dagegen eine spezifische Art des Beobachtens, nämlich des Unterscheidens und Bezeichnens der System-Umwelt-Differenz eines anderen Systems gemeint. Auf beiden Seiten der Beobachtung können hierbei sowohl psychische als auch soziale Systeme vorkommen. Wir haben es mit einer Form von Fremdreferentialität zu tun.

Meine Bedenken gegen diese Doppelverwendung des Terminus Verstehen rühren unter anderem daher, daß das "beobachtende" Verstehen als Operation eines geschlossenen Systems nur qua Selbstreferenz möglich ist, also - je nachdem, ob das beobachtende System psychischer oder sozialer Art ist - über Erleben oder über Kommunikation. Da Kommunikation per definitionem "operatives" Verstehen enthält, gibt es mit anderen Worten für Kommunikationssysteme kein beobachtendes ohne operatives Verstehen, sowenig wie für psychische Systeme ein beobachtendes Verstehen ohne Erleben. Auch für das Wissenschaftssystem als Kommunikationssystem heißt dies folglich, daß sein beobachtendes Verstehen (Fremdreferenz) notwendig über operatives Verstehen (Selbstreferenz) abläuft. Die Elemente des Wissenschaftssystems sind Kommunikationen. Deshalb kann es alles, was es beobachtet, das heißt unterscheidet und bezeichnet, nur mit den Mitteln der Kommunikation beobachten. Im folgenden werde ich deshalb keinen systematischen Gebrauch von der genannten Unterscheidung machen, sondern stärker auf die Differenz von Beobachtungen erster und zweiter Ordnung abstellen.

Im Zusammenhang mit der Erörterung wahrheitstheoretischer Fragen war bereits darauf hingewiesen worden, daß für die Systemtheorie als Spielart des Konstruktivismus die Korrespondenztheorie und eine entsprechende Kriteriologie nicht akzeptabel sind. Die Kriterien für angemessenes, das heißt als "wahr" codiertes Verstehen kann diese Methodologie also nicht direkt aus ihrer Umwelt entnehmen. Sie wird vielmehr versuchen, sie aus Spezifika der Systemoperationen selbst zu gewinnen. Und das kann nur bedeuten: Die Kriterien müssen kommunikativer Art sein und im Wissenschaftssystem selbst erzeugt werden. Sie werden sich also auf Merkmale wissenschaftlicher Methoden selbst beziehen. Denn diesen fällt die Funktion zu, die auf der Ebene von Theorien nicht erforderliche Binarität wahr/unwahr zu erzeugen.[30] Die Luhmannsche Systemtheorie unterscheidet hier zwischen "deduktiven" und "kybernetischen" Methoden. Beide Verfahrensweisen unterscheiden sich in hauptsächlich darin, wie sie wissenschaftsinterne Rekursivität erzeugen. Deduktive Methoden setzen auf Sicherheitsüberprüfungen, kybernetische auf mehr oder weniger gewagte Annahmen mit Kontrollvorbehalten.

Hermeneutische Methoden lassen sich als ein Fall kybernetischer Verfahren begreifen. Die wissenschaftliche Kommunikation benutzt dabei Interpenetration und Interferenz als Kopplungsmechanismen beim "beobachtenden" Verstehen.

---

30 vgl. Luhmann 1990, S. 413.

Das methodische Wahrheitskriterium wird dann im "operativen" Verstehen selbst erzeugt, und zwar - was die Sache nicht leichter verständlich macht - auf der Ebene des Beobachtens zweiter Ordnung. Dort wird "Sachhaltigkeit" als Stoppregel eingesetzt, die anzeigt, daß genügend Komplexität und Konsistenz in der wissenschaftlichen Kommunikation erreicht sind.

Ich gehe die eben skizzierten Schritte im folgenden einzeln und der Reihe nach durch. Dabei verwende ich einen *Sinnbegriff*, der über die von der Systemtheorie verwendete Relation von Aktualität und Potentialität hinaus noch die von der objektiven Hermeneutik bezeichneten Charakteristika enthält: Sequentialität, Regelhaftigkeit und Kommunizierbarkeit. Sequentialität meint die Emergenz von Selektionen aus einer zeitlichen Folge von Kommunikations- oder Bewußtseins-Ereignissen; Regelhaftigkeit bezeichnet die Strukturförmigkeit, ohne die nicht von einem Kommunikations- bzw. psychischen System die Rede sein könnte, also die Auswahl einer bestimmten Relation; Kommunizierbarkeit kennzeichnet den Umstand, daß diese Struktur sozial erzeugt wird, nämlich in der typischen Verknüpfung der drei Selektionen "Information", "Mitteilung" und "Verstehen".[31]

(a) Beobachtung erster Ordnung wird von Kommunikationssystemen wie etwa der Wissenschaft über zwei Mechanismen vollzogen, nämlich über Interferenz und Interpenetration.

Interferenz bezeichnet die Beziehung zwischen sozialen Systemen. Anders als beispielsweise soziale und psychische Systeme können verschiedene soziale Systeme ein Kommunikationsereignis (Mehrsystemereignis) gemeinsam haben. Denn alle sozialen Systeme operieren im Medium Sinn, alle benutzen Kommunikationen als Elemente und die Kommunikation jedes Subsystems ist zugleich allgemeine gesellschaftliche Kommunikation.[32] Kommunikationen anderer Systeme können in einem solchen Fall von einem Kommunikationssystem wie der Wissenschaft beobachtet werden, indem sie unmittelbar als *eigene* Systemelemente verwendet werden. Als Beispiel seien Luhmanns Fallstudien zu Gesellschaftsstruktur und Semantik erwähnt, etwa der Beitrag "Am Anfang war kein Unrecht", in welchem historische Texte direkt in den soziologisch beobachtenden Text eingebaut werden, um zu zeigen, wie die juristische Semantik einen Diskurs über die Entstehung von Eigentum zur Vermeidung von Paradoxien einsetzt.

Im Unterschied zur Interferenz werden die Bewußtseinsereignisse psychischer Systeme erst kommunizierbar gemacht, wenn psychische und soziale Systeme *interpenetrieren*. Dies ist denkbar, weil beide auf der Basis desselben Materialitätskontinuums "Sinn" operieren und sich deshalb wechselseitig Komplexität zum Aufbau von Eigenkomplexität zur Verfügung stellen können.[33] Die Möglichkeit wechselseitiger Interpenetration sozialer und psychischer Systeme

---

31 was nicht heißt, daß Welt per se und als ganze "textförmig" sei, wohl aber, daß sie in ihren sinnhaft rekonstruierbaren Dimensionen diese Gestalt hat: vgl. Bora 1994, S. 324f.

32 vgl. Teubner 1989, S. 106f.; Luhmann 1990, S. 88ff. (Mehrsystemereignisse).

33 vgl. Luhmann 1988, S. 897.

hängt von zwei Umständen ab, zum einen von der Sozialisation psychischer Systeme und zum anderen von der Textförmigkeit (Sequentialität, Regelhaftigkeit und Kommunizierbarkeit) des Sinngeschehens.

Das kann man wie folgt begründen: Unter Interpenetration versteht man das wechselseitige Zurverfügungstellen von Komplexität. Sie stellt Bindungen her, ohne die Autopoiese der beteiligten Systeme aufzuheben.[34] Solche Bindungen setzen einen Spielraum noch nicht voll bestimmter Möglichkeiten der interpenetrierenden Systeme voraus und bestehen dann in der Festlegung des Verwendungssinns dieser offenen Möglichkeiten. Das geschieht im Falle von Sinn-Systemen durch binäre Schematisierungen. Das "integrative", die Bindung erzeugende Moment besteht in der Verwendung des gleichen Differenzschemas auf beiden Seiten. Mit anderen Worten: "Die Struktur des Geschehens ist auf beiden Seiten analog. ... Was den Zusammenhalt ermöglicht, ist dies wechselseitige Voraussetzen der Reproduktion und die Sinnform, die das laufende Artikulieren der Interpenetration ermöglicht: die Sinnform der schematisierbaren Differenz."[35] Wenn sich nun aber Bewußtsein nur auf Bewußtsein, Kommunikation nur auf Kommunikation beziehen kann, so muß die Analogie zwischen beiden Systemtypen eine strukturelle sein: Sinn wird in beiden Fällen als sequentielle Auswahl aus möglichen Relationen zwischen den Einzelereignissen der Systeme (Bewußtseinsakten, Kommunikationen) konstituiert. Diese Strukturanalogie entsteht überhaupt erst, weil sich psychische Systeme in Sozialisationsprozessen bilden und deshalb genau unter dieser Bedingung ihre Sinnstrukturen formieren.[36] Die Textförmigkeit von Sinn stellt damit die entscheidende Bedingung für die Konstitution psychischer Systeme im Interpenetrationsverhältnis mit sozialen Systemen dar. Der Zusammenhang von Autopoiesis des Bewußtseins, Interpenetration und Strukturanalogie zwischen psychischen und sozialen Systemen beruht auf dieser textförmigen, transsubjektiven Qualität des Sinngeschehens.

Das bislang Gesagte gilt soweit für alle Kommunikationssysteme, also nicht nur für die Wissenschaft, wo die klinische Methode Piagets oder Freuds Traumdeutung als Beispiele für Interpenetration als Kopplungsmechanismus angeführt werden könnten. Es gilt in ähnlicher Weise etwa auch für das Recht; Interpenetration spielt im Rechtssystem eine Rolle, wenn beispielsweise darüber kommuniziert wird, was in einem Beschuldigten zur Zeit der Tat vor sich gegangen ist. Interferenz ist dagegen im Spiel, wenn die Kommunikationen der Wissenschaft, etwa über neue Technik, vom Recht beobachtet werden, um daraus Zurechnungskriterien für riskantes Verhalten zu gewinnen usw. Was Recht ist, ergibt sich daraus in keinem Fall; die Codierung "Recht/Unrecht" wird erst durch die Beobachtung der Beobachtung ermöglicht. Auch im Fall der Wissenschaft verläuft die Codierung "wahr/unwahr" über eine Beobachtung zweiter Ordnung.

---

34 vgl. Luhmann 1984, S. 290, 297ff.

35 ebenda, S. 316.

36 siehe auch Bora et al. 1991.

(b) Mit dem Beobachten erster Ordnung haben wir gewissermaßen die Ebene der Datengewinnung betrachtet. Diese Daten des Wissenschaftssystems liegen als Kommunikationen vor und können nun zum Gegenstand spezifisch wissenschaftlicher Kommunikation - also einer Beobachtung zweiter Ordnung - gemacht werden. Diese Zweitbeobachtung wird als "wahr" bezeichnet, wenn sie als Kommunikation bestimmte Voraussetzungen erfüllt, wenn sie also den methodischen Wahrheitskriterien genügt. An diese allgemeine Feststellung knüpft eine Reihe von Überlegungen an.

Zunächst kann man sich fragen, in welcher Weise eine Beobachtung erster Ordnung zum Gegenstand wissenschaftlicher Zweitbeobachtung werden kann. Die Pointe von Oevermanns objektiver Hermeneutik besteht an dieser Stelle nun gerade darin, in der praktischen Anwendung gezeigt zu haben, daß das "Material" wissenschaftlicher Kommunikation selbst in einem spezifischen Sinne zu deren "Bestandteil" werden kann. Und zwar in seiner zeitenthobenen Gestalt: als Protokoll, das in methodischer Einstellung rekonstruiert wird. Dies ist nach systemtheoretischer Sichtweise möglich, weil sinnstrukturierte Ereignisse über Interferenz und Interpenetration gekoppelt sein können. Gleich ob das Protokoll die Spur eines psychischen (Erzählung eines Traums) oder eines kommunikativen Ereignisses darstellt, immer wird es als kommunikatives Element in die Operationen des Wissenschaftssystems eingebaut: als Mitteilung einer verstehbaren Information. Das im Protokoll eingeschriebene Ereignis ist zwar vergangen. Es ist deswegen auch *als Ereignis* nicht "Bestandteil" des Wissenschaftssystems. Vielmehr macht das Wissenschaftssystem das Protokoll zum Element seiner Kommunikation.

Rekonstruktion kann dann nur eine *Wiederholung* eines Konstruktionsprozesses anhand seines Protokolls meinen. Ganz allgemein kann man sagen: wenn der Strukturaufbau in Systemen Konstruktion ist, dann ist jede Beobachtung dieses Vorgangs eine Nachkonstruktion. Auch Beobachten erster Ordnung (Alltagserkenntnis) ist dann Rekonstruktion, wenn es - via Wahrnehmung, Interferenz oder Interpenetration - die in der Sequenz des beobachteten Sinngeschehens realisierte Auswahl aus unterschiedlichen Verweisungsmöglichkeiten bezeichnet und von anderen Optionen unterscheidet. Kein Wunder also: auch im Alltag verstehen wir unsere Welt - bisweilen. Die methodische Einstellung der wissenschaftlichen Rekonstruktion tritt aber aus der zeitlichen Unmittelbarkeit des Beobachtens erster Ordnung heraus, macht das Protokoll des beobachteten Ereignisses zu ihrem eigenen Element und versucht so, die Sinnselektionen des protokollierten Geschehens zu wiederholen.

Wissenschaftliche Methoden durchlaufen also wie die Alltagserkenntnis gewissermaßen den Prozeß der Sinnkonstitution ein zweites Mal, tun dies aber, indem sie selbst verschiedene kommunikative Anschlüsse innerhalb des Protokolltextes quasi zeitenthoben ausprobieren, die im Protokoll manifestierten Anschlußselektionen also als fallspezifische Auswahl aus einem Variationsspielraum von Verweisungsmöglichkeiten beschreiben, und indem sie schließlich dieses eigene Operieren mit dem Protokoll selbst noch einmal beobachten. Das *Wahrheitskriterium* liegt nun in diesem Verfahren der Selbstbeobachtung. Es basiert auf der Wiederholbarkeit des beobachteten Sinngeschehens und besteht in der Konsistenz und Komplexität (Reichhaltigkeit) von Strukturhypothesen, die eben wegen Sequentialität, Regelhaftigkeit und Kommunizierbarkeit am Protokoll rekursiv getestet werden können. Die Balance von ausreichender Komplexität (requisite variety) und erforderlicher Konsistenz (auch ausdrückbar als adäquate Komplexität) bildet das Maß für *Sachhaltigkeit* und damit für die Stoppregel im Verfahren der Rekonstruktion. Im einzelnen sieht das wie folgt aus:

Für jedes System stellt die System-Umwelt-Relation ein Komplexitätsgefälle dar.[37] Die Umwelt ist stets komplexer als das System. Dieses erzeugt und sichert seine Identität, d.h. seine Abgrenzung von der Umwelt durch Mechanismen der Komplexitätsreduktion. Die Reduktion des Komplexitätsgefälles gelingt durch den Aufbau von Eigenkomplexität im System. Diese System-Komplexität wird erzeugt durch die Einschränkung von Verknüpfungsmöglichkeiten zwischen den Systemelementen. Sie ist mit anderen Worten strukturierte Komplexität. Um genügend Umweltresonanz zu erzeugen, muß ein System im Verhältnis zur Umwelt die erforderliche Komplexität aufbringen. Ashby hatte dafür den Terminus "requisite variety" verwendet.[38] Der Aufbau einer Systemstruktur, die der Außenwelt Punkt für Punkt entspräche, ist allerdings aus Gründen interner Konsistenz unmöglich. Denn dies würde bedeuten, daß die Umwelt im System quasi vollständig abgebildet würde, daß folglich auch die Differenz zwischen System und Umwelt zusammenbräche. In der Binnenperspektive des Systems wäre nur noch chaotische Über-Komplexität zu beobachten. Deshalb ist nur ein gewisses Ausmaß an Varianz innerhalb eines Systems möglich. Nicht jede beliebige Relation zwischen den Elementen des Systems wird deshalb zugelassen werden. Diese Limitierung struktureller Komplexität wird theoretisch mit dem Begriff "adäquate Komplexität" bezeichnet. Beispielsweise benutzt das Rechtssystem in seiner Selbstbeobachtung das Konzept der Gerechtigkeit, um seine strukturellen Limitationen an der Grenze der "adäquaten Komplexität" zu beschreiben.[39]

Wenn wir nun dieses Konzept auf das Gebiet wissenschaftlicher Kommunikationen anwenden, so können wir sagen: die Wissenschaft als soziales System verwendet bei der methodischen Rekonstruktion von Protokollen einen Typus von Selbstbeschreibung, bei dem Sachhaltigkeit als Maßstab für adäquate Komplexität eingesetzt wird, also als Stoppregel, die angibt, wann Komplexität und Konsistenz der Selbstbeschreibung in einem ausbalancierten Verhältnis zueinander stehen.[40]

---

37 Dazu und zum folgenden ausführlicher: Luhmann 1984, S. 45-51.

38 vgl. Ashby 1956, S. 206ff.

39 vgl. Luhmann 1981, S. 388ff.

40 Das Komplexitätsmerkmal dürfte sich weitgehend mit der von Wolfgang Ludwig Schneider (in diesem Band) vorgeschlagenen Regel des "maximierten Auflösungsvermögens" decken (siehe Schneider, Fn. 108). Es baut aber höhere Hürden auf als die von Nassehi (in diesem Band) vorgeschlagene *Transparenz* des methodisch kontrollierten Verstehens.

Eine konstruktivistische Methodologie der Sozialwissenschaften geht unter diesen Prämissen von der Annahme aus, Wissenschaft sei immer dann in der Lage, ihre Kommunikationen über Beobachtungen erster Ordnung als wahr zu bezeichnen, wenn im wesentlichen folgende Bedingungen erfüllt sind: (a) Die Beobachtung erster Ordnung liefert Daten; d.h. ein Ereignis kann überhaupt als sinnstrukturiertes beobachtet werden; ein Protokoll liegt vor. (b) Die Zweitbeobachtung ist komplex genug, um Sinnstrukturen zu beschreiben; d.h. sie berücksichtigt Sequentialität, Regelhaftigkeit und Kommunizierbarkeit. (c) Eine "kybernetische" Methodik steht zur Verfügung, die Sequenzierung und Rekursivität verwendet; die also den Konstruktionsprozeß rekonstruktiv wiederholt und dies am Protokoll laufend überprüft. (d) Die Zweitbeobachtung erreicht genügend Komplexität, um das Protokoll ohne ungeklärten Rest zu wiederholen; und sie bleibt dabei in sich konsistent; die Erfüllung der unter (d) genannten Bedingungen soll als *Sachhaltigkeit* bezeichnet werden.

Der Wahrheitsbegriff dieser Methodologie entspricht demjenigen von Nicholas Reschers Kohärenztheorie, der allerdings um das Merkmal der Komplexität ergänzt wird. Kriteriologisch tritt das *Verfahren* der Rekonstruktion an die zentrale Stelle: als Wiederholung der Konstruktion. Sachhaltigkeit ist dann die Stoppregel des Rekonstruktionsverfahrens, das bei Erreichen der quasi "restlosen" Wiederholung abgebrochen werden kann. "Restlosigkeit", also Konsistenz, Wiederspruchsfreiheit von Protokoll und Rekonstruktion, bleibt falsifikationsfähig im traditionellen Sinne. Überprüfbarkeit und Replizierbarkeit sind in der grundsätzlich endlosen Wiederholbarkeit des gesamten Vorgangs enthalten.[41]

Wenn nun gesagt wurde, "Sachhaltigkeit" garantiere als Stoppregel der Wissenschaftskommunikation die Balance von Komplexität und Konsistenz, so kann man weiter nach der Funktion solcher Stoppregeln in Verfahren fragen. Die Antwort hängt mit dem Problem der Selbstimplikation zusammen; Stoppregeln erfüllen die Aufgabe von Entparadoxierungsformeln in Verfahren. Am blinden Fleck des beobachtenden Wissenschaftssystems gegenüber der prinzipiellen Kontingenz seiner Programme sorgt das Prinzip der Sachhaltigkeit für die Möglichkeit, Kommunikationen zu beenden. Denn man käme ohne eine solche Möglichkeit, allein auf das Verfahren verwiesen, in eine tendenziell endlose "Prozeduralisierungsspirale".[42] Wenn Paradoxien allgemein einen Verlust von Bestimmbarkeit, von Anschlußfähigkeit für weitere Operationen bedeuten, so verfügen soziale Systeme immer auch über Mechanismen, die es ihnen erlauben, diesen Status der Unbestimmtheit zu überschreiten oder zu vermeiden. Bei diesen Entparadoxierungsmechanismen kann es sich - wie etwa im Falle der Whitehead-Russellschen Typenlogik - um die Einführung zusätzlicher

---

41 Eine interessante methodologische Differenz tritt jetzt im Vergleich zur Mathematik auf, seit dort die Überprüfbarkeit von Computerbeweisen ernsthaft bezweifelt werden muß, vgl. Heintz 1993, S. 148.

42 Das ist auch in anderen Bereichen der Verfahrenstheorie beobachtbar, vgl. Bora 1993, S. 75ff.

Unterscheidungen handeln; ebenso können aber auch Mechanismen auftreten, die Asymmetrie erzeugen und damit Anschlußfähigkeit sichern (etwa Generalklauseln wie das "Anstandsgefühl aller gerecht und billig Denkenden", mit denen im Recht die eine Seite einer paradoxen Beobachtung die Präferenz erhält); denkbar sind auch Temporalisierungen (was jetzt Unrecht ist, kann später Recht sein und umgekehrt.) Innerhalb wissenschaftlicher Methoden lassen sich funktionale Äquivalente zur Stoppregel der Sachhaltigkeit denken: zum Beispiel Konsens (der aber seinerseits auf Verfahren und damit auf die Notwendigkeit von Stoppregeln verweist) oder Entscheidung (die ja im Recht eingesetzt wird, dort aber nach Programmierungen für konsistentes Entscheiden verlangt). Demgegenüber stellt Sachhaltigkeit als semantischer Marker für die Balance zwischen Konsistenz und Komplexität eine Schließungsformel dar, die Anschlüsse ermöglicht: es kann widersprochen werden. Und der Widerspruch hat sich denselben Konsistenz- und Komplexitätskriterien zu stellen ...

Die Rede von den Entparadoxierungstechniken hat darüber hinaus einen Nebeneffekt; wenn das Gesagte zutrifft, weist eben auch theoretisch alles darauf hin, daß Methodologien wie alle sinnverarbeitenden Systeme notwendigerweise mit Paradoxien leben. Und nicht zuletzt deshalb, so darf man vermuten, können auch Hermeneutiken keine "letzten", die Reproduktion von Paradoxien stillstellenden Antworten geben.

4 Systemtheorie und objektive Hermeneutik

Vor dem Hintergrund dieser methodologischen Überlegungen zeichnet sich nun eine gewisse Nähe zwischen der Systemtheorie und hermeneutischen Ansätzen ab. Das ist in den letzten Jahren verschiedentlich bemerkt worden. Armin Nassehi, Georg Kneer und Wolfgang Ludwig Schneider haben die vielfältigen Querverbindungen zur objektiven Hermeneutik systematisch dargestellt.[43] Dabei kommt immer wieder die Frage auf, wer nun von dieser Nähe stärker profitiert, die Systemtheorie oder die Hermeneutik. Nassehi unterscheidet in diesem Band drei unterschiedlich eng modellierte Typen von Beziehung: "Überbietung", "Affinität", "Defizit", die jedoch nicht exklusiv nebeneinanderzustehen, sondern sich in mancher Hinsicht zu überschneiden scheinen.

So erfaßt beispielsweise die "Defizitthese", welcher der von mir vertretene Ansatz zugeordnet wird, nur eine von zwei möglichen Beobachtungsperspektiven. Zwar kann man mit guten Gründen von einem "hermeneutischen Defizit" der Systemtheorie[44] sprechen, da sie rekonstruktive Methoden nicht genügend berücksichtigt. Nicht nur arbeitet sie, wie schon kurz erwähnt wurde, mit einem ambivalenten Verstehensbegriff, der ihr selbst möglicherweise den Blick auf die

43 vgl. Kneer/Nassehi 1991, Schneider 1991, 1992, 1995; siehe auch Bora 1994; für die Konversationsanalyse vgl. Hausendorf 1992; in den Literaturwissenschaften sind ähnliche Debatten zu beobachten: de Berg/Prangel 1995.

44 vgl. Bora 1994, S. 287f.

direkte hermeneutische Nachbarschaft verstellt. Auch sind Luhmanns Materialanalysen, wie nicht anders zu erwarten, keine strengen Rekonstruktionen in dem etwa von der objektiven Hermeneutik unterstellten Sinn, was vielfach allerdings dem eher exemplarischen (statt exploratorischen) Charakter seiner Fallstudien zuzuschreiben ist.[45] Luhmann trifft zwar Vorkehrungen, die auf eine gewisse Nähe zu hermeneutischen Verfahren hinweisen: er wählt mehrere Texte, um diese kontrastierend einander gegenüberstellen zu können; und er konzentriert sich auf eher wenig prominente Beispiele, um auf "durchschnittlich verbreitete" Semantiken zu stoßen. Freilich bleibt trotz dieser Absicherung die Gefahr bestehen, "schönen Stellen" auf den Leim zu gehen, solange die Texte nur vereinzelt und mehr zur Plausibilisierung als zur Entdeckung herangezogen werden.

Dieses "Defizit" kann aber, wie die vorgetragenen Überlegungen zeigen sollten, auf methodologischer Ebene mit Bordmitteln behoben werden und zwingt gerade nicht zu einer theoretischen bzw. methodologischen Neukonstruktion, auch nicht zu mehr oder minder riskanten Kombinationen inkompatibler Paradigmen. Die Vorstellung ist viel eher, daß beide, objektive Hermeneutik und Systemtheorie, enger miteinander verwandt sind, als es auf den ersten Blick den Anschein haben mag. Nachdem bisher die methodologische Einpassung rekonstruktiver Verfahren in die Systemtheorie geprüft wurde, soll zum Abschluß deshalb in umgekehrter Perspektive wenigstens noch kurz angedeutet werden, wo gewissermaßen die systemtheoretischen Aspekte der objektiven Hermeneutik zu suchen sind. Sie liegen eher im Verborgenen. Denn in Umkehrung der oben genannten "Defizitthese" lassen sich auch "Defizite" bei der objektiven Hermeneutik finden, so daß insgesamt eher von Komplementarität oder Affinität im Sinne Schneiders zu reden wäre.[46] Dazu nun einige abschließende Bemerkungen:

Oevermann macht bekanntlich - anders als der hier vorgelegte Vorschlag - die universellen generativen Regeln der Sozialität zum Kriterium der Gültigkeit von Auslegungen.[47] Als ihrem Gehalt nach nicht kritisierbare Regeln stellen sie die Bedingung der Möglichkeit sozialer Praxis dar, ohne ihrerseits "genuine Erzeugnisse selbstbewußter Praxis" zu sein.[48] In einer eher beiläufig formulierten Kritik an Luhmanns Systemtheorie[49] greift Oevermann auf dieses Konzept

45 vgl. etwa die Vorbemerkungen zu Band 3 von "Gesellschaftsstruktur und Semantik", in denen auf die Zufälligkeit der Auswahl und mögliche Kritik von Seiten der Fachhistoriker vorsorglich hingewiesen wird: Luhmann 1989, S. 7ff. Ähnlich auch die Fußnote auf S. 25, in der es heißt, die Deutungen seien "natürlich bestreitbar, weil es letztlich darum geht, wieviel Konsistenz ein Exeget in Texte hineininterpretieren darf" und in der die eigene Lektüre als "oberflächlich" charakterisiert wird.

46 Wobei allerdings Vorsicht geboten ist: Es geht hier gerade nicht darum, den oben bereits kritisch betrachteten Schützschen "Perspektivenwechsel" durch die Hintertür wieder einzuführen.

47 vgl. Oevermann 1986, S. 22.

48 ebenda, S. 28.

49 vgl. Oevermann 1993, S. 181, Fn. 14.

zurück. Die Systemtheorie vernachlässige, so sagt er, durchweg diese Unterscheidung zwischen den universellen, als "epistemische Gattungsausstattung" immer schon wirksamen Regeln und den subjektiv repräsentierten Erwartungen.

Diese Berufung auf universelle Regeln zweckfreier Sozialität wird seit längerem heftig kritisiert.[50] Sie stellt eine identitätslogische Formel zur Entparadoxierung eines "Anfangs" dar, der sich aus der Selbstanwendung methodischer Prinzipien auf die Methode ergibt. Sutter/Weisenbacher formulieren das wie folgt: "Zwar muß [in der objektiven Hermeutik, A.B.] die Geltung auch der allgemeinsten Regeln in konkreten Fallanalysen rekonstruktiv nachgewiesen werden, doch kann sie schlechterdings nicht wiederlegt werden, da sie den Fällen wie auch der rekonstruktiven Methode konstitutiv zugrunde liegt."[51] Sie werfen deshalb - zutreffend, wie ich meine - sowohl der objektiven Hermeneutik Oevermanns als auch Habermas' Kommunikationstheorie eine "regelontologische Grundlegung" vor, welche die Form eines Paradoxes annimmt, das in der Theorie selbst nicht mehr aufgelöst wird. Im vorliegenden Beitrag wurde bereits versucht zu zeigen, daß eine auf Selbstreferentialität abstellende Theorie mit diesem Problem anders umgeht.

Aus dieser Perspektive böte es sich konsequenterweise an, das identitätslogische Konzept universeller Strukturen an der Verbindungsstelle von Objekttheorie und Methodologie in der objektiven Hermeneutik durch ein differenztheoretisches Konzept der Selbstorganisation zu ersetzen. Dieser Vorschlag ist nicht so weit hergeholt, wie es zunächst scheinen mag, da Oevermann selbst objektsprachlich, nämlich im Bereich der Subjekttheorie, von einer solchen Lösung nicht weit entfernt ist. Denn dort enthält die objektive Hermeneutik mehr Differenztheorie und Selbstreferentialität, als man ihr auf den ersten Blick ansieht. Das zeigt sich vor allem im Emergenz-Aufsatz,[52] in dem Oevermann eine differenztheoretische Lösung des Emergenzproblems in Anküpfung an Meads Vorstellung von der Instanz des "I" andeutet. Mead, so sagt er, habe die zeitgenössische Philosophie und Psychologie kritisiert, weil sie Subjektives nur negativ als unbestimmte Differenz zum Objektiven begriffen habe. Seine Vorstellung des Psychischen sei hingegen aus einer funktionalistischen Perspektive auf die Sinnstrukturiertheit des Handelns allgemein bezogen. Psychisches verweise stets auf die Einheit einer praktischen Handlung (Lebenspraxis).[53] Wenn Lebenspraxis aber nicht zur theoretischen Residualkategorie verkommen solle, müsse sie als selbstreferentiell aufgefaßt werden. Das in der Dichotomie von Subjekt und Objekt angelegte Problem der Fremdreferenz müsse, so Oevermann, aufgelöst werden. Den Ansatz zu dieser Transformation sieht er bereits bei Mead verwirklicht: Handlung "... ist unmittelbar in dem

---

50 vgl. Reichertz 1986, S. 283-296; Sutter/Weisenbacher 1993; Schröer 1994, S. 13ff.; Nassehi in diesem Band.

51 Sutter/Weisenbacher 1993, S. 46.

52 vgl. Oevermann 1991.

53 vgl. Oevermann 1991, S. 310.

Sinne, in dem Mead Unmittelbarkeit definiert: als das Zusammenfallen von Gegenwärtigkeit und Bedeutung oder: als der Fortfall von Referenz eines Moments von Handeln auf ein anderes als es selbst."[54]

Da der solchermaßen eingeführte selbstreferentielle Handlungsbegriff die Emergenz von etwas Neuem noch nicht zu erklären vermag, wird sodann der Begriff der Krise eingeführt, in der die routinehaften Möglichkeitsunterstellungen des epistemischen Subjekts zerbrechen. "In dieser Konstellation eines zerbrochenen Handlungskreises, des Scheiterns einer Überzeugung als einer vor die Klammer gezogenen typisierten Entscheidung tritt das 'I' manifest in Aktion als die Instanz, die mit der Krise fertigwerden muß."[55] Erklärungsbedürftig bleibt nach alledem noch, wie denn angesichts einer Krisenerfahrung des I neue Strukturen emergieren. Oevermanns Überlegungen verlassen hier sehr deutlich den von Whitehead und Mead vorgezeichneten Weg eines identitätslogischen Emergenzkonzepts und orientieren sich stärker an Freuds Traumtheorie. Krisenverarbeitung wird darin als eine Rekonstruktion der Krise unter Stabilisierung eines "inneren Bildes" aufgefaßt. Interessanterweise wird nun auch dieser Prozeß als selbstreferentielle Kreisbewegung vorgestellt, als spiralförmig sich steigernder kontinuierlicher Prozeß, in dem die Erzeugung eines Bildes und dessen Anpassung an Krisenerfahrungen sich dauernd wechselseitig bedingen.

Dupuy und Varela haben gezeigt, daß in den konstruktivistisch ansetzenden Kognitionstheorien eben derartige "kreative Zirkelschlüsse" als differenztheoretische Antwort auf das Problem des "Ursprungs" fungieren.[56] An den Beispielen sozialer Ordnung, des Geldes, der Evolution und der Wahrnehmung demonstrieren sie, daß und wie die Etablierung geschlossener, rückbezüglicher Operationszyklen zu nicht willkürlichen Strukturen führt, ohne daß es dazu der Annahme eines externen "letzten Grundes" bedürfte. Bei Oevermann bleibt dagegen die Frage offen, was die ersten Bilder überhaupt hervorruft. Seine Antwort, es lasse sich "weder den Reizen noch dem reagierenden Organismus eindeutig zuordnen", es sei vielmehr als "Keim im unmittelbaren Verhältnis zu den objektiven Bedingungen der Krisenkonstellation enthalten",[57] fällt einigermaßen unbestimmt und insofern noch wenig befriedigend aus. Man kann deshalb fragen, ob nicht das ganze Konzept sich über die Anbindung des Begriffs der Krise an denjenigen der doppelten Kontingenz (als Prototyp einer Krisensituation: so wie bisher geht es jetzt erst mal nicht weiter) einigermaßen zwanglos in die systemtheoretische Sprache übersetzen ließe. Terminologisch hält die Systemtheorie genügend Ankerstellen bereit: im Begriff der Irritation bzw. Perturbation ebenso wie der Krise.[58]

Diese knappen Bemerkungen sollten darauf hinweisen, daß die objektive Hermeneutik in objektsprachlicher Hinsicht auf Modellen fußt, die der System-

54 ebenda, S. 310f.
55 ebenda, S. 314.
56 Dupuy/Varela 1991.
57 ebenda, S. 316.
58 vgl. Luhmann 1995, S. 20.

Umwelt-Differenz und der Vorstellung selbstreferentiellen Operierens sehr nahe kommen. Insbesondere im Emergenz-Aufsatz finden wir die Darstellung eines Epistems, das seine Konstruktionen in zirkulären Prozessen überprüft und gegebenenfalls korrigiert. Die inhaltliche Motivierung des Neuen bleibt dabei jedoch immer rückgebunden an die Sinnstruktur, innerhalb derer es sich ereignet. Sie ist als solche deshalb auch nur ex post faßbar, also mit Peirce gesprochen, in der Drittheit des sozialen Verstehens bzw. dann der methodischen Rekonstruktion: "Nur nachträglich können wir erschließen, inwiefern und warum eine Lebenspraxis einen Schritt vollzogen hat, der unter der Voraussetzung der bloßen Reproduktion ihrer Fallstruktur nicht zu erwarten war ..." und "(f)ür die Lebenspraxis gilt ... das Moment der Nachträglichkeit der Rekonstruktion ebenso ..."[59] Das Neue, so könnte man es in Luhmanns Worten formulieren, wird in der Sinnkonstitution wie in deren Rekonstruktion "gewissermaßen wieder verleimt und so behandelt, als ob man es hätte erwarten können."[60]

Nicht nur in methodologischer, sondern auch in objektsprachlicher Hinsicht lassen sich also gewisse Parallelen zwischen Systemtheorie und Hermeneutik nachweisen. Dabei ist das Verhältnis zwischen beiden durchaus reziprok. Auch eine "Ergänzung" der Systemtheorie durch die objektive Hermeneutik verlangt Zug um Zug eine in methodologischer Hinsicht systemtheoretisch informierte Hermeneutik; anders ließen sich die Passungsverhältnisse zwischen beiden nicht einmal im Ansatz überprüfen. Das eingangs erwähnte Eigenleben der Methode wird davon allerdings nicht angetastet. Wenn sie sich als erfolgreich erweist, muß die Theorie sehen, wie sie dieses technische Funktionieren als für sie relevantes beschreibt. Wie das im Rahmen einer systemtheoretischen Methodologie denkbar wäre, haben die hier vorgetragenen Überlegungen zu zeigen versucht.

5 Resümee

Eine der methodologischen Konsequenzen konstruktivistischer Wissenschaftssoziologie, so wurde in den vorangegangenen Kapiteln zu argumentieren versucht, besteht darin, daß die Wahrheitskriteriologie bei der Selbstbeobachtung der Wissenschaft ansetzt und damit bei einem Verfahren der Konsistenzprüfung. Dies steht freilich nicht in einem Gegensatz zum Postulat der Sachhaltigkeit. Vielmehr benötigen Systemoperationen Stoppregeln, wenn sie nicht in die hinter jeder Selbstbeobachtung verborgene Paradoxie laufen wollen. Denn mit der Beobachtung der vom System selbst verwendeten Unterscheidungen stellt sich die Frage der Selbstimplikationsfähigkeit dieser Unterscheidung, des Anfangs wenn man so will. Diese Paradoxie kann temporalisiert, transzendiert[61] oder in tautologischen Schließungen gewissermaßen verdichtet werden (etwa in der

59 Oevermann 1991, S. 304f.
60 Luhmann 1984, S. 391.
61 siehe dazu Luhmann 1996, S. 38.

Beobachtung, es sei Recht, zwischen Recht und Unrecht zu unterscheiden - aber mit welchem Recht kann man das behaupten). Oder sie wird als blinder Fleck, als Latenz des Systems gewissermaßen unsichtbar gehalten.

Wenn die Theorie aber darauf aufmerksam macht, daß dies so sein *muß*, daß kein System ohne solche Basisparadoxien, blinde Flecke und entsprechende Bewältigungsmechanismen operieren kann, so folgt daraus nicht etwa interne Beliebigkeit; denn dagegen sind ja die methodischen Verfahren als Vorkehrungen geschaffen - sie sagen uns zwar nicht, wo wir sind, wohl aber, ob wir auf dem rechten Weg sind.[62] Es folgt daraus aber durchaus eine gewisse Zurückhaltung hinsichtlich der Relevanz wissenschaftlicher Verfahren. Denn die Theorie selbst geht davon aus - und kann damit wissenschaftsexternen kritischen Beobachtungen durchaus gerecht werden -, daß *wissenschaftliche* Beobachtung nicht die einzig mögliche, ja für viele Problemlagen nicht einmal die angemessene ist!

Literatur:

Arbib, Michael A.; Hesse, Mary B. (1986): The construction of reality. Cambridge: Cambridge University Press.

Ashby, W. Ross (1956): An Introduction to Cybernetics. London: Chapman & Hall.

Barber, Bernard (1962): Resistance by Scientists to scientific discovery. In: Barber/Hirsch (eds.), Sociology of Science, New York: Free Press, 596-602. dt.: der Widerstand von Wissenschaftlern gegen wissenschaftliche Entdeckungen. In: Weingart, Peter (Hrsg.), Wissenschaftssoziologie I. Wissenschaftliche Entwicklung als sozialer Prozeß. Frankfurt/M.: Athenäum 1973, 205-221.

Barnes, Barry; Bloor, David; Henry, John (1996): Scientific knowledge. A sociological analysis. London: Athlone Press.

Berg, Henk de; Prangel, Matthias (Hrsg.) (1995): Differenzen. Systemtheorie zwischen Dekonstruktion und Konstruktivismus. Tübingen/Basel: Francke.

Böhme, Gernot; van den Daele, Wolfgang; Hohlfeld, Rainer; Krohn, Wolfgang; Schäfer, Wolf; Spengler, Tilman (1978): Die gesellschaftliche Orientierung des wissenschaftlichen Fortschritts. Frankfurt/M.: Suhrkamp. Starnberger Studien I.

Bora, Alfons (1993): Gesellschaftliche Integration durch Verfahren - Zur Funktion von Verfahrensgerechtigkeit in der Technikfolgenabschätzung und -bewertung. In: ZfRSoz (14) 1993, 1, 55-79.

Bora, Alfons (1994): Konstruktion und Rekonstruktion - Zum Verhältnis von Systemtheorie und objektiver Hermeneutik. In: Rusch, Gebhard; Schmidt, Siegfried J. (Hrsg.), Konstruktivismus und Sozialtheorie. DELFIN 1993. Frankfurt/M.: Suhrkamp, 282-330.

62 vgl. Teubner 1995, S. 152.

Bora, Alfons; Dresel, Thomas; Sutter, Tilmann; Weisenbacher, Uwe (1991): Die Methode der Sozialisation. Eine Fallanalyse zum Zusammenhang von Konstitution und Rekonstruktion der Moral. In: Garz, Detlef; Kraimer, Klaus (Hrsg.), Qualitativ-empirische Sozialforschung. Konzepte, Methoden, Analysen. Opladen: Westdeutscher Verlag, 61-91.

Bora, Alfons; Döbert, Rainer (1993): Konkurrierende Rationalitäten - Politischer und technisch-wissenschaftlicher Diskurs im Rahmen einer Technikfolgenabschätzung von gentechnisch erzeugter Herbizidresistenz in Kulturpflanzen. In: Soziale Welt (44) 1993, 1, 75-97.

Döbert, Rainer (1995): "Partizipationskosten" und die Reproduktion neokonstruktivistischer Relativismen - Ein Blick auf ein erhellendes Ende einer Technikfolgenabschätzung. Manuskript.

Dupuy, Jean-Pierre; Varela, Francisco (1991): Kreative Zirkelschlüsse. Zum Verständnis der Ursprünge. In: Watzlawick, Paul; Krieg, Peter (Hrsg.), Das Auge des Betrachters. Beiträge zum Konstruktivismus. Festschrift für Heinz von Foerster. München/Zürich: Piper, 247-275.

Hasse, Raimund; Krücken, Georg; Weingart, Peter (1994): Laborkonstruktivismus. Eine wissenschaftssoziologische Reflexion. In Rusch, Gebhard; Schmidt, Siegfried J. (Hrsg.), Konstruktivismus und Sozialtheorie. DELFIN 1993. Frankfurt/M.: Suhrkamp, 205-219.

Hausendorf, Heiko (1992): Das Gespräch als selbstreferentielles System. Ein Beitrag zum empirischen Konstruktivismus der ethnomethodologischen Konversationsanalyse. In: ZfS (21) 1992, 2, 83-95.

Heintz, Bettina (1993): Die Herrschaft der Regel. Zur Grundlagengeschichte des Computers. Frankfurt/M., New York: Campus.

Kneer, Georg; Nassehi, Armin (1991): Verstehen des Verstehens. Eine systemtheoretische Revision der Hermeneutik. In: ZfS (20) 1991, 5, 341-356.

Knorr-Cetina, Karin (1984): Die Fabrikation von Erkenntnis. Zur Anthropologie der Naturwissenschaft. Frankfurt/M.: Suhrkamp.

Latour, Bruno (1987): Science in action. How to follow scientists and engineers through society. Cambridge, Mass.: Harvard University Press.

Latour, Bruno; Woolgar, Steve (1986): Laboratory life. The construction on scientific facts. Lawrenceville, N.J.: Princeton University Press.

Luhmann, Niklas (1981): Ausdifferenzierung des Rechts. Beiträge zur Rechtssoziologie und Rechtstheorie. Frankfurt/M.: Suhrkamp.

Luhmann, Niklas (1984): Soziale Systeme. Grundriß einer allgemeinen Theorie. Frankfurt/M.: Suhrkamp.

Luhmann, Niklas (1988): Erkenntnis als Konstruktion. Bern: Benteli.

Luhmann, Niklas (1989): Gesellschaftsstruktur und Semantik. Studien zur Wissenssoziologie der modernen Gesellschaft. Band 3. Frankfurt/M.: Suhrkamp.

Luhmann, Niklas (1990): Die Wissenschaft der Gesellschaft. Frankfurt/M.: Suhrkamp.

Luhmann, Niklas (1995): Soziologische Aufklärung 6. Die Soziologie und der Mensch. Opladen: Westdeutscher Verlag.

Luhmann, Niklas (1996): Die neuzeitlichen Wissenschaften und die Phänomenologie. Wien: Picus.

Lyotard, Jean-Francois (1983): Der Widerstreit. Übersetzt von Joseph Vogel. München: Fink. Supplemente. 2. Auflage 1989.

Oevermann, Ulrich (1983): Zur Sache. Die Bedeutung von Adornos methodologischem Selbstverständnis für die Begründung einer materialen soziologischen Strukturanalyse. In: von Friedeburg, Ludwig; Habermas, Jürgen (Hrsg.), Adorno-Konferenz 1983. Frankfurt/M.: Suhrkamp, 234-289.
Oevermann, Ulrich (1986): Kontroversen über sinnverstehende Soziologie. Einige wiederkehrende Probleme und Mißverständnisse in der Rezeption der 'objektiven Hermeneutik'. In: Aufenanger, Stefan; Lenssen, Margrit (Hrsg.), Handlung und Sinnstruktur. Bedeutung und Anwendung der Objektiven Hermeneutik. München: Kindt, 19-83.
Oevermann, Ulrich (1991): Genetischer Strukturalismus und das sozialwissenschaftliche Problem der Erklärung der Entstehung des Neuen. In: Müller-Doohm, Stefan (Hrsg.), Jenseits der Utopie. Theoriekritik der Gegenwart. Frankfurt/M.: Suhrkamp, 267-336.
Oevermann, Ulrich (1993): Die objektive Hermeneutik als unverzichtbare methodologische Grundlage für die Analyse von Subjektivität. Zugleich eine Kritik der Tiefenhermeneutik. In: Jung, Thomas; Müller-Doohm, Stefan (Hrsg.), "Wirklichkeit" im Deutungsprozess. Verstehen und Methoden in den Kultur- und Sozialwissenschaften. Frankfurt/M.: Suhrkamp, 106-189.
Popper, Karl R. (1972): Objektive Erkenntnis. Ein evolutionärer Entwurf. Hamburg: Hoffmann und Campe 1973.
Popper, Karl R. (1982): Logik der Forschung. 7., verbesserte und durch sechs Anhänge vermehrte Auflage. Tübingen: Mohr (Paul Siebeck).
Reichertz, Jo (1986): Probleme qualitativer Sozialforschung. Zur Entwicklungsgeschichte der Objektiven Hermeneutik. Frankfurt/M.: Campus.
Rescher, Nicholas (1973): The coherence theory of truth. Oxford: Clarendon Press.
Rescher, Nicholas (1979): Cognitive systematization. A systems-theoretic approach to a coherentist theory of knowledge. Oxford: Blackwell.
Schimank, Uwe (1996): Theorien gesellschaftlicher Differenzierung. Opladen: Leske + Budrich.
Schmid, Michael (1996): 25 Jahre "Soziologische Aufklärung". In: Soziologische Revue (19) 1996, 2, 137-143.
Schneider, Wolfgang Ludwig (1991): Objektives Verstehen. Rekonstruktion eines Paradigmas: Gadamer, Popper, Toulmin, Luhmann. Opladen: Westdeutscher Verlag.
Schneider, Wolfgang Ludwig (1992): Hermeneutische Einzelfallrekonstruktion und funktionalanalytische Theoriebildung - Ein Versuch ihrer Verknüpfung dargestellt am Beispiel der Interpretation eines Interviewprotokolls. In: Hoffmeyer-Zlotnik, Jürgen H. P. (Hrsg.), Analyse verbaler Daten. Über den Umgang mit qualitativen Daten. Opladen: Westdeutscher Verlag, 168-215.
Schneider, Wolfgang Ludwig (1995): Objektive Hermeneutik als Forschungsmethode der Systemtheorie. In: Soziale Systeme. Zeitschrift für soziologische Theorie (1) 1995, 1, 129-152.
Soeffner, Hans-Georg (1992): Rekonstruktion statt Konstruktivismus. 25 Jahre "Social Construction of Reality". In: Soziale Welt (43) 1992, 4, 477-481.
Soeffner, Hans-Georg; Hitzler, Ronald (1994): Hermeneutik als Haltung und Handlung. Über methodisch kontrolliertes Verstehen. In: Schröer, Norbert (Hrsg.), Interpretative Sozialforschung. Auf dem Wege zu einer hermeneutischen Wissenssoziologie. Opladen: Westdeutscher Verlag, 28-54.

Sutter, Tilmann; Weisenbacher, Uwe (1993): Divergenz und Konvergenz von Welt und Text. In: Regehly, Thomas; Bauer, Thomas; Hesper, Stephan; Hirsch, Alfred (Hrsg.), Text - Welt. Karriere und Bedeutung einer grundlegenden Differenz. Gießen: Focus, 41-54.

Teubner, Gunther (1989): Recht als autopoietisches System. Frankfurt/M.: Suhrkamp.

Teubner, Gunther (1995): Wie empirisch ist die Autopoiese des Rechts? In: Martinsen, Renate (Hrsg.), Das Auge der Wissenschaft. Zur Emergenz von Realität. Baden-Baden: Nomos, 137-155.

Wagner, Gerhard (1996): Differenzierung als absoluter Begriff? Zur Revision einer soziologischen Kategorie. In: ZfS (25) 1996, 2, 89-105.

Methodologische und methodische Probleme einer konstruktivistischen Hermeneutik

Heiko Hausendorf

Konstruktivistische Rekonstruktion

Theoretische und empirische Implikationen aus konversationsanalytischer Sicht

1 Einführung

Aus konversationsanalytischer Sicht zur Entwicklung einer 'konstruktivistischen Hermeneutik' beitragen zu wollen, versteht sich nicht von selbst; gerade die Konversationsanalyse gilt bekanntlich als eine, was allgemeine methodologische Stellungnahmen angeht, bewußt zurückhaltende Zunft, die lieber ihre Forschungsergebnisse für sich sprechen läßt und die sich eher für die Beobachtung als für das - zumal hermeneutisch angehauchte - Verstehen dieser Beobachtung interessiert.

Dessen ungeachtet ist es aber auch nicht von vornherein ausgeschlossen, daß eine methodologische Selbstvergewisserung auch der materialen empirischen Analyse zugutekommen könnte; daß es, anders gesagt, auch für die konkrete Analyse einen Nutzen haben könnte, über sich selbst nachzudenken und Auskunft zu geben. Dieses 'praktische' Interesse steht im Vordergrund des vorliegenden Beitrages.

Es kommt hinzu, daß sich im Zuge einer stärker konstruktivistisch fundierten Epistemologie vielleicht auch neue Wege für die Selbstvergewisserung der Konversationsanalyse abzeichnen, die es erlauben, die lange Zeit recht eingefahrenen methodologischen Debatten zugunsten anderer Problemstellungen und anderer Anschlußmöglichkeiten zu verlassen.

Eine dieser Problemstellungen könnte darin bestehen, die methodologische Selbstvergewisserung der empirischen Analyse unmittelbar einfließen zu lassen in die theoretische Konstitution ihres Gegenstandes. Und darin könnten zugleich der Reiz und der Eigenwert des konversationsanalytischen Beitrages zu einer 'konstruktivistischen Hermeneutik' bestehen: Selbstvergewisserung nicht verstanden als eine eigenständige hermeneutische oder erkenntnistheoretische Reflexion, sondern als eine Explikation des Gegenstandes, den die Analyse immer schon voraussetzt.

Und *eine* der Anschlußmöglichkeiten, die diese Problemstellung provoziert, könnte darin bestehen, die Prämissen des konversationsanalytischen Vorgehens mithilfe von Konzepten der neueren Systemtheorie Luhmannscher Prägung zu entfalten oder umgekehrt eine stärkere Empirisierung dieser Theorie oder doch einiger ihrer Elemente mithilfe der Methode der ethnomethodologischen

Konversationsanalyse zu versuchen. Dem liegt im Kern die Vorstellung zugrunde, daß die ethnomethodologische Konversationsanalyse ihren Gegenstand im Sinne eines selbstreferentiellen Systems impliziert und sich Systemtheorie und Konversationsanalyse dementsprechend, unbeschadet der Verschiedenheit ihrer Ausgangsinteressen, in ihrem Gegenstandsverständnis auf eine geradezu frappierende Weise zu ergänzen scheinen (vgl. dazu Hausendorf 1992a; siehe auch Schneider in diesem Band).[1]

Die Einschätzung einer für beide Seiten gleichermaßen fruchtbaren Komplementarität von Systemtheorie und Konversationsanalyse liefert den theoretischen Hintergrund, vor dem im folgenden versucht wird, das Selbstverständnis der Konversationsanalyse als einer konstruktivistisch fundierten und *zugleich* rekonstruktiv vorgehenden Forschungspraxis zu umreißen. Wenn dabei für eine Verknüpfung konversationsanalytischer und systemtheoretischer Vorgehensweisen plädiert wird, wird weder angestrebt, die Konversationsanalyse systemtheoretisch noch die Systemtheorie konversationsanalytisch zu "überbieten". Gedacht ist vielmehr an eine wechselseitige Ergänzung, deren Effekt in einer für beide Seiten neuartigen Analysepraxis bestehen könnte. Das wiederum setzt voraus, daß auf beiden Seiten ein Ergänzungsbedarf besteht.

Ich sehe ihn *auf Seiten der Systemtheorie* in einer charakteristischen Schwerfälligkeit und Unbeholfenheit, anspruchsvolle, eigenständige empirische Forschung gegenüber der Theorie gleichberechtigt anschlußfähig zu machen. Die Anregungen, die sich etwa bei Nassehi (in diesem Band) dazu finden - z.B. in Bezug auf Reihenfolgeprobleme, Anschlußfähigkeit und Personenkonstitution in Interaktionssystemen -, sind innerhalb der konversationsanalytischen (und wohl auch objektiv-hermeneutischen) Forschungspraxis nicht nur in Pilotstudien zaghaft empirisch getestet, sondern längst, wenn man so sagen darf, empirisch in Serie gegangen und haben dort einen methodologischen Standard begründet, der sich mit den Bordmitteln der Systemtheorie schwerlich generieren lassen dürfte - sofern das überhaupt beabsichtigt wäre.

Ich sehe diese Ergänzungsbedürftigkeit *auf Seiten der Konversationsanalyse* umgekehrt in einem dieser Forschungsrichtung innewohnenden Theoriebedarf, der auf ihre Entstehung aus dem Kontext von Ethnomethodologie und Interaktionssoziologie zurückführt, aber auch dort nicht in einer Weise gedeckt ist, die den empirisch präsupponierten Gegenstandsannahmen der Konversationsanalyse gerecht werden könnte (vgl. dazu Hausendorf 1992a). Diesbezüglich hat die Luhmannsche Systemtheorie einen gegenstandstheoretischen Standard begründet, der sich mit den Bordmitteln der Konversationsanalyse nicht generieren ließe - sofern das überhaupt beabsichtigt wäre, was natürlich nicht der Fall ist.

---

1 Wohl nicht zufällig wird ein ähnlich komplementäres Verhältnis auch zwischen der Luhmannschen Systemtheorie und der 'objektiven Hermeneutik' Oevermanns postuliert (vgl. dazu Bora 1994; Schneider 1995), also mit Bezug auf einen Ansatz, der der Konversationsanalyse in ihrem Empiriebezug durchaus nahesteht.

Insofern "paßt" eine Amalgamierung dieser beiden Ansätze weder in den selbstgesteckten Rahmen der Systemtheorie noch in den der Konversationsanalyse; eher könnte man - wenn dieser Terminus nicht durch seine Verwendung innerhalb der Medizin eine einseitig negative Bedeutung hätte - von einer wechselseitigen 'Infizierung' dieser Vorgehensweisen sprechen. Was dabei herauskommen könnte, wäre wohl etwas Drittes, das sich noch nicht trennscharf auf den Begriff bringen läßt, aber vielleicht bereits genügend Reiz besitzt, um daran weiterzuarbeiten.

Die methodologischen Ausführungen dazu sollen, eingedenk auch des mit ihnen verknüpften praktischen Interesses, anhand der Analyse eines Beispieles vorangebracht werden, und zwar der Analyse eines Ausschnittes einer Kioskepisode mit einem durch übermäßigen Alkoholkonsum in seiner Kommunikationsfähigkeit auf den ersten Blick empfindlich gestörten Sprecher. Aufgrund seiner Spezifik provoziert dieses Beispiel neben allgemein methodologischen Erwägungen insbesondere auch das *methodische* Selbstverständnis einer Analyse, die ihre Rekonstruktionen in strikter Weise "from the data themselves" (Schegloff/Sacks 1973) zu entwickeln versucht und für die dabei die Maxime "order at all points" (Sacks 1984) verpflichtend ist.

Der vorliegende Beitrag greift in diesem Punkt Diskussionen im Umfeld der Konversationsanalyse auf, die den Umfang wie die Beschaffenheit der *Daten* betreffen, die der Konversationsanalyse zugänglich sind. So kann man etwa eine kontinuierliche Tendenz ausmachen, auf verschiedenen Wegen zu zeigen, wie vermeintlich der Interaktion äußerliche Kontext- oder Situationsmerkmale in den Bereich der sinnlich wahrnehmbaren Erscheinungsformen der Interaktion gewissermaßen 'zurückgeholt' werden können, d.h. eine Tendenz, den Bereich der Erscheinungsformen der Kommunikation auszuweiten und aufzuwerten. Das betrifft z.B. den Bereich der nicht versprachlichten Wahrnehmung, genauer gesagt "Wahrnehmungswahrnehmungen" (Luhmann) unter Anwesenden, die für Interaktion grundsätzlich konstitutiv sind, aber keineswegs immer technisch reproduzierbare Spuren (im Transkript, auf der Tonkassette, auf dem Video) hinterlassen müssen.[2] Und es betrifft natürlich die zunehmende Miteinbeziehung non- und paraverbaler Erscheinungsformen (vgl. z.B. Heritage 1988; Kendon 1990).

Hinzu kommt die Art und Weise der Analyse auch der sprachlichen Erscheinungsformen selbst, die mit einer systematischen Einbeziehung der Semantik des Kommunikationsmediums Sprache und einer in dieser Hinischt viel weiter ausgreifenden Analyse zu tun hat; einer, wenn man so will, auch semantisch "dichten Beschreibung" (Geertz), die sich auf die Textualität und Intertextualität oraler Kommunikation einzulassen versucht.

---

2 Ein gutes Beispiel für deutliche Spuren von nichtsprachlichen Wahrnehmungswahrnehmungen im Transkript liefern lokaldeiktische Ausdrücke wie *hier* und *da* und Zeigegesten, insofern sie auf die interaktive Wiederherstellung sichtbarer Situationsaspekte verweisen (ausführlicher dazu Hausendorf 1995).

Im Zuge einer solchen Akzentuierung des Umfangs wie der Beschaffenheit der Daten läßt sich schließlich auch eine Tendenz beobachten, konversationsanalytische mit ethnographischen Zugangsweisen anzureichern - und umgekehrt (vgl. z.B. Moerman 1988; Schmitt 1992; Auer 1995). Die ethnographische Erschließung weiterer Daten muß dabei nicht nur als eine quantitative Ergänzung verstanden werden, sondern auch als eine Hilfe und Unterstützung, die 'Einlaß-' bzw. "Leerstellen" (Auer) im Transkript wahrzunehmen, durch die die Analyse auf Kontextaspekte hingewiesen wird, die für die Interaktion bedeutsam sind, an der Oberfläche aber zumindest sprachlich nicht in expliziter Form (wieder)auftauchen. Linell und Luckmann (1991) sprechen in diesem Zusammenhang von "silent features" der Interaktion, um auf Interaktionsspuren aufmerksam zu machen, die im Transkript vergleichsweise unauffällig bleiben (vgl. auch die "contextualization cues" bei Gumperz 1982).

In dem Maße, in dem die Konversationsanalyse diese - hier nur grob skizzierten - Analysemöglichkeiten nutzt, wird sie auf den ersten Blick zweifellos 'interpretativer', aber in ihrem Zugriff gleichwohl nicht weniger rekonstruktiv und nicht weniger "from the data themselves". Auch das soll mit der nachfolgenden Beispielanalyse gezeigt werden.

Unter darstellungstechnischen Aspekten ist es nicht unproblematisch, Analyse und Reflexion unmittelbar miteinander zu verquicken, weil dann notgedrungen beide Anteile zu kurz kommen müssen. Auch kann man die Analyse, wenn sie denn eigenständig zur Geltung kommen soll, nicht auf eine kurze Illustration reduzieren. Und man muß zwangsläufig auch einen thematischen Aspekt behandeln, der mit dem Thema der methodologischen und methodischen Selbstvergewisserung natürlich nicht unmittelbar zusammenhängt. In der vorzustellenden Analyse wird dieser durch die Spezifik des Beispieles vorgegebene thematische Aspekt die Eigentümlichkeiten deutsch-deutscher Kommunikation nach der 'Wiedervereinigung' betreffen.

Andererseits kann man auf der Basis eines konkreten Falles nicht nur *über* Wechselwirkungen von Analyse und Reflexion reden, sondern diese Wechselwirkungen zumindest partiell auch vorführen.

Der Beitrag ist so aufgebaut, daß zunächst das zu analysierende Beispiel vorgestellt und sodann in zwei Schüben analysiert wird, wobei der erste Analyseschub die Charakteristik konversationsanalytischer Rekonstruktion zu verdeutlichen sucht und der zweite Analyseschub methodologische und methodische Reflexionen provoziert (zu provozieren versucht), die in die Programmatik einer 'konstruktivistischen Rekonstruktion' einmünden.

2 Das Beispiel

Das ausgewählte Beispiel zeigt einen Ausschnitt einer Unterhaltung mit einem Betrunkenen, die am Kiosk einer Unterführung im Bereich einer Ostberliner U-Bahnstation inmitten vorübergehender Passanten stattgefunden hat.

Es handelt sich dabei um eine Zufallsaufnahme, die im Rahmen der Durchführung von Interviews mit Passanten in Ostberlin 1993 entstanden ist. Der für die Analyse verwertete Ausschnitt stammt aus der Eröffnung des Gespräches. Dieser Ausschnitt ist schon aufgrund der Lautstärke der Rede durch eine gewisse Öffentlichkeit im Hinblick auf die vorbeigehenden Passanten gekennzeichnet (s.u.). Im Laufe des Kontaktes hat sich dann nach und nach ein exklusives, mehr oder weniger 'normales' Gespräch entwickelt, das ich hier aber nicht verwenden werde. [3]

Die Szene ist durch große Unruhe gekennzeichnet, da ständig Passanten zumeist eilig und hastig vorübergehen. Neben einigen weiter entfernt stehenden Gruppen bilden die Sprecher einen der wenigen Ruhepunkte. Die Anbahnung und Eröffnung der Interaktion ist unmittelbar eingelassen in diese Szene: Qua Körperzuwendung, Blickkontakt und Lautstärke gelingt es dem Betrunkenen, sich die Aufmerksamkeit der sich ständig verändernden Menge der Vorübergehenden zu verschaffen (s.u.). Es gelingt ihm jedoch nicht, einen der Vorübergehenden zum Stehenbleiben zu bewegen. Erst ein vor dem Schaufenster eines anliegenden Zeitschriftenladens stehengebliebener Passant ermöglicht es dem Betrunkenen, Kontakt aufzunehmen zu einer Einzelperson, die in relativer Nähe verbleibt, in der es unmöglich wird, den anderen nicht wahrzunehmen (zu überhören oder zu übersehen). Und eben diese Wahrnehmung der Präsenz des anderen kann ihrerseits wechselseitig wahrgenommen werden, so daß die Interaktion noch vor der ersten direkten Adressierung (s.u. den Transkriptausschnitt) als eröffnet gelten kann. Das skizzierte Setting weist diese Interaktion damit noch vor ihrer verbalen Ausarbeitung als eine zufällige, nicht durch Verabredung zustandegekommene Begegnung einander unbekannter Personen aus, die zudem nicht als Teil einer erwartbar kontinuierlichen Reihe von Interaktionsereignissen, sondern als eine mehr oder weniger kurze Episode vorstrukturiert ist: Der stehengebliebene Passant wird irgendwann weitergehen.

Nicht nur in zeitlicher Hinsicht stellt sich das Geschehen als eine Art *Zwischenfall* dar. Auch in räumlicher Hinsicht entfaltet sich die zu besprechende Episode im Grenzbereich zwischen Vorübergehen, Stehenbleiben und Weitergehen. In diesem 'Niemandsland' entwickelt sich die Flüchtigkeit der Begegnung allmählich zu einem Dauer beanspruchenden Dialog. (Schließlich handelt es sich auch in *sozialer* Hinsicht um einen Grenz- und Zwischenfall. Das hat mit der Art und Weise der Kommunikation in dieser Szene zu tun und wird entsprechend weiter unten erläutert.)

---

3 Ich habe diese Kioskepisode an anderer Stelle unter dem Gesichtspunkt der Körperlichkeit der Kommunikation analysiert (Hausendorf/Murasov 1994; Hausendorf i.V.). Ich greife im folgenden auf diese Analysen zurück, weil sie mir in besonderer Weise auf die methodologischen Implikationen der konversationsanalytischen Vorgehensweise aufmerksam zu machen scheinen.

Schauen wir uns dazu den Beginn der Szene an, wie er auf dem Transkript erhalten ist:

Hintergrundgeräusche während der gesamten Aufnahme: Stimmen, Zeitungsrascheln, Türenquietschen, dumpfes Dröhnen ein- und ausfahrender U-Bahnen, vorbeigehende Passanten
B = Betrunkener, P = Passant

1	B:	((im Hintergrund; deklamatorisch, pathetisch))
2		dEUtsche dEmo((schneller))kratische
3		rE((leiser))publik+++ . .
4	P:	((verhalten, kurz)) <lachen>+
5	B:	((laut, schnell; auffordernd)) ALso mein lIEber .
6		((lachend)) (? unser Glück)++
7	P:	((betont, lachend)) jA:Ah+ ((verhalten, kurz))
8		<lachen>+
9	B:	((imitierend; guttural))jA:Ah+
*10		((sehr laut)) jA oder wo (? sIn-)
*11	P:	kommen sie'-
12		((schnell)) kOmmen sie auser ddr'+
13	Pause (ca. 2 Sek.)	
14	B:	aber lieber hERR: . ich . w . Üürde sie . ich
15		schÄTze sie als: . sEHR: guten mENschen ((bestimmt))
16		ein+
17	P:	&jah'
18	B:	ERsma schon, . ((bestimmt)) ja+ . und ich ..
19		((betont)) bIN+ .. ((leiser)) zu ihnen
20		gUTgest(? ell:t)+
21	P:	((lachend)) jaah+ ((schnell)) aber sie kENNen mich
22*		doch ganich+
23*	B:	((laut, energisch)) aber ich stE::he . zu+
24		((deklamatorisch, pathetisch; lauter)) mEIner .
25		deutschen demokratischn repU+ ((mit versagender
26		Stimme)) lik+ nach:wievor .. und ich lIE:be sie . un
27		sie ((gepreßt)) wird wIEderkommen+
28	P:	((leise lachend)) jah'
29	B:	((grölend)) un sie wird wIEder-+ ((guttural,
30		würgend)) &ich werdafür sORgn+ . ((leiser;
31		verschwörerisch)) und ich könnte ihnen auch sagn+
32		wie ich das mACHe
33	P:	und wie'
34	B:	((grölend)) jAA+ das geht ganz leicht . ich mACHe es
35		schon ich <rülpsen> . ((schnell; empört)) na sAgn se
36		mal des is ja .
37	P:	<lachen>

Auf den ersten Blick ein nicht nur belustigendes, kurioses, sondern auch nicht unproblematisches Beispiel: Offensichtlich ist einer der Interaktionspartner in seiner Kommunikationskontrolle stark beeinträchtigt; damit zusammenhängend vielleicht eher ein Grenzbereich von Sinn und Ordnung; zumal ein leicht anstößiges Ereignis, dessen Wert für die Analyse fragwürdig ist, vielleicht auch unpassend und sogar degoutant.

Auf einen zweiten Blick aber ein für methodologische Überlegungen aus der Sicht der Konversationsanalyse vielleicht geradezu besonders *geeignetes* Beispiel: Die Unterstellung oder auch nur vermittelte Nahelegung von Absichten und Intentionen, von Handlungsverantwortung ist zumindest für einen der Interaktionspartner von vornherein problematisch, durch den Fall selbst problematisch und nicht aufgrund methodischer Maximen.

3 Empirische Analyse (1. Teil)

Ein Betrunkener, der lallt, und ein Passant, der zuhört. Ein durch übermäßigen Alkoholkonsum bedingter Verlust an Stimm- und Kommunikationskontrolle. Auf den ersten Blick auch ein Verlust an Sinn und Ordnung. Ein Geschehen: episodisch, belanglos, nicht-verweilwürdig; dokumentiert überhaupt nur aufgrund eines Zufalls und aufbereitet hier nur für womöglich spitzfindige Reflexionen.

Das ist notiert aus der Außenperspektive eines nachträglichen Betrachters; eines Betrachters, der sich erinnert weiß an ähnliche Situationen, dem dieses Geschehen auf den ersten Blick klar ist, der nicht genau hinzuschauen braucht, um zu wissen, was passiert ist.

Die Konversationsanalyse bemüht sich bekanntlich um eine andere Perspektive: ein Ausschalten des Immerschonbekannten und -gewußten, ein Bemühen um Erstaunen und Fragwürdigkeit, ein genaues Hinschauen auch auf die vermeintlich belanglosen Details, nicht um sich zu bestätigen, sondern um zu entdecken;[4] ein, wie es oft ausgedrückt worden ist, Aufbrechen der Selbstverständlichkeiten, eine neue *Beleuchtung* der Szene aus einer ungewohnten Perspektive.[5]

Aber was bekommt man in diesem Licht zu sehen? Ich greife ein paar Auffälligkeiten heraus: Da ist zunächst ein bemerkenswertes Schwanken zwischen Exklusivität und Öffentlichkeit in der Szene. Man denke an die Lautstärke der Beiträge des Betrunkenen, die bei weitem das bei der gegebenen

---

4 Insofern begibt sich die Konversationsanalyse "methodisch-künstlich ... aus jener ... Situation (heraus), in der wir lebensweltträglich existieren: aus der Situation der *immer* bzw. *je schon* (irgendwie) verstandenen oder vorverstandenen Sprache, Textwelt, Sozialwelt." Sie steht damit im Gegensatz zur hermeneutischen Tradition, die gerade ansetzt bei dieser "grundsätzlich vertrauten, schon verstandenen Welt" (alle Zitate aus Marquard 1981, S. 136f.)

5 Ähnlich das Vorgehen der objektiven Hermeneutik: "Etwas Bekanntes und Selbstverständliches wird zu etwas Fremdem und Problematischem" (Bude 1994, S. 115).

räumlichen Annäherung der Partner notwendige Maß überschreitet. Auf den ersten Blick mag sich hier ein Mangel an "recipient design" (vgl. Sacks/Schegloff 1978) ergeben, insofern die Lautstärke nicht auf das Hörvermögen des Zuhörers zugeschnitten wird. Bei genauerem Hinsehen (bzw. -hören) zeigt sich allerdings ein anderer "recipient", nämlich das flüchtige Publikum der vorübergehenden Passanten. Für dieses Publikum ist die Lautstärke tatsächlich passend abgestimmt: Was gesagt (bzw. ausgerufen und gebrüllt) wird, erreicht eben nicht nur den Stehengebliebenen, sondern auch die Vorübergehenden. Die Interaktion zwischen dem Stehengebliebenen und dem Betrunkenen spielt sich also in einem Zwischenraum ab: zwischen der Exklusivität des Dialogs und der Öffentlichkeit der flüchtigen Begegnung mit der Menge der Vorübergehenden. Dieser Ambivalenz zwischen Exklusivität und Öffentlichkeit entspricht die Vielstimmigkeit der Rede: Zu hören ist die Stimme des Redners, der auf einer Versammlung auftritt, der etwas ausruft und proklamiert (*deutsche demokratische republik*). Zu hören ist aber auch die Stimme des Verschwörers, der die Vertraulichkeit und die Nähe des diskreten (und leisen) Untervieraugen sucht (*und ich könnte ihnen auch sagen wie ich das mache*). Im Hin und Her zwischen diesen Stimmen schwankt und entfaltet sich die Interaktion, die hier ausschnittweise dokumentiert ist.

Dieses Schwanken zwischen Exklusivität und Öffentlichkeit wird nicht nur durch die Lautstärke und die Vielstimmigkeit der Rede des Betrunkenen hergestellt, sondern auch durch das Verhalten der Vorübergehenden. Was fortwährend im Hintergrund der Szene passiert, wenn die Passanten im Vorbeigehen kurz Notiz nehmen von dem Betrunkenen (und seinem Gesprächspartner), kann man mit Goffman (1971, S. 35) als "nicht-zentrierte Interaktion", als kurzfristige "Handhabung bloßer gemeinsamer Anwesenheit" bezeichnen: Hinschauen, um wegzugucken. Die Interaktion wird eröffnet - um sofort wieder beendet zu werden.

Das Geschehen wird damit dargestellt als eines, das gleichzeitig Aufmerksamkeit anzieht und sofort wieder abstößt. Im Hin- und Weggucken und im gleichzeitigen Vorbeigehen erscheint die Szene als nicht verweilwürdig, als ein anstößiges Ereignis mangelnder Körperdisziplin und -kontrolle, als eine Störung der "sozialen Organisation des Verhaltens in öffentlichen Räumen". Die "Information", die sich die Vorbeieilenden "verschaffen", hat mit der Einordnung des Ereignisses in ein schon bekanntes Geschehen zu tun: All das, was man - auch im Vorübergehen - sehen und hören (vielleicht sogar riechen) kann (ich gehe hier nicht im einzelnen darauf ein), drängt eine bestimmte soziale Kategorisierung auf, nämlich die des 'Betrunkenen'. Sie 'erklärt', warum man weitergeht, obwohl man angesprochen wird. Was aber passiert, wenn einer der Passanten stehenbleibt und damit Anwesenheit wählt? Schauen wir uns dazu den Ausschnitt noch einmal genauer an.

Der Ausschnitt beginnt mit dem Ausruf *deutsche demokratische republik*. Der Betrunkene stellt sich zur Schau als jemand, der etwas zu sagen hat, was alle angeht. Im Gegensatz zu den Vorübergehenden dokumentiert der Stehengebliebene schon dadurch, daß er stehenbleibt, und mit seiner Reaktion, einem kurzen, verhaltenen Lachen, eine *länger* andauernde gemeinsame Anwesenheit. Zugleich enthält diese Reaktion auch einen ersten Hinweis darauf, wie das gerade sich vollziehende Geschehen zu verstehen ist: Das Verhalten des Betrunkenen wird als etwas präsentiert, über das man lachen kann/muß. Es hat damit einen Unterhaltungswert (vielleicht der Belustigung), der dafür aufkommt, daß man stehenbleibt und zuhört. Der Ausruf des Betrunkenen wird damit nachträglich als ein Unterhaltungsakt definiert, das Geschehen wird, wenn man so will, lokal eingerahmt: Es gilt nicht länger als ein anstößiges, zu ignorierendes Ereignis - so das implizite "account" (Scott/Lyman 1968) der Vorbeigehenden -, sondern wird unter die Spezialbedingungen einer Bühnensituation gestellt, die für die Anwesenden entsprechende Rollen - Schauspieler und Publikum - und entsprechende Aktivitäten - Unterhaltung und Bekundung von Unterhaltungswert - bereitstellt.

Unterbrechen wir an dieser Stelle die empirische Analyse, weil hier vielleicht die Charakteristik der konversationsanalytischen Rekonstruktion - und ihres Selbstverständnisses - am deutlichsten zum Ausdruck kommt. Die konversationsanalytische Rekonstruktion - und es sei der Einfachheit halber angenommen, die vorgetragene Kurzanalyse sei dafür ein halbwegs annehmbares Beispiel - hat ihre Spitze darin, das Ergebnis der Analyse im Gegenstandsbereich selbst zu verankern; eine Verbindung herzustellen zwischen den Beobachtungen und den Aktivitäten selbst; anders gesagt: die eigenen Beobachtungen auszugeben bzw. plausibel zu machen als Explikationen von Darstellungen, die im Gegenstandsbereich selbst auffindbar sind, also vorher schon da waren, wenn man so sagen darf.

Wenn Hermeneutik, nach einer Formulierung von Odo Marquard (1981, S. 117), die Kunst ist, "aus einem Text herauszukriegen, was nicht drinsteht", dann ist die Konversationsanalyse in ihrem eigenen Selbstverständnis vielleicht eher die Kunst, in einem Text lediglich sichtbar zu machen, was schon vorher drinstand. Die Konversationsanalyse wäre insofern eine Art textanalytische Mäeutik: eine in ihrem Selbstverständnis zutiefst *re*konstruktive Beobachtungspraxis, die dabei hilft, eine Sinnhaftigkeit zum Vorschein zu bringen, die für die Entstehung und die konkrete Gestalt der Interaktion immer schon konstitutiv gewesen ist.

Bezogen auf das Beispiel und stark vereinfacht heißt das: Was aus einer Außenperspektive als die Nicht-Ernsthaftigkeit der Szene erscheinen mag, ihre Kuriosität z.B., weist die konversationsanalytische Rekonstruktion als eine 'Darstellung' nach, d.h. als ein Ergebnis von Aktivitäten im Gegenstandsbereich selbst. Auf eine noch einfachere - aber auch mißverständliche - Formel gebracht: Nicht ein nachträglicher Beobachter, sondern die Gesprächsteilnehmer ("participants"; "conversationalists": s.u.) selbst etablieren die Nicht-Ernsthaftigkeit der Szene. Und wie sie das im einzelnen machen, das ist das Thema der konversationsanalytischen Beschreibung.

Die Charakteristik dieser Sichtweise besteht dann darin, vermeintliche Nebensächlichkeiten und Belanglosigkeiten - das Lachen des verweilenden Passanten, das Hinüberschauen und Weitergehen anderer Passanten - als hochgradig funktionale Darstellungen ins Licht zu rücken und somit in ihrer Bedeutung gewissermaßen zu entdecken.

Gleichzeitig muß jede dieser Beschreibungen die Anforderung erfüllen, daß sie mit Erscheinungsformen der Interaktion, d.h. zumeist mit Ausschnitten und Details im Transkript belegt werden kann, daß sie aufgewiesen werden kann als etwas, das seine sichtbaren Spuren hinterlassen hat. Umgekehrt erwächst aus dieser Maxime auch ein - prinzipiell unabschließbarer - Sog in die Analyse auch der kleinsten noch erhaltenen Details der Erscheinungsformen der Interaktion (wie z.B. Pausenlänge, Prosodie, Abbrüche, Reparaturen ...).

Der Reiz - und auch eine Form von Ästhetik - konversationsanalytischer Rekonstruktion bestehen vielleicht in diesem Insistieren auf dem Transkript-Text als einem Dokument vorgängiger Festlegungen und der damit einhergehenden Tilgung, dem Verschwinden eines diesem Text 'äußerlich' bleibenden 'Interpreten': Was eine Nebensequenz ("side sequence") ist - um ein bekanntes Konversationsanalyse-Objekt aufzugreifen -, entscheidet demzufolge eben nicht der Analysierende - indem er definiert, was wichtig ist und unwichtig -, sondern das haben sich die Teilnehmer in ihrer Eigenschaft als "conversationalists" immer schon selbst angezeigt: vielleicht indem sie sagen (nach einer Zwischenfrage): *o.k., wo waren wir stehengeblieben* oder (nach einer Referenzierungssequenz): *gut, dieser Herr Müller also kam ...* ; oder indem sie es - komplizierter zwar, aber nicht weniger wirkungsvoll - so machen wie Reich-Ranitzky im "Literarischen Quartett":

(Ausschnitt aus der Sendung vom 31.03.94)

A: *ja ich weiß ich weiß
B: *es ist unausweichlich
A: *ja unausweichlich
B: *(leise) daß wir noch auf insekten kommen
A: aber ich will nur gAnz kurz sagen wegen insekten
ob das die flIEgen sind bei sartre ob diese geschichte von kAfka
(leise; mit wegwerfender Geste) die nIcht zu seinen allerbesten gehört
A: *(laut;energisch) insekten verführen die AUtoren
B: * (entrüstet) we we
we wer gehört nicht zu den bESten'

Man könnte hier vermutlich lange darüber streiten, was in diesem Fall 'eigentlich' das Neben- und das Hauptsächliche ist. Man kann aber auch 'einfach' danach suchen, welche Hinweise sich die Teilnehmer selbst dazu geben - und sofort eine Äußerung wie "aber ich will nur ganz kurz sagen..." finden, deren Bedeutung u.a. eben gerade auch darin besteht, das unmittelbar Folgende als eine den Hauptstrom der Konversation kurzfristig unterbrechende Sequenz anzuzeigen; unabhängig davon, was dann in der Folge auch immer mit dieser Sequenz geschehen mag und dann tatsächlich geschehen ist.

In der Konversationsanalyse stellt sich insofern nicht primär das Problem einer nicht handhabbaren Vielfalt möglicher Interpretationen ("Lesarten"), sondern eher das Problem, die im Transkript niedergelegten Spuren der "tatsächlichen" Darstellungen zu entziffern. Sacks und Schegloff haben das in einer in den klassischen Arbeiten eher seltenen methodologischen, entsprechend viel zitierten Äußerung mithilfe ihres Problembegriffes zu verstehen gegeben:

> "In the ensuing discussion (...) it should be clearly understood that the 'closing problem' we are discussing is proposed as a problem for conversationalists; we are not interested in it as a problem for analysts except insofar as, and in the ways, it is a problem for participants. (By 'problem' we do not intend puzzle, in the sense that participants need to ponder the matter of how to close a conversation. We mean that closings are to be seen as achievements, as solutions to certain problems of conversational organization. While, for many people, closing a conversation may be a practical problem in the sense that they find it difficult to get out of a conversation they are in, that problem is different from the problem of closing that we are concerned with.)" (Schegloff/Sacks 1973, S. 290)

In diesem Zitat werden zwei Abgrenzungen vorgenommen: Konversationsanalyse interessiere sich nicht für irgendwelche Probleme und Fragestellungen von Beobachtern ("analysts"), sondern für die Probleme von Gesprächsteilnehmern ("conversationalists"; "participants"). Gleichwohl seien damit aber keine praktischen Probleme ("practical problems") gemeint, sondern prinzipielle Probleme der konversationellen Organisation ("conversational organization"). Aber wer hat diese Probleme dann letztlich? Und wer löst sie? Einerseits ist das Bemühen festzustellen, die Analysen im Gegenstandsbereich zu verankern, andererseits erfolgt eine Abgrenzung gegenüber dem alltäglichen Problembewußtsein: Daß dem Beenden von Gesprächen *prinzipiell* (und nicht nur gelegentlich) Problemlösungen zugrundeliegen, versteht sich eben nicht von selbst, sondern muß man erst sehen lernen.

Der Verweis auf die "Teilnehmer" oder "conversationalists" erscheint methodisch ausgesprochen zweckmäßig und fruchtbar (s.o.). Er ist aber methodologisch nicht nur unbefriedigend, sondern auch irreführend: Er suggeriert eine Nähe zum Alltagsbewußtsein der Interaktionsteilnehmer und zum So-Gewesen-Sein einer authentischen Szene, die nicht nur nicht gegeben, sondern methodologisch überdies außerordentlich problematisch ist - wie mit dem nächsten Analyseschub gezeigt werden soll.

4 Empirische Analyse (2. Teil)

Beginnen wir mit dem Ausruf *deutsche demokratische republik*. Offensichtlich handelt es sich hier um die Referenz auf eine politisch-sozial definierte Einheit mithilfe eines Eigennamens. Dieser Eigenname taucht nicht innerhalb eines längeren Syntagmas auf, sondern er steht isoliert und für sich. Entsprechend wird damit auf die paradigmatische Ebene der Auswahl zwischen in Opposition stehenden Kategoriennamen fokussiert: Im Vergleich mit Alternativen wie 'Deutschland' prämiert dieser Eigenname eine politische Staatsbürgerschaft, die die nationale Zugehörigkeit tendenziell entwertet. Im Gegensatz zu der Abkürzung 'DDR' fokussiert *deutsche demokratische republik* auf eine wörtlich und damit ernst zu nehmende Bedeutung dieser Staatsbezeichnung. Hier klingt eine besondere Verbundenheit mit dem Staat an, die durch weitere Aspekte der Darstellung dann vertieft und ergänzt wird. So wird der Eigenname ja nicht nur ausgesprochen, sondern mit großer Lautstärke vorgetragen, ausgerufen. Dieser Ausruf gilt - wie o. erläutert - nicht einem Einzelnen, sondern einem größeren Publikum. Diese Art von "recipient design" (s.o.) verweist auf eine Staatsbürgerschaft im Sinne der Proklamation, der Außendarstellung, der Behauptung, der Plakation und der Demonstration. Es ist, wenn man so will, der Staat, der auf der Bühne und damit im Rampenlicht und im Fokus der Aufmerksamkeit steht. Insofern referiert der Ausruf *deutsche demokratische republik* nicht nur auf ein bestimmtes Gemeinwesen, sondern gleichzeitig auf ein mit diesem Gemeinwesen untrennbar verbundenes Ethos: die *deutsche demokratische republik* als eine Kulturalität der Programmatik und Präsentation.

Diese Darstellung wird durch das Lachen des Stehengebliebenen als belustigend und nachträglich als nicht-ernsthaft definiert (s.o.). Ich gehe darauf und die folgenden Zeilen nicht weiter ein und wende mich direkt dem Beitrag von P zu, der eine zuvor abgebrochene Frage wieder aufnimmt und zu Ende führt (*kommen sie auser ddr*). An dieser Äußerung sind mindestens zwei Punkte auffällig: Zunächst wird die Herkunft von B erfragt und gleichzeitig unterstellt, daß es einen Grund gibt, anzunehmen, daß B *auser ddr* kommt. Daß B aus der DDR kommt, wird gewissermaßen als *account* für Bs vorausgehende Beiträge unterstellt.

Darüberhinaus enthält die Frage eine unausgesprochene Vereinnahmung des Sprechortes durch P, die aus dem deiktischen Gebrauch von *kommen* resultiert: Der Sprechort wird auf implizite Weise als nicht zur DDR gehörend unterstellt. Die Frage legt nahe, daß B die DDR verlassen hat, jedenfalls nicht mehr in der DDR sich befindet und nun - gewissermaßen in der Fremde - nach seiner Herkunft gefragt wird. Die Frage beinhaltet so gesehen auch eine Darstellung von Eigenem und Fremdem, eine Unterstellung unterschiedlicher Herkunft (DDR vs. Sprechort als Teil des wiedervereinigten Deutschland). Was hier unausgesprochen etabliert wird, ist das Hier und Jetzt der Wiedervereinigung und die im Zeichen dieser Wiedervereinigung stehende Kommunikation zwischen Ost und West.

Schauen wir uns dazu Bs Reaktion an: *aber lieber herr....* Wir finden die Ankündigung eines bestehenden Gegensatzes. Worin dieser Gegensatz besteht, wird in der folgenden, sich über mehrere Zeilen erstreckenden Äußerung deutlich gemacht, die eine klar erkennbare "interne Fokusopposition" enthält (vgl. dazu Kallmeyer/Müller/Schmitt/Schütte i.V.). Gewissermaßen konzediert wird die persönliche und moralische Integrität des Fragenden, obgleich - so die implizite Darstellung - die vorausgehende Frage und die in ihr enthaltenen Implikationen eine gesichtsbedrohende Qualität besitzen. Diese gesichtsbedrohende Qualität besteht in der Vereinnahmung von Raum und Zeit durch das wiedervereinigte Deutschland, als dessen Stellvertreter der Fragende in dem in den Fokus der Aufmerksamkeit gestellten zweiten Äußerungsteil auf implizite Weise definiert wird (*aber ich stehe zu meiner deutschen demokratischen republik nach wie vor*): Die Äußerung suggeriert einen Kontext der Legitimation und Erklärung; anders gesagt: sie definiert die vorausgegangene Frage als Bestandteil einer Aufforderung zur Rechtfertigung gegenüber einem Außenstehenden, gegenüber einem Fremden.

Schauen wir uns diesen für den Ausschnitt zentralen Äußerungsteil und die anschließende Äußerung etwas genauer an: Die Rede ist von *meine(r) deutsche(n) demokratische(n) repu[b]lik.* Diese Redeweise suggeriert ein Gemeinwesen, auf das jedes Mitglied Zuordnungs- und Besitzansprüche geltend machen kann, das, wenn man so will, in jedem einzelnen Bürger zur Geltung gebracht wird. Hier klingt der Mythos einer Verschmelzung von Staat und Bürger an: die Politisierung des Alltäglichen und die Veralltäglichung der Politik; anders gesagt: die Universalität, Nicht-Abgrenzbarkeit des Politischen. *und ich liebe sie* - diese Universalität verlangt und impliziert Begeisterung, Emphase, Pathos bis hin zum Berauschtsein, zur Trunkenheit des Liebenden, ausgelöst durch das Objekt seiner Begierde. Insofern ist die Alkoholisierung des Redners kein Zufall, kein Versehen und erst recht kein Manko; sie reproduziert vielmehr jene Staatsemphase, die für das in dieser Szene anklingende kulturelle Ethos charakteristisch ist. Die Trunkenheit des Redners und die damit offenbar werdende Körperlichkeit der Kommunikation ließen sich somit tatsächlich als ein Moment des semantischen Gehaltes der Rede begreifen. Sie bleiben der Darstellung nicht äußerlich, sondern werden, in dieser Szene selbstverständlich ungewollt, aber aufgrund der Sogkraft sozialer Interaktion unausweichlich, Teil des sinnhaften Geschehens.

Wir finden weiterhin den impliziten Hinweis auf ein Ereignis, das dieses Staatsbekenntnis in Frage stellt bzw. zumindest problematisiert: Der Sprecher hat Grund zu betonen, daß sein Bekenntnis *nach wie vor* gültig ist, obwohl... Dieses 'obwohl' bleibt unausgesprochen und unausgeführt, aber es hat natürlich seine Erklärung darin, daß das zuvor aufgerufene kulturelle Ethos verschwunden, verlorengegangen, untergegangen ist. Der insistierende Hinweis auf die Wiederkehr, auf den Wiederaufstieg (*un sie wird wiederkommen*) und der konspirativ-schelmische Hinweis auf die Bewerkstelligung dieser Wiederkehr (*und ich könnte ihnen auch sagen wie ich das mache*) werden dabei in einem Zug konterkariert durch einen unkontrollierbaren Körper, der zu einem Verlust der

Stimm- und Lautkontrolle, letztlich zu einem Versagen der Stimme (*deutschen demokratischn repu-*; *un sie wird wieder-*) und damit - wie über die Verwahrlosung der Körperoberfläche - zu einem Verlust an Kommunikationsfähigkeit generell führt.

Und auch in diesem Zusammenhang ist die - als Kontrollverlust bemerkbare - Körperlichkeit der Kommunikation auf das engste verwoben mit dem in der Rede des Betrunkenen aufscheinenden Netz semantischer Anschlußfähigkeiten. Was der Rede des Betrunkenen ihre soziale Brisanz verleiht, ist die Einbettung in das Hier und Jetzt der Wiedervereinigung, auf die als ein Ereignis des Unterganges und des Verlustes angespielt wird. Die Wiedervereinigung liefert den globalgesellschaftlichen Kontext, der in dieser Szene im Mikrokosmos der Interaktion unter Anwesenden aufscheint und der diese Szene 'sinnvoll' und zugleich bemerkenswert macht. Genau in dieser historisch exponierten Konstellation erfährt auch die Körperlichkeit der Kommunikation ihren Sinn: In dem Maße, in dem der Ausruf *deutsche demokratische republik* ein untergegangenes, besiegtes Staatsethos zitiert, erscheint die unkontrollierte Körperlichkeit der Rede des Betrunkenen als Symptom eines im Hier und Jetzt der Wiedervereinigung historisch-politisch unmöglich gewordenen Bekenntnisses zur DDR. Die Unmöglichkeit dieses Bekenntnisses stempelt den Bekennenden zu einem Außenseiter, den die Gesellschaft in ihre peripheren Bereiche, in Spezialmilieus abdrängt, und umgekehrt wird das Bekenntnis in diesem Spezialmilieu möglich. Letztlich geht es dabei um den Verlust der Kommunikationsfähigkeit, und exakt das wird mit dem Versagen der Stimm- und Lautkontrolle in dem Bekenntnis zur *deutschen demokratischen repu[b]lik* offenbar und dargestellt. So gesehen wird die Szene zu einem Gleichnis über die - so die Darstellung - Verlierer der Einheit, über die Unmöglichkeit der Kommunikation in historischen Untergangssituationen.

Wie stimmig eine solche Analyse im einzelnen auch immer sein mag: Läßt sie sich als eine Form konversationsanalytischer Rekonstruktion verstehen und begründen?

5 Konstruktivistische Rekonstruktion

Aus konversationsanalytischer Sicht scheinen sich mindestens zwei methodologische Einwände gegen die vorgetragene Analyse aufzudrängen. Der erste Einwand betrifft die Abkehr vom Meinen und Verstehen der Interaktionsteilnehmer, das Verlorengehen der Bindung an die "participants". Der andere Einwand betrifft die interpretative Entfernung vom Text, das Verlorengehen der Bindung an die Transkription, die mangelhafte Absicherung im Material selbst, "from the data themselves".

In beiden Punkten machen sich Defizite bemerkbar, die in eine Loslösung vom Gegenstand einzumünden drohen und damit den für die Konversationsanalyse charakteristischen Anspruch auf *Re*konstruktion auf den ersten Blick unmöglich zu machen bzw. zu entwerten scheinen. Es fragt sich allerdings, ob nicht hinter diesen vermeintlichen Defiziten analytische Akzentuierungen stehen, die durch die vorgetragene Analyse zwar besonders auffällig werden, die aber für die konversationsanalytische Forschungspraxis von Beginn an grundlegend gewesen sind.

So erscheint die Abkehr vom Meinen und Verstehen der Gesprächsteilnehmer positiv als Hinwendung zur Kommunikation (zwischen den Beteiligten) als einem eigengesetzlichen, prinzipiell eigenständigen Geschehen - eine Akzentuierung, die bereits den grundlegenden Arbeiten zum Sprecherwechselmechanismus innewohnt (vgl. dazu Hausendorf 1992a).

So erscheint die interpretative Entfernung vom Text positiv als Hinwendung zu einer 'dichten' semantischen Beschreibung, als Fokussierung auf das, was im Text nicht explizit verbalisiert, auf implizite Weise aber sehr wohl mitkommuniziert wird: die indexikalische Situierung der Interaktion von Angesicht zu Angesicht in ein Universum vorausgegangener, gleichzeitiger und zukünftiger Kommunikationsereignisse. Diese Akzentuierung zugunsten einer semantischen Tiefenschärfe der konversationsanalytischen Beschreibung findet sich besonders ausgeprägt in Sacks' Vorlesungen zum Themenkreis der Mitgliedschaftskategorisierungen - etwa wenn die Bedeutungsimplikationen der Aussagensequenz *The baby cried. The mommy picked it up* ausgelotet werden (Sacks 1992, S. 236ff.).

Es versteht sich von selbst, daß ein solches Vorgehen - je konsequenter es betrieben wird, desto nachdrücklicher - das Selbstverständnis einer vornehmlich rekonstruktiven Analysepraxis provoziert. Und zwangsläufig wird dabei der interpretative bzw. 'konstruktive' Anteil der Analysearbeit deutlicher - schon deshalb, weil die Spuren im Transkript weniger eindeutig und dafür ergänzungsbedürftiger werden (s.o. 1).[6]

Es versteht sich allerdings nicht von selbst, daß diese Vorgehensweise der konversationsanalytischen Forschungspraxis nur deshalb weniger verpflichtet sein sollte, weil ihre interpretativen Anteile deutlicher hervortreten - so die Argumentationsrichtung einer Variante der Konversationsanalyse, die diese auf das Selbstverständnis einer rein 'formalen', konversations*syntaktisch* orientierten Beschreibung festzulegen bemüht ist (vgl. Streeck 1983 und insbesondere Schegloff 1988).[7] Und es versteht sich umgekehrt ebensowenig von selbst, wenn mit dem Hinweis auf die interpretativen Anteile der Konversationsanalyse die methodologische Eigenständigkeit dieses Ansatzes zugunsten einer Amalgamierung gesprächs-, diskurs- oder dialoganalytischer Ansätze in den

---

6 Mit Blick auf eine für die moderne Linguistik grundlegende Unterscheidung von syntagmatischen und paradigmatischen Beziehungen (de Saussure 1967, S. 147ff.) könnte man diesen Sachverhalt auch so ausdrücken: Neben die Dimension der auf dem Nacheinander der Beiträge beruhenden sequentiellen Syntagmatik, die im Transkript gewissermaßen *in praesentia* belegbar ist, tritt die auf der Möglichkeit gleichzeitiger anderer Beiträge beruhende paradigmatische, im Transkript, wenn man so sagen darf, nur *in absentia* rekonstruierbare Dimension.

7 Auer (1991, S. 186) bemerkt dazu: "A strange kind of fear seems to have befallen this version of conversation analysis: the fear of dealing with meaning and interpretation."

Hintergrund gerät - so eine wiederkehrende Diskussionstendenz in einigen Bereichen der linguistischen Pragmatik (vgl. z.B. Holly 1992).

Die vorgestellte Analyse ist demgegenüber von der Vorstellung geprägt. daß die Charakteristik der Konversationsanalyse aus der ihr eigenen Art und Weise der Gegenstandskonstitution resultiert. Unabhängig davon, ob sich die Beobachtung stärker auf konversationssyntaktische oder -semantische Regularitäten konzentriert, ist die konversationsanalytische Vorgehensweise von der Annahme getragen, daß sich ihr Gegenstand - vereinfacht gesagt - selbst festlegt ("reflexivity of accounts"). Aus dieser ethnomethodologisch geprägten Mentalität erwächst der Zwang zur - aber auch die Lust an - der *Re*konstruktion.

Entsprechend ist es die These von der Selbstfestlegung der Interaktion, an der sich die vorgetragene Analyse messen lassen will: Die versuchsweise aufgewiesene Intertextualität der Szene versteht sich nicht als Resultat der Spitzfindigkeit des Beobachters, sondern soll den Selbstfestlegungen der Interaktion folgen - allerdings, und darin liegt das Besondere des Beispiels, auch in Bereichen, in denen diese Festlegungen vergleichsweise subtil und unterschwellig sind.

Die Eigenständigkeit der Konversationsanalyse resultiert so gesehen aus der Spezifik ihrer Gegenstandstheorie, wie implizit sie in der Forschungspraxis (auf Kosten allerdings erheblicher Selbst- und Fremdmißverständnisse)[8] auch immer bleiben mag. Eine Weiterentwicklung der Gegenstandstheorie der Konversationsanalyse auf der Basis der Explizierung der in der empirischen Analyse immer schon vorausgesetzten Annahmen über den Gegenstand scheint von daher am ehesten auch eine Weiterentwicklung des Selbstverständnisses der Konversationsanalyse zu versprechen. Und vielleicht ist das ein weiterer Grund, warum in den letzten Jahren vermehrt Versuche zu beobachten sind, das Selbstverständnis nicht nur der Konversationsanalyse, sondern auch der objektiven Hermeneutik mithilfe der neueren Systemtheorie zu erarbeiten, die auf die Annahme der Selbstfestlegung der Kommunikation bekanntlich in besonders expliziter und systematischer Weise bezogen ist (s. auch die Beiträge von Bora und Schneider in diesem Band).

Die Programmatik einer 'konstruktivistischen Hermeneutik' könnte hier als eine Art Rahmenorientierung fungieren, insofern sie sich keinen Gegenstand losgelöst von der Beobachtung vorstellen kann und schon deshalb in besonderer Weise auf Theorie angewiesen ist. Die Konversationsanalyse könnte dabei ihre charakteristische Sichtweise einbringen, indem sie auf einem Beibehalten am Gestus der Rekonstruktion insistiert, auch wenn der Gegenstand dieser Rekonstruktion das Ergebnis einer expliziten Konstruktion des Beobachters ist; und indem sie die Hervorbringung des Gegenstandes durch den Beobachter dazu nutzt, im gleichen Zug die Festlegungen dieses Gegenstandes zu rekonstruieren. Für ein solches zugegeben zirkuläres Selbstverständnis steht der Titel "konstruktivistische Rekonstruktion". Es hat den Vorzug, empirische Detailanalysen und theoretische Konstrukte gleichermaßen anschlußfähig zu machen.

---

8 Gedacht ist hier an den gegenüber der Konversationsanalyse vielfach ausgesprochenen Positivismusverdacht (Hinweise dazu in Hausendorf 1992a).

Auf die erkenntnistheoretischen und hermeneutischen Implikationen dieser Programmatik soll hier nicht näher eingegangen werden. Aus der Sicht der Konversationsanalyse jedenfalls interessieren weniger diese Implikationen für sich genommen als vielmehr die gegenstandsrelevanten Prämissen der eigenen Vorgehensweise. Man könnte auch sagen: Selbstvergewisserung auf dem Weg der Gegenstandskonstitution. Die Konstitution des Gegenstandes kann dabei stärker empirisch oder stärker theoretisch ausgerichtet sein - in jedem Fall geht sie anstelle einer vorverstandenen "Textwelt", anstelle einer vorgängigen Identität von Gegenstand und Beobachtung von deren prinzipieller Differenz aus: Der fremde Blick des Ethnologen, der gerade *nicht* immer schon vorverstanden hat, was passiert, ist das Leitbild konversationsanalytischer Rekonstruktionsarbeit.[9] Das, was am Ende der 'erfolgreichen' Rekonstruktion steht, ähnelt insofern tatsächlich weniger dem (hermeneutischen) 'Verstehen' als vielmehr einer auf dem Gegenstandsverständnis der Beobachtung beruhenden Konstruktion; es ähnelt eher einer den Transkriptions-Text benutzenden "Erweiterung von Welt" (Knorr 1989) als der nachträglichen Erfassung der (und sei es "latenten") Sinnstruktur eines vorgängigen Dokuments.[10] Rekonstruktion im Sinne der Konversationsanalyse zielt somit nicht auf ein Besser-Verstehen oder Ergründen des Vorverstandenen, sondern auf eine Weiterentwicklung der eigenen - impliziten oder expliziten - Gegenstandskonstitution. Darin besteht der konstruktivistische Anteil konversationsanalytischer Rekonstruktion.

Transkriptionszeichen

((leise)) +	=	Kommentare mit Geltungsbereich
<lachen>	=	Nonverbale Phänomene
dEUtsche	=	Betonung
ich stE:he zu	=	Dehnung
(? unser glück)	=	Vermuteter Wortlaut

---

9 Die Konversationsanalyse setzt mit dieser Perspektive systematisch einen Theorietyp empirisch um, für den Luhmann unter dem Titel der "Unwahrscheinlichkeit der Kommunikation" geworben hat: eine Theorie, die "mit einer These der Unwahrscheinlichkeit (beginnt)" und "die Routineerwartungen und die Sicherheiten des täglichen Lebens auf(löst) und sich vor(nimmt) zu erklären, wie Zusammenhänge, die an sich unwahrscheinlich sind, dennoch möglich, ja hochgradig sicher erwartbar werden." (Luhmann, 1981, S. 25).

10 Nur angemerkt sei hier, daß auf dem Wege zu einer ausbuchstabierten konstruktivistischen Methodologie wohl nicht nur die Konversationsanalyse, sondern auch die objektive Hermeneutik einige eingefahrene Selbstbeschreibungen aufgeben müßte. Das betrifft z.B. die grundsätzliche Abkehr von der Vorstellung einer - nur durch die Annahme einer vorgängigen Identität des Gegenstandes zu begründenden - Vergleichbarkeit von Analyse- und Teilnehmerperspektive. (Nach wie vor präsent ist diese prinzipielle Kommensurabilitätsannahme z.B. in fast allen Beiträgen des der objektiven Hermeneutik gewidmeten Sammelbandes von Garz/Kraimer (1994)).

.; ..; ...;	=	kurze, mittlere, lange Pause bzw. Absetzen der Stimme
Pause (ca. 2 Sek.)	=	Pause mit Sekundenangabe
jah'	=	Heben der Stimme
ersma schon,	=	Senken der Stimme
kommen sie-	=	Stimme in der Schwebe
&ich werd dafür	=	Schneller Anschluß
*12 ... *13 ...	=	Die in den so gekennzeichneten Zeilen untereinander stehenden Beiträge werden gleichzeitig gesprochen.

Literatur:

Auer, Peter (1991): Review of Drew, Paul / Wootton, Anthony (Hg.), Erving Goffman: Exploring the Interaction Order. Cambridge 1988. In: Linguistics 29, S. 177-189.

Auer, Peter (1995): Ethnographic Methods in the Analysis of Oral Communication. Some Suggestions for Linguists. In: Quasthoff, Uta M. (Hg.): Aspects of Oral Communication. Berlin, S. 419-440.

Bora, Alfons (1994): Konstruktion und Rekonstruktion - Zum Verhältnis von Systemtheorie und objektiver Hermeneutik. In: Rusch, Gebhard & Siegfried J. Schmidt (Hg.): Konstruktivismus und Sozialtheorie. Delfin 1993. Frankfurt/M., S. 282-230.

Bude, Heinz (1994): Das Latente und das Manifeste. Aporien einer 'Hermeneutik des Verdachts'. In: Garz, Detlef & Klaus Kraimer (Hg.): Die Welt als Text. Theorie, Kritik und Praxis der objektiven Hermeneutik. Frankfurt/M., S. 114-124.

de Saussure, Ferdinand (1967): Grundfragen der allgemeinen Sprachwissenschaft. Berlin (Erstausgabe 1916/17).

Garz, Detlef; Kraimer, Klaus (Hg.) (1994): Die Welt als Text. Theorie, Kritik und Praxis der objektiven Hermeneutik. Frankfurt/M.

Goffman, Erving (1971): Verhalten in sozialen Situationen. Strukturen und Regeln der Interaktion im öffentlichen Raum. Gütersloh.

Gumperz, John (1982): Contextualization Conventions. In: ders.: Discourse Strategies. Cambridge, S. 130-152.

Hausendorf, Heiko (1992a): Das Gespräch als selbstreferentielles System. Ein Beitrag zum empirischen Konstruktivismus der ethnomethodologischen Konversationsanalyse. In: Zeitschrift für Soziologie 21, 2, S. 83-95.

Hausendorf, Heiko (1992b): Gespräch als System. Linguistische Aspekte einer Soziologie der Interaktion. Opladen.

Hausendorf, Heiko (1995): Deixis and Orality: Explaining Games in Face-to-Face Interaction. In: Quasthoff, Uta M. (Hg.): Aspects of Oral Communication. Berlin, S. 181-197.

Hausendorf, Heiko (i.Dr.): Die Körperlichkeit des Sprechens: Ein Stilmittel der mündlichen Kommunikation? In: Selting, Margret & Barbara Sandig (Hg.): Sprech- und Gesprächsstile. Berlin.

Hausendorf, Heiko; Murasov, Jurij (1994): Allegorie und Aussatz. Anstößige Körperlichkeit zwischen Oralität und Literalität. In: Rhetorik. Band 13: Körper und Sprache, hg. v. Thomas Müller. Tübingen, S. 17-31.

Heritage, John (1988): Current Developments in Conversation Analysis. In: Roger, Derek & Peter Bull (Hg.): Conversation: An Interdisciplinary Perspective. Clevedon/Phil., S. 21-47.

Holly, Werner (1992): Holistische Dialoganalyse. Anmerkungen zur 'Methode' pragmatischer Textanalyse. In: Stati, Sorin & Edda Weigand (Hg.): Methodologie der Dialoganalyse. Tübingen, S. 15-40.

Kallmeyer, Werner; Müller, Andreas; Schmitt, Reinhold; Schütte, Wilfried (i. V.): Formative für Äußerungen mit interner Fokusopposition. In: Kallmeyer, Werner (Hg.): Formulieren im Gespräch. Band 2. Publikationsreihe des Instituts für deutsche Sprache. Tübingen.

Kendon, Adam (1990): Conducting Interaction: Patterns of Behavior in Focused Encounters. Cambridge.

Knorr-Cetina, Karin (1989): Spielarten des Konstruktivismus. Einige Notizen und Anmerkungen. In: Soziale Welt 40, S. 86-96.

Linell, Per; Luckmann, Thomas (1991): Asymmetries in Dialogue: Some Conceptual Preliminaries. In: Marková, Ivana & Klaus Foppa (Hg.): Asymmetries in Dialogue. Harvester Wheatsheaf, S. 1-20.

Luhmann, Niklas (1981): Die Unwahrscheinlichkeit der Kommunikation. In: ders.: Soziologische Aufklärung. Band 3. Opladen, S. 25-34.

Marquard, Odo (1981): Frage nach der Frage, auf die die Hermeneutik die Antwort ist. In: Abschied vom Prinzipiellen. Philosophische Studien. Stuttgart, S. 117-146.

Moerman, Michael (1988): Talking Culture. Ethnography and Conversation Analysis. Philadelphia.

Sacks, Harvey (1984): Notes on Methodology. In: Atkinson, J. Maxwell & John Heritage (Hg.): Structures of Social Action. Cambridge, S. 21-27.

Sacks, Harvey (1992): Lectures on Conversation, hg. v. Gail Jefferson. Oxford, Cambridge.

Sacks, Harvey; Schegloff, Emanuel (1978): Zwei Präferenzen in der Organisation personaler Referenz in der Konversation und ihre Wechselwirkung. In: Quasthoff, Uta M. (Hg.): Sprachstruktur - Sozialstruktur. Zur linguistischen Theorienbildung. Königstein/Ts., S. 150-157.

Schegloff, Emanuel; Sacks, Harvey (1973): Opening up Closings. In: Semiotica 8, S. 289-327.

Schegloff, Emanuel (1988): Goffman and the Analysis of Conversation. In: Drew, Paul & Anthony Wootton (Hg.): Erving Goffman: Exploring the Interaction Order. Cambridge, S. 89-135.

Schmitt, Reinhold (1992): Die Schwellensteher. Sprachliche Präsenz und sozialer Austausch in einem Kiosk. Tübingen.

Schneider, Wolfgang Ludwig (1995): Objektive Hermeneutik als Forschungsmethode der Systemtheorie. In: Soziale Systeme 1, 1, S. 129-152.

Scott, Marvin B.; Lyman, Stanford M. (1968): Accounts. In: American Sociological Review 3, S. 46-62.

Streeck, Jürgen (1983): Konversationsanalyse. Ein Reparaturversuch. In: Zeitschrift für Sprachwissenschaft 2, 1, S. 72-104.

Norbert Schröer

Strukturanalytische Handlungstheorie und subjektive Sinnsetzung

Zur Methodologie und Methode einer hermeneutischen Wissenssoziologie

"Wie es bleibt, ist es nicht."
(Heiner Müller)

1 Handlungstheoretischer Strukturalismus?

Auch wenn eine bestimmte Gesellschaft zum Erreichen eines bestimmten Ziels in einer typischen Situation typische Mittel zur Verfügung stellt, führt das nicht automatisch zur Ausführung entsprechender typischer Handlungen. Nur wenn das Subjekt die gesellschaftlich bereitgestellte Typik von Situation, Mitteln und Ziel als Bezugspunkte seines Handelns akzeptiert, wird es in etwa in der vorgegebenen Weise handeln. Angelpunkt einer Handlungserklärung ist so betrachtet die Stellungnahme des Handlungssubjekts zu den gesellschaftlich bereitgestellten Orientierungsmustern.

Mit seiner Stellungnahme leistet das Subjekt demzufolge gleich zweierlei: Es legt das gesellschaftlich vorausgelegte Wissen entsprechend den eigenen Dispositionen aus, und es entwirft auf dieser Basis Handlungsziele und Handlungsabläufe. Schon um sich zu entlasten, entfernt sich das Subjekt gewöhnlich in der Auslegung des Vorgegebenen und in den Handlungsentwürfen nicht allzuweit vom relativ festgefügten gesellschaftlichen Konsens. Vorgabe und Stellungnahme liegen meist so eng beieinander, daß der subjektive Auslegungsprozeß gar nicht weiter auffällt. Aber trotzdem: Die subjektive Verarbeitung des gesellschaftlichen Typenrepertoires ist handlungskonstitutiv, und sie hält letztlich die soziale Ordnung lebendig.

Die gesellschaftliche Wirklichkeit und ihr Schicksal ist - folgt man diesen Überlegungen - nicht in den eingefahrenen Vorauslegungen, sondern in den alltäglichen Auslegungen dieser Vorauslegungen durch die agierenden und reagierenden Subjekte und den aus ihnen resultierenden Handlungsentwürfen und Handlungen beschlossen. So betrachtet rückt ein subjektiver Handlungsbegriff ins Zentrum des sozialwissenschaftlichen Interesses. Alfred Schütz hat dieses Interesse gegenüber Parsons programmatisch zum Ausdruck gebracht:

> "Eine Theorie sozialen Handelns ... muß an der subjektiven Perspektive mit aller Strenge festhalten, will sie nicht ihre fundamentale Basis verlieren,

> nämlich: ihren Bezug zur Sozialwelt der alltäglichen Erfahrung. Das Festhalten an der subjektiven Perspektive ist die einzige, freilich auch hinreichende Garantie dafür, daß die soziale Wirklichkeit nicht durch eine fiktive, nicht existierende Welt ersetzt wird, die irgendein wissenschaftlicher Beobachter konstruiert hat." (Schütz 1977, S. 65f.)

Schütz entschiedenes Eintreten für einen subjektiven Handlungsbegriff rührt also von der Befürchtung her, Sozialwissenschaftler könnten in ihren Analysen gesellschaftlichen Handelns eben dieses Handeln mit einem Kategoriensystem überziehen, das mit den Beweggründen der Handelnden nicht mehr viel gemein hat. Deshalb fordert er mit allem Nachdruck, sozialwissenschaftliches Rekonstruieren habe sich an der gelebten Motivbildung der Handelnden anzuschließen. Wie streng er auf der Rekonstruktion der subjektiven Handlungsperspektive besteht, wird mit dem Postulat der subjektiven Interpretation und dem der Adäquanz deutlich (Schütz 1972).

Schütz trägt mit dieser Forschungsanlage der handlungstheoretischen Überzeugung Rechnung, daß die gesellschaftliche Wirklichkeit sich immer wieder von neuem im vom Subjekt entworfenen Handeln konstituiert. Ins Zentrum der sozialwissenschaftlichen Betrachtung rücken die Handlungsmotive, da in ihnen und nur in ihnen - so Schütz - beschlossen ist, was die jeweilige Handlung ausmacht. Schütz zeigte nun in seinen lebensweltlichen Analysen auf, daß Motive einen Zukunfts- und einen Vergangenheitshorizont besitzen. Das Subjekt handelt, *um* ein Ziel *zu* erreichen. Es legt also entsprechend seinen übergeordneten Plänen ein Handlungsziel fest und bestimmt - zumeist routinisiert - die Mittel, mit denen es erfahrungsgemäß ans Ziel kommt. Das Handlungsziel selbst wurde vom Subjekt ausgewählt, *weil* vergangene biographiekonstitutive Erfahrungen, die in den übergreifenden Zielen ihren Ausdruck finden, es dazu veranlaßt haben. "Diese Erfahrungen haben ihn bestimmt, so zu handeln, wie er gehandelt hat. Das Weil-Motiv seines Handelns motiviert den Entwurf des Handelns selbst." (Schütz 1971, S. 80)

Alfred Schütz stellt in seinen Konstitutionsanalysen die Um-zu-Motive in den Vordergrund. "So spricht er auch von einer Theorie sozialen 'Handelns' (und nicht sozialer 'Handlung')", wie Thomas Eberle bemerkt (1984, S. 370). Diese Akzentuierung ist nachvollziehbar, will Schütz doch den dynamischen Faktor des Soziallebens hervorheben. Als Folge dieser Akzentuierung wirkt die Analyse der Weil-Motive etwas blaß. Ihre Rekonstruktion geht nicht über die in Einstellungen verdichteten biographischen Erlebnisse hinaus: So wird beispielsweise auf die Lebensumstände, denen ein Mörder ausgesetzt war, verwiesen. Eine auf empirisch gehaltvolle Modellbildung ausgerichtete Sozialforschung sucht allerdings die Weil-Motive sozialen Handelns nicht zuerst in subjektiven Erlebnissen, "sondern in sozialstrukturellen Bedingungen, aus welchen jene Erlebnisse wiederum resultieren." (Eberle 1984, S. 392) Diesen motivationalen Bezugsrahmen thematisiert Alfred Schütz in seinen lebensweltlichen Analysen nur andeutungsweise.

Wenn nun aber die Weil-Motive letztlich die Um-zu-Motive begründen, und wenn die Weil-Motive im Kern sich von sozialstrukturell verdichteten, recht zwingenden Vortypisierungen herleiten, dann kann man sich fragen, ob nicht für die empirische Sozialforschung der Rekonstruktion der sozialstrukturellen Vortypisierung der Vorrang gebührt. (vgl. Schütz/ Luckmann 1979, S. 269) Denn selbst wenn man dabei bleibt, daß die Subjekte in irgendeiner Weise die sozialstrukturellen Vortypisierungen 'akzeptieren' und tragen müssen, so fragt sich doch, ob der verbleibende Auslegungsraum für die Wahl von Um-zu-Entwürfen nicht so eng ist, daß er nachrangig wird. Zum einen ist das Subjekt über die biographiespezifische Internalisierung der sozialstrukturellen Vorauslegungen, das heißt mit den Weil-Motiven, nur schwer revidierbar eingestellt, und zum anderen muß es bei der Entwicklung von Handlungsentwürfen darauf achten, daß es in bezug auf die etablierte soziale Wirklichkeit anschlußfähig bleibt. Diese Betrachtung läuft auf die Frage hinaus, ob der handlungstheoretische Zugriff nicht strukturtheoretisch revidiert werden sollte.

Diese Frage führt unweigerlich zu der Folgefrage, was denn in diesem Zusammenhang eigentlich strukturtheoretisch heißen kann oder soll.

Das Forschungsparadigma, das gemeinhin mit dem Etikett 'Strukturalismus' angesprochen ist, rekurriert auf verborgene Strukturen, die die soziale Wirklichkeit ordnen. Eine Bezugnahme auf handelnde Subjekte erübrigt sich, weil die sich stets nach Maßgabe der sie beherrschenden Strukturen bewegen. Die Strukturen, nicht die Subjekte bilden den Kern des Sozialen. Der Strukturalismus schließt eine Verletzung struktureller Bestimmungen aus. Empirisch nachweisbare Abweichungen von rekonstruierten Strukturen weisen folglich entweder auf noch zu entdeckende tieferliegende Strukturen oder auf noch zu entdeckende strukturelle Transformationsregeln hin (vgl. in diesem Zusammenhang v.a. Oevermann 1986, 1991 und Oevermann u.a. 1979).

Eine handlungstheoretische Grundposition schließt strukturtheoretische Vorstellungen keineswegs aus. Mit einer Struktur kann hier allerdings keine aus dem Hintergrund wirkende, die Subjekte marionettengleich führende, selbstversorgt regelhafte Entität gemeint sein. Im Rahmen handlungstheoretischer Überlegungen können Strukturen lediglich begriffen werden als gesellschaftlich vorgegebene, institutionalisierte Handlungsrahmen, in bezug auf die kulturspezifische und insofern typische Probleme von den Subjekten weitgehend verbindlich zu lösen sind. Strukturen sind hier also als tradierte institutionalisierte Vorauslegungen der sozialen Wirklichkeit zu verstehen - und zwar sowohl in bezug auf die Bestimmung der von den Subjekten zu lösenden Handlungsprobleme als auch in bezug auf die Bestimmung der Art und Weise der Problembewältigung. Entscheidend für eine handlungstheoretisch orientierte Strukturtheorie ist aber, daß die gesellschaftlich etablierten Vorauslegungen nur über die aktive Aneignung und Umsetzung der Subjekte weiterhin zur Geltung kommen können.

Wie kann man sich die einzelnen Etappen der subjektiven Aneignung und Umsetzung der gesellschaftlich vorausgelegten sozialen Wirklichkeit vorstellen? Die Figur ist bekannt: Der Mensch wird in eine bereits vorausgelegte soziale

Wirklichkeit hineingeboren. Über die Einbeziehung in die alltäglichen Handlungsprozesse seines Bezugsmilieus wird er mit diesen Vorauslegungen vertraut und lernt, mit ihnen umzugehen. Er erfährt mehr und mehr, welche Probleme er mit welchen Mitteln zu bewältigen hat. Über diesen an Erlebnisse gebundenen Erfahrungsaufbau konstituiert sich Schritt für Schritt die Persönlichkeit des Subjekts heraus. Ausdruck findet die Persönlichkeit in den übergreifenden Plänen und Zielen, die für das Subjekt im besonderen typisch sind. Aus dieser persönlichkeitsspezifischen Planhierarchie leiten sich die Ziele (und die Mittelwahl) des täglichen Lebens bis hin zum konkreten Handlungsziel in einer bestimmten Situation ab. Mit der Verfolgung und Umsetzung bestimmter Ziele erhält das Subjekt die soziale Wirklichkeit und die für sie typischen Vorauslegungen.

Das Handeln des Subjekts ist demzufolge im wesentlichen in den sozialstrukturellen gesellschaftlichen Vorauslegungen und den in ihnen verankerten biographiekonstitutiven Erfahrungsaufbauten, den Weil-Motiven, beschlossen. Die Weil-Motive sind vom Handlungssubjekt - v.a. in bezug auf ihren Entstehungszusammenhang - kaum mehr angebbar. Und: Die 'Wahl' der Um-zu-Motive ist in der Regel so eng an die Weil-Motive gekettet, daß sie routinisiert erfolgt.

> "Eine Einstellung kommt also der Bereitschaft gleich, unter typischen Umständen typische Verhaltensweisen, somit auch typische Um-zu-Motivationsketten, in Gang zu setzen. Und zwar sofort, ohne erst 'planen' zu müssen." (Schütz/Luckmann 1979, S. 265)

D.h. aber nichts anderes, als daß sich die Aufrechterhaltung der sozialen Wirklichkeit in den wesentlichen Teilen von den Subjekten unerkannt vollzieht. Die Subjekte sind sich weder über die Voraussetzungen ihres Handelns noch über die strukturellen Handlungsfolgen im klaren. So betrachtet verdichtet sich der oben schon aufgekommene Eindruck, mit der Betonung der leistenden Subjektivität sei ein zumindest für die emprische Sozialforschung irreführender Akzent gesetzt oder - positiv - bei der angedeuteten Dominanz der strukturellen Vorauslegungen sei es sinnvoller, eine Handlungstheorie streng strukturtheoretisch anzulegen. (Parsons 1976; Dahrendorf 1968; aber auch Bourdieu 1976, 1992)

2 Strukturanalytische Handlungstheorie!

Mit einer so strukturtheoretisch ausgehöhlten Handlungstheorie wird suggeriert, daß es dem Menschen gelungen sei, die ihm mit seiner Umweltoffenheit (Gehlen 1975) und seiner exzentrischen Positionalität (Plessner 1975) auferlegte konstitutionelle Instabilität seiner Orientierung mehr oder weniger lückenlos zu kompensieren. Wenn auch kein reproduktiver Automatismus angenommen wird, so stellt sich das Subjekt doch auf beiden Motivebenen im wesentlichen als sozialstrukturell vorherbestimmt dar. Der Aneignungsprozeß wird auf der thematischen Ebene als unausweichlich und damit quasi-automatisch vorgestellt.

Unterschlagen oder für irrelevant erklärt wird dabei die Bedeutung, die der dem Subjekt auferlegten Perspektivität bei der Herausbildung und Aneignung des sozialstrukturell Vorausgelegten zukommt.[1] Geht man davon aus, daß das gesellschaftlich vorausgelegte Typenrepertoire Resultat der Bemühungen von Menschen ist, die Perspektivität ihrer Erfahrungsbildung und Handlungsorientierung zu überwinden, um so der konstitutionellen Instabilität ihrer Orientierung wirkungsvoll zu begegnen (Berger/Luckmann 1969), dann leuchtet sofort ein, daß dieses Unternehmen nur eingeschränkt gelingen kann. Das Konglomerat an Regeln und Handlungsanweisungen kann bestenfalls annäherungsweise perspektivneutral und widerspruchsfrei geordnet sein. Die mit den Typen verbundenen Erfahrungen der Einzelnen können als Folge der Perspektivität des Erfahrungsaufbaus nie vollständig zur Deckung kommen, und im Grunde kann der Einzelne nie genau wissen, wie weit seine Intersubjektivitätskonstruktionen geteilt werden.[2]

Von daher liefert dieses Repertoire auch keine für jede denkbare Perspektive und Situation hinreichend detaillierte und angepaßte Handlungsanleitung. Der Einzelne ist stets gezwungen, das präfigurierende, ihm vorgegebene Typenrepertoire seinen Bedürfnissen und Interessen entsprechend neu auszulegen, mit den anderen abzustimmen und entsprechend zu modifizieren. Die Erforderlichkeit einer anpassenden Aneignung des Vorausgelegten führt unweigerlich dazu, daß das gesellschaftliche Typenrepertoire fortwährend weiter ausdifferenziert wird. (Soeffner 1989, Soeffner/Hitzler 1994)

Das Subjekt steht also immer wieder vor der Aufgabe, neue Techniken der Problembewältigung zu erlernen, entweder indem es bewährte für sich passend macht oder neue erfindet. Überdies steht es ständig vor der Wahl, welche der denkbaren bzw. etablierten Lösungen es erfolgversprechenderweise realisieren sollte. Denn der subjektive Aneignungsprozeß hat auch dazu geführt, daß sich verschiedene Lösungstypen in bezug auf einen Problemkreis herausgebildet haben. Die biographisch perspektivische Lage des Subjekts und der damit zusammenhängende permanente gesellschaftliche Wandel machen also fortwährend im großen und kleinen situative Anpassungsprozesse erforderlich, mit denen die gesellschaftliche Ordung erzeugt, verändert und erhalten wird. (Hitzler 1992)

Natürlich heißt das nicht, daß entgegen der oben gemachten Aussage die Subjekte ihr Leben in allen Phasen hochreflektiert führen und gestalten. Die Systematisierung der Vorauslegung und die damit mögliche Routinisierung der Verhaltensgestaltung ist doch so weit gediehen, daß auch die situative Überprüfung routinisiert verlaufen kann, und zudem kann das Subjekt auch auf Anpassungsroutinen zurückgreifen, so daß die thematische Hinwendung sich in Grenzen halten kann. Aber die weitgehend unreflektierten Routinisierungen dürfen nicht darüber hinwegtäuschen, daß dem Subjekt immerfort kreative

1 Entsprechende Ausblendungen finden sich mitunter auch in Texten von Autoren, die ansonsten für einen subjektbetonten Theorieansatz stehen. (z.B. Berger/Luckmann 1995)

2 Diese Problematik wird im Kap. 5 unter dem Aspekt der Perspektivität von Intersubjektivitätskonstruktionen eingehender erörtert.

Anpassungsleistungen abverlangt werden, die zu einer Modifikation des gesellschaftlichen Typenrepertoires führen.

Am klarsten stellt sich diese Anforderung dem Subjekt in Krisensituationen, in Situationen also, in denen ihm nach einer dramatischen Veränderung des Handlungsrahmens für die Bewältigung der neu anstehenden Probleme keine auch nur annähernd angemessenen Orientierungsmuster zur Verfügung stehen. In solchen Situationen des Identitätsverlustes ist das Subjekt gezwungen, sich neues Orientierungswissen aufzubauen, das verinnerlichte, nun aber desintegrierte Wissen auf den neuen Handlungsrahmen hin weitreichend neu auszulegen und so für sich neue Lösungsstrategien zu entwickeln, die es dann gesellschaftlich durchsetzen muß. Die Möglichkeit zur Überwindung der krisenhaften Desintegration des Bewußtseins beruht nach George H. Mead darauf,

> "daß der Rest unserer Welt von diesem Konflikt ausgenommen und intakt geblieben ist. Dies bildet die Grundlage, auf der eine Rekonstruktion stattfinden kann. Das heißt nicht, das diese Welt schließlich (zumindest implizit) nicht in eine Rekonstruktion eingebracht würde. Wichtig aber ist zunächst, daß die Welt und das Individuum vorläufig genügend eng zusammenhängen, um die Bedingungen bereitzustellen, unter denen das Problem gelöst werden kann. Denn sie stellen in der Tat das Organisationssystem dar, das als Kriterium für die Wirklichkeit eines Ergebnisses dient. Das Individuum, das der Welt der Daten oder Bedingungen entspricht, ist dasjenige, das im Zustand der Subjektivität gegeben ist. Wie die Funktion der Welt ganz offensichtlich darin besteht, Daten für eine Lösung bereitzustellen, so besteht offenbar die Funktion des Individuums darin, eine Hypothese für diese Lösung zu bieten." (Mead (1903) 1980, S. 141)

Es fragt sich nur, wie weitgehend die vom Individuum entwickelte Hypothese durch die intakt gebliebene Welt vorstrukturiert ist. Dazu Mead weiter:

> "Ganz offensichtlich kann nun aber nicht das Individuum als 'Mich' diese Funktion erfüllen. Denn als eine empirische Identität gehört es zu jener Welt, die zu rekonstruieren eben die Funktion dieser Phase des Bewußtseins ist. Die jeweilige Ich-Identität in unseren wissenschaftlichen Theorien ist ein Teil der Daten, die uns die Reflexion darbietet. Wir haben bereits gesehen, daß der Inhalt, der diesen Daten zugeschrieben wird, nicht unmittelbar sein kann. Darüber hinaus entsteht als Ergebnis der Rekonstruktion ein neues Individuum ganz ebenso wie eine neue soziale Umwelt. Der Bezug dieses Zustands der Subjektivität auf die dargestellte Identität besteht deshalb nur im Sinne einer Formulierung der Bedingungen, unter denen eine neue Identität organisiert werden kann. In dieser Phase des Psychischen hat die Erfahrung nicht den Charakter einer Vorstellung, sondern einer unmittelbaren und direkten Erfahrung, d.h. hier haben wir die Ich-Identität in der Desintegration und Rekonstruktion ihres Universums, die Ich-Identität in Funktion, als Punkt der Unmittelbarkeit, der in einem vermittelten Prozeß existieren muß. Nur das Handeln kann all die Daten verwenden, die die Reflexion zur Verfügung stellt, aber es verwendet sie nur als die Beziehungen einer neuen Welt, die aus ihnen unmöglich

> vorherzusagen ist. Es ist das Ich einer durch keinerlei Notwendigkeit erzwungenen Wahl, von ungeahnten Hypothesen, von Erfindungen, die das gesamte Antlitz der Natur verändern." (Mead (1903) 1980, S. 141f.)

Mead geht also davon aus, daß in dem Maße, in dem die organisierte Reaktion und damit die empirische Identität zerbricht und das Subjekt so in die Krise gerät, eine eindeutige und konturenscharfe Prognose über den Neuaufbau einer geordneten Reaktion nicht mehr möglich ist.

Exkurs: Zur strukturalistischen Ausdeutung des Meadschen Subjektkonzepts durch Ulrich Oevermann

Mißverständlich ist es, wenn Mead die Kreation einer krisenbewältigenden Reaktion durch "keinerlei Notwendigkeit erzwungen" sieht. In seiner strukturalistischen Interpretation von Meads "Definition des Psychischen" streicht Ulrich Oevermann dann auch die Regelbestände heraus, in bezug auf die eine Krisenbewältigung erst möglich wird: (a) der Gestaltungsspielraum, der mit den Fragmenten der zerbrochenen Reaktion gegeben ist (1991, S. 321); (b) die Anschlüsse an die intakt gebliebenen Orientierungsmuster (ebda., S. 321); (c) die Bedürfnisdispositionen, in bezug auf die eine geordnete Reaktion (noch) nicht besteht (ebda., S. 319f.). Mit Verweis auf die Bedeutung dieser intakt gebliebenen Regelbestände für die Entstehung neuer, krisenbereinigender Reaktionen kann Oevermann dann auch feststellen: "Ein Punkt, an dem eine ... Zufälligkeit ansetzen könnte, der des reinen, vollkommen voraussetzungslosen Entwurfs, läßt sich nicht identifizieren." (ebda., S. 325)

Bemerkenswert ist die Interpretation Oevermanns nicht nur, weil sie das Argument von Mead zur Entstehung des Neuen präzisiert, sondern auch, weil mit ihr das Konzept der Objektiven Hermeneutik deutlich dynamisiert zu sein scheint. Die bisher zu verzeichnende strukturelle Engführung des Subjekts ist gelockert, wenn Oevermann schreibt, daß in Krisensituationen

> "die fallübergreifenden, insbesondere natürlich die universell geltenden Regeln nicht außer Kraft gesetzt (sind, N.S.). Was in ihnen an naturgeschichtlicher und historisch-kultureller Anpassungs- und Assimilationsleistung enthalten ist, kann zur Krisenlösung mobilisiert werden, so daß in gewissem Sinne jede Krisenlösung eine Aktualisierung von innerhalb der Lebenspraxis bisher nicht genutzten Möglichkeiten der den Regeln innewohnenden objektiven Vernunft darstellt." (ebda., S. 321, vgl. auch Oevermann 1993, S. 180ff.)

Dem Subjekt werden so implizit Gestaltungsspielräume zugestanden, die in früheren Schriften so nicht zu erkennen waren.[3] Problematisch ist nur, daß diese Spielräume in der Oevermannschen Analyse zu Leerstellen verkümmern.

---

3 Vgl. Oevermann u.a. 1979 und Oevermann 1986 in Zusammenhang mit den kritischen Stellungnahmen von Bude 1982 und Reichertz 1988.

Unterschlagen wird auf diese Weise, daß bei aller Regelgeleitetheit das subjektive Handeln in dreierlei Hinsicht zwangsläufig schwer auszurechnen bleibt: (a) Die Bedürfnisdisposition in Krisenzeiten ist oft, wenn nicht gar zumeist als Kennzeichen der Krise ambivalent. Die erforderliche Klärung dieser Ambivalenz in Hinsicht auf eine organisierte Reaktion ist kaum restlos regelgeleitet denkbar. (b) Sicherlich ist das Kontingent an 'vorprädikativen Vorstellungen', den Keimzellen der neuen Reaktionen, durch den oben angegebenen Regelbestand begrenzt. Aber: Welche Vorstellungen sich dann dem Subjekt in der Krisensituation vorprädikativ aufdrängen und so die Rekonstruktion einer Lösung vorbereiten, kann kaum exakt hergeleitet werden. (c) Im Verlauf der Rekonstruktion hin zur Gestaltung einer Lösung muß sich das Subjekt in der Regel zwischen bereits prädikativ ausgearbeiteteren Alternativen entscheiden. Auch diese Entscheidung dürfte sich kaum restlos regelhaft verrechnen lassen. D.h. insgesamt: Oevermann ist zuzustimmen, wenn er konstatiert:

> "Erst wo die entlastenden Routinen und die eingeschliffenen Überzeugungen plötzlich versagen, wo also begründungslos dennoch entschieden gehandelt werden muß, wird Subjektivität von der Latenz eines per Fallstrukturgesetzlichkeit immer operierenden Strukturpotentials zur Manifestation einer entschiedenen und entscheidenden Praxis." (1993, S. 186)

Diese für die Lebensführung des Subjekts schicksalhafte Manifestation ist allerdings nicht oder nur eingeschränkt geregelt. Die so "unmöglich vorhersehbare" konkrete Entscheidung des Subjekts ist keinesfalls marginal. Sie gibt vielmehr den Ausschlag in bezug auf strukturelle Alternativen, und sie ist von daher soziologisch hochrelevant. Die Kritik an Oevermanns strukturalistischer Mead-Interpretation läuft darauf hinaus, daß es ihm bei seiner Präzisierung wohl (nicht zufällig) unterlaufen ist, den handlungstheoretischen Kern des Meadschen Arguments auszublenden: Gerade in Krisensituationen ist das Subjekt - so Mead - bei aller verbleibenden Regelgeleitetheit als Schöpfer "ungeahnter Hypothesen" und "Erfindungen" gefordert. Und diesen Handlungsaspekt - die permanente, qua Perspektivität auferlegte, nicht restlos geregelte Anpassungsleistung des Subjekts - stellt eine hermeneutische Wissenssoziologie positiv in Rechnung. *(Exkursende)*

Die Neuauslegung des gesellschaftlichen und subjektiv angeeigneten Wissens erfolgt trotz aller Dramatik und eingreifenden Tiefe auch in ausgesprochenen Krisensituationen nach dem pragmatischen Prinzip. Das heißt: Die Auslegung wird abgeschlossen, wenn das Subjekt eine nach seinen Maßstäben akzeptable Lösung gefunden und so die Basis für die Ausbildung einer der neuen Situation angepaßten Routine entwickelt hat. Der unter Handlungsdruck stehende Alltagsmensch ist - auch in Krisenzeiten - nur begrenzt an einer Auslegung des biographischen und sozialstrukturellen Weil-Zusammenhangs interessiert - v.a. ist er nicht unbedingt daran interessiert, eine tiefgreifende Auslegung des strukturellen

Rahmens vorzunehmen. In dieser pragmatischen Haltung der sozial Handelnden ist begründet, daß die sogenannten Alltagstheorien und -diskurse in aller Regel nicht oder nur äußerst begrenzt ihre strukturellen Voraussetzungen erfassen. Dabei sollte man zwei Typen reduzierten Erfassens auseinanderhalten: (1) Beim verkürzten Erfassen stehen die Überlegungen des Subjekts weitgehend thematisch im Einklang mit den strukturellen Voraussetzungen seines Handelns, ohne daß sie von ihm in aller Klarheit reflektiert werden. (2) Das Subjekt kann seine Handlungssituation aber auch verzerrt reflektieren und zu Einschätzungen kommen, die dem vorgegebenen Handlungsrahmen thematisch diametral entgegenstehen. Mit dieser Unterscheidung ist noch keine Aussage über den Erfolg von Handlungen, die vor dem Hintergrund verzerrter oder verkürzter reflexiver Sinnsetzungen vorgenommen wurden, gemacht. So ist es denkbar, daß verzerrte Intentionen eher mit erfolgreichem Handeln einhergehen als verkürzte. Ein Beispiel: Ein Vernehmungsbeamter, der die Aushandlungsdominanz des Beschuldigten und damit seine eigene strukturell schwache Aushandlungsposition ahnt, kann eine Haltung 'wählen', mit der er dem Beschuldigten so viel Respekt entgegenbringt, daß der seinen Respekt vor ihm verliert und die Aussage verweigert. Andersherum kann ein Vernehmungsbeamter, der fälschlicherweise von seiner Dominanz überzeugt ist, ein Auftreten an den Tag legen, das dem Beschuldigten von vornherein den Blick für seine starke Aushandlungsposition verstellt und ihn so gefügig macht. In beiden Fällen handeln die Vernehmungsbeamten reproduktiv, sie beleben den etablierten strukturellen Handlungsrahmen auf verschiedene Weise.[4]

Anders als die Krisensituation zeichnet sich der reproduktive Normalfall durch eine anhaltende Gültigkeit des Handlungsrahmens aus. Die Subjekte greifen die gesellschaftlich bereitgestellten Orientierungsmuster auf, sie setzen sie im wesentlichen unverändert ein und reproduzieren so die soziale Wirklichkeit. Diese Reproduktion vollzieht sich - wie oben schon angedeutet - im selbstverständlichen Zugriff auf die vorgegebenen Muster. Für das Subjekt ist es von daher meist schwierig, angemessen Auskunft über seine Um-zu-Motive zu erteilen. Das heißt aber nicht, daß das Subjekt nicht in der Lage sei, Auskunft zu geben. Diese Auskunft ist aber in der Regel - wie gerade schon festgestellt - in bezug auf den routinemäßig ausgelegten Rahmen verkürzt, normalerweise sogar verzerrt. Da von ihm, wie mit den Beispielen soeben plausibilisiert, Handlungsimpulse ausgehen können - v.a. bei der immer wieder erforderlichen Entscheidung zwischen typischen Handlungsalternativen -, müssen die beiden Auslegungsebenen - die routinisiert rahmende und die reflektiert spezifische - sich im Gleichgewicht halten. Das heißt nicht unbedingt, daß die reflektierte Auslegung den strukturellen Handlungsrahmen mehr oder weniger thematisch beschreibt. Entscheidend ist vielmehr, daß Routineauslegung und reflektierte Auslegung miteinander anschlußfähig und kompatibel sind und sich ergänzen, und dazu bedarf es keiner thematischen Deckung. Das Verhältnis von

---

4 Zur Begründung der strukturellen Aushandlungsdominanz von Beschuldigten in polizeilichen Vernehmungen siehe Schröer 1992.

weitgehend 'vergessenen' (biographischen, milieuspezifischen, handlungstypspezifischen und sozialstrukturell übergreifenden) Weil-Motiven, Routineauslegungen und reflektierten oder ohne große Umstände reflektierbaren kognitiven Handlungsorientierungen stellt sich so als äußerst verwickelt dar.[5]

Diese Verwicklungen zeigen sich auch deutlich bei der vom Handlungssubjekt ausgehenden Einleitung strukturellen gesellschaftlichen Wandels, bei der Reform. Dazu ein Beispiel aus der aktuellen Kriminalpolitik, das hier allerdings nur notdürftig beschrieben werden kann. Es geht um den Diskurs, der zur Einführung der diversionsorientierten Polizeitätigkeit führte, und den wir im Rahmen der wissenschaftlichen Begleitung einer Modellphase etwas näher beobachten konnten (Schröer 1992a, Kurt 1996).

> Die Ergebnisse des labeling approach (Lemert 1951; Sack 1974) haben in der Etablierung sogenannter Diversionsverfahren ihren verfahrenspraktischen Niederschlag gefunden. Den Initiatoren ging es dabei um die Vermeidung von Stigmatisierung durch den Abbau des justizförmigen Verfahrens. In der Praxis hieß das: Einstellung des Verfahrens nach Möglichkeit schon durch die Staatsanwaltschaft verbunden mit der Einleitung einer sozialpädagogischen Betreuungsmaßnahme. Diese Verfahrensform geriet aber schon bald in Verruf. Gerade in bezug auf das Massenphänomen Bagatelldelinquenz schien der Stigmatisierungsakzent bestenfalls verlagert: aus den strafbedürftigen Abweichlern wurden therapiebedürftige Kranke. In Anbetracht dieser Kritik wurden von verschiedenen Seiten verschiedene Verfahrensalternativen entwickelt: So die eher formelle Lösung, nach der bei bestimmten Vergehen im Bagatellbereich das Verfahren per se von der Staatsanwaltschaft eingestellt werden sollte; dann die Umwandlung der Bagatelldelikte in Ordungsstrafen; ins Spiel gebracht wurde auch eine stärkere Nutzung von Vereinfachten Verfahren; als sozialpädagogische Variante wurde der Täter-Opfer Ausgleich ins Feld geführt; und von einigen Kriminologen und dem Justiz- und Innenministerium eben die diversionsorientierte Polizeitätigkeit. Das Wohlwollen, das der diversionsorientierten Polizeitätigkeit entgegengebracht wurde, ist vor dem Hintergrund verschiedener Perspektiven nachvollziehbar: Die befürwortenden Kriminologen sahen das Prinzip der Diversion, mit der ja die Straftäter vor unnötiger Stigmatisierung bewahrt werden sollen, in hervorragender Weise gewahrt (Heinz 1989). Das formelle Verfahren wird weiter reduziert, und der erzieherische Eingriff erfolgt ohne großes Aufheben quasi nebenher durch den professionell alltagsweltlichen Zugriff der Polizisten. Die Juristen sahen mit der Letztentscheidung durch die Staatsanwaltschaft die Justizförmigkeit gewahrt. Für die Ministerien war es wichtig, daß keine zusätzlichen Kosten entstanden und die Gerichte entlastet blieben. Und die Polizei sah in dieser Verfahrensform eine Aufwertung ihrer Ermittlungstätigkeit und den Ansatz zum Aufbau einer Jugendpolizei. Diese Überlegungen wurden aber direkt von

---

5 Es ist das Verdienst Anthony Giddens (1984, 1992), diese Verwicklung von sozialstrukturellem Rahmen und subjektiven Sinnbildungsprozessen in seiner Theorie der Strukturierung mit der gebührenden Deutlichkeit herausgestellt zu haben.

> massiven Einwänden begleitet: Die Sozialpädagogen, im Kern die Jugendgerichtshelfer, kritisierten die Erprobung der diversionsorientierten Polizeitätigkeit heftig. Sie sahen die Qualität der Prävention und Resozialisation gefährdet. Und auch rechtspolitisch regte sich Widerstand. Man befürchtete eine Aufwertung der Exekutive gegenüber der Judikative und die Einleitung einer entsprechenden Trendwende. Trotz dieser Bedenken entschied man sich dann, die diversionsorientierte Polizeitätigkeit zunächst in mehreren Modellprojekten zu erproben.
>
> Kennzeichnend für diese Verfahrensform ist die Erweiterung des Aufgabengebietes der Polizei. Ihr obliegt nicht mehr nur die Ermittlung in Strafsachen, sondern die Vernehmungsbeamten der Polizei sollen sich überdies ein Bild von der Persönlichkeit des Beschuldigten machen, ihn nach Möglichkeit erzieherisch beeindrucken und ihre Einschätzung in einer Prognose dem Staatsanwalt gegenüber zusammenfassen. Die Staatsanwaltschaft entscheidet dann in Anbetracht des Ermittlungsberichts und der Prognose über die Einstellung des Verfahrens. Ein sozialpädagogischer Persönlichkeitsbericht und eine entsprechende Betreuung wird in diesem Rahmen obsolet. Dieses Verfahren wurde nach der Erprobung in mehreren Modellen von den Praktikern und den beteiligten Ministerien mit Bezug auf eine Rückfallstatistik als erfolgreich eingestuft, so daß die diversionsorientierte Polizeitätigkeit qua Verordnung des Innen- und Justizministeriums in NRW mittlerweile allgemein eingeführt ist.

Es ist für mich hier nicht so interessant, daß - wie Ronald Kurt nachweisen konnte (1996) - auch mit diesem Verfahrensrahmen sich erhebliche Stigmatisierungen nicht vermeiden lassen. Interessanter ist hier ein anderer Aspekt. Das Verfahren ist entwickelt worden, um der Stigmatisierungsgefahr für den Beschuldigten zu begegnen. Verfahrensvorentscheidend ist die vom Vernehmungsbeamten zu erstellende Prognose. "Im Gegensatz zum Ermittlungsprotokoll muß der Vermerk nicht mit dem Beschuldigten ausgehandelt und von diesem lizensiert werden. Dieses 'Ausschlußverfahren' degradiert den Beschuldigten vom Prozeßsubjekt zum Prozeßobjekt." (Kurt 1996, S. 230) Das heißt nicht mehr und nicht weniger, als daß mit den veränderten Verfahrensrichtlinien der strukturelle Aushandlungsrahmen transformiert wurde. Denn: Die mit der StPO festgelegte Verfahrensordnung räumt dem Beschuldigten in polizeilichen Vernehmungen eine äußerst starke Position ein. Er kann jederzeit seine Aussage verweigern, er darf, ohne daß ihm strafrechtliche Nachteile entstehen, die Unwahrheit sagen, und er muß das Ermittlungsprotokoll lizensieren. Die so begründete und einstmals gezielt gesicherte Aushandlungsdominanz des Beschuldigten wird mit dem Auftrag zur Erstellung einer verfahrensvorentscheidenden Prognose im wesentlichen unterlaufen. Das strukturelle Aushandlungsgefälle verändert sich zuungunsten des Beschuldigten, ohne daß dies vor oder nach der Erprobung Gegenstand der Überlegungen der Reformer gewesen wäre. Soweit wir den Diskurs verfolgen konnten, spielte die Verschiebung der Verfahrensdominanz in dem Reformdiskurs keine Rolle.

Mit Blick auf die Begründung handlungstheoretischer Positionen ist dieses hier nur oberflächlich beschreibbare Beispiel einer Transformation des strukturellen Handlungsrahmens deshalb bemerkenswert, weil man m.E. mit ihm grob plausibilisieren kann, daß von der Eigendynamik eines für wesentliche Handlungsvoraussetzungen und -folgen blinden (hier: kriminalpolitischen) Alltagsdiskurses strukturelle Umgestaltungen ausgehen können, die bei denkbaren und ebenso 'blinden' Diskursalternativen (formelle staatsanwaltliche Lösung; Vereinfachtes Verfahren) ausgeblieben wären. Das heißt: Gesellschaftlicher Wandel muß weder über entsprechende strukturelle Dispositionen restlos vorherbestimmt noch über tiefschürfende Einsichten des Handlungssubjekts in die strukturelle Ausgangslage vermittelt sein. Er kann ohne weiteres über die strukturellen Voraussetzungen inadäquat widergebende oder sie erst gar nicht berücksichtigende kognitive Handlungsorientierungen eingeleitet werden. Die wie auch immer zustande kommende subjektiv angebbare Auslegung des Vorgegebenen erweist sich so letztlich als mitausschlaggebend für die Transformation gesellschaftlicher Regeln. Deutlich wird: Gesellschaftlicher Wandel geht oftmals vom reflektiert handelnden Subjekt aus, auch wenn das sein Handeln nicht voll im Griff hat.[6]

Für die empirische Sozialforschung heißt dies alles: Eine vollständige Handlungserklärung zeigt in dem Zusammenspiel von kognitiver Handlungsorientierung und selbstverständlicher Routineauslegung des Subjekts dessen subjektive Auslegung der sozial-strukturellen Vortypisierungen auf.

3 Der Forschungsgegenstand einer hermeneutischen Wissenssoziologie

Mit dieser methodologischen Kernaussage ist der Grundzug des empirischen Forschungsprogramms festgelegt. Die Rekonstruktion des sozial-strukturellen Weil-Zusammenhangs darf erst vor dem Hintergrund einer weitgehenden Rekonstruktion der subjektiven Handlungsorientierung der Handelnden erfolgen - sonst greift sie schnell zu kurz.

---

6 Unsere Konzeption einer hermeneutischen Wissenssoziologie weist an dieser Stelle durchaus eine Ähnlichkeit zum diskurstheoretischen Ansatz von Foucault auf. Denn auch "Foucault eliminiert nicht das Subjekt, er eliminiert, so müßte es exakt lauten, das souveräne Subjekt." (Kneer 1996, S. 222) Damit betreibt Foucault eine "Dezentrierung des Subjekts" - und die wird, wie angedeutet, auch von der hermeneutischen Wissenssoziologie vorgenommen. Allerdings lehnt es Foucault entschieden ab, von einer systematischen Bedeutung des dezentrierten Subjekts für die Veränderung diskursiver Praktiken auszugehen. Seines Erachtens ist die Bewegung des Diskurses in den Praktiken selbst angelegt (Foucault 1994). Da sich Foucault aber auch gegen eine strukturalistische Ausdeutung seiner Position verwahrt, bleibt das treibende Element der von ihm reklamierten Diskontinuität der Diskursentwicklung unbestimmt. Foucault scheint dieses Defizit in seinen Schriften zu 'kompensieren', indem er die Einflußnahme des Subjekts über die Einnahme der Haltung eines (ideologiekritischen) Autors ausagiert. Gegen Ende seines Lebens resümiert er dann auch: "Alle meine Untersuchungen richten sich gegen den Gedanken universeller Notwendigkeiten im menschlichen Dasein. Sie helfen entdecken, wie willkürlich Insitutitonen sind, welche Freiheiten wir immer noch haben und wieviel Wandel immer noch möglich ist." (Foucault u.a. 1993, S. 16f.)

Für die Ergebnisgewinnung besonders effektiv ist die Isolierung von irritierenden Um-zu-Motiven, von Um-zu-Motiven also, die nicht ohne weiteres im Modus des Weils erklärt werden können. Die von einer solchen Irritation ausgehende Rekonstruktion des Weil-Zusammenhangs kann dann

1. dazu führen, daß alte Überzeugungen über den sozial-strukturellen Rahmen aufgegeben und neue, die rekonstruierte subjektive Handlungsorientierung erklärende entwickelt werden müssen.
2. Das irritierende Um-zu-Motiv kann aber auch auf eine signifikante Ausdifferenzierung des Typenrepretoires verweisen. Das heißt: Vor dem Hintergrund eines unveränderten und im Prinzip vom Interpreten gewußten strukturellen Handlungsrahmens hat der Protagonist einen neuen Lösungstyp kreiert.
3. Das irritierende Um-zu-Motiv kann natürlich auch Ausdruck einer Strukturtransformation sein. Diese Transformation kann lediglich situativen Charakter besitzen ('der in die Beschuldigte verliebte Vernehmungsbeamte'), was für die Sozialforschung von nur geringem Interesse ist. Sie kann aber auch sozial-strukturell durchgreifend angelegt sein - und dann verdient sie großes Interesse. Ein Urteil darüber, ob das rekonstruierte Um-zu-Motiv auf eine sozialstrukturelle Transformation verweist, ist nur möglich, wenn der auswertende Sozialforscher sichere Kenntnis von der überformten Struktur zu besitzen glaubt. Nur dann ist es ihm möglich, den überholten Rahmen vom aktuell in Szene gesetzten abzugrenzen.

Die Rekonstruktion der subjektiv gemeinten und angebbaren Um-zu-Motive ist für den Sozialforscher vor allem dann von Interesse, wenn es darum geht, gesellschaftlichen Wandel zu prognostizieren oder nachträglich sein bereits registriertes Zustandekommen zu erklären. Der Grund: Gesellschaftlicher Wandel ist entweder auf dramatische Veränderungen des Handlungsrahmens oder auf abweichende Initiativen von Handlungssubjekten zurückzuführen. Und diese Initiativen bzw. Krisenbewältigungen sind nicht vorstellbar ohne eine entsprechende thematische Hinwendung des Subjekts, die selbstverständlich die Handlungsvoraussetzungen und -folgen verkürzt und verzerrt repräsentieren kann. Die Transformation struktureller Vorgaben setzt eine gewisse reflexive Orientierung des Subjekts voraus, von der her die abweichenden Handlungen und Neuanpassungen ihre direkte Ausrichtung erfahren, bevor sie dann zu neuen Routinen mutieren können. Die Erklärung gesellschaftlichen Wandels ist ohne eine Bezugnahme auf die kognitive Handlungsorientierung in einem ausschlaggebenden Punkt lückenhaft.

Der Rekonstruktion der subjektiv gemeinten Um-zu-Motive steht allerdings das Problem des Fremdverstehens entgegen. Die handlungsleitenden Bewußtseinsvorgänge können vom außenstehenden Interpreten nur indirekt über die unterstellende Auslegung der spezifischen wahrnehmbaren Handlungen vorgenommen werden. Das Problem kann methodisch nur kompensatorisch gelöst und die kognitive Handlungsorientierung nur approximativ erfaßt werden. Am weitesten dürfte man kommen, wenn man über praktisch involvierte Beobachtung (Honer 1992), über sich im Handlungsvollzug ergebende Gespräche oder - wenn's nicht anders geht - mittels extra angesetzter Interviews (Schütze 1977; Honer 1994) mit den Protagonisten die relevanten aktuellen Deutungsmuster und Alltagsdiskurse ermittelt. Eine solche Rekonstruktion ist zwar auch nur indirekt und in typischen Auffassungsperspektiven möglich, sie dürfte den gelebten Beweggründen aber am ehesten nahekommen. (vgl. Willis 1979)

In Situationen, in denen das intersubjektiv vorausgelegte Wissen im wesentlichen reproduziert wird, ist die Rekonstruktion der subjektiv angebbaren Um-zu-Motive nicht so dringend, ja aus forschungsökonomischen Gründen durchaus verzichtbar. Die Um-zu-Motive werden hier im routinisierten Zugriff gebildet, das Subjekt ist sich nur rudimentär über die Gehalte im klaren. Die natürlich auch für diese Fälle anzutreffenden und wirksamen subjektiv angebbaren Um-zu-Motive stehen implizit im Einklang mit den selbstverständlich aufgegriffenen typischen Um-zu-Motiven.

4 Grundzüge eines hermeneutisch wissenssoziologischen Verfahrens

Der thematische Schwerpunkt einer hermeneutischen Wissenssoziologie besteht also darin herauszuarbeiten, aufgrund welcher Sinnbezüge gehandelt wurde, wie gehandelt wurde. Die Möglichkeit dazu ist angelegt in den Verstehensprozessen des Alltags. Der Sozialforscher geht davon aus, daß Menschen sich alltäglich über die Verwendung tentativ gemeinsamer Erfahrungstypen orientieren, indem sie jeweils die Beweggründe des anderen verstehend nachzuzeichnen suchen. An dieser unterstellten Invariantsetzung von Motivationszusammenhängen und Deutungsmustern richtet der wissenschaftliche Interpret seine Beschreibung sozialer Prozesse aus. Das ist ihm möglich, soweit er selbst in den relevanten und kulturspezifischen Orientierungszusammenhang einsozialisiert ist.

Da der wissenschaftliche Interpret (genauso wie der Alltagsmensch) keinen direkten Zugriff auf die Bewußtseinsleistungen des Handelnden hat, ist er bei seiner Annäherung an den Handlungsentwurf auf die Objektivationen angewiesen, in denen der Entwurf jeweils zum Ausdruck kommt. Da die ex-post-Annäherung rational zu erfolgen hat, müssen diese Objektivationen diskursiv zugänglich sein, mithin als Text vorliegen.

4.1 Text und Vorurteil

Der Sozialforscher verfügt demnach bei seiner Rekonstruktion der sozialen Wirklichkeit über zwei Bezugspunkte: den die soziale Wirklichkeit protokollierenden Text und das in alltagsweltlicher Teilhabe gewonnene Vorwissen des Interpreten. Beide Anschlüsse sind aber problematisch: der Text ist entkontextualisiert und so für sich betrachtet nichtssagend; das Vorwissen auch des wissenschaftlichen Interpreten steht vorab immer im Verdacht, verkürzt oder gar verzerrt zu sein! Mit der Bezugnahme beider Anschlüsse aufeinander im

Interpretationsakt können die Mängel der Tendenz nach überbrückt und kompensiert werden. Denn: Die Rekontextualisierung des abstrakten Textes mithilfe des Vorwissens des Interpreten macht es möglich, dem Text Informationen über die soziale Bezugswirklichkeit abzugewinnen. Mit dieser 'Reanimation' wird das Vorwissen des Interpreten gleichzeitig auf die Probe gestellt. Der Interpret ist in der Auslegung des Textes immer wieder gezwungen zu überprüfen, ob sich sein Vorurteil mit dem Text verrechnen läßt. Treten Irritationen auf, dann ist er genötigt, sein Vorurteil solange zu überarbeiten, bis der Text verstehbar wird. Deutlich wird so, daß das als Text vorliegende Wirklichkeitsprotokoll ohne das Vorwissen des Interpreten zwar ausdruckslos bleibt, aber im Zusammentreffen mit dem Vorwissen des Interpreten maßgeblich zur Überwindung von Verkürzungen der etablierten Überzeugungen beiträgt und von daher für die Überprüfung und Überarbeitung der wissenschaftlichen Überzeugungsbildung unverzichtbar ist.

Allerdings bleibt die Frage, mit welcher Datensorte die Vorurteile des Interpreten am härtesten auf die Probe gestellt werden können. Es dürfte unmittelbar plausibel sein, daß nicht standardisiert erhobene Daten, Daten also, die nicht vor dem Hintergrund einer Forschungsfragestellung erhoben und von den subjektiven Wahrnehmungsmustern des Sozialforschers geprägt werden, den standardisierten Daten (Beobachtungsprotokolle, Interviews) vorzuziehen sind. (Bergmann 1985, Reichertz 1989, Schröer 1992, S. 44-50) Ihnen kommt ein quasi-authentischer 'Abbildstatus' zu. Allerdings lassen Besonderheiten des Forschungsgegenstandes und des Feldes die Erhebung dieser sensiblen Daten oft nicht zu. Zu erinnern ist in diesem Zusammenhang daran, daß die (annäherungsweise) Rekonstruktion der kognitiven Handlungsorientierung, der Intentionen also, nur über die Erhebung von reproduktiven Daten möglich ist. Die Überwindung von Vorurteilen durch den Sozialforscher ist mit der Wahl der jeweils geeigneten Datensorte keineswegs hinreichend gewährleistet. Genauer zu bestimmen ist, welches Verfahren der Textinterpretation sich eignet, Beschränkungen der Überzeugungsbildung abzubauen.

4.2 Kritik am Verfahren 'Nachzeichnen der sukkzessiven Selektivität'

Die Auswertung der erhobenen Daten erfolgt sinnvollerweise im Rahmen von *Einzelfallanalysen*, weil der handlungstypspezifische Bezugsrahmen allein in den Besonderheiten der Handlungen zum Ausdruck kommt und erfahrbar ist. Das allgemein Typische zeigt sich nur in den einzelfallspezifischen Besonderheiten, und es erfährt folglich in der Rekonstruktion dieser Besonderheiten als *typische* Besonderheiten ihre genaueste Bestimmung. Überdies lassen sich Hypothesen um so eher auf ihre Brauchbarkeit hin überprüfen, desto weitgehender sie sich in der Interpretation von Fallbesonderheiten bewähren müssen.

Der Weg, der hier für die einzelfallanalytische Auswertung von Protokolltexten empfohlen wird, hat sich in der Auseinandersetzung mit der von Ulrich Oevermann im Rahmen seiner Objektiven Hermeneutik entwickelten methodischen Konzeption herausgebildet. Während dieser Auseinandersetzung verfestigte sich die Überzeugung, daß nicht nur einige Hintergrundtheorien Oevermanns (z. B. das Strukturkonzept - s. Reichertz 1986, 1988, 1995), sondern auch dessen Verfahrensansatz mit den Grundannahmen einer hermeneutischen Wissenssoziologie nicht vereinbar sind.

So ist, um das zentrale Verfahrensproblem zu nennen, für Oevermann die einzelfallanalytische Interpretationspraxis an ein seines Erachtens zentrales Interpretationsprinzip gebunden: das der *Nachzeichnung der sukzessiven Selektivität* (Oevermann u.a. 1979, S. 391-427). Das heißt: Die Spezifik des Handlungstyps und die Typik des Einzelfalles erschließen sich für den außenstehenden wissenschaftlichen Beobachter - so Oevermann - in der Kenntnisnahme der von den Handelnden vollzogenen "Wahlen" bzw. "Ausschlüsse" objektiv gegebener Handlungsmöglichkeiten. Nur über ein Zug-um-Zug-Verfahren - so Oevermann weiter - kann diese Beobachtung sorgsam vorgenommen und angemessen einer Überprüfung zugeführt werden: In der schrittweisen Konstruktion des typischen Handlungspotentials und der anschließenden Rekonstruktion der vollzogenen "Wahl" bzw. der "Ausschlüsse" soll Interakt für Interakt der jeweilige Stand des "inneren Kontextes" bestimmt werden. Der Interpret gewinnt so auf jeder Stufe der Auslegung Aufschluß über die jeweils verbleibenden Optionen, vor deren Hintergrund der Folgeinterakt sich in seiner Spezifik dann sichtbar abhebt, womit die innere Kontextbildung fortgeschrieben werden kann. Ist das Selektionsprinzip des Falles gefunden, dann kann - rückwirkend auch für die vorangegangenen Interakte - der Möglichkeitsraum eingegrenzt werden (Oevermann u.a. 1979, S. 421ff).

Das Prinzip der sukzessiven Selektivität entspricht der schrittweisen Rekonstruktion des Fallspezifischen und damit des typisch Besonderen. Oevermann u.a. haben ein Ebenenmodell entwickelt (1979, S. 391-411), mit dem der Interpret zu einer vorsichtigen und sorgfältigen Rekonstruktion des Fallspezifischen angehalten wird. Dieses Ebenenmodell läßt deutlich zwei tragende Unterprinzipien der Rekonstruktion erkennen:

- In der Interpretation der Wahl- und Ausschlußverfahren wird schrittweise das Potential handlungsleitender Selektionsprinzipien (typischer Besonderheiten) eingegrenzt (ebda., S. 400ff., Ebenen 6 und 7).
- Dieses so schrittweise eingegrenzte fallspezifisch relevante Typenpotential ist jeweils der Hintergrund für die Explikation von Handlungsalternativen, in bezug auf die der Interaktant dann jeweils seine Wahl trifft (ebda., S. 395, Ebene 0; S. 398f., Ebene 3). So können die fallspezifischen Wahlen von Interakt zu Interakt in ihren jeweiligen Bedeutungen für die weitere Bestimmung des Fallspezifischen (des typisch Besonderen) herangezogen werden - bis das Selektionsprinzip herausgefiltert ist.

Gelingensbedingung dieses Interpretationsansatzes ist ein Interpret, dem es "im Sinne einer Kunstlehre" (ebda., S. 391) von vornherein annäherungsweise möglich ist, (a) das handlungsleitende strukturale Regelwissen, (b) die denkbaren fallspezifischen Selektionsprinzipien (das Typenrepertoire) und (c) die denkbaren Varianten ("singulären" Fälle), in denen diese Prinzipien/Typen ausgelebt werden können, in Anbetracht eines vertexteten Interaktionsprotokolls sukzessive zu explizieren. Der Interpret muß mithin über ein am Text mehr oder weniger mühelos explizierbares allgemeingültiges Regelwissen verfügen (exemplarisch: Allert 1980). Und genau diesen Interpretentyp dürfte Oevermann im Sinn haben, wenn er zur Bedingung macht, der Interpret müsse ein normales und kompetentes Mitglied der Sprachgemeinschaft sein.

> "Regelgeleitetheit heißt aber, daß a) die Klasse der eine Äußerung erfüllenden Kontextbedingungen, auch wenn sie unendlich groß sein mag, durch eben diese Regel klar von der Klasse der nicht-erfüllenden Bedingungen unterschieden ist und daß wir b) als natürliche Mitglieder der Sprachgemeinschaft, für die diese Regel gilt, problemlos über ein sicheres intuitives Wissen von ihr verfügen, so daß wir sie sowohl als praktisch Handelnde wie als Interpreten mit Anspruch auf Gültigkeit verwenden können." (Oevermann 1981, S. 10; vgl. auch Oevermann u.a. 1979, S. 387ff.)

Allerdings bleiben m. E. mit der skizzierten Grundannahme zwei zentrale Aspekte letzlich unbeachtet:

1) Auch das normale und kompetente Mitglied einer Sprachgemeinschaft kann nicht von vornherein auf dem Niveau einer 'letzten' intersubjektiven Gültigkeit interpretieren. Auch dieses Mitglied wird zumindest zunächst den Text irgendwie immer standortgebunden einkleiden, so daß (v.a. beim Interpretationseinstieg) von Verkürzungen und Verzerrungen auszugehen ist.
2) In diesem Zusammenhang muß dann ein besonderer Aspekt Berücksichtigung finden: Für kein Mitglied einer Sprachgemeinschaft kann davon ausgegangen werden - auch wenn die "Primärerfahrung sozialer Sachverhalte" im Großen und Ganzen "intuitiv angemessen" (ebda., S. 393) ist -, daß es sein implizites Wissen um die relevanten Regeln mehr oder weniger ohne weiteres am Text *reflexiv* zu explizieren vermag. Die alltägliche Differenz zwischen intersubjektiv gültigem Sinn von Handeln und subjektiv reflexiver Explikation dieses Sinns muß auch für den wissenschaftlichen Interpreten in Rechnung gestellt werden. Und genau dies - so denke ich - versäumt Oevermann.

Stellt man nun diese nicht hintergehbare Kompetenzeinschränkung für das normale Mitglied einer Interpretationsgemeinschaft in Rechnung, dann liegt es auf der Hand, daß die von Oevermann eingeführte Gelingensbedingung auch den wissenschaftlichen Interpreten überfordern muß. Verzerrungen und Verkürzungen bei der Lesartenbildung müssen zunächst einmal als unausweichlich begriffen werden. Von daher wird dann auch die Forderung nach einer Nachzeichnung des Wahl- und Ausschlußverfahrens *während der Erforschung* bei gleichzeitiger Berücksichtigung der in Frage kommenden fallspezifischen Selektionsprinzipien und strukturalen Handlungsregeln problematisch. Die Gefahr besteht nämlich in der frühzeitigen Festlegung auf fallspezifische Selektionsprinzipien und strukturale Handlungsregeln, mit der fallrelevante Bedeutungsbesonderheiten von Details, die noch im weiteren Verlauf der Interpretation (kontextgeladen) in den Blick kommen könnten, unbeachtet zu bleiben drohen. Oder in der Sprache Oevermanns: Es besteht die Gefahr einer subsumtionslogischen Anlage der Untersuchung. Nun ist es nicht so, daß Oevermann das Problem der Standortgebundenheit des Interpreten überhaupt nicht sieht. Wie das angedeutete Rekonstruktionsverfahren aber zeigt, führt diese Einsicht nicht zu einschneidenden Konsequenzen - sieht man einmal davon ab, daß die Interpretation äußerst extensiv betrieben werden soll und grundsätzlich als unabschließbar gilt (1979, S. 390).

Die Abgrenzung vom Oevermannschen Rekonstruktionsansatz bezieht sich nicht einfach nur auf das Interpretationsverfahren. Grundsätzlicher betrachtet geht es um Unterschiede der Forschungsprogrammatik und -logik. Zielt Oevermann stets auf die Explikation von im Grunde genommen immer schon Gewußtem, so geht es im Rahmen einer wissenssoziologisch hermeneutischen Handlungstheorie um die Konstruktion neuer, tragfähigerer Erklärungen, um die Kreation neuer Überzeugungen. Denn: Wenn man die nicht hintergehbaren Defizite eines Interpreten (Verkürzungen und Verzerrungen der Überzeugungsbildung) zum Ausgangspunkt macht, dann sind die Bemühungen ganz von selbst darauf ausgerichtet, an der Behebung dieser 'Defizite' zu arbeiten. Von daher muß ein Verfahren entwickelt werden, über das der Interpret in die Lage versetzt wird und die Bereitschaft entwickelt, eingeschliffene Interpretationsroutinen zu überarbeiten. Es kann also im Rahmen einer hermeneutischen Wissenssoziologie nicht einfach darum gehen, implizit Gewußtes zu explizieren, sondern das Ziel besteht in der Entwicklung neuer, erkenntniskräftigerer Überzeugungen. So betrachtet verficht die objektive Hermeneutik - entgegen ihrem Selbstverständnis - eine qualitativ induktive (vgl. hierzu auch Reichertz 1995, S. 409-413), die hermeneutische Wissenssoziologie hingegen eine abduktive Forschungslogik (Reichertz 1991, Reichertz/Schröer 1994, Kelle 1994).

4.3 Konzentrische Erarbeitung des inneren Kontextes

Das von uns entwickelte Verfahren 'Konzentrische Erarbeitung des inneren Kontextes' orientiert sich an dem hermeneutischen Prinzip der zirkulären Explikation des Ausgangspunkts. Das heißt, daß der Sozialforscher "von einer beobachteten und schon irgendwie verständlichen 'Oberfläche' ausgehend auf eine mögliche 'Tiefenstruktur' rekurriert, von der aus dann die Oberflächenstruktur sich theoretisch eindeutig ableiten lassen muß." (Kellner/ Heuberger 1988, S. 265)
Legt man auf eine sorgfälltige Interpretation Wert, dann bietet sich eine Gliederung in vier Explikationsschritten an:[7]

7 Das im folgenden vorgestellte Interpretationsverfahren eignet sich in erster Linie für die Auswertung sogenannter natürlicher Daten, da mit ihnen Unsicherheiten über die Wirklichkeitsrelevanz (rekonstruktive oder reproduktive Konstruktion) ausgeschlossen sind. Sollte die Auswertung standardisiert erhobener Daten erforderlich sein, dann muß diese Verfahrensform 'vorsichtig' und'moderat' angewandt werden.

(a) Feinanalytische Entfaltung des relativ unproblematisch rückfragbaren Vorwissens

Dem Interpreten bleibt gar nichts anderes übrig, als die Rekonstruktion von Fallbesonderheiten bei der Explikation seines eingeschränkten Vorwissens anzusetzen. Dieses Vorverständnis findet seinen unmittelbar zugänglichen Ausdruck in den sich ad hoc bei der Lektüre des Vernehmungstranskripts einstellenden Interpretationsgewohnheiten, mit denen das aufgezeichnete Gespräch sofort schon irgendwie verständlich wird. Dieses sich umgehend aufdrängende Vorwissen muß im Verlaufe der Interpretation expliziert, überprüft und bis hin zur Bestimmung des handlungstypspezifischen Bedingungsrahmens überarbeitet werden.

Die überprüfende Überarbeitung sollte als erstes unter den zwei folgenden Gesichtspunkten vorgenommen werden:

- Zunächst gilt es, mit einem zweiten Blick zu kontrollieren, ob sich die Ad-hoc-Interpretation am Text belegen und ausdifferenzieren läßt. Notfalls muß die Interpretation überarbeitet werden.
- Desweiteren ist zu überprüfen, ob der Interpret aus seinem Vorwissen heraus nicht noch alternative anschlußfähige Lesarten (Rekontextalisierungen; "Motiv"zuschreibungen), die sich ihm nicht auf Anhieb aufgedrängt haben, die ihm vielleicht auch etwas abwegig, aber dennoch denkbar erschienen, entwickeln kann. Auch diese Lesarten sind zu explizieren.

Ist eine Interpretation des Transkripts unter diesen beiden Aspekten Schritt für Schritt erfolgt, dann ist tentativ das vom Interpreten relativ unproblematisch rückfragbare Vorwissen fallspezifisch expliziert und der Fall auf diese Weise so perspektivneutral, wie es dem Interpreten in dieser ersten Interpretationsphase möglich ist, ausgelegt. 'Die' Besonderheiten des Einzelfalles sind in einem ersten Zugriff konstruierend rekonstruiert, ein erstes weitläufiges Oberflächenverständnis entwickelt.

Der vorgeschlagene feinanalytische Interpretationseinstieg dient aber nicht allein der Gründlichkeit der Auslegung auf der ersten Interpretationsstufe, sondern er stellt gleichzeitig auch den Versuch dar, eine für die wissenschaftliche Erforschung des in Frage stehenden Handlungstypen fruchtbare Krisensituation künstlich einzuleiten: Dadurch, daß der Interpret - wie dargelegt - gezwungen wird, sein Vorwissen in einem unnatürlich langatmigen "Schritt-für-Schritt-Verfahren" am Handlungsprotokoll begründet zu überarbeiten und zergliedernd zu explizieren, zerbricht für ihn die Fraglosigkeit des ihm bislang Selbstverständlichen, das einstmals Vertraute wird ihm allmählich fremd - dem Interpreten droht gerade bei einer extensiven feinanalytischen Lesartendiskussion immer wieder Orientierungslosigkeit!

Der Selbstverständlichkeit seines interpretativen Zugriffs beraubt steht der Interpret in dieser Phase immer wieder unter dem Zwang, die explizierten Lesarten in ein fallspezifisches Gleichgewicht zu bringen und sie in eine neue, jetzt am Text und mit Rekurs auf das gesellschaftlich gemeinsame Wissen begründete Selbstverständlichkeit zu überführen. Das heißt: In dieser Situation bleibt ihm also gar nichts anderes übrig, als sich seinem jeweils explizierten 'Oberflächenverständnis' zuzuwenden, sich auf die Lesartendetails zu konzentrieren, sie hin und her zu wenden und miteinander in Beziehung zu setzen, dabei ihre Integrierbarkeit auszuloten und nach integrierenden Gesichtspunkten zu suchen. Dabei wird er sein Vorwissen von ganz neuen Seiten kennenlernen, bisher Unbeachtetes registrieren, möglicherweise ganz neue Integrationsmöglichkeiten entdecken. Denn

> "was in der Vertrautheit unausdrücklich und wie von selbst sich abspielt, wird in der Entfremdung ausdrücklich und strebt zu künstlich-methodischer Gestaltung. Das Verstehen wird verstehendes Erkennen, der Ausdruck wird objektiviert, der Schock des Erlebnisses entbindet den Blick: wir sehen mit anderen Augen." (Plessner 1979, S. 243)

Auf den Punkt gebracht werden kann die mit diesem interpretativen Einstieg verbundene Zielsetzung etwa so: Der Interpret soll - den künstlich eingeleiteten Orientierungsproblemen ausgeliefert - aus einer gewissen Verunsicherung heraus die *Bereitschaft* entwickeln, sich auch im weiteren Verlauf der Interpretation eingehend mit den von ihm explizierten Bedeutungsbesonderheiten auseinanderzusetzen. Über diesen aus der Verunsicherung geborenen Auseinandersetzungsdrang - so die Hoffnung - soll sich ein Klima für die Entdeckung von Handlungsbesonderheiten, mit denen die etablierten Überzeugungen fraglich werden, entfalten.

Abduktives Schlußfolgern folgt keinem "operationalisierbaren Verfahrensprogramm" (Reichertz 1991, S. 58), sondern ist vielmehr Ausdruck und Konsequenz einer Haltung, aus der heraus man bereit ist, alte Überzeugungen aufzugeben und neue integrationsfähigere zu entwickeln. Wenn auch der Prozeß der Neuentwicklung letztlich nicht methodisierbar ist, so besteht aber doch die Möglichkeit, den Forscher in eine Situation zu manövrieren, aus der heraus er nicht umhin kommt, seine Überzeugungen zu überprüfen (vgl. ebda., S. 58-65). Unsere methodischen Überlegungen dienen v.a. dem Ziel, *einen* Bedingungsrahmen zu entwerfen, dem ausgesetzt der Interpret bei der anstehenden Einzelfallanalyse gezwungen sein soll, eine "abduktive Haltung" einzunehmen.

(b) Verdichtung der feinanalytischen Beschreibung auf Fallbesonderheiten hin
In dieser Phase der Interpretation geht es um eine Reduktion des komplexen Lesartenbestandes. Die explizierten Lesarten sollen auf die Hauptlinien der Interpretation hin verdichtet werden. Fluchtpunkt dieser Verdichtung bildet die Bestimmung des fallspezifisch Besonderen.

(c) Bestimmung der strukturalen Problemlage
Ausgehend von der erreichten Verdichtung der Feinanalyse auf gemeinsame fallspezifische Besonderheiten hin, sollte der Interpret nun das oder die vermeintlichen Charakteristika des Handlungstyps zu bestimmen versuchen. Geht man davon aus, daß der Einzelfall in seiner Besonderheit eine spezifische 'Lösung' einer handlungstypspezifischen Aufgabenstellung und Problemlage ist, dann muß

mit der Bestimmung vermeintlicher Charakteristika auch schon mehr oder weniger deutlich auf Gesichtspunkte einer allgemeinen handlungsleitenden Problemlage verwiesen werden. Diese aus dem bearbeiteten Oberflächenverständnis des Interpreten erwachsenen Verweise bilden sozusagen fallspezifische 'Anschlüsse' für die Rekonstruktion der "strukturalen Motiviertheit".

Dabei geht es nicht einfach um die Rekonstruktion der den Handelnden als subjektiv angebbar unterstellten Motive, sondern - sie überschreitend - um die Rekonstruktion des historisch geprägten und den Handelnden verbindlich vorgegebenen handlungstypspezifischen Orientierungsrahmens, in dem der subjektiv gemeinte Sinn eingelassen und in bezug auf den die objektive Sinnstruktur des fallspezifisch charakteristischen Handelns, die dem Handelnden fraglos selbstverständlich vertraut und von daher tentativ (immer schon) 'vergessen' ist, bestimmbar werden.

(d) Überprüfung und ggf. Überarbeitung der explizierten Strukturhypothese in der abschließenden Bestimmung der Fallspezifik

Aus dem interpretativen Zusammenspiel einer Bestimmung fallspezifischer Charakteristika, der Ableitung der ausrichtenden handlungstypspezifischen Gesichtspunkte und der Entwicklung kenntnisreicher Spekulationen über den handlungstypspezifischen Bezugsrahmen können sich für die Bestimmung einer Strukturhypothese Gesichtspunkte aufdrängen, die mit den vordem rekonstruierten fallspezifischen Charakteristika nicht mehr unbedingt zur Deckung zu bringen sind. In einem solchen Fall wird unter dem Aspekt der gewonnenen Strukturhypothese die Neuauslegung des Transkripts mit dem Ziel erforderlich, qualitativ induktiv die Gültigkeit der Strukturhypothese zu überprüfen. Die Gültigkeit ist dann bis auf weiteres erwiesen, wenn "keine Daten und Manifestationen der mit dem Modell begriffenen Realität sich dem Modell gegenüber widerspenstig" (Kellner/Heuberger 1988, S. 277) zeigen.

Gelingt eine solche lückenlose Verrechnung, dann ist in einem vierten Schritt die zirkuläre Explikation der Ausgangsoberfläche mit einem neuen Verständnis der fallspezifischen Typik bis auf weiteres zum Abschluß gekommen.

Die Bereitschaft des Interpreten zur Überprüfung und Überarbeitung abgelagerter Interpretationsgewohnheiten soll mit dem hier vorgeschlagenen Verfahren über eine künstlich eingeleitete krisenhafte Brechung der Selbstverständlichkeit der dem Interpreten vertrauten Orientierung und dem daraus resultierenden Zwang zur rekonstruierenden Neuorientierung am zerklüftet explizierten Oberflächenverständnis gefördert werden. Mit einer kleinschrittig angelegten Verdichtungsprozedur soll ein kurzschlüssiger Orientierungsaufbau verhindert, die Entdeckung noch nicht erklärbarer Handlungsbesonderheiten gefördert und damit die Suche nach neuen, integrationsfähigeren Gesichtspunkten für die Bestimmung des handlungstypspezifischen Bezugsrahmens eingeleitet werden.

Dem Interpreten wird zugemutet, sich aus einer "künstlichen Dummheit" (Hitzler 1991) heraus schrittweise neu zu orientieren.[8]

5 Perspektivität und Intersubjektivität

Nicht ganz geklärt ist, welche intersubjektive Verbindlichkeit den so gewonnenen Forschungsergebnissen zukommt. Bei der Erörterung der sozialtheoretischen Grundannahmen wurde gegen eine strukturtheoretisch ausgehöhlte Handlungstheorie die Perspektivität des Subjekts ins Feld geführt, mit der die Notwendigkeit der permanenten Überarbeitung der handlungsleitenden Deutungsmuster durch das Subjekt begründet wurde. Stillschweigend wurde dann weiter davon ausgegangen, daß es so etwas wie eine umfassende intersubjektive Erfahrungstypenschnittmenge gebe, die von der Perspektivität des Subjekts im Großen und Ganzen zwar nicht unerheblich, aber doch nur begrenzt berührt wird. So sollte eine gemeinsame Grundlage des Handelns und Deutens gerettet sein. Nimmt man aber die Perspektivität des subjektiven Erfahrungsaufbaus ernst, und treibt man das oben vorgebrachte Argument so auf die Spitze, dann wird die alltagsweltliche Unterstellung von so etwas wie einer unscharfen Intersubjektivität allerdings äußerst fragwürdig. Jeweils der eigenen Perspektive verhaftet, kann Intersubjektivität streng genommen nur als eine spezifische Form der Selbstauslegung begriffen werden. Daß die Lage doch nicht ganz so ernst ist, wie es auf den zweiten Blick aussieht, deutet Ronald Kurt an:

> "Aufgrund der pragmatischen Haltung der sozial Handelnden wird die Konstruktion des Anderen zumeist nur so weit getrieben, wie sie zur Erreichung der eigenen Ziele nötig ist. Weil die eigenen Motivationsrelevanzen weiterdrängen und auch die anderen ihren Zielvorstellungen hinterherjagen, muß sich Ego bei seiner Handlungsplanung auf die situativ wichtigen Teilaspekte konzentrieren und sich dabei als typisches Teil-Selbst begreifen, das sich in einer typischen Situation in typischer Weise zu einem anderen typischen Teil-Selbst verhält. Die Komplexität der Situationen und Subjekte wird im Verlauf der Rekonstruktion dieser Typen systematisch reduziert. Das Einzigartige der Typen, ihre kognitiven und affektiven Konnotationen und die vielen situativen Perspektiven und Raum-Zeit-Konstellationen, welche die Entwicklungsgeschichte des Typs bestimmt haben - all das wird im Prozeß der Habitualisierung nach und nach abgestreift. Das Besondere wird ausgeblendet, und übrig bleibt ein abstraktes Muster, das von denen, die an der Produktion und Reproduktion des Typus im sozialen Interagieren in Form von wechselseitigen Perspektivenübernahmen und Subjektivitätsunterstellungen mitgewirkt haben, in der gleichen Weise erfahren werden kann. Und genau hier - in der sich selbst typisierenden sozialen Praxis - ist meiner Meinung nach die Möglichkeit von Intersubjektivität beziehungsweise von intersubjektiven Schnittmengen begründet - die Wirklichkeit des Intersubjektiven muß allerdings jeder mit

8 In aller Ausführlichkeit ist dieser hermeneutische Verfahrensansatz exemplarisch demonstriert in Schröer 1992.

> sich selbst ausmachen. Denn letztlich bleibt das Subjekt mit seinen Intersubjektivitätskonstrukten auf sich selbst verwiesen." (Kurt 1994, S. 355, vgl. auch Berger/Luckmann 1969, S. 56ff.)

Ronald Kurts Lösung läuft darauf hinaus, Intersubjektivität bzw. intersubjektive Schnittmengen als Möglichkeit in Rechnung zu stellen, als Möglichkeit freilich, deren Umsetzung sich ggf. nicht nachweisen ließe. So wird Hoffnung geweckt und zugleich unterlaufen. Von daher ist das Anschlußargument von Kurt wichtig:

> "Meine Argumentation soll zeigen, daß Intersubjektivität sowohl möglich als auch hypothetisch ist und darüber hinaus eine notwendige Unterstellung sozial orientierter Subjektivität sein muß - und insofern a` priori ist." (Kurt 1994, S. 356)

Die Frage, ob die Möglichkeit der Intersubjektivität von Erfahrungstypen von den Subjekten auch tatsächlich umgesetzt wird, entpuppt sich als zweitrangig. Entscheidender ist, daß an der Unterstellung von Intersubjektivität festgehalten werden muß, da nur diese Unterstellung dem Subjekt Orientierung verleiht. Wir sind dazu verurteilt zu glauben, daß unsere jeweiligen Intersubjektivitätsunterstellungen im Großen und Ganzen zutreffen. Im Alltag selbstverständlich vorgenommen, bilden sie das Fundament unserer Orientierung (Schütz/-Luckmann 1979, S. 26ff., S. 87ff.). Weiß das Subjekt (z.B. als Folge methodologischer Reflexionen) um die Selbstbezogenheit der eigenen Typisierungsschemata, dann bleibt ihm nichts anderes übrig, als diese Schemata quasi-naiv so einzusetzen, als handele es sich bei ihnen um weitgehend intersubjektiv geteilte Erfahrungstypen. Denn: Wenn das Subjekt mit seiner Intersubjektivitätsunterstellung auch die eigene Herkunft nicht abschütteln kann, so kann es mit einem perspektivgebundenen 'Perspektivenwechsel' doch eine "Herkunftsdistanzierung" simulieren und damit eine halbwegs stabile und kontrollierte Orientierung aufbauen. Odo Marquard spricht in bezug auf solche Verstehensversuche von "distanzierender Hermeneutik" (Marquard 1984, S. 122ff.).[9]

---

9 Diese transzendental gefärbte Sichtweise ist in den letzten Jahren mit dem Radikalen Konstruktivismus aktualisiert worden. Mit Verweis auf das Nervensystem als ein geschlossenes System wird die Existenz einer Außenwelt und eines alter ego radikal in Zweifel gestellt (allerdings unter Zuhilfenahme der realistischen Annahme eines Nervensystems; Roth 1985, v. Foerster 1985, kritisch: Kurt 1994). Intersubjektivität wird im Verstande des Radikalen Konstruktivismus dadurch hergestellt, daß wir die eigene Koordination von Sinneserfahrungen ständig 'den anderen' unterstellen. "Da wir 'andere Leute' konstruiert haben, indem wir bestimmte permanente Objekte in unserem Erfahrungsbereich mit zielgerichtetem Verhalten und mit Zielstrukturen ausgerüstet haben, die denen ähneln, die wir uns selbst zuschreiben, wäre es in der Tat überraschend, wenn diese 'Anderen' nicht so handelten und nicht von Objekten genau in der Weise beeinflußt würden, wie wir es im Prinzip uns selbst zuschreiben." (Richards, v. Glasersfeld 1987, S. 220, vgl auch v. Glasersfeld 1987) Es überascht aber, wenn in der Folge einige Radikale Konstruktivisten doch den Sprung von der konstruktivistischen in eine quasi realistische Perspektive vollziehen. So schreibt beispielsweise Schmidt: "Die

Das Wissen darum, daß eine Intersubjektivitätsunterstellung vorgenommen werden muß, daß aber die Perspektivität des subjektiven Erfahrungsaufbaus günstigstenfalls eine intersubjektive Schnittmenge ermöglicht, läßt es dann wenig sinnvoll erscheinen, am Forschungsziel 'Objektivität' festzuhalten. Denn es kann - frei nach Brecht - nur darum gehen, den nächsten integrationsfähigeren Irrtum vorzubereiten. (Brecht 1980, S. 13) Die nicht hintergehbare Standortgebundenheit unseres Wissens legt von daher eher nahe, Forschungsergebnisse in den wissenschaftlichen Diskurs als Angebote einzubringen, so daß die scientific community 'kontrollierend' reagieren kann. Diese Reaktionen können dann Anlaß für das Subjekt sein, die eingebrachten Ergebnisse zu überarbeiten, damit die Intersubjektivitätsunterstellungen bis auf weiteres als begründet betrachtet werden und von daher orientierende Wirkung haben können.

> "Was wir als wissenschaftliche Subjekte an Wissen erarbeiten, sichern wir nicht ab durch Objektivität, sondern durch die im fortschreitenden wissenschaftlichen Diskurs konstituierte Intersubjektivität. Die Intersubjektivität des Diskurses ist das eigentliche Ziel von Wissenschaft und als Kontrollinstanz für und von Wissen allemal wichtiger als die vorübergehende Objektivität der Resultate, von denen nach eingehender Überprüfung zumeist das übrigbleibt, was sie als Texte sind: die Objekthaftigkeit statt der Objektivität." (Soeffner 1989a, S. 95f.)

Das Ziel wissenschaftlichen Erkennens besteht so betrachtet also nicht mehr im Objektivitätsnachweis, sondern es geht vielmehr darum, den Prozeß der 'intersubjektiven Überprüfung' in Gang zu halten, um so am zur Kenntnis

---

Erfahrung, daß empirisches Wissen intersubjektivierbar ist, deutet nicht auf Kognitions-Unabhängigkeit hin, sondern auch auf den hohen Grad kognitiver Parallelität ... Empirisches Wissen ist Wissen, das wir mit anderen teilen." (ebda., S. 37; vgl. auch Hejl 1987, S. 317ff.; Rusch 1987, S. 382) Schleierhaft bleibt, wie der Vollzug von parallelen Ko-Konstruktionen (Rusch) aus einem geschlossenen Nervensystem heraus konstatiert werden kann. Mit diesem Theoriekonstrukt fallen einige Theoretiker des Radikalen Konstruktivismus - unnötigerweise - hinter das von ihnen vorher aufgeworfene Problembewußtsein zurück.

Konsequenter scheint mir die transzendentale Perspektive in dem von Gerold Ungeheuer begründeten (1987) und von Johann Juchem zugespitzten (1989) Konzept einer "individuellen Welttheorie" durchgehalten zu sein. Auch Ungeheuer und Juchem gehen davon aus, daß die Annahme von Intersubjektivität zumindest fallibel ist. Ausgangspunkt für die alltägliche Intersubjektivitätsunterstellung sei die Zurkenntnisnahme bestimmter Regelmäßigkeiten ("quantitative Allgemeinheiten"), mit denen die Zuordung von Zeichen erst möglich würde. Diese Möglichkeit - so Juchem - verführe "zu der Annahme, daß in gleicher Weise auch Bedeutung allgemein sein könnte. Diese Annahme aber, die auf falschen Voraussetzungen beruht, bringt ein Verhalten hervor, das man als genialen Selbstbetrug bezeichnen kann. Dieser geniale Selbstbetrug gewährleistet Kommunikation: Die Menschen arbeiten mit Unterstellungen." (1989, S. 76) Allerdings verfängt sich auch bei Juchem die konstruktivistische Sicht immer wieder in einer realistischen, womit dem Argument - genau wie oben - die Spitze genommen ist.

genommenen sozialen Realitätswiderstand die orientierende Kraft der Intersubjektivitätskonstruktionen immer wieder neu auf die Probe zu stellen.[10]

6 Zusammenfassung

Meine Ausführungen abschließend möchte ich noch einmal systematisch zusammenfassen, warum ich glaube, man solle bei der Rekonstruktion der sozialen Wirklichkeit an den subjektiven Sinnproduktionen ansetzen.

Das geschichtlich herausgebildete Repertoire an vortypisierendem Wissen ist für das einzelne Subjekt weitgehend verbindlich und bietet ihm enormen Halt und erhebliche Sicherheit bei der alltäglichen Bewältigung seines Lebens. Das vortypisierte Wissen ist aber weder in sich widerspruchsfrei noch bildet es eine geschmeidige Lösung für alle alltäglich auftretenden situativen Probleme. Die Perspektivität des menschlichen Erfahrungsaufbaus bringt es mit sich, daß Subjekte stets gezwungen sind, die gesellschaftlich vorgegebenen Typisierungen nach eigenen Maßstäben und gemäß den situativen Erfordernissen auszulegen. Diese Auslegungsprozesse erweitern das Typenrepertoire, das von daher einem ständigen Wandel unterliegt und so wieder neue Anpassungsprozesse erforderlich macht. Es lassen sich grundsätzlich zwei Auslegungstendenzen unterscheiden: Zum einen der eher reproduktive Normalfall und zum anderen die strukturelle Transformation.

Die Auslegung in reproduktiven Normalfällen erfolgt auf zwei ineinandergreifenden Ebenen: Die Auslegung geht im wesentlichen routinisiert vor sich. Das heißt: Vorgabe und Auslegung kommen thematisch weitgehend zur Deckung. Die Modifikationen erfolgen selbst im Modus der Selbstverständlichkeit und sind marginal. Darüber hinaus bildet das Subjekt aber auch Intentionen, d.h. subjektiv angebbare Sichtweisen und Motive, die allerdings die Handlungsvoraussetzungen und -folgen verkürzt und verzerrt repräsentieren. Trotzdem haben sie Einfluß auf den Handlungsprozeß. Zum einen können sie den Ausschlag geben für die Wahl einer bestimmten Handlungsroutine und damit über Erfolg oder Nichterfolg einer Handlung entscheiden. Diese Wahl kann eher selbstverständlich oder eher reflexiv fallen. Zum anderen ist mit der Kompatibilität in bezug auf zur Geltung kommende etablierte Routinen eine gewisse Akzeptanz verknüpft, die nicht unbedingt vorausgesetzt werden kann. Stellt man in Rechnung, daß Menschen im Prinzip die Möglichkeit haben, subjektiv angebbare Entscheidungen zu fällen, mit denen ein etabliertes Typenrepertoire ignoriert und strukturelle Vorauslegungen transformiert werden, so stellt eine Intentionsbildung, mit der die 'Wahl' eines etablierten Lösungstypen ermöglicht wird, ohne daß die Wahl als solche in den Blick gerät, ein implizites Einverständnis dar.

---

10 Dieses Auf-die-Probe-Stellen ist wichtig, weil der soziale Realitätswiderstand als real erlebt wird und zum Zwecke seiner Bewältigung systematisiert werden muß. Die der Systematisierung zugrunde liegende und möglicherweise zu modifizierende Intersubjektivitätskonstruktion ist dem Subjekt auferlegt und von daher keinesfalls beliebig.

Damit ist indirekt schon der zweite Auslegungstyp angesprochen: der transformatorische Zugriff. Bei der transformatorischen Auslegung, und ich meine hier Auslegungsprozesse, die über Veränderungen des Handlungsrahmens erforderlich werden, oder mit denen eigeninitiativ der strukturelle Rahmen modifiziert wird, spielen die subjektiv angebbaren Motive, die Intentionen, eine ungleich gewichtigere Rolle. Obwohl meist ebenfalls verkürzt und verzerrt, sind sie in der Regel ausschlaggebende Mitauslöser dieser Prozesse. Mit einer wie auch immer motivierten strukturellen Abweichung von der Vorgabe sind neue Wege und Ziele anvisiert, die zu gehen bzw. zu erreichen eine gezielte thematische Hinwendung verlangt, da auf Routinen in weiten Teilen nicht zurückgegriffen werden kann.

Insgesamt wollte ich lediglich darauf verweisen, daß bei aller Bedeutung der strukturellen Vorauslegungen die soziale Wirklichkeit aus der Perspektive der subjektiven Sinnsetzungen rekonstruiert werden sollte. Eine vollständige Handlungserklärung müßte demnach durch die intentionalen und routinisierten Sinnsetzungen der Subjekte hindurch die sozialstrukturellen Zusammenhänge, die strukturale Motivierung (Kellner/Heuberger), freilegen, vor deren Hintergrund die reproduktiven oder transformatorischen Auslegungsprozesse erst möglich wurden. (vgl. Kellner/Heuberger 1988)

Da eine sozialwissenschaftliche Rekonstruktion letzlich auf die Ermittlung des sozialstrukturellen Rahmens abhebt, ist für die Rekonstruktion reproduktiver Auslegungsprozesse eine Analyse der intentionalen Auslegungen aus forschungsökonomischen Erwägungen heraus vielleicht verzichtbar. Ein solcher Verzicht geht aber stets zu Lasten der Vollständigkeit der Handlungserklärung - darüber sollte man sich im klaren bleiben.

Die beschriebenen Eigenheiten der subjektiven Perspektive wirken sich aber nicht nur auf die Bestimmung des Forschungsgegenstandes aus. Sie müssen auch bei der Bestimmung der Voraussetzungen für die Rekonstruktion des Forschungsgegenstandes Berücksichtigung finden. Im wesentlichen geht es bei der Bestimmung eines geeigneten methodischen Verfahrens um die Frage, mit welchen verbindlichen Maßnahmen Verkürzungen und Verzerrungen der theoretischen Überzeugungsbildung überwunden werden können.

Geeignet ist meines Erachtens hierfür ein Verfahren, mit dem die verfestigten theoretischen Überzeugungen eines Sozialforschers krisenhaft aufgebrochen werden können, so daß es ihm aus der Verunsicherung heraus möglich wird, in Anbetracht der in den Blick geratenen Fallbesonderheiten integrationsfähigere Überzeugungen aufzubauen. Mit dem oben entworfenen Verfahren ist allerdings kein Verfahren vorgestellt, mit dem zwingend geeignetere Theorien hervorgetrieben werden. Die Entwicklung neuer Gesichtspunkte ist letzlich nicht methodisierbar, so daß es mit dem von mir vorgeschlagenen Verfahren lediglich darum gehen kann, eine Auswertungssituation herzustellen, aus der heraus die Entdeckung neuer Überzeugungen wahrscheinlicher wird.

Die Perspektivität der menschlichen Erfahrungsbildung verbietet es, auch den wissenschaftlich gewonnenen Überzeugungen uneingeschränkt Objektivität zuzuschreiben. Sinnvoller ist es, die Interpretationserträge dem wissenschaftlichen Diskurs als Angebote für eine weitergehende Verallgemeinerung anzubieten, um so die stets angenommene intersubjektive Schnittmenge zu erweitern und damit 'mein' Wissen um erfolgsversprechende, d.h. orientierende Intersubjektivitätsunterstellungen zu 'vertiefen'.

Literatur:

Allert, Tilman (1990): Zur Dynamik der Interaktionstriade - Eine Fallstudie zur Struktur sozialisatorischer Interaktion. Aachen.

Berger, Peter; Luckmann, Thomas (1969): Die gesellschaftliche Konstruktion der Wirklichkeit. Frankfurt/Main.

Berger, Peter; Luckmann, Thomas (1995): Modernität, Pluralismus und Sinnkrise. Gütersloh

Bergmann, Jörg R. (1985): Flüchtigkeit und methodische Fixierung sozialer Wirklichkeit. in: Wolfgang Bonß und Heinz Hartmann (Hg.): Entzauberte Wissenschaft. Göttingen, S. 299-320.

Bourdieu, Pierre (1976): Entwurf einer Theorie der Praxis. Frankfurt/Main.

Bourdieu, Pierre (1992): Rede und Antwort. Frankfurt/Main.

Brecht, Bert (1980): Geschichten von Herrn Keuner. Frankfurt/Main.

Dahrendorf, Ralf (1968): Homo sociologicus. Opladen.

Eberle, Thomas. S. (1984): Sinnkonstitution in Alltag und Wissenschaft. Bern.

Foerster, Heinz von (1985): Das Konstruieren einer Wirklichkeit. in: Paul Watzlawick (Hg.): Die erfundene Wirklichkeit. München, S. 39-60.

Foucault, Michel (1994): Die Ordnung des Diskurses. Frankfurt/Main.

Foucault, Michel; Martin, Rux; Martin, Luther H.; Paden, William E.; Rothwell; Kenneth S.; Gutman, Huck; Hutton, Patrick H. (1993): Technologien des Selbst. Frankfurt/Main.

Gehlen, Arnold (1975): Urmensch und Spätkultur. Frankfurt/Main.

Giddens, Anthony (1984). Interpretative Sozialforschung. Frankfurt/Main.

Giddens, Anthony (1992): Die Konstitution der Gesellschaft. Frankfurt/Main.

Glasersfeld, Ernst von (1987): Siegener Gespräche über Radikalen Konstruktivismus. in: Siegfried J. Schmidt (Hg.): Der Diskurs des Radikalen Konstruktivismus. Frankfurt/ Main, S. 401-440.

Heinz, Wolfgang (1989): Jugendstrafrechtsreform durch die Praxis - eine Bestandsaufnahme. in: Bundesminister der Justiz (Hg.): Jugendstrafrechtsreform durch die Praxis. Bonn, S. 13-44.

Hejl, Peter M. (1987): Konstruktion sozialer Konstruktionen: Grundlinien einer konstruktivistischen Sozialtheorie. in: Siegfried J. Schmidt (Hg.): Der Diskurs des Radikalen Konstruktivismus. Frankfurt/Main, S. 303-339.

Hitzler, Ronald (1991): Dummheit als Methode. Eine dramatologische Textinterpretation. in: Detlef Garz und Klaus Kraimer (Hg.): Qualitativ empirische Sozialforschung. Konzepte, Methoden, Analysen. Opladen, S. 295-318.

Hitzler, Ronald (1992): Der Goffmensch. Soziale Welt, Jg. 43, Heft 4, S. 449-461.

Honer, Anne (1994): Einige Probleme lebensweltlicher Ethnographie. in: Norbert Schröer (Hg.): Interpretative Sozialforschung. Auf dem Wege zu einer hermeneutischen Wissenssoziologie. Opladen, S. 85-106.

Honer, Anne (1994). Das explorative Interview. Schweizer Zeitschrift für Soziologie Heft 3, S. 623-640.
Juchem, Johann G. (1989): Konstruktion und Unterstellung. Ein kommunikationstheoretischer Versuch. Münster.
Kelle, Udo (1994): Empirisch begründete Theoriebildung. Zur Logik und Methodologie interpretativer Sozialforschung. Weinheim.
Kellner, Hansfried; Heuberger, Frank (1988): Die Einheit der Handlung als methodologisches Problem. Überlegungen zur Adäquanz wissenschaftlicher Modellbildung in der sinnverstehenden Soziologie. in: Elisabeth List und Ilja Srubar (Hg.): Alfred Schütz. Neue Beiträge zur Rezeption seines Werkes. Amsterdam, S. 257-284.
Kneer, Georg (1996): Rationalisierung, Disziplinierung und Differenzierung. Sozialtheorie und Zeitdiagnose bei Habermas, Foucault und Luhmann. Opladen
Kurt, Ronald (1994): Soziologie ohne Subjekt ist sinnlos. in: Gebhard Rusch und Siegfried J. Schmidt (Hg.): Konstruktivismus und Sozialtheorie. Frankfurt/Main, S. 331-357.
Kurt, Ronald (1996): "...sons gehste demnächst den Tierpark fegen!" - Polizisten als Erzieher? Eine empirische Untersuchung über strukturelle Aspekte diversionsorientierter Polizeitätigkeit. in: Jo Reichertz und Norbert Schröer (Hg.): Qualitäten polizeilichen Handelns. Opladen, S. 182-233.
Lemert, Edwin M. (1951): Social Pathology. New York.
Marquard, Odo (1984): Frage nach der Frage, auf die die Hermeneutik die Antwort ist. in: ders.: Abschied vom Prinzipiellen. Stuttgart, S. 117-146.
Mead, George H. (1980): Die Definition des Psychischen (1903). in: ders.: Gesammelte Aufsätze, Bd. 1. Frankfurt/Main, S. 83-148.
Oevermann, Ulrich (1981): Fallrekonstruktion und Strukturgeneralisierung als Beitrag der objektiven Hermeneutik zur soziologisch-strukturtheoretischen Analyse. MS Frankfurt/ Main.
Oevermann, Ulrich (1986): Kontroversen über sinnverstehende Soziologie. Einige Probleme und Mißverständnisse in der Rezeption der 'objektiven Hermeneutik'. in: Stefan Aufenanger und Margrit Lenssen (Hg.): Handlung und Sinnstruktur. München, S. 19-83.
Oevermann, Ulrich (1991): Genetischer Strukturalismus und sozialwissenschaftliche Probleme der Erklärung der Entstehung des Neuen. in: Stefan Müller-Doohm (Hg.): Jenseits der Utopie. Frankfurt/Main, S. 267-338.
Oevermann Ulrich (1993): Die objektive Hermeneutik als unverzichtbare methodologische Grundlage für die Analyse von Subjektivität. Zugleich eine Kritik der Tiefenhermeneutik. in: Thomas Jung und Stefan Müller-Doohm (Hg.): 'Wirklichkeit' im Deutungsprozeß. Frankfurt/Main, S. 106-189.
Oevermann, Ulrich; Allert, Tilman; Konau, Elisabeth; Krambeck, Jürgen (1979): Die Methodologie einer 'objektiven Hermeneutik' und ihre allgemeine forschungslogische Bedeutung in den Sozialwissenschaften. in: Hans-Georg Soeffner (Hg.): Interpretative Verfahren in den Sozial- und Textwissenschaften. Stuttgart, S. 352-433.
Parsons, Talcott (1976): Zur Theorie sozialer Systeme. Opladen.
Plessner, Helmuth (1975): Die Stufen des Organischen und der Mensch. Berlin, New York.

Plessner, Helmuth (1979): Mit anderen Augen (1948). in: ders.: Zwischen Philosophie und Gesellschaft. Frankfurt/Main, S. 233-248.
Reichertz, Jo (1986): Probleme qualitativer Sozialforschung. Frankfurt/Main.
Reichertz, Jo (1988): Verstehende Soziologie ohne Subjekt? in: Kölner Zeitschrift für Soziologie und Sozialpsychologie, Jg. 40, Heft 2, S. 207-221.
Reichertz, Jo (1989): Hermeneutische Auslegung von Feldprotokollen? Verdrießliches über ein beliebtes Forschungsmittel. in: Reiner Aster; Hans Merkens und Michael Repp (Hg.): Teilnehmende Beobachtung. Frankfurt/Main, S. 84-102.
Reichertz, Jo (1991): Aufklärungsarbeit. Kriminalpolizisten und Feldforscher bei der Arbeit. Stuttgart.
Reichertz, Jo (1995): Die objektive Hermeneutik - Darstellung und Kritik. in: Eckard König und Peter Zedler (Hg.): Bilanz qualitativer Forschung, Bd. II: Methoden. Weinheim, S. 379-423.
Reichertz, Jo; Schröer, Norbert (1994): Erheben, Auswerten, Darstellen. Konturen einer hermeneutischen Wissenssoziologie. in: Norbert Schröer (Hg.): Interpretative Sozialforschung. Auf dem Wege zu einer hermeneutischen Wissenssoziologie. Opladen, S. 56-84.
Richards, John; von Glasersfeld, Ernst (1985): Die Kontrolle von Wahrnehmung und die Konstruktion von Realität. Erkenntnistheoretische Aspekte des Rückkoppelungs-Kontroll-Systems. in: Siegfried J. Schmidt (Hg.): Der Diskurs des Radikalen Konstruktivismus. Frankfurt/Main, S. 192-228.
Roth, Gerhard (1985). Die Selbstreferentialität des Gehirns und die Prinzipien der Gestaltwahrnehmung. in: Gestalt Theory, Jg. 7, Heft 4, S. 228-244.
Rusch, Gebhard (1987): Autopoiesis, Literatur, Wissenschaft. in: Siegfried J. Schmidt (Hg.): Der Diskurs des Radikalen Konstruktivismus. Frankfurt/Main, S. 374-400.
Sack, Fritz (1974): Neue Perspektiven in der Kriminologie. in: Rene König und Fritz Sack (Hg.): Kriminalsoziologie. Frankfurt/Main, S. 431-475.
Schmidt, Siegfried J. (1987): Der Radikale Konstruktivismus: ein neues Paradigma im interdisziplinären Diskurs. in: ders. (Hg.): Der Diskurs des Radikalen Konstruktivismus. Frankfurt/Main, S. 11-88.
Schröer, Norbert (1992): Der Kampf um Dominanz. Hermeneutische Fallanalyse einer polizeilichen Beschuldigtenvernehmung. Berlin, New York.
Schröer, Norbert (1992a). Strukturelle Aspekte diversionsorientierter Polizeitätigkeit im Rahmen des geltenden Straf- und Verfahrensrechts am Beispiel des Hammer-Modells. in: Jo Reichertz und Norbert Schröer (Hg.): Polizei vor Ort. Studien zur empirischen Polizeiforschung. Stuttgart, S. 109-132.
Schröer, Norbert (Hg.) (1994): Interpretative Sozialforschung. Auf dem Wege zu einer hermeneutischen Wissenssoziologie. Opladen.
Schütz, Alfred (1971): Zur Methodologie der Sozialwissenschaften. in: ders.: Gesammelte Aufsätze I. Den Haag, S. 3.112.
Schütz, Alfred (1972). Das Problem der Rationalität in der sozialen Welt. in: Gesammelte Werke II. Den Haag, S. 22-50.
Schütz, Alfred; Luckmann, Thomas (1979): Strukturen der Lebenswelt, Bd. 1. Frankfurt/Main.
Schütz, Alfred (1977): Parsons' Theorie sozialen Handelns. in: Alfred Schütz und Talcott Parsons. Zur Theorie sozialen Handelns, hg. v. Walter M. Sprondel. Frankfurt/Main.

Schütze, Fritz (1977): Die Technik des narrativen Interviews in Interaktionsfeldstudien. Uni Bielefeld.
Soeffner, Hans-Georg (1989): Auslegung des Alltags - Der Alltag der Auslegung. Frankfurt/Main.
Soeffner, Hans-Georg (1989a). Prämissen einer sozialwissenschaftlichen Hermeneutik. in: ders.: Auslegung des Alltags - Der Alltag der Auslegung. Frankfurt/Main, S. 66-97.
Soeffner, Hans-Georg; Hitzler, Ronald (1994): Hermeneutik als Haltung und Handlung. Über methodisch kontrolliertes Verstehen. in: Norbert Schröer (Hg.): Interpretative Sozialforschung. Auf dem Wege zu einer hermeneutischen Wissenssoziologie. Opladen, S. 28-55.
Ungeheuer, Gerold (1987): Vor-Urteile über Sprechen, Mitteilen, Verstehen. in: ders.: Kommunikationstheoretische Schriften I: Sprechen, Mitteilen, Verstehen, hg. v. J. Johann Juchem. Aachen, S. 290-338.
Willis, Paul (1979). Spaß am Widerstand. Gegenkultur in der Arbeiterschule, Frankfurt/Main.

Tilmann Sutter

Rekonstruktion und doppelte Kontingenz

Konstitutionstheoretische Überlegungen zu einer konstruktivistischen Hermeneutik [1]

1 Einleitung: Gegenstandsbezug und Geltungsbegründung hermeneutischer Rekonstruktion

Eine sozialwissenschaftliche Hermeneutik, die als rekonstruktive Methode auftritt, legt ein beträchtliches Vertrauen in die Erschließung der Gegenstände, mit denen sie befaßt ist. Ihrem eigenen Anspruch nach wirft sie den Gegenständen keine vorab gefertigte Theorie über, die den Zugang zu ihnen erst ermöglichen soll, sondern versucht umgekehrt, theoretisch folgenreiche Erkenntnisse aus den Gegenständen selbst zu gewinnen.[2] Begründung und Kritik methodischer Vorgehensweisen und gewonnener Forschungsergebnisse können deshalb letztlich immer nur fallbezogen entfaltet werden. Aus dieser Sichtweise könnte man eine positivistisch angelegte Korrespondenztheorie der Wahrheit herauslesen, die nach Art von Abbildtheorien die Gegenstände an sich zum Anhaltspunkt für die Möglichkeit objektiver Erkenntnis macht. Die Ablehnung dieser Vorstellung eint die verschiedenen Versionen des Konstruktivismus. Gegen den Realismus wird die selbstreferentielle Operationsweise von Erkenntnisprozessen zur Geltung gebracht. Damit wird der Anspruch einer Erkenntnis unhaltbar, die Sachhaltigkeit aus der Übereinstimmung mit einer äußeren Realität bezieht.[3] *Dieser* Realismus wird als Bezugsproblem erkenntnistheoretischer und methodologischer Reflexionen irrelevant. Das läßt sich an dem Verdacht ablesen, der (radikale) Konstruktivismus führe erkenntnistheoretisch letztlich in Solipsismus und Relativismus (vgl. dazu auch Bora in diesem Band). Dieser Verdacht verfehlt das eigentliche Problem des Konstruktivismus:

> "Tatsächlich steht der Realismus des Konstruktivismus auf sicheren Beinen, denn weder Jean Piaget noch Heinz von Foerster, weder Humberto

---

1 Für kritische Kommentare danke ich Alfons Bora, Michael Charlton, Heiko Hausendorf, Armin Nassehi, Wolfgang Ludwig Schneider und Uwe Weisenbacher.

2 vgl. z.B. Habermas 1983, S. 50; Oevermann 1983, S. 244ff.; hier liegt auch ein Schwerpunkt des Beitrags von Hausendorf in diesem Band.

3 vgl. u.a. von Glasersfeld 1987, S. 199; Maturana 1988, S. 832.

Maturana noch Ernst von Glasersfeld lassen den geringsten Zweifel daran, daß es sich um Konstruktionen real operierender Systeme handelt. (...) Die Frage ist dann nur: wie real operierende Systeme sich faktisch so weit gegen ihre Umwelt abschließen können, daß es ihnen möglich ist, sich nur an eigenen Konstruktionen zu orientieren und diese auf Grund dauernder Einwirkungen der Umwelt, die im System als Rauschen, als Zufall, als Irritation wahrgenommen werden, fortzuschreiben." (Luhmann 1990, S. 10)

Unter dieser Bedingung des Konstruktivismus steht nicht nur der Erwerb von Wissen und Erkenntnis, sondern auch eine methodologische Beobachtung sozialwissenschaftlicher Methoden.

Die Frage des Gegenstandsbezuges kann also auf der einen Seite nicht mehr an einem korrespondenztheoretisch vorgegebenen Realismus ausgerichtet, gleichwohl aber auch nicht beiseite gesetzt werden. Auf der anderen Seite sollte sie auch nicht vorschnell in die Erkenntnistheorie des Radikalen Konstruktivismus eingebunden werden, die auch für die Systemtheorie eine Orientierung liefert.[4] Zwar wird hier die Möglichkeit plausibel, wie erkennende Systeme ohne direkten Außenweltkontakt durch die Rekursivität systeminterner Operationen und laufend vorgenommene Konsistenzprüfungen konstante Schemata aufbauen, so daß die Autonomie des Systems die Organisation von Erkenntnis von bestimmten Umweltqualitäten unabhängig macht. Aber dies alles wird in der Fixierung auf einen schwachen erkenntnistheoretischen Gegner, den Realismus der Abbildtheorie, entfaltet, und mögliche Alternativen bleiben ungeprüft.[5] Auch

---

4 vgl. Luhmann 1990, S. 31ff.; Maturana/Varela 1987; Riegas/Vetter 1990; Schmidt 1987, 1992. Mit dieser Aussage sollen nicht die zum Teil beträchtlichen Unterschiede zwischen dem Radikalen und dem systemtheoretischen Konstruktivismus (die ich zusammenfassend als *r*adikalen Konstruktivismus bezeichne) eingeebnet werden. Die Benennung dieser Unterschiede wird dadurch erschwert, daß die verschiedenen Beiträge zum Radikalen Konstruktivismus nicht gerade als sehr konsistent erscheinen. So wird z.B. von einem Teil des Radikalen Konstruktivismus der Eindruck erweckt, bereits in der grundlegenden Frage der Realität systeminterner Operationen gebe es Differenzen unter den radikalen Konstruktivisten (vgl. dazu Nassehi 1992). Die oben wiedergegebene Einschätzung Luhmanns ist m.E. trotz solcher Irritationen zutreffend, weil diese in klareren Analysen Radikaler Konstruktivisten (vgl. etwa Roth 1987) nicht auftreten. Anders als der Diskurs des Radikalen Konstruktivismus kann die Systemtheorie aufgrund der Differenzierung von Beobachtungen erster und zweiter Ordnung, mit der die Konfundierung von "mundaner und methodologischer Perspektive" (Bora 1994, S. 282) vermieden wird, als konsequente und in sich stimmige Version des radikalen Konstruktivismus angesehen werden.

5 Ich kann dieses Problem hier nur andeuten: Ein wesentlich stärkerer Gegner wäre z.B. die strukturgenetische Erkenntnistheorie Jean Piagets, die in einer undifferenzierten und kurzschlüssigen Lesart vom Radikalen Konstruktivismus vereinnahmt wird (vgl. v.a. von Glasersfeld 1987, 1996). Der strukturgenetische Konstruktivismus versucht, ausgehend von der selbstreferentiellen Organisation der Erkenntnisprozesse die Ausbildung einer Gegenlage von Subjekten und Objekten zu rekonstruieren (vgl. Sutter 1992). Diese Strategie beugt sich nicht der schlichten Gegenüberstellung von Realismus und Konstruktivismus. Die Vermeidung dieser Gegenstellung bildet auch ein zentrales Motiv

der Konstruktivismus der Systemtheorie legt seine Gegner, die mit Subjekt-Objekt-Modellen arbeiten, undifferenziert auf einen ontologisierenden Realismus fest.[6] Der Konstruktivismus einer rekonstruktiv verfahrenden Hermeneutik bedarf vor diesem Hintergrund der Selbstaufklärung: Hat das Vertrauen der Methodologie rekonstruktiver Verfahren in die Erschließung der Gegenstände selbst noch Platz in einer Hermeneutik, die sich einer konstruktivistischen Erkenntnis- und Wahrheitstheorie öffnet? Die Frage des Gegenstandbezuges hängt nun auch im Licht konstruktivistischer Einsichten beileibe nicht völlig in der Luft, sondern unterliegt grundlegenden Einschränkungen. Die Soziologie ist mit sinnhaften Gegenständen befaßt. Sowohl diese Gegenstände selbst als auch der empirische Zugang zu ihnen müssen in eine kommunizierbare Form gebracht werden. Auch die härtesten Solipsisten müßten als Wissenschaftler konsequenterweise in Schweigen verfallen, wenn sie diese Voraussetzungen negieren wollten. Nun ist schon in mehreren Beiträgen dieses Bandes deutlich geworden, daß methodologische Reflexionen sehr schnell auf den Begriff der Kommunikation zusteuern. Ohne allzu weitgehende theoretische Festlegungen vornehmen zu müssen, können zwei Momente eines methodologisch anzusetzenden Begriffs der Kommunikation hervorgehoben werden: Erstens sind es immer Texte, in denen sinnhafte Gegenstände gefaßt werden. Gegenstände müssen in das Medium der sprachlichen Kommunikation überführt werden, damit ein wissenschaftlich überprüfbarer Zugang zu ihnen möglich ist. Zweitens muß unterstellt werden, daß sowohl die Gegenstände selbst als auch der wissenschaftliche Zugang zu ihnen regelgeleitet sind. Immer haben wir es also mit Texten zu tun, die durch regelgeleitete Sinnstrukturen organisiert sind, deren Rekonstruktion ebenfalls angebbaren Regeln folgt. Aus diesem Grunde könnte nun auch das Verfahren einer konstruktivistischen Hermeneutik durch seinen Gegenstandsbezug fundiert werden: In den Texten selbst lassen sich jene Regeln aufdecken, die ihren Sinn konstituieren.

---

der hermeneutischen Wissenssoziologie (vgl. den Beitrag von Reichertz in diesem Band). Berührungspunkte gibt es auch mit der von Uwe Weisenbacher (1993 und in diesem Band) vorgeschlagenen Methode der "offenen Rekonstruktion", die zum Ziel hat, die Vorzüge rekonstruktiver und differenztheoretischer Strategien zu verbinden.

6 vgl. Luhmann 1990, S. 78f. Auch hier kann auf die allseits dem Konstruktivismus zugeschlagene Erkenntnistheorie Piagets verwiesen werden, die ganz ausdrücklich mit Subjekt-Objekt-Beziehungen arbeitet, wobei Objekte nicht an sich gegeben oder sonstwie den Subjekten ontologisierend gegenübergestellt, sondern von Subjekten konstruktiv in Auseinandersetzung mit der Außenwelt entwickelt werden: vgl. Piaget 1985, S. 26f. Piaget (1983) läßt übrigens mit guten Gründen empirische Subjekte aus der Organisation selbstreferentiell operierender Systeme hervorgehen. In diesem Zusammenhang möchte ich darauf hinweisen, daß mir die systemtheoretische Verabschiedung des *philosophischen* Subjekts, die nicht einfach auf Theorien *empirischer* Subjekte ausgedehnt werden kann, zu kurz greift, um eine grundbegriffliche Wahl zwischen System oder Subjekt zu rechtfertigen. Ich werde deshalb im folgenden auch beide Begriffe verwenden, nicht als Synonyme, sondern in dem genannten Sinne ihrer Abfolge in der Ontogenese.

Während die Behauptung, Hermeneutik habe es stets mit Texten zu tun, als unproblematisch gelten dürfte, trifft dies für die Behauptung der Regelgeleitetheit sozialwissenschaftlicher Gegenstände nicht zu, denn sie setzt die Explikation der Regeln sprachlicher Kommunikation als Fluchtpunkt sowohl der objekttheoretischen Annahmen über die Beschaffenheit der Gegenstände als auch der methodologischen Reflexionen. Widerstände weckt diese Behauptung vor allem aus dem Grunde, weil der Begriff der Regel oft mit einem sozialtheoretischen Determinismus konnotiert ist: Regelgeleitetheit, so könnte man einwenden, läßt keinen Raum für Unbestimmtes, Unvorhergesehenes, Zufälliges. Wer im Besitz der Regeln ist, für den gibt es nichts mehr zu entdecken, der gewinnt zirkulär die Regeln der Methode aus den Regeln, die den Gegenständen selbst unterlegt werden. Diesen Verdacht erwecken insbesondere jene Versionen einer sozialwissenschaftlichen Hermeneutik, die rekonstruktiv die gegenstandskonstituierenden Regeln aufdecken wollen und deren Geltung wiederum für die Richtigkeit des methodischen Verfahrens in Anspruch nehmen. Wenn die Gegenstände der Frage der Regelgeltung subsumiert werden, kann zwischen rekonstruktivem Zugang zur Sache und deren Subsumtion unter die Regeln dieses Zugangs nicht mehr unterschieden werden. Ansprüche der Objektivität und Wahrheit von Rekonstruktionen werden mit dieser Zirkularität erkauft, und sie verfallen, wenn man sie durchbricht. Eine konstruktivistische Hermeneutik auf geltungstheoretischer Grundlage wird also in absehbare Schwierigkeiten kommen.

Diese Schwierigkeiten lassen sich, wie ich in der Einleitung zu diesem Band deutlich zu machen versuchte, am Problem der Objektivität des Verstehens aufzeigen, wie es bei Jürgen Habermas unter dem methodologischen Prinzip der Teilnahmepriorität erscheint. Die methodologische Klärung einer rekonstruktiv verfahrenden Hermeneutik im Modell einer an Verständigung ausgerichteten, selbsttragenden Geltungsbegründung bleibt unbefriedigend. Mehr noch, sie widerspricht einer rekonstruktionslogisch ausgerichteten Methodologie: Der von dieser Methodologie erhobene Anspruch der Sachhaltigkeit muß strikt fallbezogen verstanden werden, denn Methoden bewähren sich nicht erst in ihrer Reflexion, sondern zuvor in der konkreten Aufschließung von Fällen. Die weitestgehende Einklammerung theoretischer Vorannahmen unterscheidet rekonstruktions- von subsumtionslogischen Vorgehensweisen (vgl. dazu Bora u.a. 1991).[7]

Wie ebenfalls in der Einleitung erwähnt hat Habermas eine rekonstruktionslogische Alternative zu einer selbsttragenden methodologischen Geltungsbegründung angedeutet, aber nicht weiter verfolgt, nämlich den Wechsel der Perspektive von der Frage der Regelgeltung zur Frage des Erwerbs, methodisch gesprochen: der Re-Konstruktion von Regeln. In diesen Erwerbsprozessen werden Regeln *konstituiert*, d.h. reproduziert und transformiert. Der Hermeneut ist dann nicht schon im Besitz jener Regeln, die dem Gegenstand unterliegen und die er in Form gemeinsamer Rationalitätsvoraussetzungen mit diesem teilt,

7 Was nicht heißt, daß alle als Rekonstruktion auftretende Verfahren auf diesen Anspruch zugeschnitten sind, wofür Habermas nur ein Beispiel unter anderen darstellt.

sondern er muß diese erst erschließen. Er befindet sich prinzipiell in keiner anderen Lage als nachwachsende Gesellschaftsmitglieder, die neue, unbekannte Regeln erst erwerben müssen, um ihre innere Organisation und ihre Außenwelt auszubilden.[8] Damit werden *Prozesse der Gegenstandskonstitution*, in unserem Fall ist dies der Bereich der *Sozialisation*, zum Modell, in dem die Frage des Gegenstandsbezuges einer konstruktivistischen Hermeneutik geklärt werden könnte: Diese These steht im Mittelpunkt der folgenden Überlegungen. Auch in diesem Modell lassen sich Brücken zwischen einer rekonstruktiv verfahrenden Hermeneutik und der Systemtheorie schlagen, die sich allerdings nicht auf eine ausgearbeitete Systemtheorie der Sozialisation stützen können.

Der Versuch, Probleme einer konstruktivistischen Hermeneutik im Modell der Sozialisation zu rekonstruieren, läßt sich vor allem an die objektive Hermeneutik Ulrich Oevermanns anschließen, und zwar in dreifacher Weise: Erstens wurde gerade diese Methodologie im Zuge sozialisationstheoretischer Untersuchungen entwickelt, in denen die Bildung von Subjektstrukturen in Prozessen sozialer Interaktion rekonstruiert werden sollten (vgl. Oevermann u.a. 1976, 1979). Dabei lag es nahe, die entwicklungstheoretische Frage, wie Subjekte Neues lernen, und die Frage, wie hermeneutische Rekonstruktionen von Bildungsprozessen zu neuen, sachhaltigen Erkenntnissen führen können, zusammenzubinden. Die Rekonstruktion von Sozialisationsprozessen liefert zugleich eine Aufklärung jener Prozesse, mit denen methodisch kontrolliert Neues erschlossen wird. Beide, das sich bildende Subjekt und der Sozialwissenschaftler, stehen vor dem gleichen Problem und müssen die gleichen Mittel finden, es zu lösen.[9]

Diese Überlegungen stellen zweitens den Begriff der Regel und das Problem des Erwerbs von Regelkompetenz in den Mittelpunkt. Menschliche Handlungen und Erkenntnisprozesse sind regelgeleitet. Wenn man subjektive Bildungsprozesse rekonstruiert, deckt man die Regeln auf, die sie organisieren. Wenn man methodologisch über die Verfahrensweise einer hermeneutischen Methode reflektiert, versucht man die Regeln zu explizieren, denen das Verfahren folgt. Drittens verbindet die objektive Hermeneutik Oevermanns diese Sichtweise mit einer deterministischen, von allgemeinen Regeln ausgehenden Sozialtheorie, wobei sie sich allerdings gegen vereinfachende Handlungs- und Bewußtseinstheorien wendet. Sie geht vielmehr von einer eigenständig zu konzipierenden Sozialität aus, die als sich selbst reproduzierender Zusammenhang von Strukturen zur zentralen soziologischen Erklärungsgrundlage wird. Zudem wahrt sie methodologisch eine explizite Distanz zur traditionellen Hermeneutik, ohne

---

8 Die Frage, wie aus etwas Bestehendem etwas Neues entsteht, bildet das grundlegende Bezugsproblem jeder Konstitutionstheorie. Methodologisch gewendet lautet die Frage, wie es möglich ist, methodisch kontrolliert zu neuen, unerwarteten Resultaten zu kommen.

9 Dies gilt auch für eine systemtheoretisch informierte Methode der Rekonstruktion, wobei diese Mittel freilich nach Beobachtungen erster und zweiter Ordnung zu differenzieren sind (vgl. Bora 1994, S. 298).

aber den Fokus auf das Paradigma sprachlicher Verständigung als sozialtheoretische und methodologische Grundlage aufzugeben.

Im Hinblick auf eine konstruktivistische Hermeneutik bietet die objektive Hermeneutik deshalb ein ambivalentes Bild: Einerseits schöpft sie aus einer deterministischen *Sozialtheorie*, die im Rückgriff auf der menschlichen Geschichte und Ontogenese vorausliegenden, allgemein gültigen Regeln allen Versuchen konstruktivistischer Relativierungen Paroli bietet. Andererseits bietet die sozialisationstheoretisch begründete *Methodologie* der objektiven Hermeneutik vielfältige Anknüpfungspunkte zur radikal-konstruktivistisch angelegten Systemtheorie Luhmanns. Ich will nun versuchen, ausgehend von der Rekonstruktion dieser Ambivalenz aus sozialisationstheoretischer Sicht einige Probleme einer konstruktivistischen Hermeneutik zu beleuchten. Zunächst wird es nötig sein, die Kritik einer geltungstheoretischen Methodologie darzulegen. Eine solche Strategie bezeichne ich als Regelontologie, die in der rationalen Rekonstruktion Habermas' in einer "weichen" und in der objektiven Hermeneutik Oevermanns in einer "harten" Version vorliegt. Die Kritik dieser Strategie betrifft die Art und Weise, wie die objekttheoretische Annahme der Regelgeleitetheit sozialwissenschaftlicher Gegenstände als methodologische Grundlage eingeführt wird. Diese Grundlage fungiert als eine Geltungsbegründung rekonstruktiver Verfahrensweisen, wodurch die methodologische Reflexion in eine unaufgelöste Ambivalenz von deterministischer Sozialtheorie und konstruktivistischer Methode geführt wird. Analytisch präzise wird diese Kritik allerdings erst dann, wenn sie sich selbst von dieser Ambivalenz freimacht, indem sie im Sinne einer rekonstruktionslogischen Sichtweise objekttheoretische und methodologische Annahmen strikt auseinanderhält (2). Löst man in dieser Weise das Problem selbsttragender, objekttheoretisch motivierter methodologischer Geltungsbegründungen auf, kommt die rekonstruktionslogische Alternative in den Blick. Sie stellt die Frage in den Mittelpunkt, von welchen notwendigen Vorgaben eine rekonstruktive Verfahrensweise ausgehen muß. Diese Vorgaben lassen sich im Modell der Sozialisation rekonstruieren. Diese Alternative wurde trotz der kritisierten objekttheoretischen Schwierigkeiten von der objektiven Hermeneutik vorgezeichnet und soll nun in systemtheoretischen Begriffen weitergeführt werden. Dabei kann, trotz des Defizits einer ausgearbeiteten Systemtheorie der Sozialisation, auf Überschneidungen von Systemtheorie und der Theorie der sozialisatorischen Interaktion, die den sozialisationstheoretischen Hintergrund der objektiven Hermeneutik bildet, zurückgegriffen werden. Im Unterschied zu den anderen Versuchen in diesem Band, Hermeneutik und Systemtheorie zu verknüpfen, rückt aus dieser Sicht das Problem der doppelten Kontingenz in den Mittelpunkt (3). Der gewählten rekonstruktionslogischen Strategie folgend darf das Problem der doppelten Kontingenz jedoch nicht als weitere, die kritisierte Regelontologie beerbende objekttheoretische Setzung eingeführt, sondern muß konstitutionstheoretisch überprüft werden. Dabei stößt man auf die Vorgabe des Mediums Sinn, das als Voraussetzung der Bildung sozialer und psychischer Systeme fungiert, ohne daß seine Entstehung rekonstruiert wird. Hier könnte das Potential empirischer Subjekttheorien, das in der Systemtheorie nicht hinreichend berücksichtig wird, zu Klärungen verhelfen (4). Trotz dieses Defizits läßt die Ausrichtung einer konstruktivistischen Hermeneutik am Problem der doppelten Kontingenz erkennen, warum mit den traditionellen Ansprüchen intersubjektiven Verstehens nicht mehr gearbeitet werden kann und welche Verstehensleistungen realistischerweise zu erwarten sind (5). Diese Leistungen resultieren aus methodisch kontrollierten Lösungen des Problems der doppelten Kontingenz, wobei sich deterministische sozialtheoretische Annahmen wie die kritisierte Regelontologie als verzichtbar erweisen. Dies soll auf der Ebene des methodischen Vorgehens stichwortartig verdeutlicht werden (6). Dabei stößt man auf ein Problem, das aus konstruktivistischer Sicht schwer lösbar erscheint: Wenn die Fallanalyse auf eine Neuerung trifft, wie kann dann zwischen Strukturtransformation und eventuellen Defiziten der Strukturrekonstruktion unterschieden werden? Unter dieser Fragestellung wird abschließend das Problem des Verhältnisses von Zirkularität und Rekonstruktionslogik in einer konstruktivistischen Hermeneutik erörtert (7).

2 Kritik einer regelontologischen Geltungsbegründung der Hermeneutik

Eine rekonstruktiv verfahrende Hermeneutik versucht, sinnstrukturierte Gegenstände zu verstehen, indem sie deren Entstehung nachkonstruiert. Die methodologische Reflexion dieses Verfahrens stellt die Frage in den Mittelpunkt, welche Vorgaben dabei notwendig gemacht werden müssen. Um ein genaues Verständnis dieser Fragestellung zu erhalten, ist es notwendig, ihren objekttheoretischen und ihren methodologischen Aspekt strikt auseinanderzuhalten.[10] Nehmen wir zunächst die objekttheoretischen Annahmen in den Blick: Hier fällt eine auf Sprache zentrierte Perspektive auf. Die objektive Hermeneutik steht für eine sprachtheoretisch fundierte Soziologie, die Prozesse sinnhaften Handelns untersucht, in denen die Subjekte sich selbst und die Welt in symbolischen Formen aufbauen. Diesem Konstitutionsprozeß soll Sprache als ein "System von Regeln und Elementen der Symbolisierung" immer schon zugrunde liegen (vgl. Oevermann 1986, S. 46). Handlungen können deshalb sinn- und bedeutungsvoll sein, weil eine sprachliche Bedeutungsfunktion bereits vorliegt, durch die Sinngehalte erst konstituiert werden. Zwar können auch außersprachliche Ausdrucksformen (z.B. nicht kommunizierbare leibgebundene Erfahrungen) sinnhaft organisiert sein, aber nur,

10 vgl. zu Teilen des folgenden Argumentationsganges auch Sutter/Weisenbacher 1993. Die angesprochene Unterscheidung läßt sich besonders gut an dem Verhältnis der hermeneutischen Wissenssoziologie zur objektiven Hermeneutik beobachten: Die strukturtheoretischen Differenzen zwischen den beiden Positionen haben kaum forschungspraktische Abgrenzungen zur Folge (vgl. die Beiträge von Reichertz und Schröer in diesem Band; ganz explizit: Schröer 1994, S. 13). Das führt zu der Frage, warum die strukturtheoretischen Differenzen methodisch weitgehend folgenlos bleiben und welchen Status diese Differenzen in der methodologischen Diskussion haben.

> "...weil die sinnstrukturierte Handlung als solche durch Sprache, eben als Sprechhandlung grundsätzlich eingerichtet ist, so daß das, was sie realisieren, als Struktur außerhalb ihrer selbst schon immer vorliegt. Sie selbst als außersprachliche Ausdrucksmaterialitäten vermöchten diese sinnstrukturierten Handlungen nicht zu konstituieren." (ebda.).

So wird eine konstitutionslogische Vorrangstellung der Sprache behauptet, und das grundlegende Merkmal von Sinngehalten liegt in ihrer kommunikativen Verfassung. Damit ist zugleich begründet, warum eine Rekonstruktion von Sinnstrukturen sich niemals nur auf individuelle Einzelhandlungen, sondern immer nur auf Interaktionszusammenhänge richten kann.

Mit der konstitutionslogischen Vorrangstellung der Sprache läßt sich nun die allgemeine methodologische Annahme begründen, die soziale Wirklichkeit sei stets textförmig verfaßt.

> "Als Soziologen vermögen wir die prinzipiell autonomiefähige Lebenspraxis immer nur in ihren textförmigen Ausdrucksgestalten zu erfassen. Der direkte Zugriff auf die einzig außerhalb der Textförmigkeit liegende Schicht sozialer Wirklichkeit, die Unmittelbarkeit der Erfahrung der Lebenspraxis ihrer selbst unter der Bedingung der Krise, ist uns wissenschaftlich nicht möglich. Wir sind methodisch auf die Vermittlung durch die Textförmigkeit notwendig angewiesen." (ebda., S. 49)

Hier liegt ein deutlicher Hinweis darauf vor, daß objekttheoretische und methodologische Aspekte der These der Textförmigkeit sozialer Wirklichkeit zu unterscheiden sind, wie immer man auch die Grenzen der Textförmigkeit im Gegenstandsbereich markiert. Mag der genaue objekttheoretische Sinn dieser These auch umstritten sein, als methodologische Annahme ist sie zwingend.

Die Theorie kommunikativen Handelns geht ebenfalls von einer konstitutionslogischen Vorrangstellung der Sprache aus, plaziert dabei aber ihre Annahmen vorsichtiger und hypothetischer als die objektive Hermeneutik.[11] Die sprachlich hergestellte Verständigung fundiert den Objektbereich der Soziologie und wird damit auch zum zentralen methodologischen Problem. Das sinnstrukturierte Geschehen kann im Modell der Regeln intersubjektiver Koordinationsprozesse analysiert werden. Mit diesen Regeln werden die in sozialen Handlungen implizit vorliegenden Rationalitätsvoraussetzungen sichtbar. Diese Voraussetzungen ermöglichen auch den methodisch kontrollierten Zugriff auf die soziale Wirklichkeit. In der rationalen Rekonstruktion werden soziale Handlungen verstehbar, insofern die Interpreten aus einer performativen Teilnehmerrolle heraus eine mit den Gegenständen gemeinsam geteilte Beurteilungsbasis voraussetzen können (vgl. Habermas 1981, Bd. I, S. 154). Diese grundlegende methodologische Annahme muß strikt diskurstheoretisch verstanden werden: Da die Unterstellung einer gemeinsam geteilten

11 Da ich diese Zusammenhänge mit den entsprechenden Belegen schon in der Einleitung erörtert habe, kann ich mich dazu im folgenden kurz fassen.

Beurteilungsbasis immer nur diskursiv überprüft werden kann (und immer wieder neu überprüft werden muß), kann sie nur hypothetisch behauptet werden. Gleiches gilt für die Objekttheorie: Mit den Bedingungen gelingender Verständigung beschreibt die Diskurstheorie jene universellen Regeln, die weder in sozialwissenschaftlichen Interpretationen noch in der alltäglichen Lebenspraxis hintergehbar sind. Diese Regeln organisieren die Handlungskoordinationen, in denen Sinnstrukturen entstehen. Die diskurstheoretische Behauptung dieser Regeln kann sich weiteren wissenschaftlichen Diskursen nicht entziehen, ohne sich selbst ad absurdum zu führen. Das diskurstheoretische Postulat selbst nicht mehr kritisierbarer Regeln, an denen sowohl objekttheoretische als auch methodologische Annahmen festgemacht werden, bleibt eine unsichere, in weiteren Verhandlungen zur Disposition stehende These. Deshalb kann man hier von einer weichen Version der Regelontologie sprechen, also der hypothetischen Behauptung eines Bestandes von Regeln, denen eine vorkritische Geltung zugeschrieben wird.

Gegen diesen diskurstheoretischen Schwebezustand der Regelontologie setzt die objektive Hermeneutik eine harte Version, die von klaren Existenzbehauptungen ausgeht. Die These der Textförmigkeit der sozialen Wirklichkeit setzt die regelgeleitete Konstitution sinnhafter Gegenstände und die Regeln wiederum setzen eine objektiv gegebene, strukturierte Sozialität voraus. Diese bildet als zweckfrei vollzogene, wechselseitige Reziprozität "...die Fundierungsschicht, in der alle Lebensäußerungen einer Gattung letztlich verankert sind und strukturiert werden." (Oevermann 1986, S. 56) Sowohl die Konstitution als auch die Rekonstruktion sozialwissenschaftlicher Gegenstände können deshalb auf die Geltung universeller Regeln zurückgeführt werden, die allen lebensweltlichen Kontexten und jeder Praxis vorgeordnet und aus diesem Grund bezüglich ihrer Geltung auch nicht kritisierbar sind. "Das trifft wahrscheinlich auf die universalgrammatischen Regeln, auf die Regeln des logischen Schließens und auf die konstituierenden Prinzipien der Moral ... und schließlich auf die Regel der Reziprozität der Sozialität zu." (Oevermann 1991, S. 284) Die universellen Regeln der Sozialität werden dem Entstehungsprozeß der menschlichen Kulturgeschichte entzogen, sie liegen dieser voraus und ermöglichen sie erst. Zwar muß, wie dies die rationale Rekonstruktion ebenfalls beansprucht, die Geltung auch der allgemeinsten Regeln in konkreten Fallanalysen rekonstruktiv nachgewiesen werden. Denn die Regeln realisieren sich nur in konkreten Fällen, also in jeweils vorliegenden Texten, und sind auch nur dort methodisch zugänglich. Doch ihre Geltung kann dadurch nicht widerlegt werden, da sie sich nicht nur in den Fällen realisieren, sondern diesen ebenso wie auch der rekonstruktiven Methode selbst konstitutiv zugrunde liegen sollen.

An dieser Stelle muß, um Mißverständnisse zu vermeiden, der Status der vorgebrachten Kritik genauer bestimmt werden. *Methodologisch* gesehen besagt sie nicht, daß auf die Behauptung universeller Regeln überhaupt verzichtet werden muß, denn diese Behauptung ist ja besonders leicht zu falsifizieren und dadurch zu kontrollieren: Eine Regel, die zu kritisieren ist, ohne ihre Geltung dabei voraussetzen zu müssen, kann mit diesem Universalitätsanspruch nicht mehr verknüpft werden.[12] Worauf es mir ankommt ist jedoch folgendes: Wie kann etwa die grundlegende Regel der Reziprozität der Sozialität geprüft werden, wenn wir aus methodisch und methodologisch zwingenden Gründen von einer textförmig beschriebenen, im Modell sprachlicher Kommunikation gefaßten Wirklichkeit ausgehen? Möglich ist dies nur, wenn wir aus konstitutionstheoretischer Sicht diese Annahme in Klammern setzen, was freilich nur in bestimmten Fällen direkt von Relevanz ist. Der aussagekräftige Fall ist hier der Übergang von der Natur zur Kultur, wie er von allen Menschen in der frühen Ontogenese vollzogen wird. Dieser Übergang läßt sich *konstitutionstheoretisch* nicht über die Unterstellung der vorausliegenden Geltung allgemeiner Regeln, sondern die Prozesse des Erwerbs dieser Regeln einsichtig machen. Hier weist die Sozialtheorie der objektiven Hermeneutik eine Leerstelle auf (vgl. Sutter/Weisenbacher 1993). Für das *methodische Verfahren* der objektiven Hermeneutik wäre vor diesem Hintergrund nach einem Regelbegriff zu suchen, der sparsamer angesetzt und dennoch für das konkrete Verfahren tauglich ist.

Mit dem Begriff der Regelontologie wird also ein Argumentationsgang bezeichnet, der in zwei Versionen vorliegt: Die Nichtkritisierbarkeit der universellen Regeln erscheint in der Diskurstheorie als eine verhandelbare These, während die objektive Hermeneutik Oevermanns sie als einen allen sinnhaften Gegenständen zugrunde liegenden, objektiven Sachverhalt behauptet. In beiden Versionen erscheint die Genese der behaupteten universellen Regeln der Sozialität als nicht weiter rekonstruierbar.[13] Die vorliegende Zirkularität, darauf ist nun besonders hinzuweisen, fungiert nur in einer *deterministischen Sozialtheorie* als *notwendige* Vorannahme, die unter dem Vorrang der Sprache die Entstehung sinnhafter Gegenstände identitätslogisch auf eine schon hergestellte Sozialität beziehen muß. Dann muß auch das hermeneutische Vorgehen den Anschein erwecken, es könne den Erklärungsansprüchen der dahinter stehenden deterministischen Sozialtheorie gerecht werden. Eben dies hat der objektiven Hermeneutik erheblichen Kredit gekostet, unnötig viel Kredit. Denn immerhin wäre zu fragen, und darauf macht ja das Potential der Brückenschläge zwischen Hermeneutik und Systemtheorie aufmerksam, ob das rekonstruktive Verfahren einer konstruktivistischen Hermeneutik nicht ohne den objekttheoretisch begründeten blinden Fleck auskommt, der durch die voraussetzungsvolle Zirkularität vorkritisch geltender Regeln gebildet wird.

Diese Frage, darauf ist nachdrücklich hinzuweisen, zielt nicht darauf ab, Zirkularität überhaupt aufzuheben: Irgendwie muß ein Anfang gemacht werden,

12 Diese Verdeutlichung geht auf einen Hinweis von Wolfgang L. Schneider zurück.

13 Reichertz (1988) hat dies als eine "Metaphysik der Strukturen" bezeichnet und damit - wie schon erwähnt - der hermeneutischen Wissenssoziologie wesentliche Impulse für eine Abgrenzung von der objektiven Hermeneutik geliefert (vgl. die Beiträge von Reichertz und Schröer in diesem Band). Es scheint mir aber nicht sinnvoll, den Ort der Genese von Strukturen wiederum in der Dimension des subjektiven Sinns von Handlungen zu lokalisieren und damit in Probleme zu geraten, an deren Beseitigung die objektive Hermeneutik im Kontext einer Theorie der sozialen Konstitution von Subjektstrukturen maßgeblich mitgewirkt hat.

objekttheoretisch ebenso wie im methodischen Vorgehen, und dabei kommt man nicht ohne Vorgaben aus. Zur Debatte stehen also die Notwendigkeit und Verzichtbarkeit von Vorgaben und hier bietet eine konstruktivistische Theorieanlage erkenntnistheoretische Vorteile, die in der methodologischen Reflexion nutzbar gemacht werden können. Das läßt sich gut an der weichen, diskurstheoretischen Version der Regelontologie illustrieren. Beachtenswerterweise hat Habermas versucht, die Diskurstheorie konsequent auf sich selbst anzuwenden und dadurch ihren blinden Fleck kenntlich zu machen: Er liegt in dem Problem, daß die Diskurstheorie ihre eigene Wahrheit und Richtigkeit nicht überprüfen kann, solange sie selbst die Kriterien der Wahrheit und Richtigkeit enthält (vgl. Habermas 1985, S. 229). Dieses Problem wird in der konstruktivistischen Theorie der Beobachtung aufgegriffen, indem auf die Zeitgebundenheit wissenschaftlicher Beobachtungen hingewiesen wird. Theorien sind Beobachtungen zweiter Ordnung, die sich auf Gegenstände, Ereignisse, andere Theorien usw. richten können. Eine Theorie kann zwar sehen, was ein von ihr beobachteter Beobachter nicht sehen kann, sie kann aber nicht zugleich sehen, wie sie beobachtet. Deshalb ist ein blinder Fleck konstitutiv auch für die abstrakteste Beobachtung. Beobachtungen vollziehen sich immer mit dem Rücken zur Zukunft und erst nach einiger Zeit können sie sich selbst beobachten. Beobachtungen benötigen also immer Eigenzeit und führen deshalb nie zu einem zeitenthobenen Wissen (vgl. Luhmann 1990, S. 68ff.). Diese Unsicherheit ist konstitutiv für Beobachtungen.

An diese Einsicht anschließend läßt sich die Ambivalenz der objektiven Hermeneutik noch einmal schärfer konturieren: Auf der einen Seite trägt ihre auf die Existenz universeller Regeln gestützte deterministische Sozialtheorie dem Umstand der Zeitgebundenheit des Sinngeschehens explizit keine Rechnung. Latente Sinnstrukturen, die sich in vorliegenden Texten aufzeigen lassen, sollen nämlich eine zeitenthobene Existenz führen. "Latente Sinnstrukturen haben zeitlich gesehen die paradoxe Form der andauernden Gegenwart, sie haben keine Vergangenheit und keine Zukunft." (Oevermann 1993, S. 121) Zwar bleiben latente Sinnstrukturen an die Vergänglichkeit der materialen Bedeutungsträger gebunden, in denen sie aufbewahrt werden. Doch sobald ein Text bzw. ein Protokoll vorliegt, existiert auch eine latente Sinnstruktur unabhängig von zeitgebundenen konkreten Rezeptionen und Rekonstruktionen. In dieser Weise wird theoretisch eine eigenständige, zeitlose Realitätsebene begründet (vgl. ebda. S. 126). Auf der anderen Seite bleiben Rekonstruktionen der latenten Sinnstrukturen an die Zeit gebunden, auch wenn der vielfach belächelte Zeitaufwand objektiv-hermeneutischer Fallanalysen diese Beschränkung zurückdrängen soll. Dieser Zeitaufwand ergibt sich vor allem aus der Einklammerung von Vorwissen, dessen Verwendung die Fallanalyse zwar beschleunigen, aber das Ergebnis unsicherer machen würde. Trotz aller Vorkehrungen kann die Gültigkeit von Fallrekonstruktionen nie ein für allemal verbindlich sein, sondern nur bis zu dem Zeitpunkt neuer, begründeter Zweifel. Damit wird grundsätzlich die konstruktivistische Einsicht in die Zeitgebundenheit wissenschaftlicher Erkenntnis konzediert, aber gleichzeitig der Determinismus eines "methodologischen Realismus" (vgl. ebda., S. 118) mit der theoretischen Herleitung des Konzepts latenter Sinnstrukturen aufrechterhalten. Diese Herleitung soll das Vertrauen rechtfertigen, daß Dissens über die Gültigkeit von Rekonstruktionen stets verbindlich aufgelöst werden kann (vgl. ebda., S. 127). Dieser Determinismus kann an das erkenntnistheoretische und methodologische Problembewußtsein konstruktivistischer Theorien nicht angeschlossen werden: Er erweist sich ebenso wie der erkenntnistheoretische Realismus als irrelevant. Die Bedingung der Möglichkeit, Sinnstrukturen zu rekonstruieren, liegt nicht in selbst nicht mehr überprüfbaren Behauptungen zeitenthobener Regeln und Strukturen, sondern in der selbstreferentiellen Organisation sinnhafter Prozesse, die an konkreten Fällen rekonstruiert werden kann. Als Methode hat die objektive Hermeneutik diese Einsicht beispielhaft umgesetzt (vgl. Schneider 1995). Die Diskussion der objektiven Hermeneutik kann deshalb vom Ballast eines sozialtheoretischen Determinismus befreit werden, weil sie diesen weder objekttheoretisch noch methodisch benötigt. Verzichtet man auf diesen Determinismus, muß man die Konsequenz ziehen, daß sich das Problem der notwendigen Vorgaben hermeneutischer Rekonstruktionen nicht ein für allemal klären läßt. In diesem Punkt scheint mir die weiche, diskurstheoretische Version der Regelontologie aufgeklärter zu sein als die harte Variante. Und die Probleme der weichen Version wiederum können an eine konstruktivistische Theorieanlage angeschlossen und dort bearbeitet werden.

Gerade wenn man davon ausgeht, daß ein zirkulär begründeter sozialtheoretischer Determinismus verzichtbar ist, offenbart der sozialtheoretische Kontext der objektiven Hermeneutik, wie verschiedentlich gezeigt wurde, vielfältige Anschlüsse an eine soziologische Differenztheorie. Zwar werden diese Anschlüsse vor allem in den neueren Arbeiten Oevermanns zunehmend erkennbar (vgl. Bora in diesem Band). Aber auch die früheren, sozialisationstheoretischen Konzepte Oevermanns enthalten diese Anschlußmöglichkeiten, weil sie auf die Notwendigkeit einer eigenständigen Konzeptualisierung der Sozialität ausgerichtet sind. Gerade im Bereich der Sozialisationstheorie läßt sich der zunehmend dominante Tenor der Brückenschläge stärken, daß sich die Theorie sozialer Systeme und die objektive Hermeneutik, bei allen bestehenden grundlegenden Unterschieden, wechselseitig ergänzen können. Zugleich wird dabei das Problem einer auf die Frage geltender Regeln zugeschnittenen Verbindung von Objekttheorie und Methodologie aufgelöst, weil ihm kein zentraler Stellenwert mehr zukommt.

3 Doppelte Kontingenz als Ausgangslage einer konstruktivistischen Hermeneutik

Im folgenden greife ich die rekonstruktionslogische Alternative zu einer selbsttragenden methodologischen Geltungsbegründung auf, die von der objektiven Hermeneutik auf einer Seite der oben beschriebenen Ambivalenz vorgezeichnet wurde. Diese Alternative versucht, den methodischen Prozeß der

Strukturrekonstruktion aus der Sicht einer Theorie der Bildung sozialer und psychischer Strukturen methodologisch zu reflektieren. Hier kommt vor allem die Frage der notwendigen Vorgaben der Rekonstruktion als Kriterium für die Leistungsfähigkeit des methodischen Vorgehens in den Blick. Diese methodologische Strategie soll nun im Kontext einer systemtheoretischen Begrifflichkeit weitergeführt werden.[14] Den sozialisationstheoretischen Kontext der objektiven Hermeneutik bildet die Theorie der sozialisatorischen Interaktion, die in sozialen Beziehungen ein wichtiges Antriebsmoment der Subjektentwicklung sieht.[15] Sie bildet eine wichtige objekttheoretische Grundlage der objektiven Hermeneutik und wird als diese Grundlage im folgenden erörtert werden. Eine gemeinsame Basis im Bereich der Sozialisationstheorie finden die Systemtheorie und die Theorie der sozialisatorischen Interaktion in der Kritik bewußtseins- und handlungstheoretischer Verkürzungen (vgl. Luhmann 1984, S. 53f.; Oevermann 1979). Die Ausbildung der psychischen Organisation findet im Kontext einer eigenständig zu konzipierenden Sozialität statt. Dieser Gedanke wird in einer Weise entfaltet, die grundlegende Annahmen einer konstruktivistischen Hermeneutik in den Mittelpunkt rückt: Sinn als Grundbegriff sozialwissenschaftlicher Analysen, Textförmigkeit und Sequentialität des Sinngeschehens sowie doppelte Kontingenz als Bedingung der Systembildung. Im sozialisationstheoretischen Zugang auf methodologische Probleme der Rekonstruktion tritt, wie weiter unten deutlich wird, das Problem der doppelten Kontingenz in den Vordergrund.

Traditionellerweise sieht die Sozialisationstheorie die Menschen innerhalb des gesellschaftlichen Gefüges, in das sie einsozialisiert werden. Dagegen bilden der Systemtheorie zufolge psychische und soziale Systeme füreinander Umwelten, so daß Sozialisationsprozesse immer in System-Umwelt-Relationen begriffen werden müssen (vgl. Gilgenmann 1986). Diese Relationen werden durch Sinn ermöglicht, über den sowohl psychische als auch soziale Systeme strukturiert sind. Das bedeutet, daß soziale Systeme als Kommunikationssysteme und psychische Systeme als Bewußtseinssysteme in der Form von Sinn jeweils ihre eigene Autopoiese vollziehen (vgl. Luhmann 1988). In der Bestimmung von Sinn als Grundbegriff der soziologischen Analyse liegen die Theorie der sozialisatorischen Interaktion und die Systemtheorie eng beieinander, wobei die Selektivität und Sequentialität des Sinngeschehens hervorgehoben wird. Mit Sinn bezeichnet die Systemtheorie die Relation von Potentialität, das meint die Gesamtheit von Verweisungs- und Anschlußmöglichkeiten, und Aktualität, womit die jeweils tatsächlich vollzogenen Selektionen gefaßt werden. Diese Relation von Potentialität und Aktualität organisiert den Prozeß sequentiell verlaufender sinnhafter Prozesse, wobei laufend Anschlußmöglichkeiten zugleich eröffnet und begrenzt

---

14 vgl. dazu auch Bora 1994. In diesem sehr erhellenden Versuch, der sich mit der Verbindung von Hermeneutik und Systemtheorie aus sozialisationstheoretischer Sicht beschäftigt, treten die Unterschiede zwischen diesen Theoriestrategien und die Ambivalenzen, die ich oben deutlich zu machen versuchte, in den Hintergrund.

15 Zur Darstellung und Kritik der Theorie der sozialisatorischen Interaktion vgl. Sutter 1994.

werden (vgl. ebda., S. 888; Oevermann 1983, S. 273ff.). Die eigenständig zu konzipierende Sozialität muß als Zusammenhang sequentiell strukturierter, sinnhafter Prozesse analysiert werden. Dabei bilden sich Sinnstrukturen, in denen die Geschichte von Selektionsleistungen als Horizont weiterer Selektionen der Systeme aufbewahrt wird. Bedeutsam sind dabei nicht nur die realisierten, sondern auch die ausgeschlossenen Selektionsmöglichkeiten (vgl. Luhmann 1976, S. 12), was sich die objektive Hermeneutik methodisch mit dem Verfahren der Sequenzanalyse zunutze macht (vgl. Oevermann u.a. 1979).

Dieser Sinnbegriff legt eine Konzeption von Interaktion nahe, die konsequent gegen bloße Handlungstheorie abgesetzt werden muß, was auch methodologisch folgenreich ist. In Habermas' (1983) Modell der Handlungskoordination wird diese Absetzung nur ungenügend bewältigt, da hier Sinnstrukturen erst im Zuge der Lösung von intersubjektiven Koordinationsproblemen entstehen. Diese Lösung wird durch rational begründbare Regeln organisiert. Damit wird das Koordinationsproblem jedoch zu tief gelegt und spezielle Aspekte einer Interaktionstheorie, hier vor allem die Bedingungen der Möglichkeit gelingender Verständigung, werden verallgemeinert. Sinnstrukturiertes Handeln ist, wie Oevermann (1986, S. 27ff.) hervorhebt, notwendig auch ein bereits koordiniertes Handeln, weil es sonst keinen Sinn machen würde. Das heißt nichts anderes, als daß auch mißlungene Lösungen von Koordinationsproblemen sinnstrukturiert sind. Mit der Engführung des Begriffs sinnstrukturierter Interaktion bleibt die Theorie kommunikativen Handelns auf Begründungsprobleme fixiert. "Habermas ist einfach zu sehr von der Begründungsfrage ausgegangen, als daß er wirklich den Kommunikationsbegriff auf ein theoretisches Niveau gebracht hätte, das auch unbegründete Kommunikation genauso behandeln kann wie begründete und die Frage der Begründung als ein Sonderphänomen ausklammern würde." (Luhmann 1987, S. 118) Der Begriff der Sinnstruktur macht auf den Zusammenhang von Kontingenz und Selektivität in sozialen Interaktionen aufmerksam. Dieser Zusammenhang wird in der Theorie kommunikativen Handelns auf begründungstheoretisch entwickelte Rationalitätsmaßgaben eingeengt, das hermeneutische Verfahren der rationalen Rekonstruktion steht unter umfangreichen Vorgaben.

Demgegenüber läßt sich der Zusammenhang von Kontingenz und Selektivität wesentlich sparsamer beschreiben. Die Systemtheorie sieht die Sinnstruktur der Systemgeschichte in ihrer aufbewahrten Selektivität, die objektive Hermeneutik rekonstruiert den Sinn von Handlungen in ihrer Relation zu den Interaktionssystemen, in die sie eingebettet sind. Die Interaktionssysteme enthalten Bedeutungsmöglichkeiten, die den Sinn von Handlungen konstituieren. In dieser Relation stehen auch die Entwicklungen der Subjekte zu einer eigenständig konzipierten sozialisatorischen Interaktion. Die Analyse dieser Interaktion läßt sich durch die zentrale Stellung des Problems der doppelten Kontingenz und seiner Lösung von handlungs- und bewußtseinstheoretischen Vereinfachungen absetzen. Unter den Bedingungen sinnhaften Prozessierens selbstreferentieller Systeme kann Sozialisation auf dieses Problem bezogen werden. Es entsteht immer dann, wenn zwei oder mehr personale Systeme in Beziehung zueinander treten.[16] Ego und Alter werden dann füreinander uneinholbare Umwelten. "Für jedes System, für die beteiligten Personen ebenso wie für das Sozialsystem, das sie bilden, ist die Umwelt stets komplexer als das System selbst. Ausgangslage ist somit ein *mehrfach gegenläufiges Komplexitätsgefälle.*" (Luhmann 1978, S. 43) Soziale Beziehungen schaffen deshalb immer Probleme des Umgangs mit Unbestimmbarem, denn stets muß die Komplexität doppelt kontingenter Beziehungen reduziert werden. Dies geschieht mit sehr komplizierten Perspektivenverschachtelungen, in denen Ego in Rechnung stellen muß, daß es für einen anderen Alter ist und von diesem als alter Ego gesehen wird (vgl. ebda., S. 46). Trotz dieser Perspektivenverschachtelung bleiben Ego und Alter füreinander undurchschaubare "black boxes", die dennoch im wechselseitigen Kontakt Transparenz erzeugen müssen. Dabei wird, was wechselseitig nicht beobachtbar ist (z.B. Intelligenz, Intentionen, Gedächtnis), durch unterstellte Determinierungen bezeichnet (vgl. Luhmann 1984, S. 158). So wird die selbstreferentielle Bestimmung von subjektfrei gedachten Handlungen möglich, und zwar, unabhängig von jeweils zugrunde liegenden Intentionen, Motiven usw., aus ihrer Funktion als Elemente sozialer Systeme (vgl. ebda., S. 184).

Auch in der Theorie der sozialisatorischen Interaktion steht das Problem der doppelten Kontingenz unter diesen Vorgaben, ohne die eine Verschachtelung von Handlungsperspektiven und eine (auch: methodisch kontrollierte) Bestimmung des Sinns von Handlungen nicht gelingen kann: Handlungen werden immer nur als Elemente eines sozialen Interaktionsgefüges konstituiert (vgl. Oevermann 1986, S. 55ff.). Das Problem der doppelten Kontingenz kommt hier jedoch vor allem in seiner strukturierten Form in den Blick, also unter den Vorgaben bestehender Systeme. Die Systemtheorie markiert diese Sicht mit dem Begriff der Konstitution: "Elemente sind Elemente nur für die Systeme, die sie als Einheit verwenden, und sie sind es nur durch diese Systeme." (Luhmann 1984, S. 43) Dabei beschränken Strukturen die Relationierbarkeit der Elemente im System (vgl. ebda., S. 183ff.). Dieser Einsicht entsprechend analysiert die objektive Hermeneutik die Sinnstruktur von Handlungssequenzen als Selektionen aus einem in der Geschichte des Interaktionssystems entstandenen Raum von Bedeutungsmöglichkeiten.

In diesem Prozeß werden Variationsspielräume nicht nur begrenzt, sondern zugleich eröffnet, womit die offene Form des Problems der doppelten Kontingenz thematisch wird. Sie wird als Prozeß der Emergenz bezeichnet, in dem neue Möglichkeiten der Bildung von Systemen und Strukturen entstehen. Handlungen bilden vergängliche Ereignisse, die Überraschendes und Neues hervorbringen und so das Material für weitere Strukturbildungsprozesse liefern. Sie schließen nicht nur an bestehende Systemzustände an, sondern schaffen neue Elemente und Anschlußmöglichkeiten (vgl. ebda., S. 388ff.). Ganz ähnlich sieht die Theorie der sozialisatorischen Interaktion in der selbstreferentiellen

16 Doppelte Kontingenz und Sozialität bedingen sich gegenseitig und entstehen gleichzeitig: "Indem es doppelte Kontingenz gibt, gibt es Gesellschaft, und indem es Gesellschaft gibt, gibt es doppelte Kontingenz." (Fuchs 1994, S. 28)

Organisation von Handlungszusammenhängen den Ort der Emergenz von Neuem (vgl. Oevermann 1991, S. 311). Auch dieser Handlungsbegriff trägt dem selbstreferentiellen Zirkel Rechnung, in dem sich Handeln in sozialen Systemen bestimmt.[17] Die Sequentialität sinnstrukturierter Handlungen in sozialen Interaktionsgefügen läßt sich im Schnittpunkt der Theorie der sozialisatorischen Interaktion bzw. der objektiven Hermeneutik und der Systemtheorie präzise mit den Prozessen der Emergenz und der Konstitution beschreiben, über die das Problem der doppelten Kontingenz zur Systembildung führt.

Mit Emergenz und Konstitution werden zwei selbstreferentielle Zirkel bezeichnet, die bei der Systembildung unter den Bedingungen doppelter Kontingenz immer nur zusammen auftreten. Doppelte Kontingenz tritt stets in der offenen und in der strukturierten Form auf, die neu gebildeten Möglichkeiten der Bestimmung des Handelns wären unendlich, stünden sie nicht unter konditionierenden Systemvorgaben. "Jede Wirkung des Problems der doppelten Kontingenz läuft, sobald es sich stellt, über diese beiden selbstreferentiellen Zirkel und verknüpft sie miteinander." (Luhmann 1984, S. 183) Dadurch wird der Aufbau einer psychischen Organisation in Prozessen der Sozialisation möglich. Ihren Anfang nehmen diese Prozesse nicht in einer Situation reiner doppelter Kontingenz: Situationen vollkommener Unbestimmheit kommen in der sozialen Wirklichkeit nicht vor (vgl. ebda., S. 168). So weisen viele soziogenetischen Untersuchungen darauf hin, daß bereits Neugeborene für den Kontakt mit anderen Personen biologisch prädisponiert sind.[18] In einer vorsichtigen Lesart, die in diesen Prädispositionen nur Bedingungen und nicht einen Antrieb der Entwicklung sieht, sind die Befunde der soziogenetischen Untersuchungen durchaus mit einer konstruktivistischen Sichtweise kompatibel, weil sie einsichtig machen, daß eine psychische Organisation trotz anfänglich sehr unspezifischen Außenweltkontakten aufgebaut werden kann und dabei soziale Interaktionen eine Rolle spielen (vgl. Sutter i. Druck). In diesen Untersuchungen wird die Rolle dieser Prädispositionen allerdings weit überschätzt, so daß das Problem der doppelten Kontingenz halbiert wird. Die Halbierung des Problems der doppelten Kontingenz kann als ein allgemeines Problem von Sozialisationstheorien betrachtet werden, die handlungs- und bewußtseinstheoretische Verkürzungen mitführen. So begreift das traditionelle, auf Mead (1973) zurückgehende Verständnis die sozialisatorische Interaktion als Prozeß der wechselseitigen Rollenübernahme bzw. der Perspektivenkoordination, in dem Ego sich durch die Reaktionen eines Anderen der Bedeutung des eigenen Verhaltens bewußt wird.[19] Diese Vorstellung muß als Vereinfachung erscheinen, denn "...sie behandelt das Problem nur auf der einen Seite der Interaktion, unterstellend, daß es auf der anderen Seite dasselbe sei. Sie

---

17 Zur Anschlußfähigkeit eines solchen Handlungsbegriffs an die Systemtheorie vgl. auch Schwemmer (1987, S. 248ff.).

18 vgl. dazu u.a. Brazelton/Cramer 1994; Kaufmann-Hayoz 1991; Stern 1994.

19 vgl. dazu auch Mead 1980. Diese Konzeption wurde in den Arbeiten zur sozialen Kognition u.a. von Selman (1984) und Damon (1984) weiter ausgearbeitet.

behandelt sozusagen nur die halbierte doppelte Kontingenz und bleibt damit Handlungstheorie." (Luhmann 1984, S. 154) Der Halbierung gerät die offene Form der doppelten Kontingenz aus dem Blick.[20]

Die Verklammerung der offenen und der strukturierten Form der doppelten Kontingenz bekräftigt die Einsicht, daß Handeln nur im Kontext Bedeutung hat. Freilich können zu unterschiedlichen Zeitpunkten der Systembildung diese beiden Formen in ein unterschiedliches Verhältnis treten. Zu Anfang wird die offene Form dominieren, d.h. der Bestand an Unbestimmtheiten sehr groß sein und erst im Verlauf der Systemgeschichte über die Bildung von Erwartungen reduziert werden. Jedoch ist das Verhältnis der beiden Formen doppelter Kontingenz im Verlauf der Systemgeschichte gerichtet, denn der Strukturaufbau ist zeitgebunden und dadurch irreversibel: Einmal ausgebildete Strukturierungen können nicht einfach aufgelöst werden, wodurch ein System in den Zustand der Unbestimmtheit oder Erwartungslosigkeit zurückfallen würde (vgl. ebda., S. 184). Wenn nun die Bildungsprozesse sozialer Systeme rekonstruiert werden, dann läßt sich dies als methodisch kontrollierte Lösung des Problems der doppelten Kontingenz beschreiben. Das Problem der doppelten Kontingenz fungiert in dieser These als eine notwendige Vorgabe der Strukturrekonstruktion in einer konstruktivistischen Hermeneutik, die sich aus objekttheoretischen Annahmen über den Aufbau von Sinnstrukturen ergibt.[21] Mit dieser Behauptung ist jedoch ein Konstitutionsproblem verbunden.

---

20 Diese Form der Vereinfachung wird durch Habermas' Kommunikationstheorie nahegelegt, wenn sprachliche Verständigung durch lebensweltliche Hintergrundgewißheiten und gemeinsame Situationsdefinitionen vorab grundsätzlich eingerichtet sein soll und damit die Kontingenz intersubjektiver Koordinationsprozesse systematisch unterschätzt wird (vgl. Wenzel/Hochmuth 1989).

21 Es mag an dieser Stelle der Eindruck entstehen, als ob nun die Trennung von methodologischen und objekttheoretischen Aspekten, die in der Kritik einer geltungstheoretisch begründeten Methodologie eine zentrale Rolle spielte, wieder eingezogen würde. Die folgenden Überlegungen verfahren aber analog zum bisherigen Argumentationsgang: Wenn konstitutionstheoretische Leerstellen in der Konzeption des Problems doppelter Kontingenz aufgedeckt werden, so bedeutet das (entsprechend zu dem, was oben für die objektive Hermeneutik reklamiert wurde) nicht, daß mit dem Problem doppelter Kontingenz keine fruchtbaren methodologischen und methodischen Klärungen entwickelt werden könnten. Das Desiderat der Trennung von methodologischen und objekttheoretischen Aspekten ergibt sich aus dem Umstand, daß das Funktionieren einer rekonstruktiven Verfahrensweise (z.B. der objektiven Hermeneutik) keine vorab geleistete objekttheoretische Bergündung (z.B. eine deterministische Sozialtheorie) erfordert, sondern sich zunächst an konkreten Fällen zeigen muß. Das heißt aber nicht, daß die methodologische Reflexion der methodischen Vorgehensweise nicht (a posteriori) mit Gewinn auf Sozialtheorien zurückgreifen kann. Man darf nur die Verhältnisse nicht begründungstheoretisch auf den Kopf stellen (d.h. so tun, als ob erst die sozialtheoretisch untermauerte methodologische Geltungsbegründung die Entwicklung einer methodischen Verfahrensweise ermöglicht hätte). Dieses durchaus gespannte Verhältnis von Konstitutionstheorie und Methodologie wird am Ende dieses Beitrages deutlicher werden.

4 Die Vorgabe des Mediums Sinn als Konstitutionsproblem

Gerade wenn man aus sozialisationstheoretischer Sicht nach den notwendigen Vorgaben einer konstruktivistischen Hermeneutik fragt, muß die Konstitution dieser Vorgaben einsichtig werden, sonst würde lediglich eine ontologisierende Behauptung durch eine andere ersetzt. Nicht nur in der oben kritisierten Regelontologie, sondern auch im Problem der doppelten Kontingenz steckt, wenn man genauer hinsieht, ein Konstitutionsproblem, das die Systemtheorie mit ihren Mitteln m.E. bislang nicht lösen kann. Die Systemtheorie beschreibt das Verhältnis von psychischen und sozialen Systemen unter der Bedingung doppelter Kontingenz mit Interpenetration. Kommunikation setzt zwar Bewußtsein voraus, ohne daß aber Bewußtseinssysteme selbst kommunizieren könnten: Kommunikation bleibt an soziale Systeme gebunden (vgl. Luhmann 1988). Sozialisation stellt sich demnach als Beziehung zwischen verschiedenen Systemen dar, die durch Interpenetration wechselseitig füreinander Eigenkomplexität zum Aufbau und Erhalt von Systemgrenzen zur Verfügung stellen und sich so gegenseitig bedingen. Dieser Prozeß führt auf der einen Seite zum Aufbau psychischer Systeme in einer sozialen Umwelt (Sozialisation) und auf der anderen Seite zur Reproduktion sozialer Systeme, die neben Bewußtsein organisches Leben voraussetzen.[22]

Die Theorie der sozialisatorischen Interaktion beschreibt diesen Prozeß ausgehend von einer schon hergestellten Sozialität, deren Genese - wie oben gezeigt - durch die Ontologisierung basaler Regeln dem rekonstruktiven Zugriff entzogen wird. In der Systemtheorie bleibt das entwicklungstheoretische Verhältnis zwischen psychischen und sozialen Systemen ambivalent. Einerseits bietet die offene Form der doppelten Kontingenz Möglichkeiten der Bildung sozialer Systeme, wobei Bewußtsein und Kommunikation in einem asymmetrischen Bedingungsverhältnis stehen: Bewußtsein prozessiert auch ohne Kommunikation, der umgekehrte Fall ist aber nicht möglich, d.h. ohne Bewußtsein keine Kommunikation (vgl. ebda., S. 886f.). Organisches Leben und psychische Organisation müssen von daher genetisch vorlaufen, denn ohne sie könnten keine sozialen Systeme emergieren. Andererseits bindet die strukturierte Form der doppelten Kontingenz die Konstitution psychischer und sozialer Systeme zusammen. Erst auf der Grundlage von Sinn, der das gemeinsame Medium der Reproduktion bildet, können sich auf dem Wege der Ko-evolution psychische und soziale Strukturen ausbilden (vgl. Luhmann 1984, S. 141). Das

---

22 "Interpenetration setzt Verbindungsfähigkeit verschiedener Arten von Autopoiesis voraus - in unserem Falle: organisches Leben, Bewußtsein und Kommunikation. ... Sinn ermöglicht das Sichverstehen und Sichfortzeugen von Bewußtsein in der Kommunikation und zugleich das Zurückrechnen der Kommunikation auf das Bewußtsein der Beteiligten. ...es ist der Verweisungsreichtum von Sinn, der es möglich macht, Gesellschaftssysteme zu bilden, durch die Menschen Bewußtsein haben und leben können." (Luhmann 1984, S. 297f.)

Anfangsproblem wird also nicht nach einer Seite der sozialisatorischen Interaktion hin - also psychisches oder soziales System - aufgelöst, sondern an der konstitutionslogischen Vorrangstellung des gemeinsamen Mediums Sinn festgemacht. Dieses Medium soll die Bildung und Ausdifferenzierung von psychischen und sozialen Systemen erst ermöglichen. Diese

> "...haben sich, wenn man so sagen darf, am Sinn ausdifferenziert. Sinn ist die eigentliche 'Substanz' dieser emergenten Ebene der Evolution. ... Es ist überhaupt verfehlt, für Sinn einen 'Träger' zu suchen. Sinn trägt sich selbst, indem er seine eigene Reproduktion selbstreferentiell ermöglicht. *Und erst die Formen dieser Reproduktion differenzieren psychische und soziale Strukturen.*" (ebda.)

Mit dem Verweis auf das immer schon vorliegende gemeinsame Medium Sinn ist die konstitutionstheoretische Ambivalenz allerdings nicht aufgelöst. Diese Strategie blendet nämlich die Frage nach den sinnfreien organischen Emergenzbedingungen psychischer Systeme aus, also den ontogenetisch vollzogenen Schritt von der Natur in die Kultur. Eine Theorie der Ontogenese hätte hier zu fragen, an was sich bei der Entwicklung von Neugeborenen das strukturierte Problem der doppelten Kontingenz empirisch festmachen läßt. Dies ist freilich eine sehr schwierige Frage. Die breit angelegten strukturgenetischen Untersuchungen Jean Piagets zur Entwicklung des Erkennens nehmen den geforderten Rekurs auf die natürlichen Grundlagen der Ontogenese ernst. Ihnen läßt sich nicht nur entnehmen, daß in den frühen Entwicklungsphasen in der Tat die offene Form der doppelten Kontingenz dominiert und die Voraussetzung für alles weitere darstellt. Darüber hinaus regen sie zu der Frage an, ob mit doppelter Kontingenz, wie sie sich als Problem der Beziehung von im Medium Sinn gebildeten Systemen stellt, die Ausgangslage der Entwicklung gefaßt werden kann. Im Vordergrund steht die Dynamik selbstreferentiell aneinander anschließender Assimilationsprozesse, in denen von den anfänglichen Reflexen ausgehend kognitive Schemata gebildet werden, die sich die von außen eingehende Reize einverleiben. Dabei ist der Kontakt zur Außenwelt höchst unspezifisch und selektiv, d.h. es werden keine bestimmten Reize aktiv aufgesucht und nur solche Reize eingebaut, die zu den bestehenden Schemata passen. Die frühesten kognitiven Prozesse sind Konstruktionen, welche den biologisch angelegten Zirkulärreaktionen entstammen und die angeborenen Reflexe verlängern. Diese funktionelle Assimilation wird dadurch notwendig, daß auch die Reflexe wie z.B. das Saugen an der Brustwarze lückenhaft und damit auch offen für Störungen sind und schrittweise eingeübt werden müssen (vgl. Piaget 1975, 1992). Zugleich bilden die anfänglichen Assimilationsschemata recht starre interne Regulierungen, die nur wenig Beweglichkeit aufweisen. Man kann sagen, daß sich der Organismus erst durch die zunehmende Flexibilisierung der Assimilationsschemata Zugang zum Medium Sinn verschaffen muß. Die fehlende psychische Organisation würde dann mit einem Mangel an Potentialität korrespondieren, die, wenn sie einmal aufgebaut ist, durch aktiv konstruierte Selektionen eingeschränkt werden muß. Dies kann als - an dieser Stelle nicht weiter zu klärender - Hinweis darauf genommen werden, daß die konstitutionslogische Vorrangstellung des Mediums Sinn und der Beginn mit dem Problem der doppelten Kontingenz aus der Perspektive der Konstruktivität des Organismus aufgebrochen werden könnte. Wie immer diese Frage zu beantworten ist: Auch wenn die Vorgabe des Mediums Sinn abstrakter als die Vorgabe allgemeiner Regeln erscheint, so führt sie doch in eine vergleichbare konstitutionstheoretische Problemstellung.

Aus dieser Problemstellung läßt sich eine Grenze rekonstruktiver Methoden ablesen: Weil der Aufbau einer psychischen Organisation auf Austauschprozesse mit der Umwelt und damit auf Sozialisation angewiesen ist, kann er auch rekonstruiert werden. Gerade die objektive Hermeneutik als Methode einer Theorie der sozialisatorischen Interaktion stellt diese Einsicht in den Mittelpunkt. Die Handlungen der Nachwachsenden sind in Prozesse der sozialisatorischen Interaktion eingebettet und erhalten dadurch Bedeutungen, die a posteriori wahrgenommen und kognitiv verarbeitet werden können.

> "Eine Struktur (der sozialisatorischen Interaktion, T.S.), deren Erzeugung die Kapazität des sich bildenden Subjekts bei weitem übersteigt, wird auf diese Weise gleichwohl realisiert und homolog erfahrbar und unter dieser Bedingung zum Antrieb der Entwicklung, sofern die *Konstruktionstätigkeit* des Subjekts als *Rekonstruktionstätigkeit* in Gang gesetzt wird." (Oevermann 1979, S. 160)

Diese (Re-)Konstruktionen der Subjekte lassen sich nicht direkt, sondern nur mittelbar über die Prozesse der sozialisatorischen Interaktion beobachten. Alles andere verschwindet hinter dieser durch unsere methodischen Möglichkeiten gesetzten Grenze. Konstitutionstheoretisch bleibt diese Unsicherheit als Problem virulent, methodologisch können wir uns in der Frage nach den Möglichkeiten von Rekonstruktionen gerade wegen dieser Grenze am Modell der Sozialisation orientieren.

Diese Grenze stellt uns auf einen Boden, auf dem wir vom Medium Sinn und dem Problem der doppelten Kontingenz ausgehen können.[23] Die Tätigkeiten des Organismus sind anfangs nicht auf eine aktive Anpassung an eine widerständige Außenwelt (Akkommodation), sondern die selbstregulative Aufrechterhaltung und Ausdifferenzierung der Assimilation ausgerichtet, die allerdings laufend auf Außenweltkontakte angewiesen bleiben. Nach einigen Monaten ändert sich dieses Bild, da nun die Funktion der Akkommodation eine zunehmend wichtige Rolle in der kognitiven Entwicklung spielt. Mit der selbstreferentiellen Abgrenzung der Erkenntnisinstanz von der Umwelt bildet sich allmählich die Fremdreferenz einer widerständigen Außenwelt aus. Es differenzieren sich mit

---

23 Systemtheoretisch gesprochen bedienen sich sowohl unterschiedliche (psychische und soziale) Systeme bei ihrem Aufbau als auch die Rekonstruktionen dieses Aufbaus jener Strukturanalogien, die im gemeinsamen Medium Sinn die Möglichkeit von Interpenetration eröffnen (vgl. dazu Bora 1994, S. 298f.).

anderen Worten empirische Subjekte von konstant gesetzten Objekten (vgl. Sutter 1992). Eine zentrale Bedingung dieser Entwicklung bildet die frühe sozialisatorische Interaktion, die in den oben schon genannten soziogenetischen Untersuchungen beschrieben wird. Sie stellt die Selbstreferentialität der Assimilationsprozesse auf der Seite der Nachwachsenden unter strukturelle Vorgaben: Zum einen beginnen die Interaktionen zwischen Neugeborenen und Bezugspersonen nicht bei Null, sondern haben ein naturgeschichtliches Erbe, das sich z.B. an der besonderen Aufnahmefähigkeit des Neugeborenen für jene Reize zeigt, die ihm von der Bezugsperson geboten werden. Allgemein entfalten die Reize, die von den Nachwachsenden und den Bezugspersonen wechselseitig ausgetauscht werden, nach beiden Seiten eine starke Signalwirkung. Der Umgang mit anderen Personen trägt deshalb in besonderer Weise der Angewiesenheit der inneren Organisation der Neugeborenen auf Außenweltkontakte Rechnung. Die Situation doppelter Kontingenz wird hier augenfällig: Das Einfallstor der Säuglinge für äußere Reize ist sehr begrenzt, was assimilativ nicht auf Passung zu bringen ist, wird schlicht ignoriert. Die Bezugspersonen wiederum versuchen, ihr Verhalten den Rhythmen der inneren Erregungszustände und den Verhaltensweisen der Neugeborenen anzupassen, wobei diese Anpassungsversuche auf Unterstellungen beruhen. Die Fiktionalität der Unterstellungen stellt ebensowenig wie die selbstreferentielle Eigendynamik der Assimilation ein Problem dar, an dem der Ablauf der sozialisatorischen Interaktion scheitern müßte, weil diese sequentiell und zyklisch organisiert ist, so daß die Beteiligten auch bei wechselseitiger Intransparenz verläßliche Antizipationen ausbilden können.

Welche Rolle, so könnte man noch einmal nachfassend fragen, spielt das erörterte Konstitutionsproblem in einer konstruktivistischen Hermeneutik, die doch mit guten Gründen von kommunizierbarem Sinn bzw. der Textförmigkeit der sozialen Wirklichkeit ausgeht? Die Frage der methodisch in Anspruch genommenen Vorgaben, die aus sozialisationstheoretischer Sicht in den Vordergrund rückt, legt die methodologische Reflexion auf das Problem fest, welche Möglichkeiten der Rekonstruktion dieser Vorgaben bestehen. Hier war auf ein Defizit der Systemtheorie hinzuweisen, die wohl mit guten Gründen das philosophische Subjekt verabschiedet, aber mangels einer ausgearbeiteten Sozialisationstheorie das Potential der Theorien empirischer Subjekte noch nicht geprüft hat. Dieser Mangel konnte mit den knappen Bemerkungen an dieser Stelle nicht behoben, aber doch wenigstens mit einigen Überlegungen umrissen werden. Es geht eben gerade nicht um einen "ontologischen Vorrang" psychischer vor sozialen Systemen (vgl. Luhmann 1984, S. 141), sondern um die Frage, welche Rolle das Medium Sinn in den frühen Phasen des Aufbaus einer zur Beobachtung fähigen psychischen Organisation spielt und welche Bedeutung den sinnfreien Bedingungen dabei zukommt. Erst dann würde der Status des Mediums Sinn, das sich ja auch erst von der Welt sinnfreier Gegenstände abgrenzen muß, als Grundlage objekttheoretischer und methodologischer Reflexionen deutlich.

5 "Intersubjektivität" des Verstehens in einer konstruktivistischen Hermeneutik

Die objektive Hermeneutik kann als eine Methode begriffen werden, den Bildungsprozeß sozialer Systeme und psychischer Organisationen unter den Bedingungen des Problems der doppelten Kontingenz zu rekonstruieren (vgl. Schneider 1995). Sie wendet dabei die Lösung des Problems der doppelten Kontingenz als Bedingung der Möglichkeit auf das rekonstruktive Verfahren selbst an: Die Einklammerung von Vorwissen und die Vermeidung unkontrollierter Abkürzungen soll den Interpreten so weit als möglich in die Situation der doppelten Kontingenz versetzen, die sein Verhältnis zum Gegenstand bestimmt. Im Verlauf der Fallrekonstruktion wird die zunächst dominierende offene Form in eine zunehmend strukturierte Form der doppelten Kontingenz überführt. Wenn man hermeneutische Rekonstruktionen als methodisch kontrollierte Lösung des Problems der doppelten Kontingenz begreift, stellt sich die Frage, welche Verstehensleistungen dabei realistischerweise erwartet werden können. Hier muß man auf eine erhebliche Reduzierung der traditionellen, am Modell intersubjektiver Verständigung ausgerichteten Ansprüche gefaßt sein. Sowohl in Prozessen der Sozialisation, die systemtheoretisch als Selbstsozialisation begriffen werden[24], als auch in Fallrekonstruktionen bleibt Verstehen immer systemrelativ. Ein anderes System wird verstanden, indem dessen System-Umwelt-Differenz beobachtet wird. Wenn das verstehende System sich selbst als Moment in der Umwelt des verstandenen Systems erfährt, werden System-Umwelt-Differenzen verschränkt: Ein System "versteht in *seiner Umwelt* ein anderes System *aus dessen Umweltbezügen* heraus." (Luhmann 1986, S. 80) Dieser verstehende Modus der Beobachtung wäre ohne Sinn als Medium und als strukturierten Verweisungszusammenhang nicht möglich. Den Sinn einer Kommunikation zu verstehen meint nicht, den Sinn von etwas gemeinsam Geteiltem, sondern den Sinn der von der Kommunikation bewirkten Zustandsveränderung eines Adressaten zu verstehen (vgl. Luhmann 1984, S. 203). Zwar wird dieser Zustand kommunikativ bewirkt, aber vom Adressaten systemintern bestimmt; und unabhängig von den Bestimmungen der Kommunikationsteilnehmer bildet das Kommunikationssystem selbst ein Verstehen oder Mißverstehen aus.[25] Auch Mißverstehen ist Verstehen, was über

---

24 vgl. Gilgenmann 1986; Schulze/Künzler 1991.

25 "Die Mitteilung 'Du verstehst mich nicht' bleibt daher ambivalent und kommuniziert zugleich diese Ambivalenz. Sie besagt einerseits 'Du bist nicht bereit, zu akzeptieren, was ich Dir sagen will' und versucht das Eingeständnis dieser Tatsache zu provozieren. Sie ist andererseits die Mitteilung der Information, daß die Kommunikation unter dieser Bedingung des Nichtverstehens nicht fortgesetzt werden kann. Und sie ist drittens Fortsetzung der Kommunikation." (Luhmann 1995, S. 116) Zu der Frage, wie die angesprochene Unterscheidung am besten gefaßt werden kann und welche Rolle sie spielt, vgl. die Überlegungen zum "operativen" und "beobachtenden" Verstehen von Nassehi (in diesem Band) und die daran geübte Kritik von Bora (in diesem Band).

Rückmeldungen in Anschlußreaktionen wahrnehmbar wird.[26] Verstehen ist allerdings nicht abhängig von derartigen kommunikativen Kontrollen. Die Basis von Verstehen bilden die systemintern vorgenommenen Unterstellungen in den wechselseitigen Beobachtungen, die Komplexität reduzieren und mehr oder weniger anschlußfähig sind.

Es fällt ins Auge, daß Intersubjektivität, gefaßt als Bestand von etwas gemeinsam Geteiltem, hier nicht mehr als Merkmal von Kommunikation angesehen werden kann. Der traditionelle Begriff der Intersubjektivität halbiert das Problem der doppelten Kontingenz, indem er Verständigung als Herstellung gemeinsamer Bedeutungen faßt, die aus der gemeinsamen Regelbefolgung der Interaktionspartner hervorgeht. Bedeutungsidentische Symbole werden in Prozessen regelgeleiteten Handelns in sozialen Interaktionen konstituiert. "Im Begriff der Regel sind die beiden Momente vereinigt, die den Gebrauch einfacher Symbole kennzeichnen: identische Bedeutung und intersubjektive Geltung." (Habermas 1981, Bd 2, S. 31)[27] Damit wird unterschlagen, daß die jeweils von den Kommunikationsteilnehmern vorgenommenen Unterstellungen wechselseitig undurchschaubar bleiben. Dieser Begriff der Intersubjektivität

> "...dient lediglich dazu, in eine Theorie, die bei der Subjektivität des Bewußtseins ansetzt, etwas einzuführen, was von dieser Theorie aus nicht gedacht werden kann. Wenn man den Begriff der Intersubjektivität, mit Habermas und anderen, als Bezeichnung für eine eigenständige Geltungsebene in Anspruch nimmt, sprengt man damit seine Komponenten 'Inter' und 'Subjekt', hebt den Begriff also im gleichen Zuge auf und suggeriert sich nur eine Theoriegrundlage, die noch gar nicht geleistet ist." (Luhmann 1995b, S. 170)[28]

Die Halbierung des Problems der doppelten Kontingenz markiert eben dieses theoretische Defizit: Man unterstellt identische Subjekte, die in der Beziehung zueinander etwas Gemeinsames (auf der Gegenseite als gleich unterstelltes) entwickeln, was dann als Intersubjektivität bezeichnet wird. Hebt man diese Halbierung auf, wird die Leerstelle sichtbar: "Das 'Inter' widerspricht dem

---

26 Und zwar jeweils an der dritten Position einer Sequenz kommunikativer Handlungen, so daß dreizügige Sequenzen als Basiseinheiten der Reproduktion und Transformation kommunikativer Strukturen angesehen werden können, was sich elegant an Meads Theorie der sozialen Konstitution von Bedeutungen anschließen läßt (vgl. Schneider 1994a).

27 Methodologisch ergibt sich aus diesem Grundsatz die Teilnahmepriorität in hermeneutischen Rekonstruktionen. Konstitutionstheoretisch ergibt sich hier das Problem, daß mindestens zwei Interaktionsteilnehmer vorausgesetzt werden müssen, die bereits über die Fähigkeit verfügen, einer Regeln zu folgen und regelgerechtes Verhalten zu beurteilen. Die Halbierung des Problems der doppelten Kontingenz führt dazu, daß man sozialisationstheoretisch und methodologisch zu voraussetzungsvoll beginnen muß.

28 Würde die Systemtheorie die Stoßrichtung dieses Argumentes auf sich selbst anwenden, würde - wie im vorlaufenden Abschnitt dargelegt - die Theoriegrundlage einer Vorgabe des Mediums Sinn in Zweifel gezogen.

'Subjekt'. Oder genauer: jedes Subjekt hat seine eigene Intersubjektivität." (ebda.) Das ist so zu verstehen, daß unter Bedingungen operativ geschlossener Systeme das "Inter" immer nur eine systeminterne Konstruktion meinen kann, in der Subjektterminologie: Intersubjektivität nur eine subjektive Konstruktion.

Wenn man also nicht von identischen Bedeutungszuweisungen durch die Interaktionspartner ausgehen kann, so ist zu klären, wie intrasystemisch vorgenommene Bedeutungszuweisungen so miteinander abgestimmt werden, daß Kommunikationsprozesse anschlußfähig bleiben. Dies leistet die Selbstbeobachtung von Kommunikation, die sich an der Unterscheidung von Verstehen und Mißverstehen orientiert. Will man auf den Begriff nicht verzichten, muß eine dynamisierte Konzeption von "Intersubjektivität" entwickelt werden. Diese stellt die tatsächlichen Unterschiede der Bedeutungsselektionen in Rechnung und versucht zu klären, wie dennoch ad hoc und aktuell die Anschlußfähigkeit der wechselseitig unterstellten Determinierungen geprüft werden kann.

> "Auf diesem Wege, als 'working-consensus', dessen Anspruchsniveau zwischen verschiedenen Kontexten variieren kann, erzeugt Kommunikation den *Bedeutungs- und Regelkonsens* ständig neu, dessen sie zu ihrer Fortsetzung bedarf, ohne deshalb die uneinlösbare Unterstellung intersubjektiver *Identität* von Bedeutungen und Regelinterpretationen zu benötigen." (Schneider 1994, S. 233)

Die Theorie der sozialisatorischen Interaktion muß dann ihre Begriffe so ausrichten, daß beide Formen des Problems der doppelten Kontingenz in den Blick kommen. Auch die Systemtheorie geht nicht von reiner Kontingenz aus, die dann als Position ohne Berührungspunkte gegen eine deterministische Sozialtheorie ausgespielt werden könnte. Kommunikationen sind vielmehr auf hintergründige Bestände von etwas gemeinsam Geteiltem angewiesen (vgl. Luhmann 1995, S. 119). Wenn man jenseits eines emphatischen Begriffs von Intersubjektivität nicht die Herstellung von Konsens, sondern die Verhandlung von Dissens als empirischen Normalfall untersucht, so kann zu Recht darauf verwiesen werden, daß dies nur möglich ist, wenn Dissens auf anschlußfähige Weise von den Beteiligten identifiziert und kommuniziert wird, also eine "koordinierte Form" annimmt (vgl. Miller 1992). Eine vom Problem doppelter Kontingenz ausgehende Sichtweise ermöglicht eine realistische Einschätzung kommunikativ hergestellter, hermeneutisch rekonstruierbarer Verstehensleistungen, an der sich die methodologische Reflexion der Leistungsfähigkeit rekonstruktiver Verfahren orientieren kann. Eine konstruktivistische Hermeneutik wird damit von voraussetzungsreichen Vorgaben befreit und kann zugleich auf bewährte rekonstruktive Verfahren in einer Weise zurückgreifen, die deren konstruktivistisches Potential zur Geltung bringt.

6 Doppelte Kontingenz als Modell des methodischen Vorgehens

Strukturrekonstruktionen als methodisch kontrollierte Lösungen des Problems der doppelten Kontingenz stehen prinzipiell unter den gleichen Beschränkungen wie die sinnstrukturierten Prozesse, die sie zum Gegenstand haben, auch wenn zeitaufwendige Rekonstruktionen sehr viel weitgehender als die beobachteten, textförmig vorliegenden Konstruktionen die offene in die strukturierte Form der doppelten Kontingenz überführen können. Nachfolgend soll, orientiert am Verfahren der objektiven Hermeneutik, wenigstens in einigen Stichworten diese methodisch kontrollierte Bewältigung des Problems doppelter Kontingenz umrissen werden.[29] Auf der Ebene der methodischen Verfahrensweise soll dabei die These konkretisiert werden, daß eine deterministische Sozialtheorie verzichtbar ist und im Falle der objektiven Hermeneutik die Konstruktion einer Regelontologie methodisch letztlich folgenlos bleibt.

Die selbstreferentielle Organisation sozialer Wirklichkeit im Medium Sinn legt die Rekonstruktion auf eine strikte Textimmanenz des Verfahrens fest. Der Fall, auf den sich die Rekonstruktion richtet, ist der vorliegende Text und nicht eine dahinter liegende Wirklichkeitsebene (z.B. subjektives Bewußtsein, soziale Praxis als unmittelbares Ereignis). Die rekonstruierten Strukturen sind immer Strukturen des jeweils vorliegenden Textes, wobei im Text die Geschichte jener Selektionsprozesse aufbewahrt wird, in der diese Strukturen generiert wurden. Strukturen lassen sich nicht als statische Gebilde, sondern nur im sequentiellen Prozeß der laufenden Eröffnung und Begrenzung von Bedeutungsmöglichkeiten rekonstruieren. Strukturen bilden die in konkreten Fällen realisierten Regeln sinnhafter Abläufe ab.

Methodisch betrachtet werden Regeln überhaupt nur in Strukturen konkreter Fälle empirisch faßbar und sind ebenso wie diese an die Sequentialität des Sinngeschehens gebunden. Deshalb bleiben hier ebenso wie auch in bezug auf das Anfangsproblem regelontologische Konstruktionen irrelevant: Methodisch wird nämlich die Initialstelle eines vorliegenden Protokolls nicht als Beginn eines sinnhaften Geschehens, sondern als bereits gebildetes sinnstrukturiertes System behandelt. Weder objekttheoretisch noch methodisch stellt sich das Problem eines absoluten Anfangs, weil wir immer nur Ausschnitte eines sinnhaften Geschehens vor Augen haben, die im Fluß sinnstrukturierter Prozesse stehen. Auch im Falle von Initialstellen haben wir es mit Anschlußselektionen in einem vorlaufend gebildeten Kontext von Bedeutungsmöglichkeiten zu tun. Freilich stellt die Initialstelle besondere rekonstruktive Anforderungen, weil die vorlaufende Eröffnung von Anschlußmöglichkeiten, aus denen sie selegiert, nicht protokolliert vorliegt. Hier ist es deshalb schwieriger und aufwendiger, den Bedeutungsgehalt der Selektion zu erschließen. Durch die Einklammerung von Vorwissen und spezifischen Kontextinformationen versetzt sich der Interpret in

---

29 Zum konkreten Vorgehen der objektiven Hermeneutik vgl. vor allem Oevermann 1983; Oevermann u.a. 1979. Zur Explikation dieses Verfahrens im Rahmen systemtheoretischer Begrifflichkeiten vgl. Bora 1994; Schneider 1995 und in diesem Band.

eine Situation doppelter Kontingenz, die wie in der Anlaufphase der Systembildung die Unbestimmtheit der offenen Form doppelter Kontingenz in den Vordergrund rückt: Die Minimierung von Vorgaben weitet den Raum von Bedeutungsmöglichkeiten aus. Die methodische Vorkehrung, weitestgehend von Kontextwissen abzusehen, mit dem der Interpret den Systembildungsprozeß vorschnell unter Konditionierungen stellen würde, erweist sich als entscheidend: Die Re-Konstruktion des Interpreten muß sich dem gleichen, offenen Problem der doppelten Kontingenz stellen, das im Verlauf des im Text festgehaltenen Konstruktionsprozesses gelöst wurde, um den Prozeß dieser Problemlösung möglichst unverkürzt nachkonstruieren zu können.

Die objektive Hermeneutik ist sicherlich diejenige Methode, die sich im konkreten Vorgehen am entschiedensten auf die offene Form der doppelten Kontingenz einläßt. Als Methode macht sie eben nicht einen Bestand allgemeiner Regeln geltend, in dessen Besitz sich der Interpret aufgrund regelontologischer Setzungen bereits weiß, und die er nun nur noch im Text aufzuspüren hätte. Sie verfährt - zumindest ihrem Anspruch nach - umgekehrt: Im Fall selbst muß sich zeigen, welche Regeln sich realisieren, die dem Interpreten unbekannt sind und deshalb erschlossen werden müssen.[30] Wenn sich die objektive Hermeneutik am entschiedensten auf die offene Form der doppelten Kontingenz einläßt, verschärft sich das Problem der Herstellung der strukturierten Form, also der Rekonstruktion von Systemvorgaben. Praktisch stellt sich dieses Problem bereits in der Auswahl des Textausschnittes, der als Initialstelle fungiert. Man kann z.B. die erste protokollierte Aussage sequenzanalytisch Wort für Wort durchgehen, so daß man als Initialstelle ein einzelnes Wort erhält. Man wird dabei in der Regel zunächst keine Rekonstruktionen spezifischer struktureller Vorgaben erhalten.[31] Näher liegt es, eine zusammenhängende Aussage als Initialstelle zu behandeln.[32] Wie immer man im einzelnen vorgeht, das zu lösende Problem besteht darin, die Initialstelle als Fall eines sinnvollen selektiven Anschlusses an einen vorab

30 Diesem Anspruch werden die Fallanalysen von Oevermann oftmals allerdings nicht gerecht, die mitunter ganz fallunabhängig von einer bestimmten, der Kritischen Theorie verpflichteten Terminologie getragen sind und dadurch eine gewisse Ausrichtung bekommen (vgl. z.B. Oevermann 1983).

31 Nehmen wir die Aussage "Mhm" als Beispiel einer Initialstelle, so kann etwa festgehalten werden: "Der Sprecher beginnt diese Sequenz mit einem zustimmenden Rezeptionssignal; er hat einen vorhergehenden Redebeitrag verstanden und als solchen akzeptiert." (Bora u.a. 1991, S. 65) Ich will hier nur auf die Schwierigkeit in einer kritischen und streitlustigen Interpretengruppe aufmerksam machen, über eine solche Interpretation Einigung zu erzielen.

32 Man kann auch beide Wege kombinieren, indem man zunächst eine zusammenhängende Aussage als Initialstelle rekonstruiert und dies in einem zweiten, auf einzelne Worte gerichteten Durchlauf verfeinert. Überhaupt ist zu sagen, daß strukturrekonstruktive Verfahren wie die objektive Hermeneutik keine übermäßige Standardisierung zulassen, weil man im Verlauf der Textanalyse vor sehr verschiedenen Interpretationsproblemen stehen kann, die unterschiedliche, auch ad hoc entwickelte Instrumente erfordern (vgl. dazu Braun u.a. 1994).

gebildeten, dem Interpreten aber unbekannten Kontext von Bedeutungsmöglichkeiten zu rekonstruieren. Dazu müssen mögliche Kontexte konstruiert und die Bedingungen expliziert werden, unter denen die Initialstelle einen sinnvollen Anschluß an diese Kontexte bildet. So wird einerseits die Ebene der Emergenz von Möglichkeiten der Systembildung (Konstruktion von Kontexten und Anschlußmöglichkeiten) und andererseits jene der Konstitution, also der bestehenden konditionierenden Systemvorgaben (die Beziehung zwischen den möglichen Kontexten und der Initialstelle als realisierter Selektion) rekonstruiert. Man versucht, den Prozeß der Systembildung im Schnelldurchlauf zu wiederholen, indem man fortlaufend die jeweils vorliegenden Anschlußmöglichkeiten expliziert, in dieser Weise einen Horizont von Normalitätserwartungen aufbaut und diese im weiteren Verlauf der vertexteten Sequenz mit den jeweils realisierten Anschlüssen vergleicht. Dabei zeigen Kongruenzen der rekonstruierten Festlegungen und der realisierten Anschlüsse Strukturreproduktionen, Divergenzen Strukturtransformationen an.

7 Rekonstruktionslogik und Zirkularität

Wenn man in der Analyse auf eine neue Anschlußselektion stößt, stellt sich ein interessantes Problem, das uns abschließend noch einmal vor die zentrale Frage des Gegenstandsbezuges einer konstruktivistischen Hermeneutik stellt: Es kann sich entweder um eine Strukturtransformation handeln oder aber um einen Hinweis, daß die bisherige Strukturrekonstruktion falsch oder doch zumindest lückenhaft war (vgl. Reichertz 1986, S. 292f.). Wir treffen hier auf einen Schnittpunkt zwischen Erkenntnistheorie und methodischer Kontrolle: Wie geht die Rekonstruktion mit auftretenden Störungen um, welche Qualität kommt diesen Störungen zu? Und was bedeutet es, wenn die Interpretation ausreichend Komplexität und Konsistenz aufweist und aus diesem Grunde vorläufig beendet werden kann?[33] Es handelt sich hier um die Probleme des letztlich zirkulären Fallbezugs der Rekonstruktion und ihrer Möglichkeiten, Ansprüche der Sachhaltigkeit der rekonstruktiv gewonnenen Ergebnisse abzusichern. Die radikal-konstruktivistische Erkenntnistheorie rechnet ja ebenso wie die traditionelle mit Widerständen als Erfolgsindikatoren von Erkenntnisprozessen, die werden allerdings anders lokalisiert: "Der Widerstand kann nicht in der Außenwelt, sondern nur im System selbst liegen. ... Die Operationen eines Systems finden Widerstand an anderen Operationen desselben Systems." (Luhmann 1995a, S. 168) Die Beseitigung von Widerständen wird dann durch die Herstellung von Kohärenz angezeigt. Das erscheint indessen jenen, die von der Identifikation äußerer Störungsquellen, also von der Möglichkeit bestimmter Erfahrungen der Unterschiede zwischen Subjekt und Objekt (methodisch gesprochen: zwischen Rekonstruktion und textförmig vorliegendem Fall)

33 Mit anderen Worten: wenn die von Bora (in diesem Band) vorgeschlagene Stoppregel als Kriterium für Sachhaltigkeit zur Anwendung kommt?

ausgehen, entschieden zu wenig zu sein: "...Kohärenz allein ist keine hinreichende Bedingung für 'objektive Erkenntnis'. Kohärenz ist eine Eigenschaft, die z.B. auch kognitive 'Wahnsysteme' im Alltag oder in der Wissenschaft gegebenenfalls für sich in Anspruch nehmen können." (Miller 1986, S. 300)[34] Methodisch hieße das, daß dann für eine konstruktivistische Hermeneutik in der Tat keine Kontrollmöglichkeit bestünde, mit der die Differenz von Strukturtransformation und fehlerhafter Rekonstruktion festzustellen wäre.

Die objektive Hermeneutik hat methodisch für dieses Problem das Prinzip der Sequenzanalyse und das Verfahren der Überprüfung bereits gebildeter Strukturhypothesen vorgesehen. Hat man einmal eine Strukturhypothese gewonnen, mit der die im Text vorliegenden Bedeutungsselektionen aufgeschlüsselt werden können, so läßt sich diese Hypothese anhand weiterer Textstellen überprüfen. Dies geschieht in einem kontrastiven Verfahren, mit dem gerade nicht die passenden, sondern im Gegenteil die zunächst schwer verständlichen Textstellen herangezogen werden. Weitere Texte bieten also die Möglichkeit, Störungen der Strukturrekonstruktion gezielt aufzusuchen, so daß der Gegenstand selbst die Rekonstruktion bestätigt oder widerlegt. Gerade dieses rekonstruktionslogische Vertrauen in die Widerständigkeit des Gegenstandes selbst widerspricht aber einer radikal-konstruktivistischen Sichtweise, denn Störungen treten ja immer nur als interne Widerstände im Rahmen der bereits etablierten Fallrekonstruktion auf. Auch dieses Problem läßt sich dann wiederum nur sequenzanalytisch bearbeiten, indem Fallrekonstruktionen selbst als textförmig vorliegende Fälle mit weiteren Rekonstruktionen beobachtet werden.

Damit allein läßt sich auf der einen Seite in einer Theorie beobachtender Systeme der Unterschied zwischen einer Strukturtransformation und einer fehlerhaften Rekonstruktion jedoch nicht identifizieren. Da auch die Kritik der beobachteten Rekonstruktion nur relativ zum beobachtenden System Gültigkeit hat, kann ein unauflösbarer Dissens in der Frage dieser Unterscheidung entstehen. Auf der anderen Seite wird sich eine konstruktivistische Hermeneutik ein naives Vertrauen in die Widerständigkeit vorliegender Fälle selbst nicht leisten können. Sie muß dennoch fallbezogene Möglichkeiten der Indikation von Mißerfolg explizieren, der zu Akkommodationen nötigt, sonst würde sie letztlich subsumtiv und rein assimilatorisch verfahren. Solange nicht mehr zu sagen ist, als daß eine konstruktivistische Hermeneutik vorliegende Fälle beobachterrelativen Sprachspielen unterwirft, die sich wiederum wechselseitig beobachten können, kann nicht hinreichend zwischen rekonstruktiven und subsumtiven Vorgehensweisen unterschieden werden. Mit diesem Einwand wird eine Position, die das Kriterium der Sachhaltigkeit an die interne, Kompexität und

---

34 Eine analoge Kritik richtet sich gegen Luhmanns Sinnkonzeption, die nicht erkennen lasse, wie Subjekte bzw. Systeme bestimmte Differenzerfahrungen in der Relation von Möglichem und Aktuellem machen können (vgl. Miller 1987). Diese Kritik geht im Gegensatz zum radikalen Konstruktivismus davon aus, daß nur auf der Grundlage dieser Differenzerfahrungen Selbstfestlegungen und strukturelle Lernfortschritte möglich seien.

Konsistenz sichernde Regulierung der Fallrekonstruktion bindet, nicht zurückgewiesen. Diese Position allein reicht aber m.E. nicht aus, um die Art einer eventuell notwendigen Akkommodation der Fallrekonstruktion, nämlich als Reaktion entweder auf eine vorliegende Strukturtransformation oder aber auf eigene Mängel, zu identifizieren, so daß Ergänzungen dieser Sicht notwendig sind.

Diese Ergänzungen werden nicht aus der Gegenstellung eines ontologisierenden Realismus, also der Setzung einer äußeren, Anpassungen auslösenden Widerständigkeit, versus eines radikalen Konstruktivismus, also der Annahme eines rein intern aufgebauten Widerstandes heraus entwickelt werden können. Diese Gegenstellung läßt sich möglicherweise überwinden, indem das methodische Prinzip der Sequenzanalyse konstitutionstheoretisch begründet wird, wobei auf Theorien der ontogenetischen Entwicklung empirischer Subjekte zurückgegriffen werden kann. Das Modell der zweiten, konstruktivistischen Möglichkeit intern aufgebauter Widerstände läßt sich empirisch an den frühen Phasen der kognitiven Entwicklung festmachen, die durch eine fortschreitende Koordination von Assimilationsschemata gekennzeichnet ist (vgl. Piaget 1992). Unklar bleibt dabei jedoch, wie daraus die empirisch ebenfalls beobachtbare Ausdifferenzierung einer Außenwelt und der Funktion der Akkommodation entsteht (vgl. Sutter 1992). Diesem Problem auf der Ebene der Beobachtung erster Ordnung begegnen wir im vorliegenden Zusammenhang auf der Ebene der Beobachtung zweiter Ordnung. An diesem Problem könnte sich eine dritte, weiter oben im Rahmen des Konstitutionsproblems doppelter Kontingenz angesprochene Möglichkeit orientieren, die unterstellt, daß "äußere" Widerstände selbst als Konstruktionen zu behandeln sind, die in Erkenntnis- und Rekonstruktionsprozessen erst aufgebaut und diesen nicht einfach ontologisch entgegengesetzt werden.[35] Dieser Vorschlag zielt auf eine Sequenzierung des Referenzproblems der Erkenntnis: Das Modell von Subjekt-Objekt-Beziehungen wird nicht vorausgesetzt, sondern - ontogenetisch wie methodisch - als Resultat eines (ontogenetisch weiter oben unter Punkt 5 umrissenen) Konstitutionsprozesses konzeptualisiert.

Unter dieser konstitutionstheoretischen Perspektive könnte die Unterscheidung von Rekonstruktion und Subsumtion auf eine tragfähige Grundlage gestellt werden. Dies stellt, wie ich betonen möchte, ein offenes Problem dar, an dem jedoch eine konstruktivistische Hermeneutik, wenn sie rekonstruktionslogische Ansprüche stellt, nicht vorbeikommt. Vorläufig kann lediglich das methodologische Problem skizziert werden. Gerade die Bedingung der doppelten Kontingenz legt die Systembildung auf eine fortlaufende Geschichte struktureller Vorgaben fest. Damit läßt sich durchaus die strukturgenetische Sicht der objektiven Hermeneutik verbinden, die Strukturen immer in Bildungsgeschichten eingespannt sieht. Wenn Interpreten aus der Situation doppelter Kontingenz die Bildungsgeschichten von Fallstrukturen rekonstruieren, so stehen sie unter den

35 Diese Position, die noch weiterer Ausarbeitung bedarf, bezeichne ich als "interaktionistischen Konstruktivismus" (vgl. Sutter 1992; 1994; i. Druck).

strukturellen Vorgaben der vorliegenden Fälle, was sie - zumindest im Vollzug der Rekonstruktion - nicht vollständig mitbeobachten können. Eine fehlerhafte Rekonstruktion müßte sich deshalb zu einem späteren Zeitpunkt darin zeigen, daß eine neue Bedeutungsselektion auch durch die Konstruktion von Zusatzbedingungen letztlich nicht sinnvoll an die bislang gewonnene Strukturrekonstruktion angeschlossen werden kann, was zu Nachbesserungen zwingt, in denen die Rekonstruktion an die neu entstandene Fallstruktur akkommodiert wird. Dabei bildet die rekonstruktionslogische Notwendigkeit, die Gründe für die mangelnde Anschlußfähigkeit einer neuen Bedeutungsselektion an die gewonnene Strukturhypothese zu eruieren, die Funktion einer "äußeren", gleichwohl in der Rekonstruktion selbst als Störung aufgebauten und auch nur dort registrierbaren Widerständigkeit. Erst auf diesem Anspruchsniveau von Sachhaltigkeit kann dann zwischen Strukturtransformation und defizitärer Fallrekonstruktion unterschieden werden. Und erst die Möglichkeit dieser Unterscheidung räumt den Verdacht aus dem Weg, eine konstruktivistische Hermeneutik betreibe mit dem Anspruch der Rekonstruktionslogik Etikettenschwindel, weil sie nicht deutlich machen kann, warum die behauptete konstruktive Konstitution von Gegenständen tatsächlich als Rekonstruktion dieser Gegenstände gelten kann.

Hier erhebt sich nun womöglich ein Mißverständnis, das sich aus der *gespannten* Annahme der weiter oben erörterten These der Textförmigkeit sozialer Wirklichkeit ergibt: Eine konstitutionstheoretisch reflektierte Methode der Rekonstruktion erhebt nicht den Anspruch, aus der strikten Textimmanenz des Verfahrens ausscheren, also eine Wirklichkeit jenseits des vorliegenden Textes aufdecken zu können. *Methodisch* bleiben die Konstitution und die Rekonstruktion von Gegenständen an die Texte gebunden. Wenn man sich z.B. die Aussagen eines Interviewpartners vornimmt, um deren moralische Struktur zu bestimmen, so rekonstruiert man die Struktur der Moral, wie sie sich im vorliegenden Transkript der Aussagen zeigt, und nicht etwa, wie in der Moralforschung meist irrtümlich angenommen, die Struktur eines dahinter liegenden moralischen Bewußtseins (vgl. dazu Bora u.a. 1991). Die Kommunikation bleibt Umwelt des an ihr beteiligten Bewußtseins und eben dieser Umstand stellt eine Theorie der Konstitution von Subjektstrukturen vor besondere Probleme: Dies ist die eine Seite. Auf der anderen Seite dürfen diese methodologischen Restriktionen nicht in konstitutionstheoretische Annahmen transformiert werden, denn dies würde auf den oben kritisierten absoluten Vorrang von Kommunikation und Text hinauslaufen. Es bleibt eine unaufgelöste Spannung zwischen Konstitutionstheorie und Rekonstruktionslogik, die sich nicht zu einer einzigen Wirklichkeitsebene verdichten läßt: Wenn Texte nicht vom Himmel gefallen sein sollen, muß man aus konstitutionstheoretisch zwingenden Gründen von einer Wirklichkeit jenseits von Texten ausgehen, die sich aber aus methodologisch zwingenden Gründen wiederum nur in Texten zeigt.

Mit dem Verweis auf die Funktion einer "äußeren" Widerständigkeit soll also prinzipiell nicht hinter die Zirkularität einer Rekonstruktion, die selbst ihren Gegenstand konstituiert, zurückgegangen, sondern auf das Problem hingewiesen werden, wie rekonstruktionslogische Ansprüche unter dieser Bedingung aufrechterhalten werden können. Über die Unvermeidlichkeit dieser Zirkularität besteht im Spektrum verschiedener Positionen einer konstruktivistischen Hermeneutik Einigkeit und damit ebenso über den hohen Rang der Frage, wie mit dieser Zirkularität umzugehen ist. So kann man dem Vorschlag von Hausendorf (in diesem Band), die eigene Gegenstandskonstitution zu reflektieren, sicherlich nur zustimmen, in der Diskussion stehen die Möglichkeiten, wie dies zu bewerkstelligen ist. Die vorlaufenden Erörterungen sind der rekonstruktionslogischen Strategie gefolgt, die Vorgaben der Methode konstitutionstheoretisch als selbst erst entstandene Grundlagen zu beleuchten. *Diese Strategie hält auf effektive Weise die konstruktivistische Zirkularitätsproblematik virulent, indem die vorliegenden Lösungsvorschläge als selbst rekonstruierbar betrachtet, d.h. auf konstitutionstheoretische Leerstellen überprüft werden.* Vor diese Aufgabe wird sich eine konstruktivistische Hermeneutik permanent und immer wieder neu gestellt sehen - von den einzelnen Schritten der Fallrekonstruktion bis zur methodologischen Reflexion des methodischen Vorgehens insgesamt.

Literatur:

Bora, Alfons (1994): Konstruktion und Rekonstruktion. Zum Verhältnis von Systemtheorie und objektiver Hermeneutik. In: Gebhard Rusch & Siegfried J. Schmidt (Hg.): Konstruktivismus und Sozialtheorie. DELFIN 1993. Frankfurt/M., S. 282-330.

Bora, Alfons; Dresel, Thomas; Sutter, Tilmann; Weisenbacher, Uwe (1991): Die Methode der Sozialisation. Eine Fallanalyse zum Zusammenhang von Konstitution und Rekonstruktion der Moral. In: Detlef Garz & Klaus Kraimer (Hg.): Qualitativ-empirische Sozialforschung. Opladen, S. 61-91.

Braun, Barbara; Charlton, Michael; Orlik, Waltraud; Schneider, Silvia; Sutter, Tilmann (1994): Fallanalyse: Die Sozialisation des Erzählens. In: Tilmann Sutter & Michael Charlton (Hg.): Soziale Kognition und Sinnstruktur. Zur Entwicklung und Rekonstruktion regelgeleiteten Handelns. Oldenburg, S. 113-171.

Brazelton, Berry; Cramer, Bertrand G. (1994): Die frühe Bindung. Die erste Beziehung zwischen dem Baby und seinen Eltern. Stuttgart.

Damon, William (1984): Die soziale Welt des Kindes. Frankfurt/M.

Fuchs, Peter (1994): Der Mensch - das Medium der Gesellschaft? In: ders. & Andreas Göbel (Hg.): Der Mensch - das Medium der Gesellschaft? Frankfurt, S. 15-39.

Gilgenmann, Klaus (1986): Autopoiesis und Selbstsozialisation. Zur systemtheoretischen Rekonstruktion von Sozialisationstheorie. Zeitschrift für Sozialisationsforschung und Erziehungssoziologie, Jg. 6, Heft 1, S. 71-90.

Glasersfeld, Ernst von (1987): Wissen, Sprache, Wirklichkeit. Braunschweig/Wiesbaden.

Glasersfeld, Ernst von (1996): Radikaler Konstruktivismus. Ideen, Ergebnisse, Probleme. Frankfurt/M.

Habermas, Jürgen (1981): Theorie des kommunikativen Handelns. 2 Bde. Frankfurt/M..

Habermas, Jürgen (1983): Moralbewußtsein und kommunikatives Handeln. Frankfurt/M.
Habermas, Jürgen (1985): Die Neue Unübersichtlichkeit. Frankfurt/M.
Kaufmann-Hayoz, Ruth (1991): Kognition und Emotion in der frühkindlichen Entwicklung. Berlin usw.
Luhmann, Niklas (1976): Einfache Sozialsysteme. In: Manfred Auwärter, Edit Kirsch & Klaus Schröter (Hg.): Seminar: Kommunikation, Interaktion, Identität. Frankfurt/M., S. 3-34.
Luhmann, Niklas (1978): Soziologie der Moral. In: ders. & Stephan H. Pfürtner (Hg.): Theorietechnik und Moral. Frankfurt/M., S. 8-116.
Luhmann, Niklas (1984): Soziale Systeme. Grundriß einer allgemeinen Theorie. Frankfurt/M.
Luhmann, Niklas (1986): Systeme verstehen Systeme. In: ders. & Karl Eberhard Schorr (Hg.): Zwischen Intransparenz und Verstehen. Fragen an die Pädagogik. Frankfurt/M., S. 72-117.
Luhmann, Niklas (1987): Archimedes und wir. Berlin.
Luhmann, Niklas (1988): Wie ist Bewußtsein an Kommunikation beteiligt? In: Hans Ulrich Gumbrecht & K. Ludwig Pfeiffer (Hg.): Materialität der Kommunikation. Frankfurt/M., S. 884-905.
Luhmann, Niklas (1990): Soziologische Aufklärung, Bd. 5: Konstruktivistische Perspektiven. Opladen.
Luhmann, Niklas (1995): Was ist Kommunikation? In: ders.: Soziologische Aufklärung, Bd. 6: Die Soziologie und der Mensch. Opladen, S. 113-141.
Luhmann, Niklas (1995a): Gesellschaftsstruktur und Semantik. Studien zur Wissenssoziologie der modernen Gesellschaft, Bd. 4. Frankfurt/M.
Luhmann, Niklas (1995b): Intersubjektivität oder Kommunikation: Unterschiedliche Ausgangspunkte soziologischer Theoriebildung. In: ders.: Soziologische Aufklärung, Bd. 6: Die Soziologie und der Mensch. Opladen, S. 169-188.
Maturana, Humberto R. (1988): Elemente einer Ontologie des Beobachtens. In: Hans Ulrich Gumbrecht & K. Ludwig Pfeiffer (Hg.): Materialität der Kommunikation. Frankfurt/M., S. 830-845.
Maturana, Humberto R.; Varela, Francisco J. (1987): Der Baum der Erkenntnis. Die biologischen Wurzeln des menschlichen Erkennens. Bern/München.
Mead, George H. (1973): Geist, Identität und Gesellschaft (1934). Frankfurt/M.
Mead, G.H. (1980): Soziales Bewußtsein und das Bewußtsein von Bedeutungen (1910). In: ders.: Gesammelte Aufsätze, Bd. 1, hg. v. Hans Joas. Frankfurt/M., S. 210-221.
Miller, Max (1986): Kollektive Lernprozesse. Studien zur Grundlegung einer soziologischen Lerntheorie. Frankfurt/M.
Miller, Max (1987): Selbstreferenz und Differenzerfahrung. In: Hans Haferkamp & Michael Schmid (Hg.): Sinn, Kommunikation und soziale Differenzierung. Beiträge zu Luhmanns Theorie sozialer Systeme. Frankfurt/M., S. 187-211.
Miller, Max (1992): Rationaler Dissens. Zur gesellschaftlichen Funktion sozialer Konflikte. In: Hans-Joachim Giegel (Hg.): Kommunikation und Konsens in modernen Gesellschaften. Frankfurt/M., S. 31-58.
Nassehi, Armin (1992): Wie wirklich sind Systeme? Zum ontologischen und epistemologischen Status von Luhmanns Theorie selbstreferentieller Systeme. In: Werner Krawietz & Michael Welker (Hg.): Kritik der Theorie

sozialer Systeme. Auseinandersetzungen mit Luhmanns Hauptwerk. Frankfurt/M., S. 43-70.

Oevermann, Ulrich (1979): Sozialisationstheorie. Ansätze zu einer soziologischen Sozialisationstheorie und ihre Konsequenzen für die allgemeine soziologische Analyse. In: Günther Lüschen (Hg.): Deutsche Soziologie seit 1945 (Sonderheft 21 der Kölner Zeitschrift für Soziologie und Sozialpsychologie). Opladen, S. 143-168.

Oevermann, Ulrich (1983): Zur Sache. Die Bedeutung von Adornos methodologischem Selbstverständnis für die Begründung einer materialen soziologischen Strukturanalyse. In: Ludwig von Friedeburg & Jürgen Habermas (Hg.): Adorno-Konferenz 1983. Frankfurt/M., S. 234-289.

Oevermann, Ulrich (1986): Kontroversen über sinnverstehende Soziologie. Einige wiederkehrende Probleme und Mißverständnisse in der Rezeption der "objektiven Hermeneutik". In: Stefan Aufenanger & Margit Lenssen (Hg.): Handlung und Sinnstruktur. Bedeutung und Anwendung der objektiven Hermeneutik. München, S. 19-83.

Oevermann, Ulrich (1991): Genetischer Strukturalismus und das sozialwissenschaftliche Problem der Erklärung der Entstehung des Neuen. In: Stefan Müller-Doohm (Hg.): Jenseits der Utopie. Frankfurt/M., S. 267-336.

Oevermann, Ulrich (1993): Die objektive Hermeneutik als unverzichtbare methodologische Grundlage für die Analyse von Subjektivität. Zugleich eine Kritik der Tiefenhermeneutik. In: Thomas Jung & Stefan Müller-Doohm (Hg.): "Wirklichkeit" im Deutungsprozeß. Frankfurt/M., S. 428-511.

Oevermann, Ulrich; Allert, Tilman; Gripp, Helga; Konau, Elisabeth; Krambeck, Jürgen; Schröder-Caesar, Erna; Schütze, Yvonne (1976): Beobachtungen zur Struktur der sozialisatorischen Interaktion. Theoretische und methodologische Fragen der Sozialisationsforschung. In: Manfred Auwärter, Edit Kirsch & Klaus Schröter (Hg.): Seminar: Kommunikation, Interaktion, Identität. Frankfurt/M., S. 371-403.

Oevermann, Ulrich; Allert, Tilman; Konau, Elisabeth; Krambeck, Jürgen (1979): Die Methodologie einer "objektiven Hermeneutik" und ihre allgemeine forschungslogische Bedeutung in den Sozialwissenschaften. In: Hans-Georg Soeffner (Hg.): Interpretative Verfahren in den Sozial- und Textwissenschaften. Stuttgart, S. 352-434.

Piaget, Jean (1975): Nachahmung, Spiel und Traum (1945). Gesammelte Werke: Studienausgabe Band 5. Stuttgart.

Piaget, Jean (1983): Biologie und Erkenntnis. Über die Beziehungen zwischen organischen Regulationen und kognitiven Prozessen (1967). Frankfurt/M.

Piaget, Jean (1985): Weisheit und Illusionen der Philosophie. Frankfurt/M.

Piaget, Jean (1992): Das Erwachen der Intelligenz beim Kinde (1936). München.

Reichertz, Jo (1986): Probleme qualitativer Sozialforschung. Zur Entwicklungsgeschichte der Objektiven Hermeneutik. Frankfurt/M.

Reichertz, Jo (1988): Verstehende Soziologie ohne Subjekt? Die objektive Hermeneutik als Metaphysik der Strukturen. Kölner Zeitschrift für Soziologie und Sozialpsychologie, Jg. 40, Heft 1, S. 207-222.

Riegas, Volker; Vetter, Christian (Hg.) (1990): Zur Biologie der Kognition. Frankfurt/M.

Roth, Gerhard (1987): Erkenntnis und Realität. Das reale Gehirn und seine Wirklichkeit. In: Siegfried J. Schmidt (Hg.): Der Diskurs des Radikalen Konstruktivismus. Frankfurt/M., S. 229-255.

Schmidt, Siegfried J. (Hg.) (1987): Der Diskurs des Radikalen Konstruktivismus. Frankfurt/M.

Schmidt, Siegfried J. (Hg.) (1992): Kognition und Gesellschaft. Der Diskurs des Radikalen Konstruktivismus 2. Frankfurt/M.

Schneider, Wolfgang Ludwig (1994): Intersubjektivität als kommunikative Konstruktion. In: Peter Fuchs & Andreas Göbel (Hg.): Der Mensch - das Medium der Gesellschaft? Frankfurt/M., S. 189-238.

Schneider, Wolfgang Ludwig (1994a): Die Beobachtung von Kommunikation. Zur kommunikativen Konstruktion sozialen Handelns. Opladen.

Schneider, Wolfgang Ludwig (1995): Objektive Hermeneutik als Forschungsmethode der Systemtheorie. Soziale Systeme, Jg. 1, Heft 1, S. 129-152.

Schröer, Norbert (1994): Einleitung: Umriß einer hermeneutischen Wissenssoziologie. In: ders. (Hg.): Interpretative Sozialforschung. Auf dem Wege zu einer hermeneutischen Wissenssoziologie. Opladen.

Schulze, Hans-Joachim; Künzler, Jan (1991): Funktionalistische und systemtheoretische Ansätze in der Sozialisationsforschung. In: Klaus Hurrelmann & Dieter Ulich (Hg.): Neues Handbuch der Sozialisationsforschung. Weinheim/Basel, S. 121-136.

Schwemmer, Oswald (1987): Handlung und Struktur. Zur Wissenschaftstheorie der Kulturwissenschaften. Frankfurt/M.

Selman, Robert L. (1984): Die Entwicklung des sozialen Verstehens. Entwicklungspsychologische und klinische Untersuchungen. Frankfurt/M.

Stern, Daniel (1994): Mutter und Kind: die erste Beziehung (1977). Stuttgart.

Sutter, Tilmann (1992): Konstruktivismus und Interaktionismus. Zum Problem der Subjekt-Objekt-Differenzierung im genetischen Strukturalismus. Kölner Zeitschrift für Soziologie und Sozialpsychologie, Jg. 44, Heft 3, S. 419-435.

Sutter, Tilmann (1994): Entwicklung durch Handeln in Sinnstrukturen. Die sozial-kognitive Entwicklung aus der Perspektive eines interaktionistischen Konstruktivismus. In: ders. & Michael Charlton (Hg.): Soziale Kognition und Sinnstruktur. Oldenburg, S. 23-112.

Sutter, Tilmann (i. Druck): Strukturgenese und Interaktion: Die Perspektive des interaktionistischen Konstruktivismus. In: Matthias Grundmann (Hg.): Konstruktivistische Sozialisationsforschung: Theoretische Ansätze und methodische Überlegungen zu einer konstruktivistischen Theorie der Sozialisation. Frankfurt/M.

Sutter, Tilmann; Weisenbacher, Uwe (1993): Divergenz und Konvergenz von Text und Welt. In: Thomas Regehly u.a. (Hg.): Text - Welt. Karriere und Bedeutung einer grundlegenden Differenz. Parabel Schriftenreihe Bd. 16. Gießen, S. 41-54.

Weisenbacher, Uwe (1993): Moderne Subjekte zwischen Mythos und Aufklärung. Differenz und offene Rekonstruktion. Pfaffenweiler.

Wenzel, Harald; Hochmuth, Uwe (1989): Die Kontingenz von Kommunikation. Zur kritischen Theorie des kommunikativen Handelns von Jürgen Habermas. Kölner Zeitschrift für Soziologie und Sozialpsychologie, Jg. 41, S. 241-269.

Hinweise zu den Autoren:

Alfons Bora, geb. 1957, Dr. phil., Rechtsassessor, Soziologe M.A.; von 1983 bis 1991 Max-Planck-Institut für ausländisches und internationales Strafrecht, Forschungsgruppe Kriminologie, in Freiburg/Br.; seit 1991 Wissenschaftszentrum Berlin für Sozialforschung, Abteilung Normbildung und Umwelt; 1986 bis 1991 Lehrbeauftragter am Institut für Soziologie der Universität Freiburg/Br., 1993 bis 1996 am Institut für Soziologie der Freien Universität Berlin; Veröffentlichungen auf den Gebieten Rechtssoziologie, soziologische Theorie, Methodologie, Technik- und Wissenschaftssoziologie.

Friedhelm Guttandin, geb. 1949, Dr. phil., Apl. Professor für Soziologie an der FernUniversität-Gesamthochschule in Hagen. Lehre an deutschen und südamerikanischen Universitäten. Arbeitsgebiete: Allgemeine Soziologie, Kultursoziologie, Historische Soziologie, Ethnographie. Bücher: Genese und Kritik des Subjektbegriffs. Zur Selbstthematisierung der Menschen als Subjekte, Marburg 1980 / Egelsbach Köln New York 1993; (Hg. zus. mit Dietmar Kamper), Selbstkontrolle. Dokumente zur Geschichte einer Obsession, Marburg 1982 / Berlin 1991; (Hg.), Soziologie der Ehre. Studienkurs der FernUniversität Hagen, 1989; Das paradoxe Schicksal der Ehre. Zum Wandel der adeligen Ehre und zur Bedeutung von Duell und Ehre für den monarchischen Zentralstaat, Berlin 1993; Improvisationsgesellschaft. Provinzstadtkultur in Südamerika, Pfaffenweiler 1996; Einführung in die Protestantische Ethik Max Webers, Opladen 1997.

Heiko Hausendorf, geb. 1959, Dr. phil., Studium der Fächer Deutsch und Geschichte für das Lehramt der Sekundarstufe II an der Universität Bielefeld, Promotion 1987 an der Fakultät für Linguistik und Literaturwissenschaft der Universität Bielefeld, Mitarbeit in verschiedenen Forschungsprojekten, Mitglied der Forschungsgruppe 'Nationale Selbst- und Fremdbilder' am Zentrum für interdisziplinäre Forschung (ZiF) der Universität Bielefeld, seit 1995 Habilitandenstipendiat der Deutschen Forschungsgemeinschaft. Arbeitsschwerpunkte: Theorie und Methodologie der Interaktionsanalyse, Institutionelle Kommunikation, Sprach- und Dirkurserwerb, Erzählforschung, Oralität und Literalität, Soziale Kategorisierung. Wichtigste Veröffentlichungen: Klinische Seelsorgegespräche mit todkranken Patienten (zusammen mit Thomas Bliedener und Christoph Scheytt). Berlin: Springer 1988; Gespräch als System. Linguistische Aspekte einer Soziologie der Interaktion. Opladen: Westdeutscher Verlag 1992; Sprachentwicklung und Interaktion. Eine linguistische Studie zum Erwerb von Diskursfähigkeiten (zusammen mit Uta M. Quasthoff). Opladen: Westdeutscher Verlag 1996; Nationale Selbst- und Fremdbilder im Gespräch. Kommunikative Prozesse nach der Wiedervereinigung Deutschlands und dem Systemwandel in Ostmitteleuropa (herausgegeben zusammen mit Marek Czyzewski, Elisabeth Gülich und Maria Kastner). Opladen: Westdeutscher Verlag 1995; verschiedene Aufsätze zu den oben genannten Arbeitsschwerpunkten.

Georg Kneer, geb. 1960, Dr. phil., Studium der Soziologie, Geschichte und Politikwissenschaften in Münster; derzeit als Wissenschaftlicher Mitarbeiter am UFZ-Umweltforschungszentrum Leipzig-Halle beschäftigt. Arbeitsschwerpunkte: Soziologische Theorie, Gesellschaftstheorie, Migrationssoziologie, Umweltsoziologie. Wichtigste Buchpublikationen: Rationalisierung,

Disziplinierung und Differenzierung, Opladen 1996; Niklas Luhmanns Theorie sozialer Systeme, München 1993 (gemeinsam mit Armin Nassehi); Die Deportation von Siebenbürger Sachsen in die Sowjetunion 1945-1949, 3 Bde., Köln u.a. 1995 (gemeinsam mit Georg Weber, Renate Weber-Schlenther, Armin Nassehi, Oliver Sill); daneben zahlreiche Aufsätze in Büchern und Zeitschriften.

Armin Nassehi, geb. 1960, Priv.-Doz., Dr. phil., Dipl.-Päd.; Studium der Fächer Soziologie, Philosophie, Erziehungswissenschaften; 1985 Diplom in Erziehungswissenschaften; 1992 Promotion und 1994 Habilitation in Soziologie. 1989-1994 Wissenschaftlicher Mitarbeiter, seit 1994 Oberassistent am Fachbereich Sozialwissenschaften der Universität Münster. Arbeitsgebiete: Soziologische Theorie, Gesellschaftstheorie, Soziologie der Zeit, Risikosoziologie, Migrationsforschung, Biographieforschung, soziologische Thanatologie. Zahlreiche Buch- und Zeitschriftenbeiträge zu allen genannten Gebieten. Buchpublikationen: Tod, Modernität und Gesellschaft (mit Georg Weber), Opladen 1989; Tod und Sterben (hg. mit Reinhard Pohlmann), Münster 1992; Die Zeit der Gesellschaft, Opladen 1993; Niklas Luhmanns Theorie sozialer Systeme. Eine Einführung (mit Georg Kneer), München 1993, ^{2}1994 (japanisch 1995; ^{2}1997; dänisch 1997); Soziologie. Zugänge zur Gesellschaft, Band 1, Münster 1994; Band 2, Münster 1995 (hg. mit Georg Kneer und Klaus Kraemer); Die Deportation von Siebenbürger Sachsen in die Sowjetunion 1945-49, 3 Bände, Köln/Wien 1995 (mit Georg Weber et al.); Utopie und Moderne, Frankfurt/M. 1996 (hg. mit Rolf Eickelpasch); Nation, Ethnie, Minderheit. Beiträge zur Aktualität ethnischer Konflikte, Köln/Wien 1996 (hg., im Druck); Subjektive Altersbilder in der Altenpflege. Eine empirisch Untersuchung, Opladen 1997 (mit Georg Weber und Norbert Erlemeier, im Druck); Soziologische Gesellschaftsbegriffe. Konzepte moderner Zeitdiagnosen, München 1997 (hg. mit Georg Kneer und Markus Schroer, im Druck); Riskante Strategien. Beiträge zur Soziologie des Risikos, Opladen 1997 (hg. mit Toru Hijikata, im Druck).

Jo Reichertz, Jahrgang 1949, Prof. Dr.; Studium der Germanistik, Mathematik und Kommunikationswissenschaft. Promotion zur Entwicklung der 'Objektiven Hermeneutik'. Habilitation mit einer Feldstudie zur Arbeit der Kriminalpolizei. Seit 1993 Professor für Kommunikationswissenschaft an der Universität Essen - zuständig für den Bereich 'Methoden' und 'Analyse von Institutionen'. Arbeitsschwerpunkte: Text- und Bildhermeneutik, Religionssoziologie, Mediennutzung, Werbung, Polizeiforschung. Wichtige Veröffentlichungen: Reichertz, Jo: Probleme qualitativer Sozialforschung. Frankfurt/M. 1986; Reichertz, Jo: Aufklärungsarbeit. Kriminalpolizisten und Feldforscher bei der Arbeit. Stuttgart 1991.

Wolfgang Ludwig Schneider, geb. 1953, Priv.-Doz., Dr. rer. soc.; Promotion 1987, Habilitation 1994; Privatdozent und Studienrat im Hochschuldienst am Institut für Soziologie der Universität Gießen. Arbeitsgebiete: Soziologische Theorie, Wissenschaftstheorie/Wissenssoziologie, Systemtheorie, Kommunikationstheorie, Hermeneutik und Konversationsanalyse, kollektive Identität und abweichendes Verhalten. Buchveröffentlichungen: Objektives Verstehen. Rekonstruktion eines Paradigmas: Gadamer, Popper, Toulmin, Luhmann, Opladen 1991; Die Beobachtung von Kommunikation. Zur kommunikativen Konstruktion sozialen Handelns, Opladen 1994.

Norbert Schröer, geb. 1953, Dr. rer. soc.; Studium der Sozialwissenschaften; Dissertation 1991 in Hagen; jetzt Assistent im Fachbereich Literatur- und Sprachwissenschaften der Universität Essen GH; Arbeitsschwerpunkte: Verfahren der qualitativen Sozialforschung, Kommunikationssoziologie, Polizeisoziologie. Veröffentlichungen: Der Kampf um Dominanz. Hermeneutische Fallanalyse einer polizeilichen Beschuldigtenvernehmung, Berlin/New York 1992; Herausgeber von: Interpretative Sozialforschung. Auf dem Wege zu einer hermeneutischen Wissenssoziologie, Opladen 1994; (mit Jo Reichertz): Qualitäten polizeilichen Handelns. Beiträge zu einer verstehenden Polizeiforschung, Opladen 1996.

Tilmann Sutter, geb. 1957, Dr. phil.; Studium der Fächer Soziologie, Psychologie und Erziehungswissenschaften; 1989 Promotion zur Soziologie der Moral; 1989-1994 Wissenschaftlicher Mitarbeiter, zunächst in einem Projekt zur Mediensozialisation im SFB 321 "Mündlichkeit-Schriftlichkeit" am Psychologischen Institut der Universität Freiburg und dann am Institut für Soziologie der Universität Hamburg; seit 1994 Habilitandenstipendiat der DFG; 1996 Professurvertretung am Psychologischen Institut der Universität Freiburg. Arbeitsgebiete: Soziologische Theorie, Sozialisationstheorie, Methodologie und Methoden Qualitativer Sozialforschung, Medienkommunikation, Soziologie der Moral. Wichtigste Veröffentlichungen: Moral aus der Perspektive der Amoral, Pfaffenweiler 1990; Soziale Kognition und Sinnstruktur (hg. mit Michael Charlton), Oldenburg 1994.

Uwe Weisenbacher, 1959-1996; Dr. phil.; Studium der Soziologie, der (deutschen) Literatur- und Sprachwissenschaft sowie der Politikwissenschaft; Promotion 1992 zu modernen Denkstrukturen und zur Subjektivität in der Gegenwart; seither Wissenschaftlicher Assistent am Institut für Soziologie der Universität Freiburg; Arbeitsgebiete: Soziologische Theorie, Soziologische Zeitdiagnosen, Moderne Subjektivität, Medientheorie, Historische Soziologie, Methodologie, Symbolische Politik; Habilitationsprojekt zur Bedeutung von Ambivalenz in der Moderne (in bezug auf aktuelle mediale Entwicklungen, auf die Bedingungen alltäglicher Lebenspraxis und auf gesellschaftliche Konstruktionen). Wichtigste Veröffentlichung: Moderne Subjekte zwischen Mythos und Aufklärung. Differenz und offene Rekonstruktion. Pfaffenweiler 1993.

Seit einiger Zeit hat sich an verstreuten Orten ein Diskussionsfeld gebildet, auf dem methodologische und methodische Fragen der Verbindung von Systemtheorie und Hermeneutik verhandelt werden. Dieses Diskussionsfeld wird hier erstmals in gebündelter und systematisierter Form vorgestellt. Im Zentrum steht dabei die Frage, welche Herausforderungen die Hermeneutik und die neueren Entwicklungen des Konstruktivismus aneinander stellen und mit welchen Mitteln diese Herausforderungen bewältigt werden können. Der Begriff „konstruktivistische Hermeneutik" bezeichnet diese Problemstellung, die in den Beiträgen dieses Bandes aus unterschiedlichen Perspektiven (Dekonstruktion, Diskursanalyse, hermeneutische Wissenssoziologie) abgegrenzt und durch Brückenschläge zwischen Systemtheorie und Hermeneutik (vor allem objektiver Hermeneutik und Konversationsanalyse) bearbeitet wird.

ISBN 978-3-531-12984-6

GPSR Compliance

The European Union's (EU) General Product Safety Regulation (GPSR) is a set of rules that requires consumer products to be safe and our obligations to ensure this.

If you have any concerns about our products, you can contact us on ProductSafety@springernature.com

In case Publisher is established outside the EU, the EU authorized representative is:

Springer Nature Customer Service Center GmbH
Europaplatz 3
69115 Heidelberg, Germany

Batch number: 10809870

Printed by Printforce, the Netherlands